国家出版基金项目
NATIONAL PUBLICATION FOUNDATION

"十三五"
国家重点出版物出版规划项目

高效毁伤系统丛书·智能弹药理论与应用

智能弹药系统工程与相关技术

Intelligent Ammunition System Engineering and Related Technologies

姚文进 潘绪超 钱建平 李伟兵 编著

北京理工大学出版社
BEIJING INSTITUTE OF TECHNOLOGY PRESS

内 容 简 介

本书主要介绍智能弹药系统工程以及相关技术,包含智能弹药系统分析与评价技术、智能弹药系统顶层设计技术、智能弹药系统总体设计技术以及智能弹药相关的探测、制导、执行机构、智能引信等打击智能化技术以及定向破片、多模战斗部等毁伤智能化相关的技术。本书可作为弹药设计、维护、使用等相关技术人员的参考资料,同时也是火炮、自动武器及弹药工程专业,兵器工程以及武器系统与工程研究生的教材,也可作为相关专业本科生的选修课教材、研究生的参考书。

图书在版编目(C I P)数据

智能弹药系统工程与相关技术 / 姚文进等编著. --
北京:北京理工大学出版社,2021.6
(高效毁伤系统丛书. 智能弹药理论与应用)
ISBN 978 - 7 - 5682 - 9954 - 1

Ⅰ. ①智… Ⅱ. ①姚… Ⅲ. ①智能技术 - 应用 - 弹药
- 系统工程学 Ⅳ. ①TJ41

中国版本图书馆 CIP 数据核字(2021)第 125178 号

出　　版 / 北京理工大学出版社有限责任公司
社　　址 / 北京市海淀区中关村南大街 5 号
邮　　编 / 100081
电　　话 / (010)68914775(总编室)
　　　　　(010)82562903(教材售后服务热线)
　　　　　(010)68944723(其他图书服务热线)
网　　址 / http://www.bitpress.com.cn
经　　销 / 全国各地新华书店
印　　刷 / 北京捷迅佳彩印刷有限公司
开　　本 / 710 毫米 × 1000 毫米 1/16
印　　张 / 39.5
字　　数 / 682 千字
版　　次 / 2021 年 6 月第 1 版 2021 年 6 月第 1 次印刷
定　　价 / 158.00 元

责任编辑 / 封　雪
文案编辑 / 封　雪
责任校对 / 周瑞红
责任印制 / 李志强

专家委员会委员（按姓氏笔画排列）：

于　全　中国工程院院士

王　越　中国科学院院士、中国工程院院士

王小谟　中国工程院院士

王少萍　"长江学者奖励计划"特聘教授

王建民　清华大学软件学院院长

王哲荣　中国工程院院士

尤肖虎　"长江学者奖励计划"特聘教授

邓玉林　国际宇航科学院院士

邓宗全　中国工程院院士

甘晓华　中国工程院院士

叶培建　人民科学家、中国科学院院士

朱英富　中国工程院院士

朵英贤　中国工程院院士

邬贺铨　中国工程院院士

刘大响　中国工程院院士

刘辛军　"长江学者奖励计划"特聘教授

刘怡昕　中国工程院院士

刘韵洁　中国工程院院士

孙逢春　中国工程院院士

苏东林　中国工程院院士

苏彦庆　"长江学者奖励计划"特聘教授

苏哲子　中国工程院院士

李寿平　国际宇航科学院院士

李伯虎	中国工程院院士
李应红	中国科学院院士
李春明	中国兵器工业集团首席专家
李莹辉	国际宇航科学院院士
李得天	国际宇航科学院院士
李新亚	国家制造强国建设战略咨询委员会委员、中国机械工业联合会副会长
杨绍卿	中国工程院院士
杨德森	中国工程院院士
吴伟仁	中国工程院院士
宋爱国	国家杰出青年科学基金获得者
张　彦	电气电子工程师学会会士、英国工程技术学会会士
张宏科	北京交通大学下一代互联网互联设备国家工程实验室主任
陆　军	中国工程院院士
陆建勋	中国工程院院士
陆燕荪	国家制造强国建设战略咨询委员会委员、原机械工业部副部长
陈　谋	国家杰出青年科学基金获得者
陈一坚	中国工程院院士
陈懋章	中国工程院院士
金东寒	中国工程院院士
周立伟	中国工程院院士

郑纬民　中国工程院院士

郑建华　中国科学院院士

屈贤明　国家制造强国建设战略咨询委员会委员、工业和信息化部智能制造专家咨询委员会副主任

项昌乐　中国工程院院士

赵沁平　中国工程院院士

郝　跃　中国科学院院士

柳百成　中国工程院院士

段海滨　"长江学者奖励计划"特聘教授

侯增广　国家杰出青年科学基金获得者

闻雪友　中国工程院院士

姜会林　中国工程院院士

徐德民　中国工程院院士

唐长红　中国工程院院士

黄　维　中国科学院院士

黄卫东　"长江学者奖励计划"特聘教授

黄先祥　中国工程院院士

康　锐　"长江学者奖励计划"特聘教授

董景辰　工业和信息化部智能制造专家咨询委员会委员

焦宗夏　"长江学者奖励计划"特聘教授

谭春林　航天系统开发总师

《高效毁伤系统丛书·智能弹药理论与应用》
编写委员会

名誉主编：杨绍卿　朵英贤

主　　编：张　合　何　勇　徐豫新　高　敏

编　　委：(按姓氏笔画排序)

丁立波　马　虎　王传婷　王晓鸣　方　中

方　丹　任　杰　许进升　李长生　李文彬

李伟兵　李超旺　李豪杰　何　源　陈　雄

欧　渊　周晓东　郑　宇　赵晓旭　赵鹏铎

查冰婷　姚文进　夏　静　钱建平　郭　磊

焦俊杰　蔡文祥　潘绪超　薛海峰

丛书序

　　智能弹药被称为"有大脑的武器"，其以弹体为运载平台，采用精确制导系统精准毁伤目标，在武器装备进入信息发展时代的过程中发挥着最隐秘、最重要的作用，具有模块结构、远程作战、智能控制、精确打击、高效毁伤等突出特点，是武器装备现代化的直接体现。

　　智能弹药中的探测与目标方位识别、武器系统信息交联、多功能含能材料等内容作为武器终端毁伤的共性核心技术，起着引领尖端武器研发、推动装备升级换代的关键作用。近年来，我国逐步加快传统弹药向智能化、信息化、精确制导、高能毁伤等低成本智能化弹药领域的转型升级，从事武器装备和弹药战斗部研发的高等院校、科研院所迫切需要一系列兼具科学性、先进性，全面阐述智能弹药领域核心技术和最新前沿动态的学术著作。基于智能弹药技术前沿理论总结和发展、国防科研队伍与高层次高素质人才培养、高质量图书引领出版等方面的需求，《高效毁伤系统丛书·智能弹药理论与应用》应运而生。

　　北京理工大学出版社联合北京理工大学、南京理工大学和陆军工程大学等单位一线的科研和工程领域专家及其团队，依托爆炸科学与技术国家重点实验室、智能弹药国防重点学科实验室、机电动态控制国家级重点实验室、近程高速目标探测技术国防重点实验室以及高维信息智能感知与系统教育部重点实验室等多家单位，策划出版了本套反映我国智能弹药技术综合发展水平的高端学术著作。本套丛书以智能弹药的探测、毁伤、效能评估为主线，涵盖智能弹药目标近程智能探测技术、智能毁伤战斗部技术和智能弹药试验与效能评估等内容，凝聚了我国在这一前沿国防科技领域取得的原创性、引领性和颠覆性研究

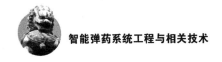
成果，这些成果拥有高度自主知识产权，具有国际领先水平，充分践行了国家创新驱动发展战略。

　　经出版社与我国智能弹药研究领域领军科学家、教授学者们的多次研讨，《高效毁伤系统丛书·智能弹药理论与应用》最终确定为 12 册，具体分册名称如下：《智能弹药系统工程与相关技术》《灵巧引信设计基础理论与应用》《引信与武器系统信息交联理论与技术》《现代引信系统分析理论与方法》《现代引信地磁探测理论与应用》《新型破甲战斗部技术》《含能破片战斗部理论与应用》《智能弹药动力装置设计》《智能弹药动力装置实验系统设计与测试技术》《常规弹药智能化改造》《破片毁伤效应与防护技术》《毁伤效能精确评估技术》。

　　《高效毁伤系统丛书·智能弹药理论与应用》的内容依托多个国家重大专项，汇聚我国在弹药工程领域取得的卓越成果，入选"国家出版基金"项目、"'十三五'国家重点出版物出版规划"项目和工业和信息化部"国之重器出版工程"项目。这套丛书承载着众多兵器科学技术工作者孜孜探索的累累硕果，相信本套丛书的出版，必定可以帮助读者更加系统、全面地了解我国智能弹药的发展现状和研究前沿，为推动我国国防和军队现代化、武器装备现代化做出贡献。

《高效毁伤系统丛书·智能弹药理论与应用》
编写委员会

前　言

　　随着信息化、网络化作战需求以及光、电、磁、计算机、微电子和新材料等高新技术的发展，弹药正在向信息化、智能化、网络化方向迈进。一些带有智能化特征的弹丸开始陆续登上历史舞台，末敏弹、末修末制导炮弹等弹药已逐渐产品化并装备部队，同时又涌现出一些智能化程度更高的弹药，如网络化弹药、仿生弹药等，使弹药已开始向攻击目标自主化、网络化、战斗部威力可调等方向发展。为了适应国防事业的发展以及现代教学和科研的需要，特别是培养国防现代化人才的需要，结合当前科研最新成果和国际弹药发展动态，作者编写了本教材。

　　本书主要介绍智能弹药总体系统工程与相关技术，包含智能弹药的概念，智能弹药系统分析与评价技术，智能弹药系统顶层设计技术，智能弹药系统总体设计技术，探测与识别与执行控制技术，智能引信技术以及定向破片、多模战斗部等毁伤智能化相关的技术，最后介绍了几个弹药智能化的案例，可供弹药智能化技术的应用借鉴参考。本书可作为弹药设计、维护、使用等相关技术人员的参考资料，同时也是火炮、自动武器及弹药工程专业，兵器工程以及武器系统与工程研究生的教材，也可作为相关专业本科生的选修课教材、研究生的参考书。

　　本书在编写过程中，参考了大量国内外文献资料和相关的教材，在此，对原作者表示谢意。

　　由于编者水平有限，加之时间仓促，书中难免有错误和不妥之处，望读者批评指正。

编　者

2021 年 4 月

目 录

第 1 章

概　述

现代弹药的技术含量越来越高，组件越来越多，结构也越来越复杂，早已突破了"钢铁＋炸药"的传统概念和"圆柱体＋锥体"的简单构造，成为名副其实的智能弹药系统。智能弹药系统的日趋复杂化，使产品研制过程中顶层规划与总体设计的地位显得愈来愈重要，"画（画图设计）、加（加工制造）、打（外场试验）"的传统研制方法已不能适应复杂的智能弹药系统的工程研制。传统研制模式不仅面临性能、品质、周期和成本等方面巨大的研制风险，也无法满足现代智能弹药系统的创新发展需求。

　　智能弹药系统要使系统中各组成部分完整协调地工作，最大限度地发挥系统作战效能，必须适应现代设计模式，通过各学科串行设计与并行设计的有机结合来缩短设计周期，通过综合衡量各学科之间的相互耦合来挖掘设计潜力，通过各学科的综合协调来提高可靠性，通过多学科综合设计来降低研制费用。这就必须从智能弹药系统的论证和设计过程做起，将顶层规划、总体统筹、全局服务的系统工程理念与方法纳入智能弹药系统研制过程中，这就是一项复杂的智能弹药系统工程。

|1.1　智能弹药系统|

智能弹药系统一般由投射部、战斗部、稳定部和导引部等要素组成，是诸要素有目的（完成某种战斗任务）地组合成的一个有机整体。智能弹药系统本身既是一个系统，又是武器系统的一个子系统，而且是一个人造实物系统。

随着科学技术的迅猛发展及其在弹药中的应用，智能弹药的组成部件越来越多，结构越来越复杂，涉及的技术领域越来越宽，系统也越来越庞大。

例如：典型的智能化弹药末敏子弹药是末敏弹的一个子系统，由目标测探器、稳态扫描装置、中心处理控制器和爆炸成形弹丸战斗部等要素组成。末敏子弹药比一般的破甲子弹、杀爆子弹的结构复杂得多，所涉及的技术领域也宽得多，不但涉及火炸药学、爆炸力学、侵彻力学、空气动力学，还涉及光电、电子科学、计算机和控制理论等。

1.1.1　基本组成

智能弹药系统主要由战斗部、投射部、稳定部和导引部四大子系统组成，如图 1.1 所示。

1. 战斗部子系统

战斗部子系统是弹药系统毁伤目标或完成其他战斗任务的部分，一般由壳

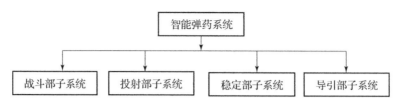

图 1.1 智能弹药系统组成

体（弹体）、装填物（炸药或其他装填物）和引信装置（包括引信和传爆序列）等组成。

按作用原理或毁伤机理，战斗部子系统有以下几种典型类型：

（1）爆破型——主要靠炸药爆炸的直接作用或爆炸产生的空气冲击波毁伤目标；

（2）杀伤型——靠炸药爆炸时弹体形成的高速破片或预控、预制破片杀伤敌方有生力量和毁坏武器装备；

（3）穿甲型——凭借自身的动能击穿各类装甲目标；

（4）破甲型——靠聚能装药爆炸时，金属药型罩形成的高速金属射流击穿各类装甲目标；

（5）子母弹型——靠母弹体内装的子弹毁伤敌方目标；

（6）复合作用型——即具有两种以上毁伤作用的战斗部，如杀－爆复合、穿－爆、穿－爆－燃复合等；

（7）多用途型——具有多种功能，即能毁伤两种以上的目标或完成其他战斗任务，如既能杀伤敌方有生力量，又能毁伤敌轻型装甲目标；

（8）多模型——即能根据敌方不同目标形成不同的毁伤模式，如碰到敌方坦克便形成长杆射流击毁坦克，碰到敌方轻型装甲车，可形成多枚爆炸成形弹丸（EFP）击毁装甲目标，还可形成破片杀伤敌方有生力量；

（9）特种型——即能完成特种战斗任务，如燃烧、照明、发烟、宣传等；

（10）新概念型——随着新目标的出现，新概念战斗部也不断涌现，如电磁脉冲、碳纤维、电视侦察、战场评估、非致命毁伤和失能等新概念战斗部。

2. 投射部子系统

投射部子系统是提供弹药飞行动力和飞行方向的装置，赋予弹药一定的动能和方向飞向预定目标。常用的投射方式有：发射式（如身管枪炮）、自推式（如火箭发动机）、抛射式（如空投航弹）和复合式（如发射与自推复合，抛投与自推复合等）。

3. 稳定部子系统

稳定部子系统是保证弹药在空中能稳定飞行，并以正确姿态飞向目标的部分。

稳定方式一般有高速旋转稳定和尾翼稳定两种。

4. 导引部子系统

导引部子系统是引导和控制弹药的飞行轨迹和姿态，并将弹药高精度地导向预定目标的装置。有些弹药的导引部子系统还具有跟踪目标的功能。

一种弹药就是一个系统，不同用途的弹药，其系统的功能不同，组成该智能弹药系统要素的多少不同，系统复杂程度也不同。

末制导炮弹是由身管火炮发射的弹药，一般由战斗部、导引部、稳定控制部和投射部（装药及药筒）等组成，如图1.2所示。导引部由寻的器、电子组件和微处理器等组成。其作用是获取目标信息、处理信息并形成控制量再转递给稳定控制部。稳定控制部由控制驱动器、电源、控制翼和尾翼等组成。其作用是在接到导引部送来的控制量后，由电驱动器带动控制翼，修正弹道，使弹药能命中目标。

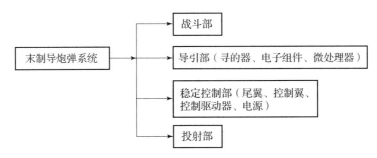

图1.2　末制导炮弹系统框图

1.1.2　基本特点

智能弹药系统既是一个特殊的人造系统，又是一个实体系统，它也具有一般系统的主要特性。

1. 整体性

智能弹药系统的整体性，主要表现为智能弹药系统的整体功能。智能弹药系统的整体功能绝不是各组成子系统（要素）功能的简单叠加或拼凑，而是

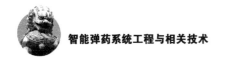

有机的组合，并呈现出各组成子系统所没有的新功能。

例如：破甲弹系统由投射子系统、稳定装置子系统、战斗部子系统等有序组成，投射部赋予破甲弹飞向目标的动能和方向；稳定部保证破甲弹在空中飞行稳定，并能命中目标；战斗部在破甲弹接触（在一定炸高下）装甲目标爆炸时，击毁装甲目标。而破甲弹系统的整体功能表现为破甲弹击毁一定距离上的敌方装甲目标，该整体功能是投射部、稳定部和战斗部等子系统均不可能有的新功能。

又如：俄罗斯"红土地"152 mm激光半主动寻的末制导炮弹系统，它由杀爆战斗部子系统、导引部（激光导引头）子系统、稳定部（控制驱动器、电源）子系统、投射部（含火箭助推发动机）子系统等组成。投射部子系统的功能赋予末制导炮弹一定初速度和射向；激光导引头子系统的功能是接收从目标反射的激光信号，并测出偏移量（炮弹与目标的偏移量），送给信号处理装置，而信号处理装置则按一定的制导规律，再将偏移量转换成指令，传递给稳定部；稳定部子系统的功能是在接到导引部送来的控制指令后，由控制驱动器带动执行机构，操纵控制翼，控制炮弹飞行姿态并修正弹道，使弹药能准确地命中目标；战斗部子系统的功能是毁伤敌方目标。而"红土地"末制导炮弹系统的整体功能是将末制导炮弹从己方发射阵地送到敌方，准确地命中并击毁敌方点（装甲）目标，该整体功能是组成末制导炮弹各子系统都不具备的新功能。

2. 相关性

智能弹药系统相关性是指系统内的组成要素（子系统）之间是相互制约而又相互联系的。如果其中一个要素发生变化时，其他相关联的要素也要相应地改变和调整，以保持系统整体的最优状态。

例如：末敏智能弹药系统是一类母弹携载的抛投式智能弹药，由目标探测器、稳态扫描装置、中心处理控制器和聚能装药战斗部等要素组成。对于旋转稳定高速炮弹，末敏子弹还装有减速减旋装置。末敏子弹的作用过程可作如下描述：

①当末敏弹飞至目标区上空一定高度时，母弹开仓抛出末敏子弹，末敏子弹上的减速减旋伞打开，使末敏子弹的下落速度和旋转速度不断减小；

②当末敏子弹的下降速度接近稳态扫描速度和旋转速度接近零时，稳态扫描装置开始工作，减速减旋伞被抛掉；

③子弹在稳态扫描装置的控制下，一边以一定的速度下落，一边以一定的转速绕铅垂轴成30°夹角旋转；

④当末敏子弹离地高度达到了探测器的探测高度时，探测器开始搜索目标，并将获取的信息送到中心处理控制器；

⑤探测器一旦捕获到目标，中心处理控制器立即发出指令，引爆聚能装药；

⑥炸药爆炸时药型罩在爆轰产物作用下形成爆炸成形弹丸（EFP）；

⑦EFP 以 2 000 m/s 左右的速度飞向并命中击毁目标。

从末敏子弹作用的全过程可以清楚地看到，组成末敏子弹的各要素既相互联系，又相互制约，若相互间关系处理不当，就会影响其整体功能。比如探测器与聚能装药战斗部这两个要素就具有很强的相关性。只有当探测器捕获到目标并给出起爆信号，聚能装药爆炸后药型罩才能形成 EFP，所以探测器捕获目标的最大距离应与 EFP 击毁目标的最大距离相匹配。如果 EFP 击毁目标的距离远大于探测器捕获目标的距离，就会使聚能装药口径增大或装药量增多，这对整个末敏子弹系统不利。反之，如果探测器捕获目标的距离远大于 EFP 击毁目标的距离，就会丢失击毁目标的机会，而且探测器的单体成本会大幅增加。因此，EFP 击毁目标的最大距离稍大于探测器捕获目标的最大距离是这两个要素的最佳匹配。

3. 目的性

智能弹药系统属于人造系统，每一个智能弹药系统都有明确的目的，而且通常不是单一的目的。如多用途智能弹药系统，既能有效地击毁轻型装甲车辆（步兵战车或自行火炮），又能杀伤敌方有生力量。又如红外照明干扰弹系统，既有照明作用，又有干扰敌方红外探测器的作用。

随着高新技术的发展及其在智能弹药上的应用，智能弹药系统的高新技术含量越来越高，系统也越来越复杂。图 1.3 给出了末敏子弹系统总目的与各要素目的之间的目的关系树。

由图 1.3 可清楚地看到末敏子弹系统的目的分为三层，各层的目的是互相联系的，第三层的目的达到了，第二层的目的才能达到；第二层的目的达到了，第一层的目的才能达到。

4. 环境适应性

任何系统都存在于环境之中，智能弹药系统也不例外，在进行智能弹药设计时，要全面考虑和系统分析智能弹药系统所处的环境及其对智能弹药的影响。

环境是指智能弹药系统以外的所有的事物（包括物质、能量和信息等）

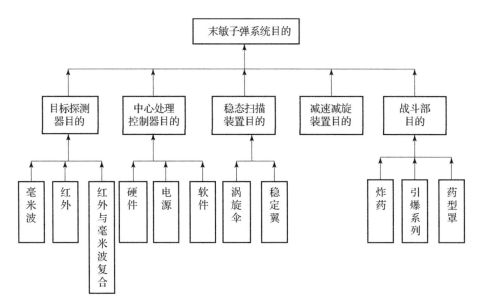

图 1.3　末敏子弹系统目的框图

的总称。智能弹药本身就是武器系统中的一个子系统，它处在武器系统的其他子系统之中。环境适应性是智能弹药系统性能指标之一，智能弹药系统必须具有优良的环境适应性。

智能弹药系统的环境主要包括以下几方面：

（1）武器系统环境——是指弹药处在武器系统的其他子系统之中。随着高新技术在武器上的应用，武器系统组成部件越来越多，系统也越来越庞大，弹药与武器系统的其他子系统的关系也越来越密切。如末制导炮弹不仅与发射平台（火炮子系统）紧密相关，还与地面激光照射系统配合密切。又如由雷达二维弹道修正炮弹，它由发射平台（火炮子系统）提供飞行动能和飞行方向，同时还要接收地面指挥控制站送来的修正信息。

（2）研制环境——主要是指军方提出的战技指标、技术水平及成熟度、资源（材料、投资经费）、加工生产条件（加工设备、人员素质）、试验条件及检测设备等。

（3）作战环境——主要指作战对象、作战任务、气象条件、作战地区、其他武器系统和武器装备等。

（4）贮存环境——主要包括弹药库、贮存条件、弹药运输和弹药的勤务处理等。

|1.2 系统工程|

一个复杂庞大的工程计划，除了考虑各部分之间的配合和协调工作之外，还要在制订计划时预测各种未知因素可能带来的影响，只靠一个"总工程师"或"总设计师"的智慧和实际经验是无法解决的，必须运用一种科学的知识管理方法，从整体出发，综合考虑，统筹安排来解决这些问题，这种科学方法就是系统工程。

系统工程是以研究大规模复杂系统为对象的一门交叉学科，它是把自然科学和社会科学的某些思想、理论、方法、策略和手段等，根据总体协调的需要，有机地联系起来，把人们的生产、科研或经济活动有效地组织起来，应用定量分析和定性分析相结合的方法和计算机等技术工具，对系统的构成要素、组织结构、信息交换和反馈控制等功能进行分析、设计、制造和服务，从而达到最优规划、最优设计、最优管理和最优控制的目的。

1.2.1 主要特点

系统工程的主要特点有：

（1）系统工程研究问题一般采用先决定整体框架，后进入详细设计的程序，一般是先进行系统的逻辑思维过程总体设计，然后进行各子系统或具体问题的研究。

逻辑思维过程总体设计是指在提出任务的前提下，综合构思研究的内容、方法、人员、进度等问题使系统能够更好地达到预期效果的一种创造性劳动过程。

（2）系统工程方法是以系统整体功能最佳为目标，通过对系统地综合、系统地分析构造系统模型来调整、改善系统的结构，使之达到整体最优化。

（3）系统工程的研究强调系统与环境的融合，近期利益与长期利益相结合，社会效益、生态效益与经济效益相结合。

（4）系统工程研究是以系统思想为指导，采取的理论和方法是综合集成各学科、各领域的理论和方法。

（5）系统工程研究强调多学科协作，根据研究问题涉及的学科和专业范

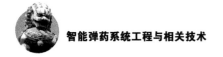

围，组成一个知识结构合理的专家体系。

（6）系统工程方法具有广泛的适用性，各类系统问题均可采用系统工程的方法来研究。

（7）强调多方案设计与评价。

1.2.2 基本观点

系统工程处理复杂系统问题的基本观点可归纳如下：

（1）整体性观点——即全局性观点或系统性观点，也就是在处理问题时，采用以整体为出发点，以整体为归宿的观点。

整体性观点的要点是：

①把系统内部所有要素看成一个整体，在策划最优时，如果子系统最优与系统最优发生矛盾时，子系统要服从整个系统。反之，整个系统要对所有的子系统之间的关系进行协调，充分发挥各子系统的能动作用，使整个系统和各子系统都取得满意的效果。

②把系统与环境看成一个整体，从更高的角度来分析系统与环境的关系，在策划系统最优时，必须考虑环境的制约作用，必须使环境受益，在万不得已的情况下，力图使环境所受损失最小，决不允许环境受到不能接受的损失。

③倡导人们在思考问题时要从系统的整体去思考、判断和解决问题，而不是站在狭隘的个人立场或小团体立场去观察、思考和解决问题，强调关系的协调，强调发挥子系统的能动作用。

④站在更高的层次看待系统与环境，强调环境的制约作用，决不允许破坏环境。

（2）综合性观点——是指人们在思考、研究和解决问题时，要综合考虑系统的方方面面，协调系统内各要素之间的关系，遇到多目标、多因素、关系纵横交错、环境千变万化的系统时，应对目标、因素等进行综合分析或评价，分清主次，把对象的各部分、各因素联系起来加以考察，从关联中找出事物规律性和共同性，以避免片面性和主观性。

综合利用现有科学技术成就，创造出具有新功能的生产能力和新产品，是现代科学技术发展的一个重要方面。当新的科学技术原理还没有重大突破时，谁能把已有的科学技术成就综合应用起来，谁的综合能力就强，谁就能创造出高性能或新功能的新产品。日本人有句格言："综合就是创造。"如日本本田公司的摩托车是吸取了世界 500 多种摩托车技术成果综合而成的。美国的阿波罗登月计划这样一个庞大而复杂的工程中没有一项新发明的自然科学理论和技术，完全是靠综合运用已有的各种科学技术成就的结果。

（3）层次性观点——是指处理复杂问题时要抓住问题的主要矛盾，抓住主要矛盾的主要方面。

系统有很明显的层次性，一般存在树状结构（鱼刺图形状）。在分析、处理、解决这些问题时，要熟悉系统中诸要素在各种空间内的层次与分布，将主要精力放在最主要的问题上，根据系统层次和要素的重要性确定时间的前后、空间位置和资源的投入强度。

（4）价值观点——是指人们在设计、改造、管理和控制系统时，应考虑系统的投入与产出，具体地说用最少的投入价值创造出最多的使用价值；或者说用同样的人、财、物和时间去开发一个性能最好的系统。

价值观点提醒人们首先必须从价值角度去思考、研究、解决问题，必须从系统的投入产出，从对系统产生的正作用和负作用角度去思考、研究和解决问题。其次，在设计、改造、管理和控制一个系统时，研究人员能够把"希望马儿跑得快，希望马儿少吃草"变成具体的方案、政策、策略和手段。

（5）科学性观点——就是要准确、严密、有充足科学依据地去论证一个系统发展和变化的规律性。不仅要定性，而且必须定量地描述一个系统，使系统处于最优运行状态。

在强调采用定量方法的同时，必须注意以下两个问题：

①在定性描述的基础上进行定量描述，定量描述必须以定性描述为前提。

任何系统都有定性特性和定量特性两方面，定性特性决定定量特性，定量特性表现定性特性。只有定性描述，对系统行为特性的把握难以深入准确。但定性描述是定量描述的基础，定性认识不正确，不论定量描述多么精确漂亮，都没有用，甚至会把认识引向歧途。定量描述是为定性描述服务的，借助定量描述能使定性描述深刻化、精确化，在研究复杂问题时要将定性描述和定量描述有机地结合起来。

要摆正定性描述和定量描述的辩证关系，一定要在定性描述的基础上应用数学方法，建立模型，进行优化，从而达到系统最优化的目的。

②合理处理最优和满意的关系。

在处理系统问题时，使系统达到最优比较困难，在个别情况下，"最优"有时不被人理解和不愿意接受，因此有时利用满意的概念会使问题得到圆满的解决。从数学上的最优，过渡到情意上的满意是西蒙的一大发现。因此，要处理好满意和最优的关系。这一原则也是不违背科学性的观点的，因为寻求满意

解也是科学。

绝大多数工程问题的最终解决方案就是寻求多方和谐的满意解。

（6）关联性观点——指从系统各组成部分的关联中探索系统的规律性的观点。

一个系统是由很多因素相互关联而成的，正是这些关联决定了系统的整体特性。因此，必须努力找出系统各组成部分之间的关系，并设法用明确的方式描述这些关系的性质，来揭示和推断系统整体特征，也只有抓住这些联系，用数学、物理、经济学的各种工具建立关系模型才能定量和定性地解决系统问题。

（7）实践性观点——就是要勇于实践，勇于探索，要在实践中丰富和完善以及发展系统工程学理论。

系统工程是来源于实践并指导实践的理论和方法，只有在改造自然界的实践中系统工程才会大有作为并得到迅速的发展。采用"问题导向"，摒弃"方法导向"是系统工程实践的主要方法。

1.2.3　与工程技术的关系

系统工程与其他工程技术的共性就是直接与改造客观世界的社会实践相联系。系统工程在大型工程项目中与其他众多的工程技术总是相辅相成的：一方面，在系统工程的规划下，各项工程技术作为实现总体目标的手段，可以充分发挥作用；另一方面，系统工程如果脱离了其他工程技术，即使规划得再好也没有实际意义。

在工程项目中，系统问题（战略规划、战略决策）与工程技术问题相比，就如同数学计算中的整数与小数关系一样，整数部分算错了，小数部分再精确也没有什么意义了。

系统工程的作用就在于能为决策者提供决策支持，并直接影响决策，影响全局。

系统工程在自然科学、工程技术和社会科学之间起到了一座桥梁的作用，也为自然科学工作者、工程技术工作者同社会经济工作者的密切合作搭建了广阔的平台。

现代数学理论、计算机技术、通信技术和信息技术通过系统工程，提供了从定性到定量分析、综合集成的方法论，如数学定量方法、构建模型方法、模拟实验方法和优化方法。

系统工程与传统工程技术的区别见表 1.1。

表 1.1　系统工程与传统工程技术的区别

类别	传统工程技术	系统工程
研究性质	运行性、操作性学科	方法、原理、意图的科学或方法论
研究方法	由下而上，由部分到整体，强调部分	由上到下，由整体到部分，强调整体
处理内容	硬件	软件（信息）
处理结果	多为具体的解	求取整体最优解或满意解
研究对象	物资系统、实体系统	物资系统、概念系统
研究范围	某一领域	多个领域
知识结构	专、纵	纵横交叉

|1.3　智能弹药系统工程|

智能弹药系统工程是从系统工程原理出发，分析、处理智能弹药系统开发、研制和运用过程中具有普遍性、系统性问题的一门学问。从根本上讲，智能弹药系统工程提供的是一种解决智能弹药系统问题的思想方法、辩证程序和技术手段，既是开发智能弹药系统的工程方略，也是一种组织管理系统的技术。

1.3.1　基本含义

智能弹药系统工程可以定义为：对智能弹药系统进行发展研究与决策、智能弹药系统任务分析与范围界定、智能弹药系统各层次组成单元与各专业之间的关系确定，以及组织、协调、控制智能弹药系统的建立、运用与更新的分析、综合、权衡与优化的科学方法，是一种实现复杂智能弹药系统创新目标与可持续发展的综合集成技术。

简言之，智能弹药系统工程是组织、管理智能弹药系统的发展研究、采办、研制、运用和系统更新的分析、综合、集成技术，是一种从整体上研究并解决智能弹药系统具有的全局性、系统性问题，对智能弹药系统寿命周期具有普遍意义的科学技术方法。

1.3.2　基本思想

智能弹药系统工程的基本思想可以归纳为：

（1）全局的思想——从全局出发，先看全局，后看局部，局部目标要服从的总目标；

（2）整体的思想——从整体出发，先看整体，再看部分。

智能弹药系统工程的基本思想的本质就是在特定的资源、技术和环境条件下，寻求智能弹药系统的最优解或满意解。

1.3.3　寿命周期

任何大型复杂的武器系统研制工作，其技术过程和管理过程作为两个并行的过程必须始终贯穿于武器系统的全寿命周期，智能弹药系统的研制同样也是如此。

智能弹药系统的全寿命周期分为方案（概念）探索、方案设计验证、全面研制、生产与部署、使用运行和更新替换六个阶段。

1.3.3.1　方案探索阶段

智能弹药系统的全寿命周期从立项论证和概念方案研究开始。方案探索阶段（又称为概念研究阶段）是智能弹药系统型号从任务需求论证和立项论证得到批准正式列入计划开始，一直延续到决策部门确认和批准该型号可以进入方案论证与验证阶段为止。这个阶段的工作对整个系统研制过程和系统的总体特性影响最大，是智能弹药系统工程中最为活跃的阶段。

方案探索阶段的主要任务是通过任务分析和功能分析，确定对新研制系统的要求，开发能满足这些要求的各种可能的备选方案，研究这些备选方案的技术可行性和生产可行性，估计它们的全寿命费用和工程研制进度，完成系统方案论证报告。系统方案论证报告是决定该系统的研制工作是否能从方案探索阶段进入方案论证与验证阶段的阶段性审查和决策的重要依据。

系统方案论证报告涉及内容较多，主要包括：阐明和确定任务，确认研制智能弹药系统的必要性，明确研制的目的；指明智能弹药系统的研制在资源、时间、环境、投资诸方面的约束，提出对所需研制的智能弹药系统的一般设想；确定智能弹药系统的作战使用和技术要求以及目标集，初步确定所研制的智能弹药系统为了满足这些作战要求和目标所必须具备的能力；确定一组可以反映智能弹药系统的要求和能力的参数和评价准则。

通过该阶段的研究工作，要能够明确回答以下问题：

（1）所研制的智能弹药系统是用来干什么的？为什么需要这样的智能弹药系统？

（2）所研制的智能弹药系统将在什么样的作战环境条件下工作？

（3）所研制的智能弹药系统在资源、费用和周期等方面将会遇到什么样的限制？

（4）如何满足智能弹药系统研制的技术保障条件，包括技术条件、设备条件、技术人才？

（5）所研制的智能弹药系统的作战使用和技术要求是什么？

（6）所研制的智能弹药系统的整体功能是什么？

（7）实现所研制智能弹药系统整体功能的技术支撑（技术水平与成熟度）如何？

（8）所研制的智能弹药系统的主要风险是什么？有什么有效的应对措施？

（9）所研制的智能弹药系统的全寿命费用是否合理？

1.3.3.2　方案设计/验证阶段

方案设计/验证阶段工作的目的是确定和细化智能弹药系统的构成、技术途径、技术方案和性能指标、使用要求，并最后确定该系统能否进入全面研制阶段。

在方案设计工作的主要任务包括：

（1）建立一整套稳定的、现实的系统性能和技术说明书，满足该系统的使用与保障要求；

（2）确定该系统的设计技术基准和功能基准；

（3）确定该系统的每一个组成要素，并通过权衡分析，保证系统总体方案能够满足系统的功能基准和技术基准；

（4）通过费用设计，求得该系统的全寿命费用、系统研制进度和系统性能三者之间的最佳平衡；

（5）结合该系统未来可能的使用情况，确定系统的综合后勤保障计划；

（6）进行整个系统及其各组成要素的风险评价（包括技术风险、费用风险、进度风险等），以便了解在以后研制过程中，需要克服的不确定性的程度。对于一些至关紧要的部件，必须通过制造样机或进行计算机模拟或半实物模拟来最大限度地降低风险。

验证阶段的工作由使用部门（军方）主持，主要任务是进行系统设计评审。评审的主要内容包括：

（1）审查全部系统构成中的硬件和软件的设计和技术文件，以及有关的

试验记录；

（2）形成阐述方案设计阶段的主要工作、关键结果和评价意见的报告，确认方案设计阶段的目标已经达到。该报告作为是否批准智能弹药系统型号进入全面研制阶段的依据。

方案设计/验证阶段与全面研制阶段是智能弹药系统工程工作量最大的阶段，它们的主要工作是解决结构协调、功能协调和管理协调的问题，特别是解决各分系统之间、系统和环境之间的接口（或界面）问题，其目标是通过权衡和比较分析，确定最优方案。为此要制定系统的综合后勤保障计划，组织周密的试验，验证新系统的性能是否足以满足系统设计要求。

1.3.3.3 全面研制阶段

全面研制阶段的主要任务是完成系统的详细技术设计，解决系统研制中的主要技术问题，通过地面模拟和实际飞行试验，验证所研制智能弹药系统的性能是否达到了预定的要求，确保所设计的智能弹药系统是可生产的。该阶段分为初样机、正样机、设计定型等阶段。

（1）在总体方案设计（或系统方案设计）的基础上，正式提出对各分系统的研制任务书或设计要求（总称初样设计要求），开展初样机设计工作。

（2）对各分系统的主要器部件进行设计试制与试验，并制造出系统的初样或样机。

（3）对初样机、正样机进行各种（力学的、热学的、电磁的）载荷和环境试验，根据试验结果修改各分系统的研制任务书或设计要求，完成各分系统的技术设计。

（4）根据试样的设计要求和验收要求，试制和验收各分系统，并组装成系统试样。

（5）进行各分系统和整个系统的综合性地面试验和飞行试验，尽量使设计和研制中的方案性和系统性问题在试验中得到暴露，以利于及早采取解决措施。这个阶段的大型综合试验和飞行试验是关键，通过试验验证智能弹药系统的战术技术性能是否达到了研制任务书的要求，并根据试验中暴露出来的问题提出改进系统设计的措施。

智能弹药系统通过飞行试验后，由研制部门和使用部门联合召开技术鉴定会，进行设计定型。

设计定型后，需要冻结整个智能弹药系统的设计状态，形成进行批量生产所必需的设计图纸和成套技术文件。

1.3.3.4 生产与部署阶段

在生产阶段，智能弹药系统工程的工作主要是致力于验证新研智能弹药系统的能力，并在生产过程中努力保持生产新系统的系列基准。

生产与部署阶段的主要目标就是要以最低廉的费用、最快的进度、最好的质量生产出已研制成功的智能弹药系统，并在一定时期内向作战部队交付预定数量的、有效的、能够提供充分技术保障的智能弹药系统。

生产与部署阶段的主要任务，首先要完成生产智能弹药系统所必要的工艺设计，完成生产工艺流程设计，精心组织该产品的生产线。然后进行小批量试生产，借以建立起整个智能弹药系统的各种功能部件的生产基准和合理的生产工艺流程。在对智能弹药系统进行工程试验和使用试验的基础上，对智能弹药系统的生产工艺和流程进行生产定型，冻结生产状态。如有必要，即可按此生产状态进行大批量生产。

在小批量生产后，作战使用部队通过试验，熟悉智能弹药系统的操作和使用流程，并对智能弹药系统的操作和性能提出改进意见。例如，系统的可靠性、可操作性、可接近性和维修性等，并为制定该系统的使用操作规程和维修规程奠定基础。装备部门要根据战备和军事需求、部队的技术保障状况和部队的作战任务，对该系统的部署使用做出安排，以确保智能弹药系统能尽快地转变为部队的实际战斗力。

1.3.3.5 使用运行阶段

在使用运行阶段，要在智能弹药系统的实际使用（包括试验）环境中，不断地评估智能弹药系统的效能，发展智能弹药系统新的作战使用样式，评价在真实作战环境条件下，系统性能与预定指标的偏差，从而提出对这些偏差进行修正或改进的措施和办法；加强对智能弹药系统的维护、保养和检测，使其保持良好的准备状态和技术状态，努力提高系统的有效性和可靠性。

1.3.3.6 更新替换阶段

更新替换阶段的主要任务就是要做好智能弹药系统的更新替换计划，一是有计划地替换重要部件（如：存储寿命较低的电池、电子元器件等）以延长智能弹药系统的使用寿命，即所谓的短板替换延寿；二是将淘汰下来的弹药做好处置与善后工作。

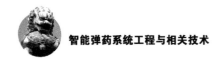

1.4 智能弹药系统的型号论证

智能弹药系统型号论证是一个典型的系统工程过程，应该充分利用系统工程的思想、方法和手段，将系统工程过程涉及的需求分析、功能分析与分配、系统综合以及系统分析与控制等活动分解到整个型号论证过程中，为实现型号论证目标提供支持。型号论证的实际工作，需要解决智能弹药武器型号的需求问题、智能弹药系统作战使用问题、智能弹药系统型号的研制方案问题，以及智能弹药武器型号的战术技术指标问题等。

智能弹药系统型号论证过程通常包括需求论证、作战使用性能论证、综合论证和战术技术指标论证等四个阶段。

1.4.1 需求论证

智能弹药系统型号的需求论证是型号论证其他阶段分析的前提和基础。在智能弹药系统型号论证中，首先面临的论证问题就是型号的需求问题，这是型号论证中原则性、根本性的问题。

需求论证是确定智能弹药系统型号的作战使用性能、战术技术指标的必要条件。智能弹药系统型号的需求论证主要从武器系统的未来作战和装备部署两个方面对发展智能弹药系统型号的需求进行分析，阐述发展智能弹药系统型号的必要性，并确定发展目标与要求，为后续的型号系统生成提出总体构想。

需求论证阶段主要包括如下两方面的研究内容：

1. 作战需求分析

作战需求分析是该论证阶段的分析重点，主要以智能弹药系统未来所应完成的作战任务为主要依据，通过评价武器系统的现行作战能力，明确现行作战能力在完成未来作战任务时存在的差距，提出武器系统作战能力有待充实与提高的方面。该项分析目的是了解发展智能弹药系统对于提高作战能力的重要性程度和必要性程度，其分析的结果将是装备需求分析的前提和依据。

2. 装备需求分析

装备需求分析是从武器装备的现状出发，根据适应未来作战需求的武器系统整体结构要求，诊断现行装备在战术配套、技术配套等方面的不足或缺口，以及现行装备与世界同类先进装备在性能水平上的差距，分析发展该新型智能弹药系统的迫切性程度。

1.4.2 作战使用性能论证

在确定了发展智能弹药系统型号的必要性及其目标和要求之后，便可以开展智能弹药武器型号的作战使用性能论证。这一阶段的论证工作以前一阶段所确定的系统目标和要求为依据，通过型号系统目标任务分析和系统概念分析，建立型号系统的概念模型（系统生成的第一个步骤）。然后，以型号系统的概念模型为基础，进行系统功能分析，将系统目标和要求具体化为型号系统的各项主要作战使用性能和指标。

作战使用性能论证阶段包括如下三方面的研究内容：

1. 系统概念分析

系统概念分析主要是明确系统的目标任务和有关的系统概念。一方面，在确定型号系统任务剖面的基础上，明确该型号系统的目标任务轮廓。另一方面，分析型号系统的有关概念，较为准确地对将要开发的型号系统进行定性描述。经过系统概念分析，论证人员可以获得型号系统的概念模型。

2. 环境因素分析

着重探求型号系统与环境（战场环境和自然环境）的关系，主要包括型号系统在其寿命周期内所处的环境及其主要影响因素，以及这些因素在该型号系统的寿命周期内将产生的可能影响和影响的程度。环境因素分析的目的是为后续的各项分析内容提供客观合理的环境想定模式。

3. 系统功能分析

立足于型号系统的作战使用要求和目标任务轮廓，分析型号系统在完成该目标任务的过程中应当具备的各项基本的行为与功能。同时，在定性地描述这些功能的相互关系的基础上，建立型号系统的功能分配图。

1.4.3 综合论证

智能弹药系统型号研制方案的综合论证阶段主要由两项分析内容构成，即型号系统的结构分析和可行性分析。

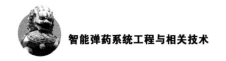

1. 系统结构分析

进行型号系统结构分析的目的，是试图分析各系统构成要素与各项作战使用性能的相关性（用结构模型加以表述），即其对作战使用性能发挥的影响程度，从而确定所"期望的"各项性能指标。

系统结构分析是根据型号系统的功能分配图，探索系统所应具备的总体结构形式。该项分析主要采用系统的结构描述方法，以获得型号系统的构成要素关系图（结构关系图），并进行系统结构要素之间相互关系的分析，建立型号系统的结构模型（或称结构方案），为后续的各项分析活动提供虚拟的系统结构形式。

2. 可行性分析

可行性分析是从战术、技术、经济三个方面来研究实现某项作战使用性能的可行性，以调整某些期望的性能指标，提出有关的改善途径，以保证型号系统的性能和结构既先进又可行，使之成为"可行的"作战使用性能指标。

1.4.4 战术技术指标论证

战术技术指标论证首先是根据型号系统的作战使用性能项目的相互关系，确定战术技术指标（或性能项目）体系。其次，进行型号系统性能分析，即通过战术技术指标体系，建立各项性能模型，并在各项战术技术指标之间进行权衡，使每项系统性能达到前面论证阶段所确定的性能指标或要求。最后，在上述分析内容的基础上开展型号系统的效能与费用的具体分析工作，以综合评价型号系统的备选方案。同时，进行系统优化，即综合评价各备选的战术技术指标方案，从中选择一组满意的（或理想的）战术技术指标，以作为型号系统研制的依据。

战术技术指标论证阶段主要包括以下两项研究内容：

1. 系统性能分析

系统性能分析主要针对每一系统性能，将其分解为多个性能构成要素（即相关的各项性能属性），以及更低层次上的影响性能属性的各个因素。该项分析的目的是通过将各项系统性能进行分解，了解最基本的性能影响因素及其相互关系，以建立型号系统的性能模型。

2. 指标体系分析

指标体系分析是根据系统性能的分解结果及其性能模型所描述的各项性能属性和影响因素之间的相互关系，建立型号系统战术技术指标体系。此外，以建立的指标体系为基础，进行各项指标的权衡，并最终确定一组理想的、可行的战术技术指标。

在智能弹药系统型号论证过程中，各论证阶段中有关的各项研究内容也具有一定的相关性。这种相关性主要表现为研究内容之间所存在的因果关系，即前一项研究内容为后续的研究内容提供了某些必要的研究依据，因为有了前一项研究内容的结果，才会使后续研究内容得以顺利进行。

一个完整的、合理的武器型号论证，必须遵循如下论证过程：以未来将要承担的作战任务为着眼点，开展武器型号的需求论证；在需求论证的基础上，依次进行现行装备的作战使用性能论证、研制立项综合论证，以及战术技术指标论证。而且，尽管各论证阶段有其特定的论证目的和相对的独立性，但每一后续论证阶段的分析项目，必须以前一论证阶段所获得的论证结果为依据。

|1.5 智能弹药系统的研制程序|

随着高新技术在弹药上的应用，弹药的技术含量越来越高，涉及的技术领域也越来越宽。如超远程炮弹，增加了增程装置和制导控制装置，涉及增程技术（包括底排减阻、火箭助推、底排火箭复合和火箭阻推滑翔等增程技术）和制导控制技术（包括电子技术、光电技术、控制技术、计算机技术和微机电技术等）。

智能弹药系统工程把智能弹药系统从构想（概念系统）到设计，直到变为实际具体的智能弹药系统（实体系统）的全过程看成一个整体。

根据科学技术发展的三个阶段，即科学研究、技术发展和生产应用，按研究目的和内容，智能弹药系统研制过程可分为两大类，即预先研究和型号研制。预先研究是在武器装备型号的牵引下，在其他科学技术的推进下，为型号研制提供配套技术和理论基础；而型号研制是在预先研究的基础上，综合应用预先研究成果和其他科学技术成果，将技术成果物化、产品化，形成智能弹药系统或新一代智能弹药系统。

预先研究与型号研制的关系如图1.4所示。

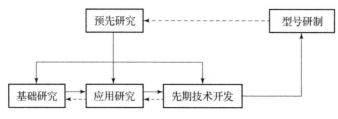

图 1.4　预先研究与型号研制的关系

1.5.1　智能弹药预先研究

预先研究是智能弹药研制全过程中的重要环节，是在智能弹药型号的牵引下和其他科学技术的推动下开展的研究活动，有明确的研究目的和研究内容，可为智能弹药研制和发展提供理论基础和技术基础，为型号研制提供配套技术，完成型号研制前的技术准备。所以，预先研究是型号研制的基础和前提。"基础不牢，地动山摇。"没有扎实而雄厚的基础支撑，型号研制就缺少技术支持，那就要一边进行技术攻关，一边搞技术成果集成，这就会出现头痛医头，脚痛医脚，打乱仗的现象，这也不符合科技发展的规律。因此，在进行型号研制前，开展预先研究为型号研制提供理论依据和配套技术，减小型号研制风险是非常必要的，是不可缺少的研究环节。型号研制的实践表明，凡是预先研究提供的配套技术越成熟、理论依据越充分，研制工期就越短，整体性能也就越优良。相反如果预先研究不系统、不彻底，将导致型号研制工期延长，费用增加。随着高新技术在智能弹药上的应用，智能弹药的技术含量越来越高，涉及的高新技术领域也越来越宽、结构也越来越复杂，这更需要开展预先研究，为型号研制作好技术和理论准备，否则，盲目进行型号研制，风险就太大了。

根据科学技术发展的三个阶段，即基础研究、应用研究和发展研究，预先研究包括了基础研究和应用研究两个阶段，其特点是研究范围广，研究内容多，探索性强，不确定因素多，技术风险大。风险与机遇共存，既要认真识别风险，正确地应对风险；又要抓住机遇，一旦在技术上有所突破，就会有新一代智能弹药或新概念智能弹药诞生。

按预先研究的目的和研究内容，预先研究又可分为三个阶段，即基础研究、应用研究和先期技术开发。

1.5.1.1　基础研究

基础研究是以军事应用为目的，针对智能弹药研制和发展中提出的问题，以未来武器型号为背景，对新概念、新原理智能弹药以及所需的新技术、新理论和新材料进行的探索性研究，属于技术科学范畴。

基础研究的目的是为新武器型号的研制提供新知识、新理论、新技术和新材料等，为应用研究奠定理论基础和技术基础。其特点是探索性强、不确定因素多、技术风险大。

例如：高功率脉冲微波弹，它是通过在炸弹或导弹战斗部上加装微波形成装置和辐射天线的方式构成弹载微波装置。它是利用炸药爆炸压缩磁通的方式，把炸药的化学能转换成电能，经过特殊的电磁导结构，将电能转换为电子束流再转换成微波，由天线发射出去，用以破坏敌方的电子设备和杀伤有生人员。微波弹对目标是一种软毁伤，它干扰通信系统或烧毁武器系统的电子元件、计算机系统，是网络战的"撒手锏"。

又如：强光辐射弹，它是利用炸药爆炸时产生强闪光或激光，使人眼、光电传感器暂时失明的智能弹药。它利用爆炸冲击波加热惰性气体，形成多向、宽带的强光辐射；或者当炸药爆炸时，塑料涂料激光棒或固体涂料激光棒发出闪光，足以使人眼、光电传感器致盲。它也是一种软毁伤智能弹药。

1.5.1.2　应用研究

应用研究是以军事应用为目的，运用基础研究成果和其他科学技术成果，探索可能的技术，或者从智能弹药研制实践中抽取出来的某些科学问题进行系统认识的研究活动，一方面将应用基础和其他科学技术成果转化为新一代智能弹药产品；另一方面将智能弹药研制实践中的问题反馈给科学，成为促进科学发展的基础。

应用研究有明确的目的，以智能弹药型号为背景，其研究内容属于工程技术范畴，其目的是为智能弹药研制和发展提供技术基础或技术支撑。

应用研究按其研究内容，一般分为开拓性应用研究和扩展性应用研究两类。开拓性研究是在前人未开展工作过的研究领域里，从事有实用目的的开创性研究工作，其研究成果有一部分可形成专利或技术创新。扩展性应用研究是在已经开拓的领域里从事创新性的研究活动，即根据已取得的原理性成果从事技术性研究，选择最佳技术路线，扩大应用领域。这种研究风险较小，研究周期较短，成功率较高。

例如：超远程炮弹技术研究以超远程炮弹为目标背景，对火箭增程技术或底排火箭复合增程技术、滑翔技术、简易控制或弹道修正技术、高威力战斗部技术等在炮射智能弹药平台上应用的可行性和现实性进行研究。

又如：攻坚战斗部技术以击穿大厚度钢筋混凝土工事和障碍墙为目标，将

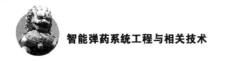

聚能破甲（或动能）开孔技术、子弹随进技术、引信起爆时间的控制技术、隔爆技术等有序地、合理地组合起来的可行性和现实性进行研究。

综合上述，应用研究的目的性和系统性均比基础研究强，主要是进行关键技术攻关研究、现有技术成果综合性研究。

应用研究的成果形式比较具体，一般为可行性研究报告、原理样机、部件实物等。

1.5.1.3　先期技术开发

先期技术开发是运用前两个阶段的研究成果和实际经验，通过部件或分系统原型研制、试验、测试或计算机仿真，验证其可行性和现实性的开发活动。其目的是为智能弹药型号的研制提供技术支撑和理论依据。

先期技术开发必须是在所需的关键技术已突破的基础上，根据初步战术技术指标，瞄准装备型号，对技术成果进行综合集成。在一定的约束条件下，验证智能弹药系统武器化的可行性和现实性，为智能弹药系统战术技术指标的论证和转入型号研制提供依据。换句话说，应用研究的技术成果和可行性技术途径只有通过先期技术开发，并在开发过程中把新技术的效益和伴随而来的风险结合起来，权衡利弊得失，才能得出实际可行的结论。因此，先期技术开发是预先研究的最后一个阶段，其成果是预先研究成果的综合体现，是从预先研究向智能弹药型号转化的必经阶段，也是预先研究成果工程化和产品化的关键阶段。

例如：末敏子弹先期技术开发研究，是在目标探测器、稳态扫描装置、爆炸成形弹丸战斗部和信息处理控制装置等已取得重大突破的基础上，将这四大技术有序地、合理地组成一个整体，并按初步战术技术指标进行演示试验，验证末敏子弹武器化的可行性和现实性。

1.5.2　智能弹药型号研制

智能弹药型号研制是将预先研究成果武器化、产品化的研发活动。按常规武器装备研制程序，智能弹药研制可分为四个阶段，即论证阶段、方案阶段、工程研制阶段和设计定型阶段。

1.5.2.1　论证阶段

论证阶段的主要工作是使用部门根据智能弹药研制计划和智能弹药的主要作战使用性能，组织有关部门参加智能弹药的战术技术指标、总体技术方案的论证及研制经费、保障条件、研制期的预测，完成《论证工作报告》，形成

《智能弹药系统研制总要求》。

（1）《论证工作报告》的主要内容：

①智能弹药在未来作战中的地位、作用、使命、任务和作战对象分析；

②国内外同类智能弹药的现状、发展趋势及对比分析；

③主要战术技术指标要求确定的原则和主要指标计算及实现的可能性；

④初步总体技术方案论证情况；

⑤继承技术和新技术采用比例，关键技术的成熟程度；

⑥研制期及经费分析；

⑦初步的保障条件要求；

⑧装备编配设想及目标成本；

⑨任务组织实施的措施和建议。

（2）《智能弹药系统研制总要求》的主要内容：

①主要使命、任务及作用对象；

②主要战术技术指标及使用要求；

③初步的总体技术方案；

④研制周期要求以及各研制阶段的计划安排；

⑤总经费预测及方案阶段经费预算；

⑥研制分工建议。

1.5.2.2　方案阶段

方案阶段是研制部门根据批准的《智能弹药系统研制总要求》以及签订的有关合同，进行智能弹药系统方案设计，关键技术攻关和新部件、分系统的试制与试验，根据智能弹药的特点和需要进行模型样机或原理性样机研制与试验。在关键技术已解决、研制方案切实可行、保障条件已基本落实的基础上，完成《研制方案论证报告》，编制《研制任务书》。

（1）《研制方案论证报告》的主要内容：

①总体技术方案及系统组成；

②对主要战术技术指标调整的说明；

③质量、可靠性及标准化的控制措施；

④关键技术解决的情况及进一步解决措施；

⑤武器装备性能、成本、进度、风险分析说明；

⑥产品成本及价格估算。

（2）《研制任务书》的主要内容：

①主要战术技术指标和使用要求；

②总体技术方案；

③主要系统和配套设备、保障系统方案；

④研制总进度及分阶段进度安排意见；

⑤样机试制数量；

⑥研制经费概算（附成本核算依据和方法说明）；

⑦需要补充的主要保障条件及资金来源；

⑧试制、试验任务的分工和生产定点及配套产品的安排意见；

⑨需试验基地和部队提供的特殊试验的补充。

1.5.2.3　工程研制阶段

为了减小研制风险，根据研究目的和任务，工程研制阶段又可分为初样机研制和正样机研制两个阶段。

1. 初样机研制阶段

工程研制阶段是研制单位按照批准的研制任务书的要求，进行智能弹药系统的设计、试制和试验，完成初样机试制后，由研制主管部门和研制单位会同使用部门组织鉴定性试验和评审，证明基本达到《研制任务书》规定的战术技术指标要求，试制、试验中暴露的技术问题已经解决或有切实可行的解决措施，方可进行正样机的研制。

2. 正样机研制阶段

正样机研制是在初样机研制完成的基础上，严格按《研制任务书》规定的战术技术指标进行产品研制，彻底解决初样机研制中出现的技术问题。正样机完成试制后，由研制主管部门会同使用部门组织鉴定，并提供与实物相符的完整正确的全套文件、图纸和资料，为接受鉴定、定型做好准备。

1.5.2.4　设计定型阶段（状态审查）

设计定型是在国家定型委员会的指导下，对研制的智能弹药性能进行全面考核，以确认其达到《研制任务书》和研制合同的要求。承担设计定型试验的单位应根据研制进度，做好设计定型试验准备工作，参加研制单位组织的有关试验。

研制单位应协助其了解、掌握研制产品的性能，需要进行部队适应性试验的研制产品，应在研制产品基本性能得到验证后进行。适应性试验结果应作为设计定型的依据。

|1.6 智能弹药系统效能分析|

智能弹药系统是为完成某种特定战斗任务而研制的，智能弹药系统效能是指智能弹药在规定的条件和时间内，能够完成某种特定战斗任务要求的度量。

智能弹药系统毁伤效能是智能弹药系统效能中一种最为常用表征智能弹药性能的主要指标，是研制智能弹药、使用智能弹药所追求的目标，也是评价智能弹药系统优劣的主要依据。智能弹药系统毁伤效能是指智能弹药系统毁伤目标能力和毁伤目标效果的综合度量，一般用概率表示。一般情况，智能弹药毁伤目标的能力小，对目标的毁伤效果就差，但弹药毁伤目标的能力虽然大，对目标的毁伤效果却不一定好。

在规划、决策和研制智能弹药系统时，效能、费用、研制周期和风险是评价智能弹药系统优劣的四大指标。其中效能是最重要、最核心的指标，是讨论其他三大指标的前提。有时研制周期和风险可以转化为费用，即四大指标可简化为效能和费用两大指标。

智能弹药系统效能分析是指用系统工程方法，对智能弹药系统毁伤目标的能力和毁伤效果进行综合分析，找出影响智能弹药系统效能的主要因素，控制不利因素，发挥有利因素，充分发挥智能弹药系统的毁伤能力，使目标遭受到最大的毁伤。

智能弹药系统效能分析的主要工作包括：智能弹药系统效能影响因素分析、建立效能分析模型、按模型计算毁伤效果、计算结果分析等。其目的是通过分析比较，找出系统存在的问题或薄弱环节，为改进、优化智能弹药系统提供理论支持，为决策提供依据。

1.6.1 结构分析

智能弹药系统是为完成某种特定战斗任务而研制的，是一个人造的一次性使用且不可修复的实物系统。智能弹药系统从开始执行任务到最终毁伤目标，其全过程可分为开始执行任务时的状态、执行任务过程中的状态和最后完成任务三种情况。

1.6.1.1 智能弹药开始执行任务时的状态分析

智能弹药系统是一个不可修复系统，开始执行任务的状态可分为正常工作

（可用）状态和发生故障（不可用）状态两种。所以，可以用可用性来表示智能弹药系统在开始执行任务时所处状态的情况。用符号 a_1 和 a_2 分别表示系统开始执行任务时处于正常工作状态和发生故障状态的概率，即可用度（可用性的度量）。于是，可得系统可用性向量的一般表达式为

$$\boldsymbol{A}^{\mathrm{T}} = (a_1, a_2) \tag{1.1}$$

a_1 和 a_2 是一对互斥事件，根据概率理论，则有 $a_1 + a_2 = 1$。对于不可修复系统，系统的可用度只与系统的可靠性有关，与系统的维修性无关。所以，智能弹药系统的可用度只与可靠性有关。影响智能弹药系统可用性的主要因素是：智能弹药在长期储存中，各种化学组分是否发生了变化；各个零部件（包括点火机构）是否还能正常工作；在运输、保管和勤务处理过程中是否被碰坏或损伤等。一般情况下，智能弹药在规定的储存期内可用性还是比较高的。

1.6.1.2　智能弹药执行任务过程中的状态分析

以炮射智能弹药为例，从上膛激发底火点燃发射药的瞬间，执行任务就开始了，经过膛内运动、空中飞行运动到最终毁伤目标。对于不可修复系统，在开始执行任务只会处于正常工作和发生故障两种状态。那么，在执行任务过程中又会出现哪几种状态呢？

（1）系统在开始执行任务时处于正常状态，而在执行任务过程中仍然处于正常状态，并用符号 d_{11} 表示正常工作状态的概率。

（2）系统在开始执行任务时处于正常状态，而在执行任务过程发生了故障，并用符号 d_{12} 表示发生故障的概率。

（3）系统在开始执行任务时处于发生故障状态，而在执行任务过程中却处于正常工作状态，并用符号 d_{21} 表示正常工作状态的概率。

（4）系统在执行任务时处于发生故障状态，而在执行任务过程中继续处于发生故障状态，并用符号 d_{22} 表示发生故障的概率。

综合上述分析，系统在执行任务过程中所处的状态，可用一矩阵表示，即

$$\boldsymbol{D} = \begin{bmatrix} d_{11} & d_{12} \\ d_{21} & d_{22} \end{bmatrix} \tag{1.2}$$

矩阵 $\boldsymbol{D}$ 称为可信性矩阵，它是系统在执行任务过程中所处状态的量度。由概率理论得知，$d_{11} + d_{12} = 1$；$d_{21} + d_{22} = 1$。对于不可修复系统，如果在开始执行任务时就处于发生故障状态，那么，它在执行任务过程也必然处于发生故障

状态，即 $d_{22}=1$，这是一个必然事件。如果系统在开始执行任务时处于发生故障状态，而在执行任务过程却处于正常工作状态，这对于不可修复系统是绝对不可能的，即 $d_{21}=0$。

对于不可修复的智能弹药系统，可信性矩阵 $\boldsymbol{D}$ 可改写为

$$\boldsymbol{D}=\begin{bmatrix} d_{11} & d_{12} \\ 0 & 1 \end{bmatrix} \tag{1.3}$$

对于在执行任务过程中的不可修复系统，智能弹药系统的可信性只与智能弹药系统的可靠性有关。影响智能弹药系统可信性的主要因素有：在膛内运动的可靠性；在飞行过程中的可靠性；毁伤目标的可靠性。智能弹药在膛内运动时，可能发生的故障有发射药燃烧不正常、膛炸；智能弹药在空中飞行时可能发生的故障有飞行不稳定"掉弹"、早炸；智能弹药在智能控制阶段可能发生的故障有控制系统不能工作；智能弹药毁伤目标时可能发生的故障有"哑弹"、炸药装药爆炸不完全、炸药装药爆炸时机不合理等。

1.6.1.3　智能弹药完成给定任务的情况分析

智能弹药在最后阶段完成给定任务的程度，通常用智能弹药系统的毁伤能力表示。一般情况下，智能弹药系统的毁伤能力越大，完成给定任务的概率就越高，弹药系统的毁伤能力可用完成给定任务的概率来量度。大量试验或实战表明，智能弹药系统对目标的毁伤能力主要取决于智能弹药系统毁伤目标的固有毁伤能力及其发挥程度、弹着点位置和生存能力。

1. 固有毁伤能力

弹药毁伤目标的固有能力是指智能弹药自身具有毁伤目标的能力。主要取决于战斗部对目标的毁伤能力，包括炸药装药的性能和质量、装药结构、引爆系统、毁伤元类型等因素。

2. 能力发挥程度

弹药毁伤能力发挥程度直接影响对目标的毁伤效果，弹药毁伤能力如能得到充分发挥，在其他条件相同情况下，对目标的毁伤效果就好；反之，对目标的毁伤效果就差。影响智能弹药毁伤能力发挥的主要因素有：引信引爆炸药装药的有利时机、引爆系统、弹目遭遇条件、目标特性等。

3. 弹着点位置

弹着点位置是指弹药落在目标区或目标的位置，弹着点位置直接影响到弹

药对目标的毁伤效果。对于间瞄毁伤弹药，弹着点离目标越远，毁伤效果越差，当弹着点离目标的距离超过弹药毁伤目标半径时，弹药对目标就失去毁伤作用；对于直接命中毁伤弹药，命中位置不同对目标的毁伤效果亦不同，如命中坦克的发动机和命中炮塔，对坦克的毁伤效果就完全不一样，前者可能引起发动机爆炸，车毁人亡；后者可能会使炮塔不能正常工作。影响弹着点位置的因素很多，智能弹药的种类不同，影响因素也不一样。

（1）无控弹药弹着点位置的影响因素。

对于飞行弹道无控制能力的弹药，影响其弹着点位置的主要因素有：弹药的气动和外弹道特性、弹药离炮口时的初速跳动量、发射时身管的跳动和摆动、弹药的加工质量（质量和质心位置）等。

（2）有控弹药弹着点位置的影响因素。

目前，诸如传感器引爆弹药、弹道修正弹药、简易控制弹药、末制导弹药、制导弹药和巡飞弹药等，都属于在飞行弹道上有一定控制能力的弹药。这些弹药的组成和结构虽然各不相同，但有两点是相同的，具有探测识别目标和有效而准确地控制弹药飞向目标的能力，这些能力是影响其弹着点位置的主要因素。

4. 生存能力

智能弹药生存能力是指智能弹药从开始执行任务到毁伤目标的全过程中，仍然保持其预期功能的能力，通常用生存概率表示智能弹药生存能力的量度指标，影响智能弹药生存能力的主要因素有：突防能力、光电对抗能力、隐身和防护能力、易损性等。

智能弹药系统通常是一个不可修复系统，只存在正常工作和发生故障两种状态，正常工作只是智能弹药完成给定任务的必要条件，而不是充分条件。也就是说，智能弹药在正常工作状态下，能否完成给定任务是一个随机量，它与智能弹药系统对目标的固有毁伤能力及其发挥程度以及弹着点位置等密切相关。若用概率符号 P_K、P_R、P_E 和 P_C 分别表示智能弹药的固有毁伤能力、固有毁伤能力的发挥程度、弹着点的位置精度和生存能力的概率，则智能弹药系统的毁伤能力可表示为

$$C_1 = P_{E1} \cdot P_{R1} \cdot P_{C1} \cdot P_{K1} \tag{1.4}$$

式中，脚标"1"表示正常工作状态下，智能弹药毁伤目标的能力。

若智能弹药系统有 m 个能力指标，则智能弹药系统能力可用能力矩阵表示，即

$$[\boldsymbol{C}] = \begin{bmatrix} C_{11} & C_{12} & \cdots & C_{1m} \\ C_{21} & C_{22} & \cdots & C_{2m} \end{bmatrix} \tag{1.5}$$

众所周知，智能弹药系统处于发生故障状态，不具有毁伤目标的能力，也就是说毁伤目标的概率为 0，即（1.5）式中 $C_{21} = C_{22} = \cdots = C_{2m} = 0$，则（1.5）式可改写为

$$[\boldsymbol{C}] = \begin{bmatrix} C_{11} & C_{12} & \cdots & C_{1m} \\ 0 & 0 & \cdots & 0 \end{bmatrix} \tag{1.6}$$

综合上述智能弹药系统效能分析结构框图如图1.5所示。

1.6.2　ADC 模型

智能弹药系统效能主要由可用性、可信性和智能弹药系统能力三大要素构成，这三大要素分别用可用性向量 $\boldsymbol{A}$、可信性矩阵 $\boldsymbol{D}$ 和能力矩阵 $\boldsymbol{C}$ 表示。由智能弹药系统执行任务的全过程得知，只有在各阶段都处于正常工作状态时，才具有毁伤目标或完成特定战斗任务的可能。根据概率理论，智能弹药系统效能分析的 ADC 模型可表示为

$$\begin{aligned} E_S &= \boldsymbol{ADC} \\ &= (a_1, a_2) \begin{bmatrix} d_{11} & d_{12} \\ 0 & 1 \end{bmatrix} \begin{bmatrix} c_{11} & c_{12} & \cdots & c_{1m} \\ 0 & 0 & \cdots & 0 \end{bmatrix} \\ &= [a_1 d_{11} c_{11} \cdot a_1 d_{11} c_{12} \cdots a_1 d_{11} c_{1m}] \end{aligned} \tag{1.7}$$

如果智能弹药系统只有一个能力指标，则（1.7）式可改写为

$$E_S = a_1 d_{11} c_{11} \tag{1.8}$$

式中，E_S——表示智能弹药系统效能。

1.6.3　案例分析——末敏子弹效能分析

1.6.3.1　末敏子弹执行任务的过程分析

末敏子弹效能是指末敏弹在一定距离处击毁装甲目标的概率。末敏子弹效能分析主要是通过对影响末敏子弹效能的因素分析，计算末敏子弹击毁装甲目标的概率。一枚母弹内装 2~3 枚末敏子弹。末敏子弹执行任务的过程可分为以下几个阶段：

（1）发射阶段——当母弹飞离炮口瞬间获得火炮赋予的飞行初速度和飞行方向；

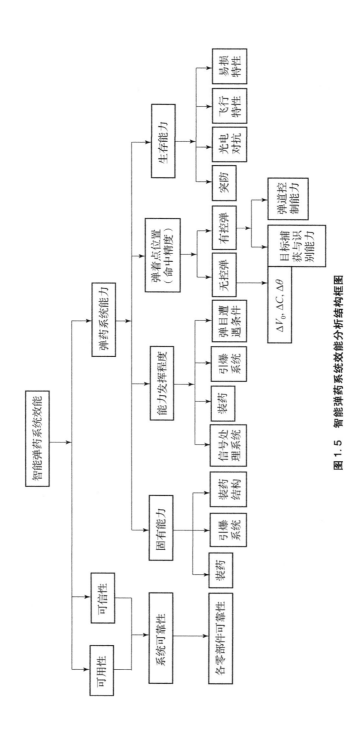

图 1.5 智能弹药系统效能分析结构框图

（2）空中飞行阶段——当末敏弹飞抵目标区上空一定高度时，母弹开窗抛出末敏子弹；

（3）减速减旋阶段——在减速减旋装置控制下，末敏子弹的下降速度和旋转速度不断减小，直到满足扫描参数为止；

（4）击毁目标阶段——在稳态扫描装置的控制下，末敏子弹按预定的下降速度下落和旋转速度旋转，同时目标探测器开始搜索目标，一旦捕获目标，立即引爆炸药装药，炸药爆炸金属药型罩形成爆炸成形弹丸，并以 1 800 ~ 2 200 m/s的速度射向并击毁目标。

末敏子弹执行任务过程框图如图1.6所示。

图1.6 末敏子弹执行任务过程框图

末敏子弹是一个不可修复系统，其效能由可用性、可信性和毁伤能力三大要素组成。下面将分别分析各要素对末敏子弹效能的影响。

1.6.3.2 可用性分析

在历次战争中，智能弹药消耗量最大，为了满足作战时的需要，和平时期必须储存一部分智能弹药，智能弹药的储存期便是智能弹药的有效使用期，是评价智能弹药性能的主要指标之一。智能弹药的储存期一般为15年左右，在智能弹药储存期内，任何时候都可以使用。由于在运输、保管和勤务处理过程，可能会有少数智能弹药被碰伤，或装药起了变化，智能弹药一旦发生故障就不能使用。

所以，智能弹药系统的可用性比较高，特别是高技术智能弹药，可用性更高，一般不小于99%。为此，可以假设末敏子弹的可用度 $a_1 = 99\%$。

1.6.3.3 可信性分析

末敏子弹的工作过程可分为4个阶段，在发射（弹在膛内运动）阶段，可能会出现发射药燃烧不完全、弹带滑脱、膛炸等故障；在空中飞行阶段，可能会出现母弹未开窗或未按预计高度开窗、掉弹、早炸、飞行不稳定等故障；在减速减旋阶段，可能会出现减速减旋未打开或伞的吊绳被拉断等故障；在击毁目标阶段，可能会出现末敏子弹未落入目标区或子弹未爆炸，或爆炸成形弹丸未形成，没有对目标造成毁伤。

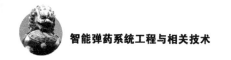

假设用符号 R_1、R_2、R_3、R_4 分别表示末敏子弹在发射阶段、空中飞行阶段、减速减旋阶段和击毁目标阶段的可靠度，并令 $R_1 = 99\%$、$R_2 = 95\%$、$R_3 = 98\%$、$R_4 = 99\%$，则末敏子弹的可信度为：$a_{11} = R_1 \cdot R_2 \cdot R_3 \cdot R_4 = 0.99 \times 0.95 \times 0.98 \times 0.99 = 0.912$。

1.6.3.4　毁伤能力分析

末敏子弹的能力由四大要素组成，即：固有能力、能力发挥程度、弹着点位置（命中精度）和生存能力。

（1）影响固有能力的主要因素有：炸药装药性能和装药量、装药结构、起爆系统、药型罩材料和几何形状，通常用在一定距离上击穿一定厚度装甲的概率表示，用符号 P_K 表示。

（2）影响能力发挥程度的主要因素有：引信能否在最佳时机引爆炸药，信号处理系统能否及时给出引爆信号，引爆系统能否完全引爆炸药，爆炸成形弹丸着靶的位置和姿态。影响能力发挥程度一般用引信完全引爆炸药的概率表示，用符号 P_R 表示。

（3）影响弹着点位置的主要因素有：目标探测器捕获与识别目标的能力，末敏子弹爆炸瞬间的空中姿态和气象条件。通常用智能弹药命中目标的概率表示，用符号 P_{rE} 表示，则根据概率理论有

$$P_{rE} = P_r \cdot P_E \tag{1.9}$$

式中，P_r——表示目标探测器捕获与识别目标的概率；

P_E——表示爆炸成形弹丸命中目标的概率。

（4）影响生存能力的主要因素有：末敏子弹的工作特点是一边下降，一边搜索目标，在下降过程中击毁目标，子弹下降速度一般为 $10 \sim 20$ m/s，在空中悬浮几秒到十几秒，又没有防护和对抗能力，容易被击落。但由于末敏子弹一般较小，又是从空中攻击装甲目标的顶部，不易防备，故有较高的生存能力，用符号 P_S 表示生存概率，P_S 不小于 95%。

综合上述分析，末敏子弹毁伤的能力可表示为

$$C_1 = P_{rE} \cdot P_S \cdot P_R \cdot P_K = P_r \cdot P_E \cdot P_S \cdot P_R \cdot P_K \tag{1.10}$$

若令 $P_r = 80\%$，$P_E = 70\%$，$P_S = 95\%$，$P_R = 95\%$，$P_K = 90\%$，并将这些数据代入式（1.10），则得到末敏子弹毁伤的能力 $C_1 = 0.80 \times 0.70 \times 0.95 \times 0.95 \times 0.90 = 0.455$。

1.6.3.5　效能计算

末敏子弹效能只有一个毁伤目标概率指标，其效能计算公式为

$$E_S = a_1 d_{11} C_1 \qquad (1.11)$$

将 a_1，d_{11} 和 C_1 的数据代入式（1.11），则有

$$E_S = 0.99 \times 0.912 \times 0.455 = 0.411$$

计算结果表明，单枚末敏子弹毁伤目标的概率为 41.1%。对于一发通常内装 2 枚末敏子弹的末敏弹而言，假设其 2 枚末敏子弹毁伤效能相同，则该末敏弹毁伤概率为 65.3%。

需要说明的是，上述例子是为了帮助读者理解和掌握智能弹药系统效能含义和计算方法，例中所用数据未经实验验证，计算结果仅供参考。

1.7 智能弹药系统可行性分析

智能弹药系统可行性分析是从智能弹药系统整体出发，对智能弹药系统整体功能能否实现，战技指标能否达到，费用（或成本）能否被接受等因素进行综合分析，为决策提供依据。智能弹药系统可行性分析是智能弹药系统分析的核心，是系统评价的基础也是系统优化的前提。

智能弹药系统可行性分析的重点是技术方案可行性分析，被选技术方案能否实现系统整体功能，能否达到技术指标要求，其次是费用或成本能否被接受。

1.7.1 整体功能分析

智能弹药系统的整体功能和战技指标是为了满足未来高技术战争需要而设定的，而技术方案又是根据系统整体功能和战技指标要求而设计的。在进行可行性分析之前首先必须搞清楚系统的整体功能是什么？有几项功能？战技指标先进与否？这是技术方案可行性分析必须正面回答的问题。

1.7.1.1 整体功能分析

智能弹药系统整体功能是为完成某种特定任务而设定的。智能弹药系统整体功能分析的基本步骤可分为三步：第一步要明确整体功能是什么，有几项功能；第二步是分析所设定的整体功能能否完成某种特定任务要求；第三步是分析所设计的技术方案能否确保整体功能的实现。

1. 整体功能及功能模块分析

智能弹药系统整体功能是由功能模块有机组合的一种新功能，是系统整体

性的主要标志，这种新功能是各个功能模块均不具备的，它代表了智能弹药系统性能的主要特征。所以，智能弹药系统可行性分析中，首先就要明确系统整体功能。在此基础上，进一步弄清楚实现整体功能需要哪些功能模块，这些功能模块与整体功能以及各功能模块之间的逻辑关系。

智能弹药系统整体功能不同，所需的功能模块亦不同，不同的功能模块，可以组成不同的整体功能。例如，普通炮弹加装增程模块和制导控制模块，就具有远程精确打击的能力。又如，为实现远程高效毁伤整体功能，需要增程模块、制导控制模块和高毁伤模块。

2. 整体功能的实现与完成特定任务要求分析

智能弹药系统整体功能是根据弹药承担的战斗任务、所对付的目标而设定的，承担的战斗任务不同、对付的目标不同，智能弹药系统整体功能亦不同，即使对付同一目标，完成的任务不同，智能弹药系统整体功能也不同。一般情况下，对付的目标和完成的战斗任务确定了，智能弹药系统的整体功能也就确定了。智能弹药系统整体功能与完成特定任务具有一一对应关系，也就是说，智能弹药系统整体功能完全有效地实现了，特定任务也就完成了；反之，特定任务就没有完成。

智能弹药系统整体功能的实现，依赖于各组成功能模块的功能的实现，或者说，各组成功能模块功能的实现是整体功能实现的基础，也就是说，只有各组成功能模块的功能全部实现后，系统整体功能才得以实现。如果某一功能模块发生了故障，整体功能就不能实现。由于各功能模块受到一些不确定因素，特别是随机因素的影响，其功能的实现具有不确定性，进而导致系统整体功能的实现也具有不确定性，通常用功能实现概率表示。

由于整体功能的实现具有不确定性，那么，完成特定任务也具有不确定性，也可用完成特定任务概率表示。完成特定任务的概率越高，即整体功能实现概率越高，那么，智能弹药系统整体性能就越优。例如：两种反坦克破甲弹，A 弹为无控反坦克破甲弹，首发击毁坦克的概率为 70%；B 弹为有控反坦克破甲弹，首发击毁坦克的概率为 90%。很显然，B 弹要比 A 弹的整体性能更优。

3. 技术方案与功能模块功能可实现性分析

智能弹药系统技术方案是为了实现智能弹药系统整体功能而设计的，是根据功能模块的功能设计的，而功能模块的功能是通过所设计的技术方案来实现的，有的功能模块其功能的实现可能只有一种技术方案，有的功能模块其功能的实现可能有几种技术方案。例如，末敏子弹战斗部实现远距离从顶部击毁装甲目标的功能，只能采用爆炸成形弹丸技术；目标探测器实现在一定距离处捕获识别目标的功能，可采用多种技术方案，有毫米波探测器、红外探测器、激光探测器或毫米波与红外、激光与红外复合探测器 5 种技术方案。对于有多种技术方案的功能模块就要选择一种既先进又可靠的技术，以确保功能模块的功能实现。

1.7.1.2 战技指标分析

战技指标主要是根据军事需求而设定的，是智能弹药系统设计的依据，是评价智能弹药系统整体性能优劣的主要指标，指标越先进，整体性能就越优，完成特定任务的概率就越高。从军事需求出发，希望战技指标先进一些，但从技术可实现性来看，又希望战技指标低一些。所以，战技指标既要满足军事需求，又要能够达到最低标准，否则就是没有实际意义的空指标。

战技指标按其先进性，通常可分为：一般、国内先进、国内领先、世界先进、世界领先 5 个等级。战技指标分析首先就要判定战技指标属于哪一个指标等级；战技指标与技术方案是否相适应。技术方案是根据战技指标要求设计的，应能达到战技指标要求。一般情况，战技指标越先进，技术方案也要越先进。如果战技指标过于先进，暂时技术又跟不上，存在较大差距，如战技指标是国际先进，而技术方案却是国内领先，则战技指标就很难达到。

1.7.2 技术分解与分析

智能弹药系统是由诸多要素组成的，涉及多个技术领域。可行性分析的关键是技术方案可行性分析，而技术方案可行与否与所用技术密切相关。

1.7.2.1 技术分解

进行技术方案可行性分析时，首先要对技术方案进行分解，将技术方案分解成若干个技术群，再分解成单项技术，并进行分类排序，哪些技术是高技术、哪些技术是新技术、哪些技术是一般技术、哪些技术是成熟技术、哪些技术是较成熟技术、哪些技术是基本成熟技术、哪些技术是不成熟技术。

1. 高技术

高技术一般是指技术含量高、处于前沿的技术，如信息技术、微机电技术、智能技术、多模战斗部技术等。高技术一般都能大幅提升智能弹药系统的整体性能。智能弹药系统中有无高技术是界定智能弹药系统整体性优劣的主要

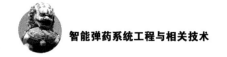

标志。但是，高技术是处于科技前沿的技术，一般成熟度不太高，实现的难度较大。

2. 新技术

新技术是指那些新出现的、刚开始应用不久的技术，新技术也可能是高技术，但也可能是一般技术。新技术通常是根据需要开发的，也能较大幅度提升智能弹药系统的整体性能。如 GPS/INS 复合制导技术，可大幅地提高弹药的命中精度，既是一项才用于弹药制导的新技术，又是一项高技术。又如，多级串联破甲战斗部技术，可大幅提高破甲深度，它仅是一项新技术。新技术是相对老技术而言的，有较强的时间观念，应用时间长了，新技术也就成了老技术。

3. 技术成熟度

技术成熟度是技术成熟程度的量度，表示技术成熟的程度。技术成熟度越高，表示技术越成熟，技术指标实现的可能性越大。根据国防科研程序和技术所处的状态，技术成熟程度可分为成熟、比较成熟、基本成熟和不成熟等四种状态。技术状态与成熟度的关系如表 1.2 所示。一般情况高新技术的成熟度较低，一般技术的成熟度较高，技术成熟度越高，技术指标达到的可能性越大，反之则小。

表 1.2　技术状态与成熟度的关系

技术状态	不成熟	基本成熟	比较成熟	成熟
成熟度	≤50%	50%～70%	70%～90%	90%～100%

技术分解最终要找出哪一项或几项是高技术或新技术；哪一项或几项是成熟度最差的技术，为技术方案可行性分析打好基础。

1.7.2.2　关键技术分析

关键技术是指对系统整体功能和战技指标起关键作用的技术。智能弹药系统不同，关键技术的多少也不一样，少的可能只有 1～2 项关键技术，多的可能有几项关键技术。在进行技术分解时，千万不能漏掉关键技术；也不能因为怕漏掉关键技术，而把一般技术误认为是关键技术。

关键技术是关系到系统整体功能能否实现，战技指标能否达到的技术。在一般情况下，只有关键技术突破了，技术指标才能达到，系统整体功能才能实现，战技指标才能达到。

关键技术多数是高技术或新技术，也有少数是一般技术。关键技术分析，除了准确判别和把握关键技术之外，还要找出哪些技术是主要技术，哪些技术是次要技术。所谓主要技术是指对系统整体功能和战技指标起主要作用的技术，其重要程度仅次于关键技术。如末敏智能弹药，目标敏感技术是它的关键技术，即目标探测识别技术。末敏子弹如离开了目标探测识别器就成了一般无控子弹。与目标探测识别器匹配的爆炸成形弹丸技术和稳态扫描技术，都是末敏子弹的主要技术。所以，在进行关键技术分析时，一定要把关键技术和主要技术区分开来。

1.7.3　技术方案可行性分析

从技术角度来看，技术方案中采用的技术的成熟度越高，其技术可行性也就越大。下面将从智能弹药系统整体出发，分析在给定条件下技术方案的可行性。所谓给定条件是指在一定时间内、一定的经费支持、有限的资源和一定的科研环境。

技术成熟度不仅取决于自身的发展，而且与外界条件密切相关，特别是经费和其他资源关系更大。经费充足，科研环境可以得到改善，可获得更多的资源，技术的成熟度可大大加快，研究时间越长，对技术的认识越深，解决的技术难题就越多，技术就越成熟。在应用基础研究的起始阶段，技术成熟的速度较快，随后技术成熟的速度逐渐减缓。

技术方案可行性是指组成技术方案的技术群的可行性，技术方案可行性分析是对组成技术方案的技术群的可行性进行分析，但重点是对关键技术和主要技术的可行性进行分析。技术可行性主要是指技术指标的可实现性，即技术指标能达到的程度。

1.7.4　经济可行性分析

经济可行性是指在经济上能承受、能买得起。一般情况下，智能弹药整体性能越先进，所需的费用越多，成本也就越高。智能弹药性能与成本之间的关系，如图 1.7 所示。

不同智能弹药，效能与成本关系不同，有的可能是曲线"S"形关系；有的可能是线性关系。无论成本与效能之间遵循何种关系，均可用效/成比，即效能与成本之比作为评价准则。

若用符号 E_s，C_s 分别表示智能弹药的效能和成本，则有

$$K = E_s/C_s \tag{1.12}$$

式中，K——表示智能弹药品质的判据。

如图 1.8 所示，E_s/C_s 越高，表明智能弹药的品质越优，即使成本高一些，也可以接受。那么，低成本低效能智能弹药，即 E_s/C_s 低的智能弹药不是好的智能弹药，即使成本低也不能接受。

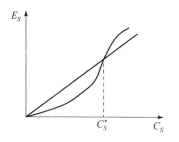

图 1.7　效能与成本关系示意图

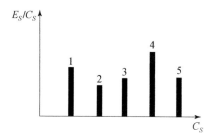

图 1.8　E_s/C_s – C_s 关系图

1.8　智能弹药系统风险分析

　　智能弹药系统型号项目研制过程中面临许多不确定性因素，正是这些因素的变化使型号研制具有风险。智能弹药系统型号项目风险管理旨在通过风险识别、风险量化、风险评价等风险分析活动，对风险进行规划、控制、监督，从而增加应对威胁的机会。智能弹药系统型号项目风险决策旨在风险事件（因素）存在的情况下，决策者从多个备选方案中选择一个决策价值最大或最令人满意的方案。

1.8.1　概述

　　风险的最大特性是不确定性。风险的主要特性包括：不确定性、客观性、双重性、阶段性和可控性。

　　项目的主要内容应包括：项目参与人（一个临时组织）、项目提出者、项目实施参与者以及其他利益相关的人员；具有特定目标的一次性任务；有一定的时间要求和有限的资源约束。从项目发起人提出任务到实现项目目标，首先要进行项目任务设计，在设计的基础上编制实施计划，再根据实施计划配置资源，按时间计划表完成任务，达到目标要求，这就是项目活动的全过程。归纳起来，项目是指项目参与人在有限的资源约束下，在一定时间内，通过科学运筹，完成特定目标任务的一次性活动。

　　任何一个项目都存在许多不确定因素，而这些不确定因素有可能造成项目目标的负偏差。可以认为项目风险是项目中的不确定因素使项目目标产生负偏差的可能性。

项目风险贯穿在项目的全过程中，即项目的每个阶段都存在风险。项目风险是一个项目因为各种不确定性因素的存在而无法实现预定的项目目标的可能性，一是项目不能达到预定目标的可能性（概率）；二是项目目标不能实现而引起的后果。其数学描述如下：

$$R = f(P_f, C_f) \tag{1.13}$$

式中，P_f 为项目风险发生的概率，$0 \leqslant P_f \leqslant 1$；$C_f$ 为风险发生所引起的后果，$0 \leqslant C_f \leqslant 1$。

智能弹药系统型号研制是由一个临时组织在一定的资源约束下，在一定的时间里，完成特定任务的一次性活动，是一个特殊项目，其研制风险也贯穿在整个研制过程中。例如，在智能弹药系统的研制中，如果采用新的技术，就可能因为新技术的不成熟而导致设计上的重大缺陷；而如果因循守旧，采用传统技术进行设计，就可能无法达到智能弹药系统的技术要求。

1.8.2 风险分析及其过程

在智能弹药系统型号研制过程中，存在许多不确定因素，这些不确定因素可能会引发各种各样的风险，为了确保智能弹药系统型号研制任务按时、按预计目标完成，就应承认风险、充分认识风险、认真分析风险、积极应对风险、有效控制风险、尽量化解风险。风险分析是通过风险识别，找出所有潜在风险和引起风险的不确定因素，定性分析风险后果；通过风险估计和评价，估计风险发生的概率，评价风险损失，为制定风险应对措施和评价方案提供依据，供决策部门或决策者参考。

智能弹药系统风险分析是指为了保证智能弹药系统型号计划（项目）的顺利实现（实施），事先识别智能弹药系统型号研制过程中潜在的风险，评价风险可能造成的损失，并在风险还没有发展成为问题之前采取措施对风险进行有效的预防和控制，防止风险的发生。

风险识别就是对存在于智能弹药系统型号项目中的各种风险根源或不确定性因素按其产生的背景原因、表现特点和预期后果进行定义、识别，对所有的风险因素进行科学的分类。以便采取不同方法进行评估，并依此制定出对应的风险管理计划方案和措施，付诸实施。

1. 风险源的确定

智能弹药系统项目风险具有风险期长、难以预测、损失影响大、多种风险

因素并存的特点。项目风险因具体条件的不确定性而没有统一的模式和固定的规律。统计结果表明，许多共同的原因常常是导致风险问题的根源，一般称之为风险因素或风险源。

智能弹药系统项目风险因素可划分为六类：

（1）政治因素风险——指项目论证和研制所受到的法律法规的约束和政策性调控影响，以及项目立项过程中存在的各种不确定性问题。

（2）社会因素风险——指项目研制的周边环境技术经济发展水平、与项目并发匹配协作程度。

（3）经济因素风险——指项目全寿命周期内的合同风险、研制成本风险、项目的进度风险以及项目的验收风险。

（4）自然风险因素——指项目全寿命周期内自然环境的变化等不确定性因素，这是所有项目都无法避免的。

（5）技术风险因素——指项目研制受知识水平所限，在进行预测、决策、评估和各种技术方案的选择制定时必然产生相应的不确定性。

（6）管理风险因素——指项目寿命周期中因管理组织、制度或教育方面的疏忽而产生的安全、质量、责任事故风险。

2. 风险等级的确定

风险识别必须确定智能弹药系统型号整个研制计划各个领域的潜在风险，从顶层开始，逐步进行到底层。

风险项目的识别通常是按型号项目研制计划的设计审查的时间分段进行的。也就是说，系统/分系统一级的风险识别是在系统技术要求审查阶段进行的；而部件一级的风险识别是在初步设计审查和关键设计审查时进行的。

1.8.3　智能弹药系统研制风险分析案例

智能弹药系统是一类复杂系统，它的开发研制需要运用许多先进的专业技术，耗费大量的资金。因此存在由于费用、进度和技术的约束而使得智能弹药系统型号的研制无法达到预定目标，甚至无法继续开展的风险。

在制订型号研制计划的初期，必须连续不断地评价真实系统和计划系统的性能，确定智能弹药系统型号研制过程中可能存在的各类重大风险。同时着手研究降低风险的措施，以保证已知的和意料之外的风险不致发展成为对系统的费用和进度产生重大影响的问题或直接导致型号研制计划的失败。

由可行性分析得知，可行性分析只分析了项目整体功能的可实现性，性能指标达到的可能性，没有分析智能弹药在研制过程中可能会遇到的风险。任何项目都存在许多不确定因素，都会引发各种各样的风险，这些风险将对项目成功造成威胁，风险性是项目特性之一。所以，只进行项目可行性分析是不够的，还必须进行项目风险分析。

1.8.3.1　风险识别

1. 风险判定

智能弹药系统研制项目按其经费来源可分为两大类，一类是由国家拨款的，称为国家项目；另一类是自筹经费（包括合资），称为自立项目。不同项目有不同的风险；从不同角度进行风险判定，得到的结果不同。根据收集到的资料分析，参考同类产品的风险识别，结合自身的经验，用思考法或专家函询调查法进行判定。

按风险性质分，一般的智能弹药系统研制项目均有可能会存在立项风险、技术风险、管理风险、人力风险和环境风险 5 种。其中技术风险又可分为技术方案风险、工艺风险、原材料风险、元器件风险、设施风险等；管理风险又可分为计划风险、组织风险、协调与控制风险等；人力风险又可分为技能风险、职业品德风险、人员稳定风险等；环境风险又可分为政治风险、经济风险、自然风险、需求风险等。项目风险结构如图 1.9 所示。

2. 风险因素分析

（1）立项风险因素分析。

国家项目一般是通过招标落实承担单位，存在竞标风险；对于自主项目需要申请立项，存在立项风险，统称为立项风险。

引起立项风险的主要有：对军事需求估计和预测不全面、性能指标和整体功能不能满足要求、可行性论证不充分、经费需求量过大等。

（2）技术风险因素分析。

技术风险是由技术上的原因而引发的风险。

技术上的原因很多，主要有：技术方案不成熟或技术难度太大，可能引发技术设计风险；原材料存在质量问题或暂时缺货，会引发原材料风险；元器件不可靠，工作不稳定，不能承受高过载，会引发元器件风险；工艺技术水平不能满足设计要求，会引发工艺风险；加工设备、装配设备、试验与测试达不到要求，会引发设备风险。

（3）管理风险因素分析。

管理风险是由于管理上的问题，主要有：编制计划时，对研制进度的安排

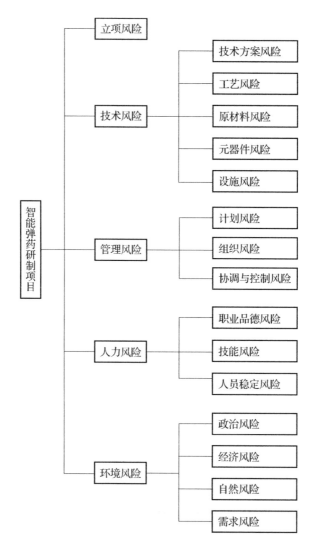

图 1.9 智能弹药系统研制项目风险体系结构

和经费的使用不合理，会引发计划风险；组织不落实，组织机构不协调，会引发组织风险；对研制工作分工不够明确、协调和监控不得力，规章制度不健全或有章不循，均会引发协调与控制风险。

（4）人力风险因素分析。

人力风险是项目团队成员的素质问题或人员流失而引发的风险。主要有：人员技能水平不高，会引发技术能力风险；人员职业品德不高、责任心不强，会引发职业品德风险；项目团队成员变化，特别是主要成员变化，会引发人员稳定风险。

（5）环境风险因素分析。

环境风险是由环境的变化而引发的风险。其主要有：国际或国内政治形势的变化，会引发政治风险；国际或国内经济形势的变化，会引发经济风险；自然灾害、气象条件变化，会引发自然风险；需求方的变化，会引发需求风险。

3. 风险后果分析

（1）立项风险后果分析。

立项风险后果存在两种情况：一是竞标时落标，或立项申请未被批准；二是中标，立项成功。竞标或立项成功可能会带来其他潜在风险，如性能指标过高，会引发性能指标风险；或经费预测太少，会引发经费风险；研制工期过短，会引发工期风险等。竞标或立项失败就会失去了承担项目的机会，后果是非常严重的。

（2）技术风险后果分析。

①技术方案风险——由方案不成熟或技术难度太大造成的风险。最严重的后果是性能指标不能达到，或者发生人身伤亡，其次是造成研制费用增加、工期延长或其他风险后果。

②工艺风险——由工艺技术水平达不到要求而造成的风险。其主要风险后果可能引起费用增加、工期延长、性能指标下降。

③原材料风险——由材料的质量问题而造成的风险。其主要风险后果可能会使性能指标下降、费用增加、工期延长或其他风险后果。

④元器件风险——由元器件性能不可靠而造成的风险。其主要风险后果可能会使性能指标下降、费用增加或工期延长等。

⑤设施风险——由研制设施达不到要求而造成的风险。其主要风险后果可能造成费用增加、工期延长或性能指标下降。

（3）管理风险后果分析。

①计划风险——由计划不合理而造成的风险。其主要风险后果可能会使经费增加、工期延长或其他风险后果。

②组织风险——组织不落实、机构不健全而造成的风险。其主要风险后果可能会使性能技术下降、费用增加、工期延长或其他风险后果。

③协调与控制风险——由协调与控制不得力而造成的风险。其主要风险后果可能会使经费增加、工期延长或其他风险后果。

（4）人力风险后果分析。

①职业品德风险——由项目团队成员职业品德不高而造成的风险。其主要风险后果可能会造成性能指标下降、费用增加、工期延长或其他风险后果。

②技能风险——由项目团队成员技能水平不高而造成的风险。其主要风险后果可能会使费用增加、工期延长、性能指标下降，严重者会使项目失败。

③人员稳定风险——由人员变动，特别是主要成员流失而造成的风险。其主要风险后果可能会使工期延长、费用增加，严重者会使项目半途而废。

（5）环境风险后果分析。

①政治风险——由国内外政治形势变化而造成的风险。其主要风险后果可能会使项目暂停、工期提前或其他风险。

②经济风险——由国内外经济形势变化而造成的风险。其主要风险后果可能会使工期延长、项目暂停，严重者项目下马。

③自然风险——由自然灾害而造成的风险。其主要风险后果可能会使项目暂停、经费增加、工期延长或其他风险后果。

④需求风险——由需求变化而造成的风险。其主要风险后果可能会使性能指标提高、工期缩短、费用减少，严重者项目下马。

4. 绘制风险清单

根据风险识别、风险因素和风险后果分析结果绘制风险清单，如表 1.3 所示。

表 1.3　智能弹药系统研制项目风险清单

序号	风险类型		风险因素	风险后果	备注
1	立项风险		对军事需求估计和预测不全面，性能指标和整体功能不满足要求，可行性论证不充分，费用过多	落标或不能立项，性能指标过高，费用偏少，工期偏短不能按时完成任务	严重
2	技术风险	技术方案风险	技术方案不成熟、技术难度太大	性能指标达不到、费用增加、工期延长、人员伤亡或其他风险	严重
		工艺风险	工艺技术水平达不到要求	性能指标下降、费用增加、工期延长	一般严重
		原材料风险	原材料质量有问题	性能指标下降、工期延长、费用增加	一般严重
		元器件风险	元器件性能不稳定、可靠性差	性能指标下降、工期延长、费用增加	一般严重
		设施风险	加工设施、装置、试验与测试达不到要求	性能指标下降、工期延长、费用增加	一般严重

序号	风险类型	风险因素	风险后果	备注
3	管理风险	计划风险	计划和经费安排不合理	工期延长、费用增加、性能指标达不到	一般严重
		组织风险	组织措施不落实，机构不健全，协调不得力	性能指标下降、经费增加、工期延长及其他	一般严重
		协调与控制风险	分工不明确、协调和监控不力、规章制度不健全或有章不循	工期延长、费用增加或其他事故	较严重
4	人力风险	职业品德风险	团队成员职业品德不高、责任心不强	性能指标达不到、经费增加、工期延长	较严重
		技能风险	科技队伍成员技能水平低	性能指标达不到、经费增加、工期延长	一般严重
		人员稳定风险	成员变动，特别是主要成员流失	费用增加、工期延长、项目暂停、性能指标下降	较严重
5	环境风险	政治风险	国内外政治形势变化	项目暂停或下马、工期提前、费用增加	较严重
		经济风险	国内外经济形势变化	项目暂停或下马、费用减少、工期延长	较严重
		自然风险	自然灾害、气象条件变化	费用增加、工期延长、项目暂停	一般严重
		需求风险	需求方要求变化	性能指标提高、工期提前、减少经费、项目暂停	一般严重

1.8.3.2 风险估计

1. 风险概率估计

风险识别已判定出智能弹药系统研制项目存在 5 类共 16 种潜在风险，下面仅只对 5 类风险概率进行估计。采用专家函询调查法和思考法相结合的方法，估计结果已列入表 1.4 中。

表1.4　风险概率估计结果表

风险概率／风险类型	最高 (0.9)	高 (0.7)	中 (0.5)	低 (0.3)	最低 (0.1)	平均风险概率
立项风险	0.3	0.4	0.2	0.1	0	0.68
技术风险	0.4	0.3	0.2	0.1	0	0.70
管理风险	0.1	0.2	0.4	0.2	0.1	0.50
人力风险	0.1	0.3	0.3	0.2	0.1	0.52
环境风险	0.1	0.2	0.3	0.3	0.1	0.48

由表1.4中的数据得知，平均风险概率最高的是技术风险（0.70），其次是立项风险（0.68），第三是人力风险（0.52），第四是管理风险（0.50），第五是环境风险（0.48）。表1.4中第一行中的数据表明，立项风险发生的概率中最高概率为30%，高概率为40%，中概率为20%，低概率为10%，最低概率为0，平均概率为68%，属于中高风险。第二行中的数据表示技术风险发生的概率，最高概率为40%，高概率为30%，中概率为20%，低概率为10%，最低概率为0，平均风险概率为70%，属于高风险，以此类推。

2. 风险后果估计

采用专家函询调查法和思考法相结合的方法，对5类风险后果的估计结果已列入表1.5。

由表1.5中的数据得知风险损失最大的是技术风险（0.68），其次是立项风险（0.62），第三是环境风险（0.56），第四是管理风险（0.54），第五是人力风险（0.48）。表1.5中的第一行数据表示立项风险损失最大为30%，大为30%，中为20%，小为10%，最小为10%，平均风险损失为62%，属中大损失，以此类推。

表1.5　风险后果估计结果表

风险后果／风险类型	最大 0.9	大 0.7	中 0.5	小 0.3	最小 0.1	平均风险后果
立项风险	0.3	0.3	0.2	0.1	0.1	0.62
技术风险	0.3	0.4	0.2	0.1	0	0.68

风险后果\风险类型	最大 0.9	大 0.7	中 0.5	小 0.3	最小 0.1	平均风险后果
管理风险	0.1	0.3	0.4	0.1	0.1	0.54
人力风险	0.1	0.2	0.3	0.3	0.1	0.48
环境风险	0.2	0.3	0.2	0.2	0.1	0.56

1.8.3.3 风险评价

1. 加权风险值法

利用加权风险值法关键是计算各风险对项目成功影响程度的权值。用层次分析法求各风险权值，用符号 ω_1、ω_2、ω_3、ω_4、ω_5 分别表示立项风险、技术风险、管理风险、人力风险和环境风险的权值。

根据各风险对智能弹药研制项目成功的影响程度，通过两两比较，建立的比较矩阵为

$$B = \begin{pmatrix} 1 & 1/2 & 2 & 3 & 4 \\ 2 & 1 & 3 & 4 & 5 \\ 1/2 & 1/3 & 1 & 2 & 3 \\ 1/3 & 1/4 & 1/2 & 1 & 2 \\ 1/4 & 1/5 & 1/3 & 1/2 & 1 \end{pmatrix}$$

根据比较矩阵中的数据，用和积法求得各风险的权值为 $\omega_1 = 0.262$，$\omega_2 = 0.416$，$\omega_3 = 0.161$，$\omega_4 = 0.098$，$\omega_5 = 0.063$。比较矩阵的特征值 $\lambda_{max} = 5.050$，一致性指标 $CI = 0.0125$，随机一致性指标 $CR = 0.0112$，$CR < 0.1$，表明风险对项目成功影响程度的比较矩阵有满意的一致性，即所求各风险的权值是可信的。

将各风险权值 ω_i、平均概率 p_{fi} 和平均损失 p_{si} 代入加权风险值公式 $R_i = \omega_i \times P_{fi} \times P_{si}$ 即可求出相应的管理风险。各风险的加权风险值分别为：立项风险 $R_1 = 0.1105$，技术风险 $R_2 = 0.1980$，管理风险 $R_3 = 0.0435$，人力风险 $R_4 = 0.0245$，环境风险 $R_5 = 0.0169$。

由此可见，技术风险的加权风险值最大，其次是立项风险，再次是管理风险，最小的是环境风险。这就为制定风险应对和监控措施提供了依据。

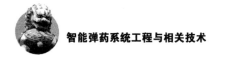

2. 模糊评价

由风险识别结果表明，智能弹药研制项目的风险因素集 $U = \{$立项风险、技术风险、管理风险、人力风险、环境风险$\}$；根据风险评价结果，评价集 $V = \{$最高风险概率、高风险概率、中风险概率、低风险概率、最低风险概率$\}$。

用专家函询调查法或思考法，根据风险概率评估结果表可得到模糊关系矩阵：

$$R = \begin{pmatrix} 0.3 & 0.4 & 0.2 & 0.1 & 0 \\ 0.4 & 0.3 & 0.2 & 0.1 & 0 \\ 0.1 & 0.2 & 0.4 & 0.2 & 0.1 \\ 0.1 & 0.3 & 0.3 & 0.2 & 0.1 \\ 0.1 & 0.2 & 0.3 & 0.3 & 0.1 \end{pmatrix}$$

R 矩阵第一行表示立项风险，最高风险概率为30%，高风险概率为40%，中风险概率为20%，低风险概率为10%，最低风险概率为0。以此类推，其他各行分别为技术风险、管理风险、人力风险和环境风险的风险概率。通过两两比较，得到风险概率模糊判断矩阵为

$$B = \begin{pmatrix} 1 & 1/3 & 1/2 & 1 & 2 \\ 3 & 1 & 2 & 3 & 4 \\ 2 & 1/2 & 1 & 2 & 3 \\ 1 & 1/3 & 1/2 & 1 & 2 \\ 2 & 1/4 & 1/3 & 1/2 & 1 \end{pmatrix}$$

根据模糊判断矩阵 B，求得各风险概率权值向量为 $W = (0.137, 0.402, 0.244, 0.137, 0.080)$。下面对模糊合成算子"$\circ$"取 $M(\wedge, \vee)$ 算子，则有

$C = W \cdot R$

$$= (0.137, 0.402, 0.244, 0.137, 0.080) \begin{pmatrix} 0.3 & 0.4 & 0.2 & 0.1 & 0 \\ 0.4 & 0.3 & 0.2 & 0.1 & 0 \\ 0.1 & 0.2 & 0.4 & 0.2 & 0.1 \\ 0.1 & 0.3 & 0.3 & 0.2 & 0.1 \\ 0.1 & 0.2 & 0.3 & 0.3 & 0.1 \end{pmatrix}$$

$= (0.4, 0.3, 0.244, 0.200, 0.100)$

计算结果表明，最高风险概率为40%，高风险概率为30%，中风险概率为24.4%，低风险概率为20%，最低风险概率为10%。将综合评价模糊向量归一化处理后，则得

$$\overline{C} = (0.32, 0.24, 0.20, 0.16, 0.08)$$

由模糊评价结果可知，智能弹药系统研制项目发生风险的可能性很大，属于高风险项目。

以上仅对风险发生的概率进行了模糊评价，若要对风险损失进行模糊评价，可以参照以上方法。

|1.9 智能弹药系统总体评价|

智能弹药系统评价就是在系统分析的基础上，根据智能弹药系统目标的要求，从系统整体最优出发，从技术和经济两个方面权衡利弊得失，为决策者从中选择技术先进、成本低的最佳可行方案提供依据。

1.9.1 概述

智能弹药系统评价是智能弹药系统工程的主要内容之一，也是智能弹药系统工程中最困难的环节之一，要求系统评价人员熟悉系统的有关技术、掌握各种评价与计算方法，有预见性，只有这样，才能较好地完成评价工作。

智能弹药系统评价按照系统工程步骤可以分为：

（1）事前评价——计划阶段和方案论证阶段的评价；

（2）中间评价——在研制过程中的评价，包括设计与制造阶段的评价；

（3）事后评价——研制完成，即设计定型后的评价，称为综合评价；运行一段时间后的评价。

重要的是计划阶段和方案论证阶段的事前评价及设计定型后的综合评价。虽然各个阶段的任务不同，评价目标、评价指标亦不同，但评价的方法大同小异。

1.9.2 综合评价方法

综合评价是决策科学化的基础，是实际工作迫切需要解决的问题，需要正确掌握综合评价的方法。下面归纳使用层次分析法、模糊综合评价法和灰色综合评价法等综合评价方法时应注意的一些问题。

1. 层次分析法

层次分析法（AHP）是一种实用的评价与决策方法，它把一个复杂的问题表示为有序的递阶层次结构，通过人们的判断对评价方案的优劣进行排序。具体地讲，它把复杂的问题分解为各个组成因素，将这些因素按支配关系分组形成有序的递阶层次结构，通过两两比较的方式确定层析中诸因素的相对重要性，然后综合人的判断以决定决策因素相对重要性总的顺序。这种方法能够统一处理决策中的定性与定量因素，具有实用性、系统性、简洁性等优点。它完全依靠主观评价做出方案的优劣排序，所需数据量很少，决策花费的时间很短。从整体上看，AHP 是一种测度难于量化的复杂问题的手段。它能在复杂决策过程中引入定量分析，并充分利用决策者在两两比较中给出的偏好信息进行分析与决策支持，既有效地吸收了定性分析的结果，又发挥了定量分析的优势，从而使决策过程具有很强的条理性和科学性，特别适合在社会经济系统的决策分析中使用。

AHP 方法的表现形式与它的深刻的理论内容联系在一起，简单的表现形式使得 AHP 方法有着广泛的应用领域，深刻的理论内容确立了它在多准则决策领域中的地位。

层次分析法应用主要针对方案基本确定的评价与决策问题，一般仅用于方案优选。层次分析法的不足之处是遇到因素众多、规模较大的问题时，容易出现问题。它要求评价者对问题的本质、包含的要素及其相互之间的逻辑关系能掌握得十分透彻。

2. 模糊综合评价法

模糊综合评价法是利用模糊集理论进行评价的一种方法。具体地说，该方法是应用模糊关系合成的原理，从多个因素角度对评判事物隶属等级状况进行综合性评价的一种方法。模糊评价法不仅可对评价对象按综合分值的大小进行评价和排序，还可根据模糊评价集上的值按最大隶属原则去评定对象所属的等级。这就克服了传统数学方法结果单一性的缺陷，模糊评价法结果包含的信息量丰富。这种方法简易可行，在一些用传统观点看来无法进行数量分析的问题上，显示了它的应用前景，很好地解决了判断的模糊性和不确定性问题。

模糊综合评价的优点是可对涉及模糊因素的对象系统进行综合评价。作为较常用的一种模糊数学方法，它广泛地应用于经济、社会等领域。然而，随着综合评价在经济、社会等大系统中的不断应用，由于问题层次结构的复杂性、多因素性、不确定性、信息的不充分以及人类思维的模糊性等矛盾的涌现，使人们很难客观地做出评价和决策。模糊综合评价方法的不足之处是，它并不能解决评价指标间相关造成的评价信息重复问题，隶属函数的确定还没有系统的方法，而且合成的算法也有待进一步探讨。其评价过程大量运用了人的主观判断，由于各因素权重的确定带有一定的主观性，因此，总体来说，模糊综合评价是一种基于主观信息的综合评价方法。实践证明，综合评价结果的可靠性和准确性依赖于合理选取因素、因素的权重分配和综合评价的合成算子等。所以，无论如何，都必须根据具体的综合评价问题的目的、要求及其特点，从中选取合适的评价模型和算法，使所做的评价更加客观、科学和有针对性。

对于一些复杂系统，需要考虑的因素很多，这时会出现两方面的问题：一方面是因素过多，对它们的权数分配难以确定；另一方面，即使确定了权数分配，由于需要归一化条件，每个因素的权值都很小，再经过综合评判，常会出现没有价值的结果。针对这种情况，需要采用多级（层次）模糊综合评价的方法。按照因素或指标的情况，将它们分为若干层次，先进行低层次各因素的综合评价，其评价结果再进行高一层次的综合评价。另外，为了从不同的角度考虑问题，还可以先把参加评判的人员分类。按模糊综合评判法的步骤，给出每类评判人员对被评价对象的模糊统计矩阵，计算每类评判人员对被评价者的评判结果，通过"二次加权"来考虑不同角度评委的影响。

3. 灰色综合评价法

灰色关联度分析认为若干个统计数列所构成的各条曲线几何形状越接近，即各条曲线越平行，则它们的变化趋势越接近，其关联度就越大。该方法首先是求各个方案与由最佳指标组成的理想方案的关联系统矩阵，由关联系统矩阵得到关联度，再按关联度的大小进行排序、分析，得出结论。灰色关联度分析的核心是计算关联度，关联度越大，说明比较序列与参考序列变化的态势越一致，反之，变化态势则相悖。可以说，灰色关联分析的工具就是灰色关联度，所以灰色关联度及其计算方法具有重要的意义。

采用灰色关联度模型进行评价是从被评价对象的各个指标中选取最优值为评价的标准。实际上是评价各被评对象和此标准之间的距离，这样可以较好地排除数据的"灰色"成分。且该标准并不固定，不同的样本会有不同的标准。即便是同一样本在不同的时间，其标准也会不同。但不管如何，取值始终是样本在被选时刻的最优值。构造理想评价对象可用多种方法，如可用预测的最佳值、有关部门规定的指标值、评价对象中的最佳值等，这时求出的评价对象关联度与其应用的最佳指标相对应，显示出这种评价方法在应用上的灵活性。具体地说，需要确定参考数据列。确定原则为：参考数据列各元素是由各系统技术经济指标数据列选出最佳值组成的。如效益指标，人们希望它越高越好，成

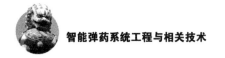

本指标越低越好。

灰色综合评价法是一种定性分析和定量分析相结合的综合评价方法，这种方法可以较好地解决评价指标难以准确量化和统计的问题，排除人为因素带来的影响，使评价结果更加客观准确。整个计算过程简单，通俗易懂，易于为人们所掌握；数据不必进行归一化处理，可用原始数据进行直接计算，可靠性强；评价指标体系可以根据具体情况增减；无需大量样本，只要有代表性的少量样本即可。缺点是要求样本数据具有时间序列特性。当然，该方法只是对评判对象的优劣作出鉴别，并不反映绝对水平。而且，基于灰色关联系数的综合评价具有"相对评价"的全部缺点。另外，灰色关联系数的计算还需要确定"分辨率"，而它的选择并没有一个合理的标准。需要说明的是，应用该种方法进行对象评价时指标体系及权重分配也是一个关键问题，选择的恰当与否直接影响最终评价结果。另外，要注意到现在常用的灰色关联度量化所求出的关联度总为正值，这不能全面反映事物之间的关联，因为事物之间既可以存在正相关关系，也可以存在负相关关系。

1.9.3 评价指标

前面已讨论了表征智能弹药系统优劣的主要指标是系统的效能、研制费用和研制期，在和平时期研制期可用费用表示。所以，评价智能弹药系统的主要指标是系统的效能和费用两大指标。

智能弹药系统效能是由系统的可用性、可信性和毁伤能力三大要素组成的。而毁伤能力又由累积能力和终点能力所构成。但在计算系统效能时往往忽略了累积能力，如射程与效能之间的关系，现有甲、乙两个反坦克智能弹药系统，它们的效能相同，而射程不同，甲的射程大于乙的射程，即 $X_1 > X_2$，很显然甲弹系统优于乙弹系统。

由于不同智能弹药系统承担的战斗任务不同，评价智能弹药系统的指标亦不一样。例如，大口径防空智能弹药与小口径防空智能弹药评价指标就不同。大口径防空智能弹药，主要是靠智能弹药在目标附近爆炸后形成的大量毁伤破片击毁目标，即智能弹药的固有毁伤能力是一个重要的评价指标；而小口径智能弹药是靠直接命中击毁目标，即命中概率是评价小口径智能弹药的重要指标之一。

由此可见，系统效能虽然是评价系统优劣的指标，但它是一个综合性指标，对于一些特殊系统的主要性能指标表示不明显。另外，计算系统的效能时，要知道所有的参数才能计算，计算也较复杂。如果分析不全面，考虑不周到就可能漏掉一些参数，直接影响到效能值的真实性。

可见，智能弹药系统的效能和费用两大指标只能是评价系统优劣的一组指标，而智能弹药系统主要的战术技术指标和其他性能指标可作为评价系统优劣的另一组指标。

智能弹药系统的主要战术技术指标是：射程或初速度、固有毁伤能力（威力）、射击精度、弹径和弹重等。其他主要性能指标有：可操作性、可适应性、可保管性（包括运输、储存和勤处理）和经济性。一般情况下，弹径与射程有关，弹重与威力有关，弹重还与弹径有关。所以上述战术技术五大指标可用相对射程（X/D）、相对威力（R/D）和射击精度（E_x、E_y）代替。不同的智能弹药系统由于执行的战斗任务不同，系统的评价指标侧重不同。因此，对不同的智能弹药系统需要分别进行具体分析。

另外，智能弹药系统评价的目标不同，评价指标也不同。例如，在分析反坦克智能弹药的发展重点时，除了战术技术指标和经济性指标外，还增加了一个平台适用性指标。这表明，系统评价指标必须反映系统的特性。例如，高速脱壳杆式穿甲弹，它只适用于高膛压火炮发射的直瞄武器平台；而聚能破甲弹却适用高低膛压火炮发射的直瞄或间瞄（子母弹型）武器平台，包括火箭炮、无后坐力炮、反坦克导弹、反坦克雷、航空炸弹和导弹战斗部。由此可见，平台适用性指标反映了高速脱壳杆式穿甲弹和破甲弹的特性。

这里必须指出，智能弹药系统的评价指标除了主要战术技术指标和其他性能指标外，还可以根据系统的评价目标，再增加一些反映系统特性的指标。

1.9.4 评价模型

评价模型是系统进行定量评价的基础和依据。评价模型应能反映系统的特点，包含系统评价指标。不同的智能弹药系统，对付的目标不同，系统评价指标亦不同，其评价模型亦不同。

1. 效成比评价模型

一般智能弹药系统，可用系统的效能和成本两大指标表示系统的优劣，即用系统的效能和成本评价系统的优劣。若用符号 E_S 和 C_S 分别表示智能弹药系统的效能和成本，效成比评价模型为

$$K = E_S/C_S \qquad (1.14)$$

效成比越大，智能弹药系统性能越优。智能弹药系统的效能和成本在设计定型后才能有正确的计算结果，所以效成比模型适用于综合评价或事后评价。

2. 相关矩阵评价模型

相关矩阵是指各评价方案与评价指标之间的关系矩阵，相关矩阵评价模型

是将各评价方案（备选方案）相对于评价指标的评价值用一矩阵表示，如表1.6所示。

表1.6　相关矩阵

评价指标 权值 评价方案	A ω_1	B ω_2	C ω_3	D ω_4	E ω_5	评价值
1	a_{11}	a_{12}	a_{13}	a_{14}	a_{15}	$P_1 = \sum_{j=1}^{5} \omega_j a_{1j}$
2	a_{21}	a_{22}	a_{23}	a_{24}	a_{25}	$P_2 = \sum_{j=1}^{5} \omega_j a_{2j}$
3	a_{31}	a_{32}	a_{33}	a_{34}	a_{35}	$P_3 = \sum_{j=1}^{5} \omega_j a_{3j}$
4	a_{41}	a_{42}	a_{43}	a_{44}	a_{45}	$P_4 = \sum_{j=1}^{5} \omega_j a_{4j}$
5	a_{51}	a_{52}	a_{53}	a_{54}	a_{55}	$P_5 = \sum_{j=1}^{5} \omega_j a_{5j}$

表1.6中：$\omega_j(j=1,2,\cdots,5)$ 表示各评价指标 A、B、C、D、E 对评价目标的相对重要程度的权值；$a_{ij}(i,j=1,2,\cdots,5)$ 表示各评价方案相对于评价指标的评价值，用矩阵乘积表示则有：

$$\boldsymbol{P} = (P_1\ P_2\ P_3\ P_4\ P_5)^{\mathrm{T}} = \begin{pmatrix} a_{11} & a_{12} & a_{13} & a_{14} & a_{15} \\ a_{21} & a_{22} & a_{23} & a_{24} & a_{25} \\ a_{31} & a_{32} & a_{33} & a_{34} & a_{35} \\ a_{41} & a_{42} & a_{43} & a_{44} & a_{45} \\ a_{51} & a_{52} & a_{53} & a_{54} & a_{55} \end{pmatrix} \begin{pmatrix} \omega_1 \\ \omega_2 \\ \omega_3 \\ \omega_4 \\ \omega_5 \end{pmatrix} \tag{1.15}$$

式中，$P_i = \sum_{j=1}^{5} \omega_j a_{ij}$

矩阵中的元素 ω_j 和 a_{ij} 可通过专家函询调查法或层次分析法或其他方法求得，评价值 P_i 越大，表明系统性能越优。此评价模型适用于事前和中间评价。

3. 排队优序模型

智能弹药系统评价指标中，有些指标是无法用数量表示的，如智能弹药系统的可操作性、可保管性和可适用性，这些指标不但与智能弹药系统本身有关，还与环境和人的因素有关，很难用数量表示，只能相对比较好与坏。另外还有可生存性，不但与智能弹药系统自身的隐身性能、易损性有关，还与敌方攻击火力有关。这些指标只能定性或模糊表明。

以反坦克智能弹药发展重点为例，具体介绍排队优序模型。反坦克智能弹药的评价指标为威力（f_1）、射程（f_2）、射击精度（f_3）、可靠性（f_4）、可使用性（f_5）、经济性（f_6）。方案①为高速脱壳杆式穿甲弹；方案②为聚能破甲弹；方案③为爆破榴弹。为了方便计算优序数，可将各方案在各评价指标中的排序用表格表示，如表 1.7 所示。

表 1.7　排序表

指标 优序号	f_1	f_2	f_3	f_4	f_5	f_6
2	①	②③	①	①	②	③
1	②		②	②③	③	②
0	③	①	③		①	①

排序得分原则是：假设有 M 个评价方案，排在第一位得分为（$M-1$）；排在第二位得分为（$M-2$）；排在第 i 位得分为（$M-i$）；排在第 M 位得分为（$M-M$）。如果有 N 种各次相同的方案，要把它们排在同一位置上，则后面要空出（$N-1$）个位置，它们的优序数等于它们对应的优序号 J 减去 $0.5(N-1)$。

表 1.7 中的排序，可根据层次分析法或专家函询调查法求得。由于表 1.7 中只有 3 种方案，排序第一位的得 2 分，排序最末位的得 0 分。下面分别计算各方案的总优序数。

方案①的总优序数为：$K_1 = 2+2+2 = 6$。

方案②的总优序数为：$K_2 = 2+2-0.5\times(2-1)+1+1+1-0.5\times(2-1)+1 = 7$。

方案③的总优序数为：$K_3 = 2-0.5\times(2-1)+2+1-0.5\times(2-1)+1 = 5$。

根据以上计算结果，得到各方案的优序排值为：②→①→③，即综合考虑，应重点发展聚能破甲弹，其次是高速脱壳杆式穿甲弹，再次是爆破榴弹。

4. 有效毁伤射程评价模型

在前面讨论智能弹药系统效能时只考虑了智能弹药的终点能力，没有考虑累积能力，而累积能力主要体现为射程。多次高技术局部战争表明，未来高技术战争是一场大纵深战争，射程在战争中的作用越来越重要。大射程是压制敌

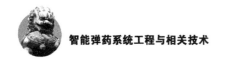

方、先发制人、赢得战争主动权的有效手段，世界上各大军事强国都在采用各种手段不断地提高智能弹药的射程。目前，155 mm 增程炮弹的射程一般为45～55 km，远的可达到 70～80 km，更远的已超过 100 km，随着增程技术的提高，射程还会继续增加。所以，必须把射程和效能作为评价智能弹药系统优劣的指标。

引进有效毁伤射程概念，即有效毁伤射程是指毁伤能力为 1 的最大射程。其表达式为

$$X_u = X_m \cdot E_s \tag{1.16}$$

式中，X_m——表示智能弹药的最大射程；

E_s——表示智能弹药的毁伤效能。

X_u 越大，表示有效毁伤目标的距离越远，对己方更安全，对敌方打击更大，也表示智能弹药系统的性能更优。

式（1.16）中的参数 X_m 和 E_s 可以通过实弹射击试验和数值仿真求得，最适合用于智能弹药设计定型后的综合评价。

5. 性能综合评价模型

众所周知，射程、命中精度和毁伤能力是表征智能弹药战术性能的三大指标。由智能弹药系统研制项目风险分析得知，一般情况下，战术指标越先进，风险就越大，实现指标的可能性就越小。在风险评价一节中，已将战术指标划为 5 个等级，即国际领先、国际先进、国内领先、国内先进和一般，并给不同等级赋予不同数值，如表 1.8 所示。

表 1.8　战术指标等级表

国际领先	国际先进	国内领先	国内先进	一般
10	7	5	3	1

战术指标的可实现性，根据技术的成熟度和难度，大体可分为 5 个等级，即易实现、能实现、基本能实现、难实现、很难实现，并给不同等级赋予不同的数值，如表 1.9 所示。

表 1.9　战术指标可实现性等级表

易实现	能实现	基本能实现	难实现	很难实现
0.9	0.7	0.5	0.3	0.1

性能综合评价模型是指各评价指标先进性与可实现性乘积之和，其表达式为

$$K = \sum_{i=1}^{n} Z_i \alpha_i \qquad (1.17)$$

式中，K——表示性能综合评价值。K 值越大，表示智能弹药系统性能综合指标越先进。

　　Z_i，α_i——分别表示第 i 个指标的先进性和实现性数值。

性能综合评价模型的最大优点是综合考虑了智能弹药系统性能指标的先进性和可实现性，可用于技术方案或设计方案评价，即事前评价或中间评价。

对付不同目标，需用不同智能弹药，不同智能弹药的战术指标对整体性能的影响程度不同。如对付点目标的智能弹药，命中精度更重要一些；对付面目标的智能弹药，毁伤能力更重要一些；大纵深打击智能弹药，射程更重要一些。

为了更全面地评价智能弹药系统整体性能，引进性能综合加权平均指标值的概念。所谓性能综合加权平均指标值是性能综合指标值 K_i 与权值 W_i 乘积之和，其表达式为

$$K_{CP} = \sum_{i=1}^{n} W_i K_i = \sum_{i=1}^{n} W_i Z_i \alpha_i \qquad (1.18)$$

式中，$K_i = Z_i \alpha_i$。

式（1.18）中的各指标权值 W_i，可用专家函询调查法、层次分析法或其他方法求得。

1.9.5　层次分析法及相关矩阵评价模型的应用

【案例】　以反坦克智能弹药的发展重点为总目标，其衡量目标的准则有反坦克智能弹药的战术性能、经济性和适用性，而表征主要战术性能的是智能弹药的威力、射击精度和射程三大指标。主要技术方案有：高速脱壳杆式穿甲弹、破甲弹和榴弹。试用层次分析法及相关矩阵评价模型对反坦克智能弹药发展重点问题进行分析与评价。

【求解与评价】

1. 建立阶梯层次模型

依据题意，本例的目标是反坦克弹药发展重点分析。顶层（目标层）为反坦克智能弹药发展重点，用符号 G 表示；衡量目标的准则为中间层，主要有战

术性能、适用性、经济性，分别用符号 C_1，C_2，C_3 表示；威力、命中精度和射程是子准则层，分别用 C_{11}，C_{12}，C_{13} 符号表示。底层为方案层，主要有杆式穿甲弹、破甲弹和榴弹，分别用符号 P_1，P_2，P_3 表示。

由上而下所建立的反坦克弹药发展重点阶梯层次模型如图 1.10 所示。

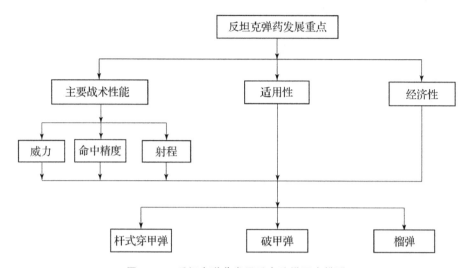

图 1.10　反坦克弹药发展重点阶梯层次模型

2. 方案层对战术性能之下子准则层各单元的排序

建立判断矩阵按阶梯层次结构可由上而下，也可以由下而上，常用的是由下而上。

（1）方案层对威力指标。

大量实验表明，高速脱壳杆式穿甲弹凭借自身的动能穿透坦克的装甲，穿孔大，随进车内的破片（包括弹体破片和装甲破片）大而多，对车内的人员和设备有极大的毁伤能力；破甲弹是靠炸药爆炸时金属药型罩形成的高速金属射流穿透坦克的装甲，破孔小，随进车内的破片小而少，对车内人员和设备毁伤能力较小；杀爆榴弹靠炸药爆炸时形成的爆轰波、爆轰产物和弹体破片毁伤车上和车内设备，对车体或炮管有极大的破坏力，同时在车内形成的超压对车内人员有较大的杀伤力。很显然，高速脱壳杆式穿甲弹的威力比杀爆榴弹大；而杀爆榴弹的威力又比破甲弹大。

通过以上两两分析比较，得出方案层对威力的判断矩阵，如表 1.10 所示。

表 1.10　方案层对威力的判断矩阵

C_{11}	P_1	P_2	P_3	单层排序权值
P_1	1	3	2	0.539
P_2	1/3	1	1/2	0.164
P_3	1/2	2	1	0.297

对以上判断矩阵，用和积法可算出最大特征根 λ_m、一致性指 CI 和随机一致性比率 CR，分别为：$\lambda_m = 3.008\ 8$，$CI = 0.004\ 4$，$CR = 0.007\ 6$，将求得的排序权值列入矩阵最右边一列。

$CR < 0.1$ 表明该判断矩阵有满意的一致性，即排序权值（0.539，0.164，0.297）是可信的。

（2）方案层对命中精度指标。

实弹射击试验表明，高速脱壳杆式穿甲弹的命中精度最高，在 1 000 m 处立靶精度一般不大于 0.30 m；其次是破甲弹的命中精度较高，在 1 000 m 处立靶精度一般不大于 0.40 ~ 0.45 m；杀爆榴弹的命中精度稍差一些。

通过以上两两分析比较，得出方案层对命中精度的判断矩阵，如表 1.11 所示。

表 1.11　方案层对命中精度的判断矩阵

C_{12}	P_1	P_2	P_3	单层排序权值
P_1	1	2	3	0.539
P_2	1/2	1	2	0.297
P_3	1/3	1/2	1	0.164

对以上判断矩阵，用和积法计算出最大特征根 λ_m，一致性指标 CI 和随机一致性比率 CR 分别为：$\lambda_m = 3.008\ 8$，$CI = 0.004\ 4$，$CR = 0.007\ 6$，将求得排序权值列入矩阵最右边一列中。

$CR < 0.1$ 表明该判断矩阵有满意的一致性，即排序权值（0.539，0.297，0.164）是可信的。

（3）方案层对射程指标。

高速脱壳杆式穿甲弹是靠自身的功能穿透敌装甲，由外弹道理论得知，射程越远，穿甲弹的速度降越大，一般千米速度降为 50 ~ 60 m/s，使穿甲弹威力下降。所以，杆式穿甲弹的射程不能太远，只适用于直瞄武器，破甲弹可以做成子弹，可用于间瞄武器，子母破甲弹的射程与杀爆榴弹的射程相当。

通过以上两两分析比较，得出方案层对射程的判断矩阵，如表1.12所示。

表1.12　方案层对射程的判断矩阵

C_{13}	P_1	P_2	P_3	单层排序权值
P_1	1	1/3	1/3	0.142 8
P_2	3	1	1	0.428 6
P_3	3	1	1	0.428 6

对以上判断矩阵，用和积法可求出该判断矩阵的最大特征根 λ_m、一致性指标 CI 和随机一致性比率 CR，分别为：$\lambda_m = 3$，$CI = 0$，$CR = 0$，将求得的排序权值列入判断矩阵最右边一列中。

$CR < 0.1$ 表明判断矩阵有满意的一致性，即单层排序权值（0.142 8，0.428 6，0.428 6）是可信的。

（4）子准则层对战术性能。

要击毁敌坦克，首先就要命中坦克，然后再击穿装甲，属于直接毁伤机制，所以，威力和精度两个指标同等重要。为了满足未来大纵深战场的需要，必须大幅度地增大射程，增大射程也是先发制人的有效手段。可见，增大射程变得更为重要。

通过以上两两分析比较，得出子准则层中各单元对准则层战术性能的判断矩阵，如表1.13所示。

表1.13　子准则层中各单元对准则层战术性能的判断矩阵

C_1	C_{11}	C_{12}	C_{13}	单层排序权值
C_{11}	1	1	1/2	0.25
C_{12}	1	1	1/2	0.25
C_{13}	2	2	1	0.50

对以上判断矩阵，用和积法求得最大特征根 λ_m、一致性指标 CI 和随机一致性比率 CR，分别为：$\lambda_m = 3$，$CI = 0$，$CR = 0$，将求得的单层排序权值列入判断矩阵最右边一列中。

$CR < 0.1$ 表明该判断矩阵有满意的一致性，即单层排序权值（0.25，0.25，0.50）是可信的。

3. 方案层对战术性能 C_1 的综合排序

将以上（1）、（2）、（3）、（4）步计算的各单层排序权值汇成排序权值表，如表1.14所示。

表1.14 排序权值表

C_1 \\ P	C_{11} 0.25	C_{12} 0.25	C_{13} 0.50	综合排序权值
P_1	0.539	0.539	0.142 8	0.341 0
P_2	0.164	0.297	0.428 6	0.329 5
P_3	0.297	0.164	0.428 6	0.329 5

将表1.14中的数据代入相关矩阵评价模型，可计算出方案层对准则层中 C_1 单元的综合排序权值为（0.341 0，0.329 5，0.329 5），并列入表1.14中最右边一列中。

表1.14中的综合排序权值表明，高速脱壳杆式穿甲弹的战术性能最优，破甲弹和杀爆榴弹的战术性能相当。结果表明，杀爆榴弹也是反坦克的主要弹种之一。

4. 方案层对适用平台 C_2 的排序

高速脱壳杆式穿甲弹是靠自身功能击穿敌装甲，弹形一定时，初速度越高穿深能力越强，只应用于高膛压、高初速火炮发射平台；破甲弹是靠炸药爆炸时金属药型罩形成的高速射流击穿敌装甲，破甲弹的初速对破甲穿深没有多大影响，适用于各种发射平台，包括航弹和导弹战斗部；杀爆榴弹是靠炸药爆轰时产生的爆轰波和爆轰产物，以及壳体形成的破片，摧毁敌装甲车辆，炮弹的破坏能力与初速度关系不太大，适用于多种火炮发射平台。由此可见，破甲弹适用的平台最广，其次是杀爆榴弹，最少的是高速脱壳杆式穿甲弹。

通过以上两两分析比较，得出方案层对适用平台 C_2 的判断矩阵，如表1.15所示。

表1.15 方案层对适用平台 C_2 的判断矩阵

C_2	P_1	P_2	P_3	单层排序权值
P_1	1	1/4	1/2	0.142 9
P_2	4	1	2	0.571 4
P_3	2	1/2	1	0.285 7

对以上判断矩阵，用和积法求得最大特征根 λ_m、一致性指标 CI 和随机一致性比率 CR，分别为：$\lambda_m = 3.000\ 023$，$CI = 0.000\ 012$，$CR = 0.000\ 020$；将求得的排序值列入判断矩阵最右边一列中。

$CR < 0.1$ 表明该判断矩阵有满意一致性，即排序权值（0.142 9，0.571 4，0.285 7）是可信的。

5. 方案层对经济性 C_3 的排序

为了减小高速脱壳杆式穿甲弹的消极重量，以提高初速度，提高穿甲能力，一般都选用高性能的重金属复合材料做弹芯，选用高强度轻质非金属复合材料做弹托，材料的价格很贵，可加工性较差，成本高，经济性差；破甲弹结构比较复杂，特别多级串联聚能装药结构更复杂，为了保证有足够的破甲能力，一般采用高能炸药、精密装药和精密装配，成本也较高；杀爆榴弹结构最简单，又无特殊要求，成本最低，经济性最好。

通过以上两两分析比较，得出方案层对经济性 C_3 的判断矩阵，如表 1.16 所示。

表 1.16　方案层对经济性 C_3 的判断矩阵

C_3	P_1	P_2	P_3	单层排序权值
P_1	1	1/2	1/3	0.164
P_2	2	1	1/2	0.297
P_3	3	2	1	0.539

对以上判断矩阵，用和积法求得最大特征根 λ_m、一致性指标 CI 和随机一致性比率 CR，分别为：$\lambda_m = 3.008\ 8$，$CI = 0.004\ 4$，$CR = 0.007$，将求得的排序权值列入判断矩阵最右边一列中。

$CR < 0.1$ 表明判断矩阵有满意的一致性，即排序权值（0.164，0.297，0.539）是可信的。

6. 准则层对目标层 G 的排序

智能弹药的主要战斗任务是毁伤敌方目标，在准则层三大评价指标中，战术性能是最重要的；一弹多用，一种负载适用多种平台是智能弹药发展的大趋势。所以，智能弹药的适应性也是一个重要指标，智能弹药的经济性也必须考虑。

通过以上两两分析比较，得出准则层对目标层 G 的判断矩阵，如表 1.17 所示。

表 1.17　准则层对目标层 G 的判断矩阵

G	C_1	C_2	C_3	单层排序权值
C_1	1	2	3	0.539
C_2	1/2	1	2	0.297
C_3	1/3	1/2	1	0.164

对以上判断矩阵，用和积法求得最大特征根 λ_m、一致性指标 CI 和随机一致性比率 CR，分别为：$\lambda_m = 3.0088$，$CI = 0.0044$，$CR = 0.0076$；将求得的排序权值列入判断矩阵最右边一列中。

$CR < 0.1$ 表明判断矩阵有满意的一致性，即排序权值（0.539，0.297，0.164）是可信的。

7. 方案层对目标层的总排序

将上面 3）、4）、5）、6）步计算的方案层对准则层的单层排序权值和准则层对目标层的单层排序权值列入总排序表 1.18 中。

表 1.18　总排序表

	C C_1	C_2	C_3	综合排序权值
P	**0.539**	**0.297**	**0.164**	
P_1	0.3410	0.1429	0.164	0.253
P_2	0.3295	0.5714	0.297	0.396
P_3	0.3295	0.2857	0.539	0.351

将表 1.18 中的数据代入相关矩阵评价模型，将求得的总排序权值列入表 1.18 最右边一列中。从表 1.18 中总排序权值得知，破甲弹占的权值最大，为 0.396，其次是杀爆榴弹占的权值，为 0.351；高速脱壳杆式穿甲弹占的权值最低，为 0.253。

8. 结果评价

（1）从方案层对准则层战术性能的综合排序权值来看，高速脱壳杆式穿甲弹的权值最大为 0.3410，而破甲弹和杀爆榴弹的权值相同，均为 0.3295。这表明仅从提高反坦克智能弹药战术性能的角度看，应重点发展高速脱壳杆式穿甲弹。

（2）综合考虑战术性能、适应性和经济性三大评价准则，由总排序表1.18中总排序权值得知，破甲弹的权值最大，为0.396，其次是杀爆榴弹，为0.351，最小的是高速杆式脱壳穿甲弹，为0.253。也就是说综合考虑到战术性能、适应性和经济性，应重点发展破甲弹，其次是杀爆榴弹。

（3）目前主战坦克的主装甲均为复合装甲，并披挂了爆炸反应装甲，大大地削弱了破甲弹正面攻击装甲目标的破甲能力，极大地限制了普通破甲弹的使用。这似乎与重点发展破甲弹的结论相矛盾，只要全面认真地分析一下，就会发现重点发展破甲弹是有根据的。

破甲弹反坦克不是只有从正面攻击一种形式，还可以攻击坦克顶部、底部和侧面，这些部位的防弹能力比主装甲弱得多，聚能破甲战斗部可做成子弹，攻击坦克顶甲；也可做成地雷攻击坦克底甲。这表明破甲弹的作战方式可以具有多样性。

另外，破甲弹不仅适用于重型武器，还适用于各种轻型武器，如反坦克火箭筒、单兵反坦克导弹等，既可以从正面攻击坦克，也可以从侧面攻击坦克，还可用于丛林地带和城市作战。这表明破甲弹同时还具有多类平台的普适性。

由此可见，发展新型聚能破甲类弹药或子弹药可带动多种反坦克武器发展。

（4）杀爆榴弹既适用于直瞄火炮，从正面攻击坦克，又适用于间瞄火炮，攻击远距离的集群坦克；杀爆榴弹不仅可以摧毁坦克，还能杀伤人员、毁伤其他武器装备和设备，具有多种功能，一弹多用。从减少弹药种类的角度来看，将杀爆榴弹作为第二发展重点还是有道理的。

（5）从装甲兵与敌方坦克进行面对面攻击的作战特性来看，要求反坦克弹药首发击毁概率要高。显然，高速脱壳杆式穿甲弹首发击毁概率高，必须重点发展。

需要说明的是，评价准则直接影响到评价结果。评价准则选择不同，分析结果就不同。如果评价准则中增加可靠性或首发击毁概率，分析结果又不一样了。所以，上述分析结果只能作为参考，不能作为依据。

第 2 章
智能弹药系统顶层设计技术

　　智能弹药系统设计是智能弹药系统从概念系统转变成实体系统的必经过程，是智能弹药系统研制全过程中最重要的环节之一，对整个研制过程具有重要的导向作用。智能弹药系统设计方案的好坏，不仅影响智能弹药系统的技术性能、使用性、安全性和可靠性，还影响研制期及成本。

智能弹药系统设计可分为概念设计、技术方案设计、总体设计和部件设计等，通常把智能弹药系统的概念设计和技术方案设计等统称为智能弹药系统顶层设计。

| 2.1　概述 |

"顶层设计"（Top – Level Design）是美军在武器装备发展中基于武器装备"顶层需求"而提出的一种设计理念和设计方法。"顶层设计"理念提出后，其应用范围很快超出了工程设计领域，并被广泛应用于信息科学、军事学、社会学、教育学等领域，成为在众多领域制定发展战略的一种重要思维方式。

2.1.1　基本内涵

为了适应不断变化着的各种利益、观点，在短期目标和长期目标之间取得平衡，需要一种有效的方法或技术来架设发展需求和工程实现之间的桥梁，这种有效的方法或技术就是顶层设计。目前，顶层设计的提法比较普遍和流行，但应用于不同领域，其内涵却不尽相同，这是由不同领域内研究对象的分析侧重点不同而客观形成的结果。

1. 定义

归纳起来，顶层设计一个较通用的定义为：运用系统工程的原理和方法，进行自顶向下的系统设计，确定战略目标（包括远景目标和阶段性目标）以及实现目标的途径，构想系统方案和确定系统技术要求，并以可承受的费用满

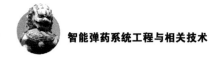

足进度要求。

2. 指导思想

智能弹药系统顶层设计的基本指导思想可以归纳为：利用系统工程的原理与方法，突出全系统与全寿期的特点，体现科学理论与经验知识相结合以及多学科相结合的特点，以现代设计理论、方法为指导，以适应新时期智能弹药系统装备发展需求。

3. 战略层面内涵

装备发展战略层面的顶层设计，是以军事战略方针、未来作战样式、面临的军事技术威胁、武器装备发展现状、技术发展基础和国家经济承受能力等顶层影响为依据，对武器装备发展的方向、重点和体系构成进行的研究设计，它强调宏观性、原则性和前瞻性。

4. 工程层面内涵

工程层面的顶层设计是一项工程"整体理念"的具体化。要完成某一项大工程，就要实现理念一致、功能协调、结构统一、资源共享、部件标准化等系统论的方法，从全局视觉出发，对项目的各个层次、要素进行统筹考虑。

由于工程对象的不同，所要求的输入、过程和输出成果不尽相同，但基本原理相通。

工程层面的顶层设计根据军事需求，研究国内外相关技术发展的现状和趋势以及国情，从顶层和大系统化的角度，把待研制的工程对象（装备型号或型号系统）作为一个大系统，对研制过程中面临的各方面问题，如总体、性能、结构、材料、动力、生产条件、设备制造、技术构成、管理体系等进行军事分析、技术分析、可靠性分析、全寿期费用分析，策划出完成该项系统工程的整体框架、规划；进行功能分析与分解，开展概念设计，构想系统方案和确定系统技术要求，形成基于不同要求和性能的备选方案，并进行评价；分解关键技术并进行权衡；最后形成研制总要求。

2.1.2 主要作用

尽管智能弹药系统顶层设计并不是智能弹药系统工程实现的本身，但在一定意义上是智能弹药系统工程的灵魂，智能弹药系统顶层设计所规定的众多原则和要求，在智能弹药系统工程实现中是必须始终遵循的，也就是说，智能弹药系统顶层设计结果的优劣将直接影响到系统研制的全过程。

顶层设计在智能弹药系统工程研制中主要发挥着转化、统筹、迭代和集成等作用。

2.1.2.1 转化作用

转化作用是将军事需求转化为工程需求。

1. 转化前期

前期主要由使用部门提出军事需求并进行研究，研制部门提供相应的技术支持，使用方（军方）发挥主导作用。

2. 转化后期

后期以研制部门为主，按照军事需求策划系统的研制，而使用部门则在进一步明确军事需求方面提供协助。

3. 主要工作

转化期间主要进行的工作包括：正确理解需求，使需求清晰化；从技术可行性的角度研究需求；将军事需求语言转换为工程技术的顶层语言，使研制人员能正确理解；初步分割工作范围界线和职责。

4. 注意事项

转化是一个迭代的过程，需要反复对话、协调和权衡。一旦顶层设计文件（如计划或规划、论证文件或总体设计方案等）形成并得到批准，则应当在研制的全过程中保持一致性和权威性，因为它代表了军事需求的意志，代表了技术在该阶段可能实现的程度。如果确实需要修改，则必须严格履行必要的手续，对相应文件的更改，应当十分慎重地对待。

2.1.2.2 统筹作用

统筹作用是在需求分析的基础上形成技术上的统筹。

由于技术处在不断的发展中，而工程研制具有阶段性，装备在其寿命期内需要有一定的稳定时期和适时进行现代化改进。通过合理的统筹，可以使武器装备既具有一定的先进性，也具有在研制期内的可实现性。

统筹的结果对于系统研制的成败有重要影响。例如，一般认为，在新系统研制中新技术和成熟技术的比例为 30% 和 70% 为妥。这样的比例其先进性和

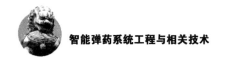

现实性是比较平衡的，研制风险也比较小。

统筹工作主要包括：根据系统研制的期限提出能实现的技术成果；技术和经济可行性研究（研制经费、保障条件、研制周期预测等）；必要的技术验证试验；多方案论证和比较；综合平衡并优化形成的总体技术方案。

2.1.2.3 迭代作用

迭代是工程研制中一项不可或缺的工作，它能产生定义明确的、完全文件化的、平衡最优的系统。在诸多系统工程实现过程中有一些结构化的程序或方法是重复使用的，其目的是把需求逐步转化为系统规范和相应的体系结构，这一过程就是迭代的过程。

在需求转化过程中有迭代，在技术统筹过程中有迭代，在系统研制中的自顶向底和自底向顶或者综合—分解—综合的反复循环中也有大量的迭代。这种迭代的作用就是在系统功能（性能）要素、系统的限制（工程制约条件）和系统效能三者之间寻求平衡。

在迭代中，有大量技术管理工作，例如：系统工程计划、技术状态管理、可追溯性管理、技术性能度量、技术评审、质量保证和风险管理等。在实际工程的研制中，不能因单纯追求个别性能指标的先进性而导致系统指标不匹配，往往需要经过多次迭代，将系统指标和单个设备指标合理匹配，实现系统整体性能最优。

2.1.2.4 集成作用

顶层设计的集成是以上三种作用基本同时或稍后开展的系统内部及系统外部的集成。内部集成要完成完整的系统结构和实施方案，外部集成则是要与外部的制约条件相协调。

集成的主要任务是要在实际系统体系结构的指导下，将低一级系统单元装配成高一级系统单元的过程。这是在顶层设计指导下由系统研制的责任单位负责的，也有大量集成的工作需要开展。

2.1.3 主要特性

不同领域中的顶层设计有不同的内涵，但它们有一个共同的特点，就是针对某个对象从系统角度进行全面规划与设计。顶层设计的主要特性表现为以下几个方面：

（1）整体性。

整体性一是指这项设计涉及系统研制全局和全过程；二是全系统需要集成

众多相关的元素，某些元素的缺漏将无法形成完整的系统，从而对系统研制产生不利影响。

在根据任务需求确定核心或终极目标后，顶层设计的所有子系统、分任务单元都不折不扣地指向和围绕核心目标，当每一个环节的技术标准与工作任务都执行到位时，就会产生顶层设计所预期的整体效应。

（2）层次性。

顶层设计的层次性是指研制系统需要适应不同的作战环境和需求，系统内的实体或各分系统都是有层次的。在工程研制时合理地划分层次并确定层次之间的关系，可以避免在不同层次中可能进行的顶层设计之间产生的重复、矛盾或冲突。

（3）关联性。

顶层设计中的关联性涉及组成系统之间的耦合关系，有些系统之间是紧耦合的，而有些则是松耦合的。在诸多系统工程中，存在着系统的纵向集成和横向集成，情况比较复杂，有时还会出现嵌套的情况，耦合深度也不一样。因此需要清晰地区分和定义各种关联性，使整个系统的综合功能和相关系统的性能得到比较合理的体现，避免出现重复和交叉。

（4）渐进性。

由于系统工程周期较长，在顶层设计中往往会有对技术发展的前瞻性进行考虑，预测在工程实现中可以获取的技术，并将其应用于系统。尤其是当前在军事装备向信息化转型的过程中，技术发展和变化较快，更需要开展渐进获取的处理。对技术发展的过高估计，可能推迟工程研制的进程；而估计过低，形成的系统将失去必要的先进性。

顶层设计是自高端开始的"自上而下"的设计，是源于并高于实践的，是对实践经验和感性认识的理性提升。其关键就在于通过缜密的理性思维，在理想与实现、可能性与现实性之间寻求平衡。

（5）执行性。

顶层设计强调其准确到位的执行性。在执行过程中，充分体现精细化管理和全面质量管理战略，强调执行，注重细节，注重各环节之间的互动与衔接。

2.1.4 一般过程

型号系统顶层设计将完成以未来新型武器装备的研究为核心的系统论证、概念方案设计与优化、主要物理性能分析、效能分析和任务需求定义等，其一般过程如图 2.1 所示。

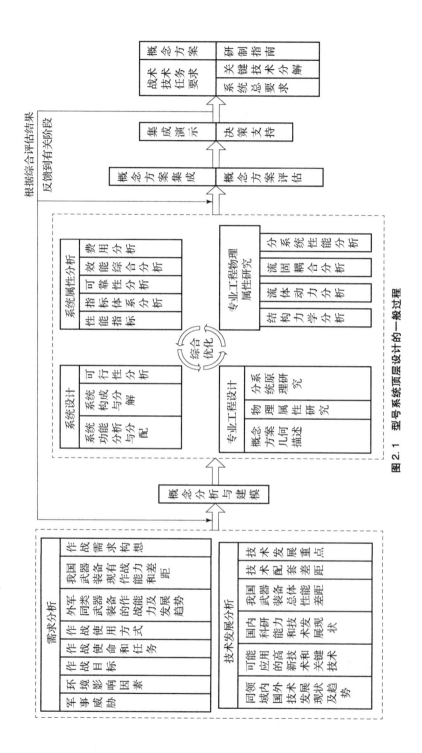

图 2.1 型号系统顶层设计的一般过程

2.1.5　现代设计模式与方法

产品设计的理论与方法很多。从设计思想和观念方面来看，有概念设计、创新设计、绿色设计等；从设计的内容来看，有机构设计、结构设计、摩擦学设计、传动设计等；从设计方法来看，有优化设计、智能设计、网络设计、数字化设计等。这些单一目标或多目标设计法对提高产品质量或加快设计进度等均会发挥重要作用。

目前，产品的设计已从传统设计模式转向现代设计模式。所以，智能弹药产品尤其是智能弹药产品的研究、开发及设计也必须适应现代设计模式。

2.1.5.1　产品设计方法的发展

就目前国内外的研究状况来看，现代机械产品设计理论与方法的发展趋向如图 2.2 所示。

（1）在科学发展观和自主创新思想指导下的设计理论与方法。

科学发展观指导下的产品设计理论与方法所遵循的原则是：环境的污染降低到最低程度，能源的消耗达到最少，所取得的功效达到最高。这些原则传递的理念就是绿色设计。

绿色设计是通过产品的设计来实现人类社会与自然界在发展过程中趋于协调与和谐，既要考虑保护自然环境和资源的合理利用，还要考虑保护社会环境、生产环境，更要考虑劳动者及使用者的身心健康。绿色设计可以在较大范围内实现上述目标，还可使资源获得合理和有效的利用。

创新设计也是一种在新的设计思想和观念指导下的设计理论与方法，它不仅要贯穿在绿色设计的整个过程中，而且要源源不断地给绿色设计增加活力，用创新设计的思想来完成绿色设计的全部内容。创新设计的思想在其他各种设计方法中也要加以贯彻。

（2）面向产品质量、成本或寿命的设计理论与方法。

在这类设计法中有三次设计法、功能优化设计法、全性能优化设计法、功能质量展开设计法（如 QFD 设计法等）、全生命周期优化设计法、全功能和全性能优化设计法等。

三次设计法主要包括系统设计、参数设计和容差设计等三个方面内容；全性能优化设计法强调的是产品的性能；功能优化设计法所强调的是功能的优化；全生命周期优化设计法的主要目标是产品的寿命。在参考这些方法的基础上，又发展产生了基于系统工程的全功能和全性能优化综合设计法。

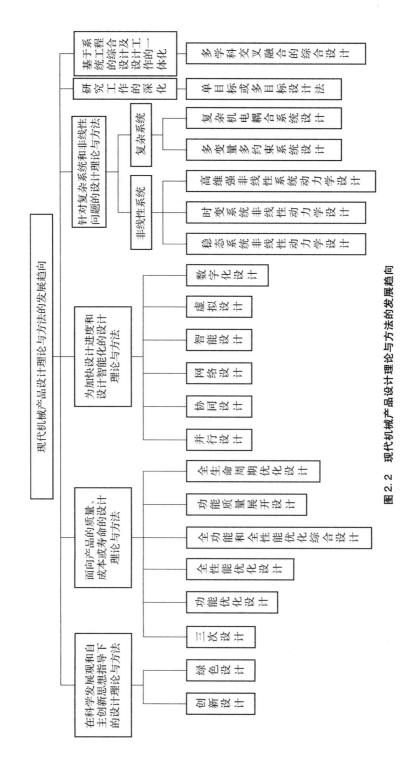

图 2.2　现代机械产品设计理论与方法的发展趋向

（3）为加快设计进度和实现设计智能化的设计理论与方法。

这类设计法主要包括并行设计、协同设计、网络设计及智能设计等设计理论与方法。这类设计法对于加快设计进度、缩短设计周期具有重要的作用。

（4）针对复杂机械系统和非线性问题的设计理论与方法。

①以复杂机械系统为研究对象的设计理论与方法——以复杂的机电耦合系统、强耦合复杂机械系统和多目标、多约束的机械系统为研究对象的设计理论与计算方法。

②以非线性动力学为基础的设计理论与方法——以提高产品结构性能为主要目标，使机械获得优良的动力学特性。包括非线性振动、非线性动力有限元法和以非线性多体系统动力学为基础的非线性动态设计理论与方法。

（5）面向产品广义质量或产品全部功能和性能的综合设计法。

设计方法论正面向产品功能或性能的总体化方向发展，它以产品的广义质量为目标，即在最大范围内来满足用户对产品广义质量的要求。总功能和全性能综合设计法是集功能优化、动态优化、智能优化和可视优化为一体的广义优化的设计方法，由于单一方法通常只考虑产品质量或产品性能的某一方面或某些方面。因此，产品总功能和全性能优化综合设计法将几种设计法综合在一起，以便在较大范围内来满足用户对产品广义质量的要求。综合设计法具体包含以下几个方面的内容：

①以满足产品功能为主要目标的功能优化设计——以改变产品几何形态、物理形态、化学组成、信息状况、生理机能等对产品进行功能优化设计，以便达到工效的实用，在此基础上，对主要参数和工作过程进行智能控制和优化，使产品技术指标更加优越。

②以提高产品结构性能为主要目标的动态优化设计——产品的结构性能包括工作安全可靠性、结构紧凑性、寿命周期性、造型艺术性、绿色环保性、设计经济性等方面，通过产品的静动态设计和可靠性设计，保证产品结构性能。

③以提高产品工作性能为主要目标的智能优化设计——产品工作性能包括产品的工作稳定性、工效实用性、性能优越性和操作宜人性等。智能化设计是要设计出具有一定"智能"程度的产品，具体内容包括工作状态的智能监测、参数的智能控制及优化、工作过程的智能控制及优化、故障的智能诊断等。智能优化设计通常是以非线性动力学理论和控制理论（包括非稳态过程、滞后过程）为基础，以广义优化为手段。

④以提高产品工艺性能及广义质量为目标的可视优化设计——以提高产品

性能为主要目标，即检验产品制造、装配和工作过程的可行性和合理性。通过装配可视化和工作过程可视化，可以对所设计产品的制造工艺性、零部件的规范性、设备可装配性和可维修性等进行检验，获得相应的反馈信息，进而对设计中不合理部分进行修改。可视优化设计和虚拟设计有所不同，它不仅是一种手段，同时为提高产品设计质量发挥作用，因而也是一个追求的目标。它包括几何图形的可视化、机构运动过程的可视化、机械系统动力学状态的可视化、机械及其系统的各种工作过程的可视化等。

2.1.5.2 现代设计与传统设计的比较

现代设计是随着科学技术的不断发展以及人们对产品质量要求不断的提高，并且在不断吸收传统设计的经验的基础上而逐步发展起来的。

传统设计与现代设计的主要区别如图2.3所示。

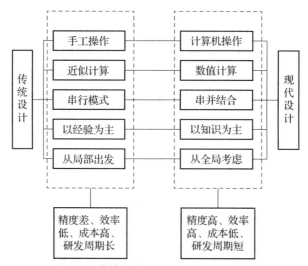

图2.3 传统设计与现代设计的主要区别

（1）使用工具的区别——传统设计主要是依靠手工操作来完成的，例如一些设计计算及绘图基本上要靠手工完成，这样不仅导致设计进度缓慢，也在很大程度上约束了人脑的设计思维进度。现代设计主要依靠计算机来完成，设计计算、绘图、分析甚至样机检验都可借助计算机来实现。有了计算机，设计人员可以把精力重点放在产品创新上，而不是放在一些重复性的劳作上，从而显著地提高了设计效率。

（2）计算方法的区别——传统设计在设计计算中通常依赖于解析求解方法。由于工程实际问题的复杂性，一些具体问题无法求得解析解。因此，为了求解不得不将问题简化而采用近似计算，导致设计精度降低。现代设计在设计计算中通常采用数值计算法，例如有限元方法，在充分考虑各种影响因素的前提下，利用计算机强大的计算能力来获得较精确的解。

（3）设计形式的区别——传统设计主要采用"方案设计—图纸设计—样机制造及检测—设计改进—生产制造"这一串行模式。在传统设计中，往往只有在制造物理样机和产品使用过程中，才能发现设计上的缺陷，或对物理样机进行实际试验和使用时，才能获知设计质量的高低。这种设计模式不可能使设计过程获得较高的效率和使产品具有较高的质量。现代设计一般尽量采用并行设计模式，计算机网络等先进通信工具的出现，使得协同异地进行产品设计已成为可能。但在产品设计中完全采用并行设计模式是不可行的。按照综合设计理论方法体系，产品设计大致可以分为调研、规划、实施和检验 4 个阶段，在这 4 个阶段中仅仅在某些阶段可以考虑采用并行和协同的设计模式，要想用并行模式全部代替串行设计模式也是不可能的。

（4）知识运用的区别——传统设计通常凭借设计者直接的或间接的经验，通过类比分析或经验公式来确定方案，由于方案的拟定很大程度上取决于设计人员的个人经验，即使同时拟定几种方案，也难以获得最优方案。现代设计从以经验为主过渡到以知识为主，设计者利用知识工程、人工智能等相关技术，可以科学地进行设计过程中的各种决策，从而促使设计效率、产品质量获得大幅度的提高。

（5）局部或全局性的区别——传统设计通常只根据产品设计的各种需求，一对一地去解决设计中遇到的问题，缺乏整体的或全局的观念；现代设计基于系统工程方法论，强调研究对象的系统性、整体性和全局性以及全寿命周期性。

综上所述，传统设计已不适应时代的发展，必将被现代设计所取代。同时现代设计也必须从传统设计中吸取有益的经验而使其获得进一步的发展。

2.1.6 飞行器设计理论与方法对智能弹药发展的指导作用

智能弹药的快速发展使其与战术导弹不仅在功能上神似（例如：炮射末制导炮弹与各类战术导弹都具备识别、追踪、命中以及毁伤目标的能力，只是前者这些能力小于后者罢了），更是与小型飞行器在结构上形似（例如：无人战机、寻飞弹等）。所以说，典型飞行器的设计规律和设计方法对智能弹药系统的设计具有重要的指导作用。

按照系统工程的观点，典型的飞行器设计过程通常分为三个阶段：概念设计、初步设计和详细设计。

2.1.6.1 飞行器概念设计的重要性

对于飞行器的论证及制定发展战略的过程主要集中在概念设计阶段，这个阶段的工作主要在纸面完成，在这一阶段结束时飞行器外形、载荷、尺寸、质量及总体性能等均已确定，即意味着飞行器一切好的或坏的特征均在这个阶段被确定。

概念设计阶段就好像人类孕育新生命的过程。在这个过程中胚胎会继承父母的优秀基因，当然也会继承父母的某些劣质基因。现代医学为人类新生命的孕育质量提供了良好保障，也为一些遗传性缺陷提供了提前介入性矫正或治疗的可能。可见，良好的基因基础非常重要，其基因重构方法与风险管控手段也不可或缺。可以说，概念设计就是利用良好的基因基础，利用一套科学的程式，寻求基因重构的方法，通过一定的风险管控手段，确保概念设计的产品（概念性的）在出世前尽可能优质，这样才有可能优生优育。

衡量一个飞行器的设计是否成功的标准很多，取决于用户所追求的特定目标。目前，把飞行器的全寿命周期费用最小作为衡量标准的观点得到了越来越多的认同。

图2.4是波音公司对于现有弹道导弹系统全寿命周期费用的一个统计结果。图中的横坐标是飞行器全寿命周期中的五个主要阶段，图中的"决定的费用"曲线是指在相应研制阶段结束时已经决定的飞行器全寿命周期费用百分比，"消耗的费用"曲线是指到相应的研制阶段时所消耗的全寿命周期费用的百分比。由图可以看出，概念设计所花费的费用只占整个系统全寿命费用的约1%，但它却决定了整个系统全寿命周期费用的70%。

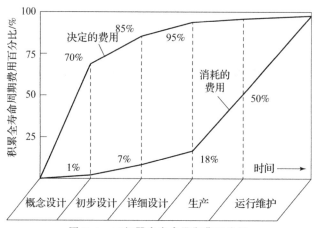

图2.4 飞行器全寿命周期费用分析

正是基于概念设计阶段在全寿命周期费用中的重要作用，国内外的飞行器设计人员逐渐意识到应该开始大力提高概念研究阶段的质量。

2.1.6.2　飞行器的传统设计方法

按照传统的飞行器设计过程，在概念设计阶段的优化往往是通过优选少数关键设计参数以获取最小起飞质量或最大有效载荷等。对于这些目标，空气动力学和推进技术是决定这些参数的最关键的学科，因此，概念设计阶段的注意力大部分集中在这两门学科上。

当进入初步设计阶段时，飞行器的外形已经基本固定，此时转入各种硬件的研制，于是各种用于具体分析和设计的学科，特别是结构分析这样的学科开始占据主导地位。在详细设计阶段，用于改善飞行力学性能和提高控制质量的控制学科的作用不断增加。整个设计过程完成之后，转入产品阶段，此时的重点便放在了制造及控制成本上，一些相应的辅助设备也纳入考虑之中。

图 2.5 显示了这种传统的飞行器设计途径。图中的方框显示出了各个设计阶段在飞行器设计周期中所占的比重，各个阶段范围内的柱状图则表示各门学科在相应阶段所占比例。图中的"飞行器已知信息"曲线表示随着飞行器设计进程的推进，由于各种决策不断被做出来，于是飞行器的各种信息不断被确定，相应地"设计自由度"则不断减少。因此，从图中可以看出，在进入详细设计阶段之后，设计自由度已经接近零，也就是说，对于飞行器的设计已经基本上不存在改进的可能性了。

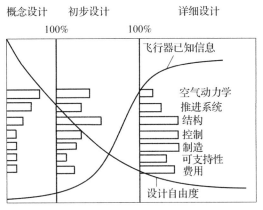

图 2.5　传统的飞行器设计途径

传统的飞行器设计模式采取的是一种串行设计模式，在不同的设计阶段，设计人员选择不同的重点学科对飞行器进行设计和优化。这种设计实质上是将同时影响飞行器性能的气动、推进、结构和控制等学科人为地割裂开来，并没有充分利用各个学科（子系统）之间的相互耦合可能产生的协同效应，它带来的后果是极有可能失去系统的整体最优解，从而降低飞行器的总体性能。

综上所述，传统的飞行器设计方法的缺陷可归纳为：概念设计阶段短缺；学科分配不合理；不能充分利用概念设计阶段时的自由度来改进设计质量；不能集成不同学科以实现最优化；不能达到新加需求所追求的平衡设计。

2.1.6.3 飞行器的现代设计方法——多学科设计优化（MDO）法

针对传统设计方法的缺点，一种多学科设计优化（Multidisciplinary Design Optimization，MDO）的飞行器设计方法被提出。其主要思想是增加概念设计在整个设计过程中的比例，在飞行器设计的各个阶段力求各学科的平衡，充分考虑各门学科之间的互相影响和耦合作用，应用有效的设计/优化策略和分布式计算机网络系统，来组织和管理整个系统的设计过程，充分利用各个学科之间相互作用所产生的协同效应，以获得系统的整体最优解。

MDO法的优点在于可以通过实现各学科的模块化并行设计来缩短设计周期，通过考虑学科之间的相互耦合来挖掘设计潜力，通过系统的综合分析来进行方案的选择和评估，通过系统的高度集成来实现飞行器的自动化设计，通过各学科的综合考虑来提高可靠性，通过门类齐全的多学科综合设计来降低研制费用。

采用MDO法后所带来的效果如图2.6所示，其中的虚线表示引入MDO设计方法之后所期望达到的目标。

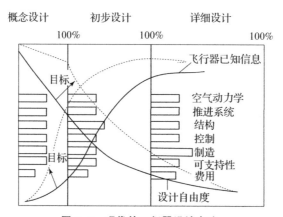

图 2.6　现代的飞行器设计方法

对比图 2.5 和图 2.6，后者在概念设计阶段为了获得更多信息和使用更大的设计自由度，其设计时间增加了 1 倍，通过使用更加向前的设计，详细设计阶段的时间缩短了 1/3，在概念和初步设计阶段，学科分配更加均衡。

图 2.6 中"飞行器已知信息"的曲线表明：在总体方案和初步设计阶段需要引入更多的知识以提出更加合理的设计；"设计自由度"曲线则表明：设计后期需要更多的自由度并使对于设计方案的修改成为可能。

|2.2　智能弹药系统概念设计|

智能弹药系统概念设计是智能弹药系统设计的第一步。通过智能弹药系统概念设计，建立起智能弹药系统的概念系统，为后续的技术方案设计和系统总体设计打下良好的基础。

2.2.1　概述

概念设计是设计的前期工作过程，它体现了设计师对预设目的的深刻理解，体现了设计师完美的设计思想和设计理念。

2.2.1.1　基本内涵

概念设计是实现创新的关键，概念设计阶段是设计中最富有创造性的阶段，是一个从无到有、从上到下、从模糊到清晰、从抽象到具体的过程。

概念设计可分为前期、后期两个阶段。一前一后相得益彰，使概念设计达到完美地步。

（1）前阶段——是设计者确定设计理念，构思设计思想，进行形象思维和抽象思维，形成创新思维、产生创新灵感的重要时期。

概念设计前阶段重点是进行创新思维，它决定了其创新性。这个阶段工作看来似虚，实际是实，需要设计者具有广泛的知识、优良的素质、丰富的想象、深厚的经验、高尚的品德。

（2）后阶段——是设计者确定功能结构，构思实现途径和方法，进行逻辑思维，形成具体可行方案的重要时期。

概念设计后阶段重点是进行收敛思维，它决定了其可行性。这个阶段工作是按系统的功能结构需要，采用实现功能的可能载体组成多种可行方案。在这些可行方案设计中只使用文字、符号、图形表示功能结构相互关系和功能载体的基本参数的实施方案，具体表达了设计理念和功能实现，具有简单明了、便于分析的特点。但是真正要实施此方案还有待进行详细设计。

概念设计是方案全面创新的一个设计过程，它集中体现了设计师的智慧和

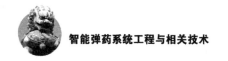

灵感，对先进设计方法的综合运用，设计资料和数据库的广泛采纳，相关的专业知识和经验的运用等。其特有内涵主要体现在：

（1）设计理念——融入了设计师以智慧和经验为结晶的新的设计哲理和创新灵感，使概念设计更具创新性；

（2）设计内容——更加广泛，包括需求分析、功能分析、功能结构选择、方案组成、评价体系和评价方法等；

（3）设计方法——更加全面地融合各种现代设计方法，例如价值工程、人因工程、反求工程、系统分析、建模技术、动态仿真、评价决策等，采用一切现代设计方法均旨在寻求全局最优方案，同时使设计过程更具创造性。

2.2.1.2　基本特征

概念设计其特有内涵决定了它的基本特征，具体表现在：

（1）创造性。

创新是概念设计的灵魂。只有创新才有可能得到满足需求、质优价廉、富有竞争力的设计方案。创造性可以体现在各个层次上的创新设计，如低层次的功能载体的替代到高层次上的创新，可以使设计方案达到更加完美、新颖和优秀。

（2）多样性。

多样性主要体现在概念设计的设计步骤多样化和设计结果的多样化。设计步骤多样化是指设计步骤无须定论，可以因实际情况变化而变化，其原则是有利于概念设计的完成。满足特定需求的设计方案并不是唯一的，需求与方案是一对多的关系，即这个阶段所确定的功能要素与将来产品的功能实现技术并非单一的直接映射。由于实现需求的设计思路，工作原理和设计方法是多种多样的，产生的方案也是多种多样。这就是设计结果的多样化。

（3）层次性。

概念设计的层次性体现在概念设计大体上分成为由需求分析决定的功能分析和功能结构层次的设计问题，以及由功能向功能载体映射层次的设计问题。两种设计属于不同层次，它们所考虑的问题是不同的。创新设计与概念设计并不是同一概念，概念设计的核心需要进行设计创新，而创新设计并不只限于概念设计阶段。一个产品、工程或者管理系统，它们可以分成概念设计、详细设计、制造或实施过程、试验验证等阶段。在各个阶段中均有创新设计问题，但最关键的内容还是概念设计中的创新。

2.2.1.3　创造性思维的基本形式

创造性思维是"想到别人没有想到的观念"。创造性思维是新颖独到的信息加工艺术，是人脑的各种思维活动形式和思维活动的各个要素之间相互协同进行有机结合，最后引发出创造性成果的思维方式。

概念设计的创新性离不开以下四种创造性思维形式：

（1）创造性经验思维形式。

经验思维活动是与特定的具体实践活动紧密联系在一起，是在实践中发现问题、思考问题和解决问题。但由于实践活动有时空限制，其创造性程度具有较低层次性和相对性。

（2）创造性形象思维形式。

形象思维是用形象材料、表象，通过对表象的加工、改造（分解、组合、类比、联想、想象）进行思维活动，用想象力形成创新成果。用形象思维提供了思维活动方向，确定思维活动目标。创造性形象思维活动是建立科学发现的新概念、新理论模型的重要途径和思维机制。

（3）创造性抽象思维形式。

创造性抽象思维总是在"超脱"具体事物的抽象领域中进行，其内容与工具材料总是一系列抽象性的概念、判断和推理，并遵循一定的逻辑程序与规则。抽象思维作为一种抽象性概念系统的知识运动，其主要的显著特征就在于严密的逻辑性。

（4）创造性灵感直觉思维形式。

灵感直觉思维是人们的创造活动达到高潮后出现的一种最富有创造性的飞跃思维，灵感直觉思维常常以"一闪念"的形式出现，并往往使人们的创造活动进入一个质的转折点。许多科学发现都是通过灵感直觉思维活动而创造出来的。

2.2.1.4　概念设计中的哲学原理

概念设计过程是一个充满哲学原理的过程，不懂得哲学原理也就不可能完美地解决概念设计。概念设计中应用到哲学原理主要表现在以下几方面。

（1）对立统一的原理。

客观世界是一个充满矛盾的世界，对立是客观世界存在的唯一方式。老子曾说过："有无相生，难易相成，长短相较，高下相倾，音声相和，前后相随。"万物是由对立面所构成的，对立面既对立又统一的矛盾运动衍生了客观世界的运动发展。概念设计所处理的"系统"是一个对立统一体。"系统"内各部分是对立和统一的，"系统"与环境是对立和统一的。利用对立统一的原理，可以分析问题，解决问题。懂得对立统一的原理就可妥善解决矛盾的统一体，创造出一个个具有新颖性、和谐性、协调性的人为事物来。

（2）否定之否定原理。

任何事物内容都有肯定和否定两个方面、两种因素，但这两方面并不矛盾。对已经产生并且已过时的现存思维的否定，由于思维本身具有继承性，使这种继承是批判的继承。对原有某些部分的否定，可以得到创新方案就是这个意思。不断否定旧的观念和旧的事物，人为事物的概念设计也就推向前进。

否定之否定也是一种创新设计的理念。在概念设计中对于某些被否定的理念，在一定条件下加以肯定也不乏为一种创新方法。例如衣服的设计均力求避免不对称，不对称成为一种被否定的设计方法，但现在反其道而行之，创新了不对称衣服，给人一种奇特的美感。可见，否定之否定可以是概念设计中追求创新性的一种方法，把过去被否定的东西，加以改造和利用变成设计中的一个创新点。

（3）精神与物质的相互作用。

科学的哲学认为存在决定意识，物质第一性、精神第二性。但同时认为意识可以反作用存在，精神可以转变成物质。在概念设计时应充分应用这一哲学原理。超前思维是一种行之有效的创新设计方法，透过存在看到事物的本质。超前思维是对物质的积极的、能动的反映。它可以得到科学预见，把握事物发展趋势。因而正确把握好意识对存在的能动性、精神对物质的反作用将是对概念设计的创新性有很大的作用。

2.2.2　智能弹药系统概念设计的基本内涵及其主要内容

1. 基本内涵

智能弹药系统的概念设计是指在弄清楚智能弹药系统所处环境及其与环境中的其他子系统的关系的基础上，根据智能弹药系统所对付的目标，或其他战斗任务以及应具备的功能，提出基本满足主要战术技术指标或军事需求的智能弹药系统方案构想。

智能弹药系统的概念设计是以智能弹药系统设计需求（目标、功能、环境因素）为输入、以最佳要素组成方案为输出的系统设计流程，是一个由功能向构想方案的转换过程。

2. 主要内容

智能弹药系统概念设计的主要内容包括以下五个方面：

（1）需要对付的目标特性分析，即目标分析；

（2）必须具备的功能设计与分析，即功能设定与分析；

（3）所面对的环境因素遴选与分析，即环境因素分析；

（4）构想方案组成要素与分析，即组成要素分析；

（5）构想方案组成要素的筛选与集成，即组成要素筛选与集成。

其中，智能弹药系统概念设计的最重要工作是智能弹药系统的功能设定和组成要素分析。

2.2.3　智能弹药系统概念设计的目标分析

智能弹药是武器系统中直接毁伤敌方目标的部分，智能弹药系统是一个人造实物系统，是为了能有效地对付敌方目标而研制的，它是在同目标的斗争中发展起来的。所以，目标分析是智能弹药系统概念设计的前提。

2.2.3.1　不同目标需用不同智能弹药

要毁伤不同的军事目标需要使用不同种类的智能弹药。例如：

（1）对付装甲类目标（坦克、装甲运输车、步兵战车、武装直升机等），需用聚能装药破甲弹、动能穿甲弹、杀爆榴弹；

（2）对付钢筋混凝土工事，需用动能半穿甲弹、破-穿-爆复合毁伤弹；

（3）对付地下深层工事需用高速动能半穿甲弹；

（4）对付地面指挥中心、雷达站、仓库等目标，需用爆破弹、爆破-燃烧弹；

（5）对付飞机需用地空炮弹或航空智能弹药；

（6）对付军舰需用反舰智能弹药，如动能半穿甲弹等。

2.2.3.2　目标特性

目标特性主要是指目标的攻防特性、结构特性、几何特性、隐身特性、运动特性。

1. 攻防特性

攻防特性是目标最重要的特性，"攻"是指对方来袭目标的攻击能力；"防"是指对方目标防攻击的能力。按目标的攻防特性可分为以攻为主以防护为辅、以防为主以攻击为辅、攻防兼备三类目标。如来袭导弹是以攻击为主以防护为辅；钢筋混凝土工事或地下深层工事是以防为主以攻击为辅；坦克则是攻防兼备，集攻防于一体。

（1）攻击能力。

来袭目标的攻击能力主要是指对己方目标的毁伤能力，来袭目标的攻击能力越强,对己方目标的威胁就越大。如数千公斤级的重磅炸弹,其毁伤能力是非常大的。巡航导弹飞行高度低、飞行轨迹多变,隐蔽性好、不易被发现,同时巡航导弹的有效载荷是非常大的,具有很强的攻击能力。还有武器直升机,在隐蔽的地方从防区外攻击坦克,一打一个准,对坦克的威胁非常大。所以,弄清楚来袭目标的攻击能力和攻击方式对智能弹药系统的设计是非常重要的,也是必不可少的。

(2)防护能力。

按目标防护机制可分为主动防护和被动防护两类,目标的防护能力越强,被毁伤的概率便越低,而生存概率就越高。因此目标的防护能力是目标的主要性能指标之一。

①主动防护——就是主动地对来袭智能弹药进行反攻击,并击毁或引开来袭智能弹药,有效地保护目标的安全。如现代坦克上装有超近程反导系统,它能自动发现来袭导弹,发射反击弹,并在安全区以外击毁来袭导弹;又如在钢筋混凝土工事上加装了主动防护模块,能在30~50 m以外击毁来袭导弹;军舰是海上作战的平台,它是一种集攻防于一体的武器,它受到来自陆地、水面、水下和空中的攻击,既有强大的进攻能力,又有很强的防空反导防护能力,同时还装有箔条弹干扰系统、红外诱饵弹系统和烟雾遮蔽系统等主动防护系统。

②被动防护——是指目标受到智能弹药攻击时防破坏的能力,也就是所谓的抗弹能力。目标的抗弹能力越强,生存率越高。所以,世界各国都在千方百计提高目标的防护性,随着高性能材料的应用,目标的防护能力在不断增强,这就要求智能弹药的毁伤能力也必须增强。

例如:坦克前装甲的防护能力,在第一次世界大战期间,装甲为厚度为5~15 mm的均质钢板;在第二次世界大战期间,装甲厚度增加到50~100 mm,装甲倾角(装甲法线方向与水平方向之间的夹角)为30°~45°;20世纪50~60年代,装甲厚度增加到100~150 mm,装甲倾角为45°~60°;20世纪70年代装甲厚度增加到150~200 mm,装甲倾角已达到68°;由于新材料、新技术在装甲防护上的应用,20世纪70年代后,逐渐出现了复合装甲、间隙装甲、陶瓷装甲、贫铀装甲和爆炸反应装甲,大大地提高了装甲防护能力。防聚能装药破甲弹的破甲能力相当于1 000~1 300 mm均质钢装甲;防动能穿甲弹的穿甲能力相当于700~800 mm的均质钢装甲。

又如武器直升机为了提高防护能力,在机身下面装上防护装甲;地下工事的防护能力已相当于6~7 m厚的钢筋混凝土。

剖析目标防护特性是智能弹药系统设计的前提和基础,攻击防护能力弱的部位，就能取到事半功倍的毁伤效果。

2. 几何特性

目标的几何特性是指目标的几何尺寸和几何形状；几何尺寸大或群目标称为面目标；几何尺寸小或单个目标称为点目标。单个坦克是一个点目标，集群坦克就是一个面目标。对付点目标需用高命中精度的智能弹药，如精确制导智能弹药；对付面目标可用有一定命中精度的大威力智能弹药或子母智能弹药。

目标的几何形状也是提高防护能力的措施之一，目标的几何形状直接影响到智能弹药碰击目标时的姿态，进而影响到智能弹药毁伤能力的发挥，如坦克前装甲倾角目前已增大到 68°~70°，容易造成跳弹，这对动能穿甲弹是一个严峻的挑战。

3. 结构特性

结构特性主要是指组成目标各部件在结构上的布局。搞清楚目标的结构特性，对智能弹药系统设计是很重要的。

例如，地面钢筋混凝土工事，钢筋如何布设？有多少层钢筋？这是攻坚智能弹药设计前必须搞清楚的；又如地下深层工事有多厚的土壤层、钢筋混凝土层？有无钢板层？这对反地下深层工事智能弹药的设计是非常重要的。

4. 隐身特性

随着信息技术、光电技术和控制技术在智能弹药上的应用，大幅度地提高了智能弹药对目标的捕获能力和命中精度，一旦发现捕获目标，就能跟踪并命中击毁目标。为了适应未来高强度战争的需求，提高目标的生存概率，世界各国广泛采用了隐身技术，减少目标被雷达和光电探测器发现的概率。看不到目标，也就谈不上命中目标，更谈不上毁伤目标。

目前常用的隐身技术有几何形状隐身、等离子隐身、材料隐身和涂料隐身四种。例如：美国的 F117 隐身飞机，主要采用几何形状隐身，大大地减小了雷达反射面积；无人飞行器（或无人机）和导弹多采用材料隐身；坦克装甲车辆常利用涂料隐身。

隐身能力越强，被雷达和光电仪器发现的概率就越低，目标的生存概率就越高。因此隐身能力也是目标性能的主要参数之一，智能弹药系统设计时应充分考虑到目标的隐身特性。

5. 运动特性

按目标运动速度可分为两大类，运动速度为零的目标为固定目标（静止目标），当目标的运动速度相对于攻击智能弹药的速度很低时，可近似地看成是静止目标；运动速度大于零的目标为运动目标，如飞机、军舰、装甲车辆、自行火炮以及来袭导弹均为运动目标。

（1）静止目标——如：桥梁、交通枢纽、仓库、导弹发射井、地下工事、地面指挥中心和雷达站等。

（2）运动目标——运动目标又可根据运动速度的大小，可分为高速运动目标和低速运动目标，一般飞机和来袭导弹的速度较高，为高速运动目标；军舰、装甲车辆和自行火炮运动速度较低，为低速运动目标。运动目标又称为时间敏感目标，运动速度越高，机动能力越好，生存的概率也越高。提高目标运动速度，是提高目标生存概率的有效途径之一。

目前，一些发达国家正在探讨未来的坦克是靠防护提高生存概率，还是用提高目标的运动速度来提高生存概率。对付运动目标比对付静止目标困难得多，时间敏感越强的目标，越难对付，有效地对付时间敏感目标是智能弹药设计的重点。

2.2.3.3　目标易损性

1. 分类

目标易损性是指在战斗状态下，目标被发现并受到攻击而损伤的难易程度，包括战术易损性和结构易损性。

（1）战术易损性——是指目标被探测装置（如红外、毫米波、雷达、敏感器等）探测到、被威胁物体（如动能弹丸、破片、冲击波、高能微波脉冲、高能激光束等）命中的可能性，也称为目标的敏感性，常用目标被毁伤元命中的概率来衡量。

战术易损性与下列因素有关：

①目标特性——如：可以减小被发现的概率的无烟引擎、小尺寸形体；可以躲避对方威胁的攻击的高机动性；

②对抗装置——如：用以防止被探测或欺骗导弹的电子对抗装置，以及用以压制跟踪雷达的反雷达导弹等；

③运用战术——如：利用地形、地势、气象条件等避免探测；

④对方能力——如：探测、跟踪、打击以及战术运用等。

（2）结构易损性——是指目标被探测到的条件下，受智能弹药的毁伤元素（如动能弹丸、破片、冲击波等）作用下被毁伤的可能性，常用目标在命中条件下被损伤的概率来衡量。

结构易损性与下列因素有关：

①关键部件在经受某种毁伤元素作用后能继续工作的能力。例如：直升机传动装置在失去润滑油后可持续工作 30 min。

②可以避免和抑制对关键部件损伤的设计手段和装置。例如：关键部件的冗余、防护以及合理的布置等。

2. 几点共识

目标易损性分析需要达成以下几点共识：

（1）同一目标不同部位的防护能力不同。

一般来说，目标的防护性能越强，防破坏的能力就越强，即破坏目标越难。大多数情况下同一目标不同部位的防护能力不同，即易损性不同。

例如：坦克的前装甲最厚，防护能力最强，受到智能弹药攻击时最不容易被破坏；底装甲比较薄，受到智能弹药攻击时比较容易被破坏；防护能力最弱的是发动机上面的盖板，受到智能弹药攻击时，最易损、易被破坏。武器直升机从空中居高临下攻击坦克顶甲，大大地增大了击毁坦克的概率。又如来袭导弹的仪器舱防护能力差一些，而战斗部防护能力就强一些。又如武装直升机、在机身下面装有防护装甲，可防一般的小口径高炮弹丸和预制破片，有较强的防护能力；而旋翼薄而长，防护能力最差。

（2）同一目标不同部位的重要性不同。

按目标各部位被破坏后对整个目标破坏的影响程度，可把各部位分成最重要部位、重要部位、次重要部位、一般重要部分、不重要部分等档次。

一般情况下，目标越重要的部位，其防护性能力越强，即目标的防护性能与目标部位的重要性成正比。但也有特例，如坦克的发动机部位，虽然是重要部位，但是，为满足发动机正常工作的散热需要，只能用一些散热性能好，有利于空气流通的百叶窗式的薄钢板做盖板。虽然防护性能最差，但不易被正面攻击的智能弹药所击中。又如武器直升机的旋转翼是很重要的部位，一旦遭到破坏，整个飞机将会坠毁，但是旋转翼的作用是通过高速旋转为直升机提供升力，它只能用高强度的低密度复合材料制成，不可能为了增强它的防护性能，用高强度的高密度金属制成。

（3）不同部位对毁伤目标的影响程度不同。

目标防破坏的能力不仅与各部位的防护性能有关，而且与目标各部位起的作用密切相关，有的部位被破坏了整个目标也就摧毁了；有的部位被破坏了，整个目标并没有遭到破坏，只是目标的功能受到了较大的影响，或者暂时失去原有的功能；甚至有的部位被破坏了，对整个目标影响不大。

例如：智能弹药击中坦克不同部位，对坦克的破坏程度不同。当智能弹药击中发动机部位并引起柴油爆炸，将导致整个坦克被毁；当智能弹药击中智能弹药仓并引爆智能弹药，同样也导致整个坦克被毁；当智能弹药击穿前装甲并击毙驾驶员或炮长，虽然整个坦克没有被毁坏，但失去了战斗力；当智能弹药击坏了履带，只使坦克暂时失去了行动的功能，一旦修复，坦克又可投入战斗。

3. 研究方法

目标易损性研究有两种方法：一种是通过模拟试验、实物靶场试验、真实战场试验等硬手段为主获取目标易损性数据；另一种是通过理论分析、综合计算、战例统计、专家评估等软手段进行目标易损性评估。前者所得数据反映真实情况，但适用的范围较窄，且成本高；后者通用性强、成本低，如果其试验基础强，模型合理，其结果能在很大程度上反映真实情况。目前，对易损性的研究趋于采用以计算机模拟为主、试验为辅的研究方法。

2.2.3.4　目标及其易损性分析的一般步骤

在进行易损性分析时需处理大量试验数据，为了提高分析精度，对目标的几何描述也越来越复杂，这都需要计算机进行处理，建立目标毁伤的分析模型，开发以计算机仿真为主的易损性分析系统。

综上所述，目标及其易损性分析的一般步骤包括：目标功能分析、目标结果分析、智能弹药分析、弹目遭遇条件设定、目标毁伤级别划分、目标要害部件分析、建立部件毁伤准则、部件毁伤评估、目标毁伤评估等。

（1）目标功能分析。

确定目标为了完成其战斗所必须具备的各种功能。

（2）目标结构分析。

剖析目标的各子系统或零部件之间的关系及其与目标功能之间的关系。

（3）智能弹药分析。

①根据目标的材料与结构特性，确定用何种智能弹药攻击目标；

②分析智能弹药的作用原理，即用何种毁伤元去毁伤目标；

③分析毁伤元的特性及毁伤机理，确定毁伤元的特征量及毁伤场。

（4）弹目遭遇条件设定。

目标可能遭到各种智能弹药来自任何方向的攻击，理论上讲遭遇条件可以有无穷多个。

考虑到发射平台的特点及智能弹药的攻击范围和方向，对某一种智能弹药来说，目标的某些方位在易损性分析时可不考虑，如穿甲弹攻击坦克，坦克上方、后方及下方在易损性分析时可不考虑。

（5）目标毁伤级别划分。

①首先根据目标的功能，把毁伤分成大的毁伤级别。如摧毁性毁伤、运动性毁伤等。

②然后再根据各功能的丧失程度，把大的级别划分成若干次级别。如运动性毁伤又可细分为运动速度轻微降低、严重降低以及完全丧失运动功能等。

（6）目标要害部件分析。

要害部件是指被毁伤后会造成整个目标毁伤的部件。

因不同的子系统毁伤对目标的毁伤影响程度不同，即使是同一个子系统，不同部件的毁伤也会导致不同等级的毁伤。

一般根据目标的结构，采用毁伤树分析法，找出与目标毁伤等级相对应的目标所有要害部件。

（7）建立部件毁伤准则。

分析要害部件在毁伤元作用下的毁伤机理与毁伤模式（目标被智能弹药命中后所产生的破坏形式），并确定毁伤元的特征量与部件毁伤之间的关系。

衡量部件是否达到毁伤的标准就是毁伤标准，如一直沿用的部片对人员毁伤准则，即 78J 动能杀伤标准。

（8）部件毁伤评估。

根据智能弹药与目标遭遇条件，进行毁伤元与目标交汇分析，确定作用在部件上的毁伤元及其特征量，再根据部件的毁伤准则，计算部件的毁伤概率。必须建立计算机目标描述系统及数据处理系统，为评估打下基础。

（9）目标毁伤评估。

目前有两种目标毁伤评估方法：

①各级毁伤概率评估方法——根据各要害部件的毁伤情况，及毁伤树所提供的部件毁伤与目标毁伤级别之间的关系，计算目标的各级毁伤概率；

②总体毁伤概率评估方法——根据目标的各级毁伤对其完成战斗任务的影响程度，把各级目标的毁伤概率综合成总体毁伤概率。

2.2.4　智能弹药系统概念设计的功能设定与分析

智能弹药系统是为了毁伤目标而研制的，智能弹药系统的功能是指智能弹药为完成某种战斗任务应具备的特定工作能力，是根据智能弹药对付的目标、

执行的战斗任务以及采用的技术途径而设定的，决定了智能弹药的性能，是智能弹药系统概念设计的前提和依据。

因为对付不同目标，完成不同战斗任务，采用不同技术途径，所以智能弹药系统的功能会有所不同。如何科学地设定智能弹药的功能，不仅会影响智能弹药的性能，还会影响智能弹药的研制期和研制成本。为此，智能弹药设计者应在以下几个方面达成共识：

（1）不同目标所需智能弹药功能不同。

例如：对付钢筋混凝土工事，智能弹药首先要命中工事，然后穿透钢筋混凝土层，进入工事内部爆炸，摧毁工事内的设备，杀伤有生人员。这就要求智能弹药要具有足够的侵彻能力、爆炸杀伤能力和控制弹着点的能力。

又如：对付敌方大纵深高价值目标（指挥控制站或通信网络中心），就要求智能弹药要有远距离的飞行能力（含增程能力）、远距离飞行轨迹的控制能力、对目标的探测识别能力和弹着点的控制能力。

（2）毁伤目的不同所需智能弹药功能不同。

例如：对付时间敏感强的来袭巡航导弹，一个目的是击毁；另一个目的是引开，使它偏离己方目标。前者必须采用硬毁伤手段，这就要求智能弹药应具有足够大的毁伤能力，同时还要求所用智能弹药应具有快速飞向目标和精确导向目标的能力；对于后者，要求智能弹药具有足够的干扰和诱骗能力。

又如：对付敌方供电系统，一个目的是破坏输电网；另一个目的是摧毁发电厂。前者要求智能弹药应具有远距离飞行能力、环境适应能力、大面积的短路或断路能力。后者要求智能弹药应具有远距离飞行能力、捕获与识别目标能力、准确地控制弹着点能力和大威力的爆炸毁伤能力。

（3）毁伤技术途径不同所需智能弹药功能不同。

例如：对付坦克，可采用直瞄武器正面攻击，也可采用间瞄武器从顶上攻击。假如采用高速脱壳杆式穿甲弹正面攻击，就要求智能弹药具有高的存速能力、防跳飞能力、飞行稳定能力和足够大的侵彻能力；假如采用末敏子智能弹药间瞄从顶攻击，就要求末敏子智能弹药对目标具有探测识别能力、控制子弹稳定下落和扫描能力、战斗部有较远距离的攻击能力。

（4）智能弹药发展呈多功能化。

随着光电技术和计算机技术在智能弹药上的应用，战场上的新目标不断出现，新的弹种及其具有的功能也在不断增加，一弹多用已成为智能弹药发展的主要方向之一。

例如巡飞弹的作用过程：当巡飞弹飞到目标区上空时，在巡航动力（涡喷发动机、火箭助推或电动机）的推动下做巡航飞行，在巡航飞行过程中，侦察目标，并把所获得的信息发送给地面指挥控制站的决策者，而地面指挥控制站又可通过卫星通信或中继飞机为巡飞弹提供超视距数据链接，根据战场势态，可重新选定攻击目标。这就要求巡飞弹具有巡飞能力（包括巡飞动力和巡飞弹道控制能力）、双向互通能力、对目标的侦察能力、战场势态评估能力和毁伤目标的能力。

（5）处理好主功能与次功能之间的关系。

智能弹药功能越多，执行的战斗任务也越多，便可实现一弹多用，可大大减少智能弹药品种，无论是对战场使用，还是对后勤保障都是非常有利的。但是，智能弹药功能越多，组成智能弹药的部件也就越多，结构也就越复杂，智能弹药的研制难度和成本也会随之增加，研制风险也增大。对于多功能智能弹药，必须处理好主功能与次功能之间的关系。

例如：反装甲和反武装直升机两用智能弹药，在设计前必须论证清楚是以反装甲为主，还是以反武器直升机为主；又如反轻型装甲和杀伤有生人员多用途弹，在设计前必须论证清楚是以反轻型装甲为主，还是以杀伤人员为主。

智能弹药的主次功能不同，智能弹药的整体性能就不同，智能弹药的设计思路也不同。

（6）处理好总功能与分功能之间的关系。

智能弹药系统总功能是在各分功能均能够顺利实现的基础上得以体现的。所以，在智能弹药系统功能设计时，既要处理好总功能与各分功能之间的关系，又要处理好各分功能之间的关系。例如：超远程智能弹药的战斗任务是摧毁大纵深高价值要害目标。为了完成这一战斗任务，超远程智能弹药增装了增程装置和制导控制装置。很显然，超远程弹的总功能是摧毁远距离点目标，而这一总功能的实现是以它的各分功能：增程功能、制导控制功能和高毁伤功能作为支撑的，其逻辑关系如图 2.7 所示。

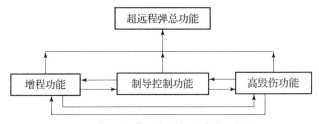

图 2.7　超远程弹总功能与分功能逻辑关系

（7）功能指标的先进性由技术上的可实现性来决定。

智能弹药的发展是军事需求牵引和科学技术推动相结合的产物，智能弹药的功能是为满足作战的需求而设定的。但是，智能弹药的功能的实现全靠科技成果的支撑。所以，在设定智能弹药的功能时，既要考虑功能指标的先进性，又要考虑技术上的可实现性，超越了科学技术水平的功能指标就是一个理论上的空指标。

（8）未来对高新技术智能弹药有更高的要求。

目标性能的不断提高和新目标的不断出现对智能弹药系统的功能提出了更高的要求，可以预测，为了适应未来高技术战争的需要，未来的高新技术智能弹药应具有自主探测目标、识别目标、跟踪目标、精确命中和毁伤目标的能力，远程化、灵巧化、信息化、智能化、网络化和高毁伤是智能弹药发展的方向。

2.2.5　智能弹药系统概念设计的环境因素分析

与其他人造系统一样，智能弹药系统在整个寿命周期都与其所处环境密切相关。智能弹药系统所处环境主要包括：武器系统环境、技术环境、资源环境、投资环境、作战使用环境、储运环境等。

2.2.5.1　武器系统环境因素分析

武器系统是由若干功能上相互关联的武器、技术装备等有序组合，协同完成一定作战任务的有机整体。智能弹药是直接用于毁伤敌方目标或完成其他战斗任务的军械物品，是武器系统中的核心子系统。武器系统环境因素分析需要达成以下几点共识：

（1）智能弹药系统设计必须满足其前级系统和全系统的总体要求。

智能弹药系统通常是武器系统的二级、三级甚至四级配套的子系统，其性能与结构设计都必须满足前级系统和全系统的总体要求。

例如：坦克武器系统是由坦克武器分系统和坦克火控分系统所组成的。而坦克武器分系统又包括坦克车（载体）、坦克炮与智能弹药、坦克机关炮与智能弹药；坦克火控分系统包括观察瞄准仪、测距仪、传感器、火控计算机、坦克稳定器和操纵机构等。

若坦克炮发射的是无控智能弹药（穿甲弹或破甲弹或榴弹）和发射后不用管的有控智能弹药（控制信息链路弹上闭环），那么智能弹药子系统与坦克炮子系统的关系更密切，它是靠坦克炮赋予的飞行动能和飞行方向飞向目标，并命中击毁目标；智能弹药子系统的参数受坦克炮子系统参数的制约，智能弹药直径与坦克炮的口径密切相关，智能弹药的飞行动能由坦克炮的炮口动能决定；另外，智能弹药还与坦克车有关，由于车体内空间有限，智能弹药的几何尺寸不能太大，智能弹药携带量也很有限。这就要求智能弹药命中精度要高，威力要大，即首发毁伤概率高；还有坦克炮一般都是高膛压火炮，智能弹药的零部件必须能承受高过载。

若坦克炮发射的是发射后要管的有控智能弹药（控制信息链路弹上开环），那么智能弹药子系统除了与坦克炮子系统的关系密切以外，还与坦克火控分系统或其他弹外助控设备等密切相关。

（2）不同的发射平台，对智能弹药的要求不同。

投射式智能弹药是通过发射平台，赋予智能弹药飞行动能和飞行方向的。在武器系统中，智能弹药与发射平台的关系最密切。分析武器系统环境因素时，首先就要分析智能弹药与发射平台的关系。不同的发射平台，对智能弹药的要求不同。

例如：舰载发射平台，是在海上发射智能弹药，环境比较恶劣，这就要求舰载智能弹药要有良好的密封性，能抗海水腐蚀；又如：机载发射平台，由于飞机的飞行速度高、防护性能差，这就要求发射智能弹药时，必须保证飞机的安全，特别是航炮发射脱壳弹时，必须严格控制弹托的飞散范围。

（3）武器系统环境概念不断拓展。

随着高新技术的发展，特别是电子技术、计算机技术、航天技术的发展，武器系统越来越庞大，其组成越来越复杂。而智能弹药所涉及的武器系统环境已超出了原有武器系统的范畴。可以预测，随着高新技术在智能弹药上的应用，智能弹药所处的武器系统空间将会不断扩大，所涉及的武器环境因素也会不断增多。

例如：超远程智能弹药，通常采用 GPS + INS 制导系统，它是靠接收卫星信息来确定自身的位置。显然，超远程智能弹药的武器系统环境已超出了原武器系统环境的概念。

又如：巡飞弹具有网络作战能力，通过卫星通信或中继飞机通信与地面指挥控制站交换信息，可根据战场势态评估，重新选定攻击目标。由此可见，巡飞弹的武器系统环境涉及通信卫星或中继飞机。

2.2.5.2　技术环境因素分析

技术环境是指智能弹药为实现功能，完成战斗任务所需技术的总称。

1. 技术分类

按技术的成熟度，智能弹药所需的技术大致可分为三类：

（1）成熟技术——已在类似智能弹药型号上用过，或已通过演示验证的系

统技术；

（2）基本成熟技术——已取得技术成果，但未在智能弹药型号上用过；

（3）不成熟技术——包括未取得技术成果的在研技术和还处在基础研究的技术。

技术越成熟，技术风险越小，反之，技术风险就越大。在进行技术因素分析时，要全面搜集国内外有关资料，包括单项技术和系统技术资料，并对所搜集的资料进行综合分析。主要是要分清楚所需要的技术中，哪些技术是成熟技术，哪些技术是基本成熟技术，哪些技术是未成熟技术。对基本成熟技术还要进行工程化可行性分析，对未成熟技术还要进行技术难度分析。技术环境因素分析如图 2.8 所示。

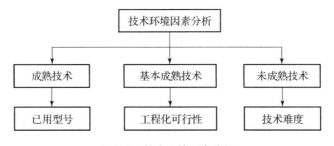

图 2.8　技术环境因素分析

2. 技术选用的原则

在选择技术时，应坚持在保证实现智能弹药功能的前提下，多选择成熟技术，多选用基本成熟技术，尽量不选用未成熟技术的原则，以减小风险。

3. 分析案例

三级串联聚能装药中各级装药的功能分别是：第一级装药的功能是炸药爆炸时药型罩形成的金属射流击爆爆炸反应装甲，清除障碍；第三级装药的功能是炸药爆炸时药型罩形成的金属射流经过第二级装药的中心孔后侵彻主装甲；第二级装药的功能是炸药爆炸时药型罩形成的金属射流跟随三级装药的射流后面继续侵彻主装甲，从而大幅度地提高了破甲深度。

从三级串联聚能装药的作用过程得知，它所涉及的技术主要是聚能装药破甲技术和隔爆技术，以及各级装药之间的匹配技术。其中成熟技术有单级聚能装药破甲和一级、二级串联聚能装药技术；基本成熟技术有隔爆技术；未成熟技术有二级和三级以及三级间串联聚能装药的匹配技术。其各项技术详见表 2.1。

表 2.1　技术环境因素

成熟技术	基本成熟技术	未成熟技术
①单级聚能装药破甲技术	①隔爆技术	①二级与三级串联聚能装药技术
②一级和二级串联聚能装药技术		②三级间串联聚能装药匹配技术

从表 2.1 中可以清楚地看到，未成熟技术有两项，其中最关键的一项是二级与三级串联聚能装药技术，只有突破了二级与三级串联聚能装药技术，三级串联聚能装药才有可能实现。

2.2.5.3　资源环境因素分析

资源环境是指实现智能弹药功能所需物质和软资源的总称。物质资源包括制造智能弹药所需的原材料、零部件及器件，试验环境（试验条件、检测设备）。软资源主要包括检测与验收标准和技术条件等。

在选择原材料、零部件及器件时，应坚持在保证智能弹药完成战斗任务的前提下，选择高质量、低价格原材料、零部件及器件的原则，坚持立足于国内的原则，同时所选原材料、零部件和器件资源立足供货渠道畅通。

2.2.5.4　作战使用环境因素分析

作战使用环境主要是指作战对象、作战任务、作战地区、气象环境和其他自然环境，以及其他武器系统与技术装备。

对谁作战？如何作战？作战任务是什么？这是智能弹药设计首要解决的问题，也是智能弹药功能设定的必备条件。

作战地区不同，作战时的地形、地貌和气象环境也不同。我国土地辽阔、地形复杂，所以设计的智能弹药既要适合南方作战，又要适合北方作战；既要适合高原作战，又要适合平原作战；既要适合丛林作战，又要适合城市作战等。未来的高技术战争是诸军兵种联合作战，各种武器系统及技术装备同时投入战斗，还应考虑与其他武器系统和技术装备之间的相互关联。

作战使用环境还包括智能弹药在作战使用时的环境，包括不同地区及该地区的气候条件、地形地理环境、战场环境，智能弹药系统应无条件地满足使用环境的要求，特别是在未来的信息战争中，智能弹药系统还必须具有抗电磁、光电干扰的能力，智能弹药与控制站之间、智能弹药与智能弹药之间的组网互通能力。

在未来的高技术战争中，作战环境复杂多变，将会对智能弹药系统的使用

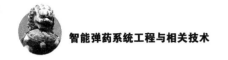

环境提出更高的要求，智能弹药系统环境适应性的设计会越来越重要。

2.2.5.5 投资环境因素分析

投资环境主要是指资金的来源及投资强度。资金的来源渠道很多，如自筹、贷款、政府拨款、股份制等方式。

智能弹药产品是一种特殊商品，买主通常是国家。智能弹药发展是出于国家安全的需要，是一种国家行为。但在社会主义市场经济的大环境下，竞争十分激烈，企业为了争取政府的拨款，纷纷采用自筹、贷款和股份制等方式投资作为前期开发资金。近年来国家对民营资金和研发能力持积极吸收和谨慎监管的开放态度。

投资强度主要是由需求资金和可提供资金两个方面决定的。需求资金与很多因素有关，如所选技术的先进性与成熟度，智能弹药系统组成的复杂程度等。一般来说，技术含量越高，智能弹药系统越复杂，技术越先进，成熟度越差，研制期越长，所需的资金就越多。

因此，在进行智能弹药系统产品功能实现技术的选择时必须全盘统筹考虑，从智能弹药系统整体出发，在保证智能弹药系统的先进性前提下，选择既先进又较成熟的技术，又需要注意决不能让 1~2 项成熟度差的先进技术延误了整个研制期。

2.2.5.6 储运环境因素分析

储运环境一般是指智能弹药系统在储藏和运输中所处的环境。

现代战争对智能弹药的消耗量非常大。大量的智能弹药消耗量靠战时生产显然是供不应求的，在和平时期就得进行生产和储备，才能满足战时的需要。

运输环境主要是指战时的运输环境，包括各种运输工具和运输路线。智能弹药系统必须能够承受恶劣的运输环境，经过运输后性能不降低。

因此，智能弹药系统必须满足储藏条件与环境的要求和运输条件与环境的要求。

2.2.6 智能弹药系统概念设计的组成要素分析

从智能弹药作用的全过程来看，智能弹药是靠投射部赋予飞向目标的动能和飞行方向；靠制导控制部控制智能弹药在空中飞行姿态和飞行轨迹，并将智能弹药准确地导向目标；靠战斗部击毁目标或完成其他战斗任务。

智能弹药系统的功能是各要素功能的有机结合，智能弹药系统的功能确定后，就要对组成要素及功能进行分析，为科学、正确地选择组成要素提供理论依据。

　　下面分别就智能弹药系统中战斗部、投射部、制导控制部的组成要素进行分析。

2.2.6.1　战斗部的组成要素分析

　　智能弹药战斗部是智能弹药毁伤目标或完成其他战斗任务的部分，毁伤元又是智能弹药毁伤目标或完成其他战斗任务的核心元素，是智能弹药系统的重要组成部分。

1. 战斗部毁伤元分析

　　战斗部按毁伤途径，可分为硬毁伤元、软毁伤元和特种毁伤元，其分类如图2.9所示。

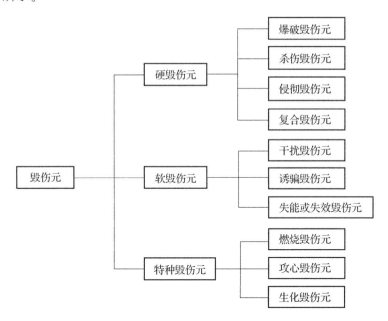

图2.9　毁伤元分类示意图

　　（1）硬毁伤元。

　　硬毁伤是指靠自身的动能、炸药装药的化学能、炸药装药的化学能转换成其他物质的动能，对目标造成直接毁伤。硬毁伤元包括爆破、杀伤、侵彻和复合等毁伤元。

　　①爆破毁伤元。

　　爆破毁伤主要是指各种高能炸药爆炸时，靠爆轰产物或空气冲击波直接毁伤目标。它既是可直接毁伤目标的爆破毁伤元，又是智能弹药毁伤目标的能源，为其他毁伤元提供毁伤目标的能量。与其他毁伤元（如破片）共同作用，毁伤效果更好，主要用于爆破战斗部和爆破杀伤战斗部。常用于毁伤各种建筑物（指挥所、雷达站、仓库、桥梁、地下深层工事等）。

②杀伤毁伤元。

杀伤毁伤主要是指利用炸药装药爆炸时破片获得的动能毁伤目标。杀伤破片按其形成机理，可分为自然、预控和预制等三种破片。

（a）自然破片——指战斗部爆炸时壳体形成的破片。特点是破片形状不规则，大小不一致，破片速度也不同，但战斗部结构简单、成本低。常用于杀伤有生力量的杀爆战斗部。

（b）预控破片——指事先在战斗部壳体上刻槽，或在装药上挖槽，利用炸药爆炸时壳体上的应力集中效应或装药的聚能效应，使壳体产生规则的破片，其几何形状、大小基本相同。常用于毁伤武器装备的战斗部。

（c）预制破片——指把制造好的破片置于战斗部内，炸药爆炸时赋予预制破片足够大的动能，用以摧毁敌方武器装备，或杀伤有生力量。常用于杀伤战斗部和子母弹战斗部等。

③侵彻毁伤元。

侵彻毁伤是指侵彻体凭借自身的动能毁伤目标。侵彻体按其动能获得的途径，可分为动能穿甲、EFP（爆炸成形弹丸）、聚能射流等侵彻体。

（a）动能穿甲侵彻体——是靠侵彻体自身的动能毁伤目标。按速度大小可分为低速（$V_c = 300 \sim 600$ m/s）穿甲侵彻体、中速（$V_c = 600 \sim 1\ 000$ m/s）穿甲侵彻体、高速（$V_c > 1\ 000 \sim 2\ 000$ m/s）穿甲侵彻体、超高速（$V_c > 2\ 000$ m/s）穿甲侵彻体4种；按有无装填物可分实心（无装填物）穿甲侵彻体和半穿甲（有装填物）侵彻体两种。对付厚装甲目标，如坦克，常采用高速实心穿甲侵彻体，如高速脱壳杆式穿甲弹；对付地下深层工事，常采用高速或超高速半穿甲侵彻体，如超高速导弹和高速炮弹。

（b）EFP侵彻体——是靠炸药爆炸时，药型罩形成的高速实心侵彻体毁伤目标，主要用于对付轻型装甲，如坦克顶甲、侧甲、步兵战车、武装直升机等，常用于末敏子弹、反舰战斗部和防空反导智能弹药，如图2.10所示。

（c）聚能射流侵彻体——是靠炸药爆炸时，药型罩形成的高速高温金属射流毁伤目标。主要用于对付厚装甲目标如坦克、钢筋混凝土工事等，常用于破甲弹或破甲子弹。

图2.10　EFP侵彻体照片

④复合毁伤元。

复合毁伤是指由两种以上毁伤元组合成的一种新毁伤，是毁伤元发展的主要方向。

例如：穿 – 爆 – 燃组合毁伤元——先靠穿甲毁伤元穿透目标，爆炸毁伤元和燃烧毁伤元随后进入目标内，炸药装药爆炸并引燃燃烧毁伤元。爆炸与燃烧毁伤元共同作用，大大提高了毁伤效果。

又如：穿 – 杀组合的毁伤元——炸药装药爆炸时，一部分杀伤毁伤元跟随穿甲毁伤元进入目标内，杀伤目标内的人员，毁坏目标内的设施；另一部分杀伤毁伤元飞向四面八方，可杀伤人员或毁坏设施。

根据对付的目标和作战任务，可组合成各种样式的复合毁伤元。

（2）软毁伤元。

软毁伤是指对敌方各种武器装备、器材不具有直接毁伤作用，仅对其功能起干扰、削弱、失效、陷于瘫痪作用。软毁伤元包括干扰、诱骗、失能或失效等毁伤元。

①干扰毁伤元。

干扰毁伤是指通过有源或无源产生的各种干扰源，对敌方的通信、电子设备、光学探测器进行干扰毁伤。主要有如下几种形式：

（a）通信干扰毁伤——指通过通信干扰机发出的电磁波对敌方的通信进行干扰，使敌方接收机产生错误信息，无法进行正确的判断。通常以子弹的形式出现。

（b）强电磁脉冲干扰毁伤——是指通过炸药爆炸产生的强电磁脉冲，破坏敌方的电子装备，干扰敌方的通信，是电子战、网络中心战的"杀手锏"武器。主要用于航空炸弹、导弹战斗部、大口径火箭弹等。

（c）强光干扰毁伤——是指通过激光发生器产生的强激光，还可通过炸药爆炸产生的强激光，使敌方的光电探测器致盲，光电器件烧毁，如果激光较弱也可使人眼致盲。主要用于大口径智能弹药（大口径炮弹、火箭弹）、航弹和导弹战斗部。

（d）箔条干扰毁伤——通过在空中抛撒金属箔条形成的箔条"云雾"对敌方的雷达探测器进行干扰，常用的箔条有铝条或镀金属碳纤维。主要用于炮弹、火箭弹和航弹。

（e）次声干扰毁伤——是指用次声波发生器发出的次声波对敌方人员的听觉实施干扰毁伤，常以子弹形式出现。

（f）烟雾干扰毁伤——是指炸药装药爆炸时或通过燃烧形成大面积、持续时间长的烟幕，使敌方光电探测器探测不到己方目标。主要用于炮弹、火箭

弹、舰炮炮弹。

（g）水声干扰毁伤——是指用水下爆炸产生的水声干扰敌方的声呐探测器，主要用于舰载炮弹和火箭弹。

（h）计算机病毒干扰毁伤——是指用事先设置（通过软件或硬件）病毒，或通过计算机网络注入计算机病毒，破坏计算机正常工作，使整个计算机网络瘫痪。

②诱骗毁伤元。

诱骗毁伤是指用诱骗、欺骗等方式使敌方探测器无法获取信息或获取错误的信息，以假乱真，无法判读真假目标。

（a）红外诱骗毁伤——是指利用炸药装药爆炸时产生的红外信号（3～5 μm 或 8～14 μm）诱骗敌方的红外探测器。主要用于机载炮弹、舰载炮弹、榴弹和火箭弹等。

（b）假目标诱骗毁伤——是指用实物假目标和虚拟假目标（电磁形成的假目标）诱骗敌方探测器。目前常用的是实物假目标，虚拟假目标还未应用在智能弹药上。

③失能或失效毁伤元。

失能或失效毁伤是指使敌方武器装置或设施失去部分或全部功能。主要有如下几种形式：

（a）非致命毁伤——主要是指对人员不造成生命危险。常用的方法很多，如次声、噪声、催泪剂等，可用于多种智能弹药、炮弹、枪弹和地雷等。

（b）高效润滑失能毁伤——是将高效润滑剂撒在飞机跑道上，使飞机不能起飞。主要用于炮弹、火箭弹和导弹战斗部。

（c）高黏结失能毁伤——是指将高黏结剂撒在飞机跑道、公路上，产生强大的黏结力，使飞机起飞不了，汽车开动不了。主要用于炮弹、火箭弹、航弹和导弹战斗部等。

（d）高阻燃失能毁伤——是指将阻燃剂撒在飞机或坦克车辆发动机排气管附近，一旦被吸入排气管道就会使发动机熄灭，甚至引起爆炸。主要用于炮弹、火箭弹和导弹战斗部。

（e）碳纤维失能毁伤——是指用碳纤维搭在高压输电网的电线上，造成短路，烧毁供输电设备，使输电网失去供电能力。主要用于航弹、导弹战斗部、单兵武器智能弹药。

（3）特种毁伤元。

特种毁伤是指具有特种功能的毁伤，如燃烧毁伤、攻心毁伤和生化毁伤。

特种毁伤元包括燃烧、攻心和生化等毁伤元。

①燃烧毁伤元。

燃烧毁伤是指具有引燃作用的毁伤，如锆、稀土合金等。主要用于引燃敌方的仓库、武器装备等，常用于榴弹或作为随进元素，在目标内部起燃烧作用。

②攻心毁伤元。

攻心毁伤是指把各种宣传品撒在敌占区，对敌方人员进行心理战，瓦解敌方人员意志。常用于炮弹、火箭弹和航弹等。

③生化毁伤元。

生化毁伤是指通过昆虫或其他化学战剂毁伤敌方武器装备或光电仪器。目前还处于探索研究阶段。

通过以上分析可以看到，毁伤元也是一个由多要素组成的具有毁伤功能的系统。例如：聚能破甲毁伤元是靠炸药爆炸时药型罩形成的高速金属射流穿透装甲，它是由炸药（能源）、金属药型罩（侵彻体的物质基础）、引爆装置（引信及传爆系统）和壳体等部分组成的。

随着高新技术的发展和战场新目标的出现，新的毁伤元将不断涌现。为了便于分析，现将常用的毁伤元列入表 2.2 中。

表 2.2　常采用的毁伤元

	毁伤元	作用原理	主要用途	适用智能弹药
硬毁伤元	爆破毁伤（包括固体、燃料空气、温压等炸药）	固体炸药爆炸产生的爆轰产物和空气冲击波毁伤目标。 燃料空气炸药和温压炸药爆炸时会吸取空中氧气，形成大面积缺氧区，引起发动机熄灭、人员窒息	摧毁建筑物、港口、桥梁、武器装备、车辆，破坏坑道、杀伤人员	炮弹、火箭弹、航弹、导弹等
	杀伤毁伤（自然、预控和预制等破片）	靠装药爆炸时产生的高速破片毁伤目标	毁伤战车、轻型装甲车、飞机、导弹、武器装备、杀伤人员	炮弹、火箭弹、航弹、导弹、子弹等
	动能侵彻毁伤	靠自身的动能击穿目标	用于反装甲、混凝土工事、机场跑道等	炮弹、火箭弹、航弹、导弹等

毁伤元		作用原理	主要用途	适用智能弹药
硬毁伤元	EFP毁伤	靠装药爆炸时药型罩形成的EFP击穿目标	击毁轻型装甲车、混凝土工事；反武装直升机、反舰等	末敏子弹、导弹、水雷、地雷
	聚能射流毁伤	靠聚能装药爆炸时药型罩形成的金属射流击穿目标	反装甲目标、击毁钢筋混凝土工事	炮弹、火箭弹、导弹、地雷等
	复合毁伤	按对付的目标或战斗任务，有选择地进行组合	根据对付的目标或战斗任务而定	炮弹、火箭弹、航弹、导弹等
软毁伤元	通信干扰	靠通信干扰机发出的电磁波干扰敌方通信	干扰通信网络，使之产生错误信息	炮弹、火箭弹、航弹等
	强电磁脉冲干扰	靠炸药爆炸产生强电磁脉冲干扰通信，破坏电子装备，烧毁电器元件	干扰通信网络，破坏电子装备	炮弹、火箭弹、航弹、导弹等
	强光干扰	靠发出的强光使光电探测器致盲，光电器件烧毁，人眼致盲	光电对抗、毁伤光电器材、杀伤人员	炮弹、火箭弹、航弹等
	箔条干扰	靠撒在空中的箔条"云雾"干扰雷达	干扰雷达探测器（包括雷达站）	炮弹、火箭弹、导弹等
	次声干扰	靠产生的次声波干扰人员听觉	杀伤人员	炮弹、火箭弹、枪榴弹等
	烟雾干扰	靠炸药爆炸或发烟器产生的烟雾云干扰光电探测器	干扰光电探测器	炮弹、火箭弹、舰炮炮弹等
	水声干扰	靠炸药在水中爆炸产生的水声干扰声呐探测器	干扰声呐探测器	舰载炮弹和火箭弹、水雷等
	计算机病毒干扰	靠计算机病毒破坏计算机软件，使计算机信息处理混乱	破坏计算机网络，信息处理中心	未见智能弹药上应用
	红外诱骗	靠炸药爆炸或红外剂燃烧时产生的红外诱骗敌方红外探测器	干扰红外探测器和红外器材	炮弹、火箭弹、舰载炮弹等

续表

毁伤元		作用原理	主要用途	适用智能弹药
软毁伤元	假目标诱骗	靠实物或虚拟假目标诱骗敌方各种光电探测器	诱骗敌方各种光电探测器	多以装备形式出现
	非致命	靠次声、噪声、催泪剂或其他手段，不造成人员生命危险	反恐和有生力量	炮弹、火箭弹、枪榴弹、子弹等
	高效润滑失能	利用高效润滑剂，撒在机场跑道上，使飞机难以起飞	反机场跑道	炮弹、火箭弹、航弹、导弹等
	高黏结失能	利用高黏剂撒在飞机跑道上或公路上，使飞机不能起飞，车辆开能不动	反机场跑道、反机动	炮弹、火箭弹、航弹等
	高阻燃烧失能	靠高阻燃剂或阻燃物阻止发动机正常工作，甚至爆炸	反机动，主要反飞机和车辆的机动	炮弹、火箭弹、导弹、航弹
	碳纤维失能	靠碳纤维搭在输电网的电线上，造成电网短路，烧毁供电设备	破坏输供电网	航弹、导弹、火箭弹、炮弹等
特种毁伤元	燃烧	靠燃烧剂引燃易燃物品，如木材、汽油等	毁伤仓库、指挥控制站、武器装备、人员	炮弹、火箭弹、航弹、子弹等
	攻心	通过宣传品对敌方人员进行心理战，瓦解敌军意志	瓦解敌军意志，减弱敌军战斗力	炮弹、火箭弹、航弹等
	生化	通过昆虫或化学战剂毁伤敌人武器装备	毁伤装备、光电仪器，杀伤人员	炮弹、火箭弹、导弹、航弹等

2. 毁伤元选择依据及原则

毁伤元是战斗部毁伤目标或完成其他战斗任务的部分。毁伤元的选择正确与否，将会直接影响战斗部的性能，所以，科学地、正确地选择毁伤元是战斗部设计的关键。

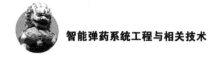

（1）选择依据。

毁伤元的选择要综合考虑战场目标、作战任务、战技指标（主要指威力）、技术先进性与成熟度等因素。

①战场目标。

战场目标不同，所用的毁伤元不同。

例如：战场目标为敌坦克或雷达站，所使用的毁伤元不同，前者可能采用高速动能穿甲毁伤元或聚能破甲毁伤元，而后者多采用爆炸毁伤元或爆炸杀伤毁伤元。

②作战任务。

作战任务不同，所用的毁伤元不同。

例如：战场目标为敌坦克，作战任务是对敌坦克群实施硬毁伤或失能（暂时失去战斗能力）毁伤。前者必须采用侵彻毁伤元；而后者常采用通信干扰，或使观瞄系统失效，或使发动机熄灭的失能毁伤元。

③战技指标。

战技指标（主要指威力）不同，采用的毁伤元不同。

例如：击穿 50～60 mm/0°或 600～650 mm/0°的均质钢甲，前者需用低速动能穿甲毁伤元或 EFP 穿甲毁伤元；后者只有采用高动能穿甲毁伤元或聚能破甲毁伤元。

又如：战场目标为敌方坦克，作战任务是对敌方坦克集群实施硬毁伤，威力指标是击穿 50～60 mm/0°均质钢甲并有好的后效。对付敌方集群坦克可采用远距离曲射炮（含火箭炮）或空中打击，对付敌方集群坦克还必须采用以多对多的办法，即采用炮射子母弹或空投子母弹（含布撒器）。击穿 50～60 mm/0°均质钢甲，可采用低速动能穿甲毁伤元、聚能破甲毁伤元或 EFP 穿甲毁伤元。至于选择哪一种毁伤元更合理，应按毁伤元的技术先进性、成熟度和毁伤效果来确定。

④技术先进性与成熟度。

技术是制约毁伤元发展的主要因素。一般情况，毁伤元的毁伤能力与技术状况成正比，也就是说技术越先进，毁伤元的毁伤能力越强。实验证明，技术越成熟，技术风险越小，成功率越大。所以，应选择技术先进性与成熟度高的毁伤元。

例如：对付钢筋混凝土工事，可采用半穿甲动能侵彻毁伤元；也可采用破甲－爆炸－杀伤复合毁伤元。显然，破甲－爆炸－杀伤复合毁伤的技术含量高，技术比较先进，而半穿甲动能侵彻毁伤元的技术含量要低一些，但技术成熟度要高一些。如果上述两种毁伤元都能摧毁钢筋混凝土工事，则应选择技术成熟度高的半穿甲动能侵彻毁伤元。

众所周知，二级串联聚能复合破甲毁伤元的技术比三级串联聚能复合毁伤元成熟得多，而后者的技术含量比前者高得多。但是前者难以击穿挂有爆炸反应装甲的复合装甲。所以，从能完成战斗任务出发，只有选择技术先进、成熟度相对较低的三级串联聚能复合毁伤元。

（2）选择原则。

通过毁伤元选择依据分析，选择毁伤元的基本原则是以实现智能弹药系统的功能、完成战斗任务为前提的，在保证完成战斗任务的前提下，应尽量选择技术先进、成熟度高、成本低的毁伤元，必须遵循高毁伤原则、技术先进可靠原则、多用途原则和适应多平台原则。

①高毁伤原则。

高毁伤是指毁伤元对目标的毁伤能力强、毁伤效果好。而毁伤能力强可减少用弹量，可实现高的效费比。所以，选择毁伤元时应遵循高毁伤原则。

大量试验表明，采用聚能爆炸成形弹丸击穿 $50 \sim 60$ mm/0°均质钢甲，破孔大、破片多、毁伤效果好；而采用聚能破甲毁伤元，破孔小、破片少、毁伤效果差。如果能从破孔中随进一些杀伤毁伤元或杀伤燃烧毁伤元，那么毁伤效果会更佳。

②技术先进可靠原则。

选择毁伤元时必须充分考虑到目标的防护性能及其发展趋势，应具有超前意识。选择技术先进的毁伤元是实现高毁伤的主要技术途径，而作用可靠的毁伤元是实现高毁伤的基本保证。毁伤元的作用越可靠，毁伤目标的概率就越高，消耗的智能弹药也就越少。

例如：目前世界各国的主战坦克大多数披挂有爆炸反应挂甲的复合装甲。实践证明，爆炸反应挂甲对聚能金属射流具有极强的干扰和破坏能力，可大幅度地削弱金属射流侵彻主装甲（复合装甲）的能力。因此在选择聚能破甲毁伤元时，首先要排除爆炸反应挂甲对金属射流的干扰，通常采用多级串联聚能复合破甲毁伤元。以破－破组合破甲毁伤元为例，前级聚能金属射流主要是引爆爆炸反应挂甲，排除爆炸反应挂甲的干扰，确保后级聚能金属射流能顺利侵彻主装甲，而后级聚能金属射流才是击穿主装甲的主射流。很显然，破－破复合破甲毁伤元的技术要比单个破甲毁伤元先进得多。随着坦克前装甲防护能力的提高，将来可能会采取多级聚能复合破甲毁伤元。

③多用途原则。

对付不同目标需用不同的毁伤元，随着新目标的不断出现，新的毁伤元也相继问世，智能弹药的品种也随之增加，智能弹药品种增加会给使用、生产、

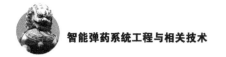

运输和保管带来诸多的麻烦。20 世纪 90 年代,世界各国都在开发多用途智能弹药,即集两种以上毁伤于一体,实现一弹多用。

例如:20 世纪 90 年代中后期,国内研制的集杀伤、破甲、杀伤燃烧等毁伤元于一体的组合型多用途弹,该弹既具有一般杀伤榴弹的功能,可杀伤敌方有生力量,又具有破甲功能,可穿透敌方轻型装甲(步兵战车、自行火炮等);同时,沿破孔随进杀伤燃烧毁伤元,大幅度地提高了对轻型装甲车辆的毁伤效果。

组合型多用途弹既能提高毁伤效果,又能实现一弹多用,减少了智能弹药品种,是未来智能弹药发展的主要方向之一。

④适应多平台原则。

适应多平台原则一是指在选择毁伤元时必须考虑能适应多种发射平台;二是指在选择毁伤元时充分考虑到对车载、舰载和机载发射平台的适应性。

例如:高速动能穿甲毁伤元和聚能破甲毁伤元都是反装甲毁伤元。前者是靠自身的动能穿透装甲,它的必备条件是高速,只要能提供高速的发射平台均可选用高速动能穿甲毁伤元。但能提供高初速的发射平台较少,常用的有高速身管火炮和高燃速火箭发动机。后者是靠聚能装药爆炸时,金属药型罩形成的金属射流击穿装甲,弹丸的着靶速度对破甲影响不大。因此,它对发射平台提供的初速度要求不高,可适用于多种发射平台,如身管火炮(含无后坐力炮)、火箭炮(含肩射火箭筒)、抛投(航弹)、布设(地雷)等。所以聚能破甲毁伤元仍是目前应用得最多、最广泛的一种反装甲毁伤元,具有较大的发展潜力。

2.2.6.2 投射部的组成要素分析

智能弹药投射部的功能是赋予智能弹药飞向目标的动能和方向,是智能弹药的重要组成部分之一。

1. 投射方式分析

智能弹药投射可分为身管火炮发射、火箭发动机推进、电磁发射、飞机抛投和人工布设等方式。下面将介绍身管火炮发射、火箭发动机推进、电磁轨道炮发射、电热化学炮发射以及"身管火炮+火箭增程"等投射方式。

(1)身管火炮发射方式。

身管火炮发射过程实质上是一个能量转换过程,即将发射药的化学能通过燃烧转换成火药气体的热能,火药气体膨胀做功,又将火药气体的热能转换成智能弹药飞行的动能。所以,智能弹药的飞行动能取决于发射药的性能和质量，并与能量的每个转换过程密切相关。一般情况下，发射药的能量越大，智能弹药获得的飞行动能也越大，当炮弹质量一定时，炮口初速度就越大。

①基本原理。

身管火炮发射时将智能弹药（包括发射药）装入炮管中（炮管呈半封闭），利用机械击发点火或用电点火，瞬时全面点燃发射药，发射药燃烧后生成大量的高温高压火药气体，高温高压火药气体膨胀做功，推动智能弹药向前运动，离开炮口时获得一定的飞行动能（或称炮口动能）。

②发射过程。

身管火炮发射过程如图 2.11 所示。典型的旋转稳定炮弹膛内发射主要包括点火、挤进膛线和炮弹加速三大过程。

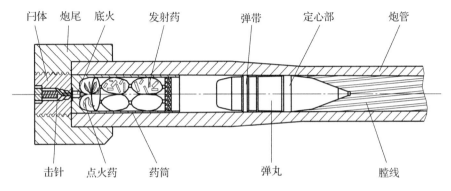

图 2.11　身管火炮发射过程示意图

（a）点火过程——通常采用机械作用使火炮的击针撞击药筒底部的底火，使底火药着火，底火药的火焰又进一步使底火中的点火药燃烧，产生高温高压的气体和灼热的小粒子，从而引燃火药，这就是点火过程。

（b）挤进膛线过程——点火过程完成后，火药燃烧，产生大量的高温高压气体，推动炮弹向前运动，由于炮弹的弹带直径略大于膛内阴线直径，所以在炮弹开始运动时，弹带是逐渐挤进膛线的，前进的阻力也随着不断增加，当弹带全部挤进膛线时，即达到最大阻力，这时弹带被刻成沟槽而与膛线完全吻合，这个过程称为挤进膛线过程。

（c）炮弹加速过程——炮弹的弹带全部挤进膛线后，膛内阻力急速下降。炮弹开始加速向前运动，由于惯性，这时弹丸的速度并不高。随着火药继续燃烧，高温的火药气体聚集在弹后不大的容积里，使得膛压猛增，在高压作用下，炮弹速度急剧加快直至飞离炮口。

炮弹弹底到达炮口瞬间炮闩打开，退出留在膛内的药筒，即完成一次发射

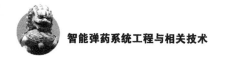

过程。

③内弹道方程。

（a）火药燃气状态方程。

方程（2.1）是经典内道学中被普遍采用的火药燃气状态方程：

$$Sp(l_\psi + l) = \omega\psi RT \qquad (2.1)$$

$$\psi = \frac{V}{V_1} \qquad \Delta = \frac{\omega}{V_0} \qquad l_0 = \frac{V_0}{S} \qquad l_\psi = l_0 \left[1 - \frac{\Delta}{\hat{\rho}_p} - \left(\alpha - \frac{1}{\hat{\rho}_p} \right)\Delta\psi \right]$$

式中，p，α，T，R——气体压力、余容、气体温度、气体常数；

　　　　S，l，V_1，V——炮膛断面积、弹丸行程、药粒初始体积、药粒已燃体积。

　　　　ψ，l_0，l_ψ——相对已燃体积、药室容积缩径长、药室自由容积缩径长；

　　　　Δ，V_0，ω，$\hat{\rho}_p$——装填密度、药室容积、发射药量、装药密度。

（b）运动方程。

炮弹膛内运动方程可表达为

$$Sp = \varphi m \frac{dv}{dt} \qquad (2.2)$$

式中，φ——次要功系数；

　　　　m——弹丸质量；

　　　　v——弹丸的平移速度；

　　　　p——弹后空间膛内燃气的平均压力。

（c）能量平衡方程。

应用能量守恒定律可导出内弹道学中的能量平衡方程，其表达为

$$Q = E + W_1 + W_L \qquad (2.3)$$

式中，Q，E，W_1，W_L——火药燃烧所释放的能量、燃气内能、推动弹丸做功和能量损失（次要功）部分。

对于 $\omega\psi$ 质量火药燃气，其内能为 $E = \omega\psi \cdot RT/\theta$，可释放的能量为 $Q = \omega\psi \cdot f/\theta$，推动炮弹平移所做功为 $W_1 = mv^2/2$。其中 $\theta = k - 1$，k 为比热容比；$f = RT_1$，f 表示火药力，R 是火药燃气的气体常数，T_1 是定容燃烧温度。

研究表明，各次要功项与主要功均成一定的比例关系，即存在关系式：

$$W_L = W_1 \sum_{i=2}^{5} K_i \qquad (2.4)$$

式中，K_2，K_3，K_4，K_5——炮弹旋转运动的能量、克服膛壁阻力损失的能量、火药气体和未燃火药的动能、身管及其他部件后坐运动动能等次要功的比例系数。

表 2.3 给出了一门中等口径火炮的一种典型的能量分配。可以看出，作用在弹丸上的全部功数占 34.31% 。

表 2.3　一门中等口径火炮的能量分配

能量分配	占全部能量的 百分数/%	能量分配	占全部能量的 百分数/%
弹丸平移运动	32.00	后坐部分的平移运动	0.12
弹丸转动	0.14	散给火炮与弹丸的热量损失	20.17
摩擦损失	2.17	气体中显热与潜热损失	42.26
推进气体平移运动	3.14	全部发射药能量	100.00

令 $\varphi = \sum_{i=1}^{5} K_i = 1 + K_2 + K_3 + K_4 + K_5$ ，则能量平衡方程可写成

$$\omega \psi RT = f\omega\psi - \frac{\theta}{2}\varphi m v^2 \tag{2.5}$$

（d）基本方程。

将状态方程（2.1）与能量平衡方程（2.5）联立消去温度项，即得

$$Sp(l + l_\psi) = f\omega\psi - \frac{\theta}{2}\varphi m v^2 \tag{2.6}$$

方程（2.6）就是内弹道学基本方程。

④弹丸最大可能速度。

依据对膛内气体流动作出的三种不同假设，可以导出三种条件下火炮利用固体发射药的化学能发射弹丸的最大可能速度。

（a）定常等熵假设。

在定常假设下，气体的全部能量转变为弹丸动能时所具有的极限速度。即气体做无限膨胀，使其温度 T 趋于零时，则有

$$u_{jm}^{(1)} = \sqrt{\frac{2}{k-1}} c_0 \tag{2.7}$$

式（2.7）表示，定常等熵假设条件下极限速度与滞止声速 $c_0 = \sqrt{kRT_0}$ 成正比。

（b）弹后空间气流线性分布假设。

根据经典内弹道理论中拉格朗日假设，弹后空间气体密度均匀分布，气流速度为线性分布，其弹后空间气流平均动能为 $\omega u^2/6$ 。当火炮的全部潜能转化为气体动能时，膛内气体流动速度达到最大，即有

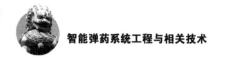

$$\frac{\omega f}{\theta} = \frac{1}{6}\omega \left(u_{jm}^{(2)} \right)^2 \tag{2.8}$$

即有

$$u_{jm}^{(2)} = \sqrt{\frac{6}{k-1}}c_0 \tag{2.9}$$

式（2.9）表示弹后空间气流线性分布条件下的弹丸最大极限速度。

对于无限长身管，其膛内燃气充分膨胀，在达到绝对零度时，弹丸速度可获得理论上的极限速度，即

$$v_j = \sqrt{\frac{2f\omega}{\theta\varphi m}} \tag{2.10}$$

式中，$\varphi = a + b \cdot \omega / m$。当 $\omega / m \to \infty$ 时，v_j 将趋于某个极限，若 $b = 1/3$，则有

$$v_j = u_{jm}^{(2)} = \sqrt{\frac{6f}{\theta}} = \sqrt{\frac{6}{k-1}}c_0 \tag{2.11}$$

由式（2.11）可见，$u_{jm}^{(2)}$ 是表示装药质量趋于无穷大或弹丸质量趋于零时的极限速度。

（c）非定常等熵假设。

对于一维非定常等熵流动，以静止开始的简单波来讲，当 $c/c_0 = 0$ 时，即气体膨胀到温度为零、压力为零时，弹底气体速度达到最大值，即

$$u_{max} = u_{jm}^{(3)} = \frac{2}{k-1}c_0 \tag{2.12}$$

上式中 u_{max} 是一维非定常等熵流条件下弹丸最大极限速度，称为逃逸速度。当弹丸速度大于该速度时，膛内气体就不可能紧跟着弹丸运动，其弹底的气体必以逃逸速度运动。若不考虑摩擦和阻力，弹丸也将保持以逃逸速度做惯性运动。

（d）三种极限速度的比较。

现取 $k = 1.20$，$R = 300 \mathrm{J} / (\mathrm{kg \cdot K})$，$T_0 = 2\,500\ \mathrm{K}$，则滞止声速为

$$c_0 = \sqrt{1.20 \times 300 \times 2\,500} = 948.68\ \mathrm{m/s}$$

分别代入式（2.7）、式（2.11）、式（2.12），可得

$$u_{jm}^{(1)} = 3\,000\ \mathrm{m/s}, \quad u_{jm}^{(2)} = 5\,196\ \mathrm{m/s}, \quad u_{max} = u_{jm}^{(3)} = 9\,487\ \mathrm{m/s}$$

可见，不同的气体流动规律假设，导致极限速度存在较大差别，但三种极限速度存在一定的比值关系：

$$\frac{u_{jm}^{(2)}}{u_{jm}^{(1)}} = \sqrt{3}, \quad \frac{u_{jm}^{(3)}}{u_{jm}^{(1)}} = \sqrt{\frac{2}{k-1}} = \sqrt{\frac{2}{\theta}}, \quad \frac{u_{jm}^{(3)}}{u_{jm}^{(2)}} = \sqrt{\frac{2}{3(k-1)}} = \sqrt{\frac{2}{3\theta}} \tag{2.13}$$

依据能量守恒原理，将式（2.8）可改写为

$$\frac{1}{2}\left(\frac{1}{3}\omega \right)\left(u_{jm}^{(2)} \right)^2 = \frac{\omega f}{\theta} \tag{2.14}$$

式（2.14）表明：达到最大极限速度的气体质量只有 1/3。

根据式（2.13）给出的比值关系，可将式（2.14）改写为

$$\frac{1}{2}\left(\frac{\theta}{2}\omega\right)(u_{jm}^{(3)})^2 = \frac{\omega f}{\theta} \tag{2.15}$$

当 $k = 1.20$ 时，由式（2.15）和 $\theta = k - 1$ 表明：达到逃逸速度的气体质量只有 10%。

在工程实践中，火炮身管长度一般为口径的 40~60 倍，炮弹的工程炮口速度小于极限速度 V_J，一般不超过 2 000 m/s。

⑤主要特点。

（a）根据动量守恒原理，在炮弹飞离炮口瞬间，身管火炮将产生较大的后坐力，同时炮口会产生较强的炮口冲击波，对炮手有一定的伤害作用；

（b）发射时炮弹在身管内运动时间短，过载较大，飞离炮口瞬间的炮弹速度称为炮口速度，炮弹离开炮口瞬间，炮口速度达到最大；

（c）对于无控炮弹，其射击精度主要取决于身管火炮在发射时产生的炮口速度偏差量和身管跳动量；

（d）由于炮口速度受到身管长度和炮口动能的制约，所以炮弹的射程不会太远，对于无增程装置的 155 mm 炮弹，最大射程一般为 30 km 左右；

（e）身管火炮可进行直瞄射击和间瞄射击；

（f）装弹时间短，火力持续性好。现在大多数身管火炮都采用了自动装填发射技术，如 AK130 舰炮双管射频已达到 60 发/min。

（2）火箭发动机推进。

与火炮弹丸不同，火箭弹是通过发射装置借助于火箭发动机产生的反作用力而运动，火箭发射装置只赋予火箭弹一定的射角、射向和提供点火机构，创造火箭发动机开始工作的条件，但对火箭弹不提供任何飞行动力。

火箭弹的发射装置有管筒式和导轨式两种，前者叫火箭炮或火箭筒，后者叫发射架或发射器。为了使火箭发动机可靠适时点火，在发射装置上设有专用的电器控制系统，该系统通过控制台联到火箭弹的发火装置（点火具）上。

①基本原理。

火箭发动机是火箭弹的动力推进装置，其工作原理即为火箭弹的推进原理，如图 2.12 所示。

在火箭弹发射时，发火控制系统将点火具发火点燃烧推进剂装药表面。主装药燃烧产生的高温高压燃气流经拉瓦尔喷管时，燃气的压强、温度及密度下降，流速增大，在喷管出口截面上形成高速气流向后喷出。当大量的燃气高速从喷管喷出时，火箭弹在燃气流反作用力的推动下获得与空气流反向运动的加

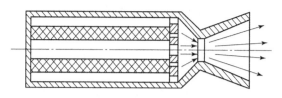

图 2.12　固体火箭发动机工作原理图

速度。由于高速喷出的气流物质是装药燃烧产生的，所以火箭发动机的质量不断地减小，表明火箭弹的运动属于变质量物体运动。而火箭发动机结束工作时，火箭弹在弹道主动段末端达到最大速度。

②推力和主动段末速度的计算。

火箭发动机的推力 F 和主动段末的速度 V_K 分别如式（2.16）和式（2.17）所示。

$$F = m\left[V_e + \frac{(P_e - P_a) A_e}{m} \right] \tag{2.16}$$

式中，m——每秒排出的燃气（火药气体）的质量；

V_e——燃气流速，$V_e = 2\,000 \sim 2\,600$ m/s；

A_e，P_e——分别为喷管出口处横断面积和燃气压力；

P_a——大气压力。

$$V_K = V_{eff} \ln\left(1 + \frac{\omega_0}{m_d} \right) \tag{2.17}$$

式中，V_{eff}——火箭发动机有效排气速度，$V_{eff} = V_e + (P_e - P_0) A_e / m$ 或 $V_{eff} = I_1 g$，

$\quad\quad I_1$ 为火箭比冲，$I_1 = 200 \sim 260$ s；

m_d——火箭弹不含火药装药质量外的质量，$m_d = m_0 - \omega_0$，m_0 为火箭弹

$\quad\quad$初始质量；

ω_0——火箭发动机装药的质量。

从火箭发动机的工作过程得知，火箭发动机的实质是将火药装药的化学能，通过火药燃烧转换成火药气体的热能，火药气体以高速从喷管喷出，又将火药气体的热能转换成推动火箭弹向前运动的动能。火箭发动机是火箭弹的动力源，由式（2.17）得知，火药装药 ω_0 越多，主动段末的速度 V_K 就越大。

③主要特点。

一般火箭弹其火箭发动机都和战斗部及其他装置连接于一体，是一种自推式智能弹药。其主要特点如下：

（a）发射时不会产生后坐力，发射平台只起一个支撑和定位的作用。对单兵火箭射手而言就构成一个发射平台；

（b）由于发射时无后坐力，可实现多弹的箱式发射；

（c）由于发动机的装药 ω_0 是根据战术需求确定的，不受发射平台的制约，所以火箭弹的射程可大大超过身管火炮的射程；

（d）由于从喷管喷出燃气流的对称性直接影响到推力的同轴性，进而影响火箭弹的散布，通常火箭弹的推力同轴性较差，故其横向散布较大；

（e）发射时有大量的高温燃气从喷管喷出，会产生较大的火光，易暴露发射阵地，另外对发射平台和附近的人员有一定的伤害。

（3）电炮发射。

利用电能或"电能 + 发射药化学能"发射炮弹的装置统称电炮。由于能源不同，发射机制不同，电炮能突破传统身管火炮发射的炮弹初速不大于 2 000 m/s 的工程极限速度。

①分类。

电炮是将电能或"电能 + 发射药化学能"转换成炮弹飞行动能的发射装置。按工作原理分类，电炮可分为电磁炮、电热炮和混合炮三大类。电炮的分类如图 2.13 所示。

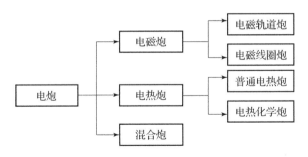

图 2.13　电炮的分类

电磁炮是完全依靠电能产生的电磁力推动炮弹的发射装置。按作用方式分类，电磁炮可分为电磁轨道炮和电磁线圈炮两种。

依据所选工质及电能对加速炮弹的作用，电热炮可分为普通电热炮和电热化学炮两种。下面仅对电磁轨道炮和电热化学炮作简要介绍。

②电磁轨道炮。

电磁轨道炮主要由能源（储能供能）、开关（控制）、导轨（炮管）、电枢和炮弹组成。轨道炮一般由两根平行的导轨组成，带有电枢的炮弹位于两根导轨之间，当强电流从一根导轨流经炮弹底的电枢再流向另一根导轨时，在两根导轨之间形成强磁场，磁场与流经电枢的电流相互作用，产生强大的电磁力（洛伦兹力）推动炮弹沿导轨前进，炮弹飞离导轨时的速度可达 3 000 ～

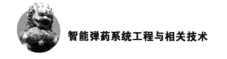

5 000 m/s，甚至更高。

根据电磁理论，当电流从一根导轨流经电枢再流向另一根导轨时，所产生推动炮弹加速的电磁力，可表示为

$$F = \frac{1}{2}L'I^2 \tag{2.18}$$

式中，F，L'，I——洛伦兹力、轨道的电感梯度、电流强度。

炮弹运动的加速度和速度表达式分别为

$$a = \frac{1}{2m}L'I^2 \tag{2.19}$$

$$v = \frac{1}{4m}L'I^2T \tag{2.20}$$

式中，m，T——炮弹和电枢质量、脉冲电源的脉冲宽度。

由式（2.20）得知，炮弹的速度与电流强度的平方成正比，电流强度越大，炮弹获得的速度越大；电流的脉冲宽度越大，炮弹获得的速度也越大。通常电磁轨道炮的电流强度在 mA 数量级，电流的脉冲宽度约 ms 数量级。

电磁轨道炮是以电能为能源的，靠电磁力推动炮弹前进，具有如下特点：

（a）炮弹初速度高，一般为 3 000～5 000 m/s，有利于对付时间敏感目标；

（b）炮弹加速段均匀，速度变化可通过调节电流强度加以控制，火力覆盖范围大；

（c）无需药筒和装药，发射时无烟、无焰和无炮口红外特征等；

（d）电流强度大，对导轨烧蚀严重，如采用固体电枢，体积、质量增大，有效载荷减小；

（e）发射时电能转换效率偏低，要求电能要大。

③电热化学炮。

由电热化学炮的发射原理得知，电热化学炮是靠强电（高电压、大电流）激发毛细管（等离喷管）产生大量的高温高速等离子体点燃发射药，发射药燃烧后生成大量的高温高压气体，高温高压火药气体膨胀做功，推动炮弹向前运动，使炮弹飞离炮口时能获得较大的炮口速度。

电热化学炮发射时首先是电源的电能转换成等离子体的动能和热能，而等离子的能量一部分用于点燃发射药，另一部分参与做功，转换成炮弹飞行的动能；发射药燃烧产生大量的高温气体，将化学能转换成火药气体的热能，火药气膨胀做功将热能转换成炮弹飞行的动能。

由此可见，电热化学炮的工作原理与传统身管火炮的工作原理基本相同，不同的是电热化学炮是靠高温高速等离子体点燃发射药，而传统身管火炮靠底火的火焰点燃发射药。按所选用发射药，电热化学炮可分为液体发射药电热化学炮和固体发射药电热化学炮两种。

同传统身管火炮相比，固体发射药电热化学炮具有如下特点：

（a）主要能源仍然是化学能，与电磁轨道相比所需的电能大大减少，化学能一般占炮弹动能的 70%～90%；

（b）工作原理基本与传统身管火炮相同，可以借鉴传统身管火炮的成熟技术；

（c）由于是高温高速等离子体点燃发射药，点火能量大，因此点火的瞬时性、全面性和重复性较好；另外，点火的强度和次数可控，容易形成膛压平台，火药气体的热能利用较充分，炮弹炮口速度大，一般可达 2 000～2 500 m/s，甚至更高一些；

（d）增加了电源装置，结构复杂，可靠性比传统身管火炮差；

（e）由于采用强电激发毛细管产生高温高速等离子体点燃发射药，受充放电频率的限制，电热化学炮的射速，特别是小口径火炮，大大低于传统身管火炮的射速。

由上述分析得知，固体发射药电热化学炮继承了传统身管火炮的长处，以火药的化学能为主要能源，同时又弥补了炮弹工程极限速度不超过 2 000 m/s 的弱点。

（4）身管火炮＋火箭增程。

由火箭发动机工作原理得知，火箭发动机是火箭弹飞行的动力装置，是火箭弹的重要组成部分。在火箭弹飞离发射架（发射筒）时，火箭发动机仍在工作，继续产生推力，使火箭的速度不断增大，直到火箭发动机工作完毕，即主动段末火箭弹的飞行速度达到最大，这是火箭弹的一大特点。由身管火炮发射原理得知，炮弹飞离炮口时，速度达到最大，随后在空气阻力和重力的作用下，炮弹的飞行速度逐渐减小。倘若能在身管火炮发射的炮弹上也装上火箭发动机，就会使炮弹在飞离炮管后，在火箭发动机产生的推力作用下，炮弹的飞行速度将会继续增大，直到火箭发动机工作结束时，炮弹的飞行速度达到最大，进而可大幅度地提高炮弹的射程。这就是被普遍采用的"身管火炮＋火箭增程"投射方式。

目前，世界上许多国家都开展了火箭发动机的助推增程技术研究。例如：南非研制的 155 mm 炮弹，采用冲压式发动机增程，当用 52 倍口径的 G6 式 155 mm 火炮发射时，射程可超过 80 km；法国研制的火箭助推超远程"鹈鹕"炮弹，从 52 倍口径 155 mm 火炮发射最大射程可达 85 km；美国为海军研制的 EX‑171 式 127 mm 火箭助推增程制导炮弹，由 62 倍口径 127 mm 火炮系统发

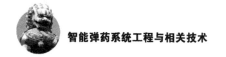

射时，最大射程可达 116.5 km。

"身管火炮＋火箭增程"投射方式有利于大幅度提高炮弹射程，但也存在以下不足：

（a）加装火箭发动机，会增加炮弹质量，在一定炮口动能条件下，炮弹速度会减小；

假设有一火箭发动机助推增程炮弹的质量为 m_2，炮弹的炮口速度为 V_{02}；原炮弹（无火箭发动机）的质量为 m_1，炮弹的炮口速度为 V_{01}。

在炮口动能和虚功系数 φ 相同的条件下，则有

$$V_{02} = \sqrt{\frac{m_1}{m_2}}V_{01}，即 \frac{V_{01} - V_{02}}{V_{01}} = 1 - \sqrt{\frac{m_1}{m_2}} < 1 \qquad (2.21)$$

式（2.21）表明增程炮弹的炮口速度减小了。又由火箭发动机工作原理得知，火箭发动机工作结束时主动段末炮弹增加的速度为

$$V_K = I_1 g \ln\left(1 + \frac{\omega_0}{m_2 - \omega_0}\right) \qquad (2.22)$$

由此可得采用"身管火炮＋火箭增程"的必备条件为

$$I_1 g \ln\left(1 + \frac{\omega_0}{m_2 - \omega_0}\right) > \left(1 - \sqrt{\frac{m_1}{m_2}}\right)V_{01} \qquad (2.23)$$

由式（2.23）可清楚看到，炮弹的炮口速度 V_{01} 越小，不等式越容易满足，增程效果也就越好；反之，V_{01} 越大，不等式（2.23）条件越难满足，增程效果也就越差。另外，还应看到，火箭装药 ω_0 越多，即 $\omega_0 /(m_2 - \omega_0)$ 越大，增程效果越好。

（b）火箭发动机推力偏心以及点火时机较难控制，都会使炮弹散布增大；

（c）加装发动机增加了炮弹结构的复杂性，影响了炮弹的可靠性，也增大了炮弹的成本。

科学技术的发展，特别是信息技术和制导技术的迅猛发展及其在弹上的应用，大大提高了炮弹的射击精度。国内外的研究实践证实，对于超远程炮弹（射程不小于 50 km）一般都采用制导控制技术，这样既增大了炮弹的射程，又提高了炮弹的射击精度。

2. 投射部选择依据及原则

投射部的功能是赋予智能弹药飞行的动能和方向。投射方式与发射平台密切相关，由于增程技术、制导控制技术在智能弹药上的应用，大幅提高了智能弹药的射程和命中精度，智能弹药性能（射程和命中精度）对发射平台的依赖性也大大减弱，所以，投射方式主要取决于智能弹药对付的目标及

战斗任务。

投射部的选择需要综合考虑战场目标、战技指标和经济性等因素。

（1）战场目标。

战场目标按其重要性可分为战略目标、战术目标和战役目标三大类。战略目标是指军事核心目标，具有重要的战略意义，如指挥控制中心、导弹发射井、重要的军事基地等。它有很强的防御能力，一般设置在大后方；战术目标是指有重要的军事价值和经济价值的目标，具有重要的战术意义，一般离前沿较远；战役目标是指战役中要毁伤的军事和经济目标，一般离前沿较近。

①目标距离与射击方式。

智能弹药（含战术导弹）主要对付的是战术和战役目标，要对付的目标距离是选择投射方式主要依据之一。另外射击方式不同，投射方式不同，发射大动能直瞄穿甲弹，一般选用身管火炮发射。对于间瞄射击智能弹药，可参考图 2.14 选择投射方式。

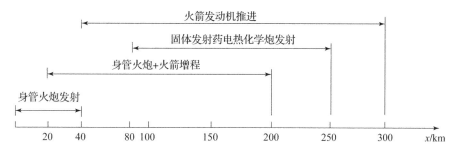

图 2.14　投射方式选择示意图

②目标面积。

战场目标按其面积可分为点目标（面积小）、面目标（面积大）和面目标中的点目标三种。如对付 1~3 km 内的点目标，如坦克、装甲车辆、钢筋混凝土工事，一般采用身管火炮发射无控穿甲弹或火箭发动机助推有控破甲弹；对付面积目标，一般采用火箭发动机推进的火箭弹；对付面目标中的点目标，采用身管火炮发射或火箭发动机推进的子母弹，包括末敏子母弹和简控子母弹。

③目标的运动速度。

战场目标按其运动速度可分为静止（速度为零）目标、低速运动目标和高速运动目标三种。运动目标又称为时间敏感目标，时间敏感目标均为点目标，对付时间敏感目标一般选择身管火炮发射、身管火炮发射加火箭增速或固体发射药电热化学炮发射的炮弹或增程弹。

（2）战技指标。

战技指标是智能弹药系统应达到的目标，也是评价智能弹药系统性能的重要指标。战技指标不同，选择的投射的方式亦不同。所以，战技指标也是选择投射方式的重要依据。如射程指标就是选择投射方式的重要依据。另外，对于无控智能弹药，射击精度也是选择投射方式的依据之一，很明显在相同的射程上，火箭弹的散布范围要比炮弹的散布范围大得多。

（3）经济性。

在选择投射方式时必须考虑经济性指标的因素，一般火箭弹的结构比炮弹复杂，价格也要高一些。因此，在选择投射方式时，应综合考虑在满足战术指标的前提下，选择高性能、低成本的投射方式。

2.2.6.3 制导控制部的组成要素分析

制导控制部是由引导装置和控制装置两部分组成的，是智能弹药系统的重要组成部分之一。引导装置是通过各种探测装置测出智能弹药相对目标或发射点的位置参数，并按照设定的引导方式形成引导指令，将指令传送给控制装置。控制装置则迅速而准确地执行所接收到的引导指令，并通过执行装置控制智能弹药飞向目标。制导控制部的结构框图如图2.15所示。

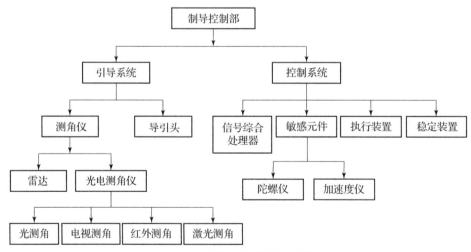

图2.15 制导控制部的结构框图

对于无控智能弹药，没有引导装置，控制装置也非常简单，其作用是保证智能弹药在空中能稳定地飞行。按其稳定方式，可分为高速旋转（陀螺效应）稳定和尾翼稳定（单摆稳定原理）两种。高速旋转稳定是通过智能弹药高速旋转产生的稳定力矩保证智能弹药在空中稳定地飞行；而尾翼稳定是靠尾翼产生的阻力提供的稳定力矩，保证智能弹药在空中稳定地飞行。由于无控智能弹药的控制装置只有稳定装置，其工作原理和结构都比较简单，在此不作介绍。

对于有控智能弹药，由于制导控制部技术含量高、种类多、结构复杂、涉及的知识面宽，下面仅对有控智能弹药制导控制部的一般知识作简要介绍。

1. 制导体制

根据制导系统工作是否需要智能弹药以外的任何信息，制导装置又可分为非自主制导和自主制导两大类。通常把制导体制分为自寻的制导、遥控制导、地图匹配制导、方案制导、惯性制导、复合制导和低成本制导 7 种。

（1）自寻的制导。

自寻的制导是指由弹上导引头感受目标辐射或反射的能量（如电磁波、红外线、激光、可见光和声音等）测量目标和智能弹药相对运动参数，并形成相应的引导指令通过执行装置控制智能弹药飞向目标的制导方式。根据所利用能量的能源所在位置的不同，自寻的制导系统又可分为主动式、半主动式和被动式三种。

①主动式寻的制导。

主动式寻的制导是指装在弹上的能源对目标辐射能量，同时由导引头接收从目标反射回来的能量的寻的制导方式。采用主动寻的制导的智能弹药，当弹上的主动导引头截获目标并转入正常跟踪后，就可以独立自主地工作，不需要智能弹药以外的任何信息。

由于弹的体积和质量的限制，弹上不可能装功率很大的能量发射装置，因此，主动寻的制导系统的作用距离较近，用得比较多的是雷达寻的系统。

②半主动式寻的制导。

半主动式寻的制导是指能量发射装置不在弹上，而是在制导站或其他位置，弹上只有接收装置的寻的制导方式。由于能源不在弹上，能量发射装置就不受弹的体积和质量的限制，能源的功率可以很大，因此制导系统的作用距离就比较大。

③被动式寻的制导。

被动式寻的制导是指弹上导引头的接收装置，直接感受从目标辐射的能量的制导方式。被动寻的制导系统的作用距离比较近，典型的被动式自寻的系统是红外自寻的制导系统。

综上所述，自寻的制导系统一般由导引头、弹上信号处理装置和弹上控制系统等所组成。导引头实际上是制导系统的探测装置，当它探测到目标，并能稳定地跟随后，即可输出智能弹药和目标的有关相对运动的参数；弹上控制指

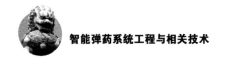

令形成装置综合导引头和弹上其他敏感元件的测量信号，形成控制指令，通过执行装置将智能弹药导向目标。

自寻的制导的制导设备全在弹上，具有发射后不用管的特点，制导精度较高，可攻击高速目标。但它需要通过目标反射或辐射的能量来测定智能弹药与目标的偏差，所以作用距离较近，抗干扰能力也较差，一般用于空对空、地对空制导智能弹药。

（2）遥控制导。

遥控制导是指由智能弹药以外的制导站向智能弹药发出引导信息，并将智能弹药导向目标的制导方式。按引导指令在制导系统中形成的部位不同，又可分为波束制导和遥控指令制导两种。

①波束制导系统。

波束制导系统是由制导站发出波束（无线电波束或激光波束），智能弹药在波束内飞行，弹上的制导设备感受偏离波束中心的方向和距离，并形成相应的引导指令，通过执行装置控制智能弹药飞向目标。

②遥控指令制导。

遥控指令制导是指由制导站的引导设备同时测量目标、导弹的位置和其他运动参数，并在制导站形成引导指令，再通过无线电波或传输线将引导指令发送给弹上的控制装置，控制装置按指令操纵智能弹药飞向目标。

由上述分析得知，采用遥控指令制导方式时，当智能弹药发射后，制导站必须自始至终对目标（指令制导中还包括智能弹药）进行观测，并不断地向智能弹药发送引导信息，遥控制导设备大部分分布在制导站上，而弹上的制导设备比较简单，制导距离大，制导精度随距离的增大而降低，对于通过无线电发送信息的遥控制导，容易受干扰，多用于地对空、空对空、空对地和反坦克等制导智能弹药。

（3）地图匹配制导。

地图匹配制导是指利用地图信息进行制导的一种制导方式。按图像可分为地形匹配制导和景像匹配制导两种。

地形匹配制导是利用地形等高线匹配制导；景像匹配制导是利用景像信息制导。两者工作原理基本相同，都是利用弹载计算机储存的地形或景像图为样本，与弹上传感器测出的地形图或景象图进行比照和相关处理，计算出智能弹药当前位置与预定位置的偏差，形成制导指令，将智能弹药导向预定区域或目标。

（4）方案制导。

方案制导是指智能弹药按预先拟制的飞行航迹飞向目标的一种制导方式，

方案制导的引导指令是根据智能弹药在飞行中的实际参量值与预定值的偏差量形成的。由此可见，方案制导过程实际上是一个程序控制过程，所以，方案制导也叫程序制导。

（5）惯性制导。

惯性制导是指利用弹上惯性元件，测量智能弹药相对于惯性空间的运动参数，并在设定运动的初始条件下，由弹载计算机计算出智能弹药的速度、位置和姿态等参数，形成控制信号，引导智能弹药按预定的飞行计划飞向目标的一种自主制导方式。

惯性制导系统一般由惯性测量装置、控制显示装置、状态选择装置、弹载导航计算机和电源等组成。惯性测量装置包括三个加速度仪和三个陀螺仪。加速度仪用来测量智能弹药质心运动的三个加速度，并通过两次积分，可计算出智能弹药在所选择的导航参考坐标系中的位置；陀螺仪用来测量弹体绕质心转动运动的三个角速度，对角速度进行积分可算出弹体的姿态角。

（6）复合制导。

复合制导是指由上述两种以上的制导方式组合起来的一种制导方式，以提高制导系统的制导精度。根据智能弹药在整个飞行过程中或在不同的飞行段上，制导的组合方式可分为串联复合制导、并联复合制导和串并联复合制导三种。串联复合制导就是指智能弹药在不同的飞行段上采用不同的制导方式。如在起始段和中间段采用惯性制导，在末段采用寻的制导。并联复合制导是指智能弹药在整个飞行中或在弹道的某一段上，同时采用几种制导方式。串并联复合制导是指智能弹药在飞行过程中，既有串联又有并联的复合制导方式。

（7）低成本制导（GPS + INS）。

除上述 6 种制导方式外，在 20 世纪 90 年代兴起的 GPS + INS 复合制导方式，由于成本比较低，又被称为低成本制导。该制导方式是利用弹上接收装置接收 GPS 信息，经过相关处理后，计算出智能弹药当时位置与智能弹药在所选择的导航参考坐标系中的位置偏差量；由弹上的惯性元件测量出智能弹药运动的姿态角，通过弹载制导计算机综合处理后形成制导指令，再通过执行机构控制智能弹药飞向目标。这种制导方式具有制导精度高、全天候制导、抗干扰能力差、结构简单、成本低等特点，适宜用于大量消耗的炮弹和火箭弹，也可用于空对地、地对地智能弹药制导。

2. 制导方式

智能弹药的空中飞行运动属于一般刚体运动，即包括质心运动和绕质心的转动。质心运动决定智能弹药在空间的位置，即智能弹药的飞行轨迹；而绕质

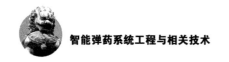

心的转动只影响智能弹药的姿态，智能弹药姿态的改变又影响到质心的运动。控制智能弹药在空中的位置，主要是控制质心的位置，而质心位置的控制通常是通过对姿态的控制间接实现的。

智能弹药的姿态运动可用俯仰角及角速度、偏航角及角速度和滚转角及角速度三个自由度来描述，即通常所称的三个通道。根据控制通道的个数，控制方法可分为单通道控制、双通道控制和三通道控制三种。

（1）单通道控制方式。

单通道控制方式是指只通过控制一个通道实现控制智能弹药的空间运动的方式。采用单通道控制的智能弹药必须是以较大的角速度绕弹轴旋转，否则只能控制智能弹药在某一平面内的运动，而不能控制其空间运动。单通道控制一般都采用"一"字形舵面的继电式舵机，其工作原理是：当弹体旋转时，舵面按一定的规律从一个极限位置向另一个极限位置交替偏转，其综合效果产生的控制力，使智能弹药沿基准弹道飞向目标。

（2）双通道控制方式。

双通道控制方式是指通过控制俯仰和偏航两个通道来控制智能弹药在空间的运动方式，也称为直角坐标控制。其工作原理是：由探测跟踪装置测量出智能弹药和目标在测量坐标系的运动参数，按决定的导引规律分别形成俯仰和偏航两个通道的控制指令，并将控制指令分别传送到执行坐标系的两对舵面上，控制智能弹药按预计弹道飞向目标。

（3）三通道控制方式。

三通道控制是指通过对俯仰、偏航和滚转三个通道都实施控制来控制智能弹药在空间的运动方式。其工作原理是探测跟踪装置测量出智能弹药和目标的运动参数，然后形成三个控制通道的控制指令，所形成的三个通道的控制指令与三个通道的某些状态量的反馈信号综合，送给执行机构，通过执行机构控制智能弹药按预计弹道飞向目标。

3. 导引规律

导引规律是指将智能弹药准确地导向目标所遵循的规律，也称导引方法。导引规律定了，智能弹药飞向目标的运动轨迹（理想弹道）也就定了。不同的导引规律，弹道的曲率不同，系统的动态误差不同，过载分布的特点及智能弹药、目标速度比的要求也不同。

导引规律选择需要依据目标的运动特性、环境和制导设备的性能及使用要求来确定。

对于固定目标，通常采用程序引导法。程序引导法的工作原理是通过探测装置测量出实际飞行弹道与标准弹道之间的偏差量，经过综合处理，计算出制导指令，由控制装置控制智能弹药按标准弹道飞向目标，这种方法也称为摄动法。

对于活动目标，通常采用的导引方法有如下 5 种：

（1）平行接近法，是指在制导过程中目标视线在空间始终沿给定方向平行移动，即视线角速度为零（或者说智能弹药的速度矢量在任意瞬间都指向智能弹药与目标的相遇点）的一种导引方法。这是一种比较理想的导引方法，满足导引所需测量的参量不易测量，制导系统比较复杂、成本高，实际应用上还存在一定的困难。

（2）追踪导引法，是指智能弹药在追击目标的全过程中，智能弹药飞行速度矢量始终指向目标，即所谓的跟踪追击的导引方法。这种导引方法要求智能弹药飞行速度矢量方向时时刻刻指向目标，如果目标的飞行方向变了，智能弹药飞行速度矢量方向也要随着改变，使智能弹药的飞行方向时刻对准目标，即要保持智能弹药的飞行方向与瞄准线的方向一致。只要智能弹药的速度足够快，就能追上目标。

（3）比例导引法，是指在制导全过程中，智能弹药速度矢量的转动角速度与目标视线的转动角速度始终保持一定的比例关系的导引方法。比例导引法的弹道是介于追踪法和平行接近法两种弹道之间，在弹道起始阶段和追踪法接近，在弹道末段和平行接近法弹道相近。此法在工程上容易实现，较广泛地用在各种制导智能弹药中。

（4）三点法，是指在制导全过程中，制导站、智能弹药、目标三者始终保持在一条直线上的导引方法，也称为重合法或视线法。这种方法比较简单，技术上容易实现，特别是在采用有线指令制导的条件下，抗干扰能力强。但采用此法制导，当目标做横向机动或迎头攻击目标时，智能弹药越接近目标，需用的法向过载越大，弹道越弯曲，这对于利用空气动力控制的智能弹药攻击高空目标是很不利的。

（5）前置角法，是指在制导的全过程中，任意瞬时智能弹药均处于制导站和目标连线的一侧的导引方法。采用前置角法导引时，智能弹药的理想弹道比三点法平直，导弹飞行时间也短，对拦截时间敏感目标有利。

4. 探测装置

制导智能弹药与无控智能弹药的根本区别在于它在受到外界干扰而偏离理想弹道的情况下，在控制装置的操纵下，仍能按理想弹道飞行。为实现这一目标，必须解决两大关键问题：一是首先利用各种探测装置实时测出实际弹道偏

离理想弹道的偏差量；二是通过执行装置消除这一偏差量，保证智能弹药仍按理想弹道飞行。

下面将简要地介绍一下探测装置一般工作原理及分类。

（1）测角仪。

在遥控系统中，探测装置一般为测角仪。按其运载信息的能量形成的不同，可分为雷达测角仪、光电测角仪等。而光电测角仪按其光波特性，又可分为可见光角仪、电视测角仪、红外测角仪和激光测角仪等。

测角仪的工作原理是在制导的全过程中，实时测出智能弹药和目标的运动及位置参数，将所测参数与测量坐标系的基准弹道参数（信号）进行比较，计算出误差量（误差信号），误差信号经过放大与转换之后生成与角误差信号相对应的电信号。执行装置将按此电信号控制智能弹药按理想弹道飞行。

关于测角仪详细工作原理和具体结构，请读者参考有关文献。

（2）导引头。

导引头是一种装在弹上的探测跟踪装置，其作用是适时测量智能弹药偏离理想弹道（标准弹道）的失调参数，根据失调参数形成控制指令，并传送给弹上的控制系统，控制智能弹药按预计的理想弹道飞行。这里必须指出，采用不同的导引方法所需测量的失调参数的类型不同。当采用三点导引方法（直接导引法）时，失调参数主要是智能弹药的纵轴与目标视线之间的夹角；当采用追踪法时，失调参数是智能弹药速度矢量方向与目标视线之间的夹角；当采用平行接近法时，失调参数是目标视线转动的角速度。

导引头按其接收目标辐射或反射能量的能源位置不同，可分为主动式导引头（接收目标反射的能量，照射目标的能源在弹上）、半主动式导引头（接收目标反射的能量，照射目标的能源不在弹上）、被动式导引头（接收目标辐射的能量）。

导引头按接收能量的物理特性不同可分为雷达导引头和光电导引头。而光电导引头又可分为电视导引头、红外导引头、激光导引头等。

导引头按其测量坐标系相对于弹体坐标系是静止还是运动的关系，可分为固定式导引头（测量坐标系与弹体坐标系重合）、活动式导引头（测量坐标系与弹体坐标系的相对方位可变化）。而活动式导引头又可分为活动非跟踪式导引头（导引头坐标轴瞄准目标后，再固定导引头坐标系相对于弹体速度失的位置，可直接实现追踪法，不跟踪目标视线）、活动式跟踪导引头（使导引头坐标系 Ox 轴连续跟踪目标视线）。

关于导引头的详细工作原理和具体结构，请参考有关文献。

5．执行装置

下面将简要地介绍一下执行装置的一般工作原理及分类。

（1）作用及其工作原理。

执行装置的作用是根据探测装置送来的控制信号或测量元件输出的稳定信号，操纵弹上的舵面或副翼偏转，或者改变发动机的推力矢量方向，控制智能弹药按理想弹道飞行。执行装置一般由放大变换元件、舵机和反馈元件等组成一个小闭合回路。

执行装置的工作原理如图 2.16 所示。由图 2.16 得知，放大变换元件的作用是将输入信号和舵机反馈的信号进行综合放大，并按舵机的类型，把信号变换成该舵机所需的信号形式。舵机的作用是，在放大变换元件输出信号的作用下，在控制力的驱使下操纵舵面按预计规律转动。反馈元件的作用是将执行装置的输出量（舵面的偏转角）反馈到输入端，使执行装置成为闭环调节系统，检查执行效果，以便制订新的执行方案，提高调节质量。

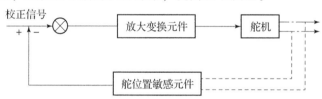

图 2.16　执行装置工作原理示意图

（2）舵机。

舵机是操纵舵面转动的器件，是执行装置的核心部分。按操纵舵面所采用的能源不同，舵机可分为电动式舵机、气动式舵机、液压式舵机三种。

①电动式舵机。

电动式舵机可分为电磁式和电动机式两种。电磁式舵机实际上是一个电磁机构，其特点是结构简单、外形尺寸小、快速性好，但它的功率小，一般用在小弹上。电动机式舵机是以交流或直流电动机作为动力源，它具有输出功率较大、结构简单、制造方便等优点，但是快速性较差。

②气动式舵机。

气动式舵机按其所用气源的不同可分为冷气式和燃气式两种。冷气式舵机是采用高压冷气瓶中储藏的空气或氮气作为气源，来操纵舵机转动；燃气式舵机是通过固体燃料燃烧后生成的气体作为气源，来操作舵机转动。气动式舵机一般用于飞行时间比较短的弹上，如"红土地"末制导炮弹的舵机就是采用的冷气式气动式舵机。

③液压式舵机。

液压式舵机是以液压油为能源，并在液压油储存罐中充有高压气体给油加压。它具有体积小、质量小、功率大、快速性好等优点。但是，液压油易受环境温度的影响，同时加工精度要求高，成本大。

（3）推力矢量控制装置。

推力矢量控制是一种通过改变发动机排气流的方向，或者利用弹上产生的微推力矢量来控制智能弹药飞行的方法。

对于采用改变发动机排气流的方向来控制智能弹药飞行，推力矢量控制虽然不依赖于大气的气动压力，在高空或低速飞行段均可对智能弹药进行有效控制，也能获得较高的机动性能，但当发动机内推进剂燃烧结束后，便失去了对智能弹药的控制能力，一般用在发动机工作时间较长的弹上。

对于采用微推力矢量控制智能弹药飞行，由于弹上的微推力矢量的个数有限，也就是说控制的次数有限，不可能实现连续精确控制，但它结构简单、可靠性好、成本低，常用于简易控制智能弹药或者末端弹道修正智能弹药。

6. 制导控制部选择的依据与原则

制导控制部技术含量高、结构复杂、涉及的知识面宽、成本高，这对如何选择制导控制部提出了更高的要求，必须全面、系统地进行分析比较，充分论证，择优选用。

（1）选择依据。

制导控制部的选择需要综合考虑战场目标、战技指标、发射平台等因素。

①战场目标。

对付的战场目标不同，对制导控制部的要求也不同。如对付点目标要求制导精度要高，对付面目标要求制导精度就可以低一些；如对付时间敏感目标或静止目标，对制导控制部的要求也不同，对付时间敏感目标的制导精度要求更高；另外目标的物理特性不同，所选用的制导控制部也不同。对于地面静止目标常采用低成本制导体制，即 GPS 加惯性导航装置。

②战技指标。

与制导控制部有关的主要战技指标有智能弹药战斗部毁伤指标、制导精度指标、制导控制部抗干扰指标、可靠性指标和智能弹药飞行速度指标等。一般情况下，战斗部的毁伤能力越强，制导精度就可以低一些。如战斗部毁伤半径越大，制导精度可差一些，也就是说圆概率误差（CEP）可以大一些。智能弹药飞行速度越高，要求制导控制部的反应速度要快，进而对制导控制部的执行装置的反应速度要求更快。

③发射平台。

目前，制导控制部的控制装置或其他敏感元件均为电子、光电器件和精密微机电装置，抗过载能力弱。不同的发射平台，发射过载不同。所以，必须根据发射平台的过载大小以及当前器件封装工艺与材料等选择相应的制导控制部。

（2）选择原则。

制导控制部的选择需要遵循高捕获、高精度、高可靠性、抗干扰能力强、大功率、小体积、低成本以及严格控制新技术比例等原则。

①高捕获、高精度。

击毁敌方目标首先要看清认准目标，探测装置的主要任务是发现目标，精确地测得目标的运动参数，并将所测参数送给信号处理装置。高捕获是指目标探测器装置捕获目标的概率要高，高精度是指探测装置对所捕获的目标的运动参数的测量精度要高。所以，高捕获、高精度是制导智能弹药命中目标必备条件，也是对探测装置的基本要求。

②高可靠性。

制导控制部的主要功能是控制智能弹药按预计的理想弹道飞向目标。有无制导控制装置是区分有控智能弹药和无控智能弹药的标志。假如制导控制装置工作不可靠，失去了对智能弹药飞行的控制能力。那么，有控智能弹药就成了无控智能弹药，它的飞行状态可能比无控智能弹药更糟。因此，高可靠性是制导控制部主要性能指标之一。

③抗干扰能力强。

在未来的信息化战争中，信息对抗是信息战的主要作战形式之一。信息干扰、信息欺骗和信息伪装是信息对抗的有效手段，这就要求目标探测装置在信息对抗的环境中还能正确无误地捕获目标，准确地测得目标的运动参数。

④大功率、小体积、低成本。

目标探测装置的探测距离（视力）取决于探测装置的功率，一般情况下，功率越大，探测距离越远，探测距离越远对控制装置越有利，制导精度相对也高一些。所以，功率的大小也是探测装置的主要性能指标。

对于采用寻的制导体制的智能弹药，探测装置是装在弹上，由于受智能弹药尺寸和质量的限制，特别是身管火炮发射的智能弹药，受尺寸和质量的限制更严一些，这就要求探测装置的体积要尽量小一些。

由于智能弹药的用量大，必须选择低成本制导控制部，否则无法接受。

⑤严格控制新技术比例。

制导控制部是一种技术密集型部件，是由多项高新技术综合集成的。技术

的综合集成本身就是一种创造，所以，应尽量选择别人已用过的技术进行综合集成，严格控制使用新技术的比例。否则风险太大，甚至会导致项目失败。

2.2.7 智能弹药系统概念设计的要素筛选与集成

智能弹药系统概念设计是根据战场目标或作战任务，设定智能弹药的整体功能，再按整体功能和战技指标筛选组成要素（子系统或部件），并将所选要素集成一个有机整体（概念智能弹药），为技术方案设计奠定基础，提供理论支持。

根据智能弹药系统功能分析，对付不同目标或完成不同作战任务，智能弹药的整体功能不同，组成智能弹药系统的要素亦不同。

组成要素的筛选与集成，必须针对具体目标或作战任务，从智能弹药整体性能最优出发，综合考虑要素与整体性能之间、要素与要素之间的相互关系，应用系统工程方法，从诸多要素中筛选出最合适的要素；并将所选要素按照一定的法则组成一个有机整体，确保智能弹药系统的整体性能最优。

下面将以毁伤敌方集群坦克的智能弹药系统概念设计为例，具体讨论此类智能弹药组成要素的筛选与集成。

2.2.7.1 目标特性及作战任务分析

1. 目标特性

坦克是一个点目标，击毁坦克首先必须命中坦克，然后再毁伤坦克。对于集群坦克，坦克的分布面积比坦克的面积大很多，属于面目标中的点目标，要击毁面目标中的坦克，智能弹药得首先落入目标区，只有落入目标区的智能弹药才有可能命中坦克，最终毁伤坦克。

按坦克参战的一般过程，集群坦克可能出现的情况有三种：第一种是处于待命状态；第二种是处于行进状态；第三种是处于进攻状态。

对付不同状态下的集群坦克，对智能弹药的整体功能要求不同，所使用的智能弹药亦不同。本案例只讨论对付处于待命状态的集群坦克。

待命状态下的集群坦克，一般位于敌后方，离前沿阵地较远，处于静止状态，为了增强坦克的生存能力，坦克顶部披挂了爆炸反应装甲，并进行了伪装。

2. 作战任务

根据《研制任务书》的要求，作战任务是击毁集群坦克，使坦克完全失去作战能力。

2.2.7.2 智能弹药系统整体功能设定

根据目标特性和作战任务分析，击毁处于待命状态的集群坦克，智能弹药应具有以下功能：

（1）远距离打击能力。

处于待命状态的集群坦克，一般离前沿阵地较远，要击毁集群坦克，智能弹药必须能飞到集群坦克区。

（2）精确命中能力。

坦克的体积较小，属于点目标，击毁点目标首先得命中目标，特别是击毁处于待命状态的集群坦克，离前沿阵地又远，所以，击毁远距离的坦克，智能弹药必须具有较高的命中精度。

（3）高毁伤能力。

由于坦克的体积较小，远距离命中坦克比较困难，一旦命中坦克，必须击毁坦克。所以，智能弹药必须具有高毁伤能力，以确保命中坦克后，就能击毁坦克。

综合上述分析，击毁处于待命状态的集群坦克，智能弹药的整体功能是远程高效毁伤。

2.2.7.3 要素组成及筛选

1. 总体原则

要素筛选的总体原则是必须从整体出发，局部服从整体，综合考虑要素与整体之间、要素与要素之间的关系；正确处理射程、毁伤能力和命中精度三大指标的关系；在保证智能弹药整体性能最优的前提下，应尽量选取指标先进、成熟度高、成本低的要素。

2. 战斗部的组成要素分析与筛选

战斗部的功能是直接毁伤目标，由毁伤元功能分析得知，具有毁伤坦克能力的毁伤元主要有动能穿甲、聚能破甲、EFP、爆破杀伤和穿－爆复合 5 种毁伤元。

对付处于待命状态的集群坦克，智能弹药数量越多，命中毁伤坦克的概率就越高。很显然，采用子母弹或子母型战斗部要比采用整体战斗部的智能弹药数量多得多。通常采用子母弹或子母型战斗部。

适用于子母弹的毁伤元主要有：聚能破甲、EFP、爆破杀伤和穿－杀复合4种毁伤元。

爆破杀伤毁伤主要是靠炸药爆炸时形成的爆轰冲击波和杀伤破片毁伤坦克，炸药装药量越多，毁伤能力越强。由于炮弹或火箭弹的弹径较小，战斗部质量有限，如果子弹的装药量多，则子弹个数就得减少，命中坦克的概率也会减小。对于对战斗部质量受限的智能弹药，一般不考虑采用爆破杀伤子母弹。

下面对剩下的聚能破甲、EFP和穿－杀复合3种毁伤元进一步作定性分析。

①聚能破甲毁伤——是靠炸药爆炸时，金属药型罩形成的射流穿透坦克装甲，毁伤坦克内的人员和设备，破甲能力强，穿透相同厚度钢甲所需的装药直径较小，装药量也少，子弹的体积较小，对于相同内腔的母弹，装的子弹数量就多，命中目标的概率就高一些。但射流直径较小，破孔直径小，破甲后效较差。

②EFP——是靠炸药爆炸时药型罩形成的弹丸击穿坦克装甲，爆炸直径较大，速度不高，穿深能力较弱，穿透相同厚度钢甲所需装药直径较大，装药量也多，子弹的体积较大，对于相同内腔的母弹，装的子弹数量较少，命中目标的概率也低一些，但EFP穿孔直径大，穿甲后效好。

③穿－杀复合毁伤——是靠EFP击穿坦克装甲，再随进一个杀伤子弹，毁伤坦克内的人员和设备，毁伤效果好。但子弹体量大，装的子弹个数更少一些。

表2.4列出了上述3种毁伤元的毁伤效果、携带数量、可靠性、成本等性能及其直观评价。

表2.4　毁伤元性能比较

毁伤元	毁伤效果	携带数量	可靠性	成本
聚能破甲	一般	最多	好	低
EFP	好	较多	好	低
穿－杀复合	最好	较少	较差	较高

表2.4中3种毁伤元各有优缺点，到底选用哪种毁伤元，还需结合投射部、制导控制部（含稳定部）综合考虑。

3. 投射部的组成要素分析与筛选

根据投射部特性的分析，目前常用的投射方式主要有身管炮发射、火箭发动机推进、"身管火炮 + 火箭增程"、电热化学炮发射和无人机投放 5 种。

由于电热化学炮发射还未用于武器，故不选用。另外，由于处于待命状态的坦克离前沿阵地较远，身管火炮发射提供的飞行功能有限，较难满足远程打击的要求，故也不选用。

下面对"身管火炮 + 火箭增程"、火箭发动机推进和无人机投放 3 种方式作进一步分析。

（1）"身管火炮 + 火箭增程"——是在身管火炮发射的炮弹上加装一个增程装置，可大幅度地提高炮弹的射程，实现远程打击。身管火炮发射射速较高，有较好的火力持续性和火力机动性，母弹散布误差较大，成本较低。

（2）火箭发动机推进——是靠火箭发动机工作时产生的反作用力推动火箭弹前进，射程远近取决于火箭发动机的装药量和工作效率。射程越远，火箭发动机的装药量就越多，火箭弹就越重，战斗部质量受限较小，装的子弹数量较多。但火箭发动机推进具有成本高、母弹散布很大、火力持续性和机动性较差等缺点。

（3）无人机投放——是靠无人机把子弹携带到目标区上空。无人机属于有控飞行器，能较精确地飞抵目标区，火力机动性好。但无人机的有效载荷量较小，装的子弹少，火力的持续性极差，成本很高。

将上述 3 种投射方式的母弹落入目标区域的概率、携带子弹数量、火力持续性、整弹成本等性能列入表 2.5，并给出直观评价。

表 2.5　投射方式性能比较表

投射方式	母弹落入目标区域的概率	携带子弹数量	火力持续性	整弹成本
身管火炮 + 火箭增程	中	中	好	低
火箭发动机推进	小	多	中	中
无人机投放	高	少	差	高

表 2.5 中 3 种投射方式各有优缺点，到底选用哪种投射方式，还需结合战斗部、制导控制部（含稳定部）综合考虑。

4. 制导控制部的组成要素分析与筛选

为了实现智能弹药精确打击处于待命状态的集群坦克，应采用必要的制导控制装置。常用的方法主要有母弹有控子弹无控、母弹无控子弹有控和母弹与

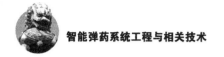

子弹均有控 3 种方法。

要毁伤处于待命状态的集群坦克必须以多对多，所需智能弹药数量较多，不适合于采用高精度制导控制部。另外，处于待命状态的集群坦克属于面目标中的点目标，只需保证母弹有较高的概率落入目标区域即可。所以，通常采用低成本制导或简易制导控制部。

目前常用的简易制导控制方法主要有 GPS 一维弹道修正、微矢量修正和传感器引爆。

（1）GPS 一维弹道修正——是指只对射程进行修正，是通过装在弹上或引信上的 GPS 集成器控制阻力环或阻力片调整轴向阻力，实现对射程的修正。这种方法结构简单、可靠性高、成本低，但修正精度有限，用于身管火炮发射的旋转稳定炮弹比较合适。

（2）微矢量修正——是指靠装在智能弹药质心附近的数个或数十个微型矢量火箭发动机产生的推力，改变智能弹药飞行的速度方向，实现对弹道的修正。由于微型矢量火箭发动机的个数有限，多用于弹道末端修正，修正指令可由弹上装置产生，也可以由地面控制站发送。由于是通过改变速度方向实现弹道修正，既可以修正射程，又可以修正射向，属于二维修正。修正精度取决于微型矢量火箭发动机的个数，个数越多，修正精度越高。一般用于大口径智能弹药，如远程火箭弹，但结构较复杂、可靠性较差、成本高。

（3）传感器引爆——是目前子弹上常用的制导控制方法。所谓传感器引爆是指弹上的目标探测器一旦捕获目标，立刻引爆炸药装药，炸药爆炸时药型罩形成 EFP，并以 2 000 m/s 左右的速度飞向目标，大大地提高了子弹命中坦克的精度。

以上 3 种方法各有优缺点，到底选用哪种方法，还需结合战斗部、投射部综合考虑。

2.2.7.4 要素集成

1. 总体原则

要素集成的总体原则是在要素分析和筛选的基础上，从整体性能最优出发，应用系统工程方法，把筛选出来的各要素按一定的法则组成一个具有新功能的有机整体。

要素集成的过程是一个创新过程。系统整体性能先进与否，关键在于要素的集成。要素集成时，既要考虑到各要素的优势，又要考虑到各要素与整体之间、要素与要素之间的相互关系，优势互补，确保智能弹药整体性能最优。

2. 备选要素

为了便于要素综合集成，现将上述筛选出来的要素列入表 2.6 中，得到备选要素表。

表 2.6　备选要素

战斗部	投射部	制导控制部	
		母弹	子弹
聚能破甲子弹	身管火炮 + 火箭增程	一维修正	传感器引爆子弹
EFP 子弹	火箭发动机推进	微矢量修正	无控子弹
穿 - 杀复合子弹	无人机投放		

按表 2.6 中的备选要素，可综合集成为 36 个整体方案。

3. 定性比较淘汰

综合集成绝不是各备选要素的简单拼凑，而是按一定法则的有机组合，确保整体性能最优。下面采用淘汰法，通过定性分析淘汰一些整体性能较差的方案。

（1）战斗部要素分析。

由战斗部分析得知，聚能破甲子弹的体积比穿 - 杀复合子弹的体积小得多，对于一定内腔体积的母弹，所装的破甲子弹比穿 - 杀复合子弹多得多。所以，无控穿 - 杀复合子弹比无控破甲子弹的性能要差。根据毁伤元的特性，EFP 能在较远的距离上（约 1 000 倍装药口径）击穿 0.6 ~ 1.0 倍装药口径厚度的装甲；而聚能破甲毁伤元只能在有利炸高（一般为装药口径的 2 ~ 8 倍）才能获得最大的穿深。所以，聚能破甲毁伤元不适用于传感器引爆子智能弹药。穿 - 杀复合毁伤元是靠 EFP 先把装甲穿一个孔，杀伤元再通过穿孔进入装甲内爆炸。距装甲越远，杀伤毁伤元通过穿孔进入装甲内的概率越小，而且增加杀伤毁伤功能后，子弹体积和质量均要增加，相应的子弹数就要减小。所以，EFP 毁伤元用于传感器引爆子弹要比穿 - 杀复合毁伤要优越得多。

综上所述，EFP 用于传感器引爆子弹比较合适，破甲毁伤元用于无控子弹比较合适。

（2）投射部要素分析。

根据投射部分，无人机投放虽然能将子弹精确地携带到目标区域，提高子弹命中坦克的概率。但是，无人机携带的子弹有限，火力持续性又差，武器整体成本又高，与其他 2 种投射方式相比，无人机投放子弹不适宜于对付处于待命状态的集群坦克。

综上所述，只有"身管火炮 + 火箭增程"和火箭发动机推进 2 种投射方式可选。

（3）制导控制部要素分析。

根据制导控制部分析，母弹采用简控方式，分别为一维弹道修正和微矢量修正，均可作为备选要素；子弹采用传感器引爆和无控两种，作为备选要素。

为了便于要素集成，现将上述初步筛选出来的备选要素列入表 2.7 中。按表 2.7 中的备选要素可以集成为 16 种整体方案。

表 2.7　初步筛选后的备选要素

战斗部	投射部	制导控制部	
		母弹	子弹
聚能破甲	身管火炮 + 火箭增程	一维修正	传感器引爆
EFP	火箭发动机推进	微矢量修正	无控

（4）淘汰结果。

由于聚能破甲毁伤元只适用于无控子弹，而 EFP 毁伤元只有与传感器引爆子弹相结合，才能充分发挥 EFP 大距离毁伤装甲目标的能力。于是，经定性分析，最后剩下 8 个备选的整体方案。

现将聚能破甲战斗部和 EFP 战斗部分别用 A_1、A_2 表示；"身管火炮 + 火箭增程"和火箭发动机推进分别用 B_1、B_2 表示；"一维修正母弹 + 无控型子弹""微矢量修正母弹 + 无控型子弹""一维修正母弹 + 传感器引爆型子弹"和"微矢量修正母弹 + 传感器引爆型子弹"分别用 D_{11}、D_{21}、D_{12}、D_{22} 表示，则 8 种备选方案可用表 2.8 集中描述。

表 2.8　8 种备选方案

符号	要素组成	符号	要素组成
f_1	$A_1 B_1 D_{11}$	f_5	$A_2 B_1 D_{12}$
f_2	$A_1 B_1 D_{21}$	f_6	$A_2 B_1 D_{22}$
f_3	$A_1 B_2 D_{11}$	f_7	$A_2 B_2 D_{12}$
f_4	$A_1 B_2 D_{21}$	f_8	$A_2 B_2 D_{22}$

上述 8 个方案各有优缺点，还需通过评估筛选出整体性能更优的方案。

2.2.7.5 要素集成与方案评价

通过定性分析比较，已从 36 种方案中初步筛选出来 8 种方案。下面将经过整体性能综合评价，从 8 种方案中筛选出 2~3 种整体性能更优的方案。

整体性能综合评价关键是设定评价指标和建立评价模型。

1. 评价指标

评价指标是评价备选方案优劣的准则，能表征智能弹药系统的整体性能。评定准则选择不同，评价结果就不一样。所以，评价指标的选择是一个非常慎重的问题，要根据使用方的要求，专家调查意见，参考同类产品的评价准则，经过充分研究再确定。

一般情况下评价指标越多，评价结果就越合理、越可信。但评价指标过多，评价模型太复杂，甚至难以建立模型，反而会影响评价结果的合理性。所以，只能选择对整体性能影响较大的参数作为评价准则。

基于以上分析，本案例选择战术指标（单发母弹毁伤坦克的概率）、火力持续性、可靠性和成本 4 个指标作为评价准则，分别用符号 C_1、C_2、C_3 和 C_4 表示。

这 4 个评价指标对智能弹药整体性能的影响程度是不同的。通过分析比较，影响最大的是战术指标 C_1，其次是火力持续性 C_2，再次是可靠性 C_3，影响最小的是智能弹药成本 C_4。各评价指标的权值可用层次分析法计算。

对 4 个评价指标通过两两比较，其判断矩阵可表示为如表 2.9 所示。

表 2.9 判断矩阵

元素	C_1	C_2	C_3	C_4
C_1	1	2	3	4
C_2	1/2	1	2	3
C_3	1/3	1/2	1	2
C_4	1/4	1/3	1/2	1

按判断矩阵中的数据，用和积法可计算出判断矩阵的最大特征值 $\lambda_m = 4.03$；一致性指标 $CI = 0.010$；随机一致性指标 $CR = 0.011$；各评价指标的权值为 $(\omega_1, \omega_2, \omega_3, \omega_4) = (0.466, 0.277, 0.161, 0.096)$。因为 $CR < 0.1$，

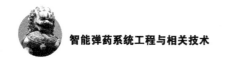

表示判断矩阵有满意的一致性，所计算的权值是可信的。

2. 评价模型

要素集成方案的评价是对智能弹药系统概念设计方案的评价，属于事前评价。由于存在许多不确定因素，不可能作出比较准确的评价。

评价模型是评价的工具，模型越科学，评价结果越合理。评价模型很多，有单因素评价模型，有多因素综合评价模型。本案例采用综合评价模型，式（2.24）为表达形式：

$$W_i = \sum_{J=1}^{n} \omega_J a_{iJ}, \quad i = 1, 2, \cdots, m \tag{2.24}$$

式中，W_i——第 i 集成方案对评价目标的权值；

ω_J——第 J 评价指标对评价目标的权值；

a_{iJ}——第 i 集成方案对评价指标 J 的权值。

3. 集成方案对评价指标的权值计算

集成方案对评价指标的权值计算方法很多，如专家函询调查法、层次分析法、排队优序法等。本案例采用排队优序法计算集成方案对评价指标的权值。

各集成方案按其性能对各评价指标的排序已列入表 2.10 中。

表 2.10　各集成方案排序

排序号	战术指标 C_1	火力持续性 C_2	可靠性 C_3	成本 C_4
1	f_8	f_1, f_2, f_5, f_6	f_1, f_3	f_1
2	f_6			f_3
3	f_5		f_2, f_4	f_2
4	f_7			f_4
5	f_4	f_3, f_4, f_7, f_8	f_5, f_7	f_5
6	f_2			f_7
7	f_1		f_6, f_8	f_6
8	f_3			f_8

按表 2.10 中的排序，根据排队优序法的计分原则，可计算出各集成方案对评价指标的得分，计算结果已列入表 2.11。

表 2.11　各集成方案得分

集成方案	战技指标	火力持续性	可靠性	成本
f_1	1	5.5	6.5	7
f_2	2	5.5	4.5	5
f_3	0	1.5	6.5	6
f_4	3	1.5	4.5	4
f_5	5	5.5	2.5	3
f_6	6	5.5	0.5	1
f_7	4	1.5	2.5	2
f_8	7	1.5	0.5	0

将表 2.11 中数据归一化处理后，计算出各集成方案对评价指标的权值并列入表 2.12 中。

表 2.12　各集成方案对评价指标的权值

集成方案	战技指标	火力持续性	可靠性	成本
f_1	0.035 7	0.196 4	0.232 1	0.250
f_2	0.071 4	0.196 4	0.160 7	0.178 6
f_3	0	0.053 6	0.232 1	0.214 3
f_4	0.107 1	0.053 6	0.160 7	0.142 9
f_5	0.178 6	0.196 4	0.089 3	0.107 1
f_6	0.214 3	0.196 4	0.017 9	0.035 7
f_7	0.142 9	0.053 6	0.089 3	0.071 4
f_8	0.250	0.053 6	0.017 9	0

4. 集成方案综合权值计算

为了便于计算，现将各评价指标对评价目标的权值和表 2.11 中的权值列入表 2.13。

表 2.13　权值总表

集成方案	战技指标	火力持续性	可靠性	成本	综合权值
	0.466	0.277	0.161	0.096	W_i
f_1	0.035 7	0.196 4	0.232 1	0.250	0.132 4
f_2	0.071 4	0.196 4	0.160 7	0.178 6	0.130 7
f_3	0	0.053 6	0.232 1	0.214 3	0.072 8
f_4	0.107 1	0.053 6	0.160 7	0.142 9	0.104 3
f_5	0.178 6	0.196 4	0.089 3	0.107 1	0.162 3
f_6	0.214 3	0.196 4	0.017 9	0.035 7	0.160 6
f_7	0.142 9	0.053 6	0.089 3	0.071 4	0.102 7
f_8	0.250	0.053 6	0.017 9	0	0.134 2

将表 2.13 中的数据,代入综合评价模型式(2.24),便可计算出各集成方案对评价目标的综合权值。计算结果已分别列于表 2.13 最右边一列的各栏中。

5. 评价结果分析

从表 2.13 最右边一列各栏中的数据得知:

(1)集成方案 f_5 权值最大,为 16.23%;其次是方案 f_6,权值为 16.06%;再次是方案 f_8,权值为 13.42%。即由 $A_2 B_1 D_{12}$、$A_2 B_1 D_{22}$、$A_2 B_2 D_{22}$ 组成方案可作为技术方案设计的备选方案。

(2)8 种集成方案中,传感器引爆型子弹的权值比无控聚能破甲子弹的权值大。这表明传感器引爆型子弹是对付集群坦克的有效手段。

(3)对于"身管火炮 + 火箭增程"的增程炮弹,采用一维弹道修正的权值略大于采用微矢量修正的权值。这表明一维弹道修正方案比较适合"身管火炮 + 火箭增程"的增程炮弹。

(4)对于火箭发动机推进的智能弹药,采用微矢量修正的权值大于采用一维修正的权值。这表明对于远程火箭弹不合适采用一维弹道修正方案。

(5)"身管火炮 + 火箭增程"方案的权值大于火箭发动机推进方案的权值。这表明"身管火炮 + 火箭助推"方案的综合性能优于火箭发动机推进方案。

（6）以上 3 个备选方案均采用 EFP 战斗部和传感器引爆型子弹，前 2 种方案均采用"身管火炮＋火箭增程"投射方式，后 2 种方案均采用"微矢量修正母弹＋传感器引爆型子弹"控制方式。3 种备选方案中，方案 5 即为"一维弹道修正火箭增程末敏弹"的概念构想，方案 6 即为"微矢量修正火箭增程末敏弹"的概念构想，方案 8 即为"微矢量修正火箭末敏弹"的概念构想。方案 5 与方案 8 的概念构想目前已有在研项目或现役装备作为应用支撑，只是方案 6 的概念构想还未得到应用，因为微矢量修正技术与不旋转的母弹的适配性最好，而通常中大口径身管火炮均发射旋转稳定式炮弹。所以，方案 6 作为技术方案设计备选方案是值得商榷的。

最后还需指出：用本案例是为了便于理解和掌握智能弹药系统概念设计的基本思路与主要方法。由于案例中的评价指标还不够全面，各集成方案的排序也未经过充分的分析论证，所以以上评价结论仅供参考。

2.3　智能弹药系统的技术方案设计

2.3.1　概述

方案设计与概念设计不能等同起来。概念设计的最终结果要产生设计方案，但方案设计只是概念设计的后期工作。从英文的词意来看，方案设计是 Scheme design，概念设计是 Conceptual design，显然含义是不同的。方案设计是在设计师的设计理念、设计思想、设计灵感、设计经验等充分发挥的前提下，进行具体组成和功能结果的方案设计，获得的设计方案是对设计理念和功能表达的具体体现。

概念设计的最后结果是要确定出设计方案。方案设计是设计师设计思想和设计理念的具体体现，是实施人为事物的重要依据。方案设计是详细设计的依据，从表达方案的图形、符号、文字综合结果可以看出此工程或产品的框架和细节。详细设计是对方案设计阶段所得方案进行细化，提出具体的工程结构图，提出具体的实施办法。详细设计阶段工作中也会有创新，但其价值层次和影响程度均不及概念设计和方案设计两个阶段。

智能弹药系统技术方案设计是智能弹药系统从构想向物化转化的第一步，也是非常关键的一步，技术方案先进与否，能否可行，将直接影响到智能弹药系统整体的先进性、研制周期和成本。

智能弹药系统技术方案设计是在智能弹药系统概念设计的基础上，为实现智能弹药系统总体目标，按筛选出来的要素集成方案设计技术方案，选择技术路线，并对技术方案的可行性进行初步分析论证。具体内容包括：技术方案设计原则的确定；初步战术指标分解；初步技术方案设计；技术可行性分析。

2.3.2　技术方案设计原则

技术方案的设计和技术路线的选择，是非常重要而又困难的问题，涉及的知识领域较宽，需要解决的问题也很多，特别是那些高技术智能弹药，技术含量高、难度大、结构复杂、成本高、风险大。

在进行智能弹药系统技术方案设计时，应遵循以下原则。

1. 整体性能先进的原则

智能弹药系统是由多要素组成的一个有机整体。随着高新技术在智能弹药上的应用，智能弹药系统的技术含量越来越高，内涵越来越丰富，组成结构越来越复杂，按照系统工程的观点和方法，在进行技术方案设计时，要有整体观点、全局观点；必须根据智能弹药系统承担的作战任务和总目标要求，一切从智能弹药系统整体性能最先进出发，局部服从整体，子系统要服从总系统，单项技术要服从总体技术，充分论证，全面考虑，有机结合，优势互补，以确保智能弹药系统整体性能最优。

射程、毁伤能力和命中精度是表征智能弹药战技性能的三大主要指标。这三大指标是一个整体，只有这三个指标都先进时，智能弹药系统的整体性才先进。如果片面强调某个或某两个指标先进，那么智能弹药系统整体性能就不会先进。例如，为了满足未来战争大纵深战场的需要，必须大幅增大智能弹药的射程。增大射程的方法很多，在进行技术方案设计和选择技术路线时，必须从智能弹药系统整体性能最先进出发，决不能只顾增大射程，而忽略了毁伤能力和命中精度这两大指标。射程远、毁伤能力弱、命中精度差的智能弹药系统不是一个好的智能弹药系统。

所以，智能弹药系统整体性能先进原则就是树立整体观点和全局观点，做到局部服从整体、子系统服从总系统、单项技术服从总体技术。

【例2.1】　试说明末敏子弹整体性能先进性与其主要性能指标之间的适配关系。

根据末敏弹工作原理，末敏子弹击毁目标，首先是探测器能捕获到目标，其次是EFP能命中目标，再次是EFP能击穿目标。因此，末敏子弹击毁目标的概率是一个条件概率，可表示为

$$P_{x \cdot b} = P_{x \cdot 1} \cdot P_{x \cdot 2} \cdot P_{x \cdot 3}$$
（2.25）

式中，$P_{x \cdot b}$——在 x 距离上，末敏子弹击毁厚度为 b 的装甲目标的概率；

$P_{x \cdot 1}$——在 x 距离上，EFP 击穿厚度为 b 的装甲的概率；

$P_{x \cdot 2}$——在 x 距离上，EFP 命中目标的概率；

$P_{x \cdot 3}$——在 x 距离上，探测器捕获目标的概率。

由以上分析得知，射距 x、穿透钢甲厚度 b 和在 x 距离上击毁厚度为 b 的装甲目标的概率 $P_{x \cdot b}$ 是表征末敏子智能弹药整体性能的三个主要指标。

射距 x 越远，末敏子弹覆盖的范围越大，在覆盖范围的目标数也就越多，末敏子弹击毁目标的机会便增多，但也意味着目标探测器的探测距离远了，EFP 的攻击距离也远了。由 EFP 形成与侵彻的工程实践表明，EFP 的有效攻击距离通常为 800~1 000 倍装药口径，即攻击距离 x 越远，装药口径就要越大，装药量也就越多，子弹就越重。另外，射距 x 越远，EFP 飞行时间越长，EFP 的散布范围越大，将直接导致命中目标概率下降。可见，片面强调增大射距 x，将会影响到末敏子弹整体性能的先进性。

所以，在进行末敏子弹技术方案设计时，要综合考虑射距 x、装甲目标厚度 b 和击毁目标的概率 P_{xb} 这三个指标。

2. 继承与创新的原则

任何事物的发展都是从简单到复杂，智能弹药的发展也是如此。例如增程炮弹的发展就很好地遵循了继承与创新的原则。在 19 世纪 50 年代初才出现了火炮发射的长圆形旋转稳定弹丸，可使射程大幅提高；到 20 世纪 40~50 年代，为了进一步提高射程又出现了增程炮弹，特别是到了 20 世纪 70 年代各种增程技术先后问世，各种增程弹也相继出现。最早出现的增程弹是通过改变弹形，减小空气阻力来增大射程，如底凹弹或枣核弹。这种弹形长径比在 6 倍弹径以上，弹头占全弹长的 80% 左右，几乎没有圆柱部，靠 4 个定心块定位，形状像枣核，故称枣核弹。后来又由底凹减阻增程发展到底排减阻增程、火箭助推增程、滑翔增程和复合增程。实践表明，每采用一项新的增程技术，炮弹的射程都会有较大幅度的增加。

又如坦克一问世就出现了对付它的穿甲弹。穿甲弹的发展可分为三代，第一代穿甲弹为普通穿甲弹；第二代为高速脱壳旋转稳定穿甲弹；第三代是高速脱壳杆式尾翼稳定穿甲弹。每一代穿甲弹都是在前一代的基础发展起来的，是继承与创新相结合的产物。如从第二代高速脱壳旋转稳定穿甲弹发展成第三代高速脱壳杆式尾翼稳定穿甲弹，第三代穿甲弹继承了第二代穿甲弹高速脱壳的技术，大胆地提出了用大长径比杆式尾翼稳定穿甲弹芯代替小长径比旋转稳定穿甲弹芯。这样既大幅增大了穿甲弹着靶时的断面比功能（着靶动能与弹体横断面积之比），进而提高了穿甲能力，又采用弹体的自碎防止跳弹，大幅度地提高了第三代穿甲弹的整体性能。

穿甲弹的发展史表明，继承已有技术成果是智能弹药发展的基础，大胆创新、善于创新是智能弹药发展的关键，没有基础谈不上发展，没有创新就不会出现新一代智能弹药。所以，继承与创新的原则就是以继承重基础，以创新谋发展。只有把继承和创新有效地结合起来，智能弹药才能不断地更新换代。

3. 高新技术占一定比例

自 20 世纪 90 年代以来，随着高新技术在智能弹药上的普遍应用，出现了诸如末制导炮弹、弹道修正弹、末敏弹、反辐射导弹、巡航导弹、激光制导炸弹、碳纤维弹、云爆弹、钻地弹等一大批高新技术智能弹药。

在这些智能弹药中，高新技术占有一定的比例。有的是作用原理新，如碳纤维弹，它是靠炸药爆炸时抛撒出去的碳纤维（长条或云状）使电网短路，造成电网无法正常送电；又如云爆弹，它是靠炸药装药爆炸时将燃料（液体、固体或液固混合体）抛撒在空中使其与空中的氧气混合形成云雾炸药，爆炸后产生的爆轰波或空气冲击波毁伤目标。因此，它比普通爆破弹的威力大许多倍。有的是技术档次高，如巡航导弹集编程控制、地图匹配和 GPS 定位于一体，大大地提高了对目标的命中精度。

任何一种新智能弹药都是在以往智能弹药的基础上发展起来的，高新技术智能弹药也不例外。它与传统智能弹药相比，只是高新技术占有一定的比例。在进行技术方案设计时，必须保持高新技术占一定的比例。至于比例多大为好，需根据军事需求和技术可行性而定。比例定得过低，智能弹药的先进性则较差；比例定得过高，虽然指标先进，但耗资过大，研制期增长，成本增加。因此，确定高新技术所占比例是技术方案设计中的一大难点。

例如：末敏子弹的目标探测器，目前主要有主被动毫米波、红外或主被动毫米波与红外复合等几种体制。虽然主被动毫米波与红外复合体制的目标探测器，识别目标的准确度提高了，但它的高技术占比也提高了，技术难度就大了。有关资料表明，末敏子弹的目标探测器也是先从单一毫米波（主被动毫米波）体制或单一红外体制，发展到毫米波与红外复合体制，再发展到目前正在研究的激光与红外复合体制。至于选用哪一种目标探测体制，应根据军事需求和技术状态而定。

又如：远程精确打击智能弹药应满足射程远和命中精度高的要求。按外弹道理论，对无控智能弹药，随着射程的增加，其散布也随之增大，所以在增大射程的同时，必须减小智能弹药的散布。

增大射程的技术有：提高初速度（包括电磁轨道发射和电热化学发射）技术、减阻增程（包括弹形和底排减阻）技术、火箭助推增程（包括冲压发动机、固体火箭发动机或涡喷发动机助推增程）技术、滑翔增程技术，以及复合增程（两种以上增程技术的组合）技术。

提高命中精度的技术主要有：传感引爆技术（末敏技术）、弹道修正（包括指令修正、自主修正）技术、制导（包括末端制导、简易制导和精确制导）技术。

面对上述众多高新技术，选择哪几项高新技术、选择何种高新技术，这是高新技术智能弹药系统技术方案设计的核心和关键。所以，基本原则是根据智能弹药承担的作战任务和总目标要求，应尽量选择那些成熟度高或已在同类智能弹药上使用过的高新技术，并且要严格控制高新技术所占比例，一般为30%左右。

4. 立足国内，借鉴国外

我国在军事科学技术方面与发达国家的差距还很大，需要引进或借鉴国外先进技术，提高自我发展的起点，缩短与先进国家的差距。例如，末制导炮弹和炮射导弹技术的引进，不但为部队提供了新的弹种，还为开发研制新一代的末制导炮弹和炮射导弹奠定了坚实的技术基础，使我国的智能弹药水平上了一个新台阶。

由于军事科学技术的政治性和保密性，不可能从国外引进最先进的技术。在和平时期，出于各种利益关系，可能会引进一些先进技术、新材料、元器件等，但一到战时，就会实行封锁，切断供货渠道。因此，进行技术方案设计时，必须根据国内技术状况，充分利用国内的资源，开发出有自主知识产权的产品。但立足国内，不等于闭关自守，要虚心学习国外先进经验，吸收国外先进技术和先进思想，瞄准世界先进水平，借鉴国外先进技术，提高研究起点。同时对于引进的技术需要自主创新，否则将永远落后于别人。所以，要大胆吸取并借鉴国外的先进技术和设计思想，充分利用国内资源，研发出有自主知识产权的高新装备。

例如：GPS 是一种比较简单、定位精度较高的系统，美国率先把 GPS 用于导弹（包括巡航导弹）、制导炮弹和制导炸弹，已形成多种 GPS 制导模块，大大地提高了炮弹命中精度，降低了制导炮弹成本，是一种高精度低成本制导方法，受到世界各国的普遍重视。

目前，我国自行研发、独立运行的全球卫星定位与通信系统——北斗卫星导航系统（BDS）与美国的 GPS、俄罗斯的"格洛纳斯"（GLONASS）、欧盟的"伽利略"（GALILEO）系统并称四大卫星导航系统。目前北斗系统（BDS）发展基本成熟，可以把 BDS 制导技术广泛应用于智能弹药的制导。

巡飞弹是美国最先提出的，陆、海、空三军都在大力开展研究。巡飞弹是一种新概念智能弹药，类似于无人驾驶飞行器，能在敌方目标上空巡飞 15 ~ 30 min，能搭载多种有效载荷（如战斗部、侦察设备、通信设备、毁伤评估设备等），集侦察与攻击于一身；弹与弹之间、弹与地面指控站之间能互通，能在飞行过程中装定攻击目标，也可根据战场态势，重新选定攻击目标，可以完成多种战斗任务。巡飞弹是高新技术智能弹药发展的一个里程碑，是智能化智能弹药的初型。要通过吸取并消化巡飞弹的先进思想，研发出有自主知识产权的巡飞弹。

2.3.3 初步战术指标分解

基本确定智能弹药系统总体战术指标和组成要素之后，在进行技术方案设计之前，应对智能弹药系统初步战术指标进行分解。

1. 各级指标之间的关系

智能弹药系统总的战术指标是根据智能弹药系统对付的目标和承担的战斗任务而设定的，是各组成要素指标的综合体现。只有各组成要素指标都实现了，智能弹药系统总体指标才能实现。

例如，智能弹药系统的射程、命中精度和毁伤能力三大主要战术指标，是投射部、制导控制部和战斗部三大要素的指标的综合体现。只有这三大要素指标都实现了，则智能弹药系统的主要战术指标才能实现。

2. 分解原则

在进行技术方案设计之前，必须将智能弹药系统总指标分解成子系统或分系统指标。系统指标的分解与许多因素有关，存在着许多不确定因素，难度较大。

智能弹药系统指标分解必须从全局出发，局部服从整体，由上而下逐层分解和由下而上逐层综合相结合，要统筹考虑，权衡利弊，遵循坚持难者低、易者高的原则，尽量做到科学合理。

3. 分解程序

智能弹药系统指标的分解首先是将智能弹药系统的主要战术指标射程

（X）、命中精度（CEP）和毁伤能力（E_c）分解成投射部、制导控制部和战斗部的指标，然后再将投射部、制导控制部和战斗部指标分解成部件指标。其分解程序如图 2.17 所示。

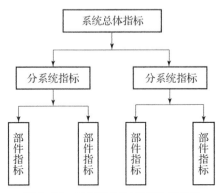

图 2.17　系统指标分解程序示意图

4. 分解方法

若智能弹药系统某项总指标可分解成 N 个概率指标，则有

$$P = P_1 P_2 \cdots P_N = \prod_{i=1}^{N} P_i \qquad 0 < P_i < 1 (i = 1, 2, \cdots, N) \qquad (2.26)$$

考虑到各组成要素的高新技术含量、影响因素以及难易程度的不同，引入要素难度系数 K（$K \geq 1$）。难度越大，系数 K 就越大，难度最低的系数设为 $K = 1$。

假设：各分系统的难度系数分别表示为 K_1，K_2，$\cdots$，K_N，P_0 为 $K_J = 1$ 时 P_J 指标（第 J 个分系统难度最低），即有 $P_0 = P_J$，并且 $P_i = P_0 / K_i$（$i = 1$，2，$\cdots$，N）（即设各分系统的分解指标与其中最低难度分系统的指标呈线性比例关系）。

现将 P_i 代入式（2.26），经整理后可得到

$$P_0 = \left(P \cdot \prod_{i=1}^{N} K_i \right)^{1/N} \qquad (2.27)$$

由式（2.27）可知，只要已知各组成要素的难度系数 K_i，就可求出 P_0，进而求得 P_i。

所以，智能弹药系统指标分解的关键是确定各组成要素的难度系数 K_i。确定难度系数 K_i 是比较困难的，需要参照同类产品的指标，一般采取难度系数 K_i 和初定指标相结合，由易到难的办法。这就要求决策者有较丰富的实践经验，还必须进行科学的理论分析。

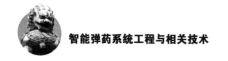

5. 案例

【例2.2】 假设每发炮弹内装两枚末敏子弹，每发末敏子弹击毁装甲目标的概率相同。已知两发炮弹击毁一辆装甲目标的概率 P 不小于90%。试对末敏子弹击毁装甲目标的战术指标进行分解。

由例2.1的分析可知，末敏子弹在 x 距离上击毁厚度 b 的装甲目标的概率 $P_{x \cdot b}$，等于EFP在 x 距离上击穿厚度 b 的装甲概率 $P_{x \cdot 1}$ 和命中目标概率 $P_{x \cdot 2}$ 以及目标探测器捕获目标的概率 $P_{x \cdot 3}$ 的乘积。末敏子弹的主要战术指标 $P_{x \cdot b}$ 是EFP战斗部、稳态扫描装置和目标探测器指标的综合表达，只有 $P_{x \cdot 1}$、$P_{x \cdot 2}$ 和 $P_{x \cdot 3}$ 都达到了，末敏子弹的主要指标 $P_{x \cdot b}$ 才能达到。

根据概率理论，4枚子弹至少有一枚子弹击毁装甲目标的概率为

$$P = 1 - (1 - P_{x \cdot b}^0)^4 \tag{2.28}$$

另外，已知两发炮弹击毁一辆装甲目标的概率 P 不小于90%，取 $P = 0.9$，可求出末敏子弹在距离 x 上击毁厚度 b 的装甲目标的概率 $P_{x \cdot b}^0$：

$$P_{x \cdot b}^0 = 1 - (1 - P)^{1/4} = 0.438$$

设 K_1、K_2、K_3 分别为EFP战斗部、稳态扫描装置和目标控制器的难度系数，并代入式（2.27），可以得到

$$P_0^3 = P_{x \cdot b}^0 \cdot K_1 \cdot K_2 \cdot K_3 \tag{2.29}$$

由式（2.29）得知，只要知道了难度系数 K_1、K_2、K_3 就可求得 P_0，进而可求得 $P_{x \cdot 1} = P_0/K_1$，$P_{x \cdot 2} = P_0/K_2$，$P_{x \cdot 3} = P_0/K_3$。

实践证明，EFP战斗部技术比较成熟，难度较低，其难度系数可取为1，即 $K_1 = 1$。同时参照同类产品，EFP在 x 距离（x 约等于装药口径的1 000倍）上，击穿厚度 b 的装甲的概率 $P_{x \cdot 1}$ 一般为 90%～95%，本例取 $P_{x \cdot 1} = 90\%$。所以，$P_0 = P_{x \cdot 1} = 0.9$。

$P_{x \cdot 2}$ 表示EFP在 x 距离上命中目标的概率，它与EFP自身命中目标的精度、稳态扫描装置的稳态性能、末敏子弹的运动状态和气象条件、目标探测器的指示精度和处理控制器的精度等诸多因素有关，是一个多影响因素指标，特别是末敏子弹的运动状态和气象条件等随机因素是不好控制的。所以，在指标分解时，$P_{x \cdot 2}$ 可以适当低一些。

$P_{x \cdot 3}$ 表示目标探测器捕获目标的概率，尽管目标探测器的技术含量高，但由于EFP命中精度 $P_{x \cdot 2}$ 的影响因素多，确定 $P_{x \cdot 2}$ 的难度更大。

参照工程实践，可设 $P_{x \cdot 2}$、$P_{x \cdot 3}$ 两者的难度系数比为 $K_2 : K_3 = 1.2$，即 $K_2 = 1.2K_3$。将 P_0，K_1，K_2，K_3 和 $P_{x \cdot b}^0$ 代入式（2.29），可求得：$K_3 = 1.18$，$K_2 = 1.2K_3 = 1.42$，则有：$P_{x \cdot 2} = 0.63$，$P_{x \cdot 3} = 0.76$。

为了便于考核和验收，最后取 $P_{x \cdot 2} = 0.65$，$P_{x \cdot 3} = 0.75$。将 $P_{x \cdot 1}$、$P_{x \cdot 2}$、$P_{x \cdot 3}$ 代入式（2.25），则可求出经指标分解后末敏子弹在 x 距离上击毁厚度 b 的装甲目标的概率：

$$P_{x \cdot b}^1 = 0.9 \times 0.65 \times 0.75 = 0.438\ 8$$

由于 $P_{x \cdot b}^1 \approx P_{x \cdot b}^0$，则表明上述关于末敏子弹击毁装甲目标的战术指标分解是基本合理、可行的。

以上只讨论了末敏子弹在 x 距离上击毁厚度为 b 的装甲目标的概率 $P_{x \cdot b}$ 指标的分解问题，并没有给定 x 和 b。而射距 x、穿透钢甲厚度 b 和在 x 距离上击毁厚度为 b 的装甲目标的概率 $P_{x \cdot b}$ 是表征末敏子智能弹药整体性能的三个主要指标。

如何确定 x 和 b 是一个系统工程问题，所以在进行指标分解时，必须从整体性能最优出发，统筹考虑，权衡利弊，把各组成要素的优势结合起来，形成有机整体，确保整体性能最优，即末敏子弹在最大距离上击毁一定厚度装甲目标的概率达到最大。

由穿甲理论得知，若 EFP 穿透装甲目标时着靶比动能 E_s（$E_s = \dfrac{1}{2} mV_c^2/S$，式中 V_c 为 EFP 着靶速度，m 为着靶时质量，S 为 EFP 最大横断面面积）越大，穿透能力越强，距离 x 越远，EFP 攻击目标的范围越大，有效毁伤面积越大。另外，又由外弹道理论得知，EFP 攻击距离 x 越远，速度降越大，即 V_c 越小，着靶比动能 E_s 越小，使穿甲能力越弱。同时，EFP 的散布也越大，命中概率越低，使毁装甲目标的概率越低。若攻击距离 x 过大，则探测器发现不了目标，EFP 不可能对目标进行攻击。所以，末敏子弹击毁一定厚度装甲目标，确定攻击距离 x 时，必须综合考虑在 x 距离上，EFP 命中目标、EFP 击穿目标、目标探测器捕获目标等各项指标如何有机匹配并顺利实现的问题。

2.3.4　初步技术方案设计

智能弹药系统技术方案设计是将智能弹药系统从概念设想转化为实物的关键环节，智能弹药系统功能能否实现，任务能否完成，指标能否达到，最核心、最关键的问题是所选用的技术和技术路线是否科学合理。

智能弹药系统技术方案设计是根据各组成要素功能和任务，初步技术指标，遵循智能弹药系统技术方案设计原则，用系统工程方法，优选那些指标既先进，风险又小的技术。

下面分别从增大射程、提高精度、改善威力三个方面进行相关技术分析，为智能弹药系统技术方案初步设计时优选或遴选相关技术提供支撑。

2.3.4.1 增大射程的技术分析

为了满足未来大纵深战场的需要，智能弹药必须远程化，增大智能弹药射程是智能弹药远程化的前提。而增大智能弹药射程的技术很多，如图 2.18 所示。

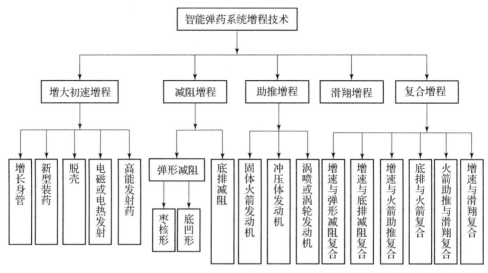

图 2.18 智能弹药增程技术分解图

从图 2.18 可以清楚地看到，智能弹药增程技术共有 5 大类，近 20 种。至于选用哪一种，应从智能弹药系统整体性能最优出发，权衡利弊，综合考虑，以达到智能弹药系统总体性能最优为前提。

1. 增大初速与减阻增程技术分析

增大初速增程技术和减阻增程技术，对智能弹药系统要求较低，智能弹药系统改动不大或基本不改动，技术（电热或电磁发射技术除外）又比较成熟，在能满足战技指标的前提下，应是首选增程技术。

由外弹道理论得知，智能弹药初速度增加，阻力也随之增加，其关系如式（2.30）所示：

$$R_x = \frac{\rho V^2}{2} SC_{x0}\left(\frac{V}{C}\right) \tag{2.30}$$

式中，R_x——迎面空气阻力；

ρ——空气密度；

V——智能弹药速度；

S——最大横断面面积，$S = \pi d^2/4$；

C_{x0}——阻力系数。

由上式可见，在增大智能弹药速度的同时，应尽量减小智能弹药阻力。因此，增大速度与减阻复合增程效果更加明显。

现代远程炮弹大都是旋转稳定的圆柱形弹丸，它由卵形头部、圆柱部、船尾部、定心部和弹带组成，在飞行中受到的空气阻力由零升阻力和攻角引起的诱导阻力组成。

飞行性能良好的弹丸其诱导阻力很小，弹丸空气阻力主要组成部分是零升阻力或称零攻角阻力。零升阻力由波阻、摩擦阻力和底部阻力以及附加阻力（像弹丸表面凸起、引信头部结构等形成的附加阻力等）组成。若用阻力系数表示，弹丸的零升阻力系数可写成：

$$C_{D0} = C_{DHW} + C_{DTW} + C_{Db} + C_{DSF} + C_{DRB} \tag{2.31}$$

式中，C_{D0}——弹丸的零升阻力系数；

C_{DHW}——弹丸的头部波阻系数；

C_{DTW}——弹丸的尾部波阻系数；

C_{DSF}——弹丸的表面摩擦阻力系数；

C_{Db}——弹丸的底阻系数；

C_{DRB}——弹丸的弹带阻力系数。

将头部波阻、尾部波阻和弹带阻力合成为波阻，这样弹丸的空气阻力系数分成三部分：波阻系数、底阻系数和摩阻系数。

弹丸的总阻系数及各分阻力系数占总阻系数的比例，与弹丸全长、弹头长占全弹长的比例、弹头和弹尾的几何形状、弹丸表面状况和飞行马赫数有关。空气动力实验表明，一般旋转稳定弹，在亚声速（$Ma \leqslant 0.8$）条件下，摩阻占总阻的 35% ~ 40%，底阻占总阻的 60% ~ 65%；在超声速（$Ma > 1.25$）条件下，摩阻只占总阻的 9% ~ 13%，底阻占总阻的 27% ~ 31%，波阻占总阻的 57% ~ 64%。

现代远程炮弹初速度已达到 900 m/s 以上，全弹道上弹丸都是超声速飞行，其阻力主要来自波阻和底阻。因此，弹形减阻的关键是深化弹丸全长、弹头长度占比、船尾结构（尾部长度和尾锥角度）、弹带结构、引信头部结构等气动外形的优化匹配设计工作，最大限度地减小波阻和底阻。

远程弹一般都是在超声速条件下飞行，弹形减阻（减小激波阻力）结合底排减阻（减小底部阻力）就成了一种重要的复合增程技术。

2. 滑翔增程技术分析

滑翔增程技术受滑翔飞机及飞航式导弹飞行原理的启发而提出的一种智能

弹药增程技术。近年来，国内外开始研究利用固体火箭发动机与滑翔飞行原理结合的射程大于 100 km 的复合增程超远程智能弹药（火箭/滑翔复合增程智能弹药）。

滑翔增程是指智能弹药在空中飞行时靠弹翼产生的稳定升力与重力平衡，使智能弹药下降速度减慢，能在空中飞行更长的时间，以达到增大射程的目的，增程效果好，增程率不小于 100%，甚至可达 200%。为了减小阻力，弹翼一般在最大弹道高才打开，弹翼打开的时机和打开时的姿态，对增程效果和散布均有较大影响。滑翔增程弹应有弹体姿态探测与控制装置，这附加装置不仅增大了质量，也使智能弹药结构更加复杂，所以，滑翔增程技术一般用于超远程智能弹药和有控智能弹药。如远程投放制导炸弹，采用滑翔增程可以大幅提高投放距离。

3. 火箭助推增程技术分析

火箭助推增程是指依靠助推发动机提供的推力，以增大智能弹药的飞行速度，进而达到增程的目的。助推增程效果比较好，增程率一般为 30% ~ 100%。助推增程需要助推发动机，一般情况增程越远，助推发动机的质量越大，则智能弹药的附加质量越大，有效荷越小，这对于提高智能弹药的毁伤能力不利，同时，采用助推增程会使智能弹药的散布增大，对提高命中精度不利。当射程（$X_m \geqslant 50$ km）较远时，就要采用弹道控制技术，以减小智能弹药散布。

4. 复合增程技术分析

（1）复合增程技术分类及其特点。

复合增程是指两种或两种以上增程技术的有机组合。目前，常采用的复合增程技术主要有：增大速度与减阻增程复合、底排减阻与火箭助推增程复合、火箭增程与滑翔增程复合等。

复合增程效果好，增程率高，但技术难度较大，应在满足最大射程的前提下，选择技术难度小、风险小的复合增程技术。同时还必须考虑到增程技术对智能弹药命中精度和毁伤能力的影响，以确保智能弹药的射程、命中精度和毁伤能力三大战技指标均能达到最优。

（2）底排火箭复合增程技术。

底部排气技术和火箭助推技术是已被人们所熟知的两种有效的增程技术，已分别在多种口径增程弹上得以应用。然而，将两者同时应用到同一弹丸上，却是许多国家智能弹药设计人员近十几年来致力探索的一种使弹丸打得更远的新的增程途径。集两种增程技术于一体的复合增程弹在许多方面有着不同于一般普通弹丸的特殊性。

底排火箭复合增程的工作原理基于这样一种设计思想，在空气密度较大的区域，保持低阻力，使速度损失很小；当弹丸进入空气密度较小的区域，再加速，保持较高飞行存速。

弹丸出炮口后在低空飞行时，全弹空气阻力大，其底阻可占全部空气阻力的约40%，此阶段采用底部排气减小底阻的效果最佳。当弹丸进入空气密度较小的高空时，全弹空气阻力较小，此阶段采用火箭发动机助推增速的增程效果最佳，可使弹丸进一步增加射程。

底排火箭复合增程技术是针对弹丸飞行阻力的变化规律，综合应用底排减阻和火箭助推两项增程技术的新型增程途径，采用先底排后火箭的增程方式能够充分发挥这两种增程技术的优势而避免其缺点。当这种复合增程与高初速、低阻弹形技术相结合时，可使增程率达到50%以上。

2.3.4.2　提高命中精度的技术分析

提高智能弹药命中精度的技术很多，按其作用原理，大体可分为三大类，即末端敏感技术、弹道修正技术和制导技术，如图2.19所示。

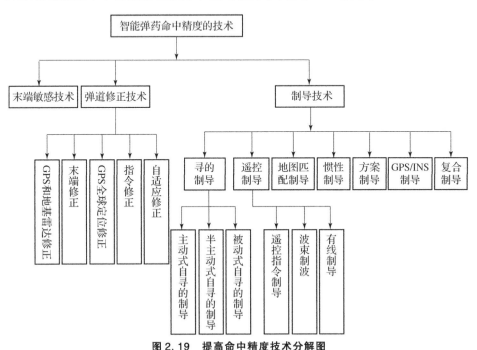

图2.19　提高命中精度技术分解图

1. 末端敏感技术分析

（1）工作原理。

末端敏感技术（又称末敏技术）是指智能弹药飞行在弹道末端时，探测器（传感器）探测敏感目标的一种技术，其工作原理是在弹道末端，即离目标一定距离时，探测器开始工作，不断搜索扫描范围内的目标，一旦探测器发现认定了目标，就立刻引爆炸药，射出单个或多个 EFP、预制破片、小子弹飞向并击毁目标。

（2）探测体制。

按探测体制的不同，探测器可分为单模探测器和多模探测器两种。常用的单模探测器主要有毫米波、红外和激光探测器等三种，单模探测器的最大弱点是误判率较高，常把一些与装甲目标特征类似的东西误认为是真目标。如单一红外探测器，经常把红外诱饵或战场燃烧的物体误认为是真目标；单一毫米波探测器又会把水泥地或池塘误认为是目标。为了减小探测器对目标的误判率，目前多数末敏弹均采用多模体制，常用的多模探测器主要有毫米波和红外组合的探测器，激光与红外组合的探测器，激光与毫米波组合的探测器。所以，在设计探测器技术方案时，应根据总体要求和战技指标，尽量选择既能满足总体要求、性能可靠，又成本不高的探测器。

（3）应用。

末敏弹综合应用了 EFP 技术、红外和毫米波探测技术以及信号处理技术，形成了一种将先进的敏感器技术和 EFP 技术引用于子母弹的信息化智能弹药。末敏技术弥补了母弹散布大的弱点，提高了命中精度。

末敏弹的主要用途是反装甲目标，如坦克、自行火炮、装甲运兵车、步兵战车、火箭和导弹发射车等。末敏弹可以有多种平台发射，母弹可以是炮弹、火箭弹、导弹、航弹、航空布撒器等，在某些情况下，甚至可以从飞机或无人机上直接投放末敏子弹。

到目前为止，世界各国已装备了多种末敏弹。其中最有代表性产品主要有 3 种，即美国的"萨达姆"（SADARM）、德国的"斯马特"（SMART）、瑞典的"博纳斯"（BONUS）。这三种末敏弹都配用于 155 mm 榴弹炮，其战术性能与工作过程也大致相似。但这些末敏弹在解决抛撒、扫描、探测、击毁目标等技术上，既相互借鉴，又各具特色。其主要结构参数及威力指标如表 2.14 所示。

表2.14 三种典型末敏弹的主要参数

参数	美国	瑞典	德国
弹名	SADARM	BONUS	SMART
母弹弹径	155 mm	155 mm	155 mm
子弹个数	2个	2个	2个
子弹直径	147.31 mm		147 mm
子弹质量	11.6 kg	6.5 kg	12.5 kg
敏感体制	毫米波/红外	主被动毫米波	毫米波/红外
EFP威力	穿透100 mm装甲钢板	穿透102 mm装甲钢板	穿透108 mm装甲钢板

（4）特点。

末敏弹之所以能够引起世界各国的广泛重视，是由于它具有下述特点：

①不需要另外输入信号和外部指示就能寻找目标；

②利用远程火炮发射，作战距离远；

③借助火炮的高精度以及自身能在150 m左右的范围内搜索目标，因而命中精度高；

④采用EFP战斗部攻击顶装甲，具有很好的毁伤效果；

⑤不需要复杂的检测设备，勤务处理方便；

⑥不用控制，没有精密复杂的制导系统；

⑦比导弹结构简单，技术上难度小；

⑧成本低，适宜大量装备部队。

末敏弹与末制导炮弹相比，其相同点是都用火炮发射，都可以远距离对付装甲目标；其不同点是末敏弹没有制导系统，对点目标的命中概率比末制导炮弹低，特别是对付运动中的目标。但与第一代末制导炮弹（如"铜斑蛇""红土地"等）相比，末敏弹以多制多的优点更适用于对付集群目标；末敏弹的"打了后不用管"和无须用目标指示器同步照射目标等特点使其应用更为方便灵活。

2. 弹道修正技术分析

弹道修正是指对偏离理想弹道的智能弹药飞行轨迹进行修正。弹道修正是提高智能弹药命中精度的一种技术，具有弹道修正能力的智能弹药称为弹道修正智能弹药，按其修正维数可分为一维修正和二维修正。

（1）一维弹道修正技术分析。

一维弹道修正是指只对纵向（射程）进行修正，主要是通过阻力片张开和收拢调整智能弹药的飞行速度，实现对射程的修正。常用的修正技术主要有GPS定位修正、雷达跟踪监视修正和GPS定位和地基雷达相结合的弹道修正三种。

①GPS定位修正技术。

GPS定位修正是靠装在弹上（一般装在引信体内）的GPS接收机，接收GPS发出的位置数据，弹载计算机迅速地计算出智能弹药可能弹着点与理想弹着点，并进行比较，一旦出现了弹道偏差，就弹出阻力片，减缓智能弹药飞行速度，使智能弹药落入目标区内。GPS定位修正技术简单可靠，已广泛用于炮弹的一维修正。如美英联合研制的"星"155 mm炮弹、南非PRO – RAM 155 mm炮弹、英国的灵巧弹道155 mm炮弹等都装有GPS弹道修正模块。

②雷达跟踪监视修正技术。

炮弹发射出去之后，地面指挥控制站的雷达就开始跟踪炮弹，适时测出炮弹的位置参数，由地面站的计算机迅速地计算出可能弹着点与理想弹着点，并进行比较，一旦发现有偏差量，立即将信息发送给弹载接收机，接收机接收到指令后控制阻力片装置，弹出阻力片，调整炮弹飞行速度，使炮弹落入目标区。对于远程智能弹药，由于受雷达跟踪的限制，射程修正是有限的，如法国的SPAC100炮弹，就是采用雷达跟踪监视炮弹，实现对射程的修正。尽管命中精度略低于GPS定位修正炮弹的命中精度，但成本大大低于GPS定位修正炮弹。

③GPS定位和地基雷达相结合的弹道修正技术。

GPS定位和地基雷达相结合的弹道修正是靠弹载的GPS接收机将接收到的精确位置数据发送给地面指挥控制站进行处理，地面站的计算机迅速计算出炮弹的可能弹着点，并同理想弹着点进行比较，一旦发现有偏差量，通过地面雷达将修正指令发送给弹上的接收机，并控制执行机构弹出阻力片，调整炮弹飞行速度，控制炮弹落入目标区内。

（2）二维弹道修正技术分析。

二维弹道修正是指对弹道的纵向和横向散布误差进行修正，通常是靠安装在弹上的鸭式舵或微型固体火箭发动机提供的动力，实现弹道纵向和横向散布误差的修正。

常用的二维弹道修正技术有三种：

①微推力矢量弹道修正技术。

以色列研制的火箭弹用弹道修正系统（TCS）技术，是基于能够跟踪火箭弹飞行，并向火箭弹弹载电子组件发送信号的地面指控系统；弹载电子组件能够根据从地面指控系统获得的信号控制装在弹上四周的微型火箭发动机提供的推力，控制火箭弹飞行，以修正火箭弹的飞行线路。

瑞士研制的 227 mm 火箭弹道修正模块，可用于现役和新研制火箭弹，火箭弹发射后，集成的 GPS 装置测量出火箭弹的位置参数，由磁场传感器通过测量地磁场，确定火箭弹相关的滚转速度，弹载处理器计算出火箭弹可能的弹着点与理想弹着点的偏差量，通过控制微推力火箭发动机产生的脉冲矢量，实现弹道修正。

②鸭式舵弹道修正技术。

瑞典和美国联合研制的远程精确打击智能弹药，采用弹载制导组件（惯性测量单元和 GPS 接收机）与地面智能弹药跟踪系统结合进行弹道修正。智能弹药跟踪采用一种以干涉计为基础的智能弹药跟踪系统（PTS）。智能弹药发射后，PTS 的雷达就开始跟踪，在弹道最高点和智能弹药下降过程中，适时测量出弹道参数，PTS 的计算机迅速计算出弹道的修正量，并将修正量发送给弹载制导系统，弹载制导系统接收到弹道修正量信号后，控制鸭式舵偏转，实现弹道修正。

③阻力片与微推力矢量组合弹道修正技术。

在一维弹道修正技术分析中，已介绍了通过阻力片提供的阻力，调整智能弹药飞行速度，以减小智能弹药纵向（射程）的散布误差，实现一维弹道修正。微推力矢量主要用于弹道横向（方向）散布误差的修正，也可进行纵向修正。由于弹上安装的微推力矢量火箭发动机的个数有限，对弹道的纵向和横向修正是很有限的，而阻力片与微推力矢量组合，既可发挥阻力片对弹道纵向散布误差的修正，又能使有限的微推力矢量火箭发动机用于弹道的横向散布误差的修正，应该说这是一种比较理想的简易二维弹道修正技术。

（3）影响弹道修正的主要因素。

影响弹道修正的主要因素可归纳为 3 种：

①理想弹道模型；

②实际弹道与理想弹道的偏差量的确认；

③修正动力及控制。

只要理想弹道模型合理，弹道偏差量正确，修正动力使用合理有效，那么就可保证良好的弹道修正效果。

二维弹道修正与一维弹道修正相比，难度大、结构复杂、成本高。对于旋转稳定式智能弹药，纵向散布误差较大，横向散布误差较小，通常采用一维弹道修正技术；对于尾翼稳定式智能弹药，纵向和横向散布误差均较大，应采用二维弹道修正技术比较好。

（4）修正体制及其原理。

目前，弹道修正弹主要有自主探测修正、引信修正和遥控指令修正三类修正体制。

①自主探测修正体制。

在弹丸上实现弹道偏差探测及弹道修正，利用弹上微型惯性组合测量弹道偏差，弹载信息处理器解算修正指令并传输给弹载控制机构，驱动阻力环或点燃小型喷气装置完成弹道调整。主要关键技术是弹上微型惯性组合，其抗高过载、小型化器件的研制是技术瓶颈，可以进行多次修正，精度相对较高，智能弹药的成本较高，弹上技术难度相对较大。

②引信修正体制。

在弹头引信上实现微型惯性组合测量弹道偏差，利用阻力环及小型喷气装置完成弹道修正。整体技术难度相对较大，引信上微型惯性组合的小型化、抗高过载性能显得尤为突出，弹道上进行修正的次数有限，精度相对不高，但通用性好，智能弹药的成本最低。

③遥控指令修正体制。

需要舰炮或火炮武器系统整体配合，雷达要实时提供弹丸飞行的坐标、速度等，并传递给火控系统进行解算、对比，求出弹道偏差量，再通过无线电指令发送给弹上的接收装置，整个过程易受电磁环境的干扰，但可以进行多次修正，精度相对较高，智能弹药的成本较低，弹上技术难度相对较小。

（5）基于遥控指令修正体制的弹道修正弹系统构成。

基于遥控指令修正体制的弹道修正弹系统分弹上设备和弹下装置两大部分。其修正系统工作框图如图 2.20 所示。

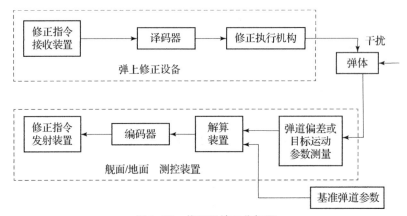

图 2.20　修正系统工作框图

弹上的修正装置是弹道调整的重要组成器件，主要由修正指令接收机构、修正驱动控制机构、修正执行机构三大机构组成。它要求小型化、简单高效，并具有抗高过载和高动态响应的品质。

　　弹下装置包括地面或舰面上的跟踪检测分系统、弹道解算发送装置等。弹下设备是跟弹上装置环环紧扣着的。弹道解算发送装置接收跟踪检测设备检测的弹道偏差，从而使弹上修正执行机构修正该偏差，而修正后又由跟踪检测设备检测，如此循环。

　　（6）弹道修正弹。

　　弹道修正弹（Course – Corrected Shell）是在 20 世纪 80 年代中期发展起来的新型智能弹药。弹道修正弹结构和技术相对简单，价格低廉，精度虽不如制导智能弹药，但由于具有弹道修正功能，其精度与传统智能弹药相比已有了质的飞跃，在对"小区域目标"实施快速、密集、准确压制与毁伤方面有得天独厚的优势。

　　法国研制的 SPACIDO 一维修正弹（射程修正）采用指令修正，其测量装置为地面雷达，修正装置为阻力片。指令接收及修正执行机构在弹上。测量装置测得弹道参数，并依此发出修正指令，弹上装置接到指令后执行机构作用以修正弹道。

　　俄罗斯的 152 mm/155 mm Santimeter（"米尺"）末修炮弹、240 mm Smelchak（"勇敢者"）末修迫弹、57 mm/80 mm 航空火箭，以及美国的 82 mm/120 mm 末修迫弹、70 mm 航空火箭等弹道修正智能弹药其测量及执行装置都在弹上，而目标信息则需要通过某种人为方法获得，如激光照射等。此类智能弹药多为末端修正，测量装置常采用被动激光导引头，其修正装置多为脉冲发动机。

　　美英联合研制的 155 mm "星" 灵巧智能弹药及南非的 155 mm PRO – RAM 炮弹是一类实现了"打了不用管"主动式弹道修正智能弹药，其测量及修正装置在弹上，能自主完成弹道测量及其修正。此类智能弹药的测量装置多为 GPS，且常将 GPS、修正阻力片及引信合为一体，形成"弹道修正引信"，如图 2.21 所示。

3. 制导技术分析

　　各类智能弹药对付的目标不同，战斗任务不同，以及射程不同、发射平台不同，因此所选择的制导技术大不相同。

图 2.21　带 GPS 弹道修正弹

（1）末制导炮弹的制导体制。

末制导炮弹一般采用弹道末段寻的制导，通常是利用弹上的接收装置（导引头）接收目标的某种能量信息来制导的。

根据能源发生器所处的位置，末制导炮弹的制导方式有下列4种：

①全主动式寻的制导。

能源发生器（无线电、激光雷达等）装在末制导弹丸上，由弹丸主动向目标发射能量，再接收从目标返回的能量，以确定弹丸的误差信息，从而控制弹丸跟踪、命中目标。

②半主动式寻的制导。

能源发生器（无线电雷达或激光照射器等）装在地面炮兵观察所或遥控无人驾驶飞机上跟踪照射目标。目标将入射能的大部分漫反射到目标周围的空间。弹上导引头探测到目标反射的能量信息，从而控制弹丸跟踪命中目标。

③被动式寻的制导。

能源（可见光、红外、毫米波、声能等）由目标自身的周围空间辐射。末制导弹丸被动地感受到目标辐射出的能量，从而控制弹丸跟踪命中目标。

以上三种制导方式示意图如图2.22所示。

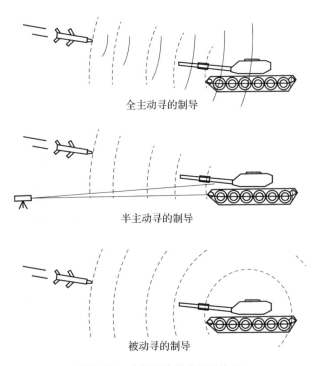

图2.22　末制导炮弹的制导体制

④复合式寻的制导。

由于不同的电磁波段具有不同的特性，在探测和识别目标的性能上也有较大的差异，因而单一制导方式都存在着一定的局限性，难以适应复杂的各种实战环境。采用双模或多模导引头及复合制导体制就可以较好解决这一问题。

末制导炮弹上使用的复合制导方式主要有"激光半主动/红外被动"复合制导，"毫米波主动/毫米波被动"复合制导以及"毫米波主动（或被动)/红外被动"复合制导等。

复合制导方式是末制导炮弹的发展方向之一，可使末制导炮弹使用起来更加方便灵活和适应未来战场上的光电对抗与快速反应。

（2）末制导炮弹的制导技术。

目前，在智能弹药上用得较多的制导技术主要有：

①GPS/INS 制导技术。

GPS/INS 制导技术是由全球定位（GPS）制导和惯性（INS）制导组合而成的一种复合制导技术。GPS 定位精度高，可提高制导精度，还具有结构简单、作用可靠等优点，已广泛用于制导和弹道修正，而致命弱点是易受干扰；惯性制导是通过弹载惯性组件，测量出智能弹药相对于惯性空间的运动参数，包括智能弹药质心运动和弹体绕质心转动的运动参数，并在设定运动的初始条件下，由弹载计算机计算出智能弹药的速度、位置和弹体姿态等参数，形成控制信号，引导智能弹药按预定的飞行弹道飞向目标。最大优点是自主制导，不受外界干扰，弱点是制导精度较差。所以，全球定位制导和惯性制导结合，优势互补，既克服了全球定位制导易受干扰的弱点，又弥补了惯性制导精度差的不足。

②激光半主动式寻的制导技术。

所谓半主动式寻的制导是指能量发射装置不在弹上，而是在制导站（地面或空中制导站）或其他位置，弹上只装有信号接收装置和控制装置的制导方式。根据半主动式寻的制导含义，激光半主动式寻的制导激光照射装置不在弹上，而在地面或空中制导站，由激光照射手操作激光照射目标，弹载激光接收装置接收从目标反射回来的激光信号，经过弹载计算机处理形成相应的引导指令，并通过执行机构控制弹上的鸭式舵，产生控制力，控制智能弹药飞向目标。激光制导精度高，激光半主动制导智能弹药主要用于打击高价值点目标。如坦克和其他装甲车辆、指挥控制中心、地下工事或其他重要军事设施。

③波束制导技术。

波束制导是由制导站或操作手发射的波束（无线电波束或激光波束）射向目标，智能弹药在波束内飞行，由弹尾安装的波束接收器接收波束信号，通过弹载处理器计算出弹轴偏离波束中心的方向和距离，并形成相应的引导指令，通过执行机构控制智能弹药飞向目标。波束制导一般用于直射智能弹药，如直瞄反坦克和防空智能弹药。俄罗斯装备的反坦克炮射 100 mm、115 mm 和 125 mm 反坦克制导炮弹，采用的是激光波束制导技术；加拿大研制的超高速动能导弹，采用的是激光波束制导技术，射程为 0.4 ~ 5 km。

④有线遥控指令制导技术。

有线遥控指令制导是由制导站的导引设备同时测出目标与智能弹药的位置和其他运动参数，由制导站的计算机进行处理，形成相应的引导指令，通过传输线将引导指令发送给弹上的控制装置，控制装置按指令，控制执行机操纵智能弹药飞向目标。有线遥控指令制导技术一般用于直射智能弹药，制导站或操作手能同时观测到智能弹药和目标，由于有线遥控指令制导是通过传输线传递引导指令，不受外界干扰，但必须保证弹在飞行全过程中传输线不断，对环境要求较高，一般用于近程反坦克导智能弹药和空地导弹。

（3）末制导炮弹研制概况。

末制导炮弹是在接近目标的一段弹道上或在弹道降弧段上接近弹着点的一段弹道上，由弹上控制系统使弹丸导向目标并对目标进行毁伤的一种灵巧智能弹药。它既保持了火炮弹丸特色，同时又比一般无控炮弹精度好，首发命中率高，可对付静止或运动中的点目标。末制导智能弹药主要用于攻击重要的或较高价值的"点"目标。

末制导炮弹的研制与发展，主要在 20 世纪 70 年代以后，一方面是战场的需求（要求火炮远距离、打击点目标）越来越迫切；另一方面是光电技术、微处理机技术、现代寻的制导技术以及抗高过载、空间定向等专项技术的长足进步使末制导炮弹的研究发展很快。

美国的"铜斑蛇"和俄罗斯的"红土地"末制导炮弹作为第一代末制导炮弹的典型代表，主要用反坦克，首发命中精度高达 90% 以上。美国最早在 155 mm 火炮上研制成 155 mm"铜斑蛇"末制导炮弹，其制导方式为激光半主动寻的，导引头为半捷联式，射程为 16 km，CEP 约为 lm，第一代"铜斑蛇"于 1982 年服役。其主要缺点是战时需要解决对目标的激光照射问题。继美国之后，俄罗斯在 152 mm 火炮上发展了 152 mm"红土地"激光半主动末制导炮弹，采用全稳式导引头，射程为 20 km，对坦克的命中率可达 90%，1984 年正式服役。

激光半主动式寻的制导方式在攻击目标时必须使用激光指示器。由于激光目标指示器作用距离的限制，前方观察员必须临近敌前沿 5 ~ 7 km 测定目标方位及运动状态，将有关射击诸元和激光编码，经无线电通信装置通知火炮阵地。这种"打后要管"的炮弹使用起来很不方便，目前多个国家都在积极发展"打了后不用管"的第二代末制导炮弹。

为克服激光半主动制导的缺点，发展了毫米波或红外寻的末制导智能弹药，如瑞典的 120 mm Strix、红外末制导迫弹，英国的 81 mm Melin 毫米波末制导迫弹等。

近年来，各国在发展末制导或制导智能弹药中多采用 GPS/INS（惯导）组合制导方案，虽然其精度不如半主动/主动寻的制导，但其全天候作战和价格优势仍使其受到各国青睐。如美国研制的新 127 mm 制导炮弹采用 GPS/INS 复合制导技术，最大射程为 116.5 km，圆概率误差为 20 m；法国研制的"鹈鹕"炮弹采用 GPS/INS 复合制导技术，最大射程为 85 km，圆概率误差为 10 m；英国研制的 155 mm 增程炮弹，预计最大射程为 150 km，采用 GPS/INS 复合制导技术；意大研制的 DART 尾翼稳定式次口径制导炮弹，预计最大射程为 120 km，采用 GPS/INS 复合制导，圆概率误差为 20 m。此类末制导智能弹药可配多种类型的战斗部，如末敏弹、杀爆弹、子母弹、穿甲弹、攻坚弹等。发展此类智能弹药的最大技术难点在于解决超过 10 000g 的高过载、增程及发射飞行过程中减旋等问题。

为进一步改善 GPS/INS 组合制导智能弹药的精度，出现了 GPS/INS + 末段寻的制导智能弹药，如美国在研的 120 mm XM395 制导迫弹，其射程为 15 km，末段为激光半主动导引头寻的，CEP 在 2 m 以内。

2.3.4.3　提高毁伤能力的技术分析

战斗部是靠毁伤元毁伤目标或完成其他作战任务，提高毁伤能力就是提高毁伤元的毁伤能力，目前常用的毁伤元已多达 20 ~ 30 种，并随着战场上新目标的出现，或高新技术在智能弹药上的应用，毁伤元的种类和数量还会不断地增加，对于不同毁伤元，其毁伤目标的机理不同，影响毁伤能力的因素不同，提高毁伤能力的技术方案亦不同。所以，不能逐个讨论提高毁伤元毁伤能力的技术方案，只能讨论提高毁伤能量通用的原理性技术方案。

1. 提高毁伤元能量的技术

绝大多数毁伤元毁伤目标靠的是自身所携带的能量，能量越高，毁伤目标的能力越强，目前常用的能量主要有化学能、电能和动能三种。提高毁伤元的能量就是提高这三种能量。

（1）提高化学能。

主要是通常提高炸药装药的爆热和炸药装药量，爆热是指单位质量炸药爆轰时释放出来的热能。爆热越高对目标的破坏能力越强。炸药装药量越多，化学能越多，爆轰时释放出来的热能也就越多，对目标的破坏能力也就越强。主要是通过提高装药密度和采用新的装药方法提高炸药装药量。

（2）提高电能。

随着高新技术在智能弹药上的应用，电能已成为战斗部毁伤目标的一种主要能量。如通信干扰毁伤元是通过通信干扰机发射的电磁波干扰敌方的通信。干扰机用的能源就是电能，电能越大，干扰敌方通信的能力越强。另外，电磁脉冲干扰毁伤元、强激光毁伤元和次声波毁伤元均可采用电能作为能源。提高电能的主要方法是提高电能的密度。

（3）提高动能。

穿甲毁伤元是靠自身的动能毁伤敌方装甲目标。着靶动能越高，对目标的毁伤能力越强。提高动能的主要技术是提高智能弹药初速、采用增速装置或减小速度损失。

2. 提高毁伤元能量利用率的技术途径

毁伤元所携带的能量有限，必须充分发挥有限能量对目标的毁伤，提高能量利用率是提高毁伤能力的有效方法。不同毁伤元，能量的转换机制不同，提高能量利用率的技术途径亦不同。下面将重点讨论几种毁伤元提高能量利用率的常用技术途径。

（1）破爆毁伤元。

破爆毁伤元是靠炸药爆轰时形成的爆轰产物和爆轰波或空气冲击波直接毁伤目标。提高能量利用率主要是提高炸药的化学能转换成爆轰产物热能的效率，以及爆轰产物的热能转换成空气冲击波能量的利用率。

目前，提高破爆毁伤元能量利用率的常用技术途径有：

①全面瞬时爆轰技术——使炸药的化学能完全释放出来，并转换成爆轰产物的热能；

②定向爆轰（含聚能炸轰）技术——将有限的化学能集中用于毁伤目标；

③分点同时爆轰技术——将点爆轰变成体积爆轰，空气冲击波相互叠加，增强了毁伤目标的能力。

（2）杀伤毁伤元。

杀伤毁伤元是靠炸药装药爆炸时破片获得的动能毁伤目标。提高能量利用率主要是提高炸药的化学能转换为破片动能的效率。

目前，提高杀伤毁伤元能量利用率的常用技术途径有：

①预控和预置破片技术——使破片有较好的形状及气动性能，有较高的存

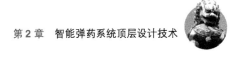

速能力；子母弹技术，可增大毁伤范围；

②定向破片技术——采用定向破片技术使破片向目标方向集中，增强毁伤目标的能力。

（3）EFP 毁伤元。

EFP 毁伤元是靠炸药爆炸时，金属药型罩形成的弹丸毁伤目标，提高能量利用率主要是提高炸药的化学能转换 EFP 动能的效率和提高爆炸成形弹丸动能的利用率。

目前，提高 EFP 毁伤元能量利用率的常用技术途径有：

①装药结构设计技术——合理的装药结构可以提高炸药的化学能转换成 EFP 动能的效率，同时使 EFP 有一个良好的弹形；

②药型罩设计技术——合理的药型罩几何形状及尺寸可以使 EFP 有一良好弹形，具有较高的存速能力；

③药型罩材料优选技术——性能优良的药型罩材料可以有利于形成良好弹形的 EFP；

④多点引爆技术——采用多点引爆技术使药型罩能形成弹形优良的 EFP。

（4）动能毁伤元。

动能毁伤元靠自身的动能毁伤目标。提高能量利用率，主要是提高动能的利用率。

目前，提高动能毁伤元能量利用率的常用技术途径有：

①改进弹形提高动能毁伤元的气动性能，减少空气阻力和速度损失；

②采用新结构，提高着靶时的断面比动能；

③采用自锐材料使弹丸在侵彻过程保持良好的弹头形状，提高穿深能力。

3. 复合毁伤技术

复合毁伤元是指向两种以上毁伤元组成的一种新毁伤元。它能对目标实施多种毁伤，大大地提高毁伤元毁伤目标的能力，是毁伤元发展的主要方向。

目前，常用的复合毁伤元技术有：

①破 – 破 – 破（三级串联聚能破甲装药）聚能毁伤元复合，能有效地击穿挂有爆炸反应装甲的复合装甲，能大幅提高破甲弹的破甲能力；

②穿 – 爆复合毁伤，先靠 EFP 把混凝土（飞机跑道）穿一个洞，然在随进一个爆破子弹在混凝土中爆炸，使混凝土飞机跑道形成一个大坑或形成大面积鼓堆，有效阻止敌机起飞；

③穿 – 杀复合毁伤，首先靠 EFP 把钢筋混凝土工事墙穿一个孔，在随进一

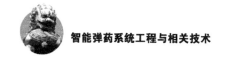

个杀伤子弹在工事内爆炸，杀伤工事内的人员，摧毁工事内的设备，大大地提高了毁伤效果。

4. 合理利用环境资源的技术

由于智能弹药携带的能量有限，合理利用环境资源可大幅提高智能弹药的毁伤能力。如云爆弹，它是将战斗部的有限空间携带燃料，靠燃料抛撒在空中与空气中的氧混合形成燃料空气炸药——云雾炸药，大大提高爆破毁伤能力。

2.3.5 技术可行性分析

技术方案初步确定之后，应对备选技术方案进行可行性分析，通过技术方案可行性分析，给调整技术方案提供依据，减小技术风险，确保备选技术方案的正确性和合理性。技术方案可行性分析要从整体出发，以技术指标为根据，重点分析高新技术、关键技术和综合技术方案的可行性。

技术方案可行性分析的主要内容是技术状态、技术指标的可实现性和技术风险。在进行技术方案分析时要理论联系实际，把理论分析与部分实验结合起来，定性分析与定量分析结合起来，提高分析的正确性和可信度。

2.3.5.1 技术状态分析

根据智能弹药研制程序，智能弹药研制可分为两大类，即预先研究和型号研制。预先研究按其研究内容和目的，又可分为应用基础研究、应用研究和先期技术开发研究三个阶段。技术状态是指技术处于哪一研究阶段的状态，处在不同研究阶段的技术，其成熟度是不同的，按技术发展的一般规律为应用基础研究→应用研究→先期技术开发→型号研制，技术是逐渐成熟的。大量实践证实，只有通过型号研制（工程应用研究）的技术，才能算是成熟的技术，技术成熟度与各研究阶段的关系如图 2.23 所示。

从图 2.23 可知，研究阶段不同，技术的成熟度也不同。应用基础研究阶段是针对智能弹药研制和发展中提出的问题，以未来武器型号为背景，对新概念、新原理智能弹药，以及所需的理论、新技术、新材料进行探索性研究，通过应用基础研究的技术，应在原理上、理论上是可行的技术。而原理上、理论上可行的技术的成熟度约为 30%。

应用研究阶段是在应用基础研究的基础上，有明确的应用目标和技术指标，是对应用基础研究的成果、新概念、新原理、新技术、新材料用于智能弹药的可行性和可实现性进行研究。通过应用研究的技术，基本上达到了技术指

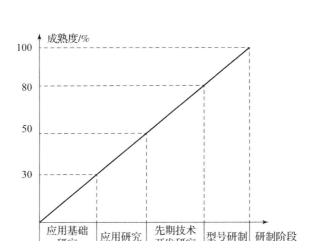

图 2.23 技术成熟度与各研究阶段的关系

标的要求，技术成熟度为50%左右，可认为是基本成熟的技术，可进入先期技术开发研究。

先期技术开发研究是在应用研究的基础上，按背景型号的要求（包括初步战术技术指标），将应用研究的成果和其他有关的科学技术成果进行综合集成，系统地验证各项技术用于型号的可行性和可实现性。凡通过先期技术开发的技术，基本上达到了背景目标的技术指标要求，技术的成熟度为80%左右，可以认为是较成熟的技术。

型号研制是在先期技术开发研究的基础上，按智能弹药型号的要求，将先期开发的研究成果和其他有关的科学技术成果进行武器化、产品化研制。凡是已成功地用于产品型号的技术，一般情况下应是成熟技术。如果应用环境、约束条件、技术指标不同，即使是已用于产品型号的技术，也不能认为是完全成熟技术，必须进行技术适应性研究。

在进行技术状态分析时，必须从整体出发，对所选的技术要逐项进行判定，重点是高新技术、关键技术和综合集成技术状态一定要进行科学正确的判定。

例：末端敏感智能弹药一般属于子母型智能弹药，核心是末敏子弹，与普通子弹相比，末敏子弹的工作原理和结构完全不同，所以，末敏子弹应属于新概念、新原理子弹。主要关键技术是目标探测器（传感器）技术、爆炸成形弹丸的成形技术、稳态扫描装置技术和综合集成技术。

首先就要对这些关键技术所处的研究阶段和技术成熟度进行判定，判断其是处在哪一个研究阶段，技术成熟度大约是多少。未经过先期技术开发研究的技术，不能用于产品型号研制，否则风险太大。

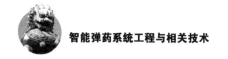

2.3.5.2 技术指标的可实现性分析

所选技术方案可行与否，关键是技术指标能否实现，技术指标可实现性的分析可分为理论分析和实验验证两种。而理论分析又可分为定性分析和定量分析两种。

1. 定性分析

定性分析的方法很多，如德尔菲法（专家函询调查法）、经验判别法、比较法等。下面只介绍比较法。

所谓比较法是指对同一技术用于不同环境和条件的技术指标进行比较。在进行技术指标比较之前，必须对技术指标的影响因素和影响规律进行分析。

【例2.3】 现已知 EFP_1 其装药口径为 120 mm，炸药装药为钝化黑索今，在 120 m 距离上击穿 80 mm 厚均质钢甲的概率为 95%，那么，对于装药口径为 130 mm、炸药装药为 B 炸药、药型罩材料相同、几何形状相似和装药结构相似的 EFP_2，在 130 m 距离上击穿 90 mm 厚均质钢甲的概率能否达到 95%？（B 炸药的性能优于钝化黑索今）

由外弹道学和侵彻力学得知，远距离 EFP 的穿甲能力与其几何形状、质量和初速密切相关；又由爆炸力学得知，EFP 的几何形状、质量和初速又与药型罩的几何形状和材料，以及炸药装药的几何形状、装药量和性能密切相关。

通过比较得知，两种 EFP 的药型罩材料相同、几何形状相似、装药结构相似，前一种炸药为钝化黑索今，后一种炸药为 B 炸药。根据几何相似理论，如果两种 EFP 的装药结构和药型罩的几何形状相似，药型罩材料和炸药相同，那么两种装药爆炸后，药型罩形成的弹丸相似，初速相同。在射距相似的条件下，即 X/d（X 为射距，d 为装药直径）相等，侵彻同一钢甲的穿甲能力亦相似，即 L/d（L 为穿甲深度）相等。两种 EFP 的射距比分别为 $X_1/d_1 = 120\,000/120 = 1\,000$ 和 $X_2/d_2 = 130\,000/130 = 1\,000$ 均为 1 000 倍装药口径；穿甲深度比分别为 $L_1/d_1 = 80/120 = 0.667$ 和 $L_2/d_2 = 90/130 = 0.692$。即 $L_2/d_2 > L_1/d_1$，EFP_2 的穿甲指标稍大一些。

由于 EFP_2 采用的是 B 炸药，而 B 炸药的性能优于钝化黑索今，因此 EFP_2 的初速必然大于 EFP_1 的初速，况且穿甲深度只相对增加了 3.25 mm。所以，EFP_2 在 1 000 倍装药口径距离上击穿 0.692 倍装药直径厚的均质钢甲的概率达到 95% 的指标是可实现的。

由此可见，比较法一般是指成熟技术用于不同产品型号技术指标可实现性的比较。

2. 定量分析

定量分析的理论依据是数学模型，数学模型是事物客观物理现象的数学描述，是事物客观规律的反映，计算结果比较客观科学，更接近真实情况，可信度高、说服力强，是一种常用的方法。按其对客观物理现象描述的程度，数学模型可分为经验估算模型、工程计算模型和数值计算模型三种。

（1）经验估算模型。

经验估算模型是以大量实验数据为基础的，结合理论分析建立的经验公式。在经验公式中包含的参数少，那些未包含的参数常用一个综合系数表示。其特点是公式简单、使用方便，计算结果有一定的可信度，常用于技术指标的初步估算。

必须指出，经验公式中的综合系数是通过大量实验求得的，是有条件的。在不同的实验环境和条件下，综合系数的值是不同的，是有一个范围的。经验公式计算的结果正确与否与综合系数的取值密切相关，实践经验越丰富，对综合系数的取值就越合理，计算结果也就越接近实际情况。所以，在用经验估算模型估算技术指标时，必须搞清楚综合系数的取值与实验环境和条件之间的关系，否则计算结果的误差就太大了。

【例 2.4】　弹丸侵彻土壤深度的经验估算公式如式（2.32）所示。

$$L_{\max} = i \cdot K \frac{m}{d^2} V_C \qquad (2.32)$$

式中，$L_{\max}$——弹丸侵彻土壤的最大深度；

V_C——弹丸的着地速度；

m——弹丸的质量；

d——弹丸的直径；

K——与介质性质有关的阻力系数（综合系数）；

i——为弹丸形状系数，$i = 1 + 0.3(t_a/d - 0.5)$，其中，t_a 为弹丸头部长度。

式（2.32）被称为别列赞公式。式中 K 值取决于土壤介质的性质和实验环境及条件。土壤介质不同，或实验环境和条件不同，K 的取值就不同。关于 K 的取值请查看有关资料。

由于经验估算公式非常多，不同技术领域，不同问题都有许多经验公式，不可能都列出来，请读者结合具体问题，查找相关的经验公式。

（2）工程计算模型。

工程计算模型又称为零维计算模型，是在理论分析的基础建立起来的计算

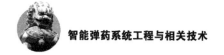

模型，能较好地描述事物的主要物理现象，有较强的理论基础，计算结果具有一定的普遍性，计算模型简单，使用方便，是工程技术人员进行技术指标计算和结构设计时最常用的一种方法。但是，必须说明，工程计算模型都是在一定的假设条件下建立的理论计算模型。因此，工程计算模型的计算结果有一定的近似性和片面性。

【例2.5】 榴弹自然破片初速的工程计算模型式（2.33），是在以下假设条件下，根据能量守恒原理建立的计算模型。

$$V_0 = \sqrt{2E} \sqrt{\frac{m_e}{m + \frac{1}{2}m_e}} \tag{2.33}$$

式中，V_0——破片初速；

　　　E——单位质量炸药能量；

　　　m_e——炸药质量；

　　　m——破片总质量。

假设条件是：

（a）炸药装药为瞬时爆轰；

（b）忽略弹体破碎所消耗的能量，即炸药的能量全部用于破片和爆轰产物的动能；

（c）破片和爆轰产物只沿径向飞散；

（d）所有破片的初速相等；

（e）爆轰产物的速度在爆炸中心处为零，并呈线性分布。

很显然，炸药爆轰和破片的形成过程与假设条件不可能完全相符，则用式（2.33）计算榴弹的破片初速与实测值就会存在一定的误差。所以，在用工程计算模型计算指标时，一定要弄清楚工程计算模型的假设条件与实际情况的符合程度，否则就不能接受计算误差。

（3）数值计算模型。

数值计算模型是以理论为基础建立的计算模型，既能较真实地描述事物的客观物理现象，又有定量计算结果，是研究人员常用的一种重要研究手段。随着计算机技术的发展和应用软件的开发，特别是一些专用软件的问世，使数值计算的应用也越来越普遍，已成为广大科技人员分析或研究问题的重要工具。

必须指出，数值计算模型中，涉及物质的本构关系，本构关系正确与否，直接影响计算结果的误差。本构关系不正确，数值计算结果的误差就较大。所以，数值计算一般都要同实验进行多次磨合，计算的量化数值才能与实验结果相吻合。

3. 实验分析

实验分析是指依托实验结果进行技术指标可实现性分析。有些技术指标虽然可以进行定量分析，但定量分析所用的数学模型与实际情况差别较大，计算结果与实际相差较大；有些技术方案没有较理想的数学模型，不能进行定量分析，特别是那些不能用定量分析的高新技术或关键技术，必须用实验方法进行技术指标的可实现性分析。

例如尾翼稳定炮弹的稳定性指标的可实现性分析，虽然可用数学模型进行定量分析，但计算结果与实际相差较大，通常是在定量分析的基础上，用风洞吹风实验进行验证。

又如末敏子弹的目标探测器指标的可实现性的分析，目标探测器的主要技术指标是捕获目标的概率和指示爆炸成形弹丸的瞄准点的位置。目前，由于缺少可靠的数学理论模型，通常更多的是用实验方法进行技术指标的可实现性分析。

实验的方法很多，如模拟实验、半实物仿真实验、部分原型实验、静态实验、动态实验等，至于采用哪种实验方法，根据具体情况而定。

第 3 章

智能弹药系统总体设计技术

现代智能弹药系统的型号研制是一个复杂的系统工程，其总体设计是系统的技术综合，必须将智能弹药系统的各个分系统视为一个有机结合的整体，使整体性能最优，并且费用小、周期短。

智能弹药系统的总体设计既是一个论证、设计、分析的技术过程，又是一个规划、监控、评估的管理过程，这就要求技术人员要有宽广的学术视野和综合决策能力，有深厚的理论知识和丰富的实践经验，不仅要懂得自然科学，而且要懂得社会科学，善于学习和运用科学技术哲学与辩证法的思想，指导设计实践。

　　本章在介绍智能弹药系统总体设计基本概念的基础上，重点介绍了智能弹药系统总体方案选择及总体性能设计、总体外形及气动布局设计、总体结构设计、可靠性设计以及部件设计共性问题等方面内容。

|3.1　概述|

智能弹药系统总体工作范畴比较广泛，不同的角度、不同的时期、不同的研制阶段、不同的项目研究目标，都会影响总体技术的基本内容和方法。

智能弹药系统总体工作有管理和技术两个层次。管理层次涉及项目组织、计划调度、状态跟踪和阶段控制等；技术层次包括总体综合、指标分解、优化决策、可靠性分析等。

3.1.1　基本含义

智能弹药系统总体设计是一门涉及应用物理、数学、空气动力学、飞行力学、结构力学、爆炸力学、控制理论、电子学、优化理论，以及其他应用学科和基础学科的综合性系统工程科学，主要用于处理和解决智能弹药系统的总体方案和技术途径、各分系统的技术接口等问题。

智能弹药系统总体设计是在智能弹药系统各组成要素（部件或子系统）和技术方案已基本确定，主要关键技术及部件已完成先期技术开发研究的基础上，按《研制任务书》和武器工程化的要求，以实现智能弹药系统功能和总体技术指标为前提，应用系统工程方法，从整体出发，将概念设计和技术方案结构化、具体化、图纸化。这是智能弹药系统从概念转化成实体产品最关键的一步，是整个研制工作的龙头，不仅影响智能弹药系统的整体性能，还会影响

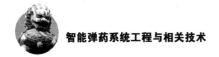

各部件（子系统）的性能的发挥。总体设计贯穿在整个研制过程中，不断协调总体与部件、部件之间的关系，充分发挥各部件的优势，使智能弹药系统的总体性能最优。

3.1.2 设计依据

智能弹药系统研制是按照研制任务书进行的，研制任务书是其基本设计依据。

智能弹药系统的研制任务书主要包括系统的战术技术指标、研制周期和经费等。战术技术指标是指智能弹药系统完成给定的作战任务所必须保证的战术性能、技术性能、技术经济条件和使用维护条件的总和。战术技术指标就是智能弹药系统总体设计的限定条件和设计依据。

完成智能弹药系统总体设计的评价标准包括智能弹药系统的性能、研制费用与成本、技术风险，以及环境适应性、可靠性、安全性、测试性、维修性、保障性等通用质量特性，即"六性"。

3.1.3 设计原则

智能弹药系统总体设计原则是根据多年智能弹药系统型号研制的实践经验总结得出的，在实践过程中不断完善，并指导智能弹药系统型号研制的实践。智能弹药系统总体设计应遵循以下原则：

（1）战术技术指标严格满足的限定原则。

战术技术指标是智能弹药系统的设计依据，必须率先严格满足。

（2）与武器平台成套适配和快速形成战斗力的战术使用原则。

智能弹药系统研制必须针对武器平台环境因素及其特点，开展炮弹与火炮适配性、炮弹与载炮平台（舰船、飞机、坦克、车辆等）适配性的专项研究，从实战出发，确保新研产品不仅能用而且好用，以满足快速形成战斗力的战术使用要求。

（3）质量优先的好用性原则。

实行全面质量管理，确保设计质量，研制出不仅能用而且好用的合格产品。

（4）新旧技术合理匹配的风险可控原则。

在满足战术技术指标要求的前提下，优先采用成熟技术和已有的产品与部件，或改进现有产品，通常新研部件控制在30%以内为宜，以降低研制风险。避免从未经生产或试验验证的技术或产品系统中获取关键数据。

（5）合理裕度设计与固有缺陷评估的原则。

在制订计划时预测研制期间和研制成功后的各种未知因素可能带来的影

响。这些未知因素需要包括智能弹药产品在生产、运输、储存、使用、延寿维护甚至销毁等未来生命周期中可能面临的各种标准的或非标准的条件或工况，尤其是在一些非标准的条件或工况下（如高原环境条件、平台损耗堪用工况等）智能弹药产品有没有安全保障或有没有正常应对的设计裕度。

在总体设计时，要对新研智能弹药在什么条件下不能用、什么工况下不好能用等产品固有缺陷（非设计或生产缺陷）进行事先评估，为后续的研制试验以及使用等环节提出明确要求，以确保新研智能弹药的正常或规范使用。

（6）标准化（通用化、系列化和组合化）的"三化"原则。

应当与使用方和生产企业充分研究"三化"的实施，贯彻国家和军用的有关标准，拟定实施大纲，充分重视组合化、模块化设计，为智能弹药产品的可持续发展留有拓展空间。

（7）全寿命周期的统筹原则。

从设计、制造、使用全过程来考虑技术措施与方案的选取，力求实现战术技术指标。

从初始设计起，就要把满足智能弹药系统的通用质量特性（环境适应性、可靠性、安全性、测试性、维修性、保障性等"六性"）和可生产性、可使用性以及训练与储存等各有关要求纳入设计大纲和设计规格书之中。

从全寿命周期的统筹，进行经济核算，降低成本，提高经济效益，尽量缩短研制周期。

（8）有章可循和可追溯的规范管理原则。

在总体设计时，要充分重视文件编制、试验设计和软件管理等工作，做到各项工作有章可循，体现事后可追溯的规范管理原则。

在研制过程中，应认真编制各阶段的研制工作总结、质量工作总结、试验报告和检验报告、制造与验收技术规范、使用说明书、技术说明书及其他相关技术文件；优化综合试验设计并拟制试验大纲；强化和规范软件管理，研制中形成的软件（诸如：弹道解算程序、控制策略生成算法等）是智能弹药系统重要组成部分，对其功能要求、流程、设计参数、输入/输出格式、协议和接口关系、测评判据等应按系统硬件管理一样，提出技术规范性和技术固化管理要求，并纳入研制项目常规管理范畴。

（9）环境友好的绿色设计原则。

在总体设计时，对新研智能弹药后续的试制、试验、生产、使用、储运以及销毁等全寿命周期要充分贯彻绿色设计理念，除确保智能弹药毁伤目标等专用特性正常发挥之外，也要确保生产者和使用人员以及生产、使用环境等尽可能避免遭受危害或污染，尤其是避免遭受长期的危害或污染。

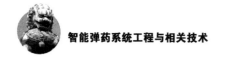

3.1.4 技术准备

智能弹药设计者研究一种新智能弹药的能力取决于对智能弹药预期的工作和经历的各种环境的熟练程度，取决于对智能弹药设计思想与设计理论的掌握水平和实践经验。设计者必须通晓对智能弹药的基本要求、设计准则，熟练掌握各种零部件及总体的设计计算方法、试验及验收的基本内容与规则。

1. 基本数据。

与智能弹药设计和整个武器系统有关的基本数据包括：
（1）弹丸口径、质量；
（2）与火炮有关的数据，如膛压、初速、膛线尺寸、射速、装填方式等；
（3）火炮精度；
（4）与引信有关的数据及引战配合；
（5）目标特性（目标运动特性，易损性等）；
（6）弹目交汇条件；
（7）武器勤务处理及弹丸发射飞行的环境等。

2. 技术准备。

智能弹药系统总体设计前的技术准备主要有如下几点：
（1）了解与智能弹药系统相关的发射平台以及其他子系统的特性和参数；
（2）了解智能弹药生产、储存、运输和使用的环境；
（3）了解并掌握改善精度、增大射程和提高威力的各类技术及其战术使用条件等。

3.1.5 设计程序

智能弹药系统总体设计程序如表 3.1 所示。

表 3.1 智能弹药系统总体设计程序

设计程序	主要内容	完成标志
可行性论证	<ul><li>指标可行性论证、方案设想</li><li>技术途径和技术保障条件</li><li>估计研制经费和研制周期</li><li>提出研制任务书</li></ul>	<ul><li>完成可行性论证报告</li><li>完成研制任务书草案</li></ul>

设计程序	主要内容	完成标志
总体方案设计	• 方案论证，确定主要方案 • 总体设计参数选择和计算 • 提出各分系统的设计要求 • 进行方案性试验	• 完成总体方案报告 • 提出初样设计要求 • 完成验证试验 • 通过设计评审
初步设计	• 初样设计 • 初样试制 • 初样试验	• 完成初样研制报告 • 完成样弹制造与装配 • 完成验证试验 • 通过设计评审
技术设计	• 试样设计 • 试样试制 • 试验与结果评定	• 完成试验弹制造与装配 • 完成试验与结果评定 • 通过设计评审
设计定型	• 产品制造 • 定型试验 • 结果分析、评定	• 完成试验弹制造与装配 • 完成定型试验与结果评定 • 完成型号定型报告 • 通过设计评审

可行性论证阶段的主要目标是完成可行性论证报告，确保智能弹药系统型号进入总体方案论证及设计阶段。总体方案论证及设计阶段的最终目的是确定智能弹药系统的总体方案。总体方案设计阶段是智能弹药系统后续初步设计和技术设计的基础，也是智能弹药总体设计过程中非常重要的一个阶段。初步设计和技术设计阶段的目标是拟定智能弹药总体设计参数、解决总体设计中的关键技术问题。

3.1.6　设计特点

智能弹药系统总体设计是一个探索性、开拓性的创新工程，综合体现了现代科学技术的发展，具有先进性、综合性、兼容性、匹配性、承继性和突破性等特点。基于这些特点，试验在整个设计过程中起重要作用，占较大的比例，按研制程序贯穿于设计工作的始终。

1. 先进性

总体设计的先进性主要体现在采用先进设计方法和手段提高设计效率与质量。

随着现代智能弹药系统作战任务的多样化和整体性能要求的日益提高，要不断地向新的技术领域探索，提出新的预研课题或先期技术开发，作为新产品设计的技术储备。

计算机辅助设计技术（CAD/CAE）已经成为总体设计的一种先进手段，它以计算数学、计算机绘图、数据库管理和优化设计等技术为基础，借助于数据库在计算机中储存大量的空气动力、结构力学数据和几何制图等，进行总体优化设计。系统设计人员在技术分析与设计中可以选用数据库数据进行设计。在总体设计中采用大量专业模块的大回路软件包，可使总体设计效率提高，并便于参数优化。

2. 综合性

总体设计的综合性就是把不同的部件和技术综合成一个新的系统，智能弹药系统整体性能先进与否取决于新技术的采用和系统的合理综合。现代智能弹药系统的研制是一个涉及众多专业的复杂的系统工程问题，必须采取系统工程方法进行管理和开发。在研究开发过程中，需对设计方案进行综合比较并优选备用方案，尤其是现在要求智能弹药系统能够达到多种性能，完成复杂的作战任务，还必须兼顾到效能、技术的先进性以及结构的合理性、技术的继承性等。

3. 兼容性

总体设计的综合性特点决定了必须要解决好兼容性问题。必须保证部件与部件、此专项技术与彼专项技术在系统内的动静力学兼容性、物理兼容性、化学兼容性，同时还必须保证组成系统的环境兼容性和使用兼容性。

（1）静力学兼容性——智能弹药系统内各组成零部件在工作条件下必须是静稳定的。这种兼容性在实际系统中往往最容易被忽略，并带来严重后果。例如，火箭发动机推进剂装药由于自身重力作用下的变形、包覆层撕裂等，导致火箭发动机工作时发生爆炸事故。

（2）动力学兼容性——智能弹药系统内各组成零部件在工作条件下必须动力学兼容。机械件的动力学兼容可以通过地面实验的方法校验，而非机械件的动力学兼容就比较复杂，解决起来也困难得多。例如：弹体上运动部件与气流的相对运动、弹体排气与外气流的相对运动等动力学兼容性问题。

（3）物理兼容性——设计一个新型智能弹药系统，要特别关注系统工作状态下的物理兼容性问题，即解决好压力、温度、电磁等物理兼容性问题。不仅在研制带有制导电子线路的产品中存在电磁兼容性问题，而且在非制导智能弹药中引信以及电点火头也存在电磁兼容性问题。

（4）化学兼容性——有静态化学兼容性和动态化学兼容性两种。静态化学兼容性一般指智能弹药系统在储存期间，零部件之间和零部件与环境介质之间在环境温度、压力变化条件下是否会发生有害的化学反应。化学动态兼容性一般指智能弹药系统工作状态下此部件的工作是否会使彼部件的工作受到损害。例如：火箭弹发动机工作或底排弹底部排气产生的烟雾是否会对信息传输造成有害影响。

（5）环境兼容性——随着智能弹药系统战技性能的日益提高，许多环境兼容性问题虽然以战术技术指标形式提出来，但仍有许多环境兼容性问题没有通过战术技术指标提出来，而这些环境兼容性在总体设计时又是必须研究解决的。例如：主被动辐射特性的环境兼容性问题，近年来已成为重要的研究课题。声响、火光、红外、电磁波等主动辐射特性，以及可见光、激光雷达波等反射特性已成为直接影响智能弹药系统战场生存能力的重要因素。

（6）使用兼容性——至少应考虑人机兼容、载体兼容和寿命兼容三个方面。

①人机兼容是保证所研制的系统适合人去使用，既包括人的视觉识别、触感辨别等，也包括人的抓握提举的便利性等。这些方面稍有失误都有可能引起系统研制的重大返工。

②载体兼容是指与发射平台适配的使用兼容问题，所以，与车载、机载、舰载发射平台适配的智能弹药系统有载体兼容性问题，与非车载、机载、舰载发射平台适配的智能弹药系统同样也有载体兼容性问题。

③寿命兼容既是技术需要又是经济需要。技术上要保证整个智能弹药系统中各零部件、分系统在系统的寿命周期内都能可靠工作，经济上要努力通过使用寿命兼容性研究避免系统中多数零部件的寿命周期浪费。例如：在带有化学电池的智能弹药系统中，电池寿命最短，可以通过采取每隔一定时间对电池进行更换维护等延寿保障措施，实现智能弹药系统整体寿命周期的延长。

4. 匹配性

将一定的零部件组合成具有特定功能的智能弹药系统，总体设计要保证此系统内物质流、能量流和信息流的畅通，使系统的特定功能发挥正常。这就是总体设计的匹配性特点所在。

有控智能弹药系统中一定有物质流、能量流和信息流存在，而在无控智能弹药系统中同样也有物质流、能量流、信息流的存在。例如：底排火箭复合增程弹本身就是一个系统，其中底排药剂点火燃烧到排出燃气减阻，火箭推进剂点火燃烧到排出燃气推动弹体运动，这些就是物质流；发动机空中延时点火、引信适时起爆都离不开信息流；火箭推进剂燃烧把化学能转化为热能、燃气动能经喷管转化为弹体动能，这些就是能量流。只要是一个具有独立功能的智能弹药产品，就必须由相应的零部件构成，在这些零部件之间物质流、能量流和信息流的可靠实现必须通过开展匹配性研究，实际解决匹配性问题。

一般来说，有界面、有接口就有匹配性问题。就智能弹药产品来说，其匹配性问题包括机械匹配、电气匹配和功能匹配三个基本方面。

(1) 机械匹配是指系统内零部件之间以及系统与外部环境之间的机械接口和机械界面匹配问题。机械匹配直观，较容易解决，但稍有疏忽往往也会带来严重后果。例如：公差配合不当，容易引起扬供输弹机卡弹或发射药筒不退壳等机械故障，出现这些故障将会贻误战机或因重装导致发生炸膛的灾难事故。

进行机械匹配研究要以保证物质流、能量流和信息流的畅通为目标，要特别注意避免"三流"的无效散失和消除"三流"瓶颈，尤其是要充分考虑实际工作条件下，温度、压力、振动、受力状态等因素对机械匹配性能的影响。

(2) 电气匹配不当引起的失误会造成巨大的人力、物力、时间浪费。从某种意义上说，电气匹配较之机械匹配更困难，往往必须借助先进精密的仪器设备来开展电气匹配研究。随着数字控制技术在智能弹药系统中的普及应用，数模和模数转换中的匹配问题、系统与系统软件的匹配问题等也都成为电气匹配研究的重要课题。

(3) 功能匹配是总体技术工作者在产品设计中经常考虑解决的问题。如火箭发动机能否可靠点火、战斗部能否准时引爆等都离不开功能匹配问题。

一般来说，功能匹配包括内部功能匹配和外部功能匹配两个基本部分。系统内部功能匹配研究的任务是消除功能瓶颈、减少功能浪费，保证物质流、信息流和能量流的畅通；外部功能匹配研究的面较广一些，它包括载体、操作人员、在武器序列体系中的位置等各个方面的功能匹配问题。外部功能匹配研究的基本任务同样是消除功能瓶颈，减少功能浪费。

所以，匹配性研究虽然也涉及研制智能弹药系统可行与否的问题，但它主要是解决如何使系统工作品质更好的问题，是较之兼容性研究更高层次的总体设计工作。

5. 承继性

承继性包括继承性和可继承性两个基本方面。承继性研究不仅是减少研制经费、缩短研制周期的需要，而且是影响战时智能弹药系统作用的重要问题。

（1）继承性——是指研发一个新型智能弹药产品时要最大限度地继承已有型号产品的成功经验和成熟部件、成熟技术等。如果不重视继承性研究，那么新型号产品的研制必然是一条充满失败危机的漫漫长路。曾经就有过因"全新"研制以失败而告终的教训，也有过因产品研制周期过长，研制成功之日即送入博物馆之时的教训。"高起点、大跨度"是智能弹药产品开发的指导思想，但必须建立在实实在在的继承性研究基础上。

继承性研究是如何在已有产品的基础上实现发展新产品。这里的"已有产品的基础"包括产品本身的气动外形、零部件、材料，以及产品的研制实验手段、设计理论、管理经验等各个方面。一个好的总体设计师必须是"化腐朽为神奇"的魔术师，通过成熟技术的创意组合去发展新的先进的产品。

继承性研究的基本方法是数值建模分析、半实物仿真和决策风险分析。

（2）可继承性——是指发展一种产品时设计预留此产品的后继发展余地，它既是技术的需要，又是使用的需要。

①技术需要在于发展新产品总会遇到过去不曾解决的技术问题，对此类问题在产品研制周期内往往不可能得到理想解决，通常只能用折中办法解决，这时就要在产品中预留使用理想解决方案的产品发展余地；

②使用需要在于智能弹药产品的更新发展速度和战时应急发展要求，迫使设计研制一种智能弹药产品必须留有后继发展余地。

可继承性研究目前已发展了模块化设计等成熟技术。

6. 突破性

任何技术进步都是在积累基础上创造性飞跃的结果，突破性是总体设计的灵魂。将成熟技术进行创新组合，就是总体技术的突破性特点。这个特点强调总体思维，并把创造性思维和灵感思维作为总体思维的中心环节。

突破性研究的依据是战技性能、经济性能、环保性能等一方面或多方面的创新性要求。为了实现此类创新性要求必须从原有的设计定式或技术定式中解脱出来。

突破性和继承性是智能弹药新产品研制相辅相成的两个方面，继承性是基础，突破性是创新。无论是炮弹、火箭弹，还是反坦克导弹，都已形成了自己的技术模式和设计定式。在计算机技术普及应用的今天，用 CAD/CAE 等设计工具，变换边界条件，可以设计出不同的产品。在此条件下，总体技术工作者若不开展突破性研究，就很难创造出更新换代产品。

仅依靠量变自然积累的总体设计师等同于熟练工。总体设计师与熟练工的

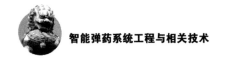

根本区别就在于创新，不能创新永远成不了总体设计师。

突破性研究的基础是扎实的基本功、广博的知识积累和双向思维、灵感思维能力，这三者缺一不可。突破性研究主要包括以下三个基本方面：

（1）从学科交叉和技术交叉中寻求突破——当前是多学科、多技术相互渗透，交叉发展的时期，在相互的渗透交叉中孕育着众多的新技术生长点，对其扶植发展有可能结出丰硕的技术成果，脱颖而出新一代智能弹药产品。总体技术工作者在新产品研制中，若能抓住这类技术生长点，将会赋予新产品崭新的技术面貌和强大的生命力。

（2）从不同产品和技术的嫁接移植中寻求突破——不同产品技术的嫁接移植是已为众多事实证明了的新产品突破方向，滑翔增程炮弹、炮射导弹、制导航弹等都是嫁接移植发展起来的新弹种。总体技术工作者在新产品研制中，若能自觉开展嫁接移植研究，研制的产品就有可能出现突破性进展。

（3）从工作机理上寻求突破——工作机理研究不属于总体技术研究范畴，但作为总体技术工作者了解相关工作机理研究的最新进展，清楚自己研制产品的工作机理，是完全必要的。若再能从工作机理的突破上考虑问题，那么就可能成为优秀的总体设计师。

兼容性、匹配性、突破性和承继性的研究内容是相互关联的，同时又各有侧重。兼容性和匹配性研究确定总体技术方案的实际可行性，突破性研究决定总体技术方案的水平，承继性研究决定新产品的研制周期和经济性。这四项研究不仅在方案论证阶段是必须的，而且贯穿于新产品研制的全过程。

3.1.7 设计内容

智能弹药系统总体设计始于方案阶段，并贯穿于整个研制过程，它侧重于处理智能弹药系统全局性问题。在方案阶段，根据战技指标，分析可行的技术途径和技术关键与难度，进行总体论证，对形成的若干总体初步方案进行比较、评价、决策和筛选；在工程研制阶段，分解功能和指标，运用参数分析、系统数值仿真、融合技术等方法，指导组件、部件设计，侧重解决组件、部件之间的接口、系统优化、可靠性、维修性、预留发展和可生产性等问题；在设计定型阶段，组织实施智能弹药系统各项性能和功能试验，并处理试验过程中新发现的问题。

智能弹药系统总体设计的基本内容包括：战术技术指标分析；分解指标与确定参数；系统原理设计；总体布局与结构设计；可靠性设计；系统样机试验；制定规程和规范等。

1. 战术技术指标分析

型号研制立项文件批复大体上明确了智能弹药系统的基本框架。总设计师系统一方面应在军方综合论证工作的基础上，进一步分析智能弹药系统的作战使用功能、性能、效能和技术经济可行性，就指标的先进性和工业部门可实现性二者协调一致提出意见；另一方面，应尽量设想可能采取的各种技术途径和计算分析总体设计参数，并向分系统提出指标分析要求，综合总体分析结果和分系统分析结果研究出指标要求的可实现性、主要技术途径和关键技术攻关课题。设计师可根据需要进行创新，研究智能弹药系统组成调整和一些功能合并或分解的可能性，多方选择和优化总体方案。

总体方案是总体设计的初始工作，它与指标分解、设计参数确定、总体结构布局和接口关系等一系列总体工作有关。通过与军方和分系统研制单位反复协调，使战术技术指标和使用要求得到细化和具体化。

2. 分解指标与确定参数

总设计师统一组织，协商确定智能弹药系统的各层次组成，由各级设计师同时进行，把战术技术指标分解并转化为智能弹药系统从总体到各分系统以及单体的设计参数，形成一个按智能弹药系统组成为层次的技术设计参数体系。这项工作是智能弹药系统总体方案设计和技术设计的重要环节，也是制定各层次设计及技术规格书的基础。

3. 系统原理设计

对于制导智能弹药等智能弹药系统必须开展系统原理设计工作。这项工作包括：

（1）设计并确定系统各功能组成间能量、物质、信息的转换与传递方向，各功能组成间的界限与接口关系；

（2）设计并确定系统的逻辑与时序关系；

（3）建立物理模型、数学模型和软件总体框架等。

系统原理设计主要以方块图表示，在各方块之间有表明传递性质或要求的连线，还有流程或逻辑框图来表明工作逻辑关系。时序图是协调处理在各阶段总体、各分系统和单体研制时间分配的主要手段。

4. 总体布局与结构设计

作为智能弹药系统设计的重要环节，确定智能弹药系统的总体布局首先是确定各主要装置或部件的结构与布局。应从一些关键件的结构选择开始，比如首先解决增程装置、修正机构、控制部件、敏感器件等的结构设计与布局问题。

总体布局中必须考虑的要素包括：各装置或部件的功能及相关部件的适配性、相容性；温度、湿度、振动冲击等造成的影响；可靠性；安装方式与空间；动力源供应；控制方式与被控件执行关系；向外施放的力、热、电磁波等以及操作、维修、检测要求。

总体布局与结构设计多使用计算机辅助手段，用计算机制作设计平面视图、三维造型实体图、实体运动图和各种剖视图。在特殊情况下，也可以使用按比例或同尺寸实体模型进行辅助设计。

5. 可靠性设计

智能弹药系统是一次性使用的特殊产品，加之其结构的日趋复杂性、工作环境的严酷性及出现故障的严重性，往往一个元器件失效都可能导致全弹失效，并带来严重后果。因此，可靠性设计对智能弹药系统具有特殊的重要意义。

智能弹药系统可靠性设计对智能弹药系统的质量品质至关重要，一旦设计确定之后，智能弹药系统的固有可靠性也就随之确定了。因此，在总体设计一开始就要把可靠性作为一项设计指标进行分配，总体和分系统都要进行可靠性设计。在选择总体方案和参数时要简化系统，采用有预研基础的成熟技术，并采取冗余、容错和改善环境设计等措施。分系统要按照可靠性设计规范进行抗热、抗振、电磁兼容、抗干扰、极限应力等设计，并开展可靠性的评定验收。

智能弹药使用环境对智能弹药系统的可靠性影响极大，必须加强环境科学的研究、强化环境试验和加强耐环境设计，提高智能弹药系统的可靠性。

6. 系统样机试验

系统样机试验主要包括：系统信息闭环对接联调试验、动态飞行跟踪试验等。

7. 制定规程和规范

在智能弹药系统设计中，对于操作勤务、维修保养、可靠性、质量控制、标准化及安全与防护等要求，应有详细的设计规范或技术资料。在产品检验验收中，对于性能检验内容、验收方法、操作步骤及注意事项等应有相应的技术规范或技术条件。

3.1.8　综合治理

为改变现代智能弹药系统总体技术的相对落后现状，可从以下几个方面进行综合治理：

（1）重视并大力开展现代智能弹药总体技术方法论与开发模式的研究，探索研究研制过程中各阶段试验检验与性能评估的新理论新方法。

（2）建立现代智能弹药系统数据库，创建现代智能弹药系统总体设计和关键分系统设计的 CAD 系统，研发控制系统、目标探测、指令传输、弹体性能等识别分析软件，以满足战术技术指标分析、总体方案论证、可靠性分析、可行性分析、关重分系统的参数灵敏度分析、总体参数设计、系统和分系统性能指标评估、技术指标分解与匹配以及研制过程的实际需要。

（3）建立内部保密专用计算机网络体系，由上级主管机关制定各研制单位之间、研制单位和主管机关之间的计算机通信方式和策略，进行高速有效的信息交换，解决好参研单位内部的图纸、试验数据、图像、文件等资料有限定权限的传输与引用问题。

（4）推广采用先进的项目计划管理技术，搞好大型工程项目的计划调度、经费管理、成本核算、状态跟踪、设计力量组合等管理事项。

（5）充分发挥行政指挥系统、设计师系统和质保体系的作用，实现科学的、民主的、及时的技术决策和行政协调，搞好产品研制的质量控制。

3.2　总体方案选择及总体性能设计

本节主要针对榴弹、穿甲弹、破甲弹等常用的无控智能弹药，简介此类智能弹药系统总体设计中有关总体方案选择、威力设计、发射强度及安全性设计等一般方法。

3.2.1　总体方案选择

无控智能弹药系统总体设计的第一步即为总体方案的选择性设计，根据战术技术要求来拟定智能弹药合适的口径、种类、结构类型及弹丸的质量，并选择引信等。

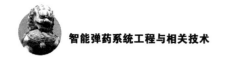

3.2.1.1　弹种的选择

弹种的选择主要是根据要摧毁目标的性质及智能弹药当前发展的技术水平确定的。

1. 根据目标性质来选择弹种。

（1）对付有生目标——选用杀伤弹、群子弹、榴霰弹、杀伤子母弹和杀伤布雷弹等。

（2）对付装甲目标——选用各种穿甲弹、破甲弹等。

穿甲弹的种类很多。对付坦克，当前主要发展杆式脱壳穿甲弹，直接瞄准射击。带钨球的穿甲子母弹用于间接瞄准射击。

破甲弹可以配用各种火炮。从几十米的近战武器到几千米的导弹战斗部，都可以采用破甲战斗部。反装甲子母弹或反装甲布雷弹用于间接瞄准射击。

（3）对付空中目标——选择装配近炸引信、时间引信或着发引信的杀爆弹、穿甲弹或燃烧弹。一般中大口径高射炮广泛使用杀爆弹；小口径高射炮大量使用曳光燃烧榴弹和穿甲弹等。

（4）观察敌人行动和对敌射击效果——选用照明弹和电视侦察弹等。

2. 根据技术发展来选择弹种。

近十多年来，炮兵智能弹药发展很快，出现了很多威力大、射程远、精度高的新弹种。炮兵智能弹药的发展给炮兵武器提供了新的作战能力，提高了炮兵在现代战场上的作用。

现代火炮系统能完成多种战斗任务。现代大口径火炮除能发射榴弹、发烟弹、照明弹和化学弹外，还能发射子母弹、布雷弹、中子弹、末制导炮弹、末敏弹、传感器侦察弹和电视侦察弹等。

3.2.1.2　稳定方式的选择

炮弹飞行稳定方式主要有旋转稳定和尾翼稳定两类。

（1）旋转稳定——采用线膛炮发射，炮弹圆柱段下端一般镶嵌或焊接铜质合金类材料的弹带，通过弹带在火炮膛线中高速挤进从而赋予弹丸旋转速度。弹丸高速旋转产生的陀螺效应可以保持弹丸飞行稳定。另外，某些射弹上的涡轮装置也可以使弹丸产生高速旋转的陀螺效应。

对旋转弹来讲，陀螺稳定使其具有轴线保持定向或微小变化的特性，在直线段必须具有陀螺稳定性，在弹道曲线段还必须使弹轴摆动的幅值始终衰减，即动力平衡角始终小于某一个极限值，才能保证同时具有追随稳定性，即具有动态稳定性。

大多数炮兵智能弹药都采用旋转稳定方式。

（2）尾翼稳定——按箭羽稳定原理，在弹上安装尾翼，利用尾翼的空气动力作用使全弹的阻心位置后移到弹丸质心和尾翼之间，形成一个使弹头始终指向前方的稳定力矩，使弹丸具有静稳定性。当尾翼弹压心与质心之间的距离达到全弹长的 10% ~ 15%（静态储备量）时，就能保证该弹具有良好的静稳定性，同时也具有追随稳定性。

火箭、导弹主要是依靠其系统本身而达到飞行稳定的，一般用尾翼或尾裙稳定；迫击炮弹用滑膛炮发射，采用尾翼稳定；某些破甲弹较长，或带增程发动机，用同口径尾翼不能满足稳定性要求，可采用张开式尾翼；某些脱壳穿甲弹要求比动能和长细比都比较大，可采用尾翼稳定。

目前，还有一类以尾翼稳定为主、旋转稳定为辅的复合稳定智能弹药，其中弹丸的旋转功能更多是为改善精度或有效保障精度控制措施得以实施等服务的。这类复合稳定方式又可以细分为两种：一种是火箭弹等尾翼稳定的智能弹药，通常利用尾翼的结构或安装角度与空气来流形成一定的迎风面，迫使弹丸在飞行过程中产生一定的旋转速度，以尽可能减小气动偏心或推力偏心等造成的落点散布，提高此类炮弹的最大射程密集度；另一种是通过中大口径线膛炮发射的制导类炮弹，由于这类智能弹药在目标探测和姿态控制时不允许弹丸转速太高，所以，通常的解决办法就是在弹丸尾部加装稳定尾翼的同时把弹丸圆柱段下端固定的弹带改制成可滑动的弹带。这样不仅有效地解决了发射平台的适应性问题，也解决了此类炮弹飞行稳定性问题，同时又可以满足此类炮弹目标探测和姿态控制等器件正常工作的要求。

3.2.1.3　弹重（质量）的选择

弹丸质量的大小影响面较大，与弹丸威力、弹道性能、生产、运输供应等都有很大关系，还影响到火炮发射速度、火炮的自动化程度及其使用寿命。确定合理的弹丸质量，首先应考虑弹丸的威力和弹道性能，在此基础上可兼顾其他要求。

若为现有火炮配用新弹，要求新弹质量必须满足以下炮管强度和炮架强度的约束条件：

$$\varphi m v_0^2 \leqslant E_0 \qquad （炮口动能条件）$$
$$(m + \beta m_\omega) v_0 \leqslant D_0 \qquad （炮架动量条件） \qquad (3.1)$$

式中，m——弹丸质量；

　　　v_0——弹丸初速；

　　　m_ω——发射药质量；

　　　φ，β——与弹丸、火炮有关的虚拟系数、后效作用系数；

　　　E_0，D_0——现有火炮的炮口动能和炮口动量。

若是新炮配新弹设计，即新弹与火炮系统同时立项研制，作为与火炮适配的分系统，新弹质量等总体参数的确定必须以满足整个武器平台的战术技术指标要求为限定条件。

3.2.1.4　引信与装填物的选择原则

引信与战斗部装填物是传统炮弹中直接关系到战斗部的固有威力性能及其有效发挥的两个重要组成部件。

1. 炸药选择的原则

装填物是毁伤目标的能源物质或战剂。通过对目标的高速碰撞，或装填物（剂）的自身特性与反应，产生或释放出具有机械、热、声、光、电磁、核、生物等效应的毁伤元（如实心弹丸、破片、冲击波、射流、热辐射、核辐射、电磁脉冲、高能离子束、生物及化学战剂气溶胶等）作用在目标上，使其暂时或永久地、局部或全部地丧失正常功能。有些装填物是为了完成某项特定的任务，如宣传弹内装填的宣传品，侦察弹内装填的摄像及信息发射装置等。

杀爆类智能弹药其装填物主体是炸药。炸药装药是形成破片杀伤威力和冲击波摧毁目标的能源。炸药的选择应遵循以下原则：

（1）在确保发射安全及威力的前提下，炸药的威力和猛度应适合智能弹药性能的要求；

（2）理化性能稳定，与弹体材料等相容性好，能长期储存、不变质；

（3）满足与战斗部壳体材料破碎特性适配的要求，比如高能炸药（改 B、A－Ⅸ－Ⅱ等）与高强度高破片率钢（58SiMn、50SiMnVB 等）的适配可以提高战斗部的威力性能；

（4）原料丰富，价格便宜，生产和装填方便。

2. 引信选择的原则

引信是一种利用目标信息和环境信息，在预定条件下引爆或引燃智能弹药战斗部装药的控制装置或系统，是智能弹药的重要组成部分，用于控制智能弹药的最佳起爆位置或时机。引信的选择应遵循以下原则：

（1）引信的类型必须与设计智能弹药的类型相配合；

（2）引信要有高度的安全性和可靠性，即要求平时在勤务处理、保管、运输、装填和发射等过程中绝对安全，在弹道上不早炸，在目标区域内能适时引爆弹丸；

（3）起爆冲量应与弹丸的炸药装药相适应，保证可靠起爆；

（4）引信的体积小，而结构尽可能简单，能防雨、防水，长期储存不变质；

（5）引信成本低、经济性好；

（6）引信外形和接口尺寸应与弹丸外形及接口相适应，或按相关标准从口径系列中选取。

3.2.2　威力设计

威力是指弹丸对目标毁伤作用能力的大小。由于各种弹丸的用途不同，对目标的毁伤作用机理不同，所以衡量不同类型弹丸威力的方法也不同。

下面以炮兵常用智能弹药为例说明威力指标意义及确定原则。

3.2.2.1　威力指标的意义

不同弹丸、战斗部的威力的含义及其特性是不同的。

弹丸、战斗部的威力指标应根据其作用方式和目标性质用不同的标准来衡量。

1. 榴弹

传统意义上的榴弹通常可细分为三个弹种，即爆破弹、杀伤弹、杀伤爆破弹。目前，多以杀伤爆破弹或杀爆弹来替代榴弹的称呼。

（1）爆破弹——其威力取决于弹内爆炸装药的量和特性。通常以弹丸内装填的炸药量（TNT 当量）或在土壤中爆炸时的漏斗坑容积作为爆破弹的威力指标。

（2）杀伤弹——其威力通常可用一定目标条件下的"杀伤面积"或"杀伤半径"来衡量。为了提高杀伤弹的威力，弹丸应产生尽可能多的杀伤破片。

（3）杀伤爆破弹（简称杀爆弹）——兼具爆破及破片杀伤双重作用。

2. 穿甲弹

穿甲弹通常用弹丸在一定射距上对甲板的穿透能力衡量其威力。

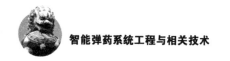
穿甲弹的威力指标常用在一定直射距离与一定靶板倾角条件下穿透给定厚度的靶板表征。有时也用"有效穿透距离"表征，即保证穿透指定倾角和指定厚度靶板的最大距离。

3. 破甲弹

破甲弹的威力要求与穿甲弹类似。但破甲弹的威力与火炮的直接关系不大，主要取决于弹丸的聚能装药结构（炸药、药型罩材料及其结构、炸药引爆方式、装配工艺等）和其产生的毁伤元形式。

当前，聚能装药产生毁伤元的形式主要有：金属射流、EFP（爆炸成形弹丸）和杆流（介于射流与 EFP 之间的一种物理形态，可以兼顾两者的速度特性、侵彻特性和动炸高特性）。

3.2.2.2　威力指标的确定原则

威力指标是评定、设计弹丸威力的依据。

威力指标应充分全面概括并反映弹丸对目标的毁伤效率。某些弹丸的威力取决于对目标作用的多个物理参量，这些参量分别对目标的最终毁伤效果都有贡献，比如杀爆弹对目标的毁伤效果就是爆炸冲击波、爆轰产物和破片侵彻或破片杀伤等综合作用的结果。

作为威力指标，必须全面反映弹丸的综合效果。在这种情况下，亦可分别控制各个参量，以此作为威力指标的一部分，但分指标的提出必须经过周密论证。

3.2.2.3　威力设计的任务与过程

1. 任务

拟定合理的弹丸结构，使之达到威力指标的要求，或具有最高的威力指标。

2. 过程

威力设计的过程可概括如下：

（1）依据经验初步定出对弹丸威力最为关键的结构形式和尺寸等。

（2）进行威力的初步计算，分析各结构参量对威力的影响特性。

（3）根据威力的计算结果，检查威力指标的满足情况，若计算结果小于指标值，则转入（4）步骤；否则转入（5）步骤。

（4）修改结构方案，重新进行计算。

（5）对弹丸战斗部进行局部性威力验证试验，检查验证试验结果对威力指标的满足情况，若不满足指标要求，则转入（4）步骤；若满足指标要求，则威力设计完成。

从上述内容可以看出，弹丸威力设计的过程是一个不断提高，直到达到满意的威力指标要求的反复迭代过程。

3.2.2.4　威力设计的原则与要点

下面以炮兵常用智能弹药为例说明威力设计原则与要点。

1. 榴弹威力设计

爆破弹威力设计的关键在于加大弹丸的爆破威力，尽可能地增大弹丸的装药量。

杀伤弹威力设计的关键在于确定合理的弹丸（战斗部）结构，从而形成合理的破片参数。

榴弹威力设计的原则就是增加杀伤破片的数目，改善破片形状，增大破片初速。可以通过采用高能炸药配用高强度高破片率钢、预制破片、预控破片、含能破片以及定向增强等措施来改善或提高威力性能。

2. 穿甲弹威力设计

杆式穿甲弹威力设计要点为：

（1）选择合适的材料：杆式穿甲弹的弹体主要使用钨合金或其他重金属材料。

（2）确定合理的弹体结构参数：弹体结构参数可用弹体直径 d，长细比 A（弹体长度和直径的比值）及弹丸质量来衡量。

在现有条件下，一般选用 $20 \sim 40$ mm 的弹体直径。长细比 A 增大时，有利于提高穿甲威力，但长细比的增加受到发射强度和碰靶时杆体弯曲的限制。因此，要综合考虑确定最佳的长细比。

（3）确定合理的弹丸质量：杆式穿甲弹质量由弹体（杆体）质量和弹托质量组成。当杆体质量确定后，在保证发射强度的前提下，尽量降低弹托质量。

（4）确定合理的弹头部形状与结构：应考虑弹头部形状和结构对穿甲（尤其是斜穿甲）的影响。

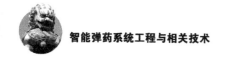

3. 破甲弹威力设计

破甲弹除了要求具有足够的侵彻能力外，还要求射流在贯穿装甲后具有相应的后效作用，并对各种随机因素的敏感性低。

（1）装药结构设计。

①装药——应尽量选择密度和爆速较大的炸药，目前大量使用的是以黑索今和奥克托今等为主体的混合炸药。

②药柱直径——与破甲深度密切相关，应尽量增大药柱直径。

③药柱长度——与破甲深度密切相关。随着药柱长度的增加，破甲深度也随之增加；但药柱长度超过一定值后，这种增加变化不明显。控制药柱长度，对减轻弹的质量及缩短弹长有利。

④隔板——材料选取和结构设计主要依靠经验和实验确定。采用隔板也具有破甲性能不稳定和装药工艺复杂等缺点。

（2）药型罩设计：主要确定药型罩形状、罩锥角、壁厚及其变化率，并选择合适的药型罩材料。

（3）动炸高的确定：一般说来，随罩锥角的增加、罩材料延展性的提高，以及炸药爆速的增大、隔板直径的增大，有利炸高值亦趋大。此外，还应考虑弹头部在碰击时的变形对传爆系统的影响。

（4）抗旋：为了克服旋转对破甲的不利影响，在结构设计中可采用错位式抗旋药型罩、相对滚动的匣式装药结构、旋压成型药型罩等。

3.2.3　发射强度及安全性设计

3.2.3.1　概述

1. 发射安全性的概念

发射安全性是指弹丸各零件在膛内运动中都能保证足够的强度，不发生超过允许的变形量，炸药、火工品等零件不会引起自燃、爆轰等现象，使弹丸在发射时处于安全状态。

2. 发射强度对安全性的影响

弹丸在发射时，受到的载荷很大，各零件都会发生不同程度的变形。这种变形严重时，不仅可能影响弹丸沿炮膛的正确运动，降低弹丸的作用可靠性，而且，可能影响到发射安全性而引发膛炸事故。

弹丸有足够的发射强度是指弹丸在最不利的发射情况下（即承受最大可能的载荷），弹壳及零件的变形必须保持在允许的范围内。显然，这个允许的变形量是由弹丸在膛内的正确运动、发射安全性及弹丸的作用可靠性所决定的。

3. 发射强度分析的目的

计算在各种载荷下所产生的应力与变形，当其满足一定强度条件时，即达到设计要求。

弹丸设计中强度计算与一般机械零件设计的主要区别在于弹丸是一次性使用的产品，其强度计算没有必要过分保守，这样可以充分发挥弹丸的威力，但必须以绝对保证弹丸发射安全性为前提。

4. 强度分析的现状与注意事项

由于弹丸结构形状的不规则性和所受载荷与变形的复杂性，至今尚没有一种精确的解析方法能计算弹丸的强度。一般使用简化公式计算应力应变，或者采用数值计算近似解。目前，大多采用有限元法对弹丸发射全过程进行动态的结构强度和结构动态响应仿真分析。

在分析弹丸强度和安全性时，必须注意参考弹丸在使用中所积累的有关经验数据，最终还要经过一系列严格的射击试验进行校核。

3.2.3.2　载荷分析

弹丸及其零部件在膛内发射时所受到的载荷主要有：

（1）火药气体压力——发射药被点燃后，生成的大量高温、高压气体在膛内形成的压力是引起弹丸强度与安全性问题的基本载荷。

在火药气体压力作用下，弹丸在膛内产生运动，获得一定的加速度，并由此引起惯性力、装填物压力、摩擦力等其他载荷。

发射药燃烧一定时间 3～5 ms 后，火药气体压力达到最大值，火药气体压力设计弹丸的强度计算必须考虑这个临界状态。

（2）惯性力——包括轴向惯性力、径向惯性力和切向惯性力。

①轴向惯性力——弹丸在膛内做加速运动时，整个弹丸各零部件上作用的直线惯性力。加速度愈大，弹丸各截面上的轴向惯性力愈大，最大值发生在最大膛压时刻，并与膛压成正比。弹丸最大加速度在数值上等于弹丸所受到火药气体总压力与弹丸质量之比，对一定的火炮弹丸系统来讲是一个定值。例如，线膛火炮的最大加速度往往是重力加速度值的 1 万～2 万倍，即表明线膛炮发射的弹丸要承受的轴向过载最大可高到 $10\,000g$～$20\,000g$。

②径向惯性力是由于弹丸旋转运动所产生的径向加速度（即向心加速度）而引起的作用力，即离心惯性力。它与速度的平方成正比，最大值发生在炮口处。

③切向惯性力是由于弹丸角加速度引起的，与膛压成正比，最大值发生在最大膛压处。

切向惯性力一般不超过轴向惯性力的 1/10，故强度计算时通常忽略切向惯性力。径向惯性力与轴向惯性力的变化不同步，但就其最大值而言，仍然小于轴向惯性力。当轴向惯性力达到最大值时，径向惯性力还很小，所以计算最大膛压时刻弹丸强度时，也可以忽略径向惯性力。但当需要计算炮口处弹丸强度时，就主要考虑径向惯性力的作用了。

对于一般旋转稳定的榴弹来讲，轴向惯性力和火药气体压力的综合作用，使整个弹体均产生轴向压缩变形，切向惯性力使弹丸产生轴向扭转变形。但对于某些尾翼稳定的炮弹（如迫击炮弹、无坐力炮弹）来说，轴向惯性力和火药气体压力的综合作用，就不一定使整个弹体均产生轴向压缩变形，因为尾翼部火药气体的直接作用，在尾翼区域局部会出现拉力状态，并有某些断面出现轴向力为零的情况（并非所有尾翼弹都会出现这种情况）。

（3）装填物压力——发射时，装填物本身也产生惯性力，其中轴向惯性力使装填物下沉，因而产生轴向压缩径向膨胀的趋势，而径向惯性力则直接使装填物产生径向膨胀。这两种作用均使装填物对弹壳产生压力，但两者并不同步，前者在最大膛压时刻达到最大值，后者在炮口处达到最大值，且前者的最大值也远大于后者的最大值，所以在计算最大膛压时刻弹体强度时，可以忽略径向惯性力引起的装填物压力。

（4）弹带压力——弹带挤入膛线时炮膛壁对弹带的作用力。此压力使炮膛发生径向膨胀，并使弹带、弹体产生径向压缩，所以此力是炮管、弹丸设计中必须考虑的一个重要因素。

（5）不均衡力——弹丸运动中由弹丸质量的偏心、旋转轴与弹轴不重合、火药气体压力偏斜、炮管弯曲与振动等不均衡因素引起的作用力。对于旋转弹来讲，此力主要作用在上定心部与弹带上，方向为径向；对于尾翼弹而言，此力主要作用在上定心部与尾翼凸起部。一般来讲，不均衡力对弹丸的发射强度影响不大，但对弹丸膛内运动的正确性和出炮口的初始姿态影响较大，最终将直接影响弹丸的射击精度。不均衡力作为横向载荷，对一些薄壁、结构复杂的弹丸强度有较大影响。

（6）导转侧力——炮管膛线导转侧表面对弹带凸起部产生的压力，它与膛压同步。此力是炮管膛线、弹丸弹带设计时需要考虑的一个因素。导转侧力作为横向载荷，对一些薄壁、结构复杂的弹丸强度有较大影响。

（7）摩擦力——弹丸在膛内运动时所受的摩擦力分为两部分。一部分是弹带嵌入膛线后，在导转侧面上和外圆柱面都与炮膛紧密接触，从而产生的摩擦力；另一部分是由于不均衡力使弹丸上定心部与弹带偏向一方，在某些位置上引起的摩擦力。总体来说，这两种摩擦力比其他载荷要小许多，故在弹丸设计时一般可忽略不计。

火药气体压力、惯性力、装填物压力和弹带压力是弹丸强度分析时需要考虑的主要载荷，其他载荷可以忽略不计。

3.2.3.3　发射强度计算校核标准

1. 两类标准

一类是用应力表示，按照强度理论计算弹体上各断面的相当应力，然后与弹体材料的许用应力相比较；

另一类是用变形表示，即计算危险断面上的变形，并与允许的变形值相比较。

从弹丸发射安全性角度出发，只要能保持弹体金属的完整性、弹体结构的稳定性和弹体在膛内运动的可靠性，以及发射时炸药安全性的条件下，弹体发生一定的塑性变形是可以允许的。

2. 校核标准的应用

发射时弹丸在各种载荷作用下，材料内部产生应力和变形。根据载荷变化的特点，对于一般线膛火炮弹丸来讲，必须对第一、第二和第三临界状态下的强度进行考核；对于一般滑膛炮弹丸来讲，由于不存在弹带压力，仅需要对第二和第三临界状态下的强度进行考核。

（1）第一临界状态——弹带嵌入膛线完毕，弹带压力达到最大值时刻。在此临界状态下，火药气体压力及弹体上相应的其他载荷都很小，整个弹体唯有弹带区域受到较大的径向压力，使其达到弹性或弹塑性径向压缩变形，所以只需校核弹带区域的强度。一般采用第二类校核方法校核其变形。弹带区可以简化为半无限长圆筒，承受局部环形载荷，以外表面的残余变形不超过允许的量为强度条件。

（2）第二临界状态——膛压达到最大值时刻。在此临界状态下，火药气体压力达到最大，弹丸加速度也达到最大，同时由于加速度引起的惯性力等均达到最大，这时弹体各部分的变形也极大。可略去弹带压力和由旋转产生的应

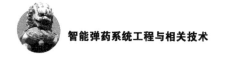

力，主要考虑弹体受到的膛内火药气体压力、惯性力、装填物压力等，并且要分析整个弹体所有危险部位的应力。一般采用第一类校核方法，即校核其应力。

（3）第三临界状态——弹丸出炮口时刻。在此临界状态下，弹丸旋转角速度达到最大，与角速度有关的载荷也达到最大，而此刻火药气体压力（即炮口压力）迅速减小，但仍然是环境大气压力的好几百倍。而这么高的压差往往又会在几个毫秒时间内瞬间消失，所以存在一个突然卸载过程。突然卸载将使弹体材料因弹性恢复而发生振动，并由此引起拉伸应力与压缩应力的相互交替作用。因此，对那些抗拉强度大大低于抗压强度的脆性材料，必须考虑由于突然卸载而产生拉伸应力对弹体的影响。

对那些在弹底部具有一些开放结构（如底凹结构）或连接部件（如底排装置壳体及其底排药剂）的弹丸来讲，在炮口处弹底部外表面压力消失，而底部结构内仍受到较高的炮口压力作用，使底部结构壳体向外膨胀变形，所以，底部结构壳体自由端边缘处的弯曲强度和根部的弯曲强度及其剪切强度的校核工作就十分必要了。同时，由于炮口处的火药气体压力突然卸载，底排药剂的结构完整性及其燃烧规律性受到严峻考验，往往会造成底排弹的射程及其地面密集度跳动或不稳定，必须深入细致地开展炮口处底排药剂结构完整性及其燃烧规律性等方面的理论研究。

3.2.3.4　弹丸发射强度分析方法简介

下面分别简介布林克法、弹塑性法和有限元法等弹丸发射强度分析的主要方法。

1. 布林克法

布林克法是一种简化的弹性法，它将弹体简化为无限长厚壁圆筒，并将弹体分成若干断面，计算每个断面内表面处的三向主应力，用第二强度理论校核弹体内表面的强度，以相当应力不超过 $\sigma_{0.2}$ 为强度条件。对于筒式弹体或尾翼弹（迫击炮弹、无坐力炮弹等），均用类似方法进行强度校核。

最危险断面可能发生在弹尾区（因为这些断面上受到的惯性力最大），也可能发生在弹带槽处（因为这些断面的面积较小）。

布林克法是基于无限长厚壁圆筒的弹性力学模型，计算方法简单，比较适合定心部、圆柱部等弹带区域以前的弹体强度计算，而用于计算弹带区域之后弹尾部强度其误差较大。另外，布林克法不考虑弹体材料的塑性变形，用材料屈服极限来限制应力的要求过于苛刻，故在使用时通常将相当应力的许用值提

高到 $1.2\sigma_{0.2} \sim 1.4\sigma_{0.2}$。

2. 弹塑性法

弹塑性法是考虑弹体材料进入塑性变形后，弹体外表面所发生的应变和残余变形，并将残余变形限于某一允许范围内。在计算时将弹体视作只受内压的薄壁圆筒，计算定心部、圆柱部等弹带区域以前的弹体强度，计算基本上与实际符合，但同样不适合计算弹带区域之后弹尾部强度。

3. 有限元法

无论是简化的弹性法或弹塑性法，都局限于某些理想化的结构和载荷问题，对弹丸这样的结构和载荷条件尚无合适的解析方法，尽管计算简单，但已经不能满足现代智能弹药强度设计的需要。

有限元法自 20 世纪 50 年代开始迅速在各行各业得以广泛应用，是现代数学、图形学和计算机软硬件技术高度发展和有效结合的成果，已成为现代智能弹药结构强度设计的一个重要工具和手段。

有限元法突破了传统结构力学解析法的基本原理，它是将一个连续体离散成有限多个在节点上相互连接的元素（或称为单元），借助结构矩阵分析方法，按照变分原理，得出一组以节点位移为未知量的代数方程组。由该方程组就可以求出物体上有限个离散节点的位移，从而得出应变与应力的分布。

从原理上来讲，有限元法是一种近似计算方法，但当单元划分到足够小时，所得结果的精度完全可以满足工程计算要求。在计算机运算速度和存储容量已得到高度发展的今天，再加上已有许多商用的大型有限元分析软件（如：ANSYS/LS‒DYNA 等）普及使用，已经可以很好地解决具有复杂边界条件、材料均质或非均质、本构线性或非线性等任意复杂结构的应力应变计算分析问题。所以，在智能弹药工程专业领域，有限元法的应用已经不仅仅是计算分析弹丸发射强度及其安全性问题，诸如战斗部爆炸及动态破片场、射流形成及对目标侵彻作用、EFP 形成及对目标侵彻作用、穿甲弹对目标侵彻作用等仿真分析都可以通过有限元法来实现。

|3.3　总体外形及气动布局设计|

智能弹药总体外形及气动布局会直接影响空气阻力的大小，进而影响智能

弹药的飞行稳定性，还会影响智能弹药系统的飞行特性、控制特性以及射程、毁伤能力等整体战术技术指标。

　　智能弹药总体外形及气动布局设计是智能弹药系统总体设计的主要内容之一，它与智能弹药总体结构设计密切相关，相互依托，相互制约，外形及气动布局设计离不开具体总体结构，而总体结构设计必然会影响外形及气动布局。

　　以典型的智能化智能弹药——制导智能弹药等现代智能弹药系统为对象，首先介绍智能弹药总体外形及气动布局设计的方法、原则及其特点等有关内容，在后续章节再介绍智能弹药总体结构设计的方法、原则及其特点等有关内容。

3.3.1　概述

　　现代制导类智能弹药主要包括反坦克导弹、末制导/末敏弹、制导航空炸弹、炮射导弹、便携式防空导弹、直升机载空地导弹及简易制导火箭，它们是大气中飞行的有翼飞行器。制导智能弹药种类繁多，外形布局五花八门，飞行弹道多种多样，速度范围宽，攻角范围大，气动外形及气动布局设计的方法、原则与其他有翼战术导弹既有相同之处，又有自身特点。

3.3.1.1　外形及气动布局形式

　　常规的枪弹和炮弹依靠急螺旋转原理稳定飞行，一般由多段圆锥台和圆柱体等简单的结构形式组合而成，这类没有升力面的智能弹药其外形及气动布局形式比较简单。而现代制导类智能弹药是依靠空气动力面和尾翼的升力面控制稳定飞行的，它们的外形及气动布局形式与常规的传统智能弹药相比不仅多样而且复杂许多。

　　现代制导类智能弹药的外形及气动布局形式主要有：正常式布局，鸭式布局，无尾式布局，尾翼式布局，多片翼布局。

3.3.1.2　控制方式

　　现代制导类智能弹药的控制方式主要有：空气动力面控制，脉冲喷流控制，燃气扰流片控制，燃气摆帽控制。

3.3.1.3　飞行方式

　　火炮和火箭炮发射的智能弹药飞行方式主要有：直瞄弹道，抛物线弹道，抛物线弹道与滑翔弹道组合。

　　机载无动力无控制的炸弹是具有初始投放速度的自由落体飞行方式，机载无动力制导炸弹多采用滑翔飞行方式。

远程制导炮弹的弹道形式更为复杂,有出炮口后的无动力无控制的飞行弹道,有火箭发动机助推的无控制飞行弹道,有滑翔增程飞行弹道,有末段导引飞行弹道。

3.3.1.4　飞行特点

制导智能弹药在飞行过程中具有外形变化和伴随战术动作的飞行特点。例如:打开弹翼或舵面以进行滑翔飞行或控制;抛掉弹托以减小阻力;抛掉头罩以进行导引飞行;弹头与后体分离以提高落点精度;开舱抛撒子智能弹药以提高毁伤效果;打开降落伞或减旋片以进行扫描和搜索目标。

3.3.2　总体外形选择

智能弹药总体外形的选择是智能弹药系统总体外形设计的第一步,它是在智能弹药系统总体结构设计的基础上,根据《研制任务书》中的总要求在保证整体性能和全面实现战术技术指标的前提下,选择气动性能好、便于加工的外形。

1. 主要因素

根据智能弹药设计理论,影响智能弹药总体外形的主要因素有:总体战术技术指标;总体结构及参数;部件功能、结构及布局;发射平台和初速;稳定方式;制导控制方式;主体结构材料。

2. 基本原则

外形选择的基本原则是:保证全面实现总体战术技术指标;充分发挥各部件的功能;保证在空中飞行稳定;有良好的气动性能;便于加工和批量生产;外形美观。

3. 一般方法

总体外形的选择目前还没有一种科学合理的方法,一般常用理论分析和经验相结合的方法,即通过理论分析,初步选定总体外形,再根据掌握的资料,特别是类似产品的外形,再适度调整总体外形。

例如远程智能弹药,由于采用了火箭发动机助推增程,不仅使炮弹的总长度增长了,还采用了尾翼稳定方式。由于远程智能弹药在空中飞行的时间较长,空气阻力对射程影响较大,为了减小空气阻力,弹头部应是圆弧形。由空气动力学理论得知，弹头越尖，即圆弧部越长，空气阻力越小，射程就越远；但弹头部过尖，即圆弧部过长，会使弹长增加，炮弹的重心后移，不利于飞行稳定。所以，在选择弹头部形状时，应综合考虑，参考同类产品，合理选择弹头形状。尾翼翼展越大，提供的升力也越大，阻力中心后移，有利于炮弹飞行稳定；但翼展越大，阻力会增大，使射程减小。所以，应在保证炮弹飞行稳定的前提下，尽量减小翼展。

4. 基本步骤

外形选择的基本步骤是：首先根据《研制任务书》中的总要求和发射平台，选择智能弹药飞行稳定方式；再根据智能弹药初速和部件的功能及布局选择外形。

综上所述，智能弹药总体外形的选择涉及的知识面较宽，并且没有成熟的方法论和固定的设计定式，难度很大。

3.3.3 总体外形设计

3.3.3.1 主要内容

智能弹药系统总体外形设计主要内容包括：气动布局选择、外形几何参数的确定和气动特性预测三个方面。

1. 气动布局选择

气动布局选择不是研究气动布局，而是在已有气动布局研究结果的前提下，设计者根据型号要求和使用特点，确定选择正常式布局，还是鸭式布局、旋转弹翼式布局、无尾式布局或无翼式布局等。

2. 外形几何参数的确定

外形几何参数的确定和气动特性预测是紧密相连和交替进行的。当气动外形布局确定后，其气动特性取决于飞行条件和外形几何参数，而飞行条件往往是总体或技术要求给定的，要通过外形几何参数选择和气动特性的反复计算最终确定满足飞行特性、控制特性对气动特性要求的外形几何参数。对制导智能弹药，外形几何参数很多，有些外形参数受限制，不能随便选择。例如：若为155 mm 自行火炮研制制导炮弹，其弹径一定是 155 mm，且弹长不允许超过1 500 mm等。

在制导智能弹药气动外形设计时，导引头往往是选定的，因此其头部外形和长度等往往也已限定。即使这样，在外形几何参数确定和气动特性预测之间也需要多次反复循环，目的是在某些限定条件下使所设计的气动外形具有最好的气动特性。气动特性数据是飞行轨迹、飞行速度、飞行高度、射程、稳定性、操纵性、控制系统设计和参数选择的原始数据，气动外形设计往往是气动特性预测—飞行特性计算—控制特性计算多次反复循环的过程，所以最终确定的外形参数所具有的气动特性往往并不是空气动力最优，而是各分系统综合平衡的协调结果。为了保证飞行特性、控制特性或毁伤效果，在气动特性方面做出一些牺牲的情况也是常有的。

3. 气动特性预测

预测制导智能弹药气动特性常用手段有以下三种：

（1）理论分析。

智能弹药的气动特性是用气动参数来表征的，总体外形基本选定后，就可根据空气动力学理论计算智能弹药的气动参数，为计算智能弹药的飞行轨迹提供数据支持。目前，理论计算分析包括工程计算和数值计算。

工程计算是用工程计算公式计算智能弹药的气动参数，这种方法计算比较简单，容易掌握，一般适用于旋转稳定的炮弹或结构比简单的尾翼稳定炮弹的气动参数计算。工程计算虽然只能给出气动特性，不能给出流场情况，但由于其使用方便且气动特性的精度基本能满足初步设计要求，目前仍是预测气动特性的主要手段。

数值计算是依靠综合应用连续力学、流体力学、计算力学和应用数学等获取的分析模型，经编程解算实现有关计算、模拟与分析。目前已有一些专用软件（如 FLUNT）广泛用于智能弹药的气动参数计算和气动特性分析。

随着计算流体力学和计算机的飞速发展，流场的数值模拟和气动特性的数值计算已成为制导智能弹药气动外形设计的一种重要手段，但目前其作用还仅限于不能通过风洞实验获得数据或风洞实验的费用太高的那些情况，如横向喷流/外流的气动干扰、抛撒分离多体干扰等。流场计算结果在分析流动机理、气动特性变化趋势、提出外形修改意见方面是很重要的。

由于弹体外形比较复杂，在建立工程计算或数值计算模型时，都做了一些假设，因而使计算结果与实际情况差异较大，还需通过风洞吹风实验验证。

（2）地面实验。

地面实验主要是风洞实验，还有其他一些模拟实验。

风洞吹风实验是根据相似理论，将原型弹的缩比模型弹放置在风洞中进行吹风实验，并观察吹风过程的物理现象，测得有关的气体动力参数，为智能弹

药的外形设计提供技术支持。

现代智能弹药外形比较复杂，不可能做到完全相似。如外形表面的粗糙度就难以满足几何相似，加之环境因素的影响，只能做到近似相似。所以，实验测得的气动参数与智能弹药在空中飞行时的气动参数存在一定的误差。实验表明：智能弹药外形越简单，吹风实验测得的气动参数越接近飞行时的气动参数；反之吹风实验测得的气动参数与飞行时的气动参数相差越大。另外，缩比模型大小的选择将直接影响到实验现象的真实性和实验结果的正确性，应根据智能弹药外形的复杂性和风洞吹风实验条件，合理设计缩比模型尺寸。

（3）飞行试验。

通过飞行试验重点校核某些主要气动特性参数。但飞行试验成本高、周期长，在气动外形设计中不能作为主要手段大量使用。

3.3.3.2　基本步骤

气动外形设计必须和总体、弹道、控制、结构等设计反复进行协调，才可能设计出合适的气动外形。其基本步骤如下所述。

1. 初步外形方案选择

根据战术技术指标要求，在经验或有关参考样弹的基础上，设想几个初步外形方案，这些初步外形方案在满足指标要求的外形参数（如弹长、弹径等）情况下，可以是不同的气动布局形式。然后，采用工程方法计算气动特性，确定外形参数，给出供六自由度刚体弹道计算和控制系统计算用的全部气动特性数据。根据飞行特性、控制特性计算结果修改外形方案，重新进行气动特性↔飞行特性↔控制特性计算，直到所给出的气动特性满足飞行特性、控制特性要求为止。在此过程中，也要与结构、发动机、战斗部等进行反复协调，气动外形与布局一经选定，外形几何参数也基本确定。

2. 选型风洞实验

采用部件组合法设计各初步外形方案的风洞实验模型，除了不可改变的外形参数外，对于可改变外形几何参数的气动部件——弹翼、尾翼、舵面等，以计算确定的外形参数为基准在允许范围内进行变化。在典型马赫数下进行不同组合模型的实验，检查主要气动特性是否满足要求。

在风洞实验中，提出选型标准和选择典型实验条件是十分重要的。不同的制导智能弹药有不同的选型标准。同一种制导智能弹药（如各种简易控制火箭弹），最大速度不同时，所要求的最低静稳定度标准也不同；即使最大飞行速度相同，卷弧形尾翼稳定的火箭弹与平直尾翼稳定的火箭弹的最低静稳定度标准也不同。例如：对于尾翼稳定的无控火箭弹，选型标准一般有两个：一个是发动机工作结束最大飞行速度时保证稳定飞行必须达到的最低静稳定度；另一个是为了达到要求射程所允许的最大阻力系数。

有些标准需要在最大超声速马赫数下满足，有些标准需在亚、跨声速下满足。

选型实验一般在测力实验中进行。对于某些特殊外形，有时还要规定动态气动特性，如俯仰动导数、滚转动导数等要达到的指标，因此还要进行动导数的选型实验。对于达到选型标准的外形，要按照实验大纲的实验条件（马赫数、攻角、侧滑角、滚转角、舵偏角等）进行系统的实验，取得完整的实验数据。

3. 确定气动外形

以计算结果为基础，运用风洞实验或其他模拟实验对外形参数和气动特性进行检验和修正，再通过飞行试验重点校核某些主要气动特性参数，最后确定智能弹药的气动外形。

4. 提供全套气动特性数据

通过一系列理论计算、其他地面模拟实验及飞行试验来修正各种气动特性，并及时分析处理研制过程和飞行试验中出现的有关气动力问题，当气动外形确定后，要提供全套气动特性数据。

3.3.3.3　几个关系的处理

气动外形设计及其所需具备的气动特性取决于发射方式、目标特性、战斗部特性、增程方式、制导方式、控制方式、飞行方式、弹道特性、可继承性与可发展性等，所以，气动外形设计要处理好与它们的关系。

1. 与发射方式的关系

采用筒式或管式发射的制导智能弹药，要求升力面在发射筒（管）内必须折叠。若采用前后折叠，则必须采用平直翼，并要限制翼的弦长，所以这种方式一般要采用大展弦比升力面，特别是采用大展弦比尾翼；若采用周向折叠，则一般要采用卷弧翼，卷弧翼有自滚转特性，采用卷弧翼的制导智能弹药一般要采用旋转飞行方式。

当采用架式发射时，要注意升力面展向尺寸与发射架的协调。例如：在进

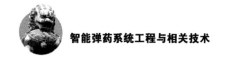

行机载布撒器外形设计时，既要求布撒器外形与载机几何相容，又要求布撒器与载机气动相容。

2. 与目标特性的关系

对付机动目标的制导智能弹药，其气动布局和操纵机构要保证具有较高的机动性，能快速地产生较大的法向力，提供足够的法向过载。而用于对付静止面目标的制导智能弹药，不要求有太高的机动性，但要求有较高的稳定性，因此其气动布局和执行机构与对付机动目标的制导智能弹药有一定差别。

3. 与战斗部特性的关系

制导智能弹药的战斗部类型由所攻击目标的特性决定。攻击坚固建筑物或地下工事等目标时，要采用侵彻战斗部；攻击地上静止目标时，一般采用杀爆战斗部；攻击地上坦克、装甲目标时，一般采用破甲战斗部。为了增大毁伤威力，有时也采用子母战斗部。因此，对战斗部应采用模块化设计，并要保证母弹气动的一致性和弹道的一致性。采用子母战斗部的制导智能弹药，在气动设计时要考虑战斗部开舱对母弹、子弹气动特性的影响，以及抛撒子弹时的多体气动干扰，特别是母弹对子弹、子弹与子弹之间的气动干扰问题。

4. 与增程方式的关系

远射程是现代智能弹药设计者始终追求的一个目标。远程制导炮弹通过火炮发射＋火箭助推＋滑翔实现远射程。减阻、无控飞行外形的稳定性和有控飞行外形的滑翔增程能力是远程制导炮弹研制的关键，气动外形设计时必须予以解决。

5. 与制导方式的关系

制导方式和制导器件直接影响到制导智能弹药气动外形和气动部件的安排。采用 GPS/INS 组合导航的超声速远程制导炮弹，没有导引头，头部可以采用最小阻力旋成体外形。对于具有激光、红外导引头的末制导炮弹，在末制导段之前的大部分弹道上导引头不工作，可增加头罩，既可保护导引头、改善头部形状，又可增加头部长径比，从而达到减阻的目的。

6. 与控制方式的关系

制导智能弹药采用的控制方式一般有两种：空气动力面控制和推力矢量控制（包括脉冲喷流控制）。远程制导炮弹和制导火箭，由于发动机喷管出口在底部，难以采用尾舵控制的正常式布局，一般采用鸭式布局。鸭舵在弹体头部离质心较远，控制效率高、响应快，但鸭舵不能进行滚转控制。为使鸭舵能进行滚转控制，需要辅助滚转控制措施或采用自旋尾翼技术。对于火炮发射的远程制导炮弹，由于轴向过载大，自旋尾翼难以正常工作；对于火箭炮发射的远程制导火箭弹，可以采用自旋尾翼技术来保证鸭舵进行正常的滚转控制。

7. 与弹道特性的关系

制导智能弹药采用的飞行方式和弹道特性取决于战术技术指标，特别是目标特性和攻击方式。气动布局和气动特性、控制方式是实现飞行方式和弹道特性的保证。

例如，远程制导炮弹的弹道由无控飞行段和有控飞行段组成，在无控飞行段鸭舵处于折叠状态，气动设计时要保证在增速发动机工作结束时具有足够的静稳定度。过弹道顶点后鸭舵张开，对炮弹实施姿态控制，进行滑翔增程和航向修正。所以，远程制导炮弹气动设计时应做到稳定性与操纵性、俯仰控制舵偏角和平衡攻角合理匹配，使其具有良好的滑翔性能和落点精度。

8. 与继承发展的关系

制导智能弹药的发展一般有两条技术途径：一条途径是常规无控智能弹药的制导化改造或原型制导智能弹药的改型改进；另一条途径是全新的设计。无论是哪条途径，都应尽量采用模块化设计技术，以便为后续型号的发展和产品的系列化创造条件。

模块化设计一般是对导引头舱段和战斗部舱段进行的，更换导引头舱段可获得不同的制导精度，更换战斗部舱段可对付不同的目标，而升力面和舵面一般是不更换的。所以，气动外形设计时，要保证导引头不同或战斗部不同的同系列制导智能弹药其全弹的气动特性和弹道特性具有一致性。

3.3.4　气动布局设计

气动布局又称为气动构型，是指空气动力面（包括弹翼、尾翼、操纵面等）在弹身周向及轴向互相配置的形式以及弹身（包括头部、中段、尾部等）构型的各种变化。

有控智能弹药的气动布局与无控智能弹药的气动布局有很大的不同。例如，常规榴弹采用陀螺稳定，利用高速旋转（转速一般在 10 000 r/min 以上）的陀螺效应使静态不稳定的弹丸成为动态稳定的，从而提高了落点精度。炮射导弹或末制导炮弹虽然也采用旋转飞行方式，但旋转的目的在于简化控制系统和消除推力偏心、质量偏心、气动偏心对飞行性能的影响，制导智能弹药的飞行稳定性是靠尾翼保证的。此外，有控智能弹药还需要有空气动力舵面、燃气动力舵面或横向脉冲喷流控制器等操纵执行机构。

3.3.4.1 翼面沿弹身周向布置形式与性能特点

根据战术技术特性的不同需要，翼面沿弹身周向布置主要有图 3.1 所示的几种形式。

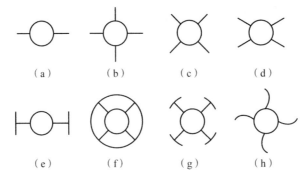

图 3.1　翼面沿弹身周向布置形式
(a)"一"字形翼；(b)"＋"形翼；(c)"×"形翼；(d) 斜"×"形翼；
(e)"H"形翼；(f) 环形翼；(g) 改进环形翼；(h) 弧形翼

1."一"字形（或平面形）翼

"一"字形布置是从飞机机翼移植而来的，与其他多翼面布置相比，具有翼面少、质量小、阻力小、升阻比大的特点。而侧向机动一般要靠倾斜才能产生，因此航向机动能力差、响应慢，通常用于远距离飞航式导弹和机载布撒器等。

"一"字形布局的制导智能弹药侧向机动可采取倾斜转弯技术，即利用控制面来旋转弹体，使平面翼转到要求机动的方向，这样既充分利用了"一"字形布局升阻比大的优点，又满足了智能弹药机动过载的要求。

2."＋"形与"×"形翼

"＋"形与"×"形翼的翼面布置特点是各方向都能产生所需要的机动过载，并且在任何方向产生法向力都具有快速的响应特性，从而简化了控制系统的设计。但是由于翼面多，与平面型布置相比，质量大、阻力大、升阻比低，为了达到相同的速度特性必须多损耗一部分能量。另外，在大攻角下将引起较大的诱导滚转干扰。

3. 环形翼

环形翼具有降低反向滚转力矩的效果，但会使纵向性能变差，尤其是阻力增大。实验数据表明，超声速时环形翼的阻力要比常规尾翼增加 6% ~ 20%。环形翼常用于鸭舵控制，可以有效降低鸭舵对后面的翼面气动干扰产生的反向滚转力矩。特别是在鸭舵起副翼作用进行滚动控制时，尾翼产生的反向滚转力矩较大。

4. 改进环形翼

由"T"形翼片组成的改进环形翼既能降低鸭舵带来的反向滚转力矩，又具有比环形翼大的升阻比。此外，结构简单，并使鸭舵能进行俯仰、偏航、滚转三个方向控制。

制导智能弹药的弹身大多为轴对称型，为保证气动特性的轴对称性，必须使翼面沿弹身周向轴对称布置，所以，"+"形和"×"形是最常用的形式。

3.3.4.2 翼面沿弹身轴向配置形式与性能特点

按照弹翼与舵面沿弹身纵轴相对配置形式和控制特点，制导智能弹药通常有正常式布局、鸭式布局、全动弹翼布局、无尾式布局及无翼式布局五种布局形式。其中正常式布局和鸭式布局是最常采用的两种布局形式。

1. 正常式（尾翼控制）布局

弹翼布置在弹身中部质心附近，尾翼（舵）布置在弹身尾段的布局为正常式布局，如图 3.2 所示。其中弹翼主要起稳定飞行作用，尾翼主要起控制作用。

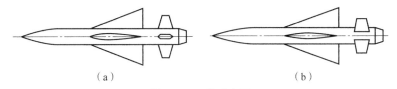

（a） （b）

图 3.2　正常式布局

（a）"++"或"××"配置；（b）"+×"或"×+"配置

（1）配置形式。

当尾翼（舵）是"+"形时，尾翼相对弹翼有两种配置形式：一种是尾翼面与弹翼面同方位的"++"或"××"配置；另一种是尾翼面相对弹翼面转动45°方位角的"+×"或"×+"配置。两种配置各有特点，当小攻角时，"+×"（或"×+"）配置前翼的下洗作用小，尾舵效率高。但是，"+×"配置会使发射装置结构安排困难一些。

（2）性能特点。

图3.3是尾翼控制正常式布局的法向力作用状况。静稳定条件下，在控制开始时由舵面负偏转角 $-\delta$ 产生一个使头部上仰的力矩，舵面偏转角始终与弹身攻角增大方向相反，舵面产生的控制力的方向也始终与弹身攻角产生的法向力增大方向相反，因此导弹的响应特性比较差。图3.4为全动弹翼布局、鸭式布局和尾翼控制正常式布局响应特性的比较。从图3.4中可以看出，正常式布局的响应是最慢的。

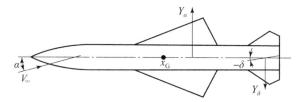

图3.3　正常式布局法向力作用状况

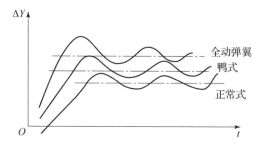

图3.4　三种布局响应特性的比较

由于正常式布局的舵偏角与攻角方向相反，全弹的法向合力是攻角产生的法向力减去舵偏角产生的法向力，因此，正常式布局的升力特性比鸭式布局和全动弹翼布局要差。由于舵面受前面弹翼下洗影响，其效率也有所降低。当固体火箭发动机出口在弹身底部时，由于尾部弹体内空间有限，会使控制机构安排困难。此外，尾舵有时不能提供足够的滚转控制。

（3）主要优点。

尾翼的合成攻角小，从而减小了尾翼的气动载荷和舵面的铰链力矩。因为总载荷大部分集中在位于质心附近的弹翼上，所以大大减小了作用于弹身的弯矩。由于弹翼是固定的，对后舵面带来的下洗流干扰要小些。因此，尾翼控制（正常式布局）的空气动力特性比弹翼控制（全动弹翼布局）、鸭式控制布局更为线性，这对要求以线性控制为主的设计具有明显的优势。此外，由于舵面位于全弹尾部，离质心较远，舵面面积可以小些，并且改变舵面尺寸和位置对全弹基本气动力特性影响很小，这一点对总体设计是十分有利的。

2. 鸭式（控制）布局

（1）配置形式。

与正常式布局相反，鸭式布局的控制面（又称为鸭翼）位于弹身靠前部位，弹翼位于弹体的中后部，其布局形式及法向力作用状况如图 3.5 所示。其中弹翼主要起飞行稳定作用，鸭翼主要起控制作用。鸭式布局是制导智能弹药的基本气动布局形式之一，制导型火箭、制导型炮弹多采用鸭式布局。

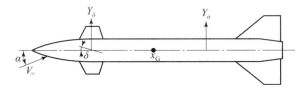

图 3.5   鸭式布局及法向力作用状况

（2）主要优点。

从气动力观点看，鸭式布局的优点是控制效率高，舵面铰链力矩小，能降低导弹跨声速飞行时过大的静稳定性。从总体设计观点看，鸭式布局的舵面离惯性测量组件、导引头、弹上计算机近，连接电缆短，敷设方便，避免了将控制执行元件安置在发动机喷管周围的困难。

（3）主要缺点。

当舵面做副翼偏转进行滚转控制时，在尾翼上产生的反向诱导滚转力矩减小甚至完全抵消了鸭舵的滚转控制力矩，使舵面的滚转控制变得困难，这是鸭式布局的主要缺点。

解决鸭舵难以滚转控制的技术途径主要有两个。一是采用低速旋转飞行方式，鸭舵只进行俯仰和偏航控制，不进行滚转控制。对于以攻击面目标为主的远程弹箭，一般采用惯性导航系统（INS）与全球定位系统（GPS）的组合导航。另一个是采用自旋尾翼段，有效地消除或减小鸭舵副翼偏转进行滚转控制时所产生的诱导反向滚转等。

3. 全动弹翼布局

（1）配置形式。

全动弹翼布局又称为弹翼控制布局，如图 3.6 所示。质心附近的弹翼作为主升力面是提供法向过载的主要部件，同时又是操纵面。弹翼面的偏转控制智能弹药的俯仰、偏航、滚转三种运动。其中弹翼主要起控制作用，尾翼主要起飞行稳定作用且固定不动。

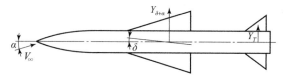

图3.6　全动弹翼布局及其法向力作用状况

（2）性能特点。

从图3.6可见，当全动弹翼偏转 δ 角时，会产生正的（当弹翼位于质心之前时）或负的（当弹翼位于质心之后时）俯仰力矩。由静平衡（在线性范围内）可得

$$m_z = m_z^{\alpha} \cdot \alpha_{\text{bal}} + m_z^{\delta} \cdot \delta = 0 \qquad (3.2)$$

于是平衡攻角为

$$\alpha_{\text{bal}} = -\frac{m_z^{\delta} \cdot \delta}{m_z^{\alpha}} \quad \text{或} \quad \left(\frac{\alpha}{\delta}\right)_{\text{bal}} = -\frac{m_z^{\delta}}{m_z^{\alpha}} \qquad (3.3)$$

对于静稳定的全动弹翼气动布局来说，$m_z^{\alpha} < 0$，所以当 $m_z^{\delta} > 0$ 时，$(\alpha/\delta)_{\text{bal}} > 0$；当 $m_z^{\delta} < 0$ 时，$(\alpha/\delta)_{\text{bal}} < 0$；当 $m_z^{\delta} = 0$ 时，$(\alpha/\delta)_{\text{bal}} = 0$。

（3）主要优点。

①飞行所需的攻角小——由于依靠弹翼偏转及攻角两个因素产生法向力，且弹翼偏转产生的法向力占比大，所以飞行时不需要多大的攻角。这对带有进气道的冲压发动机和涡喷发动机的工作是有利的。

②对指令的反应速度最快——只要弹翼偏转，马上就会产生机动飞行所需要的法向力。这是因为弹翼偏转本身就能产生过载。不像正常式布局，操纵面偏转的方向并不对应于产生过载的方向，操纵面偏转后仍需依靠攻角才能产生所需的过载，从舵面偏转至某一攻角下平衡，需要一个时间较长的过渡过程。全动弹翼式布局的过渡时间要短得多，而且控制力的波动也比正常式布局要小。

③对质心变化的敏感程度小——在飞行过程中，质心的改变将引起静稳定性的变化，稳定性的变化要引起平衡攻角 α_{bal} 的改变，这就改变了平衡升力（$C_{L\text{bal}} = C_L^{\alpha} \cdot \alpha_{\text{bal}} + C_L^{\delta} \cdot \delta$）。平衡升力 $C_{L\text{bal}}$ 改变太大会产生不允许的过载。对于正常式或鸭式布局，$C_L^{\alpha} \cdot \alpha_{\text{bal}}$ 远大于 $C_L^{\delta} \cdot \delta$，$\alpha_{\text{bal}}$ 对 $C_{L\text{bal}}$ 的影响很大；对于全动弹翼式布局，$C_L^{\alpha} \cdot \alpha_{\text{bal}}$ 与 $C_L^{\delta} \cdot \delta$ 接近，α_{bal} 的变化对 $C_{L\text{bal}}$ 的影响不太大，不会产生较大的过载变化。

④质心位置限制小——质心位置可以在弹翼压力中心之前，也可以在弹翼压力中心之后，降低了对气动部件位置的限制，便于合理安排。

（4）主要缺点

①舵机的质量和体积较大——弹翼面积较大，气动载荷很大，使得气动铰链力矩相当大，要求舵机的功率比其他布局时大得多，将使舵机的质量和体积有较大的增加。

②控制效率较低——由于控制翼布置在质心附近，其控制效率通常较低。此外，弹翼转到一定角度时，弹翼与弹身之间的缝隙加大，将使升力损失增加，控制效率进一步降低。

③滚转控制能力较低——攻角和弹翼偏转角的组合影响使尾翼产生诱导滚转力矩，该诱导滚转力矩与弹翼上的滚转控制力矩方向相反，从而降低了全动弹翼的滚转控制能力。

4. 无尾式布局

（1）配置形式。

无尾式布局由一组布置在弹身后部的主翼（弹翼）组成，主翼后缘有操纵舵面，如图 3.7 所示。有时在弹身前部安置反安定面，以减小过大的静稳定性。其中主翼后缘的舵面主要起控制作用，主翼主要起飞行稳定作用。

图 3.7　无尾式布局

（2）性能特点。

无尾式布局的特点是翼面数量少，相当于弹翼与尾翼合二为一，从而减小了阻力，降低了制造成本。但是弹翼与尾翼的合并使用，给主翼位置的安排带来了困难，因为此时稳定性与操纵性的协调，由弹翼与尾翼的共同协调变成了单独主翼的位置调整。主翼安置太靠后则稳定度太大，需要大的操纵面和大的偏转角；主翼位置太靠前，则操纵效率降低，难以达到操纵指标，俯仰（偏航）阻尼力矩也会大大降低。

（3）克服无尾式布局缺点的方法。

①加大弹翼根弦长度——这样可在不增加翼展条件下增大主翼面积，获得所需要的升力，还有助于提高结构强度和刚度。同时，因为弦长加大，使操纵面到全弹质心的距离加大，从而提高了操纵效率。

②在弹身前部安置反安定面——安装反安定面可以使主翼面后移,以协调稳定性和操纵性之间的要求。当主翼因总体部位安排及结构安排等原因需要向前或向后移动时,可以用改变反安定面尺寸和位置的方法进行协调。

③操纵面与主翼之间留有一定的间隙——这样做有两个作用:一是可以减弱主翼对舵面的干扰,使操纵力矩和铰链力矩随攻角和舵偏角呈线性变化,以便于控制系统设计;二是舵面后移增加了操纵力臂,从而相应地提高了操纵效率。

5. 无翼式布局

(1)配置形式。

无翼式布局又称为尾翼式布局,由弹身和一组布置在弹身尾部的尾翼(3片、4片或6片)组成,如图3.8所示。其中尾翼主要起稳定作用且固定不动,控制作用需要增加独立的推力矢量控制或脉冲发动机控制等装置来实现。

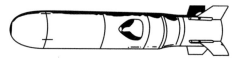

图3.8 无翼式布局

(2)性能特点。

①尾翼主要起稳定作用,不能提供高机动飞行所需的过载,因此尾翼式布局的制导智能弹药一般要采用推力矢量控制或脉冲发动机控制。

②具有较小的质量和较小的气动阻力。由于取消了主翼面,结构质量有所降低,零升阻力和诱导阻力也有所减小。

③无控飞行时有较大的静稳定度,提高了抗干扰能力。

3.3.5 末制导炮弹的典型气动布局

末制导炮弹是一种利用制导装置在外弹道末段进行制导,对坦克、装甲车辆、自行火炮等军事目标实施精确打击的炮弹。

末制导炮弹与反坦克导弹相比具有射程远、经济性好等优点;与普通炮弹相比具有精度高、通用性和灵活性好等特点。

3.3.5.1 第一代典型代表

"铜斑蛇"末制导炮弹和"红土地"末制导炮弹是第一代末制导炮弹最典型的代表,两者均为20世纪70年代开始研发的产品,前者由美国研制,后者由苏联研制。

M712"铜斑蛇"末制导炮弹于 1972 年开始研制，1980 年进入批量生产，1982 年开始装备使用。"铜斑蛇"末制导炮弹的弹径为 155 mm，弹长为 1 372 mm，弹重为 63.5 kg，射程为 4 ~ 17 km，激光半主动制导，制导精度（CEP）为 0.3 ~ 1.0 m，用 155 mm 口径榴弹炮发射。

"铜斑蛇" – II 型末制导炮弹对 M712"铜斑蛇"进行了四方面改进：一是提高了抗轴向过载能力，使过载系数达到 12 000g；二是加大了 4 片弹翼面积，提高了升力，采用滑翔弹道技术使射程增加到 25 km；三是将激光半主动制导改为红外成像/激光半主动复合制导；四是采用新型串联战斗部。"铜斑蛇" – II 的弹长缩短至 990 mm，战斗部侵彻深度达 332.5 mm。

"红土地"末制导炮弹于 20 世纪 70 年代开始研制，1984 年开始装备使用。采用惯性制导、激光半主动寻的制导方式，由 152 mm 加榴炮发射，射程为 3 ~ 20 km，弹长为 1 305 mm，弹径为 152 mm，弹重为 50 kg，命中概率为 90%。

3.3.5.2　气动布局形式

末制导智能弹药的气动布局形式有正常式、鸭式、无尾式和尾翼式。据对 20 多个国内外型号产品的统计，采用正常式布局的最多，约占 50%；其次是鸭式布局，约占 22%；尾翼式和无尾式布局约各占 14%。

现有的激光半主动末制导炮弹有两种气动布局，即正常式和鸭式。美国的"铜斑蛇"155 mm 末制导炮弹和"铜斑蛇" – II 155 mm 末制导炮弹、德国的"布萨德"120 mm 末制导迫击炮弹、以色列的 CLAMP 155 mm 末制导炮弹、南非的 120 mm 末制导迫击炮弹为正常式布局；美国的"神枪手"127 mm 末制导炮弹和 105 mm 轻型末制导炮弹、苏联的"红土地"末制导炮弹为鸭式布局。

3.3.5.3　"红土地"末制导炮弹的气动布局

下面介绍"红土地"末制导炮弹的气动布局与气动特性。

"红土地"末制导炮弹采用鸭式气动布局，鸭舵和尾翼呈"++"形布置，如图 3.9 所示。在弹体头部安装两对鸭舵，用作俯仰和偏航控制。弹体尾段安装两对尾翼，用于产生升力和保证飞行稳定。弹身前端为带有保护罩的鼻锥部，后接导引头和控制舱段，形成近似拱形的头部。战斗部舱段和发动机舱段基本为圆柱体。尾部有一短船尾。

鸭舵有 4 片，平面形状近似为矩形，剖面形状为非对称六边形，舵片厚度沿展向变化。在炮管内鸭舵向后折叠插入弹体内，控制舵舱为锥台，鸭舵折叠

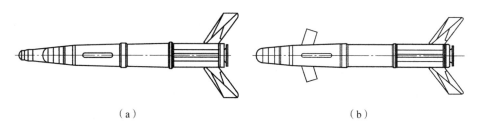

图3.9 "红土地"末制导炮弹气动布局

（a）无控状态；（b）有控状态

后虽有部分凸出锥面，但尺寸仍小于炮管直径。进入惯性制导段鸭舵向前张开到位，呈后掠状态。

尾翼有4片，平面形状为矩形，剖面形状为非对称六边形。翼弦较小，翼展较大，属大展弦比尾翼。在炮管内尾翼向前折叠插入发动机4个燃烧室之间的翼槽内。炮弹飞离炮管后翼片靠惯性力解锁，靠弹簧张开机构迅速向后张开到位并锁定，呈后掠状态，保证其稳定飞行。飞行中靠尾翼片的扭转角产生顺时针（后视）的滚转力矩，使弹体顺时针旋转。

3.3.5.4 "红土地"末制导炮弹的弹道特性

"红土地"末制导炮弹飞行弹道多变，全弹道共分为五段，即膛内滑行段、无控飞行段、增速飞行段、惯性制导段和末端导引段，如图3.10所示。出炮口时炮弹的最大飞行速度约为550 m/s，转速为6~10 r/s。

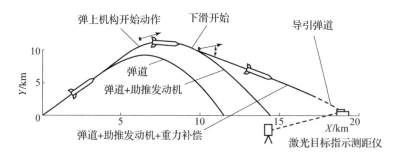

图3.10 "红土地"末制导炮弹弹道特性

在无控飞行段和增速飞行段，舵片不张开，由张开的尾翼提供稳定力矩，保证无控飞行稳定飞行；在惯性制导段，舵片张开并按重力补偿指令偏转，控制导弹滑翔飞行，同时鼻锥部脱离，以便激光导引头接收目标信号；当导弹飞至距目标约3 km时，进入末端导引段，导引头接收到目标反射来的信号后，捕获、跟踪并命中目标。

3.3.5.5　鸭式布局的共性问题

对于鸭式布局末制导炮弹，其气动特性有以下几个共性问题值得注意。

（1）"＋"形鸭舵控制效率高，机动性好。

对于旋转制导智能弹药，"一"字形舵就可以实现俯仰和偏航两个方向的控制。一对舵控制两个方向的飞行，必然降低控制效率，影响其机动性。"红土地"末制导炮弹采用两对"＋"形全动鸭舵，使控制效率大幅度提高，炮弹的机动性大加改善。

（2）无控飞行段鸭舵不张开的好处。

"红土地"末制导炮弹飞离炮口后，舵片仍折插于子弹身内，直至增速发动机工作完，进入惯性制导段后舵片才张开。这样做的好处有：

①阻力小，减少了无控飞行段的速度损失。在增速段末端速度要求一定的情况下，可以减少增速发动机的装药量。

②滚转阻尼小，减小了炮弹飞离炮口后转速的衰减，容易建立起由气动滚转力矩产生的转速。

③保证炮弹在无控飞行段有较大的静稳定度，提高抗扰动能力。

④进入惯性制导段张开鸭舵，此时质心已前移，既能保证炮弹飞行所需的稳定度，又能保证其机动飞行具有良好的操纵性。

（3）大展弦比后掠尾翼——炮射折叠尾翼导弹的共同特点。

"红土地"末制导炮弹采用大展弦比后掠尾翼，一方面便于折叠；另一方面可以提高尾翼的稳定效率，保证无控飞行时导弹所需的纵向静稳定度和滑翔飞行时所需的升阻比。

（4）膛外滚转措施——尾翼安装角（或扭转角）。

"红土地"末制导炮弹出炮口时的转速 $\omega_x = 6 \sim 10$ r/s，该转速是由膛线的缠角和闭气减旋弹带赋予的，出炮口后要靠尾翼气动滚转力矩维持炮弹滚转。气动转速随 Ma 基本呈线性变化。气动滚转力矩可由尾翼安装角产生，也可由尾翼的几何扭转角产生。"红土地"末制导炮弹采用尾翼扭转角产生气动滚转力矩，其扭转角相当于 $1°50'$ 的安装角。由于尾翼翼展很大，滚转阻尼也较大，所以"红土地"末制导炮弹的转速并不高。在惯性制导段，转速不到 7 r/s；在末制导段，转速约为 6 r/s。

（5）鸭舵后拖涡螺旋形畸变与洗流气动力干扰。

末制导炮弹在旋转飞行中，当攻角很小时，从舵面向后拖出的尾涡很快卷成集中涡流。一方面由于弹体旋转，其涡流线将绕着弹体发生扭曲，涡流的强

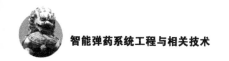

度和起始位置将随炮弹旋转方位的变化而变化，流动是非定常的；另一方面旋转鸭式末制导炮弹的下洗流不仅使尾翼的升力减小，同时还将产生一个垂直于攻角平面的侧向力，这是攻角和旋转耦合作用的结果。

（6）舵面和尾翼折放槽对炮弹气动特性的影响。

"红土地"末制导炮弹在膛内滑行时，尾翼前折插入弹体内，鸭舵后折插入弹体内。炮弹飞离炮口后，4片尾翼同步向后张开呈后掠状态。飞过弹道最高点，4片鸭舵同步向前张开呈后掠状态。增速发动机的4个燃烧室之间上下左右贯通的槽缝用于折放4片尾翼。气流可通过槽缝流进后弹体，并有横向流动，但气流不能从弹体底部流出。鸭舵和尾翼的折放槽对阻力、升力、压心、力矩、稳定度都有影响。

|3.4 总体结构设计|

总体结构设计是以《研制任务书》和相关标准化文件为依据，将概念设计和技术方案结构化、图纸化、具体化。遵照模块化设计原则，把各部件或分系统综合集成一个有机整体，在确保智能弹药系统性能指标最优的前提下，做到结构布局科学合理，外形美观，升级改造方便，有利于批量生产。

下面分别介绍总体结构确定、结构模块化设计、总体结构布局、总体结构参数设计和总体结构参数分解等方面的有关内容。

3.4.1 总体结构确定

3.4.1.1 基本内容

弹丸总体结构的确定包括以下基本内容：
（1）确定弹丸的基本尺寸；
（2）确定弹丸的结构特点及零件；
（3）选择爆炸装药；
（4）选择引信；
（5）选择弹体及零件材料；
（6）绘制弹丸结构草图。

3.4.1.2　结构形态与主要尺寸的确定

1. 弹丸外形结构

弹丸的外形主要影响弹丸的飞行性能、威力和强度。

确定弹丸外形的主要方法是：首先确定弹丸的全长，其次对弹丸外形各部分尺寸进行合理分配，最后确定弹头部、弹尾部的合理形状。

旋转弹丸的长度受到飞行稳定性的限制。因为弹丸愈长，要求弹丸的转速愈高，这就受火炮膛线及弹带制约。圆柱部长度愈长，弹丸威力愈大，但飞行阻力增加。

2. 导引部（定心部）

弹丸上下定心部表面可以承受膛壁的反作用力。定心部与炮膛有一很小的间隙，以保证弹丸顺利装填。间隙也不能过大，否则会影响弹丸在膛内的正确运动。此外，定心部的宽度、下定心部与弹带的相对位置等在确定时应充分注意。

3. 弹带结构

弹带的结构形式与其作用方式有关。对于药筒分装式弹丸，弹带是弹丸轴向装填定位、密封火药气体、赋予弹丸旋转的重要零件，它在嵌入火炮膛线时成为弹丸膛内运动时一个支撑点，并带动弹丸高速旋转，保证弹丸膛内定心和飞出炮口后的飞行稳定性；对于药筒定装式弹丸，弹丸靠药筒的底缘凸起部轴向装填定位，发射时弹丸在克服药筒拔弹力后，弹带才嵌入火炮膛线，从而起到密封火药气体、赋予弹丸旋转的作用。所以，药筒分装式弹丸和药筒定装式弹丸的弹带结构形式是有所不同的。

弹带结构及其尺寸的确定主要包括：弹带宽度和根数、弹带强制量、弹带与弹丸的结合方式以及外部形状。

4. 内腔形状

内腔的形状和尺寸除了决定弹丸质量和装填物质量以外，还会影响弹丸质量的合理分布，从而影响弹丸在膛内的运动性能以及其在空中的飞行稳定性。内腔形状的设计主要是确定弹腔的合理形状和合理的弹体壁厚。

内腔尺寸决定了弹壳的壁厚和底厚，影响弹体在发射时的强度和威力。

3.4.2 结构模块化设计

智能弹药系统推行通用化、系列化和组合化的"三化"设计要求和研制模式是研制方、生产方和使用方的共同职责，是实现武器装备跨越式发展的有效途径。

智能弹药系统总体结构模块化设计是在充分开展通用化设计和系列化设计的基础上进行的。下面首先介绍通用化设计和系列化设计的基本概念，在此基础上重点对模块化设计的主要内涵进行介绍与分析。

3.4.2.1 通用化设计

通用化设计就是有目的、有计划地选定或研制具有互换特性的通用单元，并将其用于新研制的某些系统，从而最大限度地减少重复劳动和资源浪费。

通用单元又可分为两大类，即继承型通用单元和开发型通用单元。其中各型单元相互关系如图 3.11 所示。

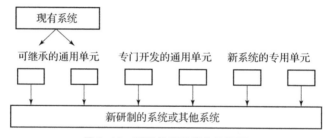

图 3.11 通用化设计概念示意图

1. 继承型通用单元

继承型通用单元是指在研制新系统时，直接选用现有系统中的可继承单元的一种通用化型式。以往所说的"借用"就是这种型式的通用化。有时，特别是部件级及其以上级别的单元，略作修改即可通用于新研制的系统，也属于这一类型。

继承型通用单元确定方法：

（1）依据智能弹药系统组成的层次性，采用自下而上的顺序，依次选取确定元器件（原材料）、零件、部件、组件等各层次产品实体，将它们作为不同层次通用单元的备选资源；

（2）分别建立起各层次产品的所有资源的直方图；

（3）将重复频数高的产品作通用单元的首先对象，只要结构和功能能够完全互换，就可选作继承型通用单元。

2. 开发型通用单元

继承型通用单元不一定能够满足多样化的需求，还需要新开发一些通用单元，这部分新开发的通用单元称为开发型通用单元。

开发型通用单元的资源建设，首要工作是确定通用单元的数量规模。依据对相关技术发展趋势的预测，以全系统总体效益最佳为目标，将通用化要求、使用要求、费用、质量、可靠性和综合保障能力等因素作为约束条件，建立起相应的目标函数，经过多目标分析优化来确定。

确定了通用单元的数量规模，除去继承型通用单元，剩余部分都作为开发型通用单元列入开发计划。有的开发型通用单元结合新系统的研制一起进行开发，有的独立于新系统研制单独开发。

3. 通用单元序列表

将确定的各级通用单元列入序列表，作为产品资源库的信息资源，并用于指导继承型通用单元设计和开发型通用单元的开发工作。序列表一般包含：序号、通用单元名称、通用级别、重量、结构尺寸、适用范围、备注等方面的内容。

3.4.2.2　系列化设计

系列化设计工作主要有两个方面的内容：一是对现有品种进行压缩简化；二是开发新的品种、规格，使这类产品构成以有限的品种、规格满足多样化、品种齐全、数量适宜、结构及其功能优化的产品体系的需要。其概念如图 3.12 所示。

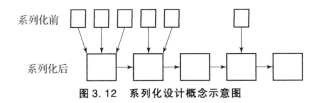

图 3.12　系列化设计概念示意图

1. 分析需求、明确目标

从多样化的需求出发，对系列化对象（各层次产品）的现状和需求进行调查统计，其内容包括：品种和参数的现状及其对生产和使用所带来的影响，国内外科技水平和发展趋势，武器装备发展需求等，进而确定系列化对象的主

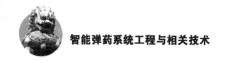
要功能、性能参数、精度水平和范围，从而建立先进合理和切实可行的目标。

2. 制定基本参数系列标准

任何产品从使用功能上看都存在一个或几个起主导作用的基本参数，这些参数对确定产品的基本性能和技术特征非常重要。在需求分析的基础上确定产品基本参数，也叫主参数。选定基本参数是产品系列化的基础性工作。

基本参数从最小到最大，一般具有很宽的数值范围。在满足使用要求的前提下，如何分成尽可能少的若干级别和档次，是产品系列化的关键。

基本参数分级的基本原则和要求是：经济合理、适应性强、使用方便，避免造成疏的过疏、密的过密的不合理现象。

研究结果表明，等比数列是一种相对差不变的数列，按等比数列分级，就能以较少的品种规格，经济合理地满足用户的全部需要。

优先数系正是按等比数列制定的，可作为基本参数分级的一种有效方法采用。它提供了一种"相对差"不变的尺寸及参数数值分级制度，在一定数值范围内能以较少的品种规格经济合理地满足用户的多种需要。

优先数系作为国际上统一的标准，对各种产品标准化和参数统一协调创造了有利条件。优先数系有较广泛的适应性，其中包括自然数系中最常用的数值，如1，2，3，4，…，产品尺寸或参数根据需要可在 R40（$= \sqrt[40]{10} \approx$ 1.06）、R20（$= \sqrt[20]{10} \approx 1.12$）、R10（$= \sqrt[10]{10} \approx 1.25$）和 R5（$= \sqrt[5]{10} \approx 1.6$）之间分段选用合适系列以复合形式组成最佳系列。

优先数系是等比级数，优先数的积或商仍是优先数，而优先数系的对数是等差级数，这些特点可简化设计计算。在设计系列产品时利用标准公比和优先数将使设计更合理、更简便。

3. 编制产品系列型谱

系列型谱是在产品基本参数系列的基础上，将其主要参数按一定数列合理安排或规划，对其型式和结构进行规定或统一。一般用简明的图表反映出基型产品、派生产品及其重要特性和结构型式。

系列型谱用于指导系列产品的开发与推广，为建成品种齐全、数量适宜、结构及其功能优化的产品体系服务。

3.4.2.3 模块化设计

模块化设计是在通用化设计与系列化设计的基础上，以系统、分系统和组件为主要对象，设计出一系列具有特定功能和结构的通用模块或标准模块，以便能组织批量生产，达到缩短研制周期、降低成本、提高质量和可靠性、简化维修和后勤保障的目的。

智能弹药模块化产品是指由一组具有不同功能的特定的模块在一定的范围内和条件下组成多种不同功能或相同功能但性能不同的系列产品。

1. 建立模块系统

建立模块系统分为以下几个步骤：

（1）功能分析与分解——模块是产品的组成部分，是为满足某类产品的部分功能的需要而存在的，因此在划分模块之前，首先在对某类产品的功能进行分类，使所建立的模块系统在一定范围内能够组合成满足各种不同需求的产品，具有长久的生命力，而且经济可行。

（2）模块划分——在功能分析与分解的基础上，合理确定各种模块的主要技术性能的范围，以尽可能少的品种和规格的模块，能够组合成尽可能多种类和规格的产品，以及时满足用户各种多样化的需要。

（3）模块设计——将模块划分结果作为模块设计的依据，并着重考虑其通用性，特别注意它和所有其他相关模块或专用零部件的组合能力或连接能力，以及它需要传递的功能及其相关的物理性能参数。

2. 组合形成新产品

模块系统建立后，在总体设计过程中就要有目的地将智能弹药系统设计成"固定部分""准变动部分"和"变动部分"，将"固定部分"视为通用模块部分或标准模块部分，"准变动部分"和"变动部分"为专用模块和其他专用零部件。在组合形成新产品的过程中，还要注意尽可能多地采用通用模块，尽可能少地使用专用模块，合理布局与连接模块。

3. 智能弹药结构模块化过程

智能弹药模块化设计首先是在智能弹药系统功能分解的基础上，将智能弹药系统总体功能分解成若干个功能模块，再根据模块功能和技术特点进行结构设计，具体化为结构模块。智能弹药结构模块化过程如图 3.13 所示。

智能弹药系统的整体功能是各组成要素功能有机结合成的一种新功能，在进行整体功能分解时，应充分考虑到要素功能与整体功能之间、要素功能与模块功能之间的关系，使模块功能具有相对完整性。

在进行智能弹药模块化设计时，应用系统工程方法，从全局出发，纵横综合考虑。所谓纵向考虑是根据智能弹药发展的趋势，为产品改型和系列化打好基础，创造条件。所谓横向考虑是指一模多弹，即一种功能模块能适用于多种智能弹药，同类功能模块能互换，便于产品性能的提高和产品的更新换代。

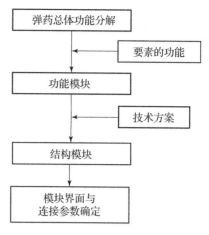

图 3.13　智能弹药结构模块化过程示意

3.4.3　总体结构布局

结构模块是功能模块的具体化。所以，在进行智能弹药结构布局设计时，要根据模块的功能及工作原理，结合技术方案特征，在保证智能弹药整体性能最优的前提下，科学合理地安排各模块在智能弹药系统的恰当位置，充分发挥各模块的作用。

智能弹药创新有两个方面的内容：一是功能原理创新；二是结构集成创新。而结构集成创新又包括结构形状创新和结构布局创新。模块的布局不仅直接影响模块功能的发挥，还会影响到智能弹药总体功能的发挥。如果模块布局不合理，就会给智能弹药系统造成先天的不足，后患无穷。有的智能弹药系统组成比较简单，模块比较少，结构布局比较容易；但有些智能弹药，特别是高新技术智能弹药组成比较复杂，模块较多，结构布局就比较困难。

1. 半穿甲弹的结构布局

半穿甲弹是带有炸药的穿甲弹，总体功能是摧毁敌方坚固工事，其作用原理是穿透工事防护墙后，在工事内爆炸，毁伤工事内的人员和武器装备。为保证总体功能和各组成部分的功能得到充分发挥，都是把装药模块放在弹体尾部的。若将装药模块放在弹头部，那么装药就会在弹丸碰靶时破碎或发生半爆，根本无法保证总体功能的发挥。

2. 末敏子弹的结构布局

末敏子弹总体功能是在一定距离（或一定高度）处，击穿装甲车辆顶甲，主要由 EFP 战斗部、目标探测器、稳态扫描装置和处理控制器等组成。EFP 战斗部的功能是击穿装甲车辆顶甲；目标探测器的功能是发现识别目标；稳态扫描装置的功能是保证 EFP 战斗部和目标探测器有一个正确的运动姿态；处理控制器的功能是适时处理探测器获得的目标信息并在最佳时机引爆炸药装药。

由 EFP 战斗部的工作原理得知，炸药爆炸时药型罩变形成弹丸需要一定的时间和自由空间，也就是说在药型罩前面不能有任何障碍物，否则会影响 EFP 的形成，进而影响 EFP 的侵彻能力。又由毫米波探测器的工作原理得知，天线前面不允许有任何遮蔽物，否则就不能发现和捕获目标。为了保证末敏弹总体功能的发挥，必须把毫米波探测器的天线放置在最前面，而 EFP 战斗部只能在后面，这必然会影响 EFP 的侵彻能力。目前世界各国已装备和在研的末敏子弹均采用这种串联布局方式。

假如末敏子弹采用聚能装药和毫米波探测器并列的并联斜置结构布局方式，则可以将聚能装药轴线和毫米波天线轴线均与弹轴（铅垂方向）呈 30°夹角，实现两条轴向错位平行，这样一来在 EFP 装药和毫米波天线前面均无遮蔽物，从而可充分发挥 EFP 和毫米波探测器的功能。并联斜置结构布局方式其模块化结构清晰，有利于模块的更换，但战斗部模块和探测器模块的固定比较困难，子弹长度可能会增长，EFP 装药直径和毫米波天线的直径也可能会减小，对侵彻穿深会有一定的影响。所以，在采用并联斜置结构布局方式时，必须进行充分论证，综合考虑，权衡利弊。

3. 底排火箭复合增程弹总体结构布局

底排装置与火箭装置的匹配设计是底排火箭复合增程弹结构与性能设计的关键环节。

底排火箭复合增程弹总体结构布局设计时，底排装置总是置于弹丸的最底部，而火箭装置可以放置于弹丸的不同部位。依据火箭装置与底排装置的相对位置，底排火箭复合增程弹的总体结构布局形式主要有三种：前后分置式（图 3.14）、弹底并联式（图 3.15）、弹底串联式（图 3.16）。

（1）前后分置式。

前后分置式结构即在弹体头弧部放置火箭装置，弹底部安排底排装置。这种布局结构由于前置火箭发动机完全依赖弹丸头弧形状来设计，有效地利用了弹丸头部空间，使弹丸的有效随行载荷装载空间不致减小太多，既可达到一定程度上的增程效果，又确保了弹丸一定的威力性能。由于这种布局形式的火箭装置与底排装置的排气通道不重叠，可以实现两个装置的异步工作（即底排结束后火箭开始工作）或工作时段部分重叠的同步工作（即底排工作的同时火箭也工作），但火箭点火序列设计难度较大，弹丸结构比较复杂。

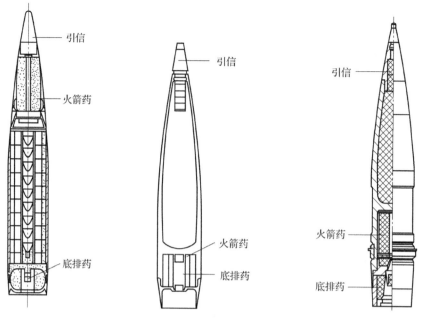

图 3.14　前后分置式布局　　图 3.15　弹底并联式布局　　图 3.16　弹底串联式布局

（2）弹底并联式。

弹底并联式结构即火箭药柱在外圈、底排药柱在内圈同处一个装置内，并共享同一个排气口。这种布局结构最为简单，弹丸有效携载空间牺牲最小，但增程效率有限。另外，由于火箭药柱点火的一致性难以保证，只能实现先底排后火箭的异步工作，并且存在一定的散布。

（3）弹底串联式。

弹底串联式结构即火箭装置与底排装置同处弹底部，相对弹头而言，火箭装置在前，底排装置在后，呈串联方式排布。这种布局结构由于火箭装置与底排装置同居弹底，不与弹丸的传爆序列或抛射序列发生干涉，使整个弹丸总体结构布局相对简单。根据火箭排气通道的设计与安排，这种基本形式可以实现异步工作或同步工作。由于底排装置与火箭装置均占据弹丸有效的圆柱段空间，会使弹体有效携载空间（即威力性能）大为降低。

3.4.4　总体结构参数设计

总体结构参数设计是根据《研制任务书》中提出的总要求，从全局出发，在保证全面实现总体功能和战术技术指标的前提下，在各组成部分的功能和技术方案已基本确定，结构模块布局基本优化的基础上，综合考虑总体结构参数与各部件结构参数之间的相互依赖关系，用工程计算或数值仿真，确定总体结构参数。

总体结构参数一般可分为两种：一是在《研制任务书》中已明确给定的那些参数，属于给定参数，在结构设计时必须满足给定参数；二是在《研制任务书》中没有给定的那些参数，属于未定参数，需要通过设计确定。

下面结合远程炮弹具体案例重点介绍未定参数的设计问题。

【例 3.1】　假设某远程炮弹的《研制任务书》中提出的主要战术技术指标有：炮弹直径 155 mm，最大射程不小于 50 km，炮弹散布的圆概率误差 CEP ≤ 50 m，对人员的有效杀伤半径 $R_{杀}$ ≥ 50 m。试对该型远程炮弹的总体结构参数设计进行设计与分析。

根据远程炮弹的总体功能特点及其已知的性能指标等条件，该弹的总体结构参数设计与分析步骤如下：

1. 问题分析。

首先要弄清楚总体结构参数与哪些因素有关，为建立计算模型打下基础。

假设根据前期总体概念和技术方案设计的结果，该型远程炮弹的总体技术方案确定为：战斗部采用预制整体杀伤战斗部；增程装置采用固体火箭发动机助推；导引部采用 GPS 弹道修正装置；稳定部采用尾翼稳定。其总体结构布局形式为：GPS 弹道修正装置放在头部；中间为战斗部；火箭发动机、尾翼装置放在弹尾部。

根据以上技术方案及总体结构布局形式，需要确定的总体结构参数主要有：弹质量 Q、弹长 L、质心位置、尾翼翼展等参数。这些总体结构参数与各组成部件结构参数相互联系。特别是质心位置，不仅与各组成部件结构参数有关，还与总体结构形状、尾翼形状密切相关。

2. 建立计算模型。

根据以上分析，考虑到总体结构参数与各组成部件结构参数之间的关系，可得到总体结构参数的计算模型为

$$Q = \sum_{i=1}^{N} q_i \tag{3.4}$$

$$L = \sum_{i=1}^{N} l_i \tag{3.5}$$

$$L_c = \frac{1}{Q} \sum_{i=1}^{N} l_{ci} \cdot q_i \tag{3.6}$$

式中，Q，L，L_c——分别为炮弹总质量、总长度和质心位置（距头部）；

　　　q_i，l_i，l_{ci}——分别为第 i 个部件的质量、长度和质心位置（距弹头部）。

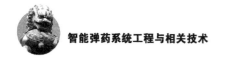

3. 总体结构参数计算。

由计算模型式（3.4）、式（3.5）和式（3.6）可以看出，总体结构参数是由各部件结构参数组成的，只有知道了各部件结构参数，才能根据计算模型计算出总体结构参数。

部件结构参数的计算是以战术技术指标和技术方案为依据的，从全面出发，以整体性能为重，各部件之间要相互支持、相互照顾，在保证实现技术指标的前提下，尽量减轻部件质量，减少部件长度。

由于远程炮弹是由战斗部、制导控制部、火箭助推增程部和尾翼稳定部所组成的，因此弹质量和弹长的计算式（3.4）和式（3.5）可具体展开为

$$Q = q_{控} + q_{战} + q_{增} + q_{翼} \tag{3.7}$$

$$L = l_{控} + l_{战} + l_{增} + l_{翼} \tag{3.8}$$

一般情况下，制导控制部、战斗部和尾翼稳定装置的结构参数可根据战术技术指标和技术方案求得，而火箭助推增程装置的参数不仅与火箭助推增程的战术技术指标和技术方案有关，还与炮弹的总重量有关。

由于制导控制部、战斗部和尾翼稳定装置的重量可以独立求出，则在式（3.7）中剩下 Q 和 $q_{增}$ 两个未知数，根据线性代数理论，式（3.7）的解是不定的。所以，只能先假定一个弹重 Q_1，由式（3.7）计算出 $q_{1增}$，再根据固体火箭发动机的理论和外弹道理论，计算出炮弹的射程 X_m，直到 X_{im}（第 i 次计算结果）不小于 50 km 为止。并把计算结果代入式（3.7）和式（3.8），便可计算出炮弹的质量和长度。

另外，为了保证尾翼弹飞行稳定性，通常要求炮弹质心位置设计为 $L_c = 0.50\,L \sim 0.55\,L$。于是式（3.6）可改写为

$$\frac{1}{Q} \sum_{i=1}^{N} l_{ci}q_i = (0.50 \sim 0.55)L \tag{3.9}$$

Q，L，L_c 已知，将各部件结构参数 l_{ci} 和 q_i 的预选定值代入式（3.9），如果不满足此式，则需重新调整参数 q_i 和 l_{ci}，直到等式（3.9）成立为止时所对应的 l_{ci} 和 q_i 即为最终的设计值。

至此，本案例中远程炮弹的总体结构参数设计完毕。

3.4.5 总体结构参数分解

总体结构参数分解是根据总体结构参数与各部件结构参数之间的关系，将总体结构参数分解到各部件，这种方法一般只适用于总体结构参数已在《研制任务书》中明确给定的情况。比如老炮弹改造升级或为老炮配新弹的研制

项目其总体结构参数都会明确给定，通常要做的工作就是如何将总体结构参数分解到各部件。

总体结构参数分解是总体结构参数计算的一种逆运算。从式（3.4）、式（3.5）和式（3.6）可以看出，已知总体结构参数 Q、L 和 L_c 后求解各部件参数 q_i，l_i 和 l_{ci} 是比较困难的。通常采用的具体分解方法是：先根据各部件的功能、战术技术指标和技术方案，求出各部件结构参数 q_i，l_i 和 l_{ci}，再将部件参数 q_i，l_i 和 l_{ci} 分别代入式（3.4）、式（3.5）和式（3.6）中计算，如等式成立则计算结束，否则重新调整各部件结构参数 q_i，l_i 和 l_{ci}，直到式（3.4）、式（3.5）和式（3.6）成立为止。

3.4.6　总体结构参数优化

总体参数优化设计的关键是建立目标函数和选择适当的优化方法。智能弹药总体参数优化设计的目标函数必须能够反映主要优化目标的实际值以及各种约束条件的满足程度，且目标函数值是方案之间进行比较的重要依据。优化方法的选择也同样重要，一个适宜的优化方法应能在前一次所选择的参数组合基础上，很快地找到一组更优的参数组合，使得优化搜索能迅速地达到极值——优化值。

总体参数优化设计的步骤主要有：建立优化的目标函数，应根据设计任务明确优化的主要性能目标和约束条件；选定设计参数，即设计变量；选定计算方法和优化方法；进行优化计算和综合分析，确定优化的总体设计参数。

下面重点介绍智能弹药优化设计的一些共性问题。

3.4.6.1　基本内容

智能弹药优化设计的内容如图 3.17 所示。

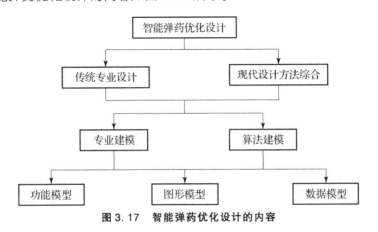

图 3.17　智能弹药优化设计的内容

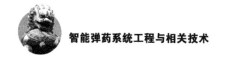

从本质上讲，智能弹药优化设计工作可分为两部分：

（1）智能弹药传统专业设计——如智能弹药总体设计、弹道设计、发动机设计、战斗部设计等，这类设计被称为主流设计。在主流设计过程中，建立设计过程和智能弹药产品计算机内部描述模型；采用定义、综合、分析、试验和评价等方法，反复迭代设计结果；综合有关的技术参数，确保所有物理、功能和程序接口的兼容性，优化整个智能弹药系统的定义和设计，将作战需求转变为智能弹药系统的性能参数和智能弹药系统技术状态的描述。

（2）现代设计方法综合工作——通过这类工作，将可靠性、维修性、安全性、生存性、价值工程、人机工程这些工程专业和其他有关因素综合到整个主流设计工作中去，以保障智能弹药设计费用、设计进度、技术性能指标和后勤保障性等。

3.4.6.2　一般步骤

智能弹药优化设计的步骤虽然没有一个严格规定的统一模式，但可以大致归纳如下：

1. 分析设计要求，确定优化范围

全面、细致地分析设计要求是优化设计的重要前提，然后在分析基础上确定优化的范围。智能弹药系统总体参数设计问题实质上是一个系统工程问题，究竟在什么范围内进行优化设计，主要取决于原始的设计要求和问题的复杂程度，也与对整个系统及分系统规律的掌握情况、设计者的经验、所采用的优化方法等有关。目前在智能弹药优化设计工作中，多数设计属于分系统设计，作为整个系统优化设计还局限于少数智能弹药方案设计时所进行的方案初选。

2. 分析设计对象

确定优化范围后，要进一步分析设计对象。在常规设计中已有一套传统的设计方法和有关计算公式。在进行优化设计时，要重新审核这些公式是否能够准确描述设计对象的客观性质与规律，是否有进一步改进、完善的必要；还要注意传统设计方法主要靠人工计算完成，为了避免设计手续过繁，往往忽略了设计对象性态和影响因素中的某些次要因素，这样可使设计计算公式简化。当用优化设计时，应该有可能把过去被忽略的因素和性态重新加以研究，建立起它们的数量关系，分析对设计对象的影响，在此基础上再决定对它们的取舍。常规方法中很多要利用表格或曲线数据，用计算机进行优化设计，需要把这些数据的变化规律变成曲线或直线方程。有时要通过实验，测出数据，用数理统

计方法转换成数学方程式，这些都是在分析设计对象时为建立数学模型而必须做的工作。

3. 建立合理而实用的数学模型

优化设计是通过求解所设计智能弹药的数学模型来获得最佳设计方案与设计参数，因此建立一个合理而又实用的数学模型是智能弹药优化设计的核心问题。合理是指抓住主要因素，使模型既不过于复杂，又包括产品设计的各项主要要求（包括性能要求、结构要求等），是指具有足够的精确度；实用是指对模型求解结果有实用价值，不搞华而不实的模型，如果模型不合理，其计算结果肯定是不实用的。

4. 选择合适的优化方法

优化方法有很多，各种方法都有其特点和一定适用范围，方法的优劣主要从可靠性和有效性来比较。某种方法算法的解题成功率高，能适应多种函数性态和较多变量的数学模型，则认为该方法可靠性好；某种方法算法的解题所用时间少，使用该算法所需准备工作量少以及通用性较强等，则认为该方法有效性好。各种优化方法常常不是两者兼有的。

5. 源程序编制和选择程序要求的输入数据

现在国内已有了多种优化算法程序，在建立数学模型后一般是选用优算法。在选定优化算法后，要按程序规定格式编写题目子程序及确定有关输入数据。这步工作要做得细致。一般优化方法算法中，对某些初始输入数据有隐含值，即使用者对这些数据可以不输入，而由程序自动提供。例如混合罚函数程序的初始因子具有隐含值，使用者应了解这些功能。如对求解问题的原始输入数据的选择毫无把握，不妨先用隐含值试算，因程序中各种隐含值往往是从使用经验中统计确定的，有一定的实用价值。

6. 程序调试和求解结果分析

程序调试与程序试运行是比较费时间的，主要是修改与子程序接口编译连接时可能出现差错的语句，以达到程序的正确运行。

对求解结果的分析是优化设计的最后工作，也是最重要和基本的工作。因为优化设计方法是一种解决复杂问题的方法，而不是解决问题的原则。一个优秀设计师应具有对求解结果的判断能力，一般可从以下三方面对求解的结果进行判断：

（1）对设计变量值核查其合理性与可行性。

可凭经验判断设计变量的终值是否合理，也可用这些计算得出的最优值去检查约束函数值是否为零，因为最优点都应在一条或几条不等式约束线上。有时设计变量值看上去是合理的，但不满足约束条件，这表明建立的数学模型需要修正。

（2）对目标函数最优值核查其合理性与可靠性。

借助原始方案目标值的对比可判断优化的效果，用目标函数值的中间输出数据可查看优化设计的运行过程是否正常，用计算机外部设备画出等值线和用显示系统示出设计变量与目标函数的优化设计曲面，可以弄清楚目标函数的最优值所在的位置及其变化关系。

（3）对约束函数值核查其合理性。

查看约束函数是否起到作用，如果约束函数值全不接近于零，则表明该项设计所加的约束都不起作用，这时要考虑数学模型是否有误，或者查明设计点未达到预定收敛点的原因。对于一些重要的性能约束，不仅需算出最优方案的约束函数值，而且还应算出原设计方案的约束函数值，以便通过分析和对比，判断设计结果的可靠性。

3.4.6.3　数学建模要求与步骤

数学模型是将智能弹药设计问题用数学形式加以描述，反映设计问题中各主要因素间内在联系的一种数学关系。

1. 建模要求

建立数学模型应满足以下要求：

（1）可靠性——在特定条件下，能够确切地反映和符合所设计智能弹药问题的客观实际情况，说明设计所要达到的目的、所受的限制条件、预测设计方案的变化以及估计计算结果的可靠性等。

（2）简洁性——在可靠性的基础上尽量使模型简明，即容易处理，使计算过程简化，即节省机时。

（3）适应性——随着模型建立时具体条件的变化，要求模型具有一定的应变能力，以便改变一些语句就能在各种变化的场合下应用。

上述要求中存在着一些相互矛盾的因素，可靠性要求希望通过一个较复杂的数学模型将设计问题准确地描述出来，而简洁性要求希望所建立的数学模型容易处理，以便快速取得优化设计结果。为此，必须根据具体情况而定，一般是首先具有可靠性，在此基础上做到简洁性，并尽可能照顾到适应性。

2. 建模步骤

要做到上述要求，需要有一个建立数学模型的正确步骤和方法，现归纳如下：

（1）先对设计问题加以仔细地研究，抓住设计问题的本质与特征，了解常规设计方法，选用适当的数学、物理和力学的公式；

（2）选择与设计本质问题有关的、对结果影响最显著的因素，构造初步的数学模型，确定哪些因素作为设计变量，哪些因素作为设计常量；

（3）将初步的数学模型和设计问题加以比较，若不能精确表达设计问题时，即用逐步逼近的方法修正模型；

（4）当数学模型的数学表达式较复杂时，需要采用近似数值计算方法，此时要对其可能产生的误差作出估计。

3.4.6.4　数学建模的三要素

下面分别叙述构成数学模型的三要素：设计变量、目标函数和约束条件。

1. 设计变量

（1）设计变量确定原则。

确定设计变量的原则主要有：

①设计变量应是相互独立的量。在描述所设计产品的性能参数中，有些参数是独立的，有些参数是非独立的。

②设计变量应选对目标函数值影响较大的基本参数作为自变量，对目标函数值影响小的参数可取作常量；

③设计变量应尽量采用无因次量，这样不仅便于计算，而且更主要的是对同类型的智能弹药设计具有较好的通用性；

④设计变量的多少首先取决于是在什么范围内进行优化设计，其次取决于设计问题的复杂程度与要求精确程度，最后取决于设计参数对产品性能的影响程度。在满足设计要求下，在充分分析各设计变量的主次条件下，减少变量的数目，使优化设计问题简化。

（2）确定设计变量的变量区间与变量空间。

在优化设计中，对于每个设计变量来说应确定其变化区间（范围），变量区间的确定可以有下列两种情况：

①由设计条件确定这些设计变量的边界——例如：在智能弹药装药结构优化设计中，装药密度变量的变化下界受炸药结晶密度的限制，上界受炸药可压

缩性等的限制，这时可以根据实际条件确定变量的变化区间，在给定的限制范围之外选取变量是没有实际意义的。

②设计人员凭借经验估计最优值可能存在的范围——对于有把握的设计变量，其变化区间可取得准确些，对把握不大的设计变量，其变化区间可取得大些。

变量空间是指以独立变量为相互垂直的轴，以变量区间上下限为边界形成的一个多维封闭空间，又称设计空间。如果只有两个变量，则变量空间是一个平面；如有三个变量，则变量空间是一个立方体；如有 n 个变量，则变量空间是一个抽象的超越空间，即 n 维欧氏空间 R_n。

显然，在变量空间内的任意一点，它代表一种设计方案，该设计方案可以用该点与坐标原点连接的矢量表示，它在坐标轴上的投影即为该设计方案所对应的独立设计变量值。

2. 目标函数

在优化设计中，目标函数是衡量设计好坏的评价标准。同一设计对象，即使确定的设计变量与约束函数是相同的，但由于选择的目标函数不同，其得出的最优解也是不同的。故确定或选择目标函数是整个优化设计中很重要的问题。

（1）选取目标函数的原则。

①选取的目标函数应能用来评价设计方案优劣的标准。在智能弹药设计中，常采用设计准则或价值指标作为目标函数，设计准则可以是智能弹药的毁伤效率最大、智能弹药质量最轻、体积最小、可靠度最高等，价值指标可以选成本最低等。

②选取的目标函数应是全部或大部分设计变量的可计算函数。如目标函数仅包含大部分设计变量，则其余设计变量必须在约束函数中出现。

③按优化问题的性质，目标函数可能为一个，也可能为多个。在选取目标函数时，一般尽可能选单目标函数，必要时也可选多目标函数。多目标问题若选单目标函数进行优化，则其余目标应作为约束条件，给出上下界。

（2）建立目标函数的方法。

通常的工程优化问题，借助已掌握的规律可以直接写出目标函数与设计变量之间的数学表达式。智能弹药系统优化设计问题的目标函数则难以用简单的数学表达式来描述。

当目标函数难以用一简单数学表达式来描述时，则可以用转移目标法或概率统计法来解决。转移目标法即从逻辑上找到一个目标函数近似或代替提出的目标函数。概率统计法是以统计数据为基础而拟合的统计公式作为目标函数。

3. 约束条件

约束条件的类型一般可分为性态约束、边界约束和设计准则约束。

（1）建立约束条件的原则。

①设计的全部要求应在约束中有所体现。因为优化设计用计算机来运算求解，它仅针对数学模型，任何一点疏漏都会使求解结果有误。例如设计变量一般均要求大于零，则必须在约束函数中给出 $X_i > 0$，$i = 1，2，\cdots，n$ 的约束。

②不要给出有矛盾的约束与相关约束，前者导致可行域为空集，后者导致约束函数无为地增多，以致求解困难甚至易于失败。

③尽量减少等式约束个数，因求解不等式约束问题比求解等式约束问题灵活而易于成功，对有些等式约束不妨适当放宽变为不等式约束来处理。

④如有的约束难于用数学表达式描述时，可用近似的较为保守的约束代替。

⑤设计变量变化要形成一个封闭的约束空间，即应给出各量的上下界或下界或上界。

（2）约束条件的数学表达式。

约束条件的数学表达式即为约束函数。由于对设计变量的限制方式不同，约束分为显约束和隐约束两种。显约束是指有明确设计变量函数关系的一种约束条件，而隐约束是指通过一个可计算函数来反映设计变量关系。从约束函数形式来看，可分为等式约束与不等式约束。其表达式分别为

$$h_v(x) = 0 \quad (v = 1,2,\cdots,p)$$
$$g_u(x) < 0 \quad (u = 1,2,\cdots,m) \tag{3.10}$$

3.4.6.5　数学建模的尺度变换

数学模型的尺度变换是指通过放大或缩小各个坐标比例尺，从而改善数学模型性态的一种技巧。实践证明设计变量的无量纲化、约束条件的规格化和改变目标函数的性态，对于加快优化设计的收敛速度、提高计算结果的稳定性和数值变化的灵敏性都有一定的好处。

1. 设计变量的尺度变换

设计变量的尺度变换又称为设计变量的标准化处理。在工程设计中，各个设计变量的取值范围的数量级可能相差很大。例如智能弹药设计时，壳体厚度的变化范围只有 $10^{-3} \sim 10^{-2}$ m，而炸药装药质量的变化范围可能有 $10^3 \sim$

10^4 g。这样的设计变量取真值在同一调优过程中，显然对数值小的变量的计算误差会影响很大，从而造成失真。若将设计变量作尺度变换，处理为无量纲量采用统一的标准值，则可采用统一的调优步法，可保证各个变量得到相同的计算精度，这对优化方法子程序的编制带来方便。

所谓尺度变换，就是将设计变量的真值为 0～1 之间的数值，表示设计变量值在变量区间的相对位置。这在数学上实质上是一个坐标转换问题，可按下面公式进行尺度更换。

$$X_{S_i} = K_i X_{R_i} \quad (i = 1, 2, \cdots, n)$$

$$K_i = \frac{1}{X_{R_i}^{(0)}} \quad (i = 1, 2, \cdots, n) \tag{3.11}$$

式中，X_R——未作尺度变换的变量值；

$\quad\quad X_S$——作尺度变换的变量值；

$\quad\quad K_i$——尺度变换比；

$\quad\quad X_R^{(0)}$——设计变量的初始值。

2. 目标函数的尺度变换

以二维问题为例，目标函数的尺度变换目的就是通过尺度变换使它的等值线尽可能接近于同心圆或同心椭圆族，减小原目标函数的偏心率，畸变度，以加速优化搜索的收敛速度。从数学变换的理论上来说，用二阶偏导数矩阵进行尺度变换可以达到上述目的，但在计算过程中可能会出现不少困难，因此在实际中应用得并不多。

目前，一般通过设计变量的尺度变换而使各坐标轴的刻度规格化的办法，对目标函数的性态产生一些好的影响。

3. 约束条件的尺度变换

优化设计问题约束条件较多，因此造成约束函数值的数量级相差很大。例如有两个约束条件为

$$\begin{cases} g_1(X) = X_i - 0.01 \geqslant 0 \\ g_2(X) = 1\,000 - X_i \geqslant 0 \end{cases} \tag{3.12}$$

从数学上说，$g_1(X)$、$g_2(X)$ 是等价的。但对数值变化反应的灵敏度则完全不同，对数量级小的约束函数很易变为紧约束，而对数量级大的约束函数错误地认为不起作用，易造成不正常的过早结束或假收敛。此外，会使构造的罚函数性态变坏。

为了使各个约束条件具有相近的数量级，可以将各约束条件除以一个常数，使 $g_u(X)$ 值均在 $0 \sim 1$ 之间，例如对于上述两个约束条件可以改写为

$$\begin{cases} g_1(X) = \dfrac{X_i}{0.01} - 1 \geqslant 0 \\[3mm] g_2(X) = 1 - \dfrac{X_i}{1\,000} \geqslant 0 \end{cases} \tag{3.13}$$

如果一个不等式约束条件是两个设计变量比值的函数，那就不能用也没有一个合适的常数作为除数，在这种情况下可用变尺度后的设计变量建立约束条件，或者用一个可以改变其数值的变量除此式，但要注意不能因此而改变约束条件的性质。

3.4.6.6　优化方法的选择

智能弹药优化设计问题可以简化为非线性规划问题，即在一组等式和不等式约束条件下，求一个函数的极值问题。

在选择优化方法时，主要是根据优化数学模型的特点和优化方法算法的特点而确定的。

优化数学模型的特点主要是指优化设计问题的规模（即设计变量数目与约束条件数目），目标函数及约束函数的性质（指函数的非线性程序、连续性及计算时复杂程度）等，它是选择优化方法的主要依据。

优化方法算法的特点主要是指方法的收敛速度、计算精度、可靠性及稳定性，编制程序和计算机执行程序所需时间，程序的通用性与解题规模，使用的简易性和可靠性等。

考虑到编写优化方法算法付出的代价较高，因此一般都应选用现有程序中可用的优化方法，以便节省人力、机时，并可以较快地取得优化设计结果。如果编制的优化方法算法能够求解很多优化问题，具有新颖性，甚至能够成为优化程序库中的组成部分，能带来明显经济效益，那才值得编制新程序。

在选择优化方法时，计算机执行这些程序需要花费的时间和费用应受到一定的重视，计算效率可收敛速度应是一项主要的考虑因素，这些统称为程序的有效性。计算效率高的算法是约束变尺度法。

在选择优化方法时，要考虑方法的可靠性和解的精度。方法的可靠性，一般是指在各种条件下能够求得最优解，即使做不到这一点，也能够给出有重大改进的可行设计方案，或者有足够多的信息，以便弄清设计点在设计空间中所停留的位置。从这个意义上说，直接解法和内点罚函数法比较好。解的精度一般是指所求得的解与真正最优解的接近程度，内点罚函数法可以取得较高精度

的解。

在选择优化方法时，要考虑程序的通用性和使用简便性。通用性是指程序能够用于求解其他问题的程度，它与编写方法有很大关系，在编写优化方法程序时，都应尽可能地引进那些已有的卓有成效的子程序，或尽量使所编程序的某些部分（例子程序）在别的场合也能使用。程序使用简便性是指使用时简便易掌握，它取决于该方法所要求的初始数据的数量及将其输入计算机的工作量，在计算过程中是否需要进行调整以及为解释最后输出结果所要花费的时间等。

在选择优化方法时，要考虑稳定性。方法稳定性是指遇到高度非线性函数时，不会因计算机字长的截断误差和方法的精度误差影响迭代过程，中断计算。这对于在所建立的数学模型中，优化问题的目标函数和约束函数为高度非线性是很重要的，此时宜采用变尺度 BFGS 法和内点罚函数法相结合的优化方法。

最后应该再次强调，在选择优化方法时，一定要以数学模型特点为主要依据。对于目标函数和约束函数数值计算比较复杂的数学模型，最好选用不计算梯度的方法和在计算过程中调用函数值次数少的方法。对于目标函数只能作函数值计算（一阶导数不连续）的问题，则鲍威尔法的内点罚函数法是比较有效的方法。

3.4.6.7 非线性规划问题的常用求解方法

针对非线性规划问题的特点，主要有以下几种常用求解方法：

1. 直接搜索方法

比较有代表性的直接搜索方法有步长加速法、旋转方向法、单纯形法（可变容差多面体法）和方向加速法（改进 Powell 法）等。

2. 基于梯度的搜索方法（解析方法）

比较有代表性的解析方法有牛顿法、共轭梯度法和拟牛顿法（包括序列二次规划）等。

3. 基于导向概率的搜索方法

基于导向概率的搜索方法主要包括进化计算方法（遗传算法、进化策略、进化规划、遗传程序设计）和模拟退火法等。

4. 基于实验设计的搜索方法

实验设计是以概率论与数理统计为理论基础的，科学制订实验方案的一类实用性很强的数学方法，其主要研究内容是如何合理安排实验以使实验次数尽可能少，并能正确分析实验数据。例如正交试验设计法和均匀试验设计法等。

此外，由于智能弹药系统设计涉及的学科众多（流体力学、空气动力学、发动机和结构力学等），近年来兴起的多学科优化设计（MDO）为求解导弹总体优化问题提供了一种新的途径。

|3.5　部件设计共性问题|

部件设计是按照总体提出的战技指标、功能、技术方案、结构参数以及有关的技术要求，在一定的约束条件下进行部件结构设计。部件结构设计是总体结构设计的具体化、部件化、零件化及实物化的依据，是智能弹药系统设计的重要组成部分。

部件设计涉及的专业知识面很宽，内容极其丰富，各种部件设计都有一套自己的设计理论和方法。下面只讨论部件设计中的一些共性问题。

3.5.1　几点共识

智能弹药系统的部件设计尽管具有很强的专业特性（如机械、化工、光电、计算机、控制、材料等），但各种部件在开展设计工作之前，就一些共性问题达成共识还是十分必要的。

（1）技术含量或难度决定部件结构的复杂程度。

不同部件功能不同、技术含量不同，有的部件技术含量高，结构复杂，技术难度大。如制导控制部的功能是有效地控制智能弹药在空中的飞行姿态，把智能弹药精确地导向目标。主要由目标探测器、姿态检测装置、信息处理器和执行机构等组成，技术含量高，结构也比较复杂。对于这类部件应参照总体设计的思路和方法，进一步划分成相对简单的部件，再对划分后的部件进行结构设计。

（2）部件的功能属性决定部件的技术和结构属性。

对付不同目标，需用不同的智能弹药；智能弹药的战斗任务不同，其功能亦不同，组成部件亦不同，所涉及的技术领域也不同。一般来说，无控智能弹

药比有控智能弹药的结构简单，弹道修正智能弹药和简易控制智能弹药又比精确制导智能弹药的结构简单。

（3）任务不同，部件的技术和结构属性不同。

同一部件由于任务不同，涉及的技术领域和结构亦不同。如战斗部，对付不同目标或完成不同的任务指标，所涉及的技术和结构亦不同。

（4）技术途径不同，部件的技术和结构属性不同。

即使对付同一目标，采用的技术途径不同，所涉及的技术和结构亦不同。如对付坚固的装甲目标，可采用大动能穿甲弹，或大威力的聚能破甲弹，而这两种弹在作用原理和结构上却完全不同，前者是凭借自己的动能击穿敌装甲；后者却是依靠炸药爆轰时，药型罩被压垮后形成的金属射流穿透敌装甲。

（5）技术方案相同，部件的结构属性可能不同。

即使技术方案相同，部件的结构也可能会不相同。例如聚能破甲弹，都是依靠炸药爆炸时药型罩形成的金属射流穿透敌装甲，技术方案相同，在结构上一级装药、二级装药和多级串联装药却有很大区别。

综合上述，不同智能弹药由不同部件组成，同一种智能弹药战斗任务不同，组成部件亦不同。不同部件涉及的技术领域不同，结构也不同；即使同一部件采用的技术方案不同，涉及的技术领域和结构也不同；即使同一部件采用相同技术方案，在结构上也有较大区别。

3.5.2 基本原则

智能弹药是由各部件组合的有机整体，在进行部件设计时，必须处理好部件与总体之间、部件与部件之间的互动关系，应遵循以下基本原则。

1. 顾全大局

智能弹药的整体性主要表现为智能弹药的整体功能，智能弹药的整体功能绝不是各组成部件功能的机械叠加或简单拼凑，而是呈现各组成部件所没有的新功能。智能弹药的战技指标是指智能弹药总体的战技指标，各部件的功能和战技指标又是根据整体功能和战技指标决定的。部件的功能和智能弹药整体的功能是不同的，部件指标先进，不能代表整体指标先进；智能弹药总体指标先进不表示组成部件的指标都先进。部件的功能必须服务于智能弹药总体的功能，部件战技指标必须服从智能弹药总体战技指标。千万不能为了某些部件指标的先进性，而影响了智能弹药总体指标的先进性。某些高新技术部件虽然对智能弹药的整体功能和总体指标贡献较大，但决不能过分强调其重要性、特殊性，使智能弹药总体指标受到影响。

2. 相互支持

智能弹药是由诸部件组成的一个有机整体，各部件之间是相互作用而又相互联系的，其中某一个部件发生变化时，其他部件也要相应地改变或调整。组成智能弹药的各部件都有特定的功能和指标，不同部件其技术含量不同，结构复杂程度亦不同，各部件之间互为环境、相互支持、相互制约。所以，在进行部件设计时，结构简单的部件要为结构复杂的部件提供方便，技术含量高的部件也要为其他部件创造条件。

3. 结构模块化

智能弹药结构模块化是智能弹药发展的方向。结构模块是根据模块设计原则，按功能模块设计相应的结构模块，是实现模块功能的关键。

在设计模块结构时，要远近结合，既要满足模块近期功能的要求，又要充分考虑到模块功能的增加和性能的提升，为模块结构的更换升级留有余量。同时模块之间的连接界面必须十分清楚，对接参数要非常明确，使更换模块时方便快捷。

智能弹药模块化，有利于提高结构模块的通用性，可缩短研制期，加快智能弹药的改进和更新换代，降低成本。例如，GPS 和阻力片组成的一维弹道修行正模块，就可以用于多种智能弹药。

4. 简单可靠

智能弹药是一个特殊的人造系统，是可靠性要求极高的一次性使用产品。智能弹药的可靠性包括两个方面：一是加工生产、运输保管、勤务处理一定要绝对安全，即安全可靠；二是作战使用要绝对可靠。智能弹药的安全可靠性和作用可靠性是一对矛盾对立的统一体。由可靠性原理得知，部件越少，结构越简单，可靠性越高。所以，在部件设计时，一方面要想办法提高其可靠性，另一方面要在保证功能和战技指标的前提下，尽量简化结构。

5. 资源丰富

智能弹药是武器系统中最活跃的部件，在战争中消耗量最大，部件设计时所选的材料及元器件，一定要立足于国内，要充分考虑到代用材料及元器件。为降低智能弹药的成本，在满足功能和战技指标的前提下，选择高性能低价格的材料和元器件，应尽量选用国家已制定标准、已规格化的材料。同一产品中选用的材料品种不宜过多，同时应避免选用稀有或贵重的材料。

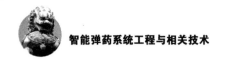

6. 便于加工

智能弹药是一种批量性生产的特殊产品，部件结构一定要满足大批量生产的要求，部件结构的工艺性一定要好，便于加工。所选材料应同样也要具有良好的可加工性，例如对冷压加工，要求材料的塑性好；机械加工要求材料的切削性好；焊接材料应具有可焊性；锻件要求材料有热塑性；铸件要有热流动性等。显然，材料的可加工性能如何，会影响产品的生产成本和生产周期。

3.5.3　主要准则

部件结构设计要综合考虑各种因素，各个不同部件的功用不同，设计的要求也不尽相同，但是共同的目标是要保证全弹有最好的性能。因此，部件设计必须遵守以下主要准则：

1. 最小质量准则

除了杀爆型战斗部部件的结构设计需要满足战斗部壳体有一定质量以及质量分布的设计要求外，其余部件的结构设计应在保证结构承受各种规定的载荷状态下，具有足够的强度，不产生不能容许的残余变形；具有足够的刚度，以避免出现不能容许的气动弹性现象与共振现象；具有足够的寿命，防止结构失效等。在保证上述要求得到满足的同时，应使结构的质量尽可能小。

2. 气动力准则

智能弹药是在稠密大气层高速飞行的飞行器，当其部件结构与气动外形有关时，部件的外形结构设计应能满足规定的飞行阻力、稳定性、密集度等要求，使其具有良好的气动特性。

3. 使用维护准则

为了确保带制导或控制类的智能弹药各个系统能长期安全可靠地工作，需要在规定的周期内，对各个系统进行检查，如发现损伤、个别器件性能下降或已到储存寿命，则需要进行维修或个别更换。为了使维护检修工作能够高质量、高效率进行，在结构上需要布置合理的分离面或各种检修开口。

4. 可靠性准则

可靠性是智能弹药设计中最重要的设计目标之一。要保证智能弹药系统达到要求的可靠性指标，必须在设计、生产、使用等各个环节予以考虑，其中设计是最重要的环节之一。

对弹体结构来说，保证可靠性最重要的是保证结构在整个使用周期间内具有足够的强度和刚度来承受各种载荷，使结构既不被破坏，也不产生不允许的变形。

要科学地解决智能弹药系统的可靠性，从设计的角度来说，应该采用可靠性设计。

|3.6　智能弹药系统可靠性设计与分析|

可靠性是以影响实现产品功能的失效作为研究对象，可靠性研究是产品从研制到报废的整个过程，即产品寿命期。所谓失效是指产品失去规定功能时的状态，在某些情况下，失效是不可避免的，往往难以预测。可靠性技术就是预防可预测故障的发生，减小可预测故障的发生率。

3.6.1　概述

智能弹药系统是由许多子系统组成的，而子系统又是由零部件、元器件所组成的。研究系统的可靠性，必须研究子系统的可靠性；而研究子系统的可靠性，又必须要研究零部件和元器件的可靠性。

1. 智能弹药系统可靠性的定义

可靠性可定义为：产品在规定条件下和规定时间内，完成规定功能的能力。

产品的可靠性和规定的条件相关。所谓规定的条件是指产品所处的环境条件、负荷条件及工作方式等，同一产品在不同的条件下它的可靠性是不一样的。产品的可靠性是时间的函数，随着时间的推移，产品的可靠性会越来越低，在设计产品时就要考虑使用期、保险期和有效期等。可靠性与规定的功能也有着极为密切的关系，产品的可靠性可以针对其完成的某一种功能而言，也可以针对多种功能综合而言。因此，在讨论某一具体产品的可靠性之前，首先必须对产品在什么情况下叫作不可靠，在什么情况下叫作失效，要有一个明确的规定。

智能弹药系统的可靠性是指智能弹药系统在规定的条件下和规定的时间内，无故障地完成其规定功能的能力。它反映了智能弹药系统的可用性、可信性和安全性。众所周知，智能弹药系统是一次性使用产品，即不可修复产品，产品的可靠性更为重要。可靠性差的产品，不仅不能有效地发挥智能弹药系统的功能，还会影响到战斗任务的完成，甚至丧失战机，影响战局的胜负。因此，可靠性是智能弹药系统的一项重要性能指标。

2. 可靠性参数与指标分析

（1）可靠性参数。

可靠性参数分为两类，即使用参数和合同参数。可靠性指标是可靠性参数要求的量值，因此又分为使用指标和合同指标。这些可靠性参数或指标是在不同场合或阶段下使用的。

①使用参数——是直接反映对装备使用需要的可靠性参数。订购方总是从实战要求来提出对装备的要求，习惯用使用参数，认为最能准确表达订购方对装备可靠性的要求。

②使用指标——是对使用参数要求的量值，用使用值表示。使用值是在实际使用条件下所表现出的可靠性参数值。使用参数中往往包含了许多承制方无法控制的在使用中出现的随机因素，如行政管理和供应等的延误等。

③合同参数——是在合同或研制任务书中表达订购方对装备可靠性要求，并且是承制方在研制与生产过程上能够控制和验证的可靠性参数，是合同规定的必须达到的技术要求。

④合同指标——是对合同参数要求的量值，用固有值表示。固有值是在明确规定的工程条件下，由设计和制造所决定的可靠性参数值，根据使用参数确定。

订购方在装备论证时用使用参数和使用指标提出要求，经过同承制方协商转换变为合同参数和合同指标，最终写入合同或研制任务书中。

根据订购方对可靠性的不同要求，可靠性要求又可分基本可靠性和任务可靠性。

⑤基本可靠性——在规定条件下无故障的持续时间或概率。它反映了产品对维修人力的要求，如平均无故障工作时间（MTBF）。

⑥任务可靠性——在规定的任务剖面内，完成规定功能的能力。它反映了产品对任务成功性的要求，如任务的作用可靠度等。

（2）可靠性指标的四个值。

在确定指标之前，订购方和承制方要进行反复评议。订购方从战场情况的需要提出适当的最初要求，通过协商使指标变为现实可行的，即能满足使用要求，降低寿命周期费用，设计时又能够实现。因而指标通常给定一个范围。即使用指标应有目标值和门限值，合同指标应有规定值和最低可接受值。

①目标值——期望产品需达到的使用指标。它既能满足装备使用需求，又可使产品达到最佳效费比，是确定规定值的依据。

②门限值——产品必须达到的使用指标，它能满足产品使用需求，是确定最低可接受值的依据，也是使用现场验证的依据。

③规定值——研制总要求或研制任务书中规定的期望产品达到的合同指标。它是承制方进行可靠性和维修性设计的依据。

④最低可接受值——研制总要求或任务书中规定的、必须达到的合同指标。它是进行试验考核和验证的依据。

（3）智能弹药可靠性参数。

智能弹药可靠性参数主要有：作用可靠度、发射可靠度、飞行可靠度、终点作用可靠度、发火可靠度、点火可靠度、作用时间可靠度、装载可靠度、贮存可靠度、可靠贮存寿命等。

3. 可靠性指标与战术技术指标的关系

在智能弹药系统研制时必须以满足战术技术指标和可靠性指标这两类指标为前提约束条件。战术技术指标是根据智能弹药所担负的作战任务以及国内所能达到的技术水平而综合提出的性能指标，而可靠性指标则是一种全寿命周期内质量的时间性指标，是智能弹药系统在规定的条件下规定的时间内完成规定功能的能力。

从可靠性指标的基本内涵可以看出，可靠性指标是一种质量保障性指标，即从质量上如何保证智能弹药系统达到规定的战术技术指标要求。

4. 制定智能弹药可靠性指标的原则

制定智能弹药可靠性指标必须考虑智能弹药的战术技术指标、全寿命费用、使用安全性以及可行性四个约束条件，这些约束条件就是制定智能弹药可靠性指标的基本原则。

（1）根据战术技术指标制定合理的可靠性指标。

要综合考虑战术技术指标水平与可靠性指标水平的适配性。

（2）制定可靠性指标要考虑全寿命周期费用。

在任何设计中，通常都是寻找满足功能设计目标及可靠性要求而又使费用最低的设计方案，用全寿命周期费用观点来决定可靠性指标的大小是非常重要的。

经对武器装备费用估算的研究表明，研制过程各阶段对全寿命周期费用的影响程度是不同的，通常初步设计（包括顶层设计）阶段占70%，批准阶段占15%，全面研制阶段占10%，生产阶段占4%，使用阶段占1%。

因此，在研制过程必须对可靠性和可维修性指标进行全面考虑。否则，由于可靠性差而使继生费用猛增。

当然，在一定的生产条件下，提高可靠性和可维修性，虽能降低继生费用，但却增加了设计研制费用。反之，降低了可靠性和可维修性要求能降低购置费用，但导致继生费用猛增。究竟采用多大的可靠性指标，应该用全寿命费用估算法作具体分析和比较，使产品的费用效果达到最佳的平衡。

（3）制定可靠性指标要考虑安全性。

智能弹药产品涉及人员的生命安全，在确定可靠性指标时应该要求高些。

（4）制定可靠性指标还应考虑现有技术水平。

对某些要求较高的指标的部件，一定要考虑我国的技术水平。

5. 智能弹药可靠性设计的必要性

（1）智能弹药可靠性是智能弹药产品质量的重要内容。

通常说产品质量好，指的是"物美价廉"，"物美"对智能弹药产品来说其突出的含义就是可靠性高。"价廉"对智能弹药产品来说是与其高可靠性相对应的。例如：对敌坦克进行炮击，要求以99%的概率击毁敌坦克，如果我军反坦克火炮系统的可靠度为0.99，则只要发射一发炮弹就可以达到击毁敌坦克的目的；如果反坦克火炮系统的可靠度为0.90，则需要发射两发炮弹；若反坦克火炮系统的可靠度为0.80，则需要发射三发炮弹才能奏效。由此可见，从智能弹药系统的效费比来看，提高智能弹药产品质量可靠性的设计是一个关键技术。

（2）对智能弹药产品设计研制部门和使用部门都至关重要。

当智能弹药产品达不到可靠性要求时，在贮存、运输和使用中，有可能出现早炸、膛炸，达不到射程、威力和密集度指标的要求等现象。不但造成使用时无法完成预定的战斗任务，而且可能引起人员伤亡和武器、设备损坏的严重后果。所以，智能弹药产品的高可靠性对产品设计研制部门和使用部门都至关重要。因此，在智能弹药的设计、研制和生产阶段必须高度重视其可靠性的设计问题。

6. 智能弹药可靠性的特殊性

智能弹药产品的可靠性与一般的机电产品的可靠性既有着相同性，又有其特殊性，主要表现在以下几方面：

（1）一次作用与长期贮存的特性。

智能弹药产品作为武器系统的重要组成部分，就其工作性质来讲属于不可修复成败型子系统，但就其长期贮存的性能来讲，智能弹药产品还存在贮存寿命的问题。因此，在开展智能弹药产品的可靠性设计工作时，必须把智能弹药产品的工作状态与贮存状态分开研究。由于其工作时期极短而贮存时间较长（一般为 10～20 年），因此智能弹药产品在工作时间按成败型产品考虑，在贮存期间按寿命型产品来考虑。

（2）智能弹药失效的多态特性。

对于智能弹药系统（不可修复产品）的故障称为失效。按产生失效原因分，有设计缺陷、制造、材料和元器件、文件错误和操作所引起的失效。据有关资料统计，由设计（包括材料和元器）缺陷所引起的失效约占 70%；由制造所引起的失效约占 20%；操作所引起的失效约占 10%。

由于偶然因素的作用而引起产品的失效称为偶然失效，智能弹药系统的失效多为偶然因素所引起的，其产生的原因是难以预料的。

智能弹药产品的失效状态一般有瞎火、早炸、迟炸、信息漏发、数据掉包等，具有多态特性。虽然智能弹药产品的瞎火和膛炸都是失效状态，但它们的性质不同，一个是对目标作用失效，一个是安全失效。对智能弹药产品作用失效概率和安全失效概率的要求相差极大，因此绝不能把瞎火和膛炸两个问题放在一起处理。

（3）安全性与作用可靠性。

为了把智能弹药产品的失效多态问题变为两态问题，一般把智能弹药产品分成安全性与作用可靠性两个指标去考虑。

智能弹药产品安全性分为安全与不安全两种状态，它包括智能弹药系统发射周期前、发射周期内和安全距离内的安全性问题。智能弹药产品安全性指标通常以失效率表示。

智能弹药产品作用可靠性分为可靠作用与不可靠作用两种状态，主要考虑炮弹的威力、密集度、精度和发火可靠性等指标。智能弹药产品作用可靠性通常以可靠度表示。

对智能弹药产品，通常还会给出一个贮存可靠性指标，一般以贮存寿命表示，主要体现在安全性和作用可靠性方面，即考虑贮存后安全性（一般用失效率表示）和贮存后作用可靠性（一般以可靠度表示）。

例如引信早炸、点火具过期或自发火属于智能弹药系统的安全性问题，而引信瞎火、点火具不发火、发射药点不燃则属于作用可靠性问题。又如智能弹药系统贮存后，电子元器件失效、零部件生锈、发射药受潮变质等属于贮存可靠性问题。还有引信瞎火问题，对智能弹药作用可靠性来讲是失效状态，而对于智能弹药安全性来讲则是属于不失效（安全）状态。

安全性与作用可靠性是智能弹药产品的两项重要指标，但对安全性的要求比对作用可靠性的要求严格得多。一般要求前者的失效概率不能大于 10^{-6}，而后者的失效概率在 10^{-3} 左右。

3.6.2　主要特征量

表示和衡量产品其可靠性的各种量统称为可靠性特征量。对于不可修复产品，这些量主要有：可靠度、失效概率、失效率等；对于可修复产品，这些量主要有：可靠度、故障概率、故障率等。在下面的可靠性特征量描述中有的地方对产品的可修复性未作区分。

从实战使用的意义上来讲，智能弹药产品大多是一类不可修复的一次性产品。因此，智能弹药系统可靠性特征量是一类以概率指标表示的量，如可靠度、累积失效概率和失效率。以下主要介绍可靠度、累积失效概率和失效率及其相互关系。

3.6.2.1　系统可靠度

系统可靠度是指产品在规定的条件下和规定的时间内，完成规定功能的概率，也就是系统正常工作的可靠性程度。系统可靠度一般用变量 $R(t)$ 表示。

系统可靠性指标受到许多随机因素的影响，它们都是随机变量，通常用无故障工作时间 T 作为连续随机变量的可靠性指标。

假定规定的时间为 t，产品的寿命为 T，各个产品的寿命有可能是 $T > t$，也有可能是 $T \leqslant t$。因此，这是一个随机事件，其可靠度 $R(t)$ 的表达式为

$$R(t) = P(T > t) \tag{3.14}$$

如果 N 个产品从开始工作到 t 时刻的失效数为 $n(t)$，当 N 足够大时，产品在时刻 t 的可靠度可近似地用它的失效率表示：

$$R(t) = [N - n(t)]/N \tag{3.15}$$

系统可靠度是时间的函数，随着时间的增长，产品的可靠度会越来越低，它介于 1 与 0 之间，即 $0 \leqslant R(t) \leqslant 1$。

3.6.2.2　累积失效（故障）概率

产品在规定的条件下和规定的时间内失效（故障）的概率称为累积失效（故障）概率，又称为不可靠度，一般用变量 $F(t)$ 表示。

系统的可靠度 $R(t)$ 与不可靠度 $F(t)$ 分别是两个对立事件的概率。根据概率理论则有

$$R(t) = 1 - F(t) \tag{3.16}$$

　　上式表示，该系统不是处在正常工作状态，就是处在故障状态，无第三种选择。任何系统（产品）的可靠度都是随着使用时间的增长而下降的。

3.6.2.3　失效（故障）密度函数

　　失效（故障）密度函数是不可靠度 $F(t)$ 对时间 T 的变化率，记为 $f(t)$，其表达式为

$$f(t) = \frac{\mathrm{d}F(t)}{\mathrm{d}t} = -\frac{\mathrm{d}R(t)}{\mathrm{d}t} \tag{3.17}$$

积分上式，可得

$$R(t) = 1 - \int_0^t f(t)\,\mathrm{d}t \tag{3.18}$$

　　由失效（故障）密度函数 $f(t)$ 的性质，可得

$$\int_0^\infty f(t)\,\mathrm{d}t = \int_0^t f(t)\,\mathrm{d}t + \int_t^\infty f(t)\,\mathrm{d}t = 1$$

所以

$$R(t) = \int_t^\infty f(t)\,\mathrm{d}t \tag{3.19}$$

$$F(t) = \int_0^t f(t)\,\mathrm{d}t \tag{3.20}$$

3.6.2.4　系统失效（故障）率

　　系统失效（故障）率是衡量产品可靠性的一个重要特征量，其定义为：工作到某时刻尚未失效的产品，在该时刻后单位时间内发生失效的概率，失效率函数 $\lambda(t)$ 为

$$\lambda(t) = \frac{f(t)}{R(t)} = -\frac{\mathrm{d}R(t)}{\mathrm{d}t}\bigg/ R(t) \tag{3.21}$$

积分上式，则得

$$\int_0^t \lambda(t)\,\mathrm{d}t = -\ln R(t)$$

于是

$$R(t) = \mathrm{e}^{-\int_0^t \lambda(t)\,\mathrm{d}t} \tag{3.22}$$

$$f(t) = \lambda(t)R(t) = \lambda(t) \cdot \mathrm{e}^{-\int_0^t \lambda(t)\,\mathrm{d}t} \tag{3.23}$$

　　当产品寿命 T 服从指数分布时，则失效密度函数为

$$f(t) = \lambda\mathrm{e}^{-\lambda t} \tag{3.24}$$

　　式（3.24）表示失效（故障）密度 $f(t)$ 与失效（故障）率 $\lambda(t)$ 之间的关系，随系统工作时间的增长，失效故障密度也随之下降。

　　指数分布的重要特征是失效率为某一常数 λ，这时可靠度和累积失效概率

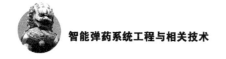

分别为

$$R(t) = \int_t^\infty \lambda e^{-\lambda t} dt = e^{-\lambda t} \tag{3.25}$$

$$F(t) = 1 - e^{-\lambda t} \tag{3.26}$$

3.6.2.5　系统平均寿命

系统（产品）的平均寿命是该系统无故障工作时间（T）的数学期望，一般用符号 MTTF 或 MTBF 表示。它是 T 的数学特征之一，也是评定系统可靠性的主要指标之一。

按照数学期望的定义，可得

$$\text{MTTF} = \int_0^\infty t f(t) dt = \int_0^\infty t \left(-\frac{dR(t)}{dt} \right) dt = \int_0^\infty R(t) dt \tag{3.27}$$

又因 $R(t) = e^{-\int_0^t \lambda(t) dt}$，所以 $\text{MTTF} = \int_0^\infty e^{-\int_0^t \lambda(t) dt} dt$

当 $\lambda(t) = \lambda$ 时，上式则为

$$\text{MTTF} = \int_0^\infty e^{-\lambda t} dt = \frac{1}{\lambda} \tag{3.28}$$

式（3.28）表明，系统的平均寿命与故障率为倒数关系。

将 $\lambda = \frac{1}{\text{MTTF}}$ 代入 $R(t) = e^{-\int_0^t \lambda(t) dt}$，则得 $R(t) = e^{-\frac{t}{\text{MTTF}}}$ $\qquad$ (3.29)

当 $t = \text{MTTF}$ 时，由式（3.29）可得 $R(t) = 0.368$。这表明平均寿命 MTTF 是系统可靠度 $R(t)$ 下降到 0.368 的工作时间。

3.6.2.6　失效规律

经过大量的试验和使用情况所获得的数据表明，大多数产品设计的失效率曲线与人的死亡率曲线很相似，其形状酷似浴盆断面，故称浴盆曲线，如图 3.18 所示。它由三个阶段组成，分别称为早期失效期、偶然失效期和耗损失效期。

（1）早期失效期——失效率数值较大，而且迅速下降，在这个时期内，产品失效是由设计错误或工艺缺陷等原因造成的，必须尽早发现，尽早解决。

（2）偶然失效期——失效率 $\lambda(t)$ 基本不变，而且量值较小。这是由产品零件、元件或部件中无法排除也不能控制和

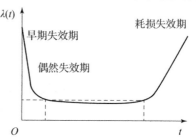

图 3.18　典型的失效曲线

预测的缺陷造成的，一般产品经过试验或老化处理后进入这一时期。由于这一阶段失效率较低且与时间无关，因此是产品最良好的工作阶段。

（3）耗损失效期——产品失效是由于零件和元件的磨损、老化等原因造成的，在此时期内随着时间延长失效率迅速上升，其失效概率密度函数接近于正态分布，因此失效是可以预测的。若采取事前检修或事后维修措施，则可以降低失效率，延长使用寿命。

一般情况下，产品的失效率与时间的关系是符合浴盆曲线的，但并不是所有产品都有这三个失效期，有的产品只有其中的一个或两个失效期。为了提高产品的可靠性，必须通过大量试验或对比，掌握产品的失效规律。

3.6.3　可靠性计算模型

系统可靠性计算模型是系统可靠性设计的理论依据，它与系统的可靠性框图密切相关。不同的系统有不同的可靠性框图，也就有不同的计算模型。

3.6.3.1　概述

1. 系统的结构关系与可靠性逻辑关系

系统的可靠性框图是组成该系统各组成单元之间功能连接方式的方块图，它反映了各单元的故障对整个系统功能的影响。功能连接是一种无形的、逻辑上的连接，而系统的结构方块图却是单元之间的物理或化学连接，都是有形的连接。系统的结构关系及可靠性逻辑关系是两个不同的概念。

例如：引信中的隔爆机构由两套保险机构锁住，其结构如图 3.21（a）所示；从保险功能来考虑，两套保险机构只要有一套正常工作，隔爆机构就是正常状态的，其可靠性逻辑关系呈并联形式，如图 3.19（b）所示；但从发射过程中解除保险的功能来考虑，两套保险机构都必须可靠地解除保险，才能使引信处于正常的待发状态。因此，在解除保险的功能下，其可靠性逻辑关系为串联形式，如图 3.19（c）所示。

（a）　　　　　　　　　（b）　　　　　　　　　（c）

图 3.19　引信隔爆机构及其可靠性框图

（a）引信隔爆机构；（b）引信隔爆状态的可靠性框图；（c）引信解除保险状态的可靠性框图

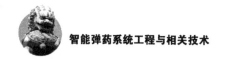

由以上例子可以看出，系统的可靠性逻辑关系并不等于结构或功能关系，但与各子系统之间的结构及功能关系有关。因此，在对系统进行可靠性分析，建立可靠性模型时，一定要弄清系统的结构关系、功能关系及可靠性逻辑关系，然后作出可靠性逻辑框图。

2. 建立系统可靠性计算模型的基本步骤

建立系统可靠性计算模型一般分成两步：第一步，分析系统各组成单元的功能及其连接方式，并制作系统可靠性框图；第二步，根据可靠性框图建立可靠性的计算模型。

3.6.3.2　串联系统可靠性的计算模型

所谓串联系统是指组成系统所有单元都不发生故障时，系统才能正常工作；反之，只要其中任一单元发生故障，该系统就不能正常工作。

按照串联系统的定义，由 n 个单元组成的串联系统可靠性框图如图 3.20 所示。

图 3.20　串联系统可靠性框图

按照概率论则有

$$P(A) = P\left(\bigcap_{i=1}^{n} A_i\right) = \prod_{i=1}^{n} P(A_i) \tag{3.30}$$

式中：$P(A)$ 和 $P(A_i)$ 分别表示系统和单元的可靠度。

因为 $P(A) = R_s(t)$，$P(A_i) = R_i(t)$，于是式（3.30）可改写为

$$R_s(t) = \prod_{i=1}^{n} R_i(t) \tag{3.31}$$

式（3.31）表明，串联系统的可靠度等于各单元的可靠度乘积。

又因为 $R_i(t) = \mathrm{e}^{-\int_0^t \lambda_i(t)\,\mathrm{d}t}$，于是有

$$R_s(t) = \prod_{i=1}^{n} \mathrm{e}^{-\int_0^t \lambda_i(t)\,\mathrm{d}t} = \mathrm{e}^{-\int_0^t \sum_{i=1}^{n} \lambda_i(t)\,\mathrm{d}t} \tag{3.32}$$

令 $\lambda_s(t) = \sum_{i=1}^{n} \lambda_i(t)$，即串联系统的故障率等于各单元的故障率之和。

当各单元的故障率相同时，即 $\lambda_i(t) = \lambda$（$i = 1, 2, 3, \cdots, n$），于是有

$$\lambda_s = n\lambda \tag{3.33}$$

系统的平均寿命为

$$\mathrm{MTTF}_s = \int_0^\infty R_s(t)\,\mathrm{d}t$$

$$= \int_0^\infty \mathrm{e}^{-\lambda_s t}\,\mathrm{d}t \qquad (3.34)$$

$$= \frac{1}{\lambda_s} = \frac{1}{n\lambda} = \frac{1}{n}\mathrm{MTTF}$$

式（3.34）表明：串联系统的平均寿命与故障率互为倒数，且系统的平均寿命是单元平均寿命的 n 分之一。

串联系统的可靠度等于各单元的可靠度乘积，要想提高串联系统的可靠度必须提高各单元的可靠度，或者尽量减小组成单元。这里还必须指出，在串联系统中，只要有一个单元的可靠度偏低，整个系统的可靠度就会大幅下降。

【例 3.2】　末敏子弹可靠性的计算模型

末敏子弹由目标探测器（传感器）、信息处理器、稳态扫描装置、战斗部和减速减旋装置 5 部分组成。由末敏子弹工作原理得知，只有组成末敏子弹的 5 部分都不发生故障时，末敏子弹才能正常工作。根据串联系统的定义，末敏子弹可靠性属于串联系统，其可靠性框图如图 3.21 所示。

| 减速减旋装置 |—| 稳态扫描装置 |—| 目标探测器 |—| 信息处理器 |—| 战斗部 |

图 3.21　末敏子弹可靠性框图

根据串联系统可靠性的计算模型，末敏子弹可靠性的计算模型为

$$R_s(t) = R_1(t) \cdot R_2(t) \cdot R_3(t) \cdot R_4(t) \cdot R_5(t) \qquad (3.35)$$

式中，R_1，R_2，R_3，R_4，R_5 分别表示减速减旋装置、稳态扫描装置、目标探测器、信息处理器和战斗部的可靠度。

由式（3.35）得知，只要知道了 $R_1(t)$，$R_2(t)$，$R_3(t)$，$R_4(t)$，$R_5(t)$，就可求出末敏子弹的可靠度 $R_s(t)$。

3.6.3.3　并联系统可靠性的计算模型

所谓并联系统是指由具有同一功能并同时参于工作的若干个单元组成的系统，只要其中 1 个单元不发生故障，该系统就能正常工作；反之，只有所有的单元都发生故障时，系统才无法正常工作，其可靠性框图如图 3.22 所示。

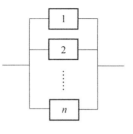

图 3.22　并联系统可靠性框图

根据并联系统的定义，由概率论可得

$$P(A) = 1 - P(\overline{A}) = 1 - \prod_{i=1}^{n}\left[1 - P(A_i)\right] \qquad (3.36)$$

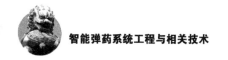

式中，A，$\overline{A}$ 事件——分别为系统正常工作和发生故障事件；

　　　A_i 事件——i 单元不发生故障；

　　　$P(A)$——系统正常工作的概率；

　　　$P(A_i)$——i 单元不发生故障的概率。

因为 $P(A) = R_s(t)$，$P(A_i) = R_i(t)$，于是有

$$R_s(t) = 1 - \prod_{i=1}^{n} \left[1 - R_i(t) \right] \tag{3.37}$$

当 $R_i(t) = R(t)$（$i = 1, 2, \cdots, n$）时，即各单元正常工作的概率相同，式（3.37）可改写成

$$R_s(t) = 1 - \left[1 - R(t) \right]^n \tag{3.38}$$

当 $\lambda_i(t) = \lambda$ 时，即各单元的故障率相同，于是有

$$R_i(t) = R(t) = e^{-\lambda t} \tag{3.39}$$

将上式代入式（3.38），则得

$$R_s(t) = 1 - (1 - e^{-\lambda t})^n \tag{3.40}$$

由式（3.39）得知 $e^{-\lambda t} \leqslant 1$，于是 $(1 - e^{-\lambda t})^n$ 随 n 的增大而减小，所以 $R_s(t)$ 是随 n 的增加而增加，也就是说并联系统的可靠度高于单元的可靠度，即并联系统的故障率要低于单元的故障率。

【例3.3】　云爆弹第二次引爆的可靠性计算模型

二次引爆云爆弹一般由第一次引爆装置、第二次引爆装置、燃料（液体、固体、液固混合体）和壳体等所组成。第一次引爆是将壳体炸开，将燃料抛向空中，并与空气混合形成燃料空气炸药（云雾炸药），第二次才是引爆燃料空气炸药。为了提高第二次引爆的可靠性，常采用 2 个或 3 个二次引爆引信，只要其中一个引信能正常引爆燃料空气炸药，那么燃料空气炸药便能正常爆轰。所以，云爆弹第二次引爆的可靠性属于并联系统，其可靠性框图如图 3.23 所示。

图 3.23　云爆弹第二次
引爆可靠性框图

假设，第二次引爆的两个引信引爆可靠度和故障率都相同，即 $R_1(t) = R_2(t) = R(t)$，$\lambda_2(t) = \lambda_2(t) = \lambda$，由并联系统可靠性的计算模型可得

$$R_s(t) = 1 - \left[1 - R(t) \right]^2 \tag{3.41}$$

或

$$R_s(t) = 1 - (1 - e^{-\lambda t})^2$$

由式（3.41）得知，只要知道了第二次引爆引信引爆的可靠度 $R(t)$，便可求出第二次引爆云爆弹的可靠度 $R_s(t)$。另外，只要知道了云爆弹第二次引爆的可靠度 $R_s(t)$，由式（3.41）也可求出第二次引爆引信引爆的可靠度

$R(t)$。于是有

$$R(t) = 1 - \sqrt{1 - R_s(t)} \qquad (3.42)$$

3.6.3.4　n 取 r 系统可靠性的计算模型

所谓 n 取 r 系统是指由 n 个功能相同的单元所组成，其中至少有 r 个单元不发生故障时，才能正常工作的系统。其可靠性框图如图 3.24 所示。

假设：组成系统各单元的可靠度均为 $R(t)$，故障率均为 λ 常数。按照 n 取 r 系统的定义，系统正常工作相当于 n 个单元中至少有 r 个单元正常工作。显示然这 $n-r+1$ 个事件是互斥的，由概率论得知，互斥事件并的概率等于各事件概率之和。则有

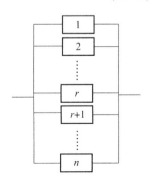

图 3.24　n 取 r 系统
可靠性框图

$$P(A) = \sum_{i=r}^{n} P(A_i) \qquad (3.43)$$

$$P(A_i) = \binom{n}{i} [R(t)]^i [1 - R(t)]^{n-i} \qquad (3.44)$$

式中，$P(A_i)$——在 n 个单元中恰好有 i 个单元正常工作的概率；

$\binom{n}{i}$ —— n 取 i 的组合数，$\binom{n}{i} = \dfrac{n!}{i!(n-i)!}$。

于是有

$$R_s(t) = P(A) = \sum_{i=r}^{n} \binom{n}{i} [R(t)]^i [1 - R(t)]^{n-i} \qquad (3.45)$$

由式（3.45）得知，只要知道了组成 n 取 r 系统各单元的可靠度 $R(t)$，便可求出该系统的可靠度。另外，如果已知 n 取 r 系统的可靠度，由式（3.45）也可求出各单元的可靠度 $R(t)$。

式（3.45）是当 n 取 r 系统中各单元可靠度均相同时推导出来的，但当各单元可靠度 R_i 不相同时，可采用式（3.46）迭代法求系统的可靠度。

$$Q(r,n) = R_n \ Q(r-1,n-1) + (1-R_n) \ Q(r,n-1) \qquad (3.46)$$

其中：$\begin{cases} Q(i,j) = 0, \ i > j \geqslant 0 \\ Q(0,j) = 1, \quad j \geqslant 0 \end{cases}$

【例 3.4】　应用迭代法求 3 取 2 系统的可靠度，其中 3 个单元可靠度均不相同。

$$Q(1,1) = R_1 Q(0,0) + (1-R_1) Q(1,0) = R_1$$

$$Q(2,2) = R_2 Q(1,1) + (1 - R_2) Q(2,1) = R_1 R_2$$

$$Q(1,2) = R_2 Q(0,1) + (1 - R_2) Q(1,1) = R_2 + (1 - R_2) Q(1,1) = R_1 + R_2 - R_1 R_2$$

$$Q(2,3) = R_3 Q(1,2) + (1 - R_3) Q(2,2) = R_1 R_2 + R_1 R_3 + R_2 R_3 - 2R_1 R_2 R_3$$

【例 3.5】 建立箔条干扰弹可靠性计算模型。

箔条干扰弹主要用于干扰敌方雷达。为了增大散布面积，箔条弹通常采用子弹结构。子弹的数目一般取决于被保护目标的雷达反射面积，子弹在空中散布范围和箔条的特性。子弹的数目一般为几十个甚至上百个，由于多种原因，不可能每个子弹都能正常爆炸把箔条抛开。为了保证箔条有一定的散布面积，必须要有一定数量的子弹正常爆炸。所以，箔条干扰弹是属于 n 取 r 系统，其可靠性框图如图 3.24 所示。

假设：箔条弹由 50 个子弹组成，必须保证有 45 个子弹正常爆炸时，箔条散布的面积才能满足战术要求，由式（3.45）可得箔条弹可靠性的计算模型为

$$R_s(t) = \sum_{i=45}^{50} \binom{50}{i} [R(t)]^i [1 - R(t)]^{50-i} \tag{3.47}$$

由式（3.47）得知，只要知道了子弹爆炸的可靠度 $R(t)$，就可计算出箔条弹的可靠度 $R_s(t)$。另外，如果知道了箔条弹的可靠度 $R_s(t)$，也可根据式（3.47）求解各子弹的可靠度。

3.6.3.5 表决系统可靠性的计算模型

所谓表决系统是指由 3 个或 3 个以上相同功能的单元所组成的，取多数单元的相同输出作为系统的输出。为了判定各单元的输出，并遵循以少数服从多数的原则，该系统还需一个表决装置。其可靠性框图如图 3.25 所示。

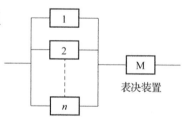

图 3.25 表决系统可靠性框图

根据表决系统的定义，参考其可靠性框图，表决系统实质上是由一个 n 取 r 系统和表决装置组成的串联系统。假设各单元的可靠度相同，即 $R_i(t) = R(t)$。由 n 取 r 系统和串联系统的可靠性计算模型，可得表决系统的可靠性计算模型如下：

$$R_s(t) = \left\{ \sum_{i=r}^{n} \binom{n}{i} [R(t)^i [1 - R(t)]^{n-i}] \right\} \cdot R_m(t) \tag{3.48}$$

【例 3.6】 建立多模探测器的可靠性计算模型。

为了提高探测器对目标的捕获概率，目前，常采用由多个传感器组成的多模

探测器，如新一代末敏弹探测器，为了提高对目标捕获的可靠性，采用了红外、激光和毫米波 3 种传感器组成的多模探测器。系统可靠性框图如图 3.25 所示。

假设红外、激光和毫米波的可靠性相同，用 $R(t)$ 表示，则由式（3.48）得到可靠性计算模型为

$$R_s(t) = \{3[R(t)]^2[1-R(t)] + [R(t)]^3\} \cdot R_m(t)$$
$$= \{3[R(t)]^2 - 2[R(t)]^3\} \cdot R_m(t) \tag{3.49}$$

式中，$R_m(t)$——表决装置（处理系统）的可靠度。

3.6.3.6　组合系统可靠性的计算模型

组合系统可靠性是指两种或两种以上单一系统组成的系统可靠性。如二次引爆云爆弹爆轰可靠性；又如三模探测器的末敏子弹作用可靠性，都属于组合系统可靠性。

【例 3.7】　二次引爆云爆弹爆轰可靠性的计算模型，根据由二次引爆云爆弹的组成及各组成部分的功能，可得二次引爆云爆弹爆轰可靠性框图如图 3.26 所示。

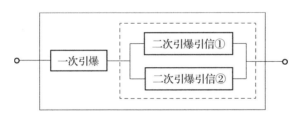

图 3.26　二次引爆云爆弹爆轰可靠性框图

假设：二次引爆云爆弹爆轰用 A 事件表示，其可靠度用 R_s 表示；

第一次引爆用 A_1 事件表示，其可靠度用 R_1 表示；

第二次引爆用 A_2 事件表示，其可靠度用 R_2 表示。

由二次引爆云爆爆轰过程得知，只有当第一次和第二次都正常引爆时，云爆弹才能正常爆轰。所以，二次引爆云爆弹爆轰可靠性的计算模型属于串联系统可靠性的计算模型，即

$$R_s = R_1 \cdot R_2 \tag{3.50}$$

为了提高第二次引爆的可靠性，采用了两个引爆引信，其可靠度分别用 R_{21} 和 R_{22} 表示，只要其中一个引信不发生故障，就能正常引爆云雾炸药。所以，第二次引爆可靠性的计算模型属于并联系统可靠性的计算模型，于是有

$$R_2 = 1 - (1 - R_{21})(1 - R_{22}) \tag{3.51}$$

将 R_2 代入式（3.50），于是可得二次引爆云爆弹爆轰可靠性的计算模型为

$$R_s = R_1 \cdot [1 - (1 - R_{21})(1 - R_{22})] \qquad (3.52)$$

【例3.8】 建立三模探测器末敏弹作用可靠性的计算模型。

假设：末敏弹探测器是由毫米波、红外和激光等组成的三模探测器，根据末敏弹的组成及各组成部分的功能，可得末敏弹作用可靠性框图如图3.27所示。

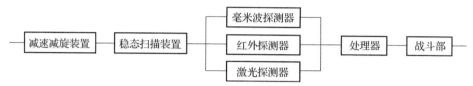

图3.27 三模探测器末敏弹作用可靠性框图

假设：减速减旋装置的可靠度用 R_1 表示，稳态扫描装置的可靠度用 R_2 表示，探测器可靠度用 R_3 表示，处理器的可靠度用 R_m 表示，战斗部的可靠度用 R_4 表示。根据末敏弹工作过程，只有各组成部分都不发生故障时，末敏弹才能正常工作。所以，末敏弹作用可靠性的计算模型属于串联系统可靠性的计算模型，于是有

$$R_s = R_1 \cdot R_2 \cdot R_3 \cdot R_m \cdot R_4 \qquad (3.53)$$

由末敏弹工作原理得知，为了提高末敏弹捕获目标的概率和捕获目标的准确性，探测器常采用多模体制。本例是采用三模体制，假设毫米波、红外和激光探测器的可靠性相同，用 R_{31} 表示。表决时有三种方式，即第一种方式只有其中一个探测器探测到目标，三模探测器就能正常工作；第二种方式是三个探测器都探测到目标，才算三模探测器正常工作；第三种方式采用以少数服从多数原则，即只要有两个以上的探测器捕获到目标，三模探测器就算正常工作。很显然，第一种方式属于并联系统；第二种方式属于串联系统；第三种方式属于表决系统，其中处理器就是表示装置。

①第一种方式属于并联系统，可靠性的计算模型为

$$R_3 = 1 - (R_{31})^3 \qquad (3.54)$$

②第二种方式属于串联系统，可靠性的计算模型为

$$R_3 = R_{31} \cdot R_{31} \cdot R_{31} \qquad (3.55)$$

③第三种方式属于表决系统，可靠性的计算模型为

$$R_3 \cdot R_m = [3R_{31}^2(1 - R_{31}) + R_{31}^3] \cdot R_m \qquad (3.56)$$

将式（3.55）代入式（3.53），于是可得三模探测器末敏弹作用可靠性的计算模型为

$$R_s = R_1 \cdot R_2 \cdot [3R_{31}^2(1 - R_{31}) + R_{31}^3] \cdot R_m \cdot R_4 \qquad (3.57)$$

若毫米波、红外和激光探测器的可靠性不相同，三模探测器末敏弹作用可

靠性可采用式（3.46）来计算。

3.6.4　可靠性设计

智能弹药系统的可靠性涉及系统结构、材料、元器件、制造等多因素，智能弹药系统的可靠性设计是一个很复杂的问题，是一个逐渐明确和趋于合理的过程，也是一个系统工程问题。

可靠性设计就是应用定性分析和定量分析相结合的方法，以定量分析为主，科学合理地确定系统的可靠度，并将系统可靠性指标正确地分解到各组成子系统，以指导各子系统的可靠性设计。智能弹药系统的可靠性可以用工作及运行状态下的可靠度来表示，而工作可靠度又可认为是由系统的固有可靠度和使用可靠度所组成的。固有可靠度是指经过设计、制造、试验等过程所确定的系统可靠性。

可靠性设计应包括两个方面：一是科学合理地确定系统（产品）的固有可靠度；二是采取有效的技术或措施保障或提高系统（产品）的固有可靠度。

3.6.4.1　基本原则

1. 安全性与可靠性统一和安全性第一的原则

智能弹药系统是一个特殊的人造系统，大多数具有极强的破坏力。因此，智能弹药系统在研制、试验、运输、保管和使用过程中必须绝对安全。但当智能弹药命中目标或达到目标区时，作用又必须绝对可靠，充分发挥其极强的破坏能力，有效地毁伤敌方目标。所以，智能弹药系统的安全性和可靠性都非常重要，遵照"军工产品安全第一"的原则，安全性应放在第一位。

例如：智能弹药的装药是靠引信引爆的，引信的作用是适时引爆智能弹药装药，即在该引爆时一定要引爆，不该引爆时要绝对安全。由此可见，智能弹药系统的安全性和可靠性主要取决于引信的安全性和可靠性。为了保证智能弹药的安全，引信都装有保险装置（安全装置），在保险装置没有被解除时，引信是绝对安全的。一旦引信保险装置被解除，随时都有可能引爆智能弹药装药。所以，在设计智能弹药系统的可靠性时，必须坚持安全性与可靠性统一的原则。为了提高智能弹药的安全性，保证有一定的可靠性，军标规定必须用双环境力（轴向直线过载和径向离心过载）才能解除引信保险装置。双环境力解除保险是指利用智能弹药在发射时和飞行过程中所受到的两种不同性质的环境力分别解除两道引信保险装置，这就大大地提高了引信的安全性，同时又保证了引信有足够的可靠性。

2. 要与科技水平相适应

随着科学技术迅猛发展及其在智能弹药上的应用，智能弹药的高新技术含量越来越高，结构越来越复杂，性能也越来越好。一般来说，结构越复杂，高新技术含量越高，智能弹药的可靠性就越差一些，但随着科技的发展，可靠性也可随之提高。因此，在进行可靠性设计时，应充分考虑到智能弹药系统所用技术的难度，尽量简化结构。

3. 要与结构相适应

智能弹药系统的可靠性与智能弹药结构密切相关，一般情况下，结构越复杂以及使用的零部件越多，可靠性就越差一些。结构是为了满足智能弹药系统总体功能和技术指标的需要，在保证智能弹药性能的前提下，应尽量简化结构，以提高智能弹药的可靠性。

为了提高智能弹药系统的可靠性，结构设计时应少选串联系统，适当选用一些并联系统。例如：二次引爆的云爆弹，第二次引爆云雾炸药时，就采用了两个引爆引信。虽然结构上增加了一个引爆引信，使结构稍许复杂，但引爆云雾炸药的可靠性却大大地提高了。

4. 与智能弹药成本相适应

通常情况下，智能弹药的高新技术含量越高，智能弹药的成本也相应增加，这就要求智能弹药的可靠性要相应提高。

例如：末敏子弹同普通反装甲破甲子弹相比，它安装了目标探测器、稳态扫描装置和信息处理器，其成本要比普通破甲子弹高得多。因此，对末敏子弹的可靠性要求，也应比对普通破甲子弹的要求高一些。但必须指出，高新技术含量高，结构复杂，其可靠性就会低一些。所以，对末敏子弹的可靠性要求高一些，并不是说末敏子弹的可靠性一定要比普通破甲子弹的可靠性高。

3.6.4.2 设计准则

可靠性设计准则是把已有的、相似的产品的工程经验总结起来，使其条理化、系统化、科学化，成为设计人员进行可靠性设计的所遵循的原则和应满足的要求。可靠性设计准则一般都是针对某个型号或产品的，但也可以把各型号或产品的可靠性设计准则的共性内容综合成某种类型的可靠性实际准则。

智能弹药系统可靠性设计准则应包括以下一些方面：

（1）智能弹药系统可靠性指标应与其战术技术指标的一同确定，并对分系统、关键和重要设备、成品等的可靠性进行合理分配。

（2）对已投入使用的相同（或相似）智能弹药，了解并掌握其可靠性水平及对可靠性影响的诸因素，以确定提高当前研制产品可靠性的有效措施。

（3）建立智能弹药系统可靠性框图和数学模型，进行可靠性预计。可靠性预计和分配工作在整个研制过程中应反复进行多次，以保持其有效性。

（4）在满足技术性能要求的前提下，应尽量减少设计方案，减少零部件（或元器件）、分系统的数量，把复杂程度减至最低限度。

（5）在确定方案前，应详细分析智能弹药系统的使用环境，确定影响其可靠性的最重要的环境应力，作为采取环境设计的依据，确保将环境应力可能对系统安全使用的影响降至最低。

（6）在同一型号上不宜采用过多的新技术。如必须使用则应对其可行性和可靠性进行充分论证，并进行有关严格试验。

（7）实施标准化、规范化设计，采用成熟的标准零部件、元器件、材料。

（8）严格控制元器件、零部件的选择，对零部件、元器件进行必要的筛选，尽可能采用标准件，减少元器件、零部件的种类，对系统影响较大的元器件要严格控制其容差，对关键零部件要进行必要的可靠性增长试验。

（9）应根据功能需求、体积、质量、经济性与可靠性等，确定分系统的冗余设计，实现一些重要功能的冗余。

（10）如有容易获得且行之有效的普通工艺能解决问题，就不必过于追求新工艺。

（11）严格控制结构、机械和电路系统以及其他机构的相对位置，确保静态或动态情况下有足够的使用间隙，以防止发生机械零部件运动受阻、擦伤或电路短路等意外情况。

（12）使智能弹药系统的使用和维护中引起人为误差的可能性减至最小。

3.6.4.3　设计准则制定的意义

制定可靠性设计准则的意义主要表现在以下几个方面：

（1）可靠性设计准则是进行可靠性设计的重要依据。

在可靠性设计工作中，当智能弹药系统的可靠性要求难于规定定量要求时，就应该规定定性的可靠性设计要求，为满足定性要求，必须进行一系列的可靠性设计工作，而制定和贯彻可靠性设计准则是一项重要内容。

（2）贯彻设计准则可以提高产品的固有可靠性。

智能弹药系统的固有可靠性是设计和制造赋予智能弹药的内在可靠性，是智能弹药的固有属性。而设计准则是设计人员在可靠性设计中必须遵循的原

则。按此准则设计，就可避免一些不该发生的故障，从而提高系统的可靠性。

（3）可靠性设计准则是可靠性设计和性能设计相结合的有效方法。

设计人员只要在设计中贯彻设计准则，就能把可靠性设计应用到系统中去，从而提高智能弹药系统的可靠性，这是一种极好的系统性能设计和可靠性设计相互结合的有效方法。

（4）工程实用价值高，费效比低。

可靠性设计准则主要是经验的积累，不需要花费金钱去做试验，或进行复杂的数学运算。由于贯彻了设计准则，避免了不少故障的发生，取得的效益是很大的，因此其费效比较低。而且贯彻设计准则，设计人员不需要深厚的数学基础和对可靠性理论的深刻理解，简单易懂，只要按设计准则逐条贯彻即可，受到工程技术人员的欢迎。

3.6.4.4　设计准则制定的程序

可靠性设计准则一般应根据产品类型、重要程度、可靠性要求、使用特点和相似产品可靠性设计经验以及有关的标准、规范来制定。制定某一型号的（或某一产品的）可靠性设计准则的基本程序如下：

（1）收集并分析国内外资料，例如有关的规范、指南等，特别是结合自己的成功或失败经验加以归纳、整理，形成最初始的可靠性设计准则；

（2）将初始的设计准则，交给产品设计人员讨论、修改、补充，使其进一步国情化、型号化、产品更新换代化；

（3）由可靠性设计准则编写人员统一编写、整理，使之条理化、系统化、科学化。

上述步骤反复进行几次后，即可形成型号或产品的可靠性设计准则，由型号或产品的总师系统颁发，在型号或产品设计工作中贯彻、执行。在贯彻和执行可靠性设计准则的过程中，还需不断总结经验教训，不断修改完善。

3.6.4.5　主要步骤

智能弹药系统可靠性设计贯穿于智能弹药整个研制过程中，从产品设计开始，一直到产品定型，其过程如框图如图3.28所示。

图3.28　可靠性设计过程示意图

智能弹药系统的可靠性在进行智能弹药总体方案设计时就要考虑，特别在进行结构设计和技术方案的选取时，要充分考虑到智能弹药系统的可靠性指标。根据智能弹药承担的战斗任务和可靠性设计原则，提出比较合理的可靠性指标，加工制造过程中既要保证智能弹药的性能，又要满足智能弹药的可靠性指标要求，通过试验验证是否达到了可靠性指标要求，如不能满足要求，则需重新调整可靠性指标，或加强加工制造过程的管理，提高加工质量，直到满足可靠性指标为止。

智能弹药系统的可靠性设计主要步骤大体可分为以下四步：

（1）全面系统地分析智能弹药系统和各组成部分的功能及其连接方式；

（2）根据智能弹药系统各组成部分的功能及连接方式绘制可靠性框图；

（3）按可靠性框图建立可靠性计算模型；

（4）按可靠性的计算模型进行可靠性设计或可靠性指标分解。

3.6.4.6　指标分解

可靠性指标分解是系统可靠性设计的一个重要环节，它将系统设计任务书中规定的可靠性指标，按一定的方法分配给系统的组成部分（分系统、组件直到元器件），并将它们写入相应的设计任务书或技术经济合同中。这是一个由整体到局部、由大到小、由上到下的分解过程。其目的是使各级设计、生产人员明确其可靠性要求，根据要求估计所需的人力、时间和资源，并研究实现这个要求的可能性及办法。

实际上，在进行系统可靠性指标分解时，通常只知道系统的可靠性指标，组成系统各部件的可靠性指标一般未知。所以，在进行系统可靠性指标分解时需要采用以下方法。

1. 均等法

均等法假设组成系统各部件的可靠性指标相同，即 $R_i(t) = R(t)$（$i = 1$，2，$\cdots$，n），若系统的可靠性指标为 $R_s(t)$，则各部件的可靠性指标均为

$$R_i(t) = \frac{R_s(t)}{n} \tag{3.58}$$

均等法的优点是简单，缺点是不合理。对于结构复杂、技术难度大的部件来说，可靠性指标偏高；对于结构简单技术成熟的部件来说，可靠性指标偏低了。所以，此方法计算求解出各组成部件的可靠性指标只能作为参考，必须根据实际情况进行调整。

2. 加权法

大量的实践工作表明，结构复杂、技术难度大的系统，发生故障的概率

大，或可靠性差；结构简单、技术难度小的系统，发生故障的概率小，或可靠性高。根据这一原则，在分析系统各组成部件的结构和技术的基础上，选择一个可靠性比较容易确定的部件，并将它的可靠性指标作为基本指标。而其他各部件与它相比较，进行加权。这种方法就是加权法。

假定：选择第 n 个部件的可靠性指标作为基本指标，则有

$$R_n(t) = R(t) \tag{3.59}$$

其他各部件的可靠性指标的权重值为 β_J（$J = 1，2，\cdots，n-1$）。

又设系统的可靠性指标为 $R_s(t)$，则由式（3.59）可得

$$R_s(t) = \sum_{J=1}^{n-1} \frac{R(t)}{\beta_J} + R(t)$$

$$= \left[1 + \sum_{J=1}^{n-1} \frac{1}{\beta_J} \right] R(t) \quad (J = 1,2,\cdots,n)$$

于是有

$$R(t) = \frac{R_s(t)}{1 + \sum_{J=1}^{n-1} \frac{1}{\beta_J}} \tag{3.60}$$

各部件的可靠性指标权值可大于 1，也可小于 1。

此方法的关键是确定系统各组成部分的可靠性指标权值 β_J。常用的方法有经验法、专家咨询法和层次分析法等。

3.6.4.7　二次引爆云爆弹爆轰可靠性设计

根据可靠性设计步骤，二次引爆云爆弹爆轰可靠性设计工作包括以下几个方面：

1. 功能及连接方式分析

云爆弹主要由云爆药剂（燃料）、炸管、一次引爆装置、二次引爆装置和壳体等组成。其工作原理是当云爆弹到达目标区离地一定高度时，一次引爆装置引爆炸管，炸管爆炸后炸开壳体，同时将燃料抛撒在空中，使燃料与空气中的氧气混合形成燃料空气炸药——云雾炸药；二次引爆装置直接引爆燃料空气炸药，燃料空气炸药爆轰后形成强大的爆轰波和空气冲击波，摧毁敌方重要军事目标。由此可见，云爆药剂是形成燃料空气炸药的基本物质，也是云爆弹毁伤目标的能源，壳体是盛装云爆药剂的容器，并将一次和二次引爆装置、云爆药剂和炸管连成一体。炸管是炸开壳体把云爆药剂抛撒在空中的装置。

2. 绘制可靠性框图

根据云爆弹的工作原理和各组成部分的功能可知，只有当一次和二次引爆

都不发生故障时，云爆弹才能正常爆轰。由此可见，云爆弹爆轰的可靠性属于串联系统的可靠性，其可靠性框图如图 3.29 所示。

另外，从云爆弹爆轰失效的角度来看，只要其中的任一次引爆发生故障，云爆弹爆轰就会失效。由此可见，云爆弹爆轰失效属于并联系统，其失效的可靠性框图如图 3.30 所示。

图 3.29　二次引爆云爆弹爆轰的可靠性框图　　**图 3.30　云爆弹爆轰失效的可靠性框图**

图 3.29 和图 3.30 表明：研究目的不同，同一系统的可靠性框图也不同。

由二次引爆云爆弹的工作原理得知，第二次引爆是引爆云雾炸药，当引爆点在云雾炸药中引爆时，才能引爆云雾炸药。所以，第二次引爆的难度要比第一次引爆的难度大，为了提高第二次引爆云雾炸药的可靠性，采用了 2 个引爆引信，只要其中一个引爆引信在云雾炸药中引爆，云雾炸药就能正常爆轰。显然第二次引爆系统属于并联系统，其可靠性框图如图 3.31 所示。

综合上述，二次引爆云爆弹爆轰可靠性属于组合系统，其可靠性框图如图 3.32 所示。

图 3.31　第二次引爆的可靠性框图　　　　**图 3.32　二次引爆云爆弹的可靠性框图**

3. 建立可靠性计算模型

假设：二次引爆云爆弹爆轰的可靠度用 R_s 表示；一次引爆的可靠度用 R_1 表示；第二次引爆的可靠度用 R_2 表示，二次引爆引信 1 和引信 2 引爆的可靠度相同，并用 R_c 表示。按可靠性框图 3.32，可靠性的计算模型可表示为

$$R_s = R_1 \cdot R_2 = R_1 \cdot [1 - (1 - R_c)^2] \tag{3.61}$$

4. 可靠性指标的计算及分解

根据战术技术指标要求，二次引爆云爆弹爆轰的可靠度不小于 90%，即可取 $R_s = 0.9$。参照可靠性设计基本原则，难度大的可靠性可适当低一些，可采用加权法求解方程式（3.61）。

设 $R_1 = 1.05R_2$，则由式（3.61）可求得 $R_2 = 0.926$，$R_1 = 0.972$。

由于 $R_2 = 1 - (1 - R_c)^2$，于是二次引爆引信的可靠度为 $R_c = 0.728$。

综上所述，只要一次引爆的可靠度 $R_1 = 0.926$，第二次引爆的可靠度 $R_2 = 0.972$，那么二次引爆云爆弹爆轰的可靠度就不小于 90%。如果第二次引爆采用两个引爆引信，引爆的可靠性相同，那么第二次引爆引信引爆云雾炸药的可靠度为 72.8%。

3.6.4.8　末敏子弹作用可靠性设计及可靠性指标分解

根据可靠性设计步骤，末敏子弹可靠性设计工作包括以下几个方面：

1. 功能和连接方式分析

末敏子弹一般由减速减旋装置、稳态扫描装置、目标探测器、处理器（或表决装置）和战斗部等组成。其工作过程是：当母弹飞至目标区上空某一高度时，母弹开窗抛出末敏子弹；子弹一离开母弹，减速减旋装置立即开始工作；当末敏子弹下降速度满足稳态抛描要求，旋转（自转）速度为零时，立即抛掉减速减旋装置；打开稳态扫描装置，使子弹以一定的速度（一般 10～20 m/s）继续下降，同时子弹与铅垂轴成 30° 夹角，并以一定的转速（一般 4～8 r/s）绕铅垂轴旋转；当子弹下降至目标探测器的最大探测高度时，目标探测器开始搜索目标，同时把信息送给处理器；当目标探测器捕获到目标，信息处理器在最佳时刻发出引爆指令；引爆装置接到引爆指令后，立即引爆战斗部装药，战斗部装药爆炸后，药型罩在爆轰波阵面压力和产物的作用下形成 EFP，并以一定的速度（一般为 1 800～2 500 m/s）射向并击毁目标。

2. 绘制可靠性框图

从末敏子弹工作的全过程可以清楚地看到，只有当减速减旋装置、稳态扫描装置、目标探测器、处理器和战斗部都不发生故障时，末敏子弹才能正常工作，所以末敏子弹的作用属于串联系统，其可靠性框图如图 3.33 所示。

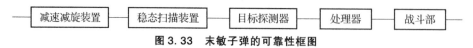

图 3.33　末敏子弹的可靠性框图

3. 建立可靠性计算模型

设：末敏子弹的可靠度用 R_s 表示，R_1、R_2、R_3、R_4 和 R_5 分别表示减速减旋装置、稳态扫描装置、目标探测器、处理器和战斗部的可靠度。根据串联系

统可靠性的计算模型，参考末敏子弹的可靠性框图 3.33，末敏子弹可靠性的计算模型可表示为

$$R_s = R_1 \cdot R_2 \cdot R_3 \cdot R_4 \cdot R_5 \qquad (3.62)$$

4. 可靠性指标计算及分解

假设：两发母弹（4 发末敏子弹）击毁一辆装甲车的可靠度 $R = 95\%$，每发末敏子弹可靠度相同，记为 R_s，只要有一发末敏子弹击毁目标就算完成任务。根据概率论原理可得

$$R = 1 - (1 - R_s)^4 \qquad (3.63)$$

于是有 $R_s = 1 - \sqrt[4]{1 - R} = 0.527$，将 R_s 代入式（3.62），则得

$$0.527 = R_1 \cdot R_2 \cdot R_3 \cdot R_4 \cdot R_5 \qquad (3.64)$$

系统可靠度与系统故障密切相关，当系统的故障率 $\lambda(t)$ 等于常数 λ 时，则有

$$R_i = \mathrm{e}^{-\lambda_i t_i} \quad (i = 1, 2, 3, 4, 5) \qquad (3.65)$$

式中，t_i——各部件的工作时间。

由于末敏子弹各部件的工作时间 t_i 不同，其中减速减旋装置和稳态扫描装置工作的时间最长，而战斗部工作时间最短，很难根据式（3.62）求解各组成部分的可靠度。再说，各组成部分的可靠度不仅与工作时间有关，而且与它们的加工、装配和工作环境有关。如稳态扫描装置的可靠度与稳态扫描伞能否正常打开，扫描伞与弹体的连接可靠与否密切相关，所以稳态扫描装置的故障主要取决于扫描伞开伞的故障与弹体连接的故障。又如战斗部能否正常工作，主要取决于引信是否发生故障、装药和装配精度。所以，只能根据经验，或采用比较的方法，事先确定或假设某些部件的可靠度。

假设：EFP 命中并击毁目标的可靠度 $R_5 = 0.80$，减速减旋装置的可靠度 $R_1 = 0.98$，稳态扫描装置的可靠度 $R_2 = 0.95$，处理器的可靠度 $R_4 = 0.98$。

将 R_1、R_2、R_4、R_5 代入式（3.64），可求出目标探测器的可靠度 $R_3 = 0.722$。

综上所述，上述各子系统的可靠性指标是在一定的假设条件下求得的，那些假设的可靠性指标是根据需要和可能，加上经验确定的，有一定的可信性，只能作为子系统可靠性设计的牵引指标，不能作为子系统可靠性指标设计的依据。子系统的可靠性指标必须服从总系统可靠性指标的要求，不仅要进行合理性分析，还必须通过试验进行验证，调整不合理的可靠性指标，最终求得科学、合理的可靠性指标。

3.6.5　可靠性预计

智能弹药系统的可靠度是以大量的可靠性试验结果通过各种统计方法计算得到的，但在实际情况下，进行这样的试验是困难的，有时甚至是不可能的。智能弹药系统虽然可以做环境试验和性能试验，但要做使用条件下的故障率试验实际上是不可能的。另外，智能弹药系统失效率通常要求低于 10^{-6}，这样严格的安全性要求也是不可能用试验来测定。因此，就有了一个智能弹药系统可靠性预计的问题。

3.6.5.1　基本概念

可靠性预计是在设计阶段对系统可靠性进行定量的估计，其目的是发现影响系统可靠性的薄弱环节，以便采取设计措施，提高系统可靠性，同时评价系统是否能够达到要求的可靠性指标。

1. 定义

在方案设计阶段，智能弹药产品在给定工作条件下可靠性的估计工作就称为可靠性预计。这项工作是根据系统、部件、原件的功能、工作环境及其有关资料，推测该系统所具有的可靠度，是一个由局部到整体、由小到大、由下而上的综合过程。

2. 目的

可靠性预计在于及时发现薄弱环节，提出改进措施，进行方案比较，以选择最佳方案。其具体目的有以下几个方面：

（1）了解方案设计是否与可靠性指标相符，其符合程度有多大；

（2）在试验或运行中，若发现可靠性达不到要求或有所下降，可根据失效率异常的情况来排查产品中某个特定部件或元件是否发生了失效；

（3）在方案或初样设计的早期阶段，及时找出薄弱环节，提出改进措施；

（4）可靠性预计的结果（数据）是可靠性分配的依据，在制定可靠性指标时，有助于找到可能实现的合理值；

（5）根据预计的结果及要求，指导零部件（主要是光电类元器件）的正确选择；

（6）有助于可靠性指标和性能参数的综合考虑；

（7）对于某些无法进行整机可靠性试验的产品，可采用把各部件的试验数据综合起来计算整机可靠度的办法，即根据元器件或部件的可靠性来预计全系统的可靠性；

（8）为可靠性增长试验、验证试验及费用核算等方面的研究提供依据。

3.6.5.2　主要步骤

可靠性预计要遵循一定的工作程序，其主要步骤如下：

（1）明确规定系统的功能和功能容许极限。当系统已被明确定义后，其工作条件、工作性能和容许偏差就都为已知，则系统的故障也就有了明确的定义。那么，当系统的一项或几项性能超出了容许偏差，即表明系统出现了故障。

（2）把系统分解成能明确区分而无重复的若干分系统，同时要考虑其储备结构和工作的独立性。

（3）找出那些在系统中使用数量多、故障率高、对系统可靠性影响大的元器件。

（4）将元器件进行分类，对于电子类元器件可以查有关失效手册，从中得到基本失效率数据，然后再根据使用环境条件等计算出元器件的失效率；对于非电类构件或部件，其失效率主要依靠自身数据的积累。

（5）根据电子类元器件、非电类构件或部件的失效率，计算出各分系统的失效率。

（6）确定各分系统失效率基本数值的修正系数，计算出经修正后的各分系统失效率。

（7）由经修正后的各分系统失效率，计算出系统失效率的基本数值。

（8）确定系统失效率基本数值的修正系数，计算出经修正后的系统失效率。

（9）预计系统的可靠性。若系统可靠度函数为指数分布，即可根据 $R(t) = e^{-\lambda t}$，求出系统的可靠性。

3.6.5.3　一般方法

智能弹药产品可靠性预计分为安全性预计和作用可靠性预计，其主要方法有：相似产品法、专家评分法、元器件计数法、应力分析法、界限法和蒙特卡洛法等。

1. 相似产品法

相似产品法是利用智能弹药相似产品所得到的试验数据和经验总结来预计研制产品的可靠性的一种方法。这种方法不需要研制产品的数据，直观简便，预计速度快，但要有较为丰富的经验。在试验初期广泛应用，在研制的任何阶段也都适用。尤其是对非电类产品，通常查不到故障数据，需要靠自身数据的积累，若参照相似成熟产品的详细故障数据，则可以获得预计的可靠度。相似性越好，成熟产品故障数据越详细，其预计的准确度就越高。

相似产品法可靠性预计的基础是新研制的产品在全系统或分系统上与已有产品相比具有相似性。对于智能弹药来说，许多新产品都是在现有产品的基础上改进而来，有的智能弹药采用了其他制式智能弹药的某一机构或部件，这就为用相似产品法进行可靠性预计提供了有利条件。

相似产品法是一种比较快速粗略的预计方法，其最突出的优点是在设计伊始，就可以把提高系统可靠性的技术措施贯彻到工程设计中，以免事后被迫更改设计。

2. 专家评分法

专家评分法是由多名专业工程技术人员根据设计、研制、生产和使用的经验，按照产品或子系统的功能、结构、环境、勤务处理及制造工艺等因素进行评分，按评分结果由已知的某单元失效率根据评分系数算出未知单元的失效率。

专家成员中应包括设计、生产、管理、可靠性分析和使用等方面的人员。专家评分时考虑的因素主要包括功能、结构、环境、勤务处理、制造工艺等。

3. 元器件计数法

现代智能弹药系统中已广泛应用了电子元器件。由于电子元器件大多数都假定其失效类型为指数分布，且失效率 λ 为常数，所以通过采用寿命试验方法得到各种器件失效数据并将其编制成可靠性预计手册，例如：对国产电子元器件可查国军标《电子设备可靠性预计手册》（GJB/Z 299B—98）。

元器件计数法就是利用可靠性预计相关手册，查出每个电子类元器件的质量系数、基本失效率、环境系数等，然后根据式（3.66）计算模型预测全系统（或部件）的失效率。

$$\lambda_e = \sum_{i=1}^{n} N_i \cdot \lambda_{Gi} \cdot \pi_{Qi} \cdot \pi_{Ei} \cdot \pi_{ni} \tag{3.66}$$

式中，λ_e——总失效率；

n——不同的基本元器件种类的数目；

N_i，λ_{Gi}，π_{Qi}，π_{Ei}，π_{ni}——第 i 个基本元器件的数量、基本失效率、质量系数、环境系数和修正系数。

元器件计数法主要应用于智能弹药系统电路部分的初步设计阶段，这时已大致知道将用于智能弹药系统中各种电子元器件的等级和类型（如电阻、电容、电感等）以及数目。若各种元器件在同一环境条件（通用工作环境温度和常用工作应力）下工作，可以直接采用式（3.66）预计总失效率；若各种元器件不在同一环境条件下工作，则先采用式（3.66）预计各个元器件失效率，然后相加得到总失效率。

4. 应力分析法

元器件计数法是以每一类元器件的平均失效率为基础进行分析的，应力分析法则基于元器件处于不同的应力（如：电应力、机械应力、热应力等）水平就会有不同失效率的原理。应力分析法只能用于详细设计阶段，它与元器件计数法的不同之处就是要根据元器件所处的实际应力环境条件，对元器件的失效进行修正。

应力分析法所需的基本数据也是从 GJB/Z 299B—98 手册中查找，其工作步骤为：

（1）将所有元器件按功能单元分类；

（2）确定各个元器件的应力；

（3）查出各种元器件工作失效率的数学模型；

（4）查出元器件的基本失效率（在 25 ℃、无振动、无冲击的实验室条件下）；

（5）根据元器件的类型、质量、应力等查出修正系数；

（6）计算元器件在实际使用环境条件下的工作失效率；

（7）建立可靠性框图及其数学模型；

（8）求总的失效率。

5. 界限法

界限法又称上下限法、边值法，其基本思想是将复杂系统首先简化为由某些单元组成的串联系统，求出系统可靠度的上限值和下限值，然后使简化系统逐步复杂，逐步求系统越来越精确的可靠度上、下限值，达到一定要求后再将上、下限值进行简单的数学处理，从而得到满足实际精度要求的可靠度预计值。

6. 蒙特卡洛法

蒙特卡洛法是一种借助于计算机和随机抽样概率模型做近似计算的数学模

拟方法。

当各个单元的可靠性特征量已知，但系统的可靠性模型过于复杂，难以推导出一个可以求解的通用式时，蒙特卡洛法可以根据单元完成任务的概率及其可靠性框图，近似计算出系统的可靠度。

蒙特卡洛法规定，每个单元的预测可靠度在可靠性框图中可以用一组随机数来表示。例如：当一个单元的可靠度为 0.8 时，便可用从 0～0.799 9 的所有随机数表示单元成功，用 0.800 0～0.999 9 的所有随机数表示单元的失效。这样，就能根据单元的可靠度和系统的可靠性框图来预计系统的可靠度。

3.6.5.4 智能弹药系统可靠性预计

智能弹药系统可靠性预计是把智能弹药系统分成若干分系统（如引信、战斗部、控制装置、增程装置和发射装药等），当各分系统的可靠性数据为已知时，根据智能弹药系统的可靠性框图直接计算智能弹药系统的可靠度预计值；当各分系统的可靠性数据为未知时，首先要对各分系统进行可靠性预计，然后再对全系统作可靠性预计。

【例 3.9】 某型智能弹药系统由发射、增程和战斗部（杀爆型）3 个分系统组成，其可靠性模型为串联关系。试用相似产品法预计该型智能弹药的可靠度。

根据该型智能弹药的可靠性模型，可以得到所对应的数学模型为

$$R = R_1 \times R_2 \times R_3 \qquad (3.67)$$

式中，R——全弹系统的可靠度；

R_1，R_2，R_3——发射、增程和战斗部分系统的可靠度。

由于发射、增程和战斗部分系统的可靠性数据未知，首先采用相似产品法对各分系统进行可靠性预计，然后再对全系统作可靠性预计。

1. 发射分系统的可靠度

由于发射装药结构采用成熟技术设计，改动量少，预计可以达到同口径系列制式弹的可靠性水平。一般同口径系列制式弹发射装药各部件的可靠度为：药筒 $R_{11} = 0.999$、点传火装置 $R_{12} = 0.995$、发射药 $R_{13} = 0.999\ 9$，则制式弹的发射可靠度为：$R_{1,制式} = R_{11} \times R_{12} \times R_{13} = 0.994$。根据相似产品的预计值，通过系统优化、工艺控制、严格装配条件等技术措施，预计发射分系统的可靠度 $R_1 = 0.995$ 是可以达到的。

2. 增程分系统可靠度

由于新研智能弹药增加了底排装置和火箭发动机装置，零部件数量增加了

二十多个，其中火工品就有 5 个。原制式弹丸是导带与弹体一体式结构，新研智能弹药是导带压制在燃烧室壳体上，燃烧室壳体与战斗部、燃烧室壳体与底排壳体螺纹连接。新研智能弹药结构的复杂性使制造和装配难度增加，也提高了成本和失效概率。

新研智能弹药与某型增程弹具有结构、设计、制造等方面的相似性，所以，后者的试验数据具有很高的参考价值。从该相似产品的正样机及其设计定型试验所积累的增程失效数据来统计，其增程可靠度达到 0.90。由此，预计新研智能弹药增程分系统的可靠度可以达到 $R_2 = 0.90$。

3. 战斗部分系统可靠度

杀爆型战斗部结构及其装药采用成熟技术设计，改动量少，预计可以达到同口径系列制式弹的可靠性水平。由于常规智能弹药的战斗部作用可靠度可以达到 0.995，预计新研智能弹药的战斗部分系统的可靠度 $R_3 = 0.995$ 也是可以达到的。

4. 新研智能弹药系统的可靠度预计

综上所述，根据式（3.67），新研智能弹药的可靠度预计为 $R = 0.89$。

3.6.6　可靠性分配

3.6.6.1　概述

在智能弹药产品的设计阶段，首先必须确定整个智能弹药系统的可靠性指标，这一指标一般由订购方提出并在研制合同中规定。

可靠性预计是按元器件 – 分系统 – 系统自下而上进行的，而可靠性分配则是按系统 – 分系统 – 元器件自上而下地落实可靠性指标的。预计是分配的基础，所以一般总是先进行可靠性预计，再进行可靠性分配。在分配过程中，若发现了薄弱环节，就要改进设计或调换元器件和分系统。这样一来又得重新预计，重新分配。所以，两者结合起来就形成了一个自下而上，又自上而下的反复过程，直到主观要求与客观现实达到统一为止。

1. 定义

可靠性分配是一个由整体到局部、由上到下的分解过程，为了保证系统可靠性指标的实现，把系统的可靠性指标按一定的原则，合理地分配给各个分系统，然后再把各个分系统的可靠性指标分配给下一级的单元，一直分配

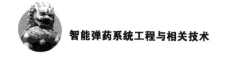

到零件级。

2. 目的

可靠性分配的目的是明确分系统、部件的可靠性指标要求，将系统可靠性的定量要求分配到规定的产品层次，使整体和部分的可靠性定量要求协调一致，发现薄弱环节和可靠性工作关注的重点，并针对确定的薄弱环节重点开展设计分析工作。通过分配把责任落实到相应层次产品的设计人员身上，并用这种定量分配的可靠性要求估计所需人力、时间和资源。

3. 注意事项

在进行可靠性分配时应该注意的事项包括：掌握系统和零部件的可靠性预计数据，如果预计的数据不十分精确，相对的预计值也是有很大用处的；必须考虑当前的技术水平，要按现有的技术水平在费用、生产、功能、研制时间等的限制条件下，考虑所能达到的可靠性水平，单纯地提高分系统或元器件的可靠度是不现实的，也是没有意义的。

4. 原则

可靠性分配是按一定的原则进行的，但实际上不论哪一种方法都不可能完全反映产品的实际情况。由于智能弹药的品种不同，工程上的问题又各式各样，在进行具体可靠性分配时，应留有一定的可靠性指标余量机动使用。也可以按某一原则先计算出各级可靠性指标，然后根据以下的几点原则进行一定程度的修正。

在可靠性分配时，应遵循如下原则：

（1）改进潜力大的分系统或部件，分配的指标可以高一些；

（2）系统中关键件发生故障将会导致整个系统的功能受到严重影响，其可靠性指标应分配得高一些；

（3）在恶劣环境条件下工作的分系统或部件，可靠性指标要分配得低一些；

（4）新研制的产品，采用新工艺、新材料的产品，可靠性指标也应分配得低一些；

（5）易于维修的分系统或部件，可靠性指标可以分配得低一些；

（6）复杂的分系统或部件，可靠性指标可以分配得低一些。

3.6.6.2 分配方法

可靠性分配的方法很多，但要做到根据实际情况又在当前技术水平允许的条件下，既快又好地分配可靠性指标也不是一件容易的事情。一个产品的设计，往往需要采用以前成功产品的部件，如果这些部件的可靠性数据已经收集得比较完整，可靠性分配就容易得多。

可靠性分配的方法主要有：比例组合法、评分分配法、最少工作量法、容许故障概率法、等分配法。

1. 比例组合法

比例组合法是根据老系统中各分系统的失效率，按新系统可靠性要求，给新系统各分系统分配失效率的一种方法。

若新研系统与某个老系统非常相似，也就是组成系统的各分系统类型基本相同，对于这个新系统只是根据新情况提出新的可靠性要求。考虑到一般情况下设计都具有继承性，即根据新的设计要求在原来老产品的基础上进行改进。这样新老产品的基本组成部分非常相似，此时若有老产品的故障统计数据（如某个分系统的故障数占系统的故障数的比例），就可用于给新系统各分系统分配失效率。

比例组合法的数学表达式为

$$\lambda_{ni} = \lambda_{ns} \times \lambda_{oi} / \lambda_{os} \tag{3.68}$$

式中，λ_{ni}——分配给第 i 个新的分系统的失效率；

λ_{ns}——规定的新系统失效率；

λ_{oi}——老系统中第 i 个分系统的失效率；

λ_{os}——老系统的失效率。

如果有老系统中各分系统故障占系统故障数百分比 K_i 的统计资料，而且新老系统又极相似，则可以按式（3.69）进行分配。

$$\lambda_{ni} = \lambda_{ns} \times K_i \tag{3.69}$$

式中，K_i——第 i 个分系统故障数占系统故障数的百分比。

比例组合法的基本出发点是：考虑到原有系统基本上反映了一定时间内产品能实现任务的可靠性，如果在技术方面没有什么重大的突破，那么按照现实水平把新的可靠性指标按原有能力成比例地进行调整是完全合理的。

2. 评分分配法

评分分配法是根据智能弹药产品的实际情况，根据人们的经验按照复杂度、技术水平、环境条件及重要度等因素进行评分，根据评分的情况给每个分系统分配可靠性指标。每种因素的分数在 1 至 10 之间，具体打分方法如下：

（1）复杂度——根据组成分系统的零部件数量以及它们组装的难易程度来

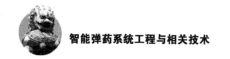

评分，最简单的评 1 分，最复杂的评 10 分；

（2）技术水平——根据分系统目前的技术水平和成熟程度来评分，水平最低的评 10 分，水平最高的评 1 分；

（3）环境条件——根据分系统所处的环境条件来评分，分系统经受极其恶劣而严酷的环境条件的评 10 分，环境条件最好的评 1 分；

（4）功能要求——根据分系统功能要求和任务时间评分，功能要求多、任务时间长的评 10 分，单一功能短时工作的评 1 分。

评分分配方法的数学表达式为

$$R_{si} = C_i \times R_s \tag{3.70}$$

式中，$C_i = \omega_i / \omega$；$\omega = \sum_{i=1}^{n} \omega_i$；$\omega_i = \prod_{j=1}^{4} r_{ij}$；

R_s——系统的可靠度；

ω——系统的评分；

R_{si}——分配给第 i 个分系统的可靠度；

C_i，ω_i——第 i 个分系统的评分系数和评分；

r_{ij}——第 i 个分系统，第 j 个因素的评分。

3. 最少工作量法

最少工作量法基本思路是：在提高整个系统的可靠度时，可靠度越低的分系统其可靠度改善起来就越容易，而对可靠度高的分系统要进一步地提高可靠度，可能困难就更大一些。这种方法可使在满足系统可靠性指标时，所花费的总工作量或费用减到最低程度。这种分配方法多用于串联系统，并联系统也可以用。

当串联系统的可靠性指标大于系统可靠性预计值时，必须提高系统可靠度以满足所给定的指标。若采取平均提高各分系统可靠度指标的办法，则对每一个分系统都要做改善可靠性的工作，既不现实也不合理。一般来说，改善低可靠度系统比较容易，因此可以把大于可靠度预计值的指标分配给较低可靠度单元，使较低可靠度单元提高到某一可靠度水平。

最少工作量法的具体步骤为：

（1）根据各分系统可靠度预计值大小，由低到高依次排列编号，即 $\hat{R}_1 \leqslant \hat{R}_2 \leqslant \cdots \leqslant \hat{R}_n$；

（2）将可靠度较低的分系统都提高到 R_0，即 $\hat{R}_1 = R_0$，$\hat{R}_2 = R_0$，$\cdots$，$\hat{R}_k = R_0$；

（3）设系统可靠性指标为 R_s，则有

$$R_0 = \left(R_s \Big/ \prod_{j=k+1}^{n} \hat{R}_j \right)^{\frac{1}{k}} \tag{3.71}$$

（4）$\hat{R}_{k+1}$，$\hat{R}_{k+2}$，$\cdots$，$\hat{R}_n$（$k = 1$，2，$\cdots$，$n-1$）保持不变。

最少工作量法比平均提高分系统可靠度分配方法有了很大改进，它是以那些较低可靠度的分系统具有较高改进潜力为前提条件的，其关键是如何确定 k 值。如有的分系统虽然可靠度较低，但在当前的技术水平条件下要提高它的可靠度也是很困难的，还不如提高其他可靠度较高的分系统要省力得多，这时就要把那些可靠度提高难度很大的低可靠度分系统抽掉，把它们与高可靠度的分系统放在一起，然后再按最少工作量法给各个分系统分配合理的可靠度，以满足系统的可靠性指标要求。

可根据改进可能性的大小，把分系统（或元件）分成三类：第一类为可立即改进的单元；第二类为改进可能性比较小的单元；第三类为不能改进的单元。可靠度的提高，主要通过改进第一类单元来完成。

4. 容许故障概率法

容许故障概率法使用之前，必须对系统做如下假设：

（1）系统为串联结构或可归并同串联结构。

（2）每个单元的容许故障率为 $F = \lambda t$（≤ 0.01），其可靠度同 $1 - \lambda t$ 近似。

（3）对与贮存时间有关的单元，容许故障率包括不工作时的故障率（贮存故障率）；

（4）单元的寿命服从指数分布。

在分配时，分配给单元的容许故障概率正比于单元的预测故障概率。也就是说，如果单元 1 的预测故障率比单元 2 的高一倍，那么，分配给单元 1 的容许故障概率也比单元 2 高 1 倍。各单元的容许故障率之和应接近等于系统容许故障概率。

容许故障概率法同时需要考虑以下三个要素：

（1）重要性因子 M_1——单元在系统中的重要程度用重要性因子表示。重要性因子的值越高，分配给该单元的可靠性指标也越高。根据单元的重要性，将单元分为次要单元（单元损坏仅使任务受到损失），取 $M_1 = 1$；主要单元（单元故障影响系统任务完成），取 $M_1 = 5$；关键单元（单元故障将人员伤亡或设备损坏），取 $M_1 = 10$。

（2）改进因子 M_2——大型复杂系统从研制到生产定型往往需要很长的时间，在这段时间工作的可改进程度用改进因子来表示。对于可立即改进的单元、立即改进可能性小的单元和不太可能改进的单元，改进因子 M_2 分别按

$3:2:1$ 的比例进行分配。因为容易改进（M_2 较大）的单元，通过工艺改进提高可靠性的潜力较大，分配可靠性指标时可以高些。

（3）维修因子 M_3——对允许维修的单元，分配的可靠性指标可以低些，冗余单元要求更低，维修因子表示允许维修程度。当不允许维修时，$M_3 = 1$，其他情况的 $M_3 < 1$。

给单元分配故障概率的计算表达式为

$$F_i = F_{yi} \times \frac{1}{M_1} \times \frac{1}{M_2} \times M_3 = F_{yi} \cdot \frac{M_3}{M_1 \cdot M_2} \tag{3.72}$$

式中，F_i——单元 i 第一次分配到的故障概率；

$\quad\quad F_{yi}$——单元 i 故障概率的预测值。

当 $\sum F_i$ 与系统容许故障概率 F_s 相差较大时，需要根据式（3.73）予以修正。

$$\eta = \frac{F_s}{\sum\limits_{i=1}^{n} F_i} \tag{3.73}$$

以上修正可能要反复多次，直至使 $\sum F_i$ 与系统容许故障概率 F_s 接近但不超过为止。

5. 等分配法

当缺少确定的系统信息，而且 n 个分系统又是串联使用时，对每个分系统均等分配可靠性似乎合理。在这种情况下，系统可靠性要求的第 n 个根值必须分配给每个分系统。

等分配法是一种最简单的分配方法，它将系统的各部分等同看待，而不考虑复杂程度、成本等方面的差异。设系统由 n 个分系统串联组成，若给定系统的可靠度指标为 R_s^*，则按等分配法各分系统的可靠度指标为

$$R_i^{\circ} = \sqrt[n]{R_s^*} \tag{3.74}$$

3.6.6.3 案例分析

【例 3.10】 某型智能弹药系统由发射装药、增程装置、控制舱和战斗部 4 个分系统组成。现已知系统可靠性指标目标值 0.83 和最低可接受值 0.78。试对 4 个分系统进行可靠性指标分配。

经对 4 个分系统的复杂度、技术水平、工作时间和工作环境等因素的综合考量，并参照各个分系统相似产品的可靠性情况，分配结果如表 3.2 所示。

表 3.2　分配结果

名称	发射装药	增程装置	控制舱	战斗部	合计
目标值 0.83	0.995	0.935	0.90	0.995	0.833
最低可接受值 0.78	0.995	0.920	0.86	0.995	0.781

表 3.2 中的分配结果表明，增程装置和控制舱为薄弱环节，在智能弹药系统及其分系统设计时应对其实施重点控制。

依据以上分配控制舱的可靠性目标值 0.90 和最低可接受值 0.86，对控制舱的五大部件进行可靠性指标的再分配，分配结果如表 3.3 所示。

表 3.3　控制舱各单元的分配结果

序号	单元名称	目标值	最低可接受值
1	电池	0.985	0.975
2	电子头	0.975	0.970
3	连接部件	0.998	0.995
4	控制机构	0.975	0.965
5	接收装置	0.965	0.950
	总计	0.902	0.863

以上控制舱分配结果表明，接收装置为薄弱环节，设计中应对其实施重点控制。

3.6.7　可靠性评估

可靠性评估就是定量评定产品的可靠性，是根据试验数据来估算其固有可靠性的一个过程，是产品全部可靠性工作的重要一环。

智能弹药产品的可靠性问题包括智能弹药的安全性和智能弹药的作用可靠性两方面的内容。智能弹药的安全性也属于可靠性的范畴，它是指智能弹药在规定贮存期内及规定的使用环境条件下，不发生膛炸、早炸和掉弹的能力。智能弹药的作用可靠性是指智能弹药在规定贮存期内、在规定的使用环境条件下能正确表现其性能（射程、威力、密集度）的能力。

可靠性评估工作包括可靠性估计及可靠性评审两个方面。

智能弹药可靠性评估就是对智能弹药固有可靠性进行估算，包括安全性评

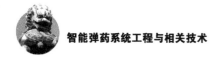

估和作用可靠性评估。

3.6.7.1 概述

对于智能弹药产品，不可能对产品的总体进行全数试验，只能由部分样品所做的试验及其统计数据来推断产品总体的可靠性指标的取值范围。可以直接运用统计学中的参数估计、数值估计等理论来解决智能弹药系统可靠性评估问题，但智能弹药系统可靠性评估有其自身的特点。

1. 可靠性预计与可靠性评估

可靠性预计是在产品设计之初和设计当中，对某一设计方案使产品可能达到的可靠性水平作出估计的一种方法，而可靠性评估则是继可靠性预计之后，对研制出的样品反映的可靠性数据作出产品可靠性取值范围的估计。

可靠性预计主要基于统计学中的点估计，只给出单一数值的估计。而可靠性评估除给出点估计之外，还给出可靠性指标取值范围的区间估计。

2. 区间估计

所谓区间估计就是对未知参数 θ 估计出其取值范围 (θ_1, θ_2)，而被估计参数或数值 θ 的取值落入区间 (θ_1, θ_2) 之内的概率称为置信度或置信水平，即 $\alpha = P(\theta_1 \leq \theta \leq \theta_2) = 1 - \beta$。其中 β 为数值不落入估计区间的概率，称为风险度或显著性水平。概率值对应的取值区间 (θ_1, θ_2) 称置信区间，θ_1 称置信下限，θ_2 称置信上限。

在指定的置信度下，同时估计出置信上限和置信下限的估计方法称双侧置信区间估计法。对于只进行单侧置信下限或单侧置信上限的估计，给出数值估计区间为 (θ_L, ∞) 或 $(-\infty, \theta_L)$ 形式的称单侧置信区间估计。

智能弹药产品的可靠性评估主要采用单侧置信区间估计方法。

3. 数据要求

测定产品的可靠性指标，除了用于确定产品是否符合定量的可靠性要求之外，还应满足管理工作中对各种信息的要求。可靠性指标的估计和区间估计是生产方和使用方在寿命周期费用方面作出决策的重要信息。这些信息必须以适当的可靠性特征和适当的统计参数来表示，并且以真实的独立试验结果为依据。在做点估计和区间估计时，能利用的信息越多，所得的结果的精确度越高。

《装备研制与生产的可靠性通用大纲》（GJB 450—88）中规定："在按系统验证可靠性参数是不现实或不充分的情况下，允许用低层次产品的试验结果推算出系统可靠性值，但必须有依据，并附有详细说明。"

智能弹药可靠性评估就是根据一定的数据，估算出产品的可靠性特征值。在不同的阶段，可靠性估计有不同的内容，其差异在于数据来源。在新产品研制之前，数据来源可以是相似产品的数据加以修正，也可以是手册中查到的相关数据，这就是设计阶段的可靠性预计；在研制阶段，可以利用被测智能弹药在靶场试验中收集到的数据进行计算。

4. 组织与管理

智能弹药可靠性工作应贯彻于智能弹药的研制与生产的全过程，一般由设计研制单位的质量管理人员负责。智能弹药设计定型时，由质量管理部门组织成立包括智能弹药订购方代表及设计组代表在内的可靠性评估小组（必要时聘请有关专家参加）。该小组在技术上对智能弹药总系统负责，并接受总师系统的指导。可靠性评估小组要负责编制可靠性评估报告、可靠性设计评审和可靠性管理评审报告，作为智能弹药设计定型文件之一。

在设计定型时，要对智能弹药技术文件、可靠性设计及试制过程的可靠性工作进行评审，对智能弹药可靠性试验数据进行分析计算，确定智能弹药是否达到技术条件所规定的可靠性水平。主要包括智能弹药安全性分析、智能弹药综合作用可靠性评估、智能弹药可靠性工作评审等项工作内容。

3.6.7.2　威力可靠性评估

威力试验的结果满足规定的技术条件者为"成功"，否则为"失败"。在威力可靠度计算时要剔除试验中的无效试验数据。试验数据无效主要是指：试验超越其设计能力，不能提供用于判定成败的信息，军方认可的人为错误导致的失败，火炮系统失效。

智能弹药威力可靠性评估的基本思路是：根据试验得到的计数数据，在置信度为 α 的情况下，采用二项分布法估计总体合格品率的下限（即可靠度）。

当总体批量 N 较大，即 $N \geqslant 10n$ 时，n 个产品中合格数是符合二项分布的随机变量，其可靠度计算公式如下：

$$\left.\begin{aligned} R_{1L} &= \sqrt[n]{1 - \alpha} && (r = 0) \\ \sum_{x=0}^{r} C_n^x R_{1L}^{(n-x)} \left[1 - R_{1L} \right]^x &= 1 - \alpha && (r > 0) \end{aligned}\right\} \tag{3.75}$$

式中，R_{1L}——智能弹药威力可靠度下限；

　　　n——智能弹药威力试验样品数；

　　　r——智能弹药威力试验失败数。

二项分布可靠度的计算详见《数据的统计处理和解释 二项分布可靠度单侧置信下限》（GB 4087.3—85）。

【例3.11】 穿甲威力可靠性用对一定靶板射击时穿透率大小来评定。某穿甲弹规定在穿甲威力试验中，对 150 mm/60° 的均质靶板进行穿甲试验，射击 5 发必须多于 4 发穿透，方可判定该批产品的威力符合战技指标要求。试估计完成此战技指标的可靠度下限。

设试验样本量为 n，R_L 为一次成功的概率（即产品的可靠度），r 为未成功数，此试验为成败型试验。

根据 $\alpha = 0.9$ 和 $n = 5$，$r = 1$，由式（3.75）计算的可靠度下限 $R_L = 0.4158$。

计算结果表明，由"5发4透"试验方案确定的可靠度下限是很低的，即 $\alpha = 0.9$ 时一次成功的概率只有 0.4158。

3.6.7.3 射程可靠性评估

智能弹药射程可靠性评估的基本思路是：根据试验直接测定的射程数据正态分布特征，用正态容许限估计射程满足技术条件规定的可靠度。

一般技术条件只规定射程的下限，由于射程 x 服从正态分布，故其分布密度函数为

$$f(x) = \frac{1}{\sigma\sqrt{2\pi}}\exp\left(-\frac{1}{2}\frac{x-\mu^2}{\sigma}\right), \quad -\infty < x < +\infty \tag{3.76}$$

式中，μ——总体期望值；

σ——总体标准差。

若抽验样本量为 n，试验射程数据为 x_1，x_2，$\cdots x_n$，给定的置信度为 α，当总体的 μ、σ 未知时，对于给定的射程下限 x_L，通常采用查表法确定其可靠度单侧置信下限 R_{1L}。

查表法简单易行，但精度较低，一般用于精度要求不高的场合。

由样本观察值 x_1，x_2，$\cdots x_n$，样本均值 $\bar{x}$ 和样本标准差 s 计算如下：

$$\bar{x} = \frac{1}{n}\sum_{i=1}^{n} x_i, \quad s = \sqrt{\frac{1}{n-1}\sum_{i=1}^{n}(x_i - \bar{x})^2} \tag{3.77}$$

由射程下限计算系数 K：

$$K = (\bar{x} - x_L)/s \tag{3.78}$$

由给定的置信度 α、样本量 n 及 K 值，反查《正态分布完全样本可靠度单侧置信下限》（GB 4885—85）附录 A 的 K 系数表，即可得到射程可靠度的单侧置信下限 R_{1L}。

【**例 3.12**】　抽取某智能弹药射程试验的 10 个数据为样品，样品数据分别为：2 565 m，2 960 m，2 685 m，2 755 m，2 790 m，2 720 m，2 634 m，2 860 m，2 905 m，2 825 m。技术条件规定允许的射程下限为 $x_L = 2\,200$ m。给定置信度 $\alpha = 0.9$，试估计可靠度单侧置信下限 R_{1L}。

解：依据抽样数据，由式（3.76）和式（3.77）可得：$\bar{x} = 2\,769.9$，$s = 123.1$，$K = 4.63$。

根据 $\alpha = 0.9$，$n = 10$，$K = 4.63$，查 GB 4885—85 附录 A 的 K 系数表可得：$R_{1L} = 0.999$。计算结果表明：在该智能弹药规定允许的射程下限条件下，其射程试验可靠度下限达到 0.999。

3.6.7.4　射击密集度可靠性评估

射击密集度是射弹落点分散的程度，直接影响着智能弹药对目标的毁伤效果，是智能弹药性能指标之一。密集度试验分立靶密集度和地面密集度两种。下面将以地面密集度为例，介绍射击密集度可靠性评估的基本方法：直接法和二项分布法。

1．直接法

设由弹丸落点坐标 X，Z 求得相对中间误差 γ_x 和 γ_z。若通过正态性检验可以合理地认为 γ_x 和 γ_z 为正态变量，则可按下述的直接法估计射击密集度的可靠度单侧置信下限 R_{1L}。

直接法的步骤如下：

（1）计算正态容许限系数：

$$\left.\begin{array}{l} K_x = (U_x - \bar{\gamma}_x)/S_x \\ K_z = (U_z - \bar{\gamma}_z)/S_z \end{array}\right\} \tag{3.79}$$

式中，S_x，U_x，K_x——分别为 γ_x 的上限、标准差和正态容许限系数；

S_z，U_z，K_z——分别为 γ_z 的上限、标准差和正态容许限系数。

（2）解非线性方程

$$\int_0^\infty \Phi(\sqrt{n}x_L + \sqrt{nh}\nu)\frac{\left(\frac{n-1}{2}s^2\right)^{\frac{n-1}{2}}}{\Gamma\left(\frac{n-1}{2}\right)}h^{\frac{n-1}{2}-1}e^{-\frac{1}{2}(n-1)s^2h}\mathrm{d}h = 1 - \alpha \tag{3.80}$$

可以得到 $\tilde{X}_{xl}$ 和 $\tilde{X}_{zl}$。

式中，$\tilde{X}_{xl}$——$V = -K_x \cdot S_x$ 时的解；

$\tilde{X}_{zl}$——$V = -K_z \cdot S_z$ 时的解；

$\Phi(\cdot)$——标准正态分布函数；

$\Gamma\left(\dfrac{n-1}{2}\right)$——参数为 $\dfrac{n-1}{2}$ 的伽马函数。

（3）利用 $\tilde{X}_{xl}$ 和 $\tilde{X}_{zl}$，计算射击密集度的可靠度：$R_{1L} = \Phi(\tilde{X}_{xl}) \cdot \Phi(\tilde{X}_{zl})$。

详见《正态分布完全样本可靠度单侧置信下限》（GB 4885—85）附录 B 给出了的解算程序。

2. 二项分布法

射击密集度一般采用多组试验值估计，虽然落点坐标服从正态分布，但组与组之间密集度却不服从正态分布而服从开平方分布 χ^2，可采用成败型试验二项分布估值法。

设某智能弹药射击密集度试验，战技指标规定 $B \leqslant B_0$ 方认为合格。若试验 n 组，失败 r 组，则该弹密集度可靠性下限 R_L 由式（3.75）确定。

【例 3.13】 某炮弹射击密集度规定 $B \leqslant 0.4\text{m}$。现有射击密集度试验数据 6 组，其中一组 $B > 0.4\text{m}$，其余 5 组 $B \leqslant 0.4\text{m}$，试求该炮弹密集度的可靠度下限 R_L。

解：根据 $\alpha = 0.9$ 和 $n = 6$，$r = 1$，由式（3.75）计算的可靠度下限 $R_L = 0.489\,7$。

3.6.7.5　综合作用可靠度计算

智能弹药作用可靠性指标，是根据射程、威力、密集度等靶场试验数据，求出分布类型及分布参数后求解得到的。这些试验数据通常按成败型产品处理，以二项分布法来评估该产品在某一置信度条件下的可靠度。

1. 置信度条件下的可靠度

表 3.4 给出了部分由试验数和失败数确定的 90% 置信度下的可靠度。

表 3.4　90% 置信度下由试验数和失败数确定的可靠度

失败数	试验数					
	5	10	20	30	40	50
0	0.631 0	0.794 3	0.891 2	0.926 1	0.944 1	0.955 0
1	0.416 1	0.663 1	0.819 0	0.876 4	0.906 2	0.924 4
2	0.246 6	0.550 4	0.755 2	0.832 1	0.872 3	0.897 0

2. 百分比方法与可靠度的区别

对于验收方案（10，1）、（20，2）而言，1/10 与 2/20 就百分比来讲是相同的，但在 90% 置信度下 1/10 的可靠度为 0.663 1，2/20 的可靠度为 0.755 2。显然，后者的可靠度高一些。因此，在产品的鉴定试验和验收试验方案中，应以某一置信度（通常为 90%）条件下的可靠度为准，而不应以百分比来制定试验方案。

3. 可靠性综合及置信度选取方法

有关智能弹药系统可靠性综合及置信度选取方法不是唯一的，蒙特卡洛方法是一种常用方法，但使用时有一定的条件限制。

下面仅介绍点估计法、低置信度法和折中法等综合方法。

（1）点估计法——在计算系统可靠度时，各单元的可靠度均采用点估计结果，而得到系统可靠度的点估计。

点估计法往往是最大可能的结果，且不保守，但没有置信度。

（2）低置信度法——主要分两步进行，第一步是先以 50% 或 60% 置信度下的各分系统可靠度下限值作系统可靠度的计算；第二步是将第一步的计算结果换算为 90% 置信度下的可靠度。这种方法有置信度，评定结果较保守，但比单元高置信度一次评定法要好。

可靠度的置信度换算具体应该采用哪种数表要由系统中大多数串联单元的模型决定。成败型的则采用成败型可靠度置信下限数表；指数型的则采用指数型可靠度置信下限数表；正态型的则采用正态型可靠度置信下限数表。

（3）折中法——这种方法是对点估计法和低置信度法两种方法的折中，既有置信度而又不很保守。主要分两步进行，第一步是先以单元可靠度点估计结果作出系统可靠度的计算；第二步是把点估计结果折算成置信水平为 90% 的可靠度。

4. 置信度换算的方法举例

下面举例说明三种方法的具体使用。

【例 3.14】某系统由 A、B 两单元串联组成，A 单元经 20 次试验失败一次，其余全成功，B 单元经 20 次试验失败两次，其余全成功。求系统可靠度评定结果。

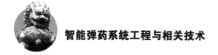

解：第一种方法——点估计法

由 $\hat{R} = 1 - \dfrac{f_s}{n}$ 可得：$\hat{R}_A = 1 - \dfrac{1}{20} = 0.95$，$\hat{R}_B = 1 - \dfrac{2}{20} = 0.90$

$$R_s^1 = \hat{R}_A \cdot \hat{R}_B = 0.855\ 0$$

这个计算结果是最大可能结果，没有置信度。

第二种方法——低置信度法

（1）第一步低置信度下的计算——取置信度 $\alpha = 50\%$，由 $n_A = 20$，$f_A = 1$，查成败型数表并计算可得：$R'_A = 0.917\ 5$；又由 $n_B = 20$，$f_A = 2$，查数表并计算可得：$R'_B = 0.868\ 5$。则系统可靠度为：$R'_s = R'_A \cdot R'_B = 0.917\ 5 \times 0.868\ 5 = 0.796\ 8$。

（2）第二步换算置信度——以单元试验数最小者作为系统的试验数，本例中 $n = 20$，置信度为 50%，反查系统的可靠度 $R'_s = 0.796\ 8$ 对应的等效失效数 f_s。

查成败型数表，当 $\alpha = 50\%$，$n = 20$ 时，$f_s = 3$ 时对应的可靠度为 $0.819\ 4$，$f_s = 4$ 时对应的可靠度为 $0.770\ 3$，通过插值得到可靠度 R'_s 对应的失效数 $f_s = 3.460\ 3$。又由 $n = 20$，$f_s = 3.460\ 3$，$\alpha = 90\%$，查表并插值求得系统综合可靠度为

$$R_s^2 = 0.669\ 8$$

若两单元都采用 90% 的高置信度，即 $n = 20$，$f_s = 1$ 的可靠度 $R_A = 0.819\ 0$，$f_s = 2$ 的可靠度 $R_B = 0.755\ 2$，则系统可靠度综合结果为 $R_s^* = 0.618\ 5$。显然 $R_s^* < R_s^2$。

低置信度法的计算结果有置信度，较保守，但比单元高置信度一次评定法好。

第三种方法——折中法

（1）先求点估计结果。

点估计计算系统可靠度的点估计结果：$R_s^1 = 0.855\ 0$

（2）确定系统等效失效数。

以单元最小试验数为系统试验数 $n = 20$。按 $f_s = n(1 - R_s^1)$ 计算得到 $f_s = 2.9$。

（3）查可靠度 R_s。

由 $\alpha = 90\%$，$n = 20$，$f_s = 2.9$ 查成败型数表得：$R_s^3 = 0.701\ 7$。

显然有：$R_s^2 < R_s^3 < R_s^1$，表明折中法的计算结果既有置信度而又不很保守。

5. 智能弹药综合作用可靠度的估计

智能弹药系统的综合可靠性是由各分系统的可靠性评估结果求系统的可靠

性，即由组成系统的分系统的试验数据来对全系统作出可靠性评定。

设智能弹药系统由引信、弹丸、发射药、药筒、底火等分系统组成，它们的可靠性逻辑关系呈串联形式并已知各分系统的可靠度，则智能弹药系统综合作用可靠度 R 为

$$R = R_1 \cdot R_2 \cdot R_3 \cdot R_4 \cdot R_5 \qquad (3.81)$$

式中，R_1，R_2，R_3，R_4，R_5——引信、弹丸、发射药、药筒、底火分系统的作用可靠度。

若智能弹药产品各分系统的可靠度未知，可按以下步骤估计智能弹药系统综合作用可靠度。

（1）按式（3.82）计算智能弹药的点估计作用可靠度：

$$\hat{R} = \prod_{i=1}^{5} \left(1 - \frac{f_i}{N_i} \right) \qquad (3.82)$$

式中，N_1，N_2，N_3，N_4，N_5——引信、弹丸、发射药、药筒及底火的作用可靠性试验的样本量；

f_1，f_2，f_3，f_4，f_5——引信、弹丸、发射药、药筒及底火的作用可靠性试验中的失败数。

（2）按式（3.83）计算智能弹药系统的失败数 f_s：

$$f_s = N_{min}(1 - \hat{R}) \qquad (3.83)$$

式中，N_{min}——N_1，N_2，N_3，N_4，N_5 中的最小值。

（3）按式（3.84）计算自由度 df_1 和 df_2：

$$df_1 = 2 \times f_s + 2, \quad df_2 = 2 \times N_{min} - 2 \times f_s \qquad (3.84)$$

（4）按式（3.85）计算置信度 α 条件下的综合作用可靠度的单侧置信下限：

$$R_L = \cfrac{1}{1 + \cfrac{f_s + 1}{N_{min} - f_s} F_\alpha} \qquad (3.85)$$

式中，F_α——由 df_1 和 df_2 查 F 分布的百分位表得到。

3.6.7.6　智能弹药贮存可靠性评估

智能弹药贮存可靠性指标是以贮存寿命的形式来表示的，其意义在于表明产品经过贮存若干年后其安全性及作用可靠性仍能满足战术技术指标要求。智能弹药的贮存寿命是通过对产品进行贮存寿命试验来确定的。贮存寿命试验有自然贮存寿命试验和加速贮存寿命试验两种。

（1）自然贮存寿命试验——在正常应力条件下进行贮存，以一定的时间

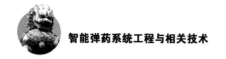

间隔抽取一定数量的样品进行试验，考查智能弹药是否失效，即可获得一系列的试验数据，通过对试验数据的分析处理，计算出智能弹药的贮存可靠寿命。

自然贮存寿命试验方法需要较长的试验时间，不能用于产品的鉴定试验。

（2）加速贮存寿命试验——通过提高环境应力（温度、湿度）的方法使受试样品在不改变失效机理的条件下，在较短的时间内产生失效，以缩短试验时间，从而在较短的时间内获得产品的失效数据并确定产品的贮存寿命。

3.6.7.7　智能弹药系统的安全性评估——危害分析

在智能弹药系统设计的方案论证阶段要对设计方案进行初步的危害分析，在技术设计阶段进行子系统和系统的危害分析，亦即智能弹药系统的安全性评估。

智能弹药安全性问题是生产方及使用方都十分关注的问题，智能弹药的安全性要求非常高，其失效概率大多要低于 10^{-6}。采用靶场试验，用计数数据估计智能弹药系统的安全性是不现实的，因为靶场试验中的智能弹药数量受到各种条件的限制，不可能做大量的试验，而样本量少的情况下无法评估出高数量级的可靠度（或低数量级的失效概率）。

1. 常用方法

智能弹药安全性评估或危害分析通常采用失效模式和影响分析（FMEA）法、失效模式及影响和危害度分析（FMECA）法、故障树分析（FTA）法，用统计试验所得到的底层事件数据，计算顶层事件发生的概率。

（1）失效模式和影响分析（FMEA—Failure Mode and Effect Analysis）。

FMEA 法实质是一种定性评价法，即使没有定量的可靠性数据，也能分析出问题所在。FMEA 是从组成系统的最基本结构（零件或部件）可能产生的各种故障分析入手，逐级向上分析故障产生的影响，最终找出对系统的影响，是一种由下而上的分析方法。

（2）失效模式及影响和危害度分析（FMECA—Failure Mode，Effect and Criticality Analysis）。

在加入危害度分析后，FMEA 用于定量分析，形成了失效模式及影响和危害度分析（FMECA）法。

FMECA 法比较直观，比较容易掌握，一般工程技术人员只要对产品设计和生产比较熟悉，就能进行比较分析，找出产品的薄弱环节和影响安全性的关键部件，定性分析产品的安全性。

（3）故障树分析（FTA—Fault Tree Analysis）。

FTA 法是一种逻辑推理方法，是由下而上地找出导致某一事件（顶事件）发生的所有可能的各种中间因素（中间事件），一直找到最基本原因（基本事件），其中包括人为差错和环境因素在内，并研究这些因素（事件）间的逻辑关系。

FTA 法不但可以对智能弹药的安全性做定性分析，通过对各分系统求重要度找出智能弹药系统关键部件并加以控制，还可以对智能弹药系统安全性做定量计算，求出智能弹药系统的安全失效概率。需要说明的是，只有在充分掌握故障树底层事件数据的情况下才可用故障树进行定量计算，而底层事件数据的收集工作需要投入大量人力、物力。

FTA 表达直观，可用于系统可靠性的定性分析，也可用于定量分析。

FMEA、FMECA 与 FTA 法都是建立在对系统或零部件失效分析的基础上，研究系统失效的原因，进行系统可靠性或安全性分析与评价，找出提高系统可靠性或安全性的途径及措施，但它们分析的方法及途径有所不同。

下面结合分析案例，重点介绍故障树分析法在智能弹药安全性评定（危害分析）方面的应用。

2. 故障树分析法

故障树分析法是对系统可靠性及其评价的一种分析方法。它不仅能分析事故故障的直接原因，还能预示发生故障的潜在原因。故障树分析是以标准系统失效的一个事件（称为顶层事件）作为分析目标，然后自上而下逐层进行分析，各层次间用逻辑符号表示出故障发生的因果关系。首先找出构成顶层事件的直接原因，作为第一层次事件；再往下寻找构成第一层次事件的直接原因，作为第二层次；以此逐层下推，直到找到最基本的原因（底层事件）为止。

从底层事件到顶层事件的各层用各种所谓"门"的符号连接，下层事件必须通过"门"才能形成上层事件，这种"门"可分为两种，一种是"与门"（AND），另一种是"或门"（OR）。故障树各类符号如图3.34所示。用"门"或其他符号将底层事件与顶层事件连成一个树状图形，这就是所谓的故障树。"与门"表示所有输入事件都发生时，此门才能打开，也就是才有输出；而"或门"表示事件中任何一个事件发生时，此门就打开，就有输出。

与门　　　或门　　　底层事件　　　顶层事件或中层事件　　　不再分事件

图3.34　故障树各类符号

故障树是描述系统发生故障的因果关系图，是故障分析的基础和依据，分析结果好与否，建树是关键。故障树分析过程主要包括资料准备、定义系统故障、建树、建模和评价等步骤（图3.35）。

（1）资料准备——建树的基础，资料越充分，对系统认识越清楚，所建故障树就越完善。建树前必须全面收集有关系统的所有资料，弄清楚系统组成要素及相互关系，系统功能及各部件功能块的逻辑关系，系统的工作原理及工作过程。

（2）定义系统故障——建树的第一步是设定顶层事件，顶层事件设定正确与否，直接影响建树效果，而明确定义系统故障又是设定顶层事件的前提。所谓系统故障一般是指系统不能正确工作，系统功能失效，按故障发生与否，故障可分为事实故障（已发生的故障）和潜在故障（有可能发生，但还未发生的故障）。分析事实故障时，主要是找出引发故障的所有因素，以杜绝类似故障的再次发生，可将事实故障设定为顶层事件。分析潜在故障时，主要

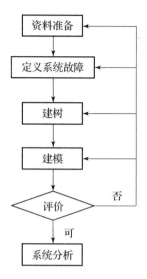

图3.35　故障树分析过程

是找出可能引发故障的所有因素，防止故障发生，一定要根据系统故障的界定设定顶层事件，一定要谨慎，决不可漏掉可能发生的重大故障。

（3）由上而下逐层建树——顶层事件设定后，就可以按建树原则由上而下逐层建树，首先找出引发顶层事件的直接原因，并作为次层事件；再找出引发次层事件的直接原因，并作为第三层事件，这样逐层向下推移，直到事件不能再分为止，根据各层事件之间的逻辑关系和条件，选择正确的连接符号，将各层事件连接起来，便构成了故障树。

（4）建模——故障树表明了各层事件之间的逻辑和因果关系，是定性分析的有效手段，为了提高系统故障分析效果，还应按所建故障树的故障框图或失效框图，建立相应的故障树分析模型，为定量分析提供支持。

系统的可靠性和失效性是两个互斥事件，根据概率原理，则有

$$P(A) + P(\overline{A}) = 1 \qquad (3.86)$$

式中，A，$\overline{A}$——分别表示系统正常工作和发生故障的事件。

系统故障分析模型，不同于系统可靠性模型。所以，建模时一定分清楚故障模型与可靠性模型的区别和联系。

（5）评价——故障树和分析模型建好后，应请有关专家对所建故障树和分

析模型进行评价，看有没有漏掉可能发生的重大故障和引发故障的直接原因，各层之间的逻辑关系和连接符号是否正确；分析模型是否正确、合理，如不满意应重新建树或建模。

3. 案例分析——二次引爆云爆弹爆轰失效分析

二次引爆云爆弹的作用过程为：云爆弹从母弹（载体）中抛出后，吊伞装置立即打开，使云爆弹以一定的落速稳定下降；在离地一定高度（一般2~4 m），一次引爆引信引爆炸管，炸管爆炸时，爆轰波和爆轰产物使壳体破裂，同时把云爆药剂（燃料）和二次引爆引信抛向空间；待燃料与空气混合形成燃料空气炸药（云雾炸药）时，二次引爆引信立即引爆燃料空气炸药；燃料空气炸药爆轰后，产生强大的爆轰波和空气冲击波毁伤目标。

云爆弹的爆轰失效是指未爆轰或没有正常爆轰两种情况，而引起爆轰失效的因素很多，本例是指在云爆子弹的吊伞正常工作情况下，爆轰失效分析。设定爆轰失效为顶层事件。

根据云爆子弹的组成要素，引起爆轰失效的直接原因主要有：①一次引爆引信引爆失效；②爆炸管失效（未爆开壳体抛出燃料和二次引爆引信）；③云爆剂变质失效；④二次引爆引信引爆失效（2 个引信均瞎火或在云雾区外爆炸）。

根据以上分析，二次引爆云爆弹爆轰故障树可表示为图 3.36。

由图 3.36 得知，只要一次引爆引信、爆炸管、云爆药剂和二次引爆引信中任一项失效，就会导致爆轰失效，属于并联模型。

假设用 $P(\bar{A})$、$P(\bar{B})$、$P(\bar{C})$ 和 $P(\bar{D})$ 分别表示一次引爆引信、爆炸管、云爆药剂和二次引爆引信的失效概率，则云爆弹爆轰失效的概率为

$$P(\bar{W}) = 1 - [1 - P(\bar{A})] \cdot [1 - P(\bar{B})] \cdot [1 - P(\bar{C})] \cdot [1 - P(\bar{D})]$$

$$(3.87)$$

将式 （3.86）代入上式，则得

$$P(\bar{W}) = 1 - P(A) \cdot P(B) \cdot P(C) \cdot P(D) \qquad (3.88)$$

式中，$P(A)$，$P(B)$，$P(C)$，$P(D)$——分别表示一次引爆引信、爆炸管、云爆药剂和二次引爆引信的无故障概率。

从图 3.36 中还可以清楚地看到，只有二次引爆的两个引信（引信 1 和引信 2）都失效了，二次引爆才会失效，属于串联模型。假设二次引信的 2 个引信的失效概率相同，并用符号 $P(\bar{D}_0)$ 表示，于是有

$$P(\bar{D}) = [P(\bar{D}_0)]^2 \qquad (3.89)$$

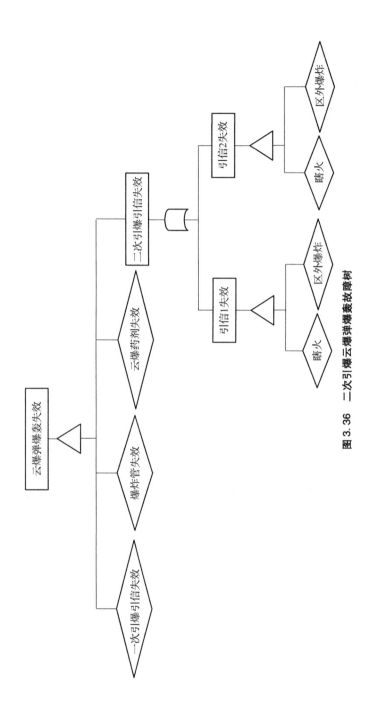

图 3.36　二次引爆云爆弹爆轰失效故障树

另外还可以看到，引起二次引爆 2 个引信失效的直接原因有：引信瞎火或在云雾区外爆炸，属于并联模型。假设，用符号 $P(\bar{D}_\mathrm{S})$ 和 $P(\bar{D}_\mathrm{X})$ 表示引信的瞎火和在云雾区外爆炸的概率，于是有

$$P(\bar{D}_0) = 1 - [1 - P(\bar{D}_\mathrm{S})][1 - P(\bar{D}_\mathrm{X})] = 1 - P(D_\mathrm{S}) \cdot P(D_\mathrm{X}) \quad (3.90)$$

式中，$P(D_\mathrm{S})$ 和 $P(D_\mathrm{X})$——分别表示引信正常工作和在云雾区内爆炸的概率。

将式（3.90）代入式（3.89），再代入式（3.88），则有

$$P(\bar{W}) = 1 - P(A) \cdot P(B) \cdot P(C)\{1 - [1 - P(D_\mathrm{S}) \cdot P(D_\mathrm{X})]^2\} \quad (3.91)$$

式（3.91）就是二次引爆云爆弹爆轰失效分析模型，只要知道了 $P(A)$、$P(B)$、$P(C)$、$P(D_\mathrm{S})$ 和 $P(D_\mathrm{X})$，便可求得爆轰失效概率 $P(\bar{W})$。

假设，一次引爆引信、爆炸管、云爆药剂和第二次引爆引信的正常工作概率分别为 0.95、0.98、0.99、0.90。第二次引爆引信在云雾区内爆炸的 $P(D_\mathrm{X}) = 0.90$。将这些数据代入式（3.91），则可求得

$$P(\bar{W}) = 1 - 0.95 \times 0.96 \times 0.99 \times \{1 - [1 - 0.90 \times 0.90]^2\} = 13\%$$

计算结果表明，二次引爆云爆弹爆轰失效率为 13%，或者说正常爆轰率为 87%。

3.6.8　固有可靠性设计技术

可靠性技术设计的任务，一是提高系统固有可靠性的设计；二是防止可靠性减退的设计。后者主要是生产保障可靠性和维修设计。

可靠性设计是为了在设计过程中确定薄弱环节和消除故障隐患，并采取预防和改进措施有效地消除设计隐患和薄弱环节。采用定量计算和定性分析可以评价产品的现有可靠性水平或找出薄弱环节，而要提高产品的固有可靠性，只有通过各种具体的可靠性设计技术与方法。

实践证明，可靠性设计准则的贯彻可避免故障的发生，对产品固有可靠性的提高起很大作用。目前，各型号、各产品在开展可靠性工作中大多都会制定设计准则，如简化设计是指在达到产品性能要求的前提下，尽可能地把产品设计得简单，这样也可减少故障的发生。

随着智能弹药系统的发展，系统的自动化、智能化、电子化水平的不断提高，系统工作环境更趋复杂和恶劣，因而带来一系列新的问题。例如：由于存在"潜在通道"而引起系统功能异常或抑制正常功能，因此要进行潜在通道的分析；由于系统工作后产生的热量的积累，周围环境温度急剧上升而导致元器件故障率的增大，从而降低了系统的可靠性，这就需要进行热设计；系统的工作环境的优劣对可靠性起关键作用，高科技、高性能智能弹药的使用，使系

统所处的环境更为恶劣，这就需要进行环境防护设计。

随着智能弹药产品越来越复杂，智能弹药产品的机械零部件和电子元器件的可靠性问题越来越突出，根据机械零部件和电子元器件的特点，需对其可靠性设计方法进行深入研究。

提高智能弹药系统固有可靠性的常用技术或方法有：简化设计，冗余设计，防错容错设计，防护设计，参数漂移和容差分析，潜在通道和兼容性分析，元器件、零部件及关键件、重要件的选择与控制，降额设计等。

3.6.8.1　简化设计

简化设计技术是在保证系统功能，不影响系统性能，不降低可靠性指标要求的前提条件下，尽可能对系统的组成及其结构进行简化。

根据系统可靠性分析和失效机理研究结果证明，组成系统的元器件、零部件数目越多，结构越复杂，失效率越高。因此，系统可靠性设计方法之一，首先就是简化设计技术。

简化设计的方法可以有多种，常用的有：功能归一法，将同一功能由一个部件完成；功能集中法，一个部件可以完成多种功能；最小化技术法，选用失效率最小的元器件等。

简化设计的技术途径和各种方法，均应在保证系统的功能及特性要求，使整个系统的失效率降到最低限度的条件下进行。

国内外的武器系统在可靠性设计中采用简化设计技术的有不少先例。例如：舰上弹炮一体化防御系统，将导弹、火炮、探测跟踪雷达、火控系统集装在一个底盘上，一个设备可以完成多种功能；又如：某导弹系统中运载器的微动开关采用一对节点，省去了弹上的末端开关和过载开关，实现了同一功能由一个部件完成。这样简化系统，减少设备和组成件即达到了提高系统可靠性的目的。

3.6.8.2　冗余设计

为了提高系统可靠性，在系统设计中，对某些重要子系统采用并联备份，这是提高系统可靠性的有效方法。常常采用两个或两个以上的子系统（或零部件）来完成同一功能。武器系统中用得较多的是战斗部子系统，为了使保险可靠，常采用两级或三级保险；为了使战斗部可靠起爆，在战斗部中采用两个或两个以上的起爆发火装置。此外，在发射子系统中，为了可靠地将导弹发射出去，常在发射点火系统中并联备用子系统。

1. 实质及其特点

冗余设计实质就是为了提高系统可靠性，采用附加备份（子系统、部件、组件、零件或元器件）的设计方法。完成同一功能有两个以上的备份，一个备份失效，不致引起系统失效。这种在系统结构和组成上的冗余，对保证武器系统可靠地完成任务意义重大，是系统或设备获得高可靠性、高安全性和高生存能力的设计方法之一，所以在可靠性设计中被广泛应用。

冗余设计的主要优点是提高系统的可靠度，并有利于改善系统的维修性，即可提高系统的平均寿命 MTTF（或故障间隔 MTBF）。但冗余设计最明显的缺点是由于系统组成结构、元器件或部件（子系统）增加，系统的质量、耗能、成本会相应地增加，有时还会导致结构尺寸增大等。

2. 基本原则

冗余设计应遵循如下基本原则：

（1）冗余系统的备份效应当适当，以满足功能要求，保证可靠为前提，取冗余度的下限，备份数不能过大。

（2）对于需要采用冗余设计的子系统（组成单元）应进行充分的分析计算，使其增加的结构质量和结构尺寸及元器件（零组件）在满足性能要求，达到可靠性指标的前提下为最小。

（3）为了保证系统正常功能，且达到可靠度要求，一般采用工作冗余较好，它既能保证工作可靠，又不致增加太多的质量，并能起到降额设计的效果。当要求维修性好，体积、质量非主要矛盾（如地面设备）时可采用非工作冗余设计。

（4）系统的体积、质量、成本限制很严时，尽可能少用或不用冗余设计。反之，若系统的体积、质量限制不严时，而成本费用允许，则对可靠性要求很高的系统可以采用组合式冗余设计。

3. 制约因素

是否采用冗余技术，需要综合权衡以下几方面因素后决定。

（1）可靠性、安全性指标的高低；

（2）基础元器件与系统的可靠性水平；

（3）非冗余方案的技术可行性；

（4）研制周期与费用；

（5）使用、维护和保障条件；

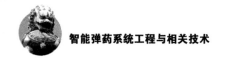

（6）质量、体积和功耗等限制条件。

为提高系统的可靠性而采用冗余技术时，需与其他传统工程设计相结合，因为不是各种冗余技术在各类系统上都可以实现，因此应根据需要与可能来确定。可以全面地采用，也可以局部地采用，在系统的较低层次单元和针对可靠性关键环节采用冗余技术时对减少系统的复杂性更有效。

4. 分类

冗余技术通常分为两类：

（1）主动冗余——元件、部件或设备发生失效时，不需外部元件、部件和设备来完成检测、判断和转换功能；

（2）备用冗余——元件、部件或设备发生失效时，需要外部元件、部件和设备进行检测，判断并转换到另一个元件、部件和设备上工作，以取代发生失效的元件、部件和设备。

智能弹药系统的零部件尺寸小、重量轻、工作时间极短，工作过程中发生的故障不可能用人工排除或维修，发射过程失效检测也是十分困难，所以，一般适合于采用主动冗余设计技术来保障智能弹药系统的安全性和作用可靠性。

5. 主要应用

主动冗余设计技术在智能弹药系统可靠性设计中的主要应用有：目标敏感装置的冗余设计、发火机构的冗余设计、延期管的冗余设计、引信安保机构的冗余设计等。

3.6.8.3 防错容错设计

智能弹药系统中的防错容错设计主要用于智能弹药系统的安全系统，防止智能弹药系统装配、试验、使用操作过程中的人为差错而造成安全事故。防错容错设计没有固定的成套方法，需要根据智能弹药系统的具体结构要求和实际经验而定；人为差错率的预测也没有成熟的方法，一般是根据经验和统计数据进行工程判断。智能弹药系统防错容错设计主要有以下几个方面：

1. 装配防错容错设计

智能弹药系统装配过程中可能发生漏装、错装、重装、反装零部件等错误。有的错误可能严重影响其安全性或作用可靠性，如漏装雷管或击针则引信必然瞎火；漏装保险件，特别是隔爆件的保险件，则可能发生安全事故。

防错设计的方法一般是从尺寸、形状、结构设计上保证，若装错了就装不进去，漏装了就不可能进行下一步装配等，从而避免装出危险的成品。

对于直接插入式装配，在弹的径向最好不要有方位或角度的装配要求，即对插入件不要求在装入弹中一定圆周方位上，也就是无错装的问题；若要求有方位或角度，则需要设计的定位部件在两个或两个以上时一定不要对称，且形状或大小也不同，使之不可能在圆周位置上错装。

对于螺纹连接式装配，在弹径圆周方位不能要求定位或角度，否则容易装错；轴向要有定位要求，应设计定位基准（如台肩、定位面等）。安装不到位也是一种错装，应设计有显示到位的指示器或到位后的定位器。

2. 装定防错容错设计

智能弹药系统装定时也可能发生错误。如钟表或药盘时间引信中时间刻度分画的装定。零装定是不允许的（有危险），必须设计有零装定保护器。有些装定错误虽不致引起安全性事故，但必要时也应进行防错容错设计，避免或减少装出危险的成品。

安全系统的错装，如漏装保险件等，可能会带来严重的安全问题，虽有防止漏装或错装的设计，但为保险可靠起见，应设计在装弹前后显示是否解除了保险的指示器，它也可显示因漏装保险件而解除保险的情况。

3.6.8.4　防护设计——耐环境设计

系统的可靠性防护设计技术主要是指使用环境防护设计，就是把系统所受的环境应力（负荷）如温度、湿度、电磁场、风沙、海浪、云雾、盐雾、机械振动、冲击等降低到系统能够（或允许）承受的程度。

防护设计根据环境条件的能量辐射和负荷强度及载荷类型进行相应的设计。例如，在热源附近工作的组件，进行防热、隔热设计；在电磁场附近工作的组件，进行防电磁辐射设计；在舰上使用的武器系统要进行防盐雾设计等；一般还需进行三防设计和电磁兼容设计等。

防护设计又称为耐环境设计，以下主要介绍热设计、防冲击振动设计、防潮湿霉菌及盐雾设计等防护设计方面的。

1. 热设计

热设计主要研究温度对智能弹药系统影响的设计问题，使智能弹药系统能在较宽的内、外温度范围内可靠地工作。

智能弹药系统存贮环境温度范围是 $-55 \sim +70$ ℃，使用环境温度是 $-45 \sim +55$ ℃，环境温度试验范围是 $-55 \sim +70$ ℃。受到高温、低温及热循环作用，智能弹药系统中的一些结构、元器件等会出现热老化、氧化、尺寸变化、构形变化、化学变化、软化、熔化、结冰、脆化等现象，极有可能诱发绝热性能下降、电性能改变、结构损坏、润滑性能损失、材料强度变化等典型失效。

对电子元器件来说，热设计的目的：一是通过元器的选择、结构设计和电路设计来减少温度及其变化对智能弹药系统性能的影响；二是控制内部元器件的温度，以及采取绝热措施使外部的热输入降低到最低程度。

对机械零件来说，智能弹药系统的热设计主要是根据智能弹药系统中机构的具体要求，对热敏感部件采取散热、隔热、预防或疏导热效应等措施。例如：采用银、铜、铝、氧化铍等优质导热材料以利于散热；采用云母片、聚酯膜等绝热材料以利于隔热。

2. 防冲击振动设计

智能弹药在各种运输条件下的振动峰值加速度一般在 $10g$ 以内，而冲击峰值加速度一般在 $100g$ 以内（紧急制动下在 $1\,000g$ 以内）；发射时轴向惯性冲击峰值加速度在 $5\,000g \sim 80\,000g$ 范围。

（1）机械零部件及元器件防冲击振动设计。

机械零部件的防冲击振动设计，首先通过零部件的质量、刚度和安装布局等匹配设计措施从其结构本身提高耐振能力，尽量使较重的零部件置于整体质心附近，以保证智能弹药系统的质心与几何轴心重合为好；零部件、元器件安装应紧固，螺钉应加装弹簧垫圈，对于易松动的零件（如火工品）可采取粘胶等防松动措施。

（2）电子线路防冲击振动设计。

电子线路防冲击振动设计方法或措施主要包括：对较重元器件及印刷电路板应采取固定结构，以防止断线、断脚或拉脱焊点等故障；将导线线束及电缆绑扎并分段固定；采用局部或整体灌封结构；质量应分布均匀，质心位置最好位于中心；选用的电子元器件应有足够的抗冲击振动特性。

（3）火工品防冲击振动设计。

火帽、雷管、延期管等火工品，要能承受勤务处理及发射过程中可能产生的最严重的冲击，要有足够的机械强度和冲击安定性以保证不影响其正常作用性能。

火工品的紧固方式一般有三种：胶结、铆接（点铆或环铆）、螺盖压紧后再点铆。其中螺盖压紧方式的抗冲击振动性能最好。

（4）整体包装的防冲击振动设计。

对整体包装的智能弹药，发射周期前防冲击振动的主要方法是进行良好的包装设计，以提供多种保护。智能弹药系统的包装一般均有内包装和外包装。两者均对贮存提供保护，以延长智能弹药系统的贮存寿命。

内包装主要是提供物理保护，密封以防潮防腐等。内包装的密封材料与智能弹药系统壳体直接接触，其材料在长贮中可能与壳体外表面产生物理化学作用，影响其可靠性。因此，设计时必须考虑其材料的物理稳定性和相容性，必要时应进行相容性试验。内包装防潮防水，必须密封好，可设计两种或两种以上材料的多层包装以达到密封要求。智能弹药在内包装中不应产生位移，否则在运输碰撞中会影响其可靠性，因此应设计纸垫、卡板等进行定位和起缓冲作用。

外包装（即装箱）主要是提供搬运、运输保护。外包装应结实而牢靠，经过发射周期前不得损坏，以确保内包装的完整性。其结构要便于搬运堆放和贮存，否则在搬动、运输过程中或发生跌落时，由于包装的强度不够或不合理而使智能弹药受到过大的冲击，对智能弹药的安全性和可靠性均有很大影响。因此，包装箱的结构与材料设计要考虑各种运输条件中的偶然跌落和粗暴装卸及不适当装载时的强度和牢固性，内包装在其中的位置和固定方式也要正确合理，能起到缓冲、减振的作用，必要时应设计减振器或减振系统。如设置各个方向起减振缓冲作用的各种弹簧减振器或橡胶减振器，以保证三个方向上、六个自由度中的减振缓冲作用。

对于多发包装，其包装的发数应视智能弹药一次使用的用量而定，用量大的，容量可大一些，用量小的，容量可小一些，尽量做到打开包装后能及时用完，以免在无包装或仅有内包装的存放和搬运过程中引起安全问题，也对可靠性产生影响。多发包装时每发弹的安放位置一定要牢固，否则在运输过程中各发弹可能产生相互碰撞，影响弹的安全性和可靠性。另外，多发包装的质量应考虑适应人的搬运。质量过大会增加搬运过程中的跌落可能性，影响可靠性。

3. 防潮湿、霉菌和盐雾设计

（1）潮湿失效形式及其防护方法——潮湿会使橡皮垫等零件膨胀、破裂、丧失机械强度；损害电气特性，使绝缘性下降；降低火工品的感度以致瞎火等。防潮湿方法有：表面涂覆防潮材料；进行密封、灌封结构设计；涂保护层，安装保护套以及密封包装等；必要时还可安装吸湿料或去湿器等。

（2）霉菌失效形式及其防护方法——霉菌会腐蚀金属表面，损坏电线的绝缘，降低某些润滑作用，侵蚀纤维性材料（如木质材料等），产生的有机物和无机物对某些材料起侵蚀作用，细菌群体的增长还能阻塞零件间的间隙等。防霉菌方法有：采用不生霉处理的绝缘材料。不易生霉的材料有有机硅塑料、聚乙烯、聚丙乙烯、氯丁橡胶、环氧酚醛玻璃布板、云母、聚酯等。而棉、麻、丝和纸很易生霉，若用作与环境接触的绝缘材料，必须采取防霉处理。

（3）盐雾失效形式及其防护方法——盐水是良导体，使绝缘材料的绝缘电阻下降，引起金属电解而损坏表面，降低结构强度，增加导电性能；引起化学反应导致腐蚀，降低机械强度并增加表面粗糙度；还能改变电气特性，改变火工元件的特性等。防盐雾方法有：采用非金属的保护套，采用密封结构等。

（4）密封措施——智能弹药系统所有外部与内部相通的部分均要密封，固定连接部位和需转动或调整的部位均要密封。非螺纹连接部分的辊口密封是智能弹药系统常用的一种密封方法，如防潮帽与引信头部的连接用辊口密封，辊口后接缝处还应涂漆；螺纹连接部分的密封，常采用涂密封材料、缠丝线、加密封垫等一种或几种综合的方法；需转动和调整的部位，无法用胶死这类方法密封时，可采用外加防护罩的办法密封。

（5）灌封措施——智能弹药系统中的电子线路部件为了性能稳定、增加强度，以及不受外部潮气等环境因素的影响，常采用环氧树脂、硅橡胶、特种聚氨酯泡沫塑料等材料进行灌封。其中特种聚氨酯泡沫塑料是由 5 种液体原料经混合、反应、发泡、受热固化形成的泡沫状的固体物质，密度大，能承受约 $50\,000g$ 的惯性过载和 $50\,000$ r/min 的高速过载考核，使用温度范围为 $-50\sim +40\ ℃$，是智能弹药系统目前使用的最好灌封材料之一。

3.6.8.5 参数漂移和容差分析

智能弹药系统中的元器件或零部件会由于温度、湿度、贮存时间等因素的影响而发生性能变化，严重的会造成智能弹药系统作用失效。智能弹药系统中每个元器件或零部件，都有其设计和生产的参数和尺寸的变化范围。如这些参数和尺寸的变化在规定的范围内，智能弹药应可靠作用。如变化范围很小，智能弹药的性能一般就比较稳定，失效的可能性就小；如变化的范围大，智能弹药性能不稳定，可能失效概率高。但如要严格控制元器件和零部件参数的变化范围，生产工艺要求就高，费用就要增加。因此，在设计过程中，应采用一些措施和方法控制元器件、零部件参数的变化，确定其容差范围，在保证其可靠性的同时，达到良好的经济性和生产工艺性。

1. 参数漂移

参数漂移是指参数的标准差或标称值发生了变化，容差是参数允许变化的范围。要保证智能弹药及其部件可靠工作，参数漂移不应超出容差范围。

参数漂移造成智能弹药失效的特点是性能一般不发生突变，往往是元器件、零部件参数的缓慢变化或微小的改变造成智能弹药性能的变化，一般不会使所有的智能弹药都发生失效。

2. 容差设计

容差设计的方法主要有：

（1）最坏值设计法——就是在各元器件参数的预想变化范围内，各个参数特征值都取边缘值来进行设计的一种设计方法。如果在这种最坏情况下求出的性能特征值超过了规定的范围，则认为可能发生漂移性失效，应重新设计（如提高器件的精度和采取其他补偿措施等），直至满足性能特征值要求为止。

（2）概率设计法——是根据元器件的参数变化的统计特征来估算性能参数的统计特征，按照性能要求控制参数的统计特征变化范围，从而进行参数设计的。

（3）均方根偏差设计法——是在假设总随机变化量等于每个随机变化量的平方和的均方根值条件下得到均方根偏差的一种方法。每个参数的变化量分为三部分：由于制造引起的元器件参数的散布，这种散布是随机的，一般服从正态分布；由于温度、湿度、振动等环境的参数变化引起的；由于贮存和工作时间造成元器件的老化、寿命终结及随机变化。

（4）正交试验法——是一种通过合理的试验，寻找元器件、零部件参数对智能弹药系统或部件的影响规律，设计出一组最佳的配合参数（包括参数的标称值和公差），从而保证智能弹药系统或部件可靠工作的设计方法。

3. 防止参数漂移的措施

在工程实际中，控制智能弹药系统参数漂移技术措施主要有：

（1）正确选择工作状态，使元器件参数即使有漂移也不致使系统参数超出正常的工作区；

（2）温度补偿设计；

（3）密封设计，如使元器件、零部件与环境隔离，防止由环境造成的参数漂移；

（4）裕度设计，如使智能弹药系统中抗力零件有一定的安全裕度和可靠解除保险的裕度，抗力零件参数虽会有一定的漂移，其性能仍能满足要求；

（5）正确选用元器件、零部件，根据其参数漂移合理选用；

（6）进行元器件、零部件的老炼和筛选，消除器件和部件早期性能的不稳定因素。

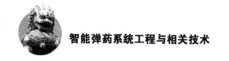

3.6.8.6　潜在通道和兼容性分析

1. 潜在通道分析

潜在通道会引起系统功能异常或抑制正常功能，因此要进行潜在通道的分析，找出这些潜在通道及其发生的条件，将会提高智能弹药系统的安全性和作用可靠性。

《装备研制与生产的可靠性通用大纲》（GJB 450—88）要求对完成任务和安全起关键性作用的组件或电路进行潜在通道分析。对于智能弹药来说，引信和控制机构等是对完成任务和安全起关键性作用的组件，这些部件大量采用先进技术，电路或信息链路越来越复杂，因此需要进行潜在通道分析。例如：传爆（火）序列中可能存在潜在传火通道；时间引信可能存在潜在定时或潜在标志（时间刻度标志）；压电引信可能存在压电晶体的潜在静电放电；控制处理器存在指令漏发或误发的可能等。

2. 兼容性分析

智能弹药系统兼容性分析的目的是识别智能弹药所使用的材料之间，机械、电子、化工等零部件之间相互兼容的能力，为智能弹药兼容性设计提供依据。随着智能弹药技术的发展，机、电、光、磁、化工等器件和部件相互之间的影响会越来越复杂，特别是采用了电、光、磁类引信或目标探测装置的智能弹药系统在试验环境中兼容能力的问题越加突出。因此，兼容性分析可以为智能弹药使用新技术、新材料提供依据，有利于提高智能弹药的适用性、安全性和作用可靠性。

3.6.8.7　元器件、零部件及关键件、重要件的选择与控制

智能弹药系统是由各种元器件和零部件组成的，它们的可靠性或失效概率直接影响或决定智能弹药的可靠性。智能弹药本身的体积、质量一般都较小，而应用的原理和技术又日益广泛和复杂，机、电、光、磁、声、化等及其各种复合作用的原理都有应用，同时承受的环境力及使用条件亦相当严酷。

1. 元器件、零部件的选择与控制

电子元器件和零部件一般都要求体积小、质量轻、可靠性高、承受能力大，特别是对智能弹药的安全性和作用可靠性起重要作用的关键件和重要件，要求更高更严。要满足对元器件、零部件及关键件、重要件的高可靠性要求并

在整个寿命周期内能保持一定的稳定性，就必须从开始设计时就要对它们进行正确选择、认定或设计，并在整个研制、生产过程中加以控制。否则，要达到并保持智能弹药的可靠性指标要求是不可能的。

2. 关键件、重要件的控制

可靠性关键件、重要件是指其失效会严重影响智能弹药安全性和可靠性的零部件，由故障模式、影响及危害度分析或故障树的定性、定量分析所得的危害度、重要度的大小确定。可靠性关键件的数量一般不超过10%，可靠性重要件的数量一般不超过20%。

可靠性关键件、重要件是进行详细设计分析、可靠性增长试验、可靠性鉴定试验、可靠性分析计算等的主要对象，应对它们进行重点控制。

对安全性关键件的控制，除了设计时应确保其性能要求外，在生产中应加强质量控制和管理，设置加工、检测的重点质量控制点，明确关键尺寸、关键工序的控制要求等；对作用可靠性重要件的控制基本上与安全性关键件相同，不同之处是对火工元件要特别注意安全。

3.6.8.8 降额设计

1. 基本内涵

降额设计就是系统可靠性设计中，有意降低系统中组成单元（子系统部件、机械结构件、电子元器件）所承受的载荷、应力等，使其在低于额定值条件下工作，以达到提高系统可靠性的目的。

对于机械结构的零部件，可用增大安全系数提高可靠性；电子系统中元器件采用在低于额定负荷（温度、电压、功率、应力等）条件下工作的措施，有利于提高可靠性。例如：纸介电容器在额定电压下失效率为 7.5×10^{-7}/h，而在50%额定电压下的失效率为 0.5×10^{-7}/h，即可靠性提高15倍；变压器在内部温度为100 ℃时的失效率为 1.1×10^{-5}/h，在内部温度为60 ℃时的失效率为 0.05×10^{-5}/h，即可靠性提高22倍。

电子系统中元器件失效率降低的数量并不与工作水平降低成正比，它们之间存在一个极限值，超过极限值之后，再降低工作水平，对提高可靠性的作用不大。电子器件已有一些减额工作曲线和图表，给出了不同减额工作水平和不同温度下失效率的百分比，可以通过各种元器件手册查到。

另一减额使用是改善元器件的环境条件（如温度、湿度、振动、冲击等）。用密封、保温等措施均可改善元器件的环境条件，从而提高可靠性。例

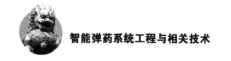

如，制导仪器舱采用隔热、防震和消声的措施能提高系统的可靠性。

2. 基本原则

降额设计应注意遵循如下基本原则：

（1）系统中失效率较高、功能很强、采用其他技术途径难以达到提高可靠性要求的重要组成单元、子系统、结构件、元器件在必要时采用降额设计；

（2）降额设计中，对负载、应力等降低的幅值不能过大，应经过仔细计算分析，并尽可能通过试验考核，降额之后应确保系统（子系统、组成单元）的功能和可靠度要求，并不致引起性能下降；

（3）机械结构的应力不能降得太小，即安全系数不能过大，不能导致体积或质量的大幅度上升；

（4）电子元器件在降额使用时应保证良好的工作特性曲线。线性元器件，降额只能在线性范围内，不能出现非线性。

3. 设计依据

降额设计依据应包括以下几点：

（1）降额因子——包括计算系统部件、机械构件、电子失效率用的应力（或负荷）降额因子。

（2）关系曲线——系统组件在不同应力（或负荷）比值对应的一组应力与失效率的关系曲线。

（3）工作特性曲线——应力（负荷）与最大额定值百分数之间的工作特性曲线，即降额图。这些曲线通常把降额等级与某些临界环境因素或物理因素的联系描述出来。

（4）分区特性曲线——应力（负荷）等级的分区特性曲线，描述出供设计选择参考的包络线。它表明了系组件（构件）的合格使用区。合格使用区是可靠性与费用之比为最佳的区域，系统组件可在此区域内使用，预计不能产生可靠性退化；可疑区是系统组件在额定值范围内工作，但不是可靠性最佳的状态，在该区内使用时间过长，系统可靠性会降低；禁用区是系统组件在超过额定值状况下工作，一般不能使用，不能满足可靠性要求。

4. 主要应用

智能弹药设计中通常降额使用包括：对电子元器件的电压、电流和功率等电应力方面的降额使用；对温度、振动、冲击等环境应力的降额使用。

3.6.9　结构可靠性设计

智能弹药系统的结构设计不仅关系到智能弹药的安全性尤其是其发射周期内的安全性，也与其作用可靠性密切相关。智能弹药系统的可靠度要求极高，使得传统的智能弹药结构确定性设计均采用较为保守的设计要求，一般考虑最大载荷条件，保守的材料强度值，并往往采用较大的安全系数。这样的设计一般都导致智能弹药在弹体结构上属于"过重"设计。相比之下，用可靠性设计方法进行结构设计，用一定的可靠性指标反映结构的安全程度，其设计与分析方法要科学许多，同时又可以定量地把握设计结构的可靠性水平。

智能弹药特别是常规智能弹药，由于结构相对简单，长期以来设计上仍采用安全系数方法，可靠性指标都是通过试验加以验证。而产品的固有可靠性不是通过生产质量管理和试验得来的，而是通过设计得到的。随着常规智能弹药精确化、灵巧化、智能化技术的发展，结构愈加复杂，成本愈加提高，性能要求愈加细致。实现智能弹药结构的可靠性设计是提高智能弹药技术水平的迫切要求。

3.6.9.1　传统的结构设计方法

传统的结构设计大多采用许用应力法，它假设结构为均匀弹性体，分析结构上所受到的载荷作用，用结构力学或材料力学的方法算出构件中的应力分布，确定危险点上的工作应力值；再根据经验及统计资料确定许用应力，设计时保证最大应力不超过材料的许用应力。它满足了结构的强度要求，因而认为结构在工作中不会破坏。为了考虑工作中的各种不确定因素，在结构设计中引入了安全系数。这种方法称为传统设计法或静强度决定论方法。以往的结构设计（含优化设计）均采用此法。设计时，作用于结构上的载荷以及结构的承载能力均用定值，若有动载荷作用于结构上时，将动载荷换算成静载荷进行计算。

在传统的决定论设计方法中，所用载荷及材料性能等数据，均取它们的平均值，或者取所谓的最大或最小值，没有考虑到数据的分散性，而且在设计中引入一个大于 1 的安全系数。这种安全系数在很大程度上由设计者根据经验确定，带有一定的不确切性或盲目性，特别是运用新材料对新产品的设计更是如此。当设计者不能确信设计的产品安全可靠，或者说对其设计的产品心中无数时，一般采用大的安全系数，它能够减少结构失效的机会。然而，这既不能绝对防止结构失效的发生，也会造成结构质量增加、材料浪费和结构性能降低。

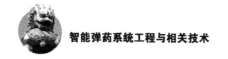

3.6.9.2　结构可靠性设计

1. 结构设计参量的不确定性

由于各种原因的影响，结构设计中存在许多不确定因素，即存在随机性。随机性又分为随机变量、随机过程和随机场。随机场是随机量的空间变化。

从工程结构的角度看，结构的随机性是由于物理不确定性、统计不确定性和模型不确定性引起的。

（1）物理不确定性——包括载荷的不确定性、材料参数的不确定性、几何尺寸的不确定性和初始条件及边界条件的不确定性。如炮弹在高速飞行中由于大气的扰动及阵风的影响导致的空气载荷及热载荷不确定性、复合材料参数的变异性引起的材料参数不确定性、由于加工精度和装配误差造成的几何尺寸不确定性、结构分析中的简化产生的边界条件不确定性等。

（2）统计不确定性——是在试验样本的基础上根据经验或利用数理统计方法确定统计量的分布时带来的不确定性。它往往是由于信息缺乏而产生的。在实际可靠性计算中，大多数情况是通过标准、手册和已有的统计结果获得计算中各量的数据。但对于新设计、新材料，其数据仍需要自行统计得出。无论何种情况，统计不确定性是不可避免的。

（3）模型不确定性——分为材料模型的不确定性和结构设计与分析计算模型的不确定性。在材料力学中，针对不同的材料提出了许多本构模型和强度准则，如复合材料的霍夫曼准则、蔡－吴准则等。但每种模型和准则所反映的侧重点各不相同，使用不同的准则计算得出的结果可能差别很大，这是由于无论何种本构模型和强度准则，都不能绝对准确地反映材料的本构关系和破坏特性。除强度准则外，在结构设计与分析中还要用到将输入量与输出量联系起来的数学模型，该数学模型或根据对问题的深入理解建立起来的，或根据某些试验结果或经验总结得出的，都不可能完全精确地反映问题的本质，这就导致了模型的不确定性。

2. 结构可靠性设计的特点

对机械结构进行可靠性设计时，首先应分析所用材料的强度及应力分布规律。一般机械结构强度和应力分布服从正态分布规律。如弹体结构、发动机结构在内、外载荷作用下，其应力分布规律以及其可靠度的分布特性也近似于正态分布。因此，一般以正态分布函数作为机械结构可靠性设计时的应力与强度的随机函数。有些结构及受载情况比较复杂，在可靠性设计时要做具体分析，适当选择相应的函数。

结构可靠性是在充分考虑各种不确定性因素的基础上建立起来的一门工程学科。结构可靠性就是结构在规定条件下和规定时间内完成规定功能的能力。结构的可靠性设计是将设计中的不确定性因素看作概率意义上服从一定分布的随机量、随机过程或随机场。以此为出发点进行结构设计能够与客观实际情况更好地符合。它能够根据结构的可靠性要求，把失效的发生控制在一种可接受的水平。这种方法的最大好处是给出了结构可靠度的数量概念。一般来说，结构可靠性设计的任务要么是根据设计计算确定结构的可靠度，要么根据任务要求的可靠性指标设计结构的参数。但无论是哪种任务，都需要分析结构可靠性。

可靠性设计与分析方法能够充分考虑影响结构安全的诸多因素的随机特性，并用可靠性数学理论（概率论、随机过程、数理统计、模糊数学等）进行分析研究，根据概率分析方法建立可靠性模型，计算结构的破坏概率，保证结构的破坏概率小于规定的可靠性指标，从而在设计和使用上更合理、更有效地保证结构的安全性与可靠性。

3.6.9.3　智能弹药结构强度可靠性设计

智能弹药结构同其他产品结构一样，在其制造、贮存和使用过程中，要承担多种载荷作用，且这种作用又受到多种不确定因素影响。同时其自身强度特性由于材料组织的不均匀、内部缺陷的位置方向及大小的随机分布、表面加工处理及制造工艺方面的影响，或多或少具有一定的分散性。

1. 随机变量的散布特性

智能弹药结构设计中，材料特性、载荷、结构尺寸、初始缺陷等设计参数在数值上具有随机特性。试验表明，即使是同一批试件，在控制条件最好的试验室里，试验结果也存在一定的分散性。即确定性是相对的，随机性和分散性是绝对的。要通过长期的经验和数据的积累掌握随机变量的散布特性。

以榴弹弹体发射强度设计为例，弹体可靠性设计中主要随机变量可分为三类，即膛压、材料特性及结构尺寸，并假定其每个变量相互独立，均服从正态分布。

弹丸结构强度设计中，膛压载荷随机量、材料特性随机量都应根据试验统计获得。

（1）膛压随机量。

由于试验成本等原因，智能弹药设计领域这类试验特别是膛压试验，抽样较少，属于小子样，则在数据统计处理中正确地计算判断子样类型，针对不同情况，采用合理的统计处理方法。

通常膛压值可以从发射药厂获得平均膛压及其或然误差数据，则可根据或然误差 $\gamma = 0.6745\sigma$，推算出标准差 σ。若某弹最大膛压 $P = 220$ MPa，或然误差为 $\gamma = 0.5$，则其标准误差 $\sigma = 0.7413$，最大膛压的变差系数 $\beta = \sigma/P = 3.37 \times 10^{-3}$。

（2）材料特性随机量。

一般生产单位对材料都要做抽样检验，获得不同批次材料的抗拉强度 σ_b、延伸率 δ 等材料特性检验数据。这类检验数据一般在数据上满足大于安全下限标准下实行一批抽二样的抽样方式。为可靠地统计获得材料特性的散布特征，一般来说，材料性能参数值样本容量的确定应该使用估计安全下限时子样容量的确定方法。根据使用安全下限应满足的概率条件与给定的置信水平求得所需子样容量的估计值。

（3）结构尺寸随机量。

结构尺寸包括长度、宽度、厚度、孔径、孔或销的中心距、面距、深度和其他物理特性等。对结构尺寸的散布特征可以用机械结构可靠性设计通用的 3σ 理论，即名义尺寸可用作平均值估计量，而公差范围可假定近似于 $\pm 3\sigma$。

总之，在对随机变量散布特征把握过程中需要变量的统计数据作为设计基础，最理想的情况是针对具体对象试验取值，对取得的大量数据统计处理，查明其分布类型，估算分布参数。然而，由于试验的困难或时间的限制，直接试验并统计处理往往难以实现。因此，常就已有的类似数据或间接的资料，近似估计所需的数据。

2. 结构强度可靠性概率设计方法

基于机械可靠性设计中的应力强度干涉理论，可对智能弹药结构进行强度可靠性概率设计。智能弹药结构强度可靠性概率设计步骤归纳如下：

（1）设计模型转化。

考虑弹体结构设计模型中的载荷、材料性能以及结构尺寸等为随机变量，弹体结构设计模型必须作相应的概率设计模型转化，即根据结构设计模型将参数的均值及方差分别用相关各随机变量的均值及标准差表示。

如设计模型 $G = x \cdot y$，可转化为

$$\mu_G = \mu_x \cdot \mu_y, \quad \sigma_G = \sqrt{\mu_y^2 \cdot \sigma_x^2 + \mu_x^2 \cdot \sigma_y^2} \qquad (3.92)$$

式中，μ_G，σ_G——变量均值和标准差。

例如：榴弹设计涉及的导转侧压力 N 公式为

$$N = \frac{\pi P A g \tan\alpha}{nm} \tag{3.93}$$

式中：P——计算压力；

　　　α——膛线缠角。

若计算压力 P 为不确定的随机变量，其他各量为确定量，则式（3.93）概率化后，导转侧压力均值和方差分别为：

$$\mu_N = \frac{\mu_p \pi A g \tan\alpha}{nm}, \quad \sigma_N^2 = \left(\frac{\pi A g \tan\alpha}{nm}\right)^2 \cdot \sigma_p^2 \tag{3.94}$$

式中，μ_p，σ_P——分别为不确定随机变量计算压力 P 的均值和方差。

（2）用代数法、矩形法或蒙特卡洛模拟法把与应力有关参数的分布综合成应力分布，即得出含有设计结构变量的应力的均值和标准差表达式。

（3）建立应力、强度和可靠度的联结方程。

根据机械结构可靠性设计中的应力强度干涉理论，已知应力 s 的均值与标准差 μ_s，σ_s；强度 δ 的均值与标准差为 μ_δ，σ_δ。则可将应力、强度分布参数和可靠度三者联系起来，构成联结方程：

$$Z_R = -Z = \frac{\mu_\delta - \mu_s}{\sqrt{\sigma_\delta^2 + \sigma_s^2}} \tag{3.95}$$

其结构可靠度为

$$R = \frac{1}{\sqrt{2\pi}} \int_{-\infty}^{Z_R} e^{\frac{-z^2}{2}} dz \tag{3.96}$$

（4）按可靠度 R 的设计要求，查正态分布数值表，得可靠度系数 Z，解联结方程即可求得结构尺寸。

对于简单的线性、正态问题，可以用应力 – 强度干涉模型给出精确解，其他情况一般要采用数值方法计算。

智能弹药结构可靠性设计中，如随机变量间无相关性，随机变量变差系数较小，一般情况用应力 – 强度干涉模型、矩形法应力综合方法进行结构可靠性设计已能满足设计精度要求。

智能弹药安全性设计问题失效概率在 10^{-6}（甚至更低）这样一个量级，结构可靠性设计必须考虑用高计算精度的数值方法进行，如映射变换法、实用分析法以及以最大熵原理为基础的二次四阶矩方法。此外，蒙特卡洛数值模拟方法适用性强，应用广泛，一直被认为是计算失效概率比较有效的途径之一。由于智能弹药设计问题 10^{-6} 的失效概率，为提高计算效率和计算精度，必须研究合适的模拟抽样方法。

3.6.9.4　结构可靠性优化设计

结构设计的目的是根据一组预定的要求或安全需要，以一种最优的形式实现结构。一般地，结构可靠性设计只对结构元件进行设计，运用近似概率法给出结构元件的某一设计参数。对于由大量设计参数确定的结构及由大量元件构成的结构系统，要同时确定多个元件的设计参数，结构可靠性设计方法无能为力，这就需要结构可靠性的优化设计。

结构可靠性优化设计是在传统结构优化设计的基础上考虑参数和变量的随机性，数学描述与传统结构优化设计有很多相似之处，传统结构优化设计的算法同样适用于结构可靠性优化设计。因此，结构可靠性优化设计的方法也分为准则法和数学规划法。优化准则法能够处理很大数量的设计变量，收敛较快，但对于许多结构可靠性优化的具体问题，往往找不到调优的物理准则。因此，现行结构可靠性优化算法多为数学规划法。

结构可靠性优化设计中能够作为目标函数的形式很多，但较多地还是一般选取结构功能指标、经济指标和可靠性指标作为目标函数，它可以是其中某一项，也可以是某两项甚至三项。由此，可以把结构可靠性优化设计问题分为单目标优化和多目标优化。

单目标结构可靠性优化通常选取重量、成本作为目标函数，以失效概率为约束条件。单目标结构可靠性优化设计的关键在于对约束条件的处理和选取合适的算法，不同的约束条件形式可以有不同的算法与之适应。解决这类问题的基本思路是首先利用前述结构可靠性理论与方法计算系统失效概率，将失效概率约束变换成设计变量形式，再根据结构优化的方法求出原问题的解。

随着现代结构的日趋复杂化，衡量结构设计优劣的标准也日趋复杂，过去单一地追求某一指标已经不能综合反映结构的整体效能。因此，在结构设计时要尽可能多地选取多个设计目标进行综合权衡和优化设计。

多目标与单目标问题相比，多目标函数关系复杂，有时甚至是对立的。多目标优化问题一般没有最优解，只有非劣解（或有效解）。

一般在结构可靠性多目标优化问题求解时常用到权系数法、最小最大方法和约束法。三种方法的共同点是将多目标问题转化为单目标问题求解。

第 4 章

探测、识别与执行控制技术

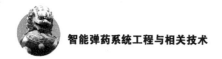
|4.1　探测与识别的地位与定义|

弹药智能化的第一步，就是要给弹药安装一双"眼睛"，眼睛的核心就是目标的探测与识别。

目标探测与识别是一门多学科综合的应用技术，它涉及的学科领域有传感器技术、测试技术、激光技术、毫米波技术、红外技术、近代物理学、固态电子学、人工智能技术等。它的主要目的是采用非接触的方法探测固定的或移动的目标，通过识别技术，使弹药完成探测与识别任务。在近十几年以来，随着现代科学技术的飞速发展，作为弹药的目标探测与识别广阔的技术支撑，毫米波探测、激光探测、主被动声探测、磁探测、地震动探测等都有了极大的技术进步。

本章对几种典型的探测方式的作用原理进行阐述。

|4.2　声探测技术|

声探测技术是利用目标发出的或反射的声波，对其进行测量，由此对其进行识别、定位和跟踪等。声探测理论上可以是主动式、被动式或半主动式探测，但在实际使用中主要是主动式和被动式声探测。主动式声探测是探测器发出特定形式的声波，并接收目标反射的回波，以发现目标和对其定位。主动式声探测主要用于探测水面和水下目标，通常采用超声波。空气中超声波衰减很严重，除了很近距离外很少使用。被动式声探测直接接收目标发出的声音，可在水中和空气中使用，但易受其他声源的干扰。

本节主要介绍被动声探测的基础理论知识及其初步应用。包括以下内容：声音特性、声探测系统、时延估计理论、被动声定位算法、自然风对声探测的影响及其修正、双子阵定位理论、声探测数据的后置处理、声探测在弹药智能化上的应用等。

4.2.1   声音特性

1. 声传播特性

声波是一种机械波，它是机械振动在弹性介质中的传播。传播的介质可以是空气，也可以是水或大地等。当距离大于声源尺寸时，声源可以被看作点声源，声波可以被看作是球面波。在三维空间中，声波传播的波动方程为

$$\frac{\partial^2 u}{\partial x^2} + \frac{\partial^2 u}{\partial y^2} + \frac{\partial^2 u}{\partial z^2} = \frac{1}{c^2}\frac{\partial^2 u}{\partial t^2} \tag{4.1}$$

式中，u——振幅；

c——声速。其球面坐标形式为

$$\frac{\partial^2 (ru)}{\partial r^2} = \frac{1}{c^2}\frac{\partial^2 (ru)}{\partial t^2} \tag{4.2}$$

声波与电磁波和振弦等不同，它的质点振动方向和传播方向相互平行，为纵波。如果声源所激起的声波的频率为 20 Hz ~ 20 kHz，就能被人们听见。低于 20 Hz 的声波叫次声波，高于 20 kHz 的声波叫超声波。

声波具有反射、折射、绕射和散射的特性。空中声场不是理想的自由场，存在非线性和不均匀介质以及障碍物等因素，测量到的声音信号中还包含了二次反射甚至多次反射的信号。气象条件对声音的传播影响很大，温度会引起声速的变化，气流会改变声音的方向。空气中，声音的衰减与声波的频率、距离、温度有关，频率越高衰减越大。声波的频率越低，波长越大，波动性质就越显著，而方向性却越差。当低频的声波碰到普通大小的物体时，产生显著的绕射和散射现象。反之，频率越高，波长越小，方向性越好。我们能听到的声波，波长在 0.17 ~ 17 m 的范围内，是可以与一般障碍物（如墙角、柱子等建筑部件）的尺度相比的，所以能绕过一般障碍物，使我们能听到障碍物另一

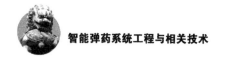

侧的声音，因而产生了"只闻其声，而不见其人"的现象。

相比声波而言，超声波频率较高，因而波长较短，具有方向性好、穿透能力强、易于获得较集中的声能、在水中传播距离远等特点。

2. 声压、声强与声强级

声音为纵波，其传播引起空气的疏密变化，从而引起气压的变化。该压力与大气压的差值即为声压。当声波的位移为

$$u = U\sin\omega\left(t - \frac{x}{c}\right) \tag{4.3}$$

时，声压为

$$p = -B\left(\frac{\partial u}{\partial x}\right) = -BkU\cos\omega\left(t - \frac{x}{c}\right) = -P\cos\omega\left(t - \frac{x}{c}\right) \tag{4.4}$$

式中，B——空气的体积弹性模量，$B = 142$ kPa；

U——声波位移的振幅；

ω——声波的角频率；

P——声波的振幅。

声强 I 是垂直于传播方向的单位面积上声波所传递的能量随时间的平均变化率，也就是单位面积上输运的平均功率。对于振动速度为 v 的声波

$$pv = \omega BkU^2 \cos^2\omega\left(t - \frac{x}{c}\right)$$

所以

$$I = \frac{1}{2}\omega BkU^2 = \frac{P^2}{2\rho c} \tag{4.5}$$

声强单位为 W/m²。

由于人耳能感觉到的声强范围很大，因而采用对数强度表示更方便。声波的声强级 β 由下式定义：

$$\beta = 10\lg\frac{I}{I_0} = 20\lg\frac{P}{P_0} \tag{4.6}$$

式中，I_0 为任选的参考强度，通常取为 10^{-12} W/m²；P_0 为对应的声压，即大约相当于可听到的最弱声音。声强级单位为 dB。

3. 声传播速度及其温湿度的影响

在声音传播过程中，声速与媒介温度有关。理想的干洁空气中声音传播速度与温度的关系如下式。

$$c = \sqrt{\frac{\gamma RT}{M}} = 20.0468\sqrt{T}$$

$$\approx 331.32 \sqrt{1 + \frac{t}{273.15}} \approx 331.32 + 0.606\,5t \qquad (4.7)$$

式中，γ——热特性系数，$\gamma = 1.4$；

$\quad R$——气体常数，$R = 8\,314.32\ \text{J}/(\text{kmol} \cdot \text{K})$；

$\quad T$——空气绝对温度；

$\quad t$——空气摄氏温度；

$\quad M$——干洁空气摩尔质量，$M = 28.964\,4\ \text{kg/kmol}$。

当空气中存在水蒸气时，由于水蒸气的摩尔质量 $M_s = 18.015\,34\ \text{kg/kmol}$，使湿空气的摩尔质量 M_v 减小。对于气压为 p，水蒸气分压为 a 的湿空气，其摩尔质量 M_v 为

$$M_v = M\left(1 - \frac{a}{p} \cdot \frac{M - M_s}{M}\right) = M\left(1 - 0.378\,018\,\frac{a}{p}\right) \qquad (4.8)$$

其中饱和蒸气压力随温度变化的近似满足表达式为

$$a_s = 610.78\exp\left[\frac{17.269 \times (T - 273.15)}{T - 35.86}\right] \qquad (4.9)$$

20 ℃时，相对湿度从 0% 变化到 100% 所引起的声速变化约 2 m/s，相对湿度从 50% 变化到 100% 所引起的声速变化仅为 1 m/s，所以可认为湿度对声速的影响总是小于 1 m/s，可以忽略。

由于空气中不同高度的温度相差较大，因此不同高度声音传播的速度不同，这使得高空中声音传播到传声器的过程中会发生连续折射现象，其曲率半径、折射角度与大气中声速增加有关。如果声速随高度增加而增加，则声波会向下折射；如果声速随高度下降，则向上折射。这就是声音的曲线传播现象。

4. 空气中声波的衰减

空气中，水和其他灰尘对声波的影响表现为使声波衰减，由于水分子的热交换引起空气对声音的吸收，所以声音传播时发生衰减，传声器接收到的声能 E 成指数衰减：

$$E = E_0 \mathrm{e}^{-\alpha R} \qquad (4.10)$$

式中，E_0——声源处的声能；

$\quad R$——传声器离声源的距离。

其中吸收系数为

$$\alpha = 5.578 \times 10\,\frac{T/T_0}{T + 110.4} \cdot \frac{f^2}{p/p_0}\ \text{Np/m} \qquad (4.11)$$

式中，p_0——参考压力，$p_0 = 1.013\,25 \times 10^5\ \text{N/m}^2$；

p——大气压，N/m^2；

T_0——参考温度，$T_0 = 293.15\ K$；

T——气温，K；

f——声波频率。

可见，声波在空气或介质中传播时，其吸收系数与声波频率的平方成正比，因而高频声波在空气中衰减很大。

在湿度为 20%，温度为 20 ℃，标准大气压条件下，不同频率声波的大气吸收系数如图 4.1 所示。

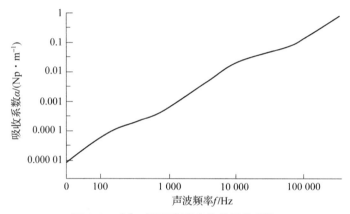

图 4.1 空气对不同频率声波的吸收系数

5. 多普勒效应

当声源或听者，或两者相对于空气运动时，听者听到的音调（即频率）和声源与听者都处于静止时所听到的音调一般是不同的，这种现象叫作多普勒效应。

作为特例，速度的方向在声源和听者连线上，v_L 和 v_S 分别表示听者和声源相对于空气的速度，取由听者到声源的方向作为 v_L 和 v_S 的正方向，则听者听到的频率与声源频率的关系为

$$f_L = \frac{c + v_L}{c + v_S} f_S \tag{4.12}$$

当速度的方向不在声源和听者连线上时，v_L 和 v_S 分别表示听者和声源相对于空气的速度在上述连线上的投影，关系式仍然成立，但 v_L、v_S 和 f_S 为声源发出声音时的值。

6. 风对声音传播的影响

在静止等温的空气中，点声源 $S(x_s, y_s, z_s)$ 发出的声波是以球面波形式

向外传播，其各时刻的波阵面是一系列以声速增大的同心球，即 t 时刻波阵面满足

$$(x-x_s)^2+(y-y_s)^2+(z-z_s)^2=(ct)^2 \tag{4.13}$$

因此，声源到目标的传播时间为该段距离与声速之比，即

$$t=\frac{1}{c}\sqrt{(x-x_s)^2+(y-y_s)^2+(z-z_s)^2}=\frac{r_s}{c} \tag{4.14}$$

但在恒定的气流场（风）中，声波的波阵面除了以球面波式（4.13）向外传播的同时，还顺着风向以风速 v 漂移。设风向为 α，同时忽略较小的风的垂直分量，则 t 时刻波阵面满足

$$(x-x_s-vt\cos\alpha)^2+(y-y_s^2-vt\sin\alpha)+(z-z_s)^2=(ct)^2 \tag{4.15}$$

此时声波的波阵面为一系列非同心圆，半径与在静止空气中传播相同，但圆心顺着风向以风速 v 移动。此时声源到原点的传播时间为

$$t=\frac{1}{c^2-v^2}\left[\sqrt{c^2r_s^2-v^2(z_s^2+x_sy_s\sin2\alpha)}-v(x_s\cos\alpha+y_s\sin\alpha)\right]$$

$$\approx\frac{r_s}{c}\left\{1-\frac{v}{c}\left(\frac{x_s}{r_s}\cos\alpha+\frac{y_s}{r_s}\sin\alpha\right)+\frac{v^2}{c^2}\left[1-\frac{1}{2}\left(\frac{z_s^2}{r_s}+\frac{x_sy_s}{r_s}\sin2\alpha\right)\right]\right\} \tag{4.16}$$

4.2.2　声探测系统

1. 传声器的种类及其特性

将声信号（机械能）转换成相应电信号（电能）的换能器为传声器，即麦克风。传声器根据其原理可分为动圈式、压电式、电容式和驻极体式四种类型。

动圈式和压电式传声器的频率响应和稳定性都较差，在测量中很少应用。性能最好的传声器是电容式传声器，它具有灵敏度高、频率响应宽、动态范围大、稳定性好等特点，可以较好地满足声学测量的要求，但它必须依靠一个极化电压（约 200 V）才能工作。驻极体式电容传声器不需要极化电压，目前测量用的驻极体式电容传声器的性能已与电容式传声器接近，而且抗潮性能优于电容式传声器，成本低廉，是一种很有发展前景的传声器。

2. 传声器的方向性

单个传声器对于低频声信号是无方向性的，只有对 10 kHz 以上的信号，才呈现一定的方向性，且频率越高，方向性越强。为了实现对目标的定向，一般采用导向筒、合成方向图和利用几何关系三种方式，后两种方法需要采用传

声器阵列才能实现定向。

（1）采用导向筒。

该方法是在传声器前加一个导向筒，利用导向筒的内壁吸收其他方向的声波，实现方向性。但该方法添加了导向筒使其转动惯量增大，而且声波衰减较大，同时方向性也不够好，难以满足战术技术要求。

（2）采用合成波束。

该方法是利用声波到达传声器阵列的各传声器的时间差（时延）与方向有关，通过对各路信号加不同延迟后叠加，使其中一个方向的信号得到最大的增强，而其他方向的信号增强较小甚至相互抵消，形成波束方向图的方向性。波束方向图的方向性与信号频率、阵元个数及基阵大小有关，频率越高、阵元越多、基阵较大，方向图就越尖锐。对于阵元较多的阵列，还可以使某一个或几个方向较为钝感。对于低频声信号，当基阵较小、阵元较少时，波束的方向图较宽，往往难以满足测向精度的要求。

（3）利用几何关系。

该方法也是利用声波到达传声器阵列的各传声器的时间差（时延）与方向有关，通过几何关系求解目标的位置。

3. 传声器阵列

利用几何关系定位时，传声器阵列可分为线阵、面阵和立体阵。对于固定式阵列来说，线阵只能对阵列所在直线为界的半个平面进行定位，否则没有唯一解。面阵可以在整个平面对目标进行定位，也可以对阵列所在平面为界的半个空间进行定位。立体阵则可以对整个空间定位，但其算法要复杂些。

由 n 个传声器组成的阵列可以得到 $n-1$ 个独立的时延，因此确定平面目标的位置（距离和方位角）至少需要 3 个传声器，确定空间中目标的位置（距离、方位角和高低角）至少需要不在一条直线上的 4 个传声器，而确定空间目标的方向（方位角和高低角）则至少需要不在一条直线上的 3 个传声器。为了使定位具有全方位性，采用正多边形阵列最为合适。除远程警戒声雷达外，传声器阵列由于受体积和布设方法的限制，阵元的个数不宜过多，阵列孔径尺寸也较小。如美国 **TEXTRON** 公司生产的 Anti – Helicopter Mine 为 4 传声器阵列。

（1）恒流源供电电路与前置放大器。

声测电路的精度是影响智能雷弹对目标定位的主要因素。阵列所用电容测量传声器，既可以直接加极化电压而工作，也可以用恒流源驱动。恒流源驱动可以避免信号的传输线损耗和降低传输线噪声。消除由于引线而带来噪声和产生信号衰减。为了保证各路信号的线路延迟量一致，各阵元传输线长度应完全一致。

图 4.2 中，扼流圈是为了滤除电源噪声干扰，恒流源电路的"地"与通道模拟地相连。传声器输出信号经过 33 μF 钽电解电容到前置放大器。泄漏电阻的作用是避免放大器出现饱和。恒流源电路中在下端加 1 kΩ 电阻和调节电位器，使得传输线上电压达到 3.5 V。向下的电流达到 3.5 mA。此时，最大输出信号电压动态范围可以达到 ± 4 V，但是恒流源电路不影响传声器输出信号的大小。

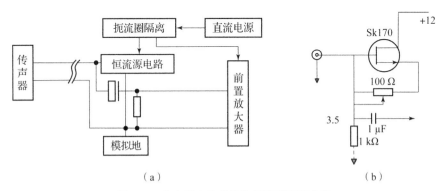

图 4.2　传声器电路结构和恒流源原理电路

（a）传声器电路；（b）恒流源电路

为了确保传声器输出信号有很高的信噪比，前置放大器应采用经过激光微调的仪器放大器，其自身的噪声小到 nV 级，虽然其增益可以在 1～1 000 倍调整，但使用时应采用较小的放大倍数。信号大小取决于传声器的灵敏度。

（2）程控放大电路。

程控放大器是阵列声测系统中决定模拟电路响应声音强度范围的部件，利用程控放大器可以使低至 60 dB，高至 130 dB 的声压信号，得到幅度接近 − 5～＋5 V 范围的电压输出信号。从而保证对大范围内的声音具有足够高的响应信噪比。

广泛采用的程控放大器有压控型放大器、电压反馈型放大器、数/模转换（DAC）器件组成的放大器和专用程控放大器电路。

利用 DAC 器件构成的放大器，信号的输入输出关系与输入数字成正比，当把输入信号接入 DAC 的参考端时，由于 DAC 内部的开关电路采用 CMOS 器件，使得可以通过交流电流，即形成乘法式关系：

$$V_{out} = D \cdot V_{in}$$

简单的 DAC 器件型程控放大器的增益控制范围的大小为 D，对于 8 位的

DAC 器件，相当于 48 dB，采用变形电路，可以形成对数型程控放大器。DAC 器件型程控放大器有两个缺点，一是电路本身不放大信号，而是通过调节对信号的衰减倍数达到调节增益的目的，增益范围是 -48~0 dB，这样降低了信噪比；另一个致命的缺点是，模拟信号经过数字开关电路时，直接将数字电路的高频脉冲干扰信号串入了信号回路。

压控型放大器，只要提供控制电压就能调节增益。控制电压可采用 DAC 器件，得到按照数字 D 线性变化的直流控制电压 V_c，将 V_c 经过滤波和光电耦合后，可以得到不受数字电路脉冲干扰的静态控制电压，即完全避免数字电路干扰模拟信号通道，所以可以得到高精度的模拟信号。AD604 是线性增益双压控放大器，具有节电工作模式。放大器的增益范围是 0~+48 dB 或 +6~+54 dB，双放大器级联的增益为 0~+96 dB。它对信号进行真正的放大，提高了信噪比，如图 4.3 所示。

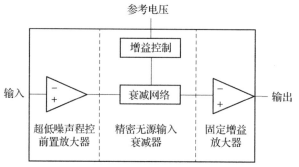

图 4.3　压控型程控放大器图

另一种方案是全集成程控放大器，它集译码器、多路开关、电阻网络和放大器于一体，提供多挡增益选择。其中 Burr - Brown 公司的 3606 等程控放大器的增益为对数形式，有 1、2、4、8、16、32、64、128、256、512 和 1 024 共 11 挡，由 4 - bit 增益控制，如图 4.4 所示。

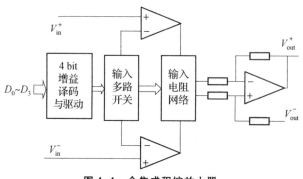

图 4.4　全集成程控放大器

为了避免由于自动增益调整而带来的滤形畸变，对于分段数据处理，在声探测器电路中可采用半自动增益调整，即在软件控制下，在采样一个数据处理长度后，根据波形数据的大小决定下一段采样时的增益，而在一个数据处理长度内几路信号的放大倍数恒定。此时，若信号幅度变化较快，滤波对其有一定的影响。为了消除滤波和调整增益的相互影响及对时延估计的影响，几路信号应分别在各自信号接近 0 时调整增益。

（3）滤波电路。

滤波电路是模拟信号处理的重要部件，采用硬件滤波有利于提高系统对目标声源的选择性，减小干扰声源的影响，该系统中既要有较高的频率选择特性，既要求较高的滤波器阶数，又要保持足够的通道一致性，即通道的传递函数的一致性误差要小，同时要求元件数目少，便于缩小硬件尺寸和减少元件一致性误差源数目。

常用的模拟滤波器有无源滤波器、有源滤波器、集成滤波器件和数字程控滤波芯片等形式，前三种通过改变其中的电阻或电容来实现滤波器中心频率和带宽的改变，适合于中心频率和带宽固定或变化较少的场合。其中集成开关滤波器件具有很好的频率选择性和相位一致性，滤波器特性基本上只受一个外设电容元件的影响，同时具有节电工作模式。数字程控滤波芯片通过改变其输入的数字量可以实现滤波器中心频率和带宽的改变。因此，采用数字程控滤波芯片可实现按需改变滤波器的中心频率和带宽。

如图 4.5 所示的 **MAX260** 程控滤波器芯片是 **CMOS** 型器件，内装两个二阶滤波器，可单独使用，也可串联成四阶滤波器使用。每个二阶滤波器的三个输出端可分别接成低通、高通或带通。

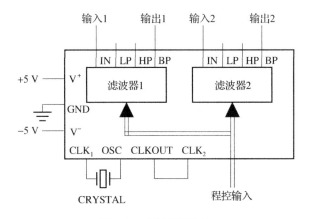

图 4.5　程控带通滤波

滤波器的中心频率 f_0 与输入量 n 及时钟频率 f_{CLK} 的关系有两种，它们分别是

$$f_0(n) = \frac{2f_{CLK}}{\pi(64+n)} \qquad (4.17)$$

和

$$f_0(n) = \frac{2\sqrt{2}f_{CLK}}{\pi(64+n)} \qquad (4.18)$$

其中输入量 n 为 6 位，即 $n = 0$，1，2，$\cdots$，63。所以中心频率的最大值与最小值之比为

$$\frac{f_{0max}}{f_{0min}} = \frac{f_0(0)}{f_0(63)} = \frac{127}{64} \approx 2 \qquad (4.19)$$

滤波器的 Q 值也是程控的。中心频率关系式（4.17）、式（4.18）对应的 Q 值与其输入量 n_Q 的关系为

$$Q(n_Q) = \frac{64}{128 - n_Q} \qquad (4.20)$$

和

$$Q(n_Q) = \frac{64\sqrt{2}}{128 - n_Q} \qquad (4.21)$$

其中输入量 n_Q 为 8 位，即 $n_Q = 0$，1，2，$\cdots$，127。对应的最大 Q 值分别为 64 和 90.51。

（4）模/数转换（ADC）电路。

为了保证时延估计的精度，要求对各路传声器信号的放大和时移特性保持一致，应该使系统采用 4 路完全一致的电路及完全一致的元件参数。

采用频域时延估计算法时，系统要求的采样率很低，可在 48 kHz 或以下，单片多通道带采样/保持电路的模/数转换的典型器件有 AD7865 等。

采用单片采样电路可以极大地简化电路复杂度，减小电路设计难度和增加工作可靠度，缩小电路尺寸。AD7865 是一种 14 A/D 位转换器，通道最高采样率为 400 kHz，其模拟输入端有 4 路采样/保持器，+5 V 单电源供电，参考电压 +2.5 V，可用内时钟。每通道转换时间为 2.4 μs，工作时耗电 115 mW。AD7865 器件具有节电工作模式，给 STBY 一个低电平，就进入节电模式，节电模式中耗电电流 3 A，数据仍保留。在节电模式下，可以减少电路工作产生的热量，在不需要采样信号时进入节电模式，特别是当要求的采样率很低时，可在采样间隔中进入节电模式。给 STBY 一个高电平，进入叫醒状态，约 1 μs 后恢复工作。采样开始、采样结束和采样率通过软件控制，采样过程不占

用 CPU 时间。

　　为了消除环境电磁干扰对 ADC 工作的干扰，提高信号采样后的信噪比，必须对 ADC 器件在电路布线上实现屏蔽，并使信号达到 ADC 的输入端的距离最短。同时，ADC 器件的 $+V_{CC}$、$-V_{CC}$ 电源要经过低通滤波。

　　（5）数字信号处理电路。

　　数字信号处理电路是实现目标识别和定位计算实时性的关键，必须采用 DSP 芯片来完成。在多个厂家的 DSP 产品中，以 TI 公司的 TMS320 系列产品最成熟，资料最多，应用最广，因此首选该系列产品。

　　DSPs 芯片按照所支持的数据类型不同分为定点产品和浮点产品两大类。目前 TMS320 系列通用的型号有 C54x、C3x，运算速度最高的为 C6000 系列器件的 C62xx（定点）和 C67xx（浮点）。其中 C54x 为定点产品，运算速度较快，但总体计算精度较低。C3x 是浮点型 CPU，以新型的 TMS320VC33 性能最佳。若采用 C67xx，其浮点运算速度可达到 1G flops 的峰值性能，具有更大的内部存储器，支持更多的并行运算，可以使系统具有更好的实时性。

　　为了提高系统的实时性，分段处理时，耗时较长的采样和信号处理应采用并行处理方式，即在进行信号处理的同时进行下一段采样，在信号处理前 DSP 采用一次读数，腾空 ADC 的存储器。

　　（6）辅助电路。

　　由于温度对声音的传播速度影响较大，进而造成对目标定距带来误差。另外风速也会影响声音速度。为了提高定位精度，应对温度和风速进行精确测量。为了对声定位系统进行检测及必要时监控系统工作状态，系统应留有与微机的接口。

4.2.3　时延估计理论

　　对于远处的声信号源，当其距离远大于其自身尺寸时，可以把它作为一个点声源。设声源发出的信号到达传声器 1 为 $s(t)$，经空间某两个传感器测量得到的信号分别为 $x_1(t)$ 和 $x_2(t)$，并考虑传声器间的距离远小于到目标的距离（因此忽略两个传感器之间信号幅度的相对衰减），那么这两路信号可以用下面的数学模型来描述：

$$\begin{cases} x_1(t) = s(t) + n_1(t) \\ x_2(t) = s(t+D) + n_2(t) \end{cases} \tag{4.22}$$

式（4.22）中，D 表示信号到达两个传感器时（两路信号）的相对时间延迟，也就是我们所要估计的时延，$n_1(t)$ 和 $n_2(t)$ 表示两路测量噪声，信号与噪声之间互不相关。

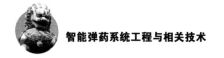
假设信号与噪声是平稳随机过程，当存在点声源 $w(t)$ 干扰时，可用式（4.23）来描述

$$\begin{cases} x_1(t) = s(t) + n_1(t) + w(t) \\ x_2(t) = s(t - D_1) + n_2(t) + w(t - D_2) \end{cases} \quad (4.23)$$

式（4.23）中，D_1 和 D_2 分别表示信号和点干扰源的时延。

两通道测量信号之间的时延估计问题有着广泛的应用，如声呐信号处理中的目标定位和跟踪问题，通信、声呐和雷达探测中的回波抵消问题，解卷积信号处理中的探测信号与系统响应的估计与识别问题。常用的时延估计方法有广义互相关法、相位谱估计法、高阶谱估计法、互倒谱相关估计法、谱相关率法（SPECCORR）、LMS 自适应滤波器法、时延频率估计法、特征结构法等。

1. 广义互相关法

用来确定两相关信号之间的时延 τ 的最直接的方法就是互相关函数法，见下式：

$$R_{x_1 x_2}(\tau) = E[x_1(t) x_2(t - \tau)] \quad (4.24)$$

使互相关函数式（4.24）取最大值的参数 τ，就是两信号 $x_1(t)$ 与 $x_2(t)$ 之间的时延 D 的估计值。在实际应用中，由于存在噪声和干扰，以及有限记录长度的影响，普通的互相关函数法存在一系列缺陷，主要有相关峰不够尖锐、出现伪峰、相关峰互相重叠、端点效应等。

为了达到尽量锐化 $\tau = D$ 处的时延相关峰，对互相关函数法加以改进，得到了广义互相关法。广义互相关法是在互相关函数法的频域上加一个广义权函数 $\Psi_g(f)$，即取广义互相关函数为

$$\hat{R}_{y_1 y_2}(\tau) = \int_{-\infty}^{\infty} \Psi_g(f) \hat{G}_{x_1 x_2}(f) e^{j2\pi f \tau} \mathrm{d}f \quad (4.25)$$

可以根据输入信号的特征参数，比如频谱、带宽、信噪比等选择广义权函数，这些参数可以是先验知识，也可以是通过估计得到的。选择不同形式的权函数，也就构成了不同的处理器。常见的处理器有：ROTH 处理器、平滑相干变换（SCOT）处理器、相位变换（PHAT）处理器、ECKART 滤波器、HT 处理器等。

（1）ROTH 权函数：

$$\Psi_R(f) = \frac{1}{G_{x_1 x_1}(f)} \quad (4.26)$$

相应的广义互相关函数估计表达式为

$$\hat{R}_{y_1 y_2}(\tau) = \int_{-\infty}^{\infty} \frac{\hat{G}_{x_1 x_2}(f)}{G_{x_1 x_1}(f)} e^{j2\pi f \tau} \mathrm{d}f \quad (4.27)$$

（2）平滑相干变换（SCOT）权函数：

$$\Psi_s(f) = \frac{1}{\sqrt{G_{x_1 x_1}(f) G_{x_2 x_2}(f)}}$$ （4.28）

相应的广义互相关函数估计表达式为

$$\hat{R}_{y_1 y_2}(\tau) = \int_{-\infty}^{\infty} \frac{\hat{G}_{x_1 x_2}(f)}{\sqrt{G_{x_1 x_1}(f) G_{x_2 x_2}(f)}} e^{j2\pi f\tau} df$$ （4.29）

（3）相位变换法（PHAT）权函数：

$$\Psi_P(f) = \frac{1}{|G_{x_1 x_2}(f)|}$$ （4.30）

相应的广义互相关函数估计表达式为

$$\hat{R}_{y_1 y_2}(\tau) = \int_{-\infty}^{\infty} \frac{\hat{G}_{x_1 x_2}(f)}{|G_{x_1 x_2}(f)|} e^{j2\pi f\tau} df$$ （4.31）

对于噪声之间互不相关的情况，也就是 $G_{n_1 n_2}(f) = 0$ 时，

$$\frac{\hat{G}_{x_1 x_2}(f)}{|G_{x_1 x_2}(f)|} = e^{j\theta(f)} = e^{j2\pi fD}$$ （4.32）

此时广义互相关函数为

$$R_{y_1 y_2}(\tau) = \delta(t - D)$$ （4.33）

从理论上讲，相位谱法时延估计的分辨率非常高。然而，实际应用中，由于互谱估计存在误差，而且估计器也不可能是严格的线性相位系统，所以，互相关函数估计结果也就不是严格的 δ 函数。相位变换法中另外一个明显的缺点是，用信号自谱的倒数进行加权，因此信号功率最小的地方误差最大，特别是互谱为 0 的频带上，相位函数 $\theta(f)$ 也就没有意义，相位估计值会出现异常。

（4）最大似然估计器（或称为 HT 处理器）权函数：

$$\Psi_{HT}(f) = \frac{1}{|G_{x_1 x_2}(f)|} \cdot \frac{|\gamma_{12}(f)|^2}{1 - |\gamma_{12}(f)|^2}$$ （4.34）

相应广义互相关函数估计为

$$\hat{R}_{y_1 y_2}(\tau) = \int_{-\infty}^{\infty} \frac{|\gamma_{12}(f)|^2}{1 - |\gamma_{12}(f)|^2} \cdot \frac{\hat{G}_{x_1 x_2}(f)}{|G_{x_1 x_2}(f)|} e^{j2\pi f\tau} df$$ （4.35）

HT 处理器是根据相干性的强度来对相位进行加权的。其时延估计的理论方差为

$$\text{var}[\hat{D}] = \frac{\int_{-\infty}^{\infty} |\Psi(f)|^2 (2\pi f)^2 G_{x_1 x_1}(f) G_{x_2 x_2}(f)[1 - |\gamma(f)|^2] df}{T\int_{-\infty}^{\infty} (2\pi f)^2 |G_{x_1 x_2}(f)| \Psi^2(f) df}$$ （4.36）

以上几种权函数对于非相关噪声以及白噪声信号和频谱很宽的信号是相当

有效的，但对于频谱较窄的信号，特别是以线谱为主的信号，在点声源干扰下，广义互相关函数往往会产生很大的干扰峰。此时，还必须根据信号的功率谱对全函数加以修正。

2. 相位谱分析时延估计原理

如果认为环境噪声是独立统计的，那么接收到的两信号之间的互相关函数可以用信号的自相关函数表示：

$$R_{xy}(\tau) = E[x(t)y(t+\tau)] = R_{ss}(\tau - D) \tag{4.37}$$

因此，利用傅里叶变换，互功率谱函数可以表示为

$$G_{xy}(f) = \int_{-\infty}^{\infty} R_{xy}(\tau)e^{-j2\pi f\tau}d\tau = G_{ss}(f)e^{j2\pi fD} \tag{4.38}$$

从式（4.38）可以看出，时延参数和信号频率决定了互功率谱函数的相位，即互相位谱可以表示为

$$\phi_{xy}(f) = 2\pi fD \tag{4.39}$$

对于理想的线性相位传播媒介，相位谱是频率的线性函数，而对于非线性相位传播媒介，相位谱是频率的非线性函数。如果要分析的信号属于窄带信号，那么可以认为相位谱函数是准线性函数。通过利用最小二乘法对相位谱函数进行拟合得到归一化相位谱斜率，就是我们要求的时延估计值。但对于低频信号，相位谱中只有前面少数点的相位是信号的延迟引起的，高频部分则是由噪声引起的。而由少数几点计算出的斜率的精度必然不高，因此必须采用内插提高密度。考虑到计算量，线性调频 z 变换方法是一种有效的内插方法。若利用幅值谱或其函数对最小二乘进行加权，使之更突出，则效果更好。

3. 端点效应及其消除

对于同时记录的等长信号 $x(t)$ 和 $y(t)$ $(t \in (0, t_n))$ 之间的时延估计，由于 $y(t)$ 滞后 $x(t)$ 时间 D（为了讨论方便，不妨设 $D > 0$），虽然 $y(t) = x(t-D)$ $(t \in (D, t_n))$，但 $y(t) \neq x(t - D + t_n)$ $(t \in (0, D))$，使其周期延拓后的信号形状并不相同。因此，必然存在端点效应，而且随着 D 的加大和 $y(t)$ 与 $x(t - D + t_n)$ $(t \in (0, D))$ 差异的加大，其对时延估计的影响也随之加大。

为了减小乃至消除端点效应对时延估计的影响，就应使两信号周期延拓后的信号形状相同。为此，可行且简单的方法是把该端点置零，但这必然减少有效数据的长度，影响估计精度。另一可行的方法是采用预延时技术，把先到的

信号人为延时最接近 D 的整数个采样周期 $D_m = mT$（T 为采样周期），为了不减少有效长度，适当加大采样长度。这样，预延时后估计的时延 D' 加上预延时时间 D_m，就是所求的实际时延 D，即

$$D = D' + D_m \tag{4-40}$$

当目标的位置连续变化时，两传声器间的时延也是连续变化的，因此可用上一个时延以采样周期取整后作为预时延 D_m。对于四路信号，还可以提高运算效率。

4.2.4 被动声定位算法

1. 线阵定位算法

线阵是由布设在一条直线上的若干个传声器组成的，用于对半个平面进行定位（或定向）的常用阵形，若阵列能够转动，则可以对整个平面进行定位（或定向）。舰艇所用的被动声呐系统，由于受船宽的限制，通常采用线阵。

（1）二元线阵。

如图 4.6 所示的二元线阵是最简单的传声器阵列，它只能用于远距离目标的定向。设两传声器 M_1、M_2 对称布设在 x 轴上相距 l 的两点，其坐标分别为 $\left(\dfrac{l}{2}, 0\right)$、$\left(-\dfrac{l}{2}, 0\right)$，目标位于 $S(x, y)$，距离为 r，方位角为 φ，则声程差

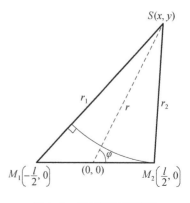

$$d = r_2 - r_1 \approx l\cos\varphi\left[1 - \frac{1}{8}\sin^2\varphi\left(\frac{l}{r}\right)^2\right] \tag{4.41}$$

图 4.6 二元线阵示意图

它与两传声器间接收信号的时间差，即时延 τ 成正比，比例系数为声速 c，即

$$d = c\tau \tag{4.42}$$

由于 $r \gg l$，所以

$$\cos\varphi = \frac{d}{l} \tag{4.43}$$

其定向的均方误差为

$$\sigma_\varphi = \left|\frac{\partial \varphi}{\partial d}\right|\sigma_d = \frac{1}{l|\sin\varphi|}\sigma_d \tag{4.44}$$

其中：σ_d 为声程差估计的均方误差。由此可见，定向精度与距离无关，但与目标方位角有关。当目标位于 y 轴附近，即位于两传声器连线垂直平分线附近

时，定向精度较高；而当目标位于 x 轴附近，即位于两传声器连线附近时，定向精度很低，甚至无法定向。

（2）三元线阵。

三元线阵如图 4.7 所示。三元线阵传声器阵列不仅可以定向，也可以定距。设两传声器 M_1、M_2 沿 x 轴对称布设在位于原点 （0，0）的传声器 M_0 两边，其坐标分别为 （l，0）、（$-l$，0），目标位于 $S(x, y)$，距离为 r，方位角为 φ，则声程差

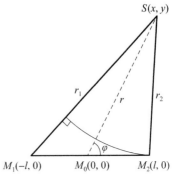

图 4.7　三元线阵示意图

$$\begin{cases} d_1 = r_1 - r \approx -l\cos\varphi\left(1 - \dfrac{\sin^2\varphi}{2\cos\varphi} \cdot \dfrac{l}{r}\right) \\ d_2 = r_2 - r \approx l\cos\varphi\left(1 + \dfrac{\sin^2\varphi}{2\cos\varphi} \cdot \dfrac{l}{r}\right) \end{cases} \quad (4.45)$$

两式分别相加、相减，得

$$d_2 - d_1 = 2l\cos\varphi$$

$$d_2 + d_1 = \frac{l^2\sin^2\varphi}{r}$$

由此可得定向、定距公式

$$\begin{cases} \cos\varphi = \dfrac{d_2 - d_1}{2l} \\ r = \dfrac{l^2\sin^2\varphi}{d_2 + d_1} \end{cases} \quad (4.46)$$

其定向的均方误差为

$$\begin{cases} \sigma_\varphi = \dfrac{\sqrt{2}}{2l\,|\sin\varphi|}\sigma_d \\ \sigma_r = \dfrac{\sqrt{2}}{\sin^2\varphi} \cdot \left(\dfrac{r}{l}\right)^2 \sigma_d \end{cases} \quad (4.47)$$

由此可见，定向精度与距离无关，而定距精度与距离有关，其误差与距离平方成正比。两者都与目标方位角有关，当目标位于 y 轴附近时，其定向和定位精度远高于目标位于 x 轴附近。

（3）多阵元线阵。

为了提高定向、定距精度，增加阵元数量是一个有效的方法。最常用的是 $2n+1$ 元等距线阵。取线阵沿 x 轴布设，中间的传声器 M_0 位于原点 （0，0），则 x 轴正方向第 k 个传声器 M_k 的坐标为 （kl，0），到目标的距离为 r_k；x 轴负方向第 k 个传声器 M_k' 的坐标为 （$-kl$，0），到目标的距离为 r_k'。则传声器 M_k

与 M_{k-1} 的声程差

$$d_k = r_k - r_{k-1} \approx -l\cos\varphi\left[1 - \frac{(2k-1)\sin^2\varphi}{2\cos\varphi} \cdot \frac{l}{r}\right] \quad (4.48)$$

传声器 M'_k 与 M'_{k-1} 的声程差

$$d'_k = r'_k - r'_{k-1} \approx l\cos\varphi\left[1 + \frac{(2k-1)\sin^2\varphi}{2\cos\varphi} \cdot \frac{l}{r}\right] \quad (4.49)$$

二式分别相加、相减，得

$$d'_k - d_k = 2l\cos\varphi$$

$$d'_k + d_k = (2k-1)\frac{l^2\sin^2\varphi}{r}$$

由此可得定向、定距公式

$$\cos\varphi_{(k)} = \frac{d'_k - d_k}{2l}$$

$$r_{(k)} = (2k-1)\frac{l^2\sin^2\varphi}{d'_k + d_k} \quad (4.50)$$

对于 $k = 1, 2, \cdots, n$，由式（4.51）可知，其定向误差相同，而定距误差不同。为此，对 n 个定向结果 $\cos\varphi_{(k)}$ 进行算术平均，有

$$\cos\varphi = \frac{\sum_{k=1}^{n}(d'_k - d_k)}{2nl} \quad (4.51)$$

此时，其定向的均方误差为

$$\sigma_\varphi = \frac{1}{\sqrt{2}nl|\sin\varphi|}\sigma_d \quad (4.52)$$

为了得到距离的最佳估计，应对 n 个定距结果 $r_{(k)}$ 进行方差倒数加权平均，而 $r_{(k)}$ 的估计均方差为

$$\sigma_k = \frac{\sqrt{2}}{(2k-1)\sin^2\varphi}\left(\frac{r}{l}\right)^2\sigma_d \quad (4.53)$$

由于

$$\sum_{k=1}^{n}(2k-1)^2 = \frac{1}{3}n(4n^2-1)$$

得定距公式

$$r = l^2\sin^2\varphi\frac{\sum_{k=1}^{n}\frac{(2k-1)^3}{d'_k + d_k}}{\sum_{k=1}^{n}(2k-1)^2} = \frac{3l^2\sin^2\varphi}{n(4n^2-1)}\sum_{k=1}^{n}\frac{(2k-1)^3}{d'_k + d_k} \quad (4.54)$$

其定距的均方误差为

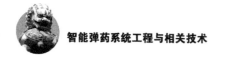

$$\sigma_r = \frac{\sqrt{6}}{\sqrt{n(4n^2-1)\sin^2\varphi}}\left(\frac{r}{l}\right)^2\sigma_d \qquad (4.55)$$

由此可见，增加阵元数量是提高定距精度的有效方法。在给定阵元数和总孔径的条件下，优化各阵元的间距，可进一步提高定距精度。

2. 平面四元方阵定位算法

（1）基本算法。

设四传声器（M_1、M_2、M_3、M_4）构成边长 l 的平面方阵，分别对称分布在水平面 $O-xy$ 的四个象限，如图 4.8 所示。目标位于 $S(x,\ y,\ z)$，方位角为 φ，仰角为 θ，且 $OS=r$，$SM_1=r_1$，$M_2M_1=d_{21}$，$M_3M_1=d_{31}$，$M_4M_1=d_{41}$，则有

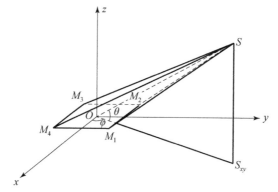

图 4.8　空间定位原理图

$$\begin{cases} x^2+y^2+z^2=r^2 & \text{①} \\ (x-l/2)^2+(y-l/2)^2+z^2=r_1^2 & \text{②} \\ (x+l/2)^2+(y-l/2)^2+z^2=r_2^2=(r_1+d_{21})^2 & \text{③} \\ (x+l/2)^2+(y+l/2)^2+z^2=r_3^2=(r_1+d_{31})^2 & \text{④} \\ (x-l/2)^2+(y+l/2)^2+z^2=r_4^2=(r_1+d_{41})^2 & \text{⑤} \end{cases} \qquad (4.56)$$

这是一个未知数为 x、y、z、r、r_1 的五元二次方程，解该方程就可求得目标的位置 $S(x,\ y,\ z)$。将式（4.56）中的第③、④、⑤式分别与②式相减，并解线性方程组，得到

$$\begin{cases} r_1=-\dfrac{d_{21}^2-d_{31}^2+d_{41}^2}{2(d_{21}-d_{31}+d_{41})} \\[3mm] x=\dfrac{2d_{21}r_1+d_{21}^2}{2l} \\[3mm] y=\dfrac{2d_{41}r_1+d_{41}^2}{2l} \end{cases} \qquad (4.57)$$

在实际应用中，可在不影响精度的前提下对式（4.57）进行简化。由于 $r \gg l$，$r_1 \approx r$，所以近似有

$$
\begin{cases}
r = -\dfrac{d_{21}^2 - d_{31}^2 + d_{41}^2}{2\left(d_{21} - d_{31} + d_{41}\right)} & \text{①} \\[3mm]
\tan\varphi = \dfrac{y}{x} = \dfrac{d_{41}}{d_{21}} & \text{②} \\[3mm]
\cos\theta = \dfrac{\sqrt{d_{21}^2 + d_{41}^2}}{l} & \text{③}
\end{cases}
\qquad (4.58)
$$

（2）精度分析。

式（4.58）中的②、③式分别对 d_{21}、d_{41} 求偏导，有

$$
\begin{cases}
\dfrac{\partial \varphi}{\partial d_{21}} = -\dfrac{d_{41}}{d_{21}^2 + d_{41}^2} \\[3mm]
\dfrac{\partial \varphi}{\partial d_{41}} = \dfrac{d_{21}}{d_{21}^2 + d_{41}^2} \\[3mm]
\dfrac{\partial \theta}{\partial d_{21}} = -\dfrac{1}{\sqrt{l^2 - d_{21}^2 - d_{41}^2}} \cdot \dfrac{d_{21}}{\sqrt{d_{21}^2 + d_{41}^2}} \\[3mm]
\dfrac{\partial \theta}{\partial d_{41}} = -\dfrac{1}{\sqrt{l^2 - d_{21}^2 - d_{41}^2}} \cdot \dfrac{d_{41}}{\sqrt{d_{21}^2 + d_{41}^2}}
\end{cases}
$$

并考虑声程差

$$
\begin{cases}
d_{21} = r_2 - r_1 \approx l\cos\theta\cos\varphi\left(1 + \dfrac{1}{2}\cos\theta\sin\varphi \cdot \dfrac{l}{r}\right) \\[3mm]
d_{41} = r_4 - r_1 \approx l\cos\theta\sin\varphi\left(1 + \dfrac{1}{2}\cos\theta\sin\varphi \cdot \dfrac{l}{r}\right)
\end{cases}
\qquad (4.59)
$$

根据误差合成理论，方位角 φ 和仰角 θ 的定向均方误差分别为

$$
\begin{cases}
\sigma_\varphi = \dfrac{1}{l\cos\theta}\sigma_d \\[3mm]
\sigma_\theta = \dfrac{1}{l\sin\theta}\sigma_d
\end{cases}
\qquad (4.60)
$$

其中，σ_d 为声程差 d_{21}、d_{41} 的均方误差。因此，空间定向的角度均方误差为

$$
\sigma_\alpha = \dfrac{\sqrt{1 + \sin^2\theta}}{l\sin\theta}\sigma_d
\qquad (4.61)
$$

将式（4.58）中的①式分别对 d_{21}、d_{31}、d_{41} 求偏导，有

$$\begin{cases} \dfrac{\partial r}{\partial d_{21}} = \dfrac{d_{41}(d_{41} - d_{31})}{(d_{21} + d_{41} - d_{31})^2} - \dfrac{1}{2} \\[3mm] \dfrac{\partial r}{\partial d_{31}} = \dfrac{d_{21}d_{41}}{(d_{21} + d_{41} - d_{31})^2} - \dfrac{1}{2} \\[3mm] \dfrac{\partial r}{\partial d_{41}} = \dfrac{d_{21}(d_{21} - d_{31})}{(d_{21} + d_{41} - d_{31})^2} - \dfrac{1}{2} \end{cases}$$

并考虑声程差

$$d_{31} = r_3 - r_1 \approx l\cos\theta(\cos\varphi + \sin\varphi)$$

可得距离 r 估计的均方误差

$$\sigma_r = \frac{2\sqrt{3}}{\cos^2\theta|\sin2\varphi|}\left(\frac{r}{l}\right)^2\sigma_d \tag{4.62}$$

（3）算法的改进。

虽然平面四元方阵只有 3 个独立时延，但可估计的时延共有 6 个。对于定位计算来说，另 3 个为非独立的冗余时延。充分利用 d_{21}、d_{34}、d_{41}、d_{32}、d_{31}、d_{42} 这 6 个时延，可提高定向和定距的精度。

在式（4.58）的定向公式中②、③式等价，d_{32}、$\dfrac{d_{31} + d_{42}}{2}$ 与 d_{41} 是等价的，同样，d_{34}、$\dfrac{d_{31} - d_{42}}{2}$ 与 d_{21} 是等价的。因此，令

$$\begin{aligned} d_y &= \frac{1}{4}(d_{41} + d_{32} + d_{31} + d_{42}) \\[2mm] d_x &= \frac{1}{4}(d_{21} + d_{34} + d_{31} - d_{42}) \end{aligned} \tag{4.63}$$

可得方位角 φ

$$\varphi = \arctan\frac{d_y}{d_x} \tag{4.64}$$

和仰角 θ

$$\theta = \arccos\frac{\sqrt{d_x^2 + d_y^2}}{l} \tag{4.65}$$

根据式（4.58）的①式，同理可由 d_{21}、d_{42}、d_{32} 求得 r_2，由 d_{34}、d_{31}、d_{32} 求得 r_3，由 d_{34}、d_{31}、d_{32} 求得 r_4。由于它们都是距离 r 的近似，且有对称关系，取其平均，并作技术处理，有

$$r = \frac{d_x \cdot d_y}{2[(d_{41} - d_{32}) + (d_{21} - d_{34})]} \tag{4.66}$$

虽然式（4.64）~式（4.66）不是精确公式，但其引起的系统误差要比式

（4.58）小得多，完全可忽略。

式（4.64）、式（4.65）的方位角 φ、仰角 θ 的定向均方误差和空间定向的角度均方误差分别为

$$
\begin{cases}
\sigma_\varphi = \dfrac{1}{2l\cos\theta}\sigma_d \\[3mm]
\sigma_\theta = \dfrac{1}{2l\sin\theta}\sigma_d \\[3mm]
\sigma_\alpha = \dfrac{\sqrt{1+\sin^2\theta}}{2l\sin\theta}\sigma_d
\end{cases}
\tag{4.67}
$$

可使得随机误差降到原来的一半。在一般气象和干扰条件下，定向精度能满足技战术指标要求，但式（4.66）的定距随机误差为

$$
\sigma_r = \frac{\sqrt{3}}{\cos^2\theta \,|\sin2\varphi|}\left(\frac{r}{l}\right)^2\sigma_d
\tag{4.68}
$$

虽然上式比式（4.62）要小，通过卡尔曼滤波等后置数值处理方法还可提高定距精度，但也难以满足技战术要求。

3. 圆阵定位算法

$n+1$ 元圆阵是由半径为 a 的圆周上均布的 n 个传声器 M_i（$i=0,1,\cdots,n-1$）和圆心 O 上的传声器 M 组成。目标位于 $S(x,y,z)$，方位角为 φ，仰角为 θ，且 $OS=r$，$SM_i=r_i$，声程差

$$
d_i = r_i - r \approx a\cos\theta\cos(\varphi-\varphi_i)
\tag{4.69}
$$

根据余弦定理，有

$$
r_i^2 = (r+d_i)^2 = r^2 + a^2 - 2ar\cos\theta\cos(\varphi-\varphi_i)
\tag{4.70}
$$

其中：$\varphi_i = \dfrac{2\pi}{n}i$（$i=0,1,\cdots,n-1$）。展开后，有

$$
2d_i r + d_i^2 = a^2 - 2ar\cos\theta\cos(\varphi-\varphi_i)
$$

对 n 个传声器的结果相加，有

$$
2r\sum_{i=0}^{n-1}d_i + \sum_{i=0}^{n-1}d_i^2 = na^2
$$

由此可得定距公式

$$
r = \frac{na^2 - \displaystyle\sum_{i=0}^{n-1}d_i^2}{2\displaystyle\sum_{i=0}^{n-1}d_i}
\tag{4.71}
$$

而

$$\sum_{i=0}^{n-1} d_i \approx 0$$

$$\sum_{i=0}^{n-1} d_i^2 = \frac{n}{2}$$

$$\frac{\partial r}{\partial d_i} = \frac{-2d_i\left(2\sum d_i\right) - 2\left(na^2 - \sum d_i^2\right)}{\left(2\sum d_i\right)^2}$$

$$= \frac{r^2}{\left(na^2 - \sum d_i^2\right)^2}\left[-2d_i\left(2\sum d_i\right) - 2\left(na^2 - \sum d_i^2\right)\right]$$

$$\approx \frac{2r^2}{na^2\left(1 - \dfrac{1}{2}\cos^2\theta\right)}$$

由此可得

$$\sigma_r = \frac{2}{\sqrt{n}\left(1 - \dfrac{1}{2}\cos^2\theta\right)}\left(\frac{r}{a}\right)^2 \sigma_d \tag{4.72}$$

圆阵的定距误差与方位角无关，五元圆阵的精度优于四元方阵，但对于阵元不多、口径不大的圆阵，也难以满足定距的精度要求。

采用空间阵列，可以对全空域进行定位，其小仰角时仰角的估计精度比平面阵高得多，有的阵型计算也较简单。

4.2.5 自然风对声探测的影响及其修正

对于不同的传声器阵列，风的影响是不同的，但对风影响进行修正的思路和方法是相同的，下面以正四元方阵为例进行推导。

1. 风对二传声器声程差的影响

如图 4.9，设声源为 S 点，但由于受到风的影响，传声器 M 实际测得的等效无风时的声源为 S' 点，而不是 S 点。$SM = r_1$，$S'M = r_1'$，$OS = r$，设声音传到传声器所需时间为 t_1，则

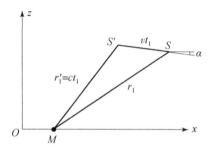

图 4.9 定位修正图

$$r_1' = ct_1$$

$$SS' = vt_1 = v\frac{r_1'}{c}$$

在直角坐标系中：

$$(r_1')^2 = (x')^2 + (y')^2 + (z')^2 \tag{4.73}$$

其中 x'，y'，z' 为 S' 点的坐标，又知

$$x' = x - SS' \cdot \cos\alpha = r\cos\theta\cos\varphi - \frac{v}{c}r_1'\cos\alpha$$

$$y' = y - SS' \cdot \sin\alpha = r\cos\theta\sin\varphi - \frac{v}{c}r_1'\sin\alpha$$

$$z' = r\sin\theta$$

而 θ 为真实仰角，φ 为真实方位角，α 为风的方向角。

将 x'，y'，z' 代入式（4.73），可得

$$(r_1')^2 = \left(r\cos\theta\cos\varphi - \frac{v}{c}r_1'\cos\alpha - \frac{l}{2}\right)^2 + \left(r\cos\theta\sin\varphi - \frac{v}{c}r_1'\sin\alpha\right)^2 + r^2\sin^2\theta$$

化简后，得

$$a(r_1')^2 + 2b_1 r_1' + c_1 = 0 \tag{4.74}$$

其中

$$\begin{cases} a = 1 - \dfrac{v^2}{c^2} \\[2mm] b_1 = -\dfrac{1}{2}\dfrac{v}{c}\left[2r\cos\theta\cos(\varphi - \alpha) - l\cos\alpha\right] \\[2mm] c_1 = -\left(r^2 - rl\cos\theta\cos\varphi + \dfrac{l^2}{4}\right) \end{cases} \tag{4.75}$$

解方程（4.74），得

$$r_1' = \frac{-b_1 + \sqrt{b_1^2 - ac_1}}{a} \tag{4.76}$$

同理解出 r_2'，忽略 $\left(\dfrac{v}{c}\right)^2$、$\left(\dfrac{l}{r}\right)$ 及其高次项后化简可得

$$r_2' - r_1' = l\cos\theta\cos\varphi\left(1 - \frac{v}{c}\frac{\cos\alpha}{\cos\theta\cos\varphi}\right) \tag{4.77}$$

同理可得

$$r_4' - r_3' = l\cos\theta\sin\varphi\left(1 - \frac{v}{c}\frac{\sin\alpha}{\cos\theta\sin\varphi}\right) \tag{4.78}$$

2. 风对方位角和仰角的影响

由式（4.77）、式（4.78）可得，风影响下计算的方位角 φ' 与实际方位角 φ 的关系为

$$\tan\varphi' = \frac{r'_3 - r'_4}{r'_2 - r'_1} = \frac{\sin\varphi\left(1 - \dfrac{v}{c}\dfrac{\sin\alpha}{\cos\theta\sin\varphi}\right)}{\cos\varphi\left(1 - \dfrac{v}{c}\dfrac{\cos\alpha}{\cos\theta\cos\varphi}\right)} \tag{4.79}$$

$$= \tan\varphi \cdot \frac{1 - \dfrac{v}{c}\dfrac{\sin\alpha}{\cos\theta\sin\varphi}}{1 - \dfrac{v}{c}\dfrac{\cos\alpha}{\cos\theta\cos\varphi}}$$

同理可得

$$\sqrt{(r'_2 - r'_1)^2 + (r'_4 - r'_3)^2} = \cos\theta\left[1 - \frac{v}{c}\frac{\cos(\varphi - \alpha)}{\cos\theta}\right] \tag{4.80}$$

由此可得在风影响下计算的仰角 θ' 与实际仰角 θ 的关系：

$$\cos\theta' = \cos\theta\left[1 - \frac{v}{c}\frac{\cos(\varphi - \alpha)}{\cos\theta}\right] \tag{4.81}$$

3. 风对方位角和仰角的修正公式

由于 $v \ll c$，为了计算简单，忽略二次项 $\left(\dfrac{v}{c}\right)^2$ 的影响，此时有

$$\tan\varphi = \tan\varphi' \cdot \frac{1 + \dfrac{v}{c}\dfrac{\sin\alpha}{\cos\theta'\sin\varphi'}}{1 + \dfrac{v}{c}\dfrac{\cos\alpha}{\cos\theta'\cos\varphi'}} \tag{4.82}$$

和

$$\cos\theta = \cos\theta' \cdot \left[1 + \frac{v}{c}\frac{\cos(\varphi' - \alpha)}{\cos\theta'}\right] \tag{4.83}$$

4.2.6 双子阵定位理论

1. 定位原理

双子阵定位是利用两个子阵各自算出目标的方位 (θ_1, φ_1)、(θ_2, φ_2)，若两条射线 L_1、L_2 在空间相交，则交点 $T(x, y, z)$ 为目标的位置；如两条射线在空间不相交，则求出两射线的公垂线，则公垂线 P_1P_2 的中心 $T(x, y, z)$ 即为所求的目标位置，如图 4.10 所示。

取两子阵的连线为 x 轴且方向一致，

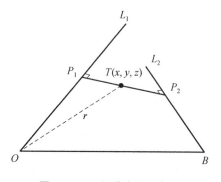

图 4.10 双子阵定位示意图

子阵 1 中心在原点，子阵 2 中心在点（B，0，0），则 L_1、L_2 的方向余弦分别为

$$l_1 = \cos\theta_1\cos\varphi_1 \,, \quad m_1 = \cos\theta_1\sin\varphi_1 \,, \quad n_1 = \sin\theta_1$$

和

$$l_2 = \cos\theta_2\cos\varphi_2 \,, \quad m_2 = \cos\theta_2\sin\varphi_2 \,, \quad n_2 = \sin\theta_2$$

射线 L_1、L_2 的参数方程分别为

$$
\begin{cases} x = l_1 t_1 \\ y = m_1 t_1 \\ z = n_1 t_1 \end{cases}
\quad \text{和} \quad
\begin{cases} x = l_2 t_2 + B \\ y = m_2 t_2 \\ z = n_2 t_2 \end{cases}
\tag{4.84}
$$

式中 t_1、t_2 为参数，则公垂线长度 d 满足

$$d^2 = (l_1 t_1 - l_2 t_2 - B)^2 + (m_1 t_1 - m_2 t_2)^2 + (n_1 t_1 - n_2 t_2)^2$$

分别对 t_1、t_2 求偏导，有

$$
\begin{aligned}
\frac{\partial d^2}{\partial t_1} &= 2\left[(l_1^2 + m_1^2 + n_1^2) t_1 - (l_1 l_2 + m_1 m_2 + n_1 n_2) t_2 - l_1 B \right] \\
&= 2\left[t_1 - (l_1 l_2 + m_1 m_2 + n_1 n_2) t_2 - l_1 B \right] \\
\frac{\partial d^2}{\partial t_1} &= 2\left[-(l_1 l_2 + m_1 m_2 + n_1 n_2) t_1 + (l_1^2 + m_1^2 + n_1^2) t_2 + l_2 B \right] \\
&= 2\left[-(l_1 l_2 + m_1 m_2 + n_1 n_2) t_1 + t_2 + l_2 B \right]
\end{aligned}
$$

为了使 d 最小，则有

$$\frac{\partial d^2}{\partial t_1} = 0 \quad \text{且} \quad \frac{\partial d^2}{\partial t_2} = 0$$

又因为两射线夹角余弦为

$$\cos\alpha = l_1 l_2 + m_1 m_2 + n_1 n_2 \tag{4.85}$$

所以

$$
\begin{cases} t_1 - t_2 \cos\alpha = l_1 B \\ -t_1 \cos\alpha + t_2 = l_2 B \end{cases}
$$

解上述方程组可得

$$t_1 = \frac{l_1 - l_2 \cos\alpha}{\sin^2\alpha} B \tag{4.86}$$

$$t_2 = \frac{l_1 \cos\alpha - l_2}{\sin^2\alpha} B \tag{4.87}$$

上述 t_1、t_2 也就是各自阵心到公垂线的距离。于是可得声源坐标（x，y，z）

$$
\begin{cases} x = \dfrac{1}{2}(l_1 t_1 + l_2 t_2 + B) \\[2mm] y = \dfrac{1}{2}(m_1 t_1 + m_2 t_2) \\[2mm] z = \dfrac{1}{2}(n_1 t_1 + n_2 t_2) \end{cases}
\tag{4.88}
$$

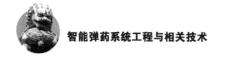

目标距离 r 为

$$r = \sqrt{x^2 + y^2 + z^2}$$

$$\approx \frac{B}{2} \cdot \frac{\sqrt{(l_1^2 - l_2^2)^2 + (l_1 m_1 - l_2 m_2)^2 + (l_1 n_1 - l_2 n_2)^2}}{\sin^2 \alpha} \qquad (4.89)$$

2. 定距误差

式（4.89）给出的定距公式，影响精度的主要因素还是时延估计误差，其随机误差的均方差为

$$\sigma_r = \frac{\sqrt{2}}{1 - \cos^2 \theta \cos^2 \varphi} \cdot \frac{r^2}{Bl} \sigma_d \qquad (4.90)$$

从式（4.90）可以看出，当目标位于两子阵连线附近时，定距误差较大，但目标与子阵连线垂直时，定距精度较高。同时，随着仰角增大，定距精度也随之提高。因此，为了提高定距精度，应把子阵布设成其连线与目标的夹角尽可能大。当目标方位不确定时，可以采用三个或三个以上子阵组成系统，并根据两两子阵的定距精度进行加权，以提高定距精度。

4.2.7 声探测数据的后置处理

由于基线短、背景噪声干扰以及信号的多途性，而且在实际应用中算法可能出现不稳定，得到的时延估计误值不可能完全准确，预测方向和攻击时间会产生较大的误差，以至难以满足精度要求。除了对时延估计算法进行研究外，后置智能化处理也是提高测量精度的有效途径，它利用目标运动的变化规律，将多次测量结果相关联进行跟踪，可以有效提高精度。后置处理的最典型方法是卡尔曼滤波，它是一种简要递推算法的滤波器，可方便地在计算机上加以实现并满足实时性要求。

1. 卡尔曼滤波器

卡尔曼滤波器是理想的最小平方递归估计器，利用递推算法，即后一次的估计计算利用前一次的计算结果。与其他估计算法相比较，卡尔曼滤波器具有算法简单及存储量小的优点，所以广泛用于近代数据处理系统中。卡尔曼滤波的状态变量方程及其测量方程如图 4.11 所示。

写成方程式为

$$x(t) = A(t-1)x(t-1) + B(t-1)u(t-1) + W(t-1)\omega(t-1) \qquad (4.91)$$

$$\frac{\partial^2 f}{\partial t^2} = v^2 \nabla^2 f \qquad (4.92)$$

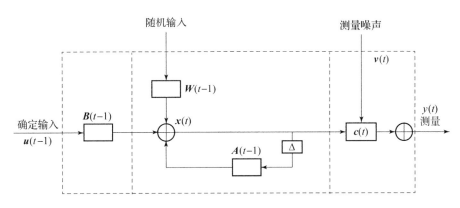

随机输入

测量噪声

$v(t)$

$W(t-1)$

确定输入

$B(t-1)$

$x(t)$

$y(t)$
测量

$u(t-1)$

$c(t)$

$A(t-1)$

Δ

图 4.11 卡尔曼滤波器

其中 $A(t-1)$，$B(t-1)$，$W(t-1)$，$c(t)$ 分别是实数矩阵，$\omega(t)$ 和 $v(t)$ 是随机向量。

2. 数学模型

目标的数学模型是机动目标跟踪的基本要素之一，也是一个关键而棘手的问题，模型的准确与否直接影响跟踪效果。在建立模型时，既要使所建立的模型符合实际，又要便于数学处理。这种数学模型应将某一时刻的状态变量表示为前一时刻状态变量的函数，所定义的状态变量应是全面反映系统动态特性的一组维数最少的变量。

在被动声定位中，确定目标的变量可以采用直角坐标系的 (x, y, z)，也可以采用球坐标系的 (r, θ, φ)。由于定距精度远低于定角精度，所以在直角坐标系中 x、y、z 间存在着很大的相关性和耦合，直接求解不仅维数较高，而且关系复杂，难以求解；若强行解耦，则它们间的相关性和耦合被忽略了，虽然维数和复杂性都降低了，但模型精度也降低了，必然导致滤波效果的降低甚至发散。当采用球坐标时，r、θ、φ 间的相关性就很小，可以独立进行卡尔曼滤波。

机动目标运动的数学模型主要有 CV（常速度模型）和 CA（常加速度模型）。当目标以直线或大曲率半径飞行时，除了近处外，r、θ、φ 的变化率较为匀速，因此采用 CV 模型是一个合理的选择。

假设被跟踪测量值为 x，它的变化是匀速的，变化速度为 x'，x' 的波动用随机速度扰动 V_x 表示，则 CA 运动方程为

$$\begin{bmatrix} x_{(k+1)} \\ x'_{(k+1)} \end{bmatrix} = \begin{bmatrix} 1 & T \\ 0 & 1 \end{bmatrix} \begin{bmatrix} x_{(k)} \\ x'_{(k)} \end{bmatrix} + \begin{bmatrix} 0 \\ V_x(k) \end{bmatrix} \tag{4.93}$$

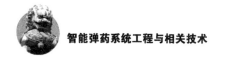

测量方程为

$$x_{(k+1)} = \begin{bmatrix} 1 & 0 \end{bmatrix} \begin{bmatrix} x_{(k+1)} \\ x'_{(k+1)} \end{bmatrix} + S_x(k+1) \tag{4.94}$$

式中，T——探测时间间隔；

S_x——测量误差。

运动方程和测量方程也可简写成向量形式：

$$X(k+1) = AX(k) + V(k) \tag{4.95}$$

$$Z(k+1) = HX(k+1) + S(k+1) \tag{4.96}$$

3. 递推算法

假设系统的随机速度扰动和测量噪声相互独立，并且都为零均值、协方差分别为 $Q(k)$ 和 $N(k)$ 的高斯随机噪声。对应于模型表达式的卡尔曼滤波器递推过程如下：

一步预测值

$$X(k+1|k) = AX(k) \tag{4.97}$$

一步预测误差协方差

$$P(k+1|k) = AP(k)A^T + Q(k) \tag{4.98}$$

最佳增益矩阵

$$K(k+1) = P(k+1|k)H^T[HP(k+1|k)H^T + N(k)]^{-1} \tag{4.99}$$

滤波估计

$$X(k+1) = X(k+1|k) + K(k+1)[Z(k+1) - HX(k+1|k)] \tag{4.100}$$

滤波误差协方差

$$P(k+1) = [1 - K(k+1)H]P(k+1|k) \tag{4.101}$$

对于式（4.95）、式（4.96）给出的运动方程，启动条件为

$$X(0) = \begin{bmatrix} x_0 \\ \dfrac{x_0 - x_{-1}}{T} \end{bmatrix} \tag{4.102}$$

$$P(0) = \begin{bmatrix} \sigma_x^2 & \dfrac{\sigma_x^2}{T} \\ \dfrac{\sigma_x^2}{T} & \dfrac{\sigma_x^2}{T^2} \end{bmatrix} \tag{4.103}$$

式中，σ_x^2——x 的测量方差。

当目标位于近处时，r、θ、φ 不满足 CV 模型，同时，r、θ、φ 的测量精度也不断提高。为了也能适用该递推公式，当目标仰角大于某一特定值时，目标

接近时，逐步乘以大于 1 的系数放大模型误差 V_x，远离时再缩小；同时，随着测量精度的提高和降低，乘以系数缩小或放大测量方差 S_x，也能达到很好的滤波效果。

4.2.8 声探测在弹药智能化上的应用

在军事上，声探测的应用可以追溯到第一次世界大战以前，由于受到当时电子技术、信号处理技术的限制，难以满足战术技术要求，应用受到很大限制。声探测在军事中的第一个成功应用是声呐系统。利用声波在水中衰减小、速度较快的特点，设计出了大量的主动、被动的声呐系统和海底预警系统，在潜艇探测目标、导航和反潜作战中发挥了巨大的作用。

由于雷达的优秀性能，空气声探测在军事中的应用一直发展缓慢。随着微电子技术、计算机技术、信号处理理论的飞速发展，声测系统、信号处理技术等方面的难题得到解决，重新激起了人们对地面声探测技术的兴趣。目前地面声探测技术的应用主要有两个方面：一方面是警戒与侦察，主要有对轻型飞机和直升机的远距离警戒、炮位侦察、战场侦察；另一方面是攻击型武器系统，主要有反坦克智能雷弹、反直升机智能雷弹、反狙击武器系统等。

武装直升机以其特有的机动性、灵活性和超低空飞行性能，成为现代战争中的"空中坦克"，有很强的生存能力和攻击能力。这首先是因为它的超低空飞行性能，使它能够有效地利用地形地物进行掩护，躲过雷达的搜索和防空导弹的袭击；其次，它有一定的装甲防护能力，可阻挡 12.7 mm 枪弹的射击；最后，它较少受气象条件的制约，能够迅速完成诸如地面侦察、输送武器装备和兵力、攻击敌方重要目标和防御设施等任务。

面对武装直升机的严峻挑战，世界各国都在研制对抗武装直升机的新技术。反直升机智能雷弹（AHM）作为一种有效的反直升机武器，成为世界各国竞相发展的一种武器系统。

智能雷弹是一种布设后自主完成警戒、目标识别、定位，并对目标实施远距离（较普通地雷）攻击的武器系统。

反直升机智能雷弹可人工布设，也可车辆抛撒或飞机空投。布设后自动进行姿态调整。反直升机雷弹由被动声进行远距离预警，预警距离设在 1 000 m 左右。当目标进入预警区域后，智能雷弹自动对目标进行定位和跟踪计算，估计目标的飞行轨迹和雷弹的攻击方位角，适时控制随动系统工作，使雷弹战斗部处于拦截位置上。随着目标的接近，预测精度随之提高，随动系统随之微调。智能雷弹既可以采用发射型，也可以采用直爆型。前者先发射带红外探测的末敏子弹，捕捉到目标后起爆自锻破片弹，用其金属射流束攻击目标；后者当与战斗部固连的红外探测器捕捉到目标时，雷弹进行复合定距，当目标位于射程之内时，直接起爆自锻破片弹，用其金属射流束攻击目标。此外，随动系统可以是一维的，也可以是二维的，后者具有更大的防御区域。

为了便于我方直升机通过，可通过无线电通信遥控关闭雷弹，等直升机通过雷区后再遥控激活雷弹的预警系统。

根据反直升机智能雷弹的武器概念，直爆型智能雷弹声复合引信的总体方案的原理框图如图 4.12 所示。

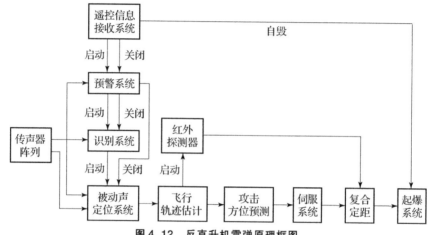

图 4.12　反直升机雷弹原理框图

由于智能雷弹的能源是有限的，为了延长其工作时间，采用了一系列节能措施。雷弹布设后，平时处于微功耗的预警状态。当雷弹预警系统输出达到阈值时，控制系统首先启动处于"休眠"状态的识别系统，对目标进行识别。若为需攻击的武装直升机目标，再启动处于"休眠"状态的被动声定位系统，当目标可能进入攻击区域时，才启动耗能最大的随动系统。

反坦克智能雷弹的原理和组成与反直升机智能雷弹相似，但前者只需平面定位，并采用发射型，用末敏子弹攻击坦克的顶甲。

|4.3　毫米波探测技术|

4.3.1　毫米波探测的物理基础

毫米波通常是指波长为 1 ~ 10 mm 的电磁波，其对应的频率范围为 30 ~

300 GHz。毫米波是介于微波到光波之间的电磁频谱，它位于微波与远红外波相交叠的波长范围，因而兼有两种波谱的特点。毫米波的理论和技术分别是微波向高频的延伸和光波向低频的发展。

任何物体在一定温度下都要辐射毫米波，可从用被动方式探测物体辐射毫米波的强弱来识别目标。毫米波的频带极宽，在四个主要大气窗口 35、94、140 和 220 GHz 中，可利用的带宽分别为 16、23、26 和 70 GHz，每个窗口宽度都接近或大于整个厘米波段的频带，三个 60、119 和 183 GHz 的吸收带，也具有相当宽的频带。

在晴朗天气下，大气对毫米波传播的影响包括大气对毫米波的吸收、散射、折射等。其中，吸收往往是由于分子中电子的跃迁而形成的，大气中各种微粒可使电磁波发生散射或折射。这两类效应存在不同的物理本质。

1. 大气成分

大气中绝大部分气体（如 N_2、O_2、CO_2）的含量随着离地面高度升高以指数规律衰减，每升高 15 km 约减少 9/10。大气中的水汽主要分布在 5 km 以下，在 12 km 以上几乎不存在水汽，大气中的水汽也是造成天气现象的主角，它以汽、云、雾、雨、冰等各种形态出现。大气中水的含量随气候、地点变化很大，例如，海面、盆地地区或雨季，大气中的水汽含量较大，而在沙漠地区及干旱季节，水汽的含量较少。大气中臭氧的总含量很少，分布也不均匀，主要集中于 25 km 高空附近，在 60 km 以上高空，臭氧的含量均很少，大气中还有一种称为气溶胶的固体，为液体悬浮物，一般有一个固体的核心，外层是液体，它具有不同的折射率与形状，气溶胶的核心可以是风吹扬的尘埃、花粉微生物、流星的烧蚀物、海上的盐粒、火山灰等，直径为 0.01 ~ 30 μm 气溶胶主要分布在 5 km 以下高空。

2. 大气吸收及选择窗口

地球大气中 99% 的成分是 N_2 和 O_2。由于偶极子的作用，O_2 在 5 mm（60 GHz）及 2.5 mm（118.8 GHz）波长处有两个强的吸收峰。CO_2 对紫外线及红外线有强的吸收峰出现，但对毫米波影响不大。

大气中水汽的吸收范围也是十分广泛的，从可见光、红外线直至微波，到处可发现 H_2O 的吸收峰。大气中水的含量一般随时间、地点变化 0.1% ~ 3%。由于水汽的转动能级跃迁的吸收，使水对微波波段呈现出以下几个吸收峰：0.94 mm（317 GHz）、1.63 mm（183 GHz）及 13.5 mm（22.235 GHz）。综上所述，大气中对毫米波出现多个吸收峰，大气窗口是指毫米波在某些波段穿透大气的能力较强。取四个毫米波大气窗口的中心频率及其带宽列入表 4.1。

表 4.1　毫米波大气窗口

窗口频率/GHz	35	94	140	220
相应波长/mm	8.5	3.2	2.1	1.4
带宽/GHz	16	23	26	70

图 4.13 示出大气衰减和频率的关系。图中实线表示在压强 $p =$ 101.325 kPa，温度 $T = 20\ ℃$，水汽密度 = 7.5 g/m³ 时的吸收曲线；虚线表示在 400 m 高空，$T = 0\ ℃$，水汽密度 = 1.0 g/m³ 下的吸收曲线。从图 4.13 可见，大气吸收除与频率有关外，还与气压、温度和绝对温度有关。

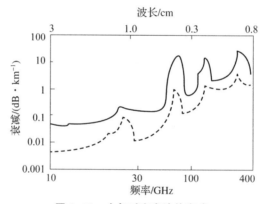

图 4.13　大气对毫米波的衰减

在设计毫米波近感探测装置时，工作频带应选择在大气窗口内，近感探测装置探测距离一般可达几米至几百米。特别对于几十米以下的近距离探测，主动毫米波探测器可选择非大气窗口的频率，在这些特定的频率下，反而可以大大提高抗干扰能力。对于被动式毫米波辐射计，如果专门测量某气体的温度时，应选择非大气窗口。但是，对于一些探测金属目标的近程辐射计，非大气窗口内目标和背景的对比度大大下降，给检测金属目标的存在带来很大困难。

4.3.2　毫米波探测的特点

1. 毫米波探测的特点

（1）穿透大气的损失较小，具有穿透烟雾、尘埃的能力，基本可以全天候工作。红外、激光和可见光在大气中的衰减比较大，在光电波段的某些区域内，通过大气的衰减量可达到每千米 40 ~ 100 dB，也就是说每通过 1 km 后信号强度只剩下 1/100 ~ 1/10。如果能见度在 2 km 以下，红外、电视等光电探测器的探测性能就急剧下降，在雨、雾等气候条件下，这些探测器难以发挥其正常的效能。但毫米波有四个窗口频段在大气中传播衰减较小，因而透过大气的损伤比较小。同时，毫米波穿透战场烟尘的能力也比较强。但是，毫米波在大气中尤其在降雨时其传播衰减比微波大，因而作用距离有限，不像微波那样有全天候作战能力，只具备有限的全天候作战能力。

（2）抗干扰能力强。毫米波在其相应于 35、94、140 和 220 GHz 的四个主要大气窗口的带宽分别为 16、23、26 和 70 GHz，说明无论是在大气窗口还是吸收带它都有相当宽的频率范围，这样选择工作频率的范围较大，因而探测器设计灵活，抗干扰能力强。

（3）波束窄、测量精度高、方向性好，分辨能力强。雷达分辨目标的能力取决于天线波束宽度，波束越窄，则分辨率越高，天线波束宽度（波束主瓣半功率点波宽）

$$\theta = K \frac{\lambda}{D} \qquad (4.104)$$

式中，K——与天线照射函数有关的常数，一般为 0.8 ~ 1.3；

　　　λ——波长；

　　　D——天线直径。

例如一个 12 cm 的天线，在 9.4 GHz 时波束宽度为 18°，而 94 GHz 时波束宽度仅 1.8°。所以，当天线尺寸一定时，毫米波的波束要比微波的波束窄得多，易于实现窄波束和高增益的天线，因而分辨率高，抗干扰性好，可以分辨相距更近的小目标或者更为清晰地观察目标的细节。

（4）噪声小。毫米波段的频率范围正好与电子回旋谐振加热（ECRH）所要求的频率相吻合，许多与分子转动能级有关的特性在毫米波段没有相应的谱线，因而噪声小。

（5）鉴别金色目标能力强。被动式毫米波探测器是依靠目标和背景辐射的毫米波能量的差别来鉴别目标。物体辐射毫米波能量的能力取决于本身的温度和物体在毫米波段的辐射率，它可以用亮度温度 T_B 来表示：

$$T_B = xT \qquad (4.105)$$

式中，T——物体本身的热力学温度；

　　　x——物体的辐射率。

由式（4.105）可见，即使处于同一温度的不同物体也会因不同辐射率而

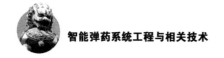
有不同的辐射能量。金属目标的亮度温度比非金属目标的亮度温度低得多，因而即使在物质绝对温度相同的情况下，毫米波辐射计也可以明确地区分出金属目标和非金属目标。

由于有以上特点，毫米波技术的应用范围极广，在雷达、通信、精密制导等军事武器上有越来越重要的作用，在遥感、射电天文学、医学、生物学等民用方面也有较广泛的应用。因此，近几十年来毫米波技术的发展十分迅速。

2. 毫米波近感技术的特点

毫米波近炸引信所采用的毫米波近感技术是研究几十厘米至几百米范围内目标的探测与识别技术，与远程探测器相比，毫米波近感技术有如下特点：

（1）存在体目标效应。在近程条件下，特别是作用距离与目标的尺寸可以相比拟时，不能将目标看作点目标来分析，应考虑目标区存在的散射效应的影响。此时，目标的近区散射极为复杂，多普勒频率不能看作单一频率，应按一定带宽的频谱来分析。

（2）目标闪烁效应严重。当作用距离为几百米以内时，金属目标对毫米波产生严重的闪烁效应，使引信测角的精度下降，难以识别目标中心，因此，在近程范围内，为提高探测精度，往往利用毫米波辐射计作为探测器，由于辐射计接收的是目标及背景辐射的毫米波噪声，目标闪烁效应影响可以忽略，可利用角度信息准确识别目标的几何中心。

（3）容易实现极近距离探测。近程引信回波的延迟时间一般为几十至几百毫微秒，测距较困难，例如，调频引信的最小探测距离与调制频偏成反比，当最小作用距离为几米时，其频偏应为几百兆赫。这样宽的频偏，对一般米波引信是难以实现的，对于一般厘米波引信也较难实现，但在毫米波段实现则比较方便。

（4）信号处理时间短。各种毫米波引信工作时，由于目标和弹丸之间的相对速度极快，弹目相遇时间很短，其信号处理的时间仅几毫秒，从而给信号处理带来较大困难。

（5）体积小，重量轻，结构简单，成本低。近程毫米波探测器应用广泛，应用的数量较多，根据现已达到的技术水平，可以使系统满足体积小、重量轻、结构简单、性能好和成本低的要求。

4.3.3 辐射模型及被动金属目标识别

物体在一定温度下都要辐射毫米波，主动式辐射源通过天线向外辐射毫米波。当毫米波碰到地面或空中其他物体时，将产生反射、散射、吸收、折射等。

1. 辐射方程

当电磁辐射以平面波的形式传播到一平坦的表面时，一部分电磁波被反射或散射，另一部分被吸收，剩下部分则渗入内层或浅表层，根据能量守恒定律，入射功率 W_i 的平衡条件是

$$W_i = W_\rho + W_\alpha + W_\tau \qquad (4.106)$$

下标 ρ，α，τ 分别表示反射、吸收和透射。归一化可得

$$\frac{W_\rho}{W_i} + \frac{W_\alpha}{W_i} + \frac{W_\tau}{W_i} = \rho_\gamma + \alpha + \tau_i = 1 \qquad (4.107)$$

式中，$\rho_\gamma = \dfrac{W_\rho}{W_i}$ 为反射率；

$\quad\quad \alpha = \dfrac{W_\alpha}{W_i}$ 为吸收率；

$\quad\quad \tau_i = \dfrac{W_\tau}{W_i}$ 为透射率。

如果忽略透入地下的功率，则得

$$\rho_\gamma + \alpha = 1 \qquad (4.108)$$

根据基尔霍夫（Kirchhoff）定律，物体的发射率等于吸收率，即 $\alpha = \varepsilon$，则上式变为

$$1 - \rho_\gamma = \varepsilon \qquad (4.109)$$

式中，ε——物体的电磁波发射率。

2. 辐射温度模式

当接收机接收地面或水面的辐射和目标辐射时，假设已包括了粗糙度、周期结构和电学性质的变化在内的表面函数，则天线附近的辐射温度可用以下模型表示：

$$T_{Bg}(\theta, \varphi, p_i, \Delta f) = \rho_g(\theta) T_s + \varepsilon_g(\theta) T_g + \varepsilon_{at}(\theta) T_{at} + \rho_g(\theta) T_{at} \varepsilon_{at} \qquad (4.110)$$

式中，θ——入射角；

$\quad\quad \varphi$——方位角；

$\quad\quad p_i$——极化方式（i 既表示水平极化也表示垂直极化）；

$\quad\quad \rho_g$——地面反射系数；

$\quad\quad \Delta f$——接收机的带宽；

$\quad\quad T_s$，T_g，T_{at}——天空、地面和大气的真实温度。这些温度是 θ 的函数，

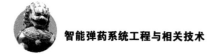

但对简单模型来说，近似认为辐射温度不随 θ 改变。

本模型没有包括电磁辐射穿过大气时的吸收效应。如果避开水蒸气和氧的吸收区，假设大气层均无湍流，这种模型在对所观测的地面进行研究时还是有效的。

相应地，当接收机天线指向天空温度及大气温度时，如果忽略大气衰减，与上式相对应，在一定条件下，可得天线附近的温度为

$$T_{Bg}(\theta,\varphi,p_i,\Delta f) = T_s(\theta) + \varepsilon_{at}(\theta)T_{at} + \rho_{at}(\theta)T_g\varepsilon_g \tag{4.111}$$

式中，$\rho_{at}(\theta)$——大气的反射系数；

$T_s(\theta)$——天空辐射温度。

为简单起见，设天空无云，上式可简化为

$$T_{Bg}(\theta,\varphi,p_i,\Delta f) = \varepsilon_g(\theta)T_s + \rho_g(\theta)T_g \tag{4.112}$$

$$T_{Bg}(\theta,\varphi,p_i,\Delta f) = T_s \tag{4.113}$$

3. 物体的毫米波反射率和发射率

以空气与沙漠界面为例，沙漠的复介电常数 $\varepsilon = 3.2$，是实数并且无损耗，其真实温度为 275 K。

根据菲涅耳公式，在水平和垂直情况下，空气和沙漠界面上的电压反射系数的幅值与入射角的关系示于图 4.14。发射率与入射角的关系示于图 4.15。功率反射系数或反射比为

$$\rho_v = |R_v|^2, \ \rho_h = |R_h|^2 \tag{4.114}$$

发射率为

$$\varepsilon_v = 1 - \rho_v, \ \varepsilon_h = 1 - \rho_h \tag{4.115}$$

式中下标 h 表示水平极化（实线）；v 表示垂直极化（虚线）。由图 4.14 可见：

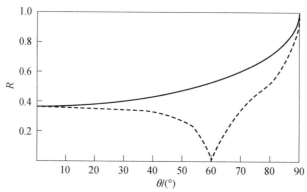

图 4.14　空气－沙漠界面电压反射系数 R 与入射角 θ 的关系（$\varepsilon = 3.2$）

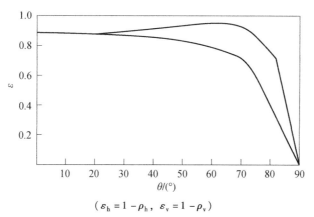

$$(\varepsilon_h = 1 - \rho_h, \quad \varepsilon_v = 1 - \rho_v)$$

图 4.15　空气 - 沙界面发射率 ε 与入射角 θ 的关系

（1）当入射角小于 40°时，无论是水平极化还是垂直极化，它们的发射系数和反射率随入射角变化较小。

（2）水平极化时，入射角 40°~90°范围内，发射率和反射率都较大。垂直极化时，入射角在 60°~90°范围内。发射率和反射率变化都较大。

（3）入射角为 90°时，发射率为零，反射率为 1。

4. 辐射差异金属目标的识别

自然界各种物质的辐射特性都不相同。一般来说，相对介电系数高的物质，发射率较小，反射率较高。在相同的物理温度下，高导电材料比低导电材料的辐射温度低。图 4.16 示出了各种物质 35 GHz 的表面辐射温度。

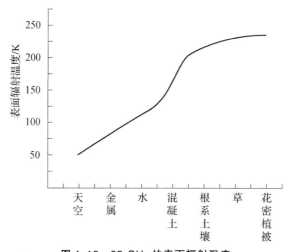

图 4.16　35 GHz 的表面辐射温度

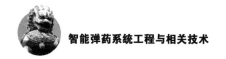

对于理想导电的光滑表面,如汽车、坦克、金属物等,其反射率接近1,它与入射角和极化都无关。对于高导电的其他物质,其发射率小,反射率高。无云天空可认为发射的毫米波小(与金属一样)。利用这些差异能识别不同的目标,下面介绍不同金属目标的识别原理。

(1)地面金属目标的识别。

为分析方便,假设目标正好充满整个波束,大气衰减忽略不计。

当辐射计天线扫描到地面时,可计算出天线附近的温度,当天线波束扫描到金属目标时,天线附近的温度为 $T_{Bg}(\theta, \varphi, p_i, \Delta f)$。

$$T_{Bg} = \rho_T T_s + \rho_T T_{at} \tag{4.116}$$

式中,ρ_T——金属目标的反射系数;

T_s——天空云的温度;

T_{at}——大气温度。

参照式(4.108),地面和金属目标的对比度为

$$\Delta T_T = T_{Bg}(\theta, \varphi, p_i, \Delta f) - T_{BT} = \rho_g(\theta) T_s + \varepsilon_g(\theta) T_g + \varepsilon_{at}(\theta) T_{at} +$$
$$\rho_g(\theta) T_{at} \varepsilon_{at}(\theta) - \rho_T T_s - \rho_T T_{at} \varepsilon_{at}(\theta) \tag{4.117}$$

式中,T_{BT}——地面温度。

为了分析方便,假设天空无云,即 $T_{at} = 0$,则上式简化为

$$\Delta T_T = \rho_g(\theta) T_s + \varepsilon_g(\theta) T_g - \rho_T T_s \tag{4.118}$$

由此可得,金属目标和地面之间有较高的温度对比度,因此,检测 ΔT_T 就能识别地面金属目标。在 Ka 波段,对于理想导体的光滑表面,如汽车、坦克、金属导体,其反射率接近1,且与入射角和极化无关。为了分析方便,设金属目标正好充满整个天线波束,晴天且天空无云,并忽略大气影响。垂直观察时,在 Ka 波段,其典型数据为 $T_s = 34$ K,$\rho_g = 0.08$,$\varepsilon_g = 0.92$,设 $T_g = 290$ K,由式(4.118)得:$\Delta T_T \approx 235.5$ K。由此可见金属目标与地面之间有较高的辐射温度对比度,因此检测 ΔT_T 就能识别地面上的金属目标。

(2)水面金属目标的识别。

当天线在水面和金属目标之间扫描时,同样可得

$$\Delta T_T = \rho_w(\theta) T_s + \varepsilon_w(\theta) T_w + \rho_w(\theta) \varepsilon_{at}(\theta) T_{at} - \rho_T T_s - \rho_T T_{at} \varepsilon_{at}(\theta) \tag{4.119}$$

式中,$\rho_w(\theta)$——水的反射系数;

$\varepsilon_w(\theta)$——水的发射系数;

T_w——实际温度。

同样可以利用 ΔT_T 来识别水面金属目标。

(3)空中金属目标的识别。

当天线波束扫描天空金属目标时,同样可得

$$\Delta T_{\text{T}} = T_{\text{s}}(\theta) + \varepsilon_{\text{at}} T_{\text{at}} + \rho_{\text{at}}(\theta)\varepsilon_{\text{at}}(\theta)T_{\text{at}} - \rho_{\text{T}}T_{\text{g}} - \rho_{\text{T}}T_{\text{at}}\varepsilon_{\text{at}}(\theta) \quad (4.120)$$

利用 ΔT_{T} 也能识别或探测空中金属目标。

金属目标，除以上介绍的利用辐射率差识别外，还可通过改变极化方式来识别。例如，当水平极化不能识别金属目标时，可以采用垂直极化来识别。

5. 主动式毫米波探测器对金属目标的识别

主动式探测系统除了可测角度信息外，还可测目标的距离、速度等信息。可检测目标的辐射亮度、目标大小、速度、波的偏振效应、调制情况及分辨率等。其中，亮度、大小和速度是最主要的识别特征。

通过扫描探测，在出现目标的地方会得到脉冲信号。该信号的宽度可以用标准脉冲来测定。如一个脉冲代表目标 5 m，则 2 个脉冲即为 10 m 宽，探测过程如图 4.17 所示。

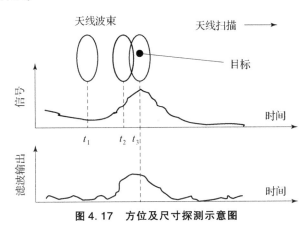

图4.17 方位及尺寸探测示意图

一般弹载对地面目标的探测装置均采用非相干体制。绝大多数活动目标的探测都采用杂波基准技术，图 4.18 为典型的以杂波为基准的活动目标指示器处理机的原理方框图。

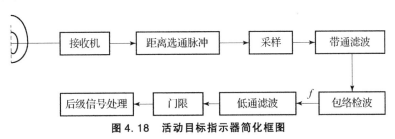

图4.18 活动目标指示器简化框图

采用杂波为基准的探测器，由于目标运动而使目标信号产生多普勒效应，使杂波和目标信号的综合信号产生相位调制，用包络检波器检出多普勒信号进

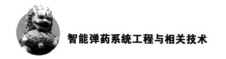
行带通滤波，取出多普勒信号，以门限检测可测出目标的运动参数。由于目标尺寸太小的关系，目标信号频谱比杂波谱大。

由于静止不存在差分多普勒频率，因此，这种方法不能探测静止目标。

4.3.4　毫米波辐射计的距离方程

用被动探测方式检测目标毫米波辐射时探测器叫毫米波辐射计。

超外差式辐射计的系统温度为

$$T_{sy} = 2(T_s + T_m) \tag{4.121}$$

式中，T_s——接收机输入温度（包括天线温度至接收机输入端的损耗辐射温度）；

$\quad\quad T_m$——接收机总噪声温度；

系数 2 是考虑镜像响应引入的系数。

天线接收的宽带功率和接收机噪声的静态特性曲线是相同的，在射频范围内，它们都有相同的功率谱。平方律检波器输入端的中频功率密度为

$$\rho = \frac{k}{2} T_s G \tag{4.122}$$

式中，G——混频输出至检波输入端的功率增益；

$\quad\quad k$——玻尔兹曼常数。

当系统温度不变时，平方律检波器将产生直流和交流两种输出功率。

在全功率辐射计中，信号功率就是输出功率的交流部分，它是在 $2B_N$ 输出双边带内的噪声变化部分。2 表示考虑镜像边带影响。全功率辐射计的信噪比

$$\frac{S}{N} = \frac{4a^2\left(\dfrac{k}{2}\Delta T_{sy}G\right)^2 B_{if}^2}{4a^2\left(\dfrac{k}{2}T_{sy}G\right)^2 B_{if} 2B_N} = \left(\frac{2\Delta T_s}{T_{sy}}\right)^2 \cdot \frac{B_{if}}{2B_N} \tag{4.123}$$

式中，B_N——扫描率放大器带宽；

$\quad\quad B_{if}$——中频放大器带宽。

设 K_r 为辐射计工作类型常数，则式（4.123）可表示为

$$\frac{S}{N} = \left(\frac{\Delta T_s}{K_r(T_a + T_m)}\right)^2 \cdot \frac{B_{if}}{2B_N} \tag{4.124}$$

根据式（4.124）也可导出辐射计灵敏度，灵敏度就是最小可检测的温度平均值 $S/N = 1$ 时的 ΔT_a 值，灵敏度的一般表示式为

$$\Delta T_{min} = \frac{K_r(T_a + T_m)}{\sqrt{\dfrac{B_{if}}{2B_N}}} \tag{4.125}$$

式（4.125）中的 K_r 由辐射计类型及信号处理方法决定。全功率辐射计的 K_r 值为 1。对于具有窄带扫描率放大器及相位检波器的迪克式辐射计，$K_r = 2\sqrt{2}$。

从前面讨论可知，可以用天线温度的变化量 ΔT_a 来表示辐射计探测目标信号的大小。而 ΔT_a 又可利用目标辐射温度对比度 ΔT_T 来表示。当考虑天线辐射效率时，可得出以立体角表示的天线温度变化量 ΔT_a 与 ΔT_T 的关系式为

$$\Delta T_a = \eta_a \Delta T_T \frac{\Omega_T}{\Omega_A} \tag{4.126}$$

式中，η_a——天线辐射效率；

天线水平线束的立体角可表示为

$$\Omega_A = \frac{4\eta_a \lambda^2}{\pi \eta_A D^2} = \frac{\Omega_M}{\eta_B} \tag{4.127}$$

式中，η_A——天线口径效率；

η_B——波束效率；

D——天线口径直径；

Ω_M——主波束立体角。

同样，目标等效圆 A_T 对应的立体角可用距离 R 来表示：

$$\Omega_T = \frac{A_T}{R^2} \tag{4.128}$$

由此可以导出被动式毫米波辐射计的距离方程：

$$R = \left(\frac{\pi \eta_A D^2 A_T \Delta T_T \sqrt{\frac{B_{if}}{2B_N}}}{4\lambda^2 (T_a + T_m) K_r \sqrt{\frac{S}{N}}} \right)^{\frac{1}{2}} = \left[\frac{\pi \eta_A D^2}{4\lambda^2} \cdot \frac{A_T \Delta T_T}{1} \cdot \frac{\sqrt{\frac{B_{if}}{2B_N}}}{[T_a + T_0(F_{rn} - 1)]K_r} \cdot \frac{1}{\sqrt{\frac{S}{N}}} \right]^{\frac{1}{2}} \tag{4.129}$$

式中，$\left(\dfrac{\pi \eta_A D^2}{4\lambda^2} \right)^{\frac{1}{2}}$——天线参数对作用距离的影响；

$\left(\dfrac{A_T \Delta T_T}{1} \right)^{\frac{1}{2}}$——目标参数对作用距离的影响；

$\left(\dfrac{\sqrt{\dfrac{B_{if}}{2B_N}}}{[T_a + T_0(F_{rn} - 1)]K_r} \right)^{\frac{1}{2}}$——辐射计参数对探测距离的影响；

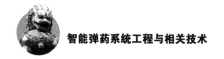

$$\left(\frac{1}{\sqrt{\dfrac{S}{N}}}\right)^{\frac{1}{2}}$$——平方率检波输出信噪比对作用距离的影响；

F_{rn}——辐射计双边带噪声系数。

可将探测距离方程进一步简化为

$$R = \left(\frac{\eta_{\mathrm{a}} A_{\mathrm{T}} \Delta T_{\mathrm{T}}}{\Omega_{\mathrm{A}} \Delta T_{\min} \sqrt{\dfrac{S}{N}}}\right)^{\frac{1}{2}} \tag{4.130}$$

从上面分析可知：

（1）探测距离直接与天线直径的工作频率有关，天线直径增大，作用距离便增加；

（2）探测距离与中频放大器频带宽度的四次方根成正比；

（3）探测距离与接收机噪声数的平方根成反比；

（4）探测距离与输出带宽内的信噪比四次方根成反比。

从前面几点关系可知，作用距离与天线直径和工作频率的关系较大，与接收机噪声系数的关系次之，与中频放大器带宽和信噪比的关系不太明显。

4.3.5 毫米波辐射计的探测原理

前述已知，辐射计就是一台超外差接收机，但辐射计与一般超外差接收机有十分明显的差别。例如，一般标准的外差接收机只覆盖一个很窄的瞬时带宽，在一个有限的频率范围内调谐；而典型的辐射计的带宽很宽。

1. 辐射计体制的选择

典型的辐射计有全功率辐射计和迪克比较辐射计，二者的灵敏度分别如式（4.131）和式（4.132）。

全功率辐射计：

$$\Delta T_{\min} = (T_{\mathrm{s}} + T_{\mathrm{rn}})\left[\frac{1}{B\tau} + \left(\frac{\Delta G}{G}\right)^2\right]^{\frac{1}{2}} \tag{4.131}$$

迪克比较辐射计：

$$\Delta T_{\min} = (T_{\mathrm{s}} + T_{\mathrm{c}} + 2T_{\mathrm{rn}})\left[\frac{1}{B\tau} + \left(\frac{\Delta G}{G}\right)^2\left(\frac{T_{\mathrm{s}} - T_{\mathrm{c}}}{T_{\mathrm{s}} + T_{\mathrm{c}} + 2T_{\mathrm{rn}}}\right)\right]^{\frac{1}{2}} \tag{4.132}$$

式中，T_{c}——比较负载的噪声温度；

T_{rn}——接收机有效噪声温度。

分析以上两式可知：当积分时间大于 1 s，系统带宽为 500 MHz，$T_{\mathrm{s}} - T_{\mathrm{c}}$ 接

近于零时，特别当 $\Delta G/G > 10^{-3}$ 时，迪克式辐射计比全功率辐射计要灵敏几个数量级。当 $\Delta G/G < 10^{-4}$ 时，全功率辐射计优于迪克式辐射计。

可见，对于一般积分时间大于 1 s 的辐射计，当 $\Delta G/G > 10^{-3}$ 时，采用迪克式辐射计较为合适。但迪克式辐射计结构比较复杂，目前，由于元器件及系统设计的改进，系统增益起伏 $\Delta G/G < 10^{-4}$ 是完全可以做到的，因此越来越多地采用了全功率辐射计。

当积分时间 $\tau < 10$ ms 时，由于积分时间对灵敏度的影响比增益起伏的影响大，此时采用迪克式辐射计和全功率辐射计的灵敏度均相近，可选用简单的全功率辐射计，如高速扫描的弹载近距离辐射计，由于积分时间往往仅几毫秒，因此大多数采用全功率辐射计。

2. 毫米波天线

（1）天线的选择。

辐射计接收的信号相当于天线温度 T_a，它由主瓣和旁瓣的相应分量构成，即为

$$T_a = \frac{1}{4\pi} \int_{\Omega_m} T_{ap}(\theta, \varphi) G(\theta, \varphi) \mathrm{d}\Omega + \frac{1}{4\pi} \int_{\Omega_s} T_{ap}(\theta, \varphi) G(\theta, \varphi) \mathrm{d}\Omega \quad (4.133)$$

式中，Ω_m——主瓣立体角；

Ω_s——旁瓣立体角。

前面分析天线温度时均忽略副瓣效应，为达到忽略副瓣的目的，一般必须选择透镜一类无阻塞的孔径天线。对近距离辐射计，应采用较好的天线，如透镜天线和喇叭天线等。

天线波束的特性对辐射计系统的分瓣起主要作用，当作用距离从几米至几百米时，某些应用所要求的距离很短，不能达到天线所要求分瓣单元的远区场范围。标准远区场的距离为

$$R = \frac{2D^2}{\lambda_0} \quad (4.134)$$

式中，D——天线直径。

通过将天线聚焦至菲涅耳区内可缩短最小范围而仍保持远区场特性，采用菲涅耳区聚焦的最小距离为

$$R = \frac{0.2D^2}{\lambda_0} \quad (4.135)$$

（2）毫米波近感探测器天线类型。

毫米波天线有抛物面天线、喇叭天线、透镜天线，还有尺寸更小的缝隙天

线、漏波天线、介质棒天线、微带天线和天线阵。毫米波天线主瓣波束要窄，而工作频带要宽，以提高灵敏度，另一方面则要求副瓣电平在 −20 dB 以下。探测距离在 200～300 m 之间主动式毫米波探测器采用大口径抛物面天线、透镜天线和微带天线阵。探测距离在 30～200 m 的毫米波探测器可采用小口径喇叭天线、透镜天线，以获得目标距离、角度、速度信息。探测距离在 30 m 以内的近程毫米波探测器用体积小、可靠性好的介质棒天线、缝隙天线、小口径透镜天线，能获得目标距离和速度信息。

①喇叭天线。

喇叭天线由矩形波导开口扩大而成。它馈电容易，方向图容易控制，副瓣低、频带宽、使用方便。各种毫米波喇叭天线如图 4.19 所示。

扇形喇叭　　　圆锥形喇叭　　　介质加载喇叭

图 4.19　各种毫米波喇叭天线

扇形喇叭天线和圆锥形喇叭天线是单模喇叭天线，效率低；介质加载喇叭天线效率高、频带宽。近程探测器上要使用大张角喇叭天线。

②抛物面天线。

该天线的增益近似为

$$G = \eta \cdot \left(\frac{\pi D}{\lambda} \right)^2 \tag{4.136}$$

式中，D——天线口径；

η——天线效率。

抛物面天线还可分为旋转抛物面、切割抛物面、柱形抛物面、球面等。抛物面毫米波天线如图 4.20 所示。

旋转抛物面主瓣窄，副瓣低，增益高，方向图为针状。

③透镜天线。

利用光学透镜原理，在焦点处的点光源经透镜折射后能成为平面波。透镜毫米波天线如图 4.21 所示。透镜天线面上相位一致。

④介质棒天线。

利用一定形状介质棒作为辐射源。该天线的性能取决于介质棒的尺寸（电长度和直径）、介电常数、损耗等。

增加棒的直径可以减小波瓣宽度，利用高介电常数的介质棒可以缩短辐射长度。

图 4.20　抛物面毫米波天线

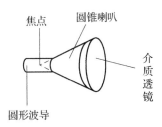

图 4.21　透镜毫米波天线

介质棒天线如图 4.22 所示，一个工作在 81.5 GHz 的介质棒天线的 H 面辐射方向图如图 4.23 所示。

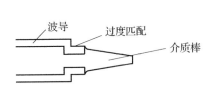

图 4.22　毫米波介质棒天线

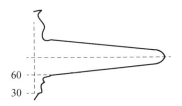

图 4.23　介质棒天线 H 面辐射方向图

⑤微带天线。

微带毫米波天线如图 4.24 所示。它是在微带基片上制作一片金属环或线，用来辐射毫米波。该天线截面积小，适合用于与飞行器共形的探测器，如在毫米波引信上使用。微带天线可以设计成各种形状以调整天线方向图。

3. 中频放大器

（1）中频放大器带宽。

进入接收机的毫米波信号经混频器变为中频，以便放大和滤波。从灵敏度公式（4.131）和式（4.132）可知，增大 $B\tau$ 可提高辐射计灵敏度。但在平时的应用中，有时提高 τ 受到系统总体及其他因

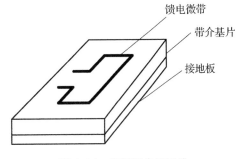

图 4.24　微带毫米波天线

素的限制。因此，可增加系统检波器前的带宽 B 来提高灵敏度。但是，在选择检波器系统带宽时，必须考虑谱分辨率和器件水平等。增加系统带宽等效于降低频谱灵敏度。根据所用的射频和中频器件，当电路的频谱灵敏度降低时，很难获得接近于平直的频率响应曲线。因电路的频谱灵敏度

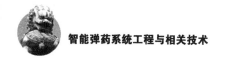

$$Q = \frac{f_0}{B} \tag{4.137}$$

式中，f_0——中心频率；

  B——有效带宽。

可见，增加中频带宽是增加系统有效带宽的关键，但是，对于工作于双边带的接收机来说，中频频率的上限受到射频带宽的限制。另外，为提高辐射计灵敏度，除要求总损耗电量及噪声系数尽可能低外，中频放大器应具有低的噪声系数。采用新型双极 GaAs 或场效应晶体管作中频放大器可降低中频噪声系数。

（2）中频增益选择。

中频增益的选择对获得最佳系统特性具有决定性作用。为保证辐射计的输出电压精确地反映场景温度分布，必须有足够的中放增益，包络检波器必须工作于平方律范围，终端各级的噪声必须很低。

为了有足够的中放增益，应保证

$$G_{HF} \Delta T_{min} \geqslant A \Delta T_{min} \tag{4.138}$$

式中，A——任意常数；

  G_{HF}——检波前系统的增益；

  ΔT_{min}——辐射计的平方律检波和终端放大器的最小可检波温度。

若 $A = 10$，则终端噪声电压为 10%。对于晶体检波器，有

$$\Delta T_{min} = \frac{2}{C_d \sqrt{k}} \sqrt{T_0 R_v F_v} \left(\frac{\sqrt{B_{LF}}}{B'_{RF}} \right) \tag{4.139}$$

式中，k——玻尔兹曼常数；

  C_d——平方律检波器功率灵敏度常数，V/W；

  T_0——环境温度；

  R_v——平方律检波放大器；

  F_v——平方律放大器噪声系数；

  B_{LF}——终端放大器带宽；

  B'_{RF}——包括上、下中频边带的接收机噪声带宽。

为使包络检波器工作在平方律范围，可通过检波曲线上选择适当的工作点来满足。中放净增益取决于

$$G_{HF} = \frac{p_{if}}{k T_{sy} B F_n} \tag{4.140}$$

式中，p_{if}——中放输出功率；

  T_{sy}——超外差式辐射计的系统温度；

  B——检波前的系统总带宽；

F_n——混频至终端噪声系数。

4. 视频放大器设计

（1）视频放大器的增益计算。

设探测温度的动态范围是 $T_{amin} \sim T_{amax}$，则加至终端放大器输入端的相应电压由下式决定：

$$U_{in} = C_d k T_{sy} B F_n G_{HF} \qquad (4.141)$$

系统温度的最小值和最大值为

$$T_{symin} = T_{amin} + (L-1)T_0 + L(F_n - 1)T_0 \qquad (4.142)$$

$$T_{symax} = T_{amax} + (L-1)T_0 + L(F_n - 1)T_0 \qquad (4.143)$$

通常规定了辐射计的输出电压斜率，视频增益为

$$G_v = \frac{\text{要求的输出斜率}}{\text{输入斜率}} \qquad (4.144)$$

设计中应注意前端的增益和补偿要求，当射频损耗下降时，则系统灵敏度增高。射频损耗电量减小时，检波前的系统增益应提高，同时视频增益必须降低，直流补偿电压也明显下降。

（2）视频放大器频率特性。

为设计视频放大器，必须分析检波输出和信号特征，对于一般天文遥感辐射计来说，检波输出为一固定直流电压，根据电压高低来测试环境及目标的温度。对于近程辐射计来说，检波输出为一种矩形脉冲。以对地面金属目标扫描为例分析。图 4.25 是空对地旋转扫描的工作情况。从图可知，扫描速度为

$$v_s = 2\pi \Omega_r H \tan\theta_F \qquad (4.145)$$

式中，V_f——辐射计均匀下落的速度；

Ω_r——辐射计绕下落轴的转速；

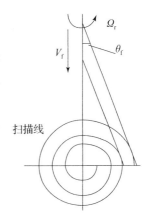

图 4.25 空对地扫描辐射计算运动示意图

θ_F——辐射计天线轴线与下降轴的夹角；

H——辐射计起始扫描的高度；

R——波束中心到原点的起始扫描半径。

可采用高斯型函数来近似，即

$$f(x) = a e^{-x(bx)^2} \qquad (4.146)$$

式中，$x = v_s t$。

所以

$$f(x) = ae^{-\pi x(bx)^2} \tag{4.147}$$

式中的 a 和 b 均为波形常数，可通过计算机逼近来求出。

对上式进行傅里叶变换得

$$F(\omega) = \int_{-\infty}^{\infty} f(x)e^{j a \omega}dx = \int_{-\infty}^{\infty} e^{-bx^2}\cos\omega x dx = \frac{a}{bv_3}e^{\frac{\omega^2}{4\pi b^2 v_3^2}} \tag{4.148}$$

频谱上限频率

$$f_H = b\Omega_r H\tan\theta_F\sqrt{2\pi\ln 2} \tag{4.149}$$

与波系数 b，高度 H，角速度 Ω_r 及斜角 θ_F，均有关。

低通滤波器的等效积分时间为

$$\tau = \frac{1}{2f_H} = \frac{1}{2b\Omega_r H\tan\theta_F\sqrt{2\pi\ln 2}} \tag{4.150}$$

设计低通滤波器时，应根据天线温度波形的计算，对温度波形进行波形逼近，用某一函数表示检波输出波形，再根据频谱分析，求出低通滤波器的频谱分布及频率上限。

4.3.6 毫米波探测技术的应用

毫米波探测技术的应用主要包括毫米波雷达、毫米波制导和毫米波辐射计，在军用领域和民用领域均得到了较广泛的应用。

1. 毫米波雷达

简化的毫米波雷达系统原理框图如图 4.26 所示，毫米波发射机经环流器和天线发出毫米波射频信号，射频信号遇到目标后反射到天线，经环流器进入混频器。在混频器中，回波毫米波信号与本机振荡器混频，输出差频信号（中频）。差频信号经中频放大器、视频检波器和视频放大器，最后输入信号处理器。在信号处理器中可完成测距、测速、测角、目标识别等功能，最后输出发火控制信号。

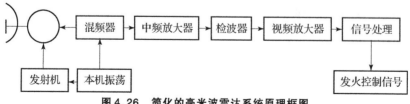

图 4.26　简化的毫米波雷达系统原理框图

灵巧弹药中应用的毫米波雷达可分为多种体制，包括毫米波多普勒雷达、毫米波调频雷达、毫米波脉冲雷达、毫米波脉冲压缩雷达、毫米波脉间频率步进雷达、毫米波脉冲调频雷达、毫米波脉间调频雷达、毫米波噪声雷达等。雷达可获得的信息为目标的方位信息、目标与灵巧弹药间的距离信息、目标的速度信息、目标的极化信息、目标的外型信息。目前灵巧弹药雷达的工作频率主要有 35 GHz 和 94 GHz 两个频段。

毫米波雷达的典型应用有以下几个方面。

（1）空间目标识别雷达。

它们的特点是使用大型天线以得到成像所需的角分辨率和足够高的天线增益，使用大功率发射机以保证作用距离。例如一部工作于 35 GHz 的空间目标识别雷达，天线直径达 36 m。用行波管提供 10 kW 的发射功率，可以拍摄远在 16 000 km 处的卫星的照片。一部工作于 94 GHz 的空间目标识别雷达，天线直径为 13.5 m。当用回旋管提供 20 kW 的发射功率时，可以对 14 400 km 远处的目标进行高分辨率摄像。

（2）汽车防撞雷达。

因该雷达作用距离不需要很远，故发射机的输出功率不需要很高，但要求有很高的距离分辨率（达到米级），同时要能测速，且雷达的体积要尽可能小。所以采用以固态振荡器作为发射机的毫米波脉冲多普勒雷达。采用脉冲压缩技术将脉宽压缩到纳秒级，大大提高了距离分辨率。利用毫米波多普勒颇移大的特点得到精确的速度值。

（3）直升机防控雷达。

现代直升机的空难事故中，飞机与高压架空电缆相撞造成的事故占了相当高的比率。因此直升机防控雷达必须能发现线径较细的高压架空电缆，需要采用分辨率较高的短波长雷达，实际多用 3 mm 雷达。

（4）炮弹弹道测量雷达。

这类雷达的用途是精确测定敌方炮弹的轨迹，从而推算出敌方炮兵阵地的位置，加以摧毁。多用 3 mm 波段的雷达，发射机的平均输出功率在 20 W 左右。脉冲输出功率应尽可能高一些，以减轻信号处理的压力。

（5）精密跟踪雷达。

实际的精密跟踪雷达多是双频系统，即一部雷达可同时工作于微波频段（作用距离远而跟踪精度较差）和毫米波频段（跟踪精度高而作用距离较短），两者互补取得较好的效果。例如美国海军研制的双频精密跟踪雷达即有一部 9 GHz、300 kW 的发射机和一部 35 GHz、13 kW 的发射机及相应的接收系统，共用 2.4 m 抛物面天线，已成功地跟踪了距水面 30 m 高的目标，作用距离可达 27 km。双额还带来了一个附加的好处：毫米波频率可作为隐蔽频率使用，提高雷达的抗干扰能力。

2. 毫米波制导系统

由于雷达波的发散性，指令制导和波束制导在目标距离较远时，制导精确度下降，这时，最好选用较高的毫米波频段。应用领域最广、最灵活的毫米波制导方式是主动式和被动式，这两种方式不仅可以用于近程导弹的制导系统，也可以用于各种远程导弹的末制导系统。

主动式毫米波导引头探测距离与天线尺寸、发射功率、频率等因素有关，目前这种导引头探测距离较短，但随着毫米波振荡器功率的提高，噪声抑制以及其他方面技术水平的提高，探测距离是可以增大的，与被动式毫米波导引头相比，主动式毫米波导引头的优点是在相同的波长、相同的天线尺寸下，分辨率高，作用距离远。

如果采用复合制导方式，把主动式寻的制导与被动式寻的制导结合运用，可以达到更好的效果。即用主动寻的模式解决远距离目标捕获问题，避免被动寻的在远距离时易被干扰的弱点，在接近目标时转换为被动寻的模式，以避免目标对主动寻的雷达波束能量反射呈现有多个散射中心引起的目标闪烁不定问题，从而可以保证系统有较高的制导精度。

由于毫米波制导兼有微波制导和红外制导的优点，同时由于毫米波天线的旁瓣可以做得很低，敌方难于截获，增加了集团干扰的难度，加之毫米波制导系统受导弹飞行中形成的等离子体的影响较小，国外许多导弹的末制导采用了毫米波制导系统，例如美国的"黄蜂""灰背隼""STAFF"，英国的"长剑"，苏联的"SA - 10"等导弹。

3. 毫米波辐射计

毫米波辐射计实质上是一台高灵敏度接收机，用于接收目标与背景的毫米波辐射能量。一般简单的弹载毫米波全功率辐射计原理框图如图 4.27 所示。

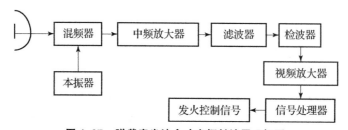

图 4.27 弹载毫米波全功率辐射计原理框图

当辐射计天线波束在地面背景与目标之间扫描时，由于目标与背景（地面）之间的毫米波辐射温度不同，辐射计输出一个钟形脉冲，利用此脉冲的高度、宽度等特征量，可识别地面目标的存在。若采用高分辨或成像辐射计时，辐射计输出信号不但反映目标与背景之间的对比度，而且可获得二维的目标尺寸的特征及目标像。

灵巧弹药中，毫米波辐射计是利用地面目标与背景之间毫米波辐射的差异来探测及识别目标的。末敏弹是在弹道末端能够探测出装甲目标的方位并使战斗部朝着目标方向爆炸的炮弹，其作用过程如图 4.28 所示。

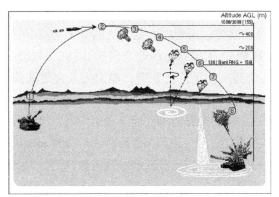

图 4.28　末敏弹的作用过程

德国"灵巧"SMArt – 155 mm 末敏炮弹是当今世界最先进的炮射末敏弹之一，如图 4.29 所示。SMArt – 155 mm 末敏炮弹通用于北约的火炮，如 M109 系列、FH – 155 等火炮，也可用南非的 G6 火炮发射，最大射程为 27 km。SMArt 敏感装置有较高的抗干扰能力，在地面有雾或恶劣环境下仍可正常工作。使用高密度的钽作为药形罩的材料，在 155 mm 炮弹内部空间有限的条件下，尽可能地提高了自锻破片战斗部的穿透能力，形成的侵彻体的长细比接近 5；侵彻体的穿透力与使用铜质药形罩时相比约提高了 35%，在最大射程上仍可确保击穿坦克的顶部装甲。

图 4.29　德国 SMArt –
155 mm 末敏炮弹

每一发 SMArt – 155 mm 末敏炮弹内部装有两发相同结构和功能的末敏子弹。SMArt – l55 mm 末敏炮弹采用了薄壁结构，其弹体壁厚只有普通炮弹的 1/4 ~ 1/3，这样做的目的是使母弹的有效载荷空间最大化，也使自锻破片战斗部药形罩的直径最大化。敏感装置是末敏炮弹的"大脑"，末敏炮弹正是靠接收目标及其背景辐射或反射的信号来识别目标的。SMArt 末敏炮弹敏感装置采用了三个不同的信号通道，即红外探测器、94 GHz

毫米波雷达和毫米波辐射计，从而使它具有较高的抗干扰能力，能适应当时的战场环境，如果由于环境条件（如大气条件）使敏感装置的某个通道不能正常工作，SMArt 也可根据其他两通道的信号识别目标。SMArt 的设计非常巧妙，毫米波雷达和毫米波辐射计共用一个天线，并且天线与自锻破片战斗部的药形罩融为一体。这种结构不仅为天线提供了一个合适的孔径，而且还不需要添加机械旋转装置，较好地利用了空间。

相关资料表明，中国目前已经完成了大口径火箭炮末敏弹武器系统的研制并且开始大量装备。该末敏弹采用的应当是先进的毫米波/双色红外复合敏感器技术，相比于俄罗斯 9K55K1 末敏弹、法瑞合研的 BONUS－155 mm 末敏弹和美国 BLU－108/B 子智能弹药所使用的传感器，理论上具有更高的性能和技术水平，与德国研制的 SMArt－155 mm 末敏炮弹基本相当。中国末敏弹出于成本或者其他因素考虑，可能采用的是铜药型罩，而不是 SMArt－155 mm 末敏炮弹采用的高密度钽，因而在穿甲能力上可能会稍逊于 SMArt－155 mm 末敏炮弹。

|4.4 红外探测技术|

4.4.1 红外辐射的基础知识

1. 红外线的发现和本质

1800 年英国的天文学家赫歇耳（Herschel）在研究太阳七色光的热效应时发现了一种奇异的现象。他用分光棱镜将太阳光分解成从红色到紫色的单色光，依次测量不同颜色光的热效应。他发现，当水银温度计移到红色光谱边界以外，人眼看不见有任何光线的黑暗区的时候，温度反而比红光区域的温度更高。反复试验证明，在红光外侧，确实存在一种人眼看不见的"热线"，后来称为红外线，也称红外辐射。

红外线存在于自然界的任何一个角落。事实上，一切温度高于绝对零度的有生命和无生命的物体时时刻刻都在不停地辐射红外线。太阳是红外线的巨大辐射源，整个星空都是红外线源，而地球表面，无论是高山大海，还是森林湖泊，甚至是冰天雪地，也在日夜不断放射出红外线。特别是，活动在地面、水面和空中的军事装置，如坦克、车辆、军舰、飞机等，由于它们有高温部位，往往都形成强的红外辐射源。在人们的生活环境中，如居住的房间里，到处都有红外线源，如照明灯、火炉，甚至一杯热茶，都在放出大量红外线。更有趣的是，人体自身就是一个红外线源。与此相似，一切飞禽走兽也都是红外线源。总之，红外线源如浩瀚的海洋，充满整个空间。

研究表明，红外线是从物质内部发射出来的，物质的运动是产生红外线的根源。众所周知，物质是由原子、分子组成的，它们按一定的规律不停地运动着，其运动状态也不断地变化，因而不断地向外辐射能量，这就是热辐射现象。由此可见，红外辐射的物理本质是热辐射。这种辐射的量主要由这个物体的温度和材料本身的性质决定。特别是，热辐射的强度及光谱成分取决于辐射体的温度，也就是说，温度这个物理量对热辐射现象起着决定性的作用。

2. 电磁波谱

为了了解红外线的物理特性，我们必须首先了解有关电磁波的一些基本知识。

从电磁学理论知道，物质内部的带电粒子（如电子）的变速运动都会发射或吸收电磁辐射。红外线与我们遇到的各种辐射如 γ 射线、X 射线、紫外线、可见光、微波、无线电波等一样，都是电磁辐射。可以把这些辐射按其波长（或频率）的次序排列成一个连续谱，称为电磁波谱，如图 4.30 所示。电磁辐射具有波动性，它们在真空中具有相同的传播速度，称为光速，其数值为 $c = (2.997\ 924\ 58 \pm 0.000\ 000\ 012) \times 10^8\ \mathrm{m/s} \approx 3.00 \times 10^8\ \mathrm{m/s}$。光速 c 与电磁波的频率 γ、波长 λ 有如下关系：

$$\lambda\gamma = c \tag{4.151}$$

在介质中，设同样频率 γ 的电磁辐射的波长为 λ'，传播速度为 v，则有

$$\lambda'\gamma = v \tag{4.152}$$

故有

$$\lambda = \frac{c}{v}\lambda' = n\lambda' \tag{4.153}$$

式中，$n = c/v$ 称为介质对真空的折射率。

在光谱学中，除用波长 λ 或频率 γ 等参数来表征电磁波外，还经常使用波数 σ，它为波长的倒数，即

$$\sigma = 1/\lambda = \gamma/c \tag{4.154}$$

波数 σ 与频率 γ 成正比。

由于电磁辐射具有波动性和量子性双重属性，所以它不但遵从波动规律，而且还以光量子形式存在。光子的能量可表示为

$$E = h\gamma = hc\sigma = hc/\lambda \tag{4.155}$$

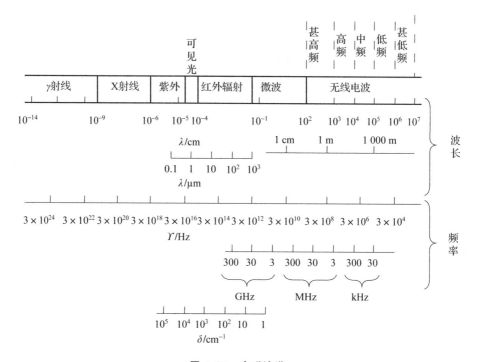

图 4.30   电磁波谱

式中，$h = (6.626\ 075\ 5 \pm 0.000\ 004\ 0) \times 10^{-34}$ J·s，称为普朗克常数。由式（4.155）可见，光子能量与频率、波数或波长之间具有完全确定的关系。光子的波长越长，其能量越小。具有 1 W 功率的辐射则每秒辐射的光子能量为 1 J，相当的光子数为

$$n = 1/E = 1/(hc/\lambda) = (1/hc)\lambda = 5.034\ 0 \times 10^{24}\lambda$$

例如，对于波长为 1 μm 的 1 W 功率的辐射每秒约有 5×10^{18} 个光子；而对于 10 μm 波长的 1 W 功率的辐射每秒约有 5×10^{19} 个光子。

3. 红外辐射特性

红外线是一种电磁辐射，它也具有与可见光相似的特性，即红外光也是按直线前进，也服从反射和折射定律，也有干涉、衍射和偏振等现象；同时，它又具有粒子性，即它可以光量子的形式发射和吸收，这已在电子对产生、康普顿散射、光电效应等实验中得到充分证明。此外，红外线还有一些与可见光不同的特性：

（1）人的眼睛对红外线不敏感，所以必须用对红外线敏感的红外探测器才能接收到；

（2）红外线的光量子能量比可见光的小，例如 10 μm 波长的红外光子的能量大约是可见光光子能量的 1/20；

（3）红外线的热效应比可见光要强得多；

（4）红外线更易被物质所吸收，但对于薄雾来说，长波红外线更容易通过。

在整个电磁波谱中，红外辐射只占有小部分波段。电磁波谱包括 20 个数量级的频率范围，可见光谱的波长范围（0.38 ~ 0.75 μm）只跨过一个倍频程，而红外波段（0.75 ~ 1 000 μm）却跨过大约 10 个倍频程，红外光的最大特点是具有光热效应，能辐射热量，它是光谱中最大光热效应区，因此，红外光谱区比可见光谱区含有更丰富的内容。

在红外技术领域中，通常把整个红外辐射波段按波长分为 4 个波段，见表 4.2。

表 4.2　红外辐射波段

名称	波长范围/μm	简称
近红外	0.75 ~ 3	NIR
中红外	3 ~ 6	MIR
远红外	6 ~ 15	FIR
极远红外	15 ~ 1 000	XIR

以上划分方法，基本上是考虑了红外辐射在地球大气层中的传播特性而确定的，例如，前三个波段中，其每一个波段都至少包含一个大气窗口。

4.4.2　红外探测技术的研究与发展

1. 红外探测的研究意义

红外探测是以红外物理学为基础，研究和分析红外辐射的产生、传输及探测过程中的特征和规律，从而为对产生红外辐射的目标的探测、识别提供理论基础和实验依据。近年来，随着红外探测技术及探测技术的发展和在各个领域内的推广应用，对红外探测及相关期间提出了不少新的需求，这需用红外物理的理论方法，结合使用对象去具体地加以解决。在实际工作中，红外探测能通过对各种物质、不同目标和背景红外辐射特性的研究，实现对目标及其周围环境进行深入的探测与识别，特别是在夜间作战过程中提供清晰的目标与战场情况。

2. 红外探测器及技术的发展

（1）红外探测器的发展。

红外技术的发展依赖红外探测技术的进展。红外探测器是红外仪器最基本的关键部件，是红外装置的心脏。红外技术的发展总是与红外探测器的改进息息相关，每一种新型红外探测器的问世，必然导致红外科学技术的进一步发展。

在历史上，正是借助于温度计这种最原始的红外探测手段，人们发现了红外线的存在。但是由于缺乏灵敏的探测器件，致使在红外辐射发现之后的 30 年间，对红外辐射的认识一直十分肤浅。1830 年出现了温差热电偶，尔后于 1833 年由多个热电偶制成热电堆，其灵敏度比最好的温度计高 40 倍。19 世纪 80 年代出现了高灵敏的测辐射热计，它比热电堆的灵敏度又提高 30 倍。利用这些灵敏的红外探测器所获得的定量测量数据，人们才逐渐确立了红外辐射的基本定律，从此，红外物理作为一门独立的学科分支，广泛被世人所接受。

现代红外技术的发展，依赖于 20 世纪 40 年代光子探测器的问世。实用的第一个红外探测器是第二次世界大战中德国制成的 PbS 探测器，后来又出现了其他铅盐器件，如 PbSe、PbTe 等。在 50 年代后期，研制出 InSb 探测器，这些本征型器件的响应波段局限于 8 μm 以内。为扩大波段范围，发展了多种掺杂非本征型器件，如 Ge：Au、Ge：Hg 等，其响应波段伸展到 150 μm 以上。红外探测器最重要的进展是研制成功了以 HgCdTe 为代表的三元化合物器件。到 60 年代末，三元化合物单元探测器基本成熟，其探测率已接近理论极限水平。70 年代发展了多元线列红外探测器，80 年代英国又研制出一种新颖的扫积型 HgCdTe 器件（SPRITE 探测器），它将探测功能和信号延时、叠加和电子处理功能合为一体。近年来，红外焦平面列阵技术的研究已成为各国的发展重点，这种器件可在芯片上封装成千上万个探测器，同时又能在焦平面上进行信号处理，因此可用它制成凝视型红外系统。

（2）红外技术的发展。

随着红外探测器的发展，红外技术的应用也日益广泛。早在 19 世纪，随着红外探测器的出现，人们就利用它研究天文星体的红外辐射，而在化学工业中则应用红外光谱进行物质分析。

但是，红外技术真正获得实际应用是从 20 世纪开始的。红外技术首先受到军事部门的关注，因为它提供了在黑暗中观察、探测军事目标自身辐射及进行保密通信的可能性。第一次世界大战期间，为了战争的需要，研制了一些实验性红外装置，如信号闪烁器、搜索装置等。虽然这些红外装置没有投入批量生产，但它已显示出红外技术的军用潜力。第二次世界大战前夕，德国第一个研制了红外显像管，并在战场上应用。战争期间，德国一直全力投入对其他红外设备的研究，同时，美国也大力研究各种红外装置，如红外辐射源、窄带滤光片、红外探测器、红外望远镜、测辐射热计等。第二次世界大战后，苏联也开始重视红外技术的研究，大力加以发展。

20 世纪 50 年代以后，随着现代红外探测技术的进步，军用红外技术获得了广泛的应用。美国研制的响尾蛇导弹上的寻的器制导装置和 U−2 间谍飞机上的红外照相机代表着当时军用红外技术的水平。因军事需要发展起来的前视红外装置（FLIR）获得了军界的重视，并广泛使用。机载前视红外装置能在 1 500 m 上空探测到人、小型车辆和隐蔽目标，在 20 000 m 高空能分辨出汽车，特别是能探测水下 40 m 深处的潜艇。在海湾战争中，红外技术，特别是热成像技术在军事上的作用和威力得到充分显示。海湾战争从开始、作战到获胜都是在夜间，夜视装备应用的普遍性乃是这次战争的最大特点之一。在战斗中投入的夜视装备之多、性能之好，是历次战争不能比拟的，美军每辆坦克、每个重要武器直到反坦克导弹都配有夜视瞄准具，仅美军第二十四机械化步兵师就装备了上千套夜视仪。多国部队除了地面部队、海军陆战队广泛装备了夜视装置外，美国的 F−117 隐形战斗轰炸机、"阿帕奇"直升机、F−15E 战斗机、英国的"旋风"GR1 对地攻击机等都装有先进的热成像夜视装备。正因为多国部队在夜视和光电装备方面的优势，所以在整个战争期间他们掌握了绝对的主动权。多国部队利用飞机发射的红外制导导弹在海湾战争中发挥了极大的威力，他们仅在 10 天内就毁坏伊军坦克 650 辆、装甲车 500 辆。

目前红外技术作为一种高技术，它与激光技术并驾齐驱，在军事上占有举足轻重的地位。红外成像、红外侦察、红外跟踪、红外制导、红外预警、红外对抗等在现代和未来战争中都是很重要的战术和战略手段。

在 20 世纪 70 年代以后，军事红外技术又逐步向民用部门转化。红外加热和干燥技术广泛应用于工业、农业、医学、交通等各个行业和部门。红外测温、红外测湿、红外理疗、红外检测、红外报警、红外遥感、红外防伪更是各行业争相选用的先进技术。由于这些新技术的采用，测量精度、产品质量、工作效率及自动化程度得以大大提高。特别是标志红外技术最新成就的红外热成像技术，不但在军事上具有很重要的作用，在民用领域也大有用武之地。它与雷达、电视一起构成当代三大传感系统，尤其是焦平面列阵技术的采用，使它发展成可与眼睛相媲美的凝视系统。

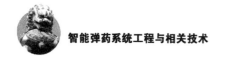

4.4.3 红外技术的基本理论

红外技术的理论基础是描述热辐射现象的普朗克定律。在讨论辐射基本定律之前，先介绍红外辐射度学的一些基本知识是必要的。

4.4.3.1 红外辐射度学基础

在光度学中，标志一个光源发射性能的重要参量是光通量、发光强度、照度等，但所有这些量都只是对可见光而言的。光度学是以人眼对入射辐射刺激所产生的视觉为基础的，因此光度学的方法不是客观的物理学描述方法，它只适用于整个电磁波谱中很窄的（可见光）那部分区域。对于电磁波谱中其他广阔的区域，如红外辐射、紫外辐射、X射线等波段，就必须采用辐射度学的概念和度量方法，它是建立在物理测量的客观量——辐射能的基础上的，不受人的主观视觉的限制。因此，辐射度学的概念和方法，适用于整个电磁波谱范围。

辐射度学主要遵从几何光学的假设，认为辐射的波动性不会使辐射能的空间分布偏离几何光线的光路，不需考虑衍射效应。同时，辐射度学还认为，辐射能是不相干的，即不需考虑干涉效应。

辐射度学的另一个特征是其测量误差大，即使采用较好的测量技术，一般误差也在3%左右。误差大的原因很多，其一是辐射能具有扩散性，它与位置、方向、波长、时间、偏振态等有关；其次，辐射与物质的相互作用（发射、吸收、散射、反射、折射等）也都与辐射参量有关；此外，仪器参量和环境参量也都影响测量结果。

我们通常把以电磁波形式发射、传输或接收的能量称为辐射能，用 Q 表示，其单位为 J。辐射场中单位体积中的辐射能称为辐射能密度（$J \cdot m^{-3}$），用 u 表示，即

$$u = \frac{\partial Q}{\partial V} \tag{4.156}$$

根据辐射能的定义，为了研究辐射能的传递情况，必须规定一些基本辐射量用于量度。由于红外探测器的响应不是传递的总能量，而是辐射能传递的速率，因此辐射度学中规定这个速率，即辐射通量或辐射功率，为最基本的物理量，而辐射通量以及由它派生出来的几个物理量就作为辐射度学的基本辐射量。

1. 辐射能通量

辐射能通量就是单位时间内通过某一面积的辐射能，用 Φ 表示，单位为

W，即

$$\Phi = \frac{\partial Q}{\partial t} \qquad (4.157)$$

也可以说，辐射能通量就是通过某一面积的辐射功率 P（单位时间内发射、传输或接收的辐射能）。辐射能通量和辐射功率两者含义相同，可以混用。

2. 辐射强度

辐射强度用来描述点辐射源发射的辐射能通量的空间分布特性。它被定义为：点辐射源在某方向上单位立体角内所发射的辐射能通量，称为辐射强度，用 I 表示，单位为 W/sr，即

$$I = \lim_{\Delta\Omega\to0}\frac{\Delta\Phi}{\Delta\Omega} = \frac{\partial\Phi}{\partial\Omega} \qquad (4.158)$$

辐射强度对整个发射立体角 Ω 积分，就得出辐射源发射的总辐射能通量，即

$$\Phi = \int_{\Omega} I\mathrm{d}\Omega \qquad (4.159)$$

对于各向同性的辐射源，I 为常数，$\Phi = 4\pi I$。

在实际情况中，真正的点辐射源在物理上是不存在的。能否把辐射源看作点源，主要由测试精度要求决定，主要考虑的不是辐射源的真实尺寸，而是它对探测器（或观测者）的张角。因此，对于同一个辐射源，在不同的场合，既可以是点源，也可以是扩展源。例如，喷气式飞机的尾喷口，在 1 km 以外的距离观测，可认为是一个点源；但在 3 m 的距离观测，则表现为一个扩展源。一般说来，只要在比源本身尺度大 30 倍的距离上观测，就可把辐射源视作点源。

3. 辐亮度

辐亮度是用来描述扩展源发射的辐射能通量的空间分布特性。对于扩展源，无法确定探测器对辐射源所张的立体角，此时，不能用辐射强度描述源的辐射特性。

辐亮度的定义是：扩展源在某方向上单位投影面积 A 向单位立体角 θ 发射的辐射能通量，用 L 表示，单位为 $\mathrm{W \cdot m^{-2} \cdot sr^{-1}}$，即

$$L = \lim_{\substack{\Delta A_\theta\to0\\ \Delta\Omega\to0}}\left(\frac{\Delta^2\Phi}{\Delta A_\theta\Delta\Omega}\right) = \frac{\partial^2\Phi}{\partial A_\theta\partial\Omega} = \frac{\partial^2\Phi}{\partial A\partial\Omega\cos\theta} \qquad (4.160)$$

4. 辐出度

对于扩展源来说，在单位时间内向整个半球空间发射的辐射能显然与源的面积有关。因此，为了描述扩展源表面所发射的辐射能通量沿表面位置的分布特性，还必须引入一个描述面源辐射特性的量，这就是辐出度。

辐出度的定义是：扩展源在单位面积上向半球空间发射的辐射能通量，用 M 表示，单位是 $\mathrm{W \cdot m^{-2}}$，即

$$M = \lim_{\Delta A \to 0} \frac{\Delta \Phi}{\Delta A} = \frac{\partial \Phi}{\partial A} \tag{4.161}$$

显然，辐出度对源发射表面积分，就给出辐射源发射的总辐射能通量，即

$$\Phi = \int_A M \mathrm{d}A \tag{4.162}$$

5. 辐照度

上述的辐射强度、辐亮度和辐出度都是用来描述源的辐射特性。为了描述一个物体被辐照的情况，故引入另一个物理量，这就是辐照度。

辐照度的定义是：被照物体表面单位面积上接收到的辐射能通量，用 E 表示，单位是 $\mathrm{W \cdot m^{-2}}$，即

$$E = \lim_{\Delta A \to 0} \left(\frac{\Delta \Phi}{\Delta A} \right) = \frac{\partial \Phi}{\partial A} \tag{4.163}$$

必须注意，辐照度和辐出度的单位相同，它们的定义式形式也相同，但它们却具有完全不同的物理意义。辐出度是离开辐射源表面的辐射能通量分布，它包括源向 2π 空间发射的辐射能通量；而辐照度则是入射到被照表面上的辐射能通量分布，它可以是一个或多个辐射源投射的辐射能通量，也可以是来自指定方向的一个立体角中投射来的辐射能通量。

4.4.3.2 红外辐射的基本定律

1. 物体的辐射与吸收——基尔霍夫定律

任何物体都不断吸收和发出辐射功率。当物体从周围吸收的功率恰好等于自身辐射而减小的功率时，便达到热平衡。于是，辐射体可以用一个确定的温度 T 来描述。

1859 年基尔霍夫（Kirchhoff）根据热平衡原理导出了关于热转换的著名的基尔霍夫定律。这个定律指出：在热平衡条件下，在给定温度下，对某一波长来说，物体的发射本领和吸收本领的比值与物体自身的性质无关，它对于一切

物体都是恒量。即使辐出度 $M(\lambda, T)$ 和吸收比 $\alpha(\lambda, T)$ 两者随物体不同都改变很大，对所有物体来说，$M(\lambda, T)/\alpha(\lambda, T)$ 也是波长和温度的普适函数，即

$$\frac{M(\lambda, T)}{\alpha(\lambda, T)} = f(\lambda, T) \qquad (4.164)$$

各种物体对外来辐射的吸收及本身向外的辐射各不相同。今定义吸收比为被物体吸收的辐射通量与入射的辐射通量之比，它是物体温度及波长等因素的函数。$\alpha(\lambda, T) = 1$ 的物体定义为绝对黑体。换言之，绝对黑体是能够在任何温度下，全部吸收任何波长的入射辐射的物体。在自然界中，理想的黑体是没有的，吸收比总是小于 1。

2. 黑体辐射的量子理论——普朗克公式

19 世纪末期，经典物理学遇到了原则性困难，为了克服此困难，普朗克（Planck）根据他自己提出的微观粒子能量不连续假说，导出了描述黑体辐射光谱分布的普朗克公式，即黑体的光谱辐出度为

$$M_{b\lambda} = \frac{c_1}{\lambda^5} \frac{1}{e^{\frac{c_2}{\lambda T}} - 1} \qquad (4.165)$$

式中，c_1——第一辐射常数，$c_1 = 2\pi h c^2 = (3.741\ 774 \pm 0.000\ 002\ 2) \times 10^{-16}\ \text{W} \cdot \text{m}^2$；

c_2——第二辐射常数，$c_2 = hc/k = (1.4387\ 869 \pm 0.000\ 000\ 12) \times 10^{-2}\ \text{m} \cdot \text{K}$；

h——普朗克常数，$h = (6.626\ 075\ 5 \pm 0.000\ 004\ 0) \times 10^{-34}\ \text{J} \cdot \text{s}$；

k——玻尔兹曼常数，$k = (1.380\ 658 \pm 0.000\ 012) \times 10^{-23}\ \text{J} \cdot \text{K}^{-1}$。

在研究目标辐射特性时，为了便于计算，通常把普朗克公式变成简化形式，即令

$$y = \frac{M_B(\lambda, T)}{M_B(\lambda_m, T)}, \quad x = \frac{\lambda}{\lambda_m}$$

式中 $M_B(\lambda_m, T)$ 为黑体的最大辐出度，于是普朗克公式可表示为如下简化形式：

$$y = 142.32 \frac{x^{-5}}{e^{\frac{4.965\ 1}{x}} - 1} \qquad (4.166)$$

普朗克公式代表了黑体辐射的普遍规律，其他一些黑体辐射定律可由它导出。例如，对普朗克公式从零到无穷大的波长范围进行积分，就得到斯特藩 – 玻尔兹曼定律；而对普朗克公式进行微分，求出极大值，就可获得维恩位移定律。

实际应用中，普朗克公式也具有指导作用，例如，根据它的计算选择光源

和加热元件，预示白炽灯的光输出、核反应堆的热耗散、太阳辐射的能量以及恒星的温度等。

3. 黑体辐射谱的移动——维恩位移定律

普朗克公式表明，当提高黑体温度时，辐射谱峰值向短波方向移动。维恩位移定律则以简单形式给出这种变化的定量关系。

对于一定的温度，绝对黑体的光谱辐射度有一极大值，相应于这个极大值的波长用 λ_m 表示。黑体温度 T 与 λ_m 之间有下列关系式：

$$\lambda_m T = b \qquad (4.167)$$

这就是维恩位移定律。其中 $b = (2.897\ 756 \pm 0.000\ 024) \times 10^{-3}\ \mathrm{m \cdot K} = 2\ 897\ \mu\mathrm{m \cdot K}$，根据被测目标的温度，利用维恩位移定律可以选择红外系统的工作波段。

维恩位移定律表明，黑体光谱辐出度峰值对应的波长 λ_m 与黑体的绝对温度 T 成反比，根据前面的公式，容易算出一些常见物体的辐射峰值波长（见表4.3）。

表4.3 常见物体的辐射峰值波长

物体名称	温度/K	峰值波长/μm	物体名称	温度/K	峰值波长/μm
太阳	6 000	0.48	冰	273	10.61
熔铁	1 803	1.61	液氧	90	32.19
熔铜	1 173	2.47	液氮	77.2	37.53
喷气式飞机尾喷管	700	4.14	液氦	4.4	658.41
人体	310	9.35			

一般强辐射体有50%以上的辐射能集中在峰值波长附近，因此，2 000 K以上的灼热金属，其辐射能大部分集中在 3 μm 以下的近红外区或可见光区。人体皮肤的辐射波长范围主要在 2.5~15 μm，其峰值波长在 9.35 μm 处，其中 8~14 μm 波段的辐射能占人体总辐射能的46%，因此，医用热像仪选择在 8~14 μm 波段工作，便能接收人体辐射的基本部分能量。而温度低于 300 K 的室温物体，有75%的辐射能集中在 10 μm 以上的红外区。

4. 黑体的全辐射量——斯特藩-玻尔兹曼定律

1879 年斯特藩通过实验得出：黑体辐射的总能量与波长无关，仅与绝对温度的四次方成正比。1884 年玻尔兹曼把热力学和麦克斯韦电磁理论综合起来，从理论上证明了斯特藩的结论是正确的，从而建立了斯特藩 – 玻尔兹曼定律。

$$M_b = \sigma T^4 \tag{4.168}$$

式（4.168）称为斯特藩 – 玻尔兹曼定律，式中，常数 $\sigma = 5.67 \times 10^{-8} \, \text{W} \cdot \text{m}^{-2} \cdot \text{K}^{-4}$，称为斯特藩 – 玻尔兹曼常数。该定律表明：黑体的全辐射的辐出度与其温度的四次方成正比。因此，当黑体温度有很小的变化时，就会引起辐出度的很大变化。例如，若黑体表面温度增高一倍，其在单位面积上单位时间内的总辐射能将增大 16 倍。利用斯特藩 – 玻尔兹曼定律，容易计算黑体在单位时间内，从单位面积上向半球空间辐射的能量。例如，氢弹爆炸时，可产生高达 3×10^7 K 的温度，物体在此高温下，从 1 cm² 表面辐射出的能量将为它在室温下辐射出的能量的 10^{20} 倍，这么巨大的能量，可在 1 s 内使 2×10^7 t 的冰水沸腾。

4.4.4　红外探测器概述

所有物体均发射与其温度和特性相关的热辐射，环境温度附近物体的热辐射大多位于红外波段。红外辐射占据相当宽的电磁波段（0.75 ~ 1 000 μm）。可知，红外辐射提供了客观世界的丰富信息，充分利用这些信息是人们追求的目标。将不可见的红外辐射转换成可测量的信号的器件就是红外探测器。探测器作为红外整机系统的核心关键部件，探测、识别和分析红外信息。热成像是红外技术的一个重要方面，得到了广泛应用，其中首要的当属军事应用。反之，由于应用的驱使，红外探测器的研究、开发乃至生产，越来越受重视而得以长足发展。1800 年赫歇耳发现太阳光谱中的红外用的涂黑水银温度计为最早的红外探测器。此后，尤其是第二次世界大战以来不断出现新器件。现代科学技术的进展为红外探测器的研制提供了广阔天地，高性能新型探测器材层出不穷。今天的探测器制备已成为涉及物理、材料等基础科学和光、机、微电子和计算机等多领域的综合科学技术。

红外辐射与物质（材料）相互作用产生各种效应。100 多年来，从经典物理到 20 世纪开创的近代物理，特别是量子力学、半导体物理等学科的创立，到现代的介观物理、低维结构物理等，有许多而且越来越多可用于红外探测的物理现象和效应。

4.4.4.1　红外探测器分类

任何温度高于绝对零度的物体都会产生红外辐射。检测红外辐射的存在，

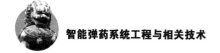

测定它的强弱并将其转变为其他形式的能量（多数情况是转变为电能）以便应用，就是红外探测器的主要任务。红外探测器是红外系统中最关键的元件之一。红外探测器所用的材料是制备红外探测器的基础，没有性能优良的材料就制备不出性能优良的红外探测器。红外传感器是将红外辐射能转换成电能的一种光敏器件，通常称为红外探测器。

一个完整的红外探测器包括红外敏感元件、红外辐射入射窗口、外壳、电极引出线以及按需要而加的光阑、冷屏、场镜、光锥、浸没透镜和滤光片等，在低温工作的探测器还包括杜瓦瓶，有的还包括前置放大器。按探测器工作机理区分，可将红外探测器分为热探测器和光子探测器两大类。

热探测器主要有热电阻型、热电偶型、热释电型和高莱气动型等几种型式。热探测器的主要优点是响应波段宽，可以在室温下工作，使用方便。热探测器一般不需致冷（超导除外）而易于使用、维护，可靠性好；光谱响应与波长无关，为无选择性探测器；制备工艺相对简易，成本较低。但由于热探测器响应时间长，灵敏度低，一般只用于红外辐射变化缓慢的场合。热探测器性能限制的主要因素是热绝缘的设计问题。

光子探测器按照光子探测器的工作原理，一般可分为外光电和内光电探测器两种。内光电探测器又分为光电探测器、光电伏特探测器和光磁电探测器三种。光电探测器的主要特点是灵敏度高，响应速度快，响应频率高，不但必须在低温下工作，而且探测波段较窄。

1. 热探测器

热探测器是利用入射红外辐射引起敏感元件的温度变化，进而使其有关物理参数或性能发生相应的变化。通过测量有关物理参数或性能的变化可确定探测器所吸收的红外辐射。常利用的物理性能变化有下列四种，利用其中一种就可以制备一种类型的热探测器。

（1）热敏电阻。

热敏物质吸收红外辐射后，温度升高，阻值发生变化。阻值的变化值与吸收的红外辐射能量成正比。利用物质吸收红外辐射后电阻发生变化而制成的红外探测器叫作热敏电阻。热敏电阻常用来测量热辐射，所以又常称为热敏电阻测辐射热器。

（2）热电偶。

把两种不同的金属或半导体细丝（也有制成薄膜结构）连成一个封闭环，当一个接头吸热后其温度和另一个接头不同，环内就产生电动势，这种现象称为温差电现象。利用温差电现象制成的感温元件称为温差电偶（也称热电偶）。用半导体材料制成的温差电偶比用金属作成的温差电偶的灵敏度高、响应时间短，常用作红外辐射的接收元件。

将若干个热电偶串联在一起就成为热电堆。在相同的辐照下，热电堆可提供比热电偶大得多的温差电动势，因此，热电堆比单个热电偶应用更广泛。

（3）气体探测器。

气体在体积保持一定的条件下吸收红外辐射后会引起温度升高、压强增大。压强的增加值与吸收的红外辐射功率成正比，由此，可测量被吸收的红外辐射功率。利用上述原理制成的红外探测器叫气体（动）探测器。高莱（Golay）管就是常用的一种气体探测器。

（4）热释电探测器。

有些晶体，如硫酸三甘肽（TGS）、钽酸锂（$LiTaO_3$）和铌酸锶钡（$Sr_{1-x}Ba_xNb_2O_6$）等，当受到红外辐照时，温度升高，在某一晶轴方向上能产生电压，电压与吸收的红外辐射功率成正比。利用这一原理制成的红外探测器叫热释电探测器。

除了上述四种物理量发生变化外，还有利用金属丝的热膨胀、液体薄膜的蒸发等物理现象制成的热探测器。

热探测器是一种对一切波长的辐射都具有相同响应的无选择性探测器。但实际上对某些波长的红外辐射的响应偏低，等能量光谱响应曲线并不是一条水平直线，这主要是由于热探测器材料对不同波长的红外辐射的反射和吸收存在着差异。镀制一层良好的吸收层有助于改善吸收性能，增加对于不同波长响应的均匀性。此外，热探测器的响应速度取决于热探测器的热容量和散热速度。减小热容量，增大热导，可以提高热探测器的响应速度，但响应率也随之降低。

2. 光子探测器

光子探测器是利用某些半导体材料在红外辐射的照射下产生光子效应，使材料的电学性质发生变化。通过测量电学性质的变化，可以确定红外辐射的强弱。即光子探测器吸收光子后发生电子状态的改变，从而引起几种电学现象，这些现象统称为光子效应。测量光子效应的大小可以测定被吸收的光子数。利用光子效应制成的探测器称为光子探测器。光子探测器有下列四种。

（1）光电子发射（外光电效应）器件。

利用光电子发射制成的器件称为光电子发射器件。如光电管和光电倍增管。光电倍增管的灵敏度很高，时间常数较短（几个毫微秒），所以在激光通信中常使用特制的光电倍增管。大部分光电子发射器件只对可见光起作用。用于微光及远红外的光电阴极目前只有两种。一种为 S - 1 的银氧铯（Ag - O - Cs）光电阴极，另一种为叫作 S - 20 的多碱（Na - K - Cs - Sb）光电阴极。S - 20 光电阴极的响应长波限为 0.9 μm，基本上属于可见光的光电阴极。S - 1 光电阴极的响应长波限为 1.2 μm，属近红外光电阴极。

（2）光电导探测器。

利用半导体的光电导效应制成的红外探测器叫作光电导探测器（简称 PC 器件），目前，它是种类最多、应用最广的一类光子探测器。

光电导探测器可分为单晶型和多晶薄膜型两类。多晶薄膜型光电导探测器的种类较少，主要的有响应于 1 ~ 3 μm 波段的 PbS、响应于 3 ~ 5 μm 波段的 PbSe 和 PbTe（PbTe 探测器，有单晶型和多晶薄膜型两种）。单晶型光电导探测器，早期以锑化铟（InSb）为主，只能探测 7 μm 以下的红外辐射，后来发展了响应波长随材料组分变化的碲镉汞（$Hg_{1-x}Cd_xTe$）和碲锡铅（$Pb_{1-x}Sn_xTe$）三元化合物探测器。掺杂型红外探测器，主要是锗、硅和锗硅合金掺入不同杂质而制成的多种掺杂探测器。利用上述材料早已制出响应波段为 3 ~ 5 μm 和 8 ~ 14 μm 或更长的多种红外探测器。碲镉汞和碲锡铅在 77 K 下对 8 ~ 14 μm 波段的红外辐射的探测率很高，比要在低于 77 K 工作才能具有对 8 ~ 14 μm 辐射有高的探测率的锗掺杂探测器更便于使用，所以，在 8 ~ 14 μm 波段使用的主要是由 $Hg_{1-x}Cd_xTe$ 和 $Pb_{1-x}Sn_xTe$ 等三元化合物制备的光子探测器。掺杂探测器在历史上起过重要作用，今后在远红外波段仍有重要应用。硅掺杂探测器的性能与锗掺杂探测器差不多，但使用得较少。

（3）光伏探测器。

利用光伏效应制成的红外探测器称为光伏探测器（简称 PV 器件）。

如果 P - N 结上加反向偏压，则结区吸收光子后反向电流会增加。从表面看，这种情况有点类似于光电导，但实际上它是光伏效应引起的，这就是光电二极管。同样，也作成了光电三极管。光电三极管由于在红外探测方面应用不多，对这种器件的解释要涉及半导体三极管的工作原理，这里不作进一步介绍。

（4）光磁电探测器。

利用光磁电效应制成的探测器称为光磁电探测器（简称 PEM 器件）。目前制成的光磁电探测器有 InSb、InAs 和 HgTe 等。

光磁电探测器实际应用很少。因为对于大部分半导体，不论在室温还是在低温下工作，这一效应的本质使它的响应率比光电导探测器的响应率低，光谱响应特性与同类光电导或光伏探测器相似，工作时必须加磁场又增加了使用的不便，所以，人们对它不再感兴趣。光电子发射属于外光电效应。光电导、光生伏特和光磁电三种属于内光电效应。

光子探测器能否产生光子效应，取决于光子的能量。入射光子能量大于本征半导体的禁带宽度 E_g（或杂质半导体的杂质电离能 E_D 或 E_A）就能激发出光生载流子。入射光子的最大波长（也就是探测器的长波限）与半导体的禁带宽度 E_g 有如下关系：

$$h\gamma_{\min} = \frac{hc}{\lambda_c} \geq E_g \qquad (4.169)$$

$$\lambda_c \leq \frac{hc}{E_g} = \frac{1.24}{E_g}(\mu m) \qquad (4.170)$$

式中，γ——光子振动频率；

λ_c——光子探测器的截止波长；

c——光在真空中的传播速度；

h——普朗克常数；

E_g——半导体的禁带宽度，单位为 eV。

3. 热探测器与光子探测器的性能比较

（1）热探测器一般在室温下工作，不需要致冷；多数光子探测器必须工作在低温条件下才具有优良的性能。工作于 $1\sim3~\mu m$ 波段的 PbS 探测器主要在室温下工作，但适当降低工作温度，性能会相应提高，在干冰温度下工作性能最好。

（2）热探测器对各种波长的红外辐射均有响应，是无选择性探测器；光子探测器只对短于或等于截止波长 λ_c 的红外辐射才有响应，是有选择性的探测器。

（3）热探测器的响应率比光子探测器的响应率低 $1\sim2$ 个数量级，响应时间比光子探测器的长得多。

4.4.4.2 红外探测器的性能参数

红外探测器的性能可用一些参数来描述，这些参数称为红外探测器的性能参数。一个红外系统只有知道了红外探测器的性能参数后才能设计红外系统的性能指标。

1. 红外探测器的工作条件

红外探测器的性能参数与探测器的具体工作条件有关，因此，在给出探测器的性能参数时必须给出探测器的有关工作条件。

（1）辐射源的光谱分布。

许多红外探测器对不同波长的辐射的响应率是不相同的，所以，在描述探测器性能时需说明入射辐射的光谱分布。给出探测器的探测率，一般都需注明是黑体探测率或是峰值探测率。

（2）工作频率和放大器的噪声等效带宽。

探测器的响应率与探测器的频率有关，探测器的噪声与频率和噪声等效带宽有关，所以在描述探测器的性能时应给出探测器的工作频率和放大器的噪声等效带宽。

（3）工作温度。

许多探测器，特别是由半导体制备的红外探测器，其性能与它的工作温度有密切关系，所以，在给出探测器的性能参数时必须给出探测器的工作温度，最重要的几个工作温度为室温（295 K 或 300 K）、干冰温度（194.6 K，它是固态 CO_2 的升华温度）、液氮沸点（77.3 K）、液氦沸点（4.2 K）。此外，还有液氖沸点（27.2 K）、液氢沸点（20.4 K）和液氧沸点（90 K）。在实际应用中，除将这些物质注入杜瓦瓶获得相应的低温条件外，还可根据不同的使用条件采用不同的制冷器获得相应的低温条件。

（4）光敏面积和形状。

探测器的性能与探测器面积和形状有关。虽然探测率 D 考虑到面积的影响而引入了面积修正因子，但实践中发现不同光敏面积和形状的同一类探测器的探测率仍存在着差异，因此，给出探测器的性能参数时应给出它的面积。

（5）探测器的偏置条件。

光电导探测器的响应率和噪声，在一定直流偏压（偏流）范围内，随偏压线性变化，但超出这一线性范围，响应率随偏压的增加而缓慢增加，噪声则随偏压的增加而迅速增大。光伏探测器的最佳性能，有的出现在零偏置条件，有的却不在零偏置条件。这说明探测器的性能与偏置条件有关，所以在给出探测器的性能参数时应给出偏置条件。

（6）特殊工作条件。

给出探测器的性能参数时一般应给出上述工作条件。对于某些特殊情况，还应给出相应的特殊工作条件。如受背景光子噪声限制的探测器应注明探测器的视场立体角和背景温度，对于非线性响应（入射辐射产生的信号与入射辐射功率不成线性关系）的探测器应注明入射辐射功率。

2. 红外探测器的性能参数

红外探测器的性能由以下几个参数描述。

（1）响应率。

探测器的信号输出均方根电压 V_s（或均方根电流 I_s）与入射辐射功率均方根值 P 之比，也就是投射到探测器上的单位均方根辐射功率所产生的均方根信号（电压或电流），称为电压响应率 R_v（或电流响应率 R_i），即

$$R_v = V_s/P \quad 或 \quad R_i = I_s/P$$

R_v 的单位为 $V \cdot W^{-1}$，R_i 的单位为 $A \cdot W^{-1}$。

响应率表征探测器对辐射响应的灵敏度，是探测器重要的性能参数。如果是恒定辐照，探测器的输出信号也是恒定的，这时的响应率称为直流响应率，以 R_0 表示。如果是交变辐照，探测器输出交变信号，其响应率称为交流响应率，以 $R(f)$ 表示。

探测器的响应率，通常有黑体响应率和单色响应率两种。黑体响应率以 $R_{v,BB}$（或 $R_{i,BB}$）表示。常用的黑体温度为 500 K。光谱（单色）响应率以 $R_{v,\lambda}$（或 $R_{i,\lambda}$）表示。在不需要明确是电压响应率或是电流响应率时，可用 R_{BB} 或 R_λ 表示；在不需明确是黑体响应率或光谱响应率时，可用 R_v 或 R_i 表示。

（2）噪声电压。

探测器具有噪声，噪声和响应率是决定探测器性能的两个重要参数。噪声与测量它的放大器的噪声等效带宽 Δf 的平方根成正比。为了便于比较探测器噪声的大小，常采用单位带宽的噪声 $V_n = V_N/\Delta f^{1/2}$。

（3）噪声等效功率。

入射到探测器上经正弦调制的均方根辐射功率 P 所产生的均方根电压 V_s 正好等于探测器的均方根噪声电压 V_N 时，这个辐射功率被称为噪声等效功率，以 NEP（或 P_N）表示，即

$$NEP = P\frac{V_N}{V_s} = \frac{V_N}{R_v} \tag{4.171}$$

按上述定义，NEP 的单位为 W。也有将 NEP 定义为入射到探测器上经正弦调制的均方根辐射功率 P 所产生的电压 V_s 正好等于探测器单位带宽的均方根噪声电压 $V_N/\Delta f^{1/2}$ 时的辐射功率，即

$$NEP = P\frac{V_N/\Delta f^{1/2}}{V_s} = \frac{V_N/\Delta f^{1/2}}{R_v} \tag{4.172}$$

一般来说，考虑探测器的噪声等效功率时不考虑带宽的影响，在讨论探测率 D 时才考虑带宽 Δf 的影响而取单位带宽。但是，按上式定义的 NEP 也在使用。噪声等效功率分为黑体噪声等效功率和光谱噪声等效功率两种。前者以 NEP_{BB} 表示，后者以 NEP_λ 表示。

（4）探测率 D。

用 NEP 基本上能描述探测器的性能，但是，一方面它是以探测器能探测到的最小功率来表示的，NEP 越小表示探测器的性能越好，这与人们的习惯不一致；另一方面，由于在辐射能量较大的范围内，红外探测器的响应率并不与辐照能量强度呈线性关系，从弱辐照下测得的响应率不能外推出强辐照下应产生的信噪比。为了克服上述两方面存在的问题，引入探测率 D，它被定义为 NEP 的倒数。

$$D = \frac{1}{\text{NEP}} = \frac{V_s}{PV_N} \tag{4.173}$$

探测率 D 表示辐照在探测器上的单位辐射功率所获得的信噪比。这样，探测率 D 越大，表示探测器的性能越好，所以在对探测器的性能进行相互比较时，用探测率 D 比用 NEP 更合适些。D 的单位为 W^{-1}。

（5）光谱响应。

功率相等的不同波长的辐射照在探测器上所产生的信号 V_s 与辐射波长 λ 的关系叫作探测器的光谱响应（等能量光谱响应）。通常用单色波长的响应率或探测率对波长作图，纵坐标为 $D_\lambda^*(\lambda, f)$，横坐标为波长 λ。有时给出准确值，有时给出相对值，前者叫绝对光谱响应，后者叫相对光谱响应。绝对光谱响应测量需校准辐射能量的绝对值，比较困难；相对光谱响应测量只需辐照能量的相对校准，比较容易实现。在光谱响应测量中，一般都是测量相对光谱响应，绝对光谱响应可根据相对光谱响应和黑体探测率 $D^*(T_{BB}, f)$ 及 G 函数（G 因子）计算出来。

光子探测器的光谱响应，有等量子光谱响应和等能量光谱响应两种。由于光子探测器的量子效率（探测器接收辐射后所产生的载流子数与入射的光子数之比）在响应波段内可视为是小于 1 的常数，所以理想的等量子光谱响应曲线是一条水平直线，在 λ_c 处突然降为零。随着波长的增加，光子能量成反比例下降，要保持等能量条件，光子数必须正比例上升，因而理想的等能量光谱响应是一条随波长增加而直线上升的斜线，到截止波长 λ_c 处降为零。一般所说的光子探测器的光谱响应曲线是指等能量光谱响应曲线。图 4.30 是光子探测器和热探测器的理想光谱响应曲线。

从图 4.31 可以看出，光子探测器对辐射的吸收是有选择的（如图 4.31 的曲线 A 所示），所以称光子探测器为选择性探测器；

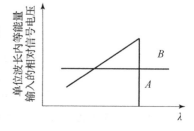

图 4.31　光子探测器和热探测器的理想光谱响应曲线

热探测器对所有波长的辐射都吸收（如图 4.31 的曲线 B 所示），因此称此热探测器为无选择性探测器。

实际的光子探测器的等能量光谱响应曲线（如图 4.32 所示）与理想的光谱响应曲线有差异。随着波长的增加，探测器的响应率（或探测率）逐渐增大（但不是线性增加），到最大值时不是突然下降而是逐渐下降。响应率最大时对应的波长为峰值波长，以 λ_p 表示。通常将响应率下降到峰值波长的 50% 处所对应的波长称为截止波长，以 λ_c 表示。在一些文献中也有注明下降到峰值响应的 10% 或 1% 处所对应的波长。

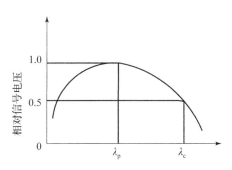

图 4.32　光子探测器的实际
光谱响应曲线示意图

（6）响应时间。

探测器的响应时间（也称时间常数）表示探测器对交变辐射响应的快慢。由于红外探测器有惰性，对红外辐射的响应不是瞬时的，而是存在一定的滞后时间。探测器对辐射的响应速度有快有慢，以时间常数 τ 来区分。

为了说明响应的快慢，假定在 $t = 0$ 时刻以恒定的辐射强度照射探测器，探测器的输出信号从零开始逐渐上升，经过一定时间后达到一稳定值。若达到稳定值后停止辐照，探测器的输出信号不是立即降到零，而是逐渐下降到零（如图 4.33 所示）。这个上升或下降的快慢反映了探测器对辐射响应的速度。

决定探测器时间常数最重要的因素是自由载流子寿命（半导体的载流子寿命是过剩载流子复合前存在的平均时间，它是决定大多数半导体光子探测器衰减时间的主要因素）、热时间常数和电时间常数。电路的时间常数 RC 往往成为限制一些探测器响应时间的主要因素。

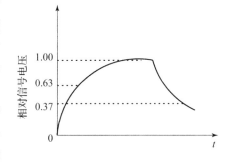

图 4.33　探测器对辐射的响应

探测器受辐照的输出信号遵从指数上升规律。即在某一时刻以恒定的辐射照射探测器，其输出信号 V_s 按下式表示的指数关系上升到某一恒定值 V_o。

$$V_s = V_o \left(1 - \mathrm{e}^{-t/\tau}\right) \tag{4.174}$$

式中，τ——响应时间（时间常数）。

当 $t = \tau$ 时，$V_\mathrm{s} = V_\mathrm{o}(1 - 1/e^{-t/\tau}) = 0.63V_\mathrm{o}$；

除去辐照后输出信号随时间下降，$V_\mathrm{s} = V_\mathrm{o}e^{-t/\tau}$；

当 $t = \tau$ 时，$V_\mathrm{s} = V_\mathrm{o}/e = 0.37V_\mathrm{o}$。

由此可见，响应时间的物理意义是当探测器受红外辐射照射时，输出信号上升到稳定值的63%时所需要的时间；或去除辐照后输出信号下降到稳定值的37%时所需要的时间。τ 越短，响应越快；τ 越长，响应越慢。从对辐射的响应速度要求来看，τ 越小越好，然而对于像光电导这类探测器，响应率与载流子寿命 τ 成正比（响应时间主要由载流子寿命决定），τ 短，响应率也低。SPRITE探测器要求材料的载流子寿命 τ 比较长，τ 短了就无法工作。所以对探测器响应时间的要求应结合信号处理和探测器的性能这两方面来考虑。当然，这里强调的是响应时间由载流子寿命决定，而热时间常数和电时间常数不成为响应时间的主要决定因素。事实上，不少探测器的响应时间都是由电时间常数和热时间常数决定的。热探测器的响应时间长达毫秒量级，光子探测器的时间常数可小于微秒量级。

（7）频率响应。

探测器的响应率随调制频率变化的关系叫探测器的频率响应。当一定振幅的正弦调制辐射照射到探测器上时，如果调制频率很低，输出的信号与频率无关，当调制频率升高，由于在光子探测器中存在载流子的复合时间或寿命，在热探测器中存在着热惯性或电时间常数，响应跟不上调制频率的迅速变化，导致高频响应下降。大多数探测器，响应率 R 随频率 f 的变化（如图4.34所示）如同一个低通滤波器，可表示为

$$R(f) = \frac{R_0}{(1 + 4\pi^2 f^2 \tau^2)^{1/2}}$$

$$(4.175)$$

式中，R_0——低频时的响应率；

$R(f)$——频率为 f 时的响应率。

式（4.175）仅适合于单分子复合过程的材料。所谓单分子复合过程是指复合率仅正比于过剩载流子浓度瞬时值的复合过程。这是大部分红外探测器材料都服从的规律，所以上式是一个具有普遍性的表示式。

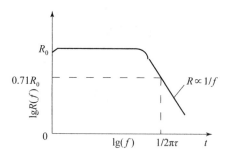

图 4.34　响应率的频率依赖关系

在频率 $f \ll 1/2\pi\tau$ 时，响应率与频率 f 无关；在较高频率时响应率开始下降；在 $f = 1/2\pi\tau$ 时，$R(f) = 1/2^{1/2}R_0 = 0.707R_\mathrm{o}$，此时所对应的频率称为探测器的响应频率，以 f_c 表示；在更高频率，$f \gg 1/2\pi\tau$ 时，响应率随频率的增高反

比例下降。

对于具有简单复合机理的半导体，响应时间 τ 与载流子寿命密切相关。在电导现象中起主要作用的寿命是多数载流子寿命，而在扩散过程中少数载流子寿命是主要的。因此，光电导探测器的响应时间取决于多数载流子寿命，而光伏和光磁电探测器的响应时间取决于少数载流子寿命。

有些探测器（如在 77 K 工作的 PbS）具有两个时间常数，其中一个比另一个长很多。有的探测器在光谱响应的不同区域出现不同的时间常数，对某一波长的单色光，某一个时间常数占主要，而对另一波长的单色光，另一个时间常数成为主要的。在大多数实际应用中不希望探测器具有双时间常数。

4.4.4.3　红外探测器的特性

1. 概述

红外探测器的特性可以用三个基本参数来表示，它们是光谱响应范围、响应速度和最小可测辐射功率。其中某些参数并不是绝对量，可能随测量条件和探测器的工作环境而有所变化。这样一来，通常称为噪声等效功率（NEP）的最小可测功率，可能随光源的能量分布而变化；并且它随由热背景到达探测器的额外辐射量而变化。这些参数可能是探测器材料所固有的性质，也可能随制造工艺和几何设计而变化。在说明探测器特性时，必须明确地指出测量条件，这点很重要，因为只有这样做，它们才能随意互换使用。此外，在测量探测器参数时，为了能预计它们在特殊条件下的特性，应该很好地了解它们工作时的物理过程。

2. 探测器的特性

在确定各参数时，需要测量探测器的几种特性，或者需要用几种技术来对某一特性进行测量。特别是在评价噪声等效功率时，需要测量两个量，即：探测器暴露在调制的黑体辐射源时产生的信号；遮蔽黑体辐射时探测器的噪声。必须指出的测量条件是，辐射源的温度、调制频率和放大器的带宽。黑体温度需要标准化。这是因为发射辐射的光谱分布将决定探测器所"接收"的辐射量。500 K 的黑体通常用来作为响应波长超过 2 μm 的探测器的辐射源。因为探测器的信号和噪声都可能和频率有关，所以也必须指出调制频率。因为放大器的带宽决定了所测噪声的数值，所以它必须也是已知的。为了尽量减少在测量噪声所用的频率间隔内噪声的变化，放大器的带宽应做得尽量窄（市场上出售的谐波分析器的带宽通常是 4~5 Hz）。

红外探测器在一定的光谱范围内使用时，除了接收给定光源的辐射外，还会接收从热背景来的数量相当多的辐射。因为背景可能严重地影响探测器的特性，所以，对探测器周围背景的数量和类型必须加以说明。除非另有说明，不然在给出 D 时，视场都是 2π 弧度，背景温度都是 300 K。不同背景对 D 有什么样的影响，这点往往可以计算出来。此外，不同背景对其他特性的影响，例如对响应速度的影响，往往不需要经常去估计。

光子探测器工作时和探测器温度的关系很密切。在长波响应时，要用更低温来致冷。以减少入射信号光子释放的载流子和热激发载流子之间的竞争。在 $1 \sim 3 \ \mu m$ 响应的探测器可以在室温下工作；在 100 μm 以上响应的探测器要在液氮温度下工作。在其间，对致冷的要求是各不相同的，这除了取决于探测器的类型外，还取决于截止波长；本征探测器对致冷的要求通常比非本征探测器低。

4.4.4.4　红外探测器的使用和选择

红外探测器是红外系统的主要部件。如前所述，根据对辐射响应方式不同，红外探测器分为热探测器和光子探测器两大类。定性地讲，热探测器的工作原理是：红外辐射照射探测器灵敏面，使其温度升高，导致某些物理性质发生变化，对它们进行测量，便可确定入射辐射功率的大小。对于光子探测器，当吸收红外辐射后，引起探测器灵敏面物质的电子态发生变化，产生光子效应，测定这些效应，便可确定入射辐射的功率。

在热探测器中，热释电探测器的灵敏度较高，响应时间较快，而且坚固耐用，大有取代其他热探测器之势。而光子探测器灵敏度更高，比热释电器件约高两个数量级。但光子器件需要致冷，截止波长越长，致冷温度就越低，例如 $3 \sim 5 \ \mu m$ 的本征型器件需致冷到 193 K；$8 \sim 14 \ \mu m$ 的器件需致冷到 77 K；而杂质型器件则需在更低温度下工作。

为了使红外系统具有优良的性能，对红外探测器的一般要求是：要有尽可能高的探测率，以便提高系统灵敏度，保证达到要求的探测距离；工作波段最好与被测目标温度（热辐射波段）相匹配，以便接收尽可能多的红外辐射能；为了使系统小型轻便化，探测元件的致冷要求不能高，最好能采用高水平的常温探测元件；探测器工作频率要尽可能高，以便适应系统对高速目标的观测；探测器本身的阻抗与前置放大器相匹配。

基于以上要求，在具体选用探测器时要依据以下原则：根据目标辐射光谱范围来选取探测器的响应波段；根据系统温度分辨率的要求来确定探测器的探测率和响应率；根据系统扫描速率的要求来确定探测器响应时间；根据系统空间分辨率的要求和光学系统焦距来确定探测器的接收面积。

下面以热成像系统为例，具体讨论如何选择探测器的问题。

热成像系统常用于研究很宽温度范围的物体，其中包括 $T \approx 300$ K 的目标。一般室温物体辐射光谱的极大值在 $\lambda = 10$ μm 附近，而辐射对比度极大值在 $\lambda = 8$ μm 处，因此要求探测器的短波限不小于 $2 \sim 3$ μm，因为 300 K 黑体在 $\lambda = 3$ μm 的辐射能量比 $\lambda = 10$ μm 处辐射能的 1% 还小。为了获取地热图，可以使用 $3 \sim 5$ μm 和 $8 \sim 13$ μm 的红外探测器，而由于 300 K 黑体在 $8 \sim 13$ μm 波段内的辐射功率为 $3 \sim 5$ μm 波段的 25 倍，故选用响应波段为 $8 \sim 13$ μm 的探测器最适宜。

原则上讲，选择探测率越高的探测器越好，因为高的探测率就意味着其探测最小辐射功率的能力强。对探测器的响应时间也有一定要求，一般来说，它不应低于瞬时视场在探测器上的驻留时间。此外，探测器的输出阻抗要与紧接的电路部分相匹配，这样才能获得较好的传输效率。同时，对致冷的要求不能过高，工作温度不能太低，致冷量不能太大。总之，系统的功能、维修方便性及外型尺寸决定了采用探测器和致冷系统的类型。

4.4.5　几种常见的红外探测器

4.4.5.1　光电导探测器

光电导探测器可分为本征光电导探测器和杂质光电导探测器。图 4.35 为光电导体的本征激发和杂质激发示意图。

1. 本征光电导探测器

当入射辐射的光子能量大于或等于半导体的禁带宽度 E_g 时，电子从价带被激发到导带，同时在价带中产生同等数量的空穴，即产生电子 – 空穴对。电子和空穴同时对电导有贡献。这种情况称为本征光电导。本征半导体是一种高纯半导体，它的杂质含量很少，由杂质激发的载流子与本征激发的载流子相比可以忽略不计。

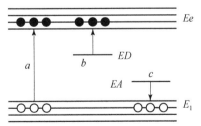

图 4.35　本征激发和杂质激发示意图

用足以引起激发的辐射照射红外探测器，开始时光生载流子从零开始增加，经过一定时间后趋于稳定。在红外探测器的实际应用中，主要是弱光照情况。

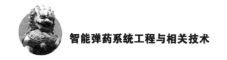

2. 杂质光电导探测器

欲探测波长较长的红外辐射，红外探测器材料的禁带宽度必须很小。在三元化合物碲镉汞和碲锡铅等窄禁带半导体用作红外探测器之前，要探测 8 ~ 14 μm 及波长更长的红外辐射，只有掺杂半导体，如图 4.35 上 b、c 所示。施主能级靠近导带，受主能级靠近价带。将施主能级上的电子激发到导带或将价带中的电子激发到受主能级所需的能量比本征激发的小，波长较长的红外辐射可以实现这种激发，因而杂质光电导体可以探测波长较长的红外辐射。

杂质光电导探测器必须在低温下工作，使热激发载流子浓度减小，受光照时电导率才可能有较大的相对变化，探测器的灵敏度才较高。

红外探测器一般都工作于弱光照，波长较长的红外探测器更是如此，所以只讨论弱光照情况。锗掺杂红外探测器是用得较多的一种掺杂红外探测器。

3. 薄膜光电导探测器

红外光子探测器材料除块状单晶体外，还有多晶薄膜。多晶薄膜探测器（不包含用各种外延方法制备的外延薄膜材料）主要是指硫化铅（PbS）、硒化铅（PbSe）和碲化铅（PbTe）。目前多晶薄膜红外光子探测器只有光电导型。

室温下，PbS 和 PbSe 的禁带宽度分别为 0.37 eV 和 0.27 eV，相应的长波限分别为 3.3 μm 和 4.6 μm。降低工作温度，禁带宽度减小，长波限增长。它们是 1 ~ 3 μm 和 3 ~ 5 μm 波段应用十分广泛的两种红外探测器。

PbTe 与 PbS 和 PbSe 比较，未显出特点，其性能也不如 PbSe，所以很少使用。PbSe 虽比 InSb 的探测率低，但价格便宜，所以在 3 ~ 5 μm 波段仍继续使用。PbS 和 PbSe 两种多晶薄膜，在制备工艺、晶体结构等方面有很多相似的地方，而 PbS 至今仍然是 1 ~ 3 μm 波段主要使用的探测器，制备 PbS 多晶薄膜的方法有两种：一种是化学沉积法；另一种是真空蒸发法。前者是目前生产 PbS 所采用的方法。

关于光电导机理，势垒理论认为，当有入射辐射照射样品时，PbS 薄膜产生本征激发，光生载流子使 P–N 结势垒降低，能克服势垒参与导电的载流子增多，因而薄膜的电导率增大。势垒的存在并不改变迁移率，能越过势垒参与导电的载流子仍具有同没有势垒存在时一样的迁移率参与导电。

4. 光电导探测器的输出信号

图 4.36 是光电导探测器的测量电路。当开关接通时，光电导探测器接成一电桥，可测量光电导探测器的暗电阻。取 $r_1 = r_2$，当电桥达到平衡时，探测

器的暗电阻就等于负载电阻 R_L。断开开关,就是测量光电导探测器信号和噪声的电路,也是实际应用中的基本工作电路。

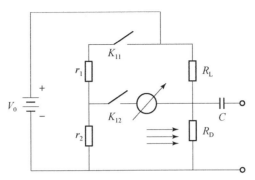

图 4.36 光电导探测器的测量电路

无辐照时,在光电导探测器 R_D 上的直流电压为

$$V_{R_D} = V_0 \frac{R_D}{R_L + R_D} \tag{4.176}$$

当光电导体吸收辐射时,设电阻的改变量为 ΔR_D,则在 R_D 上的电压改变量为

$$\Delta V_{R_D} = V_0 \frac{\Delta R_D (R_L + R_D) - R_D \Delta R_D}{(R_D + R_L)^2} = V_0 \frac{R_L \Delta R_D}{(R_L + R_D)^2} \tag{4.177}$$

令 $d(\Delta V_{R_D})/dR_L = 0$,得 $R_L = R_D$,即:负载电阻等于光电导探测器的暗阻时,电路输出的信号(含噪声)最大,此时输出的电压为

$$(\Delta V_{R_D})_{max} = \frac{V_0 \Delta R_D}{4R_D} \tag{4.178}$$

若 R_L 不等于 R_D,则输出的信号和噪声同样减小,信噪比基本不变。但是红外探测器的噪声很小,由于输出电路失配而使输出噪声更小,这就要求前置放大器和整个系统具有更低的噪声。然而,红外系统是一个光机电一体化的复杂系统,要将系统噪声降得很低是比较困难的,因此,总是希望在保证信噪比高的同时,信号、噪声都相对大一些,这就要求负载电阻 R_L 基本上等于探测器暗阻 R_D。增大加于探测器上的直流偏压可以增大信号和噪声输出,但所加偏压不能过大,只能在允许的条件下增大工作偏压。

4.4.5.2 光伏探测器

利用 P – N 结的光伏效应做成的红外探测器已得到广泛应用。下面简要讨论光伏探测器的基本原理。

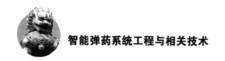
1. 光伏探测器的一般讨论

如果在 P(N) 型半导体表面用扩散或离子注入等方法引入 N(P) 型杂质，则在 P(N) 型半导体表面形成一 N(P) 型层，在 N(P) 型层与 P(N) 型半导体交界面就形成了 P－N 结。在 P－N 结中，当自建电场对载流子的漂移作用与载流子的扩散作用相等时，载流子的运动达到相对平衡，P－N 结间就建立起一相对稳定的势垒，形成平衡 P－N 结。

如图 4.37 所示，P－N 结受辐照时，P 区、N 区和结区都产生电子－空穴对，在 P 区产生的电子和在 N 区产生的空穴扩散进入结区，在电场的作用下，电子移向 N 区，空穴移向 P 区，这就形成了光电流。P 区一侧获得光生空穴，N 区一侧获得光生电子，在结区形成一附加电势差，这就是光生电动势。它与原来的平衡 P－N 结势垒方向刚好相

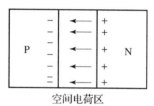

空间电荷区

图 4.37　P－N 结

反，这就要降低 P－N 结的势垒高度，使扩散电流增加，达到新的平衡，这就是光伏探测器的物理基础。

光伏探测器的伏－安特性可表示为

$$I = -I_{sc}(e^{\frac{qV}{\beta kT}} - 1) + G_s V \tag{4.179}$$

式中，I_{sc}——光电流，负号表示与 P－N 结的正向电流方向相反；

　　　V——P－N 结上的电压；

　　　G_s——P－N 结的分路电导；

　　　β——常数，对于理想 P－N 结，$\beta = 1$。

2. 光伏探测器的结构与探测率

光伏探测器有两种结构。一种是光垂直照射 P－N 结；另一种是光平行照射 P－N 结。在应用中，第一种结构较普遍。

光伏探测器的光谱探测率 D_λ^* 可表示为

$$D_\lambda^* = \frac{S/N(A_D \Delta f)^{1/2}}{P_\lambda} = \frac{I_{sc}/(\overline{i_N^2})^{1/2}(A_D \Delta f)^{1/2}}{hc/\lambda \cdot A_D E_p} \tag{4.180}$$

式中，S/N——信噪比，信号和噪声既可用电压形式表示，也可用电流形式表示；

　　　P_λ——波长为 λ 的辐射辐照在探测器上的功率；

　　　E_p——探测器上的光子辐照度；

　　　I_{sc}——光电流；

A_D——探测器的光敏面积；

$(\overline{i_N^2})^{1/2}$——均方根噪声电流。

4.4.5.3　SPRITE 探测器

SPRITE（Signal Processing in the Element）探测器是英国皇家信号与雷达研究所的艾略特（Elliott）等人于 1974 年首先研制成功的一种新型红外探测器，它实现了在器件内部进行信号处理。这种器件利用红外图像扫描速度等于光生载流子双极漂移速度这一原理实现了在探测器内进行信号延迟、叠加，从而简化了信息处理电路。它可用于串扫或串并扫热成像系统，但与热成像系统中使用的阵列器件不同。阵列器件是互相分立的单元，每个探测器要与前置放大器和延迟器相连，它接收目标辐射产生的输出信号需经放大、延迟和积分处理后再送到主放大器，最后在显示器中显示出供人眼观察的可见图像。

目前国内外研制的 SPRITE 探测器，有工作温度为 77 K、工作波段为 8 ~ 14 μm 和工作温度为 200 K 左右、工作波段为 3 ~ 5 μm 两种。将它用于热成像系统中，既完成探测辐射信号的功能，又完成信号的延迟、积分功能，大大简化了信息处理电路，有利于探测器的密集封装和整机体积的缩小。

目前具有代表性的 SPRITE 探测器是由 8 条细长条 $Hg_{1-x}Cd_xTe$ 组成的，如图 4.38 所示。每条长 700 μm、宽 62.5 μm，彼此间隔 12.5 μm，厚约为 10 μm。

图 4.38　8 条 SPRITE 探测器

将 N 型 $Hg_{1-x}Cd_xTe$ 材料按要求进行切、磨、抛后粘贴于衬底上，经精细加工、镀制电极，刻蚀成小条，再经适当处理就成了 SPRITE 探测器的芯片。每一长条相当于 N 个分立的单元探测器。N 的数目由长条的长度和扫描光斑的大小决定。对于上述结构，每条相当于 11 ~ 14 个单元件，所以 8 条 SPRITE 约相当于 100 个单元探测器。每一长条有三个电极，其中两个用于加电场，另一个为信号读出电极。读出电极非常靠近负端电极，读出区的长度约为 50 μm、

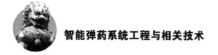

宽度约为 35 μm。

假设 N 型 $Hg_{1-x}Cd_xTe$ SPRITE 探测器的每一细长条如图 4.39 所示。红外辐射从每一长条的左端至右端进行扫描。当红外辐射在 I 区产生的非平衡载流子在电场 E_x 的作用下无复合地向 II 区漂移，其双极漂移速度 v_a 为

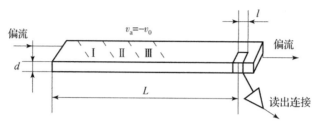

图 4.39　SPRITE 探测器工作原理图

$$v_a = \mu E_x \tag{4.181}$$

式中，μ——双极迁移率，可表示为

$$\mu = \frac{n-p}{\dfrac{n}{\mu_p} + \dfrac{p}{\mu_n}} = \frac{(n-p)\mu_n \mu_p}{n\mu_n + p\mu_p} \tag{4.182}$$

式中，n——电子数；

p——空穴数。

对于 N 型半导体，$n \gg p$，由上式可得出 $\mu = \mu_p$，这表示光生少数载流子空穴在电场的作用下作漂移运动。

当双极漂移速度 v_a 与红外图像扫描速度 v_s 相等时，从 I 区产生的非平衡少数载流子空穴在电场的作用下漂移运动到 II 区，此时红外图像也刚好扫描到 II 区，在 II 区又产生空穴（同时也产生电子）。红外图像在 I 区产生的空穴与在 II 区产生的空穴正好叠加。若红外图像不断地从左向右扫描，则所产生的非平衡载流子空穴在电场的作用下不断地进行漂移运动，并依次叠加，最后在读出区取出，从而实现目标信号在探测器内的延迟与叠加。这就是 SPRITE 探测器的工作原理。

实现 SPRITE 探测器信号延迟和叠加的必要条件是红外图像扫描速度 v_s 等于非平衡少数载流子空穴的双极漂移速度 v_a。双极漂移速度 v_a 与 N 型 $Hg_{1-x}Cd_xTe$ 材料少数载流子的迁移率 μ_p 和加于长条的电场强度 E_x 有关。对于一定的材料，μ_p 是一定的，唯有外加电场强度可以调节。如果在器件允许的条件下所加电场强度足够高，非平衡少数载流子被电场全部或大部分扫出，这样就能实现信号的延迟和叠加；如果少数载流子寿命 τ_p 不够长，少数载流子在其寿命 τ_p 时间内漂移的长度小于 SPRITE 探测器每一细长条的长度，那么少数载流子必然在体

内复合，信号到达不了读出区，即使像扫描速度等于非平衡少数载流子的漂移速度也不能在读出电极上取出信号。

4.4.5.4　几种单晶半导体红外探测器

1. 锑化铟（InSb）红外探测器

InSb 是一种Ⅲ–Ⅴ族化合物半导体。它是由适量的铟和锑拉制成的单晶。InSb 室温下的禁带宽度为 0.18 eV，相应的截止波长为 6.9 μm，77 K 时为 0.23 eV，相应的截止波长约为 5.4 μm。禁带宽度随温度的升高而减小，禁带宽度温度系数约为 -2.3×10^{-4} eV/K。电子迁移率，295 K 时为 60 000 cm^2/(V·s)，77 K 时为 300 000 cm^2/(V·s)。

常用的 InSb 探测器有光电导型和光伏型两种，光磁电型探测器曾经研制过，但未见正式使用。

（1）光电导型 InSb 探测器。

工作温度为 295 K、195 K 和 77 K 的三种光电导型探测器早有产品出售。性能最好的还是工作于 77 K 下的低温探测器。室温下工作的 InSb 探测器的噪声由热噪声限制，但在 77 K 工作的低温 InSb 探测器却具有明显的 $1/f$ 噪声。

（2）光伏型 InSb 探测器。

InSb 的禁带宽度较窄，室温下难以产生光伏效应，所以 InSb 光伏型探测器总是在低温工作，常用的工作温度为 77 K。

77 K 下工作的光伏型和光电导型 InSb 探测器的探测率都已接近背景限，其性能参数已在前面作了介绍，至今仍然是 3 ~ 5 μm 波段广泛使用的一种性能优良的红外探测器。InSb 探测器的制备工艺比较成熟，但保持性能长期稳定仍然是一个不容忽视的问题。

2. 碲镉汞（HgCdTe）红外探测器

$Hg_{1-x}Cd_xTe$ 是由 CdTe 和 HgTe 组成的固溶三元化合物半导体，x 表示 CdTe 占的克分子数。CdTe 是一种半导体，接近 0 K 时禁带宽度为 1.6 eV。HgTe 是一种半金属，接近 0 K 时具有 0.3 eV 的负禁带宽度。用这两种化合物组成的三元化合物的成分可以从纯 CdTe 到纯 HgTe 之间变化。

选择不同的 x 值就可制备出一系列不同禁带宽度的碲镉汞材料。由于大地辐射的波长范围为 8 ~ 14 μm，因此，$x = 0.2$，在 77 K 下工作时响应波长为 8 ~ 14 μm 的材料特别引人关注。

碲镉汞材料除禁带宽度可随组分 x 值调节外还具有一些可贵的性质：电子

有效质量小，本征载流子浓度低等。由它制成的光伏探测器具有反向饱和电流小、噪声低、探测率高、响应时间短和响应频带宽等优点。目前已制备成室温工作响应波段为 $1 \sim 3 \ \mu m$、近室温工作（一般采用热电制冷）响应波段为 $3 \sim 5 \ \mu m$ 和 77 K 下工作响应波段为 $8 \sim 14 \ \mu m$ 的光电导和光伏探测器。室温工作的 $1 \sim 3 \ \mu m$ 波段的碲镉汞探测器的探测率虽不如 PbS 的探测率高，但由于它的响应速度快，已成功用于激光通信和测距。77 K 下工作响应波段为 $8 \sim 14 \ \mu m$ 的碲镉汞探测器主要用于热成像系统。

3. 锗、硅掺杂红外探测器

室温下，硅和锗的禁带宽度分别为 1.12 eV 和 0.67 eV，相应的长波限分别为 1.1 μm 和 1.8 μm。利用本征激发制成的硅和锗光电二极管的截止波长分别为 1 μm 和 1.5 μm，峰值探测率分别达到 $1 \times 10^{13} \ cm \cdot Hz^{1/2}/W$ 和 $5 \times 10^{10} \ cm \cdot Hz^{1/2}/W$，它们是室温下快速、廉价的可见光及近红外探测器。由于在 $1 \sim 3 \ \mu m$ 波段，PbS 仍然是最好的红外探测器，所以，锗、硅的本征型探测器在红外波段范围内就无多大用处了。但是，它们的杂质光电导探测器曾起过一定作用，因此锗、硅掺杂型探测器基本上是光电导型。

锗、硅掺杂探测器均需在低温下工作，同时因光吸收系数小，探测器芯片必须具有相当的厚度。锗、硅掺杂探测器在 20 世纪 60 年代发展起来，但硅掺杂探测器比锗掺杂探测器发展稍晚，应用也不如锗掺杂探测器普遍。由于硅集成工艺和 CCD 的发展及逐渐成熟，硅掺杂探测器今后一定会受到重视。

在三元系化合物碲镉汞和碲锡铅探测器问世之前，$8 \sim 14 \ \mu m$ 及其以上波段的红外光子探测器主要是锗、硅掺杂型探测器，它们曾在热成像技术方面起过重要作用。由于碲镉汞和碲锡铅红外探测器在 $8 \sim 14 \ \mu m$ 波段使用较锗掺杂探测器具有一些优点，所以，在 $8 \sim 14 \ \mu m$ 的热像仪中不再使用锗掺杂红外探测器。锗掺杂探测器，如 Ge – Ga、Ge – B 和 Ge – Sb，都能探测到 150 μm 的红外辐射，所以，锗掺杂红外探测器在几十微米至 150 μm 这一波段内仍有应用价值。

4.4.5.5 几种主要的热探测器

物体吸收辐射，晶格振动加剧，辐射能转换成热能，温度升高。由于物体温度升高，因此与温度有关的物理性能发生变化。这种物体吸收辐射使其温度发生变化从而引起物体的物理、机械等性能相应变化的现象称为热效应。利用热效应制成的探测器称为热探测器。

由于热探测器是利用辐射引起物体的温升效应，因此，它对任何波长的辐射都有响应，所以称热探测器为无选择性探测器，这是它同光子探测器的一大差别。热探测器的发展比光子探测器早，但目前一些光子探测器的探测率已接近背景限，而热探测器的探测率离背景噪声限还有很大差距。

辐射被物体吸收后转换成热，物体温度升高，伴随产生其他效应，如体积膨胀、电阻率变化或产生电流、电动势。测量这些性能参数的变化就可知道辐射的存在和大小。利用这种原理制成了温度计、高莱探测器、热敏电阻、热电偶和热释电探测器。

1. 热敏电阻

热敏电阻的阻值随自身温度变化而变化。它的温度取决于吸收辐射、工作时所加电流产生的焦耳热、环境温度和散热情况。热敏电阻基本上是用半导体材料制成的，有负电阻温度系数（NTC）和正电阻温度系数（PTC）两种。

热敏电阻通常为两端器件，但也有作成三端、四端的。两端器件或三端器件属于直接加热型，四端器件属于间接加热型。热敏电阻通常都做得比较小，外形有珠状、环状和薄片状。用负温度系数的氧化物半导体（一般是锰、镍和钴的氧化物的混合物）作成的热敏电阻测辐射热器常为两个元件，一个为主元件，正对窗口，接收红外辐射；另一个为补偿元件，性能与主元件相同，彼此独立，同封装于一管壳内，不接收红外辐射，只起温度补偿作用。

薄片状热敏电阻一般为正方形或长方形，厚约 10 μm，边长为 0.1 ~ 10 μm，两端接电极引线，表面黑化以增大吸收。热敏元件芯片胶合在绝缘底板上（如玻璃、陶瓷、石英和宝石等），底板粘贴在金属座上以增加导热。热导大，热时间常数相对较小，但同时降低了响应率。采用调制辐射辐照或探测交变辐射时，响应时间短一些好；采用直流辐照时，响应时间可以长一些，这时可将底板悬空并真空封装。

热敏电阻和光子探测器一样可做成浸没探测器，这样，在保证所需视场的前提下可缩小探测器面积，因为缩小了面积的探测器仍能接收到原视场的辐射能量，所以提高了探测器的输出信号。但是，对于背景噪声起主要作用的红外系统（或探测器），采用浸没技术不能提高系统（或探测器）的信噪比，因为在增大信号输出的同时也必然要增大噪声输出。有不少光子探测器已接近背景噪声限，而热探测器离背景噪声限还很远。

热敏电阻的应用较广，但基本的应用是测辐射热计。目前，室温热敏电阻测辐射热器的探测率 D^* 的数量级为 10^8 cm·Hz$^{1/2}$/W，时间常数为毫秒量级。由于它的响应时间较长，不能在快速响应的红外系统中使用。热敏电阻测辐射热器已成功地用于人造地球卫星的垂直参考系统中的水平扫描，在如测温仪这类慢扫描红外系统中有着广泛的应用。图4.40是热敏电阻测辐射热器工作时常用的桥式电路。R_1和R_2为两个性能相同的热敏电阻，其中一个（假定为R_1）为接收辐射的工作元件，另一个为补偿元件。R_{L1}和R_{L2}是两个性能稳定的电阻，其中一个的阻值可以调节。V_0为所加直流工作电压，C为交流耦合电容。

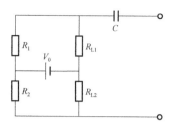

**图4.40　热敏电阻测
辐射热器工作电路**

2. 超导红外探测器

有一些物质，当它处于某一温度时，其电阻率迅速变为零，这种现象称为超导现象。超导体主要用于制作两类红外探测器。一类是利用在超导转变温度范围内超导体电阻随温度明显变化这一特性做成测辐射热器；另一类是利用约瑟夫逊（Josephson）效应制成的约瑟夫逊结探测器，它在远红外区不仅探测率高而且响应时间也很短。

用高温超导薄膜制备的探测器具有响应光谱宽、功耗小、探测率高、响应速度快、成品率高和价格相对便宜等优点，所以用它来制作单元、多元或焦平面器件都具有很好的发展前景。高温超导探测器是红外和亚毫米波谱区的一种性能十分优良的探测器。

3. 热电偶和热电堆

热电偶是最古老的热探测器之一，至今仍得到广泛的应用。热电偶是基于温差电效应工作的。单个热电偶提供的温差电动势比较小，满足不了某些应用的要求，所以常把几个或几十个热电偶串接起来组成热电堆。热电堆比热电偶可以提供更大的温差电动势，新型的热电堆采用薄膜技术制成，因此，称为薄膜型热电堆。

4. 热释电探测器

热释电探测器是发展较晚的一种热探测器。目前，不仅单元热释电探测器已成熟，而且多元列阵元件也成功获得应用。热释电探测器的探测率比光子探测器的探测率低，但它的光谱响应宽，在室温下工作，已在红外热成像、红外摄像管、非接触测温、入侵报警、红外光谱仪、激光测量和亚毫米波测量等方面获得了应用，所以，它已成为一种重要的红外探测器。

4.4.5.6 PSD 传感器及其应用

位置敏感探测器（Position Sensitive Detector，PSD）是一种光电测距器件。PSD 基于非均匀半导体"横向光电效应"，实现器件对入射光或粒子位置敏感。是一种对其感光面上入射光位置敏感的光电探测器，即当入射光点落在器件感光面的不同位置时，将对应输出不同的电信号，通过对输出信号的处理，即可确定入射光点在器件感光面上的位置。PSD 的基本结构类似于 PIN 结光电二极管，PSD 由四部分组成：PSD 传感器、电子处理元件、半导体激光源和支架（固定 PSD 光传感器与激光光源相对位置）。但是它的工作原理与光电二极管不同，光电二极管基于 P – N 结或肖特基结的光生伏特效应，而 PSD 基于 P – N 结或肖特基结的横向光电效应，它不仅是光电转换器，更是光电流的分配器。

PSD 的显著特点有：位置分辨率高、光谱响应范围宽、响应速度快、位置信号与光斑大小形状及焦点无关，仅与入射光斑的光通量密度分布的重心位置有关；可靠性高，处理电路简单；受光面内无盲区，可同时测量位移及光功率，测量结果与光斑尺寸和形状无关；测量的位置信号连续变化，没有突变点，故能获得目标位置连续变化的信号，可达极高的位置分辨准确度；使用中不需要扫描系统，极大地简化了外围电路，实现了检测系统的成本低、体积小、重量轻及使用简便的目的。由于其具有特有的性能，因而能获得目标位置连续变化的信号，在位置、位移、距离、角度及其相关量的检测中获得越来越广泛的应用。

PSD 已广泛用于各种自动控制装置、自动聚焦、自动测位移、自动对准、定位、跟踪及物体运动轨迹等方面，在位移移动、安全监视、光束对准和三维空间位置测试系统中的平面度测量及机器人视觉等大量的用途中，PSD 是非常关键和理想的器件。

4.4.5.7 双色红外探测器

如果一个系统能同时在两个波段获取目标信息，就可对复杂的背景进行抑制，提高对各种温度的目标的探测效果，从而在预警、搜索和跟踪系统中能明显地降低虚警率，显著地提高热成像系统的性能和在各种武器平台上的通用性，满足各军、兵种，特别是空军、海军对热成像系统的需求。一般两波段热成像系统可以两种方式构成：一是两个分别响应不同波段的探测器组件共用一个光学系统构成，二是用一个能响应两个波段的双色红外探测器（以下简称双色探测器）共用一个光学系统构成。前者的特点是探测器简单，但系统的光学机构比较复杂，后者则正好相反。由于绝大多数军用战术热成像系统都在 $3 \sim 5~\mu m$、$8 \sim 12~\mu m$ 这两个大气窗口工作，所以国内外研制的多数双色探测器都工作在这两个波段。双色探测器工作在 $3 \sim 5~\mu m$ 及 $8 \sim 12~\mu m$ 大气窗口波段范围，是光伏响应模式和光导响应模式相结合的偏压控制型两端器件。

双色探测器可应用于：导弹预警，机载前视红外系统和红外侦察系统，武装直升机和舰载机目标指示系统，中、低空地空导弹的光电火控系统，精确制导武器的红外成像制导导引头，水面舰船的预警、火控和近程反导系统，双波段热像仪等。

使用双色红外探测器的系统，能同时探测和处理两个波段的光谱信息和空间信息，大大提高了红外系统抗干扰和对假目标的识别能力。双色红外探测器已在搜索、跟踪系统中得到了广泛的应用，使用双色红外探测器的导引头可大大提高导弹的命中率。随着遥感、遥测和精密制导技术的发展，双色和多色红外探测器的应用更显得重要和迫切。双色红外探测器首先在红外军事系统中获得应用，目前，在工业、农业、地球资源勘察、预警、测温和森林防火等方面也得到了应用。国外对双色和多色红外探测器的研究始于 20 世纪 70 年代，现在已有双色、三色和四色红外探测器，并相继获得成功的应用。国内对双色红外探测器的研究起步较晚，但由于有单色红外探测器的坚实基础，所以发展较快。昆明物理研究所研制成功的双色 $Hg_{1-x}Cd_xTe$ 光导红外探测器的材料组分分别为 $x \approx 0.3$ 和 $x \approx 0.2$，相应的灵敏波段分别为 $3 \sim 5~\mu m$ 和 $8 \sim 14~\mu m$。在 300 K 和 $180°$ 视场角的背景条件下，工作温度为 77 K 的双色 $Hg_{1-x}Cd_xTe$ 光导红外探测器，峰值探测率已分别达 $D^*_{Zp}(5.2, 980, 1) = 5.9 \times 10^{10}~cm \cdot Hz^{1/2}/W$ 和 $D^*_{Zp}(12.5, 980, 1) = 2.3 \times 10^{10}~cm \cdot Hz^{1/2}/W$。计入光路中的能量损失，一些双色探测器的中波、长波元件已接近背景限探测率。

用于预警、搜索、目标识别、跟踪等光电系统的双色探测器要求有高的探测率和响应率。这样，双色探测器就以量子效应工作为佳。探测战术目标的探测器都在 300 K 的高背景光子通量的条件下工作，综合考虑制冷的代价和操作的方便性等因素后，以探测器工作在液氮温度比较好，因此，高性能的双色探测器都选用本征型探测器。

从可供选择的探测器材料看，用于 $3 \sim 5~\mu m$ 器件的半导体材料有 HgCdTe、InSb、PbSe 等，用于 $8 \sim 12~\mu m$ 器件的材料主要有 HgCdTe，此外近年来发展的 GaAs/GAlAs 等量子阱材料也可用于制备双色探测器。由 GaAs/GAlAs 等量子阱/超晶格材料制备的红外探测器在工作温度、波长范围、器件性能等方面还有待提高，因此，目前采用较多的材料组合方案是前面几个。但随着量子阱/

超晶格材料制备技术的进步，今后将会出现更多的双色量子阱/超晶格红外探测器。

近年来，随着分子束外延技术的发展和量子阱/超晶格材料质量的提高，人们发现可以利用 GaAs/GaAlAs 量子阱子带间红外光电响应来制备高灵敏度的红外探测器，这种新型的红外探测器可以有 InSb 和 HgCdTe 红外探测器件同样的性能，并且工艺上能达到大面积均匀，与现有的 GaAs 微电子工艺兼容，因而引起了世界各国的广泛关注和重视。

随着红外对抗技术的发展，双色和多色红外探测器已经引起了人们的高度重视和广泛兴趣。这种器件不仅具有很高的探测灵敏度，而且能够同时利用多个大气窗口在不同波长对目标进行高速分别探测，大大提高对目标的分辨能力，抗干扰性能大大提高。传统的 InSb 和 HgCdTe 材料只有通过组合和拼接，利用十分复杂的互联工艺，才能制备双色探测器，而且均匀性差、性能不高。而量子阱红外探测器响应带宽较窄（通常为 $1 \sim 2 \ \mu m$），光电响应峰值波长能通过改变量子阱的能带参量而大范围地调节（$2 \sim 20 \ \mu m$）。因此，GaAs/GaAlAs 红外探测器能方便地在一个器件上实现双色乃至多色探测。

从探测器光敏面的相对位置分类，双色探测器主要有以下三种形式：

（1）叠层式，不同波段的探测器光敏元上下重叠；

（2）镶嵌式，不同波段的探测器光敏元相互镶嵌；

（3）并排式，不同波段探测器光敏元平行排列或稍有错开。

三种器件的排列方式相比，以第一种最为优越。将响应 $3 \sim 5 \ \mu m$ 的探测元布置在 $8 \sim 12 \ \mu m$ 的探测元之上，$3 \sim 5 \ \mu m$ 的探测器材料就自然形成了 $8 \sim 12 \ \mu m$ 探测器的滤光片，既简化了探测器组件滤光片的研制、降低了背景对长波探测器性能的影响，又有探测器位置精确的共轴，有利于系统的光学设计。用不同的材料拼接，则以第三个方案较为有利，如长波红外光在穿透中波探测器和长波探测器之间粘接胶的能量损失及在粘接中波探测器时对长波探测器表面的损伤均可不考虑，且可减少单位面积器件电极的数量，中波探测器和长波探测器可在同一轮工艺中制成等。

双色探测器按结构可分为平面式和叠层式两种。平面器件存在下述缺点：

（1）两波段灵敏元件在一个平面上，各波段的敏感元件最多只能接收入射光能的一半，且需两路光学系统分别对准照射到两波段灵敏元件上。

（2）采用在灵敏元件上往复照射的扫描方式，又不能同时连续观察两个波段的信息。叠层式器件克服了平面结构的上述缺点，采用两波段灵敏元件上下叠层对中，这是较理想的结构，能给应用带来很多方便。图 4.41 示出了单元叠层结构的芯片示意图。

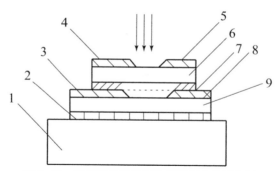

图4.41　叠层双色光导红外探测器芯片示意图

1—衬底；2，7—黏合胶；3，4，5，8—金电极；6—上元件；9—下元件

比较典型的双色探测器。中波元件的峰值波长 $\lambda_p = 5.2\ \mu m$。截止波长 $\lambda_c = 5.6\ \mu m$，长波元件的峰值波长 $\lambda_p = 12.5\ \mu m$，截止波长 $\lambda_c = 13.2\ \mu m$，由此可以计算低温工作的光导探测器在 300 K 和 180°视场角的背景条件下的背景限探测率。在扣除窗口、中波元件、长波元件对辐射能产生的损失后，可以看出所研制的一些双色 $Hg_{1-x}Cd_xTe$ 红外探测器的中波、长波元件已接近背景限探测率。

从双色探测器的工作原理看，可分为光电导效应、光伏效应、双峰效应和子能带间的共振吸收隧穿效应 4 种效应的工作原理。

本征吸收的光导、光伏效应量子效率高，是双色探测器的首选模式；双峰效应是通过偏置电压改变 P - N 结耗尽区宽度，以收集另一波长的光生载流子，利用这一效应必须使用外延方法生长的双层异质结薄膜材料；第 4 种效应则只能选用量子阱/超晶格材料。受杜瓦电极引线数量和制冷机（器）的限制，一般光导模式的多元双色探测器的最大探测元数为 90×2，因此，用于周视全景搜索、跟踪等系统中的长线列或大阵列双色探测器则不能以光导模式工作。

另外，还有一种特殊的双色探测器方案是：在系统设计上，通过在光路上插入相应的滤光片，用一个 $8 \sim 14\ \mu m$ 的 HgCdTe 焦平面阵列（FPA）分别响应两个波段的红外信号。如果类似的滤光膜是设置在探测器的光敏元上，那么同样能达到在一个杜瓦中用两个长波探测器芯片分别响应中波和长波红外之目的。

双色探测器既受单波段器件发展水平和对两波段热像系统需求的限制，又有从器件制备到系统应用等多方面的困难，因此，其总体发展水平远低于单波段同类型的探测器。例如 1958 年单波段的热像仪就研制成功了，而最早的 HgCdTe 双色探测器 1972 年才研制出来，是用体材料制备、用胶黏结的叠层式光导器件；现在最大的单波段 HgCdTe 探测器面阵已达 640×480，而用多层异质结 HgCdTe 薄膜材料制备的、集成式的双色探测器仅达到 64×64。尽管如此，3~5 μm 和 8~14 μm 的两波段热成像系统在欧美已得到比较普遍的使用。例如美国海军航母上的舰载战斗机 F-14D 装备了两波段 FLIR 系统，其研制的轻型舰用红外警戒系统，采用了能响应 3~5 μm 和 8~14 μm 波段的 480×4 元的 HgCdTe FPA 器件。英国则研制成功了双色 SPRITE 探测器，并在 TICMII 的基础上，研制出两波段的热像仪；另外，英国也在研制舰用两波段红外警戒系统。法国对舰用红外警戒系统的研制非常重视，于 1977 年率先研制出实用化的两波段搜索、跟踪系统 VAMPIR，并装备在两艘导弹驱逐舰上。早期的系统采用分置多元 InSb 探测器和 HgCdTe 探测器，改进型采用 288×4 的 HgCdTe FPA 等等。随外延生长技术的进步，国外现已能生长高质量的 P-N-N-P HgCdTe 多层异质结薄膜，这为研制更大规格的双色 HgCdTe FPA 提供了良好的条件。为简化系统结构，双色探测器的发展趋势是集成式。

国内三家从事红外探测器的专业研究所也进行了双色探测器的研制，都取得一定的结果。1991 年，昆明物理研究所研制出多种双色红外探测器，其中有能同时响应中波和长波的叠层式 HgCdTe 光导探测器，探测器的光敏面为 0.5 mm×0.5 mm，用于精确制导。1992 年，上海技术物理研究所利用镶嵌技术，研制成功用于航空遥感红外扫描辐射计的双色 HgCdTe 光导探测器，探测元面积均为 0.24 mm×0.24 mm，呈品字形排列，该探测器上组装有微型滤光片以保证波段的分离度。1994 年，华北光电技术研究所利用镶嵌技术，研制成功 24 元的双色探测器，该器件由 4 元 InSb 光伏器件和 20 元 HgCdTe 光导器件成十字形拼在一个 $\phi12$ mm 的微晶玻璃衬底上，InSb 探测元的宽度均为 0.25 mm，但长度分别为 3.5、2.8、2.7 和 2.5 mm，HgCdTe 探测元的尺寸分别为 0.2 mm×0.4 mm（8 元），0.2 mm×0.6 mm（2 元），0.2 mm×0.44 mm（10 元），用于舰载近程点防御系统的光电火控，据报道已提供 4 套组件供整机使用。与国外相比，目前国内研制的双色器件总体水平较低，主要表现在探测元数较少，无 32 元以上器件，器件的性能较低，应用也局限于航空遥感、精确制导、探测点目标等。

今后，双色探测器将随单波段探测器及其配套技术的成熟和市场需求的增加而加快发展。器件的发展趋势将集中在以下 5 个方面：

（1）集成式。集成化的双色探测器有利于简化系统结构，能充分利用半导体材料制备技术的最新成果，便于器件焦平面化，其中 HgCdTe 合金系和各种量子阱/超晶格材料系统将得到重点发展。

（2）焦平面。采用焦平面器件，能更好地满足系统的要求，同时也有利于简化系统结构。

（3）大阵列。为明显地提高系统性能，双色探测器将向大面阵和长线列发展。

（4）小型化。双波段系统将克服在光学设计和加工、信号处理和显示等方面的困难，缩小体积、减轻重量，以便扩大其应用范围。

（5）多色化。随材料、器件和系统技术的进步，双色探测器将向更多的光谱波段发展，既包括拓宽光谱波段，也包括将光谱波段划分成更为细致的波段，以获得目标的"彩色"热图像，使得到的目标信息更丰富、更精确、更可靠。

4.4.5.8　其他探测器

前面较详细讨论了常用的光子探测器和热探测器，本部分将简要介绍其他几种探测器。这些探测器，有的是发展较晚的新型探测器；有的虽然发展较早，应用也不普遍，但是在某些方面有着重要应用。

1. 双色和多色探测器

将两个或多个响应于不同波段的探测器制备成叠层结构能同时连续探测两个或多个波段辐射的探测器，叫作双色或多色探测器。

光电导型和光伏型的多种双色或多色探测器已得到广泛应用。双色探测器和多色探测器能同时对双波段和多波段的辐射信息进行处理，大大提高了系统抗干扰和识别假目标的能力，已在搜索、跟踪、制导系统中得到广泛的应用。如在导弹的导引头中使用了双色探测器后大大提高了导弹的命中率。双色和多色探测器除了在军事上的应用外，在工业、农业、地球资源勘查、预警、测温和森林防火等方面也有着十分重要的应用。

美国等一些国家已在20世纪70年代研制出双色和多色探测器，并立即投入使用。目前已研制成功 $3\sim5~\mu m/8\sim14~\mu m$ 的双色多元成像器件并用于双色成像系统。国内对双色红外探测器的研究起步较晚，但进展迅速。

2. 光子牵引探测器

光子牵引探测器是一种新型的红外光子探测器，目前主要用于 CO_2 激光探测。1970年第一次报道半导体中的光子牵引效应以后，光子牵引效应的研究受到了重视，已用锗、砷化铟和碲等材料制出了光子牵引探测器。

光子牵引效应是指光子与半导体中的自由载流子之间发生动量传递，载流子从光子获得动量而做相对于晶格的运动，在开路条件下，样品两端产生电荷积累，形成电场，阻止载流子继续运动，样品两端建立起电位差。这样建立的电位差称为光子牵引电压。根据上述原理制成了光子牵引探测器。

目前，对于 CO_2 激光来说，P 型 Ge 是最好的光子牵引探测器材料。P 型 Ge 光子牵引探测器芯片一般是长条形，纵轴可取 [111] 方向或 [100] 方向。样品经研磨和化学抛光（端面要求成光学平面），用 InGa 合金作欧姆接触。对于电阻率为 $2.3\ \Omega \cdot cm$、体积为 $1.5\ mm \times 1.5\ mm \times 20\ mm$ 的 P 型 Ge 样品，响应率为 $3 \times 10^{-4}\ V \cdot W$。如果只考虑探测器中起主要作用的热噪声，其探测率在室温下应为 $1.4 \times 10^3\ cm \cdot Hz^{1/2} \cdot W^{-1}$，在 77 K 下应为 $1.1 \times 10^4\ cm \cdot Hz^{1/2} \cdot W^{-1}$。同这一波长的其他探测器相比，光子牵引探测器的响应率和探测率都很低，因此它不宜用于探测室温等目标的辐射，只能探测强功率辐射。但是光子牵引探测器有许多突出的优点：

（1）响应速度快，实际响应时间小于 $10^{-10}\ s$；

（2）室温工作，使用方便；

（3）不需外接电源，因而减小了噪声，简化了屏蔽；

（4）采用适当掺杂的 P 型 Ge，可控制探测器的吸收率约为 25%、透射率约为 75%，因而可直接置于光路中作激光监控器而无需使用分光器；

（5）可承受高的辐射功率，对于 CO_2 激光器的大功率脉冲几乎不会被烧坏。

目前 10.6 μm 的光子牵引探测器有 P－Ge、P－Te 和 N－InAs，1.06 μm 的光子牵引探测器有 GaAs 和双光子牵引的 InSb 等，其中最成熟的是 P－Ge 光子牵引探测器。利用各种半导体中的光子牵引效应可探测几乎所有红外波长的辐射，不过是否具有超过现有探测器的优点，尚需实践证明。

3. 量子阱/超晶格红外探测器

如果用两种不同禁带宽度（或不同掺杂浓度）的半导体材料周期性地交替排列叠层在一起形成多层结构，这两种材料的导带与价带偏离将形成一系列势阱与势垒。如果势垒高窄，势阱中处于低能量的电子由于隧道共振效应穿越势垒的概率很大，相邻势阱中电子波函数发生交叠形成子能带，这种材料称为超晶格材料。如果势垒高且宽，势阱中处于低能态的电子几乎完全被限制在势阱内，这种材料中的电子行为类似势阱中单个电子行为的简单叠加，这种材料称为多量子阱材料。

国外首先发展了 Ⅲ－Ⅴ 族超晶格材料，发现有可能延伸其响应波长至 8～12 μm 范围，成为 HgCdTe 的替代材料，例如 $GaAs－Ga_{1-x}Al_xAs$ 多量子阱红外探测器。

1985 年，威斯特（West）等人首次观察到 GaAs 量子阱导带内子带间的光跃迁。1987 年，美国贝尔实验室的利文（Levine）等人报道了研制的 50 周期 40 Å GaAs（掺杂浓度 $n = 1.4 \times 10^{18}$ cm^{-3}）势阱和 95 Å Ga$_{0.75}$Al$_{0.25}$As 势垒组成的多量子阱器件，其响应波长为 10.8 μm，响应率为 0.52 A · W^{-1}，响应时间为 3×10^{-11} s。1988 年报道了 50 周期 40 Å GaAs（掺杂浓度 $n = 2 \times 10^{18}$ cm^{-3}）势阱和 300 Å Ga$_{0.69}$Al$_{0.31}$As 势垒组成的多量子阱器件，其响应波长为 8.3 μm，$D^* = 1 \times 10^{10}$ cm · Hz$^{1/2}$ · W^{-1}，$R_v = 3 \times 10^4$ V/W。后来，又报道了将势垒宽度增至 300 ~ 500 Å，暗电流降低一个数量级，响应率增加 5 倍，探测率也相应提高。

量子阱探测器有极好的热稳定性和均匀性，可单片集成，具有高速、可调谐和多谱等特点。但这是一窄带器件，欲应用于 8 ~ 12 μm 波段还必须解决很多复杂的问题。GaAs – GaAlAs 多量子阱器件是光电导型的，工作时需加偏压，增加功耗，这对制备焦平面器件是不利的。总体说来，多量子阱材料和器件的均匀性比碲镉汞好，探测器的最终性能可能不及碲镉汞，但它是一种很有发展前途的红外探测器。

4. 多元探测器及焦平面器件

单元红外探测器在红外技术的发展过程中起过重要作用，由于单元探测器的制造相对说来较简单，价格较便宜，因此，它仍具有重要的应用价值。随着红外技术的发展，红外系统对红外探测器提出了更高的要求，单元探测器满足不了这些要求，为了提高红外系统的作用距离、响应速度及扩大视场和简化光机扫描结构，红外探测器必然由单元向多元和焦平面列阵（FPA）器件方向发展。

前面介绍的那些探测器几乎都可以制作多元和焦平面器件。目前，报道较多的焦平面器件有 PbS、PtSi、InSb、HgCdTe、硅掺杂、超导和热释电等。

多元探测器的研制从单线列开始，继而研制双线列及多线列阵列器件。使用多元探测器的红外系统与使用单元探测器的红外系统相比，系统的灵敏度提高了约一个数量级，同时简化了光机扫描，使系统由只能处理单个目标发展到能同时处理多个目标。高密度凝视焦平面器件的应用又使红外系统的灵敏度提高约一个数量级，是红外技术的一次重要飞跃，使红外技术更加显示出它在高新技术领域的重要性。

20 世纪 70 年代初，肖脱基势垒探测器出现后，红外焦平面器件成为研究的重要内容。至今，多种红外焦平面列阵（IRFPA）器件已先后研制成功并已部分用于军事装备。焦平面器件的像元数及像元面积是根据实际要求而设计的，因而规格较多。但随着焦平面技术的发展和逐步完善，逐渐形成了 16 × 16 的倍数这种通用结构，每元面积为 $10^3 \sim 10^4$ μm^2。根据目前的报道，元数

较多的为 256×256 和 512×512。

目前，$1 \sim 3~\mu m$、$3 \sim 5~\mu m$ 和 $8 \sim 14~\mu m$ 波段都各有若干种焦平面器，但研究得较多的是前面提到的那几种。

当一个红外系统使用的焦平面列阵器件的元数不够多，尚不能满足视场等技术要求时，红外系统还必须进行相应的光机扫描；当焦平面器件的元数足够多，能满足系统视场等技术要求时，红外系统就不需要光机扫描了，光机扫描由电子扫描代替。这种红外系统去掉了复杂的光机扫描，缩小了系统的体积，减轻了系统的重量，进一步增加了系统的灵敏度和可靠性。这类系统称为红外凝视系统，用于凝视红外系统的器件称为凝视红外焦平面器件。凝视红外系统已被研制出来，并逐步扩大了使用范围。

红外焦平面器件可分为混合式、单片式和 Z 平面等多种结构。混合式红外焦平面器件是分别制备红外焦平面器件和相应的信号处理芯片，然后互连而成。这种结构可各自获得最佳性能和充分利用成熟的硅工艺，但均匀性差，互连复杂。单片式结构是在同一种材料上同时制备光敏元件和信号处理元件。这种结构可以制备出元数多、均匀性好、价格较低的焦平面器件。Z 平面结构是在 Z 方向将信号处理芯片采用叠层的方法组装起来。这种结构可扩大器件自身的信号处理功能，能更有效地缩小整机体积和提高整机的性能。

早期的多元探测器，由于元数较少和相应的信号读出技术跟不上，采用每一元对应一条信号线和一个前置放大器来进行信号的传输和预处理。但发展到元数非常多的焦平面阵列器件后，不可能再采用上述办法来实现信号的读出和处理，因为如此多的引线焊接是无法实现的，那样多的前置放大器会使系统庞大得无法使用。红外焦平面器件把红外辐射转换成电信号，如何读出和处理这些电信号就成为焦平面技术的一个关键问题。目前，焦平面器件信号的读取有用电荷耦合器件（CCD）、金属 – 氧化物 – 半导体（MOS）器件和电荷注入器件（CID）等几种方式，它们已能基本满足焦平面器件信号的读出。正因为如此，才使红外焦平面器件获得了成功的应用。

红外焦平面器件已用于夜视、跟踪、空间技术、无损探伤、温度监测、天文、医学等各个领域，是新一代高性能的红外探测器，世界上一些国家都在这一领域开展了研究工作。

4.4.6　红外系统及其应用

4.4.6.1　红外系统的概念及红外仪器的基本结构

自然界中实际景物的温度均高于绝对零度。根据普朗克定理，凡是绝对温度大于零度的物体都会产生热辐射。物体发出的辐射通密度是物体温度及物体辐射系数的函数。利用景物温度及辐射系数的自然差异可以做成各种被动的红外仪器。当物体受到外来的红外辐射辐照时，会产生反射、吸收及透射现象。基于这些现象所做成的红外仪器，称为主动的红外仪器。主动的红外仪器多用于观测、分析、测量，被动的红外仪器应用面较宽，在探测、成像、跟踪及搜索等方面均有广泛应用。

红外仪器的基本结构如图 4.42 所示。由景物发出的红外辐射经空间传输到红外装置上，红外装置的红外光学系统接收景物的红外辐射，并将其会聚在探测器上。探测器将入射的红外辐射转换成电信号。信号处理系统将探测器送来的电信号处理后便得出与景物温度、方位、相对运动角速度等参量有关的信号。红外装置取得景物方位信息的方式有两种：一种是调制工作方式，另一种是扫描工作方式。方框图中的环节 M 为调制器或扫描器。若红外装置采用调制工作方式，则环节 M 为调制器。调制器用来对景物红外辐射进行调制，以便确定被测景物的空间方位，调制器还配合着取得基准信号，以便送到信号处理系统作为确定景物空间方位的基准。若红外装置采用扫描方式工作，则环节 M 为扫描器，用它来对景物空间进行扫描，以便扩大观察范围及对景物空间进行分割，进而确定景物的空间坐标或摄取景物图像。扫描器也向信号处理系统提供基准信号及扫描空间位置同步信号以作信号处理的基准及协调显示。当红外装置需要对空间景物进行搜索、跟踪时，则需设置伺服机构。跟踪时，按信号处理系统输出的误差信号对景物进行跟踪；搜索时，需将搜索信号发生器产生的信号送入信号处理系统，经处理后用它来驱动伺服系统使其在空间进行搜索。对机械扫描系统而言，扫描器 M 和伺服机构这两个环节总是合并设置而为一个环节。采用调制工作方式的红外装置可以对点目标实行探测、跟踪、搜索；采用扫描方式工作的红外装置，除了能对景物实行探测、跟踪、搜索外，还能显示景物的图像。经信号处理后的信息，可以直接被显示、记录、读出，也可以由传输系统发送至接收站再加工处理。

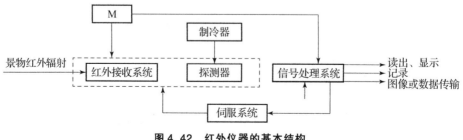

图 4.42　红外仪器的基本结构

红外系统是包括景物红外辐射、大气传输以及红外仪器的整体。红外系统的研究内容为分析计算景物的红外辐射特征量以及这些量在大气中传输时的衰减状况，根据使用要求设计适用的红外仪器。

4.4.6.2 红外系统的类型

红外系统本质上是一个光学、电子系统，用于接收波长 $0.75 \sim 1\,000\ \mu m$ 的电磁辐射。它的基本功能是将接收到的红外辐射转换成为电信号并利用它去达到某种实际应用目的。例如，通过测定物体的红外辐射量，确定物体的温度等。

红外技术的应用是多方面的，所使用的红外系统各式各样。红外系统有以下几种分类方法：

（1）按功能分：有测辐射热计、红外光谱仪、搜索系统、跟踪系统、测距系统、警戒系统、通信系统、热成像系统和非成像系统等。

（2）按工作方式分：可分为主动系统和被动系统、单元系统和多元系统、光点扫描系统及调制盘扫描系统、成像系统和非成像系统等。

（3）按应用领域分：可分为军用系统和民用系统。

（4）按探测器元件数分：被动式红外系统可分为第一代、第二代和第三代系统。

第一代红外系统建立在单元或多元探测器基础上，系统采用传统的光机扫描。第二代系统采用多元焦平面列阵器件，在这种系统中，像元数达到 $1\,000$，其图像质量可与现代电视系统相比拟。但是，这种系统的探测器列阵的元数少于电视图像的像元数（$100\,000$），因此在第二代热成像系统中还应用某种光机扫描部件。第三代红外系统中，焦平面的元数足够多，可覆盖整个视场，由电子扫描代替光机扫描，这种系统可称为真正的"凝视"系统。

4.4.6.3 红外仪器的基本特性

红外仪器最基本的功能是接收景物的红外辐射，测定其辐射量大小及景物的空间方位，进而计算出景物的辐射特征；至于红外搜索跟踪功能，则是在红外接收系统取得了景物基本特征信息后再由伺服机构加以完成的。红外接收系统的性能主要指视场、探测能力和探测精度三个方面。视场大小表示红外仪器探测景物的空间范围。视场较大则相应的空间噪声增大，处理全视场信号所需时间较长或所需处理速度较快，因而会对仪器的探测能力及探测精度有所影响。探测能力包括红外仪器的作用距离、温度分辨率及检测性能等项参数，标示着仪器对景物探测的灵敏度。探测精度则指对空间景物的空间分辨率及目标

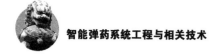

的定位精度。探测灵敏度和探测精度是红外仪器的两项基本特性，它们由仪器的结构参数决定，同时也受仪器外部及内部的噪声和干扰制约。

红外仪器工作在电磁波谱的红外波段，波长较无线电波短，所以红外仪器的空间分辨率较微波雷达及毫米波雷达高，但不及可见光仪器。大气分子及大气浮悬物对辐射的散射随透过的辐射波长而异。辐射波长增长时，散射影响将逐渐减弱，因此红外辐射透过霾雾的能力较可见光更强。雷达的工作波长较长，因而具有全天候工作能力，这是红外仪器所不及的。被动状态下工作的红外仪器工作较隐蔽，受干扰影响也较小。综上可见，红外仪器在中近距离的目标精确探测跟踪中受到特别的重视。

4.4.6.4　红外仪器的应用

1. 红外仪器的应用领域

红外仪器在工业、农业、交通、科学研究、国防等部门应用十分广泛。按红外仪器的工作性质可分为以下四类：

（1）探测、测量装置。用于辐射通量测定、景物温度测量、目标方位的测定以及光谱分析等。具体的仪器有辐射计、测温仪、方位仪以及光谱仪等。在目标探测、遥感、非接触温度测定、化学分析等方面应用广泛。

（2）成像装置。用于观察景物图像及分析景物特性。具体的仪器有热像仪、热图检验仪、卫星红外遥感装置等。在目标观测、气象观测、农作物监测、矿产资源勘探、电子线路在线检测、军事侦察等方面应用广泛。

（3）跟踪装置。用于对运动目标进行跟踪、测量及监控。具体的仪器有导弹红外导引头、机载红外前视装置、红外跟踪仪等。在导弹制导、火力控制、入侵防御、交通监控、天文测量等方面应用广泛。

（4）搜索装置。用于在大视场范围搜寻红外目标。具体仪器有森林探火仪、红外报警器等，在森林防火、入侵探测等方面应用广泛。

2. 红外仪器需求情况分析

红外仪器可在夜间工作，具有一定的气象适应性、工作隐蔽性好、结构较简便、成本较低，因而在军事应用方面具有独特的地位，尤其重要的是红外仪器在探测灵敏度及探测精度方面更具有较大的优越之处；红外仪器属于被动测量系统，测量灵敏度及精度均较高，因此在气象、农业、工业、科学研究等方面深受器重；在民用报警、家电遥控等方面，红外仪器由于结构简便、价格低廉，所以应用前景广阔。

科学技术的进展，促使科学研究及军事应用对红外仪器在使用性能方面有更高的需求，主要表现在以下几个方面：

（1）高探测灵敏度。探测目标的距离过去仅为几千米，现在逐渐增至 10 ～ 30 km 甚至几百千米，因而对探测灵敏度的要求大为提高。最小可探测辐照度从 10^{-8} W/cm^2 提高到 $10^{-13} \sim 10^{-14}$ W/cm^2；噪声等效温差也因使用要求增高而从通常的几度呈 1 ～ 2 个量级下降。

（2）高定位跟踪精度。20 世纪 50 年代以前的制导系统定位跟踪精度通常为角分量级，现代的精确制导系统则要求 10 ～ 20 角秒的定位、跟踪精度。

（3）抗干扰能力。为了减弱自然界及人工干扰的影响，红外仪器必须具有较强的抗干扰功能及自适应能力（智能化能力）。

上述需要的变化，促使红外仪器在工作机制、结构设计、信号处理方法等方面进行必要的改进。探测器从单元发展到多元线阵以至面阵，单元面积逐渐趋小；从信号调制机制转换到扫描机制；从单一视场转换到可变视场，从简单信息量到多信息量获取与处理是红外仪器发展的必然趋势。

4.4.6.5 目标红外探测系统

探测系统是用来探测目标并测量目标的某些特征量的系统。根据功用及使用的要求不同，探测系统大致可以分为五类：

（1）辐射计，用来测量目标的辐射量，如辐射通量、辐射强度、辐射亮度及发射率；

（2）光谱辐射计，用来测量目标辐射量的光谱分布；

（3）红外测温仪，测量辐射体的温度；

（4）方位仪，测量目标在空间的方位；

（5）报警器，用来警戒一定的空间范围，当目标进入这个范围以内时，系统发出报警信号（灯或警钟）。

其他如气体分析仪、水分测定器、油污分析器等都是利用红外光谱或辐射量的分析做成的仪器，基本上可归于（1）、（2）类。森林探火、火车热油探测基本上属于测温仪。

应该指出的是，上述不同类型的红外探测系统，它们在结构组成、工作原理等方面都有很多相同之处，往往在一种探测系统的基础上，增加某些元部件、扩展信号处理电路的某些功能后，便可以得到另一种类型的探测系统。例如，辐射计和测温仪，它们相同之处为都可用于测目标（辐射体）的辐射功率。不同的是，辐射计是由测得的辐射功率和测量时的限制条件计算出各种辐射量；而测温仪则是根据测得的辐射功率求出辐射体的温度。因此，我们只要深入地理解某些有代表性的探测系统的工作原理，就不难理解其他类型的探测系统了。

1. 探测系统的组成及基本工作原理

被动式的红外探测系统，都是利用目标本身辐射出的辐射能对目标进行探测的。为把分散的辐射能收集起来，系统必须有一个辐射能收集器，这就是通常所指的光学系统。光学系统所汇聚的辐射能，通过探测器转换成为电信号，放大器把电信号进一步放大。因此，光学系统、探测器及信号放大器是探测系统最基本的组成部分。在此基础上，若把辐射能进行一定的调制，加上环境温度补偿电路以及线性化电路等，即可以做成测温仪。若把光学系统所汇聚的辐射能进行位置编码，使目标辐射能中包含目标的位置信息，这样由探测器输出的电信号中也就包含了目标的位置信息再通过方位信号处理电路进一步处理，即可得到表示目标方位的误差信号，这便是方位探测系统的基本工作原理，其组成方块图如图4.43所示。图中的位置编码器可以是调制盘系统、十字叉或L形系统，也可以是扫描系统。

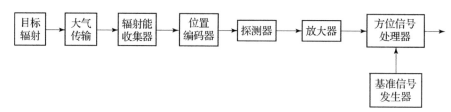

图4.43　方位探测系统的基本组成方块图

2. 对探测系统的基本要求

从探测系统的功用来考虑，对探测系统主要有以下两点要求：

（1）有良好的检测性能和高灵敏度。

对于方位仪、报警器、辐射计一类的探测系统要求灵敏度高。所谓系统的灵敏度，是指系统检测到目标时所需的最小入射辐射能，它可以用最低纳入射辐射通量（W）或最低辐约箔照度（W/cm^2）等来表示。对点目标而言，系统所接收到的辐射能与距离平方成反比，因此系统的灵敏度实际上就取决于系统的最大作用距离。方位仪或报警器通常是在距目标较远的地方工作，对这类仪器的作用距离是有一定要求的，也就是对于它们的灵敏度有一定要求。对测温仪一类的探测系统则要求一定的温度灵敏度。

红外系统对目标的探测是在噪声干扰下进行的，这些噪声干扰包括系统外部的来自背景的干扰和系统内部探测器本身的噪声干扰。为了能从噪声干扰中更多地提取有用信息，为了把噪声干扰造成的系统误动作的可能性降到最小，因此探测系统的虚警概率要低，发现概率要高。对报警器来说，这方面的指标要求应更高些。

（2）测量精度要高。

对于辐射计、测温仪一类的探测系统，要求对辐射量或温度的测量有一定的准确度，即有一定的精度要求，例如目前国内生产的各种类型的测温仪，精度（相对误差）一般在 ±0.5%～±2%，稍差些的达到 ±5%。对于方位仪来说，则要求一定的位置测量精度。根据方位仪使用的场合不同，对精度的要求也不同，如果用于测角系统，测角精度一般为秒级。

要满足上述一些基本的技术指标要求，需要通过合理的设计方案的选择、优良的元器件的选用以及严格的加工制作、装调工艺过程来保证。

3. 目标方位探测系统

采用调制盘作为位置编码器的方位探测系统，其结构组成原理示意图如图 4.44 所示。来自目标的红外辐射，经光学系统聚焦在调制盘平面上，调制盘由电机带动相对于像点扫描，像点的能量被调制，由调制盘出射的红外辐射通量中包含了目标的位置信息。由调制盘出射的红外辐射经探测器转换成电信号，该电信号经放大器放大后，送到方位信号处理电路。方位信号处理电路的作用，是把包含目标方位信息的电信号进一步变换处理，取出目标的方位信息，最后系统输出的是反映目标方位的误差信号。

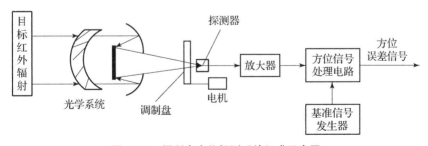

图 4.44　调制盘方位探测系统组成示意图

这种方位探测系统各部分的结构形式都与调制盘的类型有关。调制盘可采用调幅、调制和脉冲编码等形式。光学系统通常采用折反式或透射式两种型式。当采用圆锥扫描的调幅或调频调制盘时，由于光学系统中有运动部件，故多采用折反式光学系统，次反射镜扫描旋转的工作方式，当采用圆周平移扫描或脉冲编码式调制盘时，像质要求较高，故多采用透射式光学系统。有些探测系统中的光学系统，可同时采用透射式和折反式两种型式，例如用于一种反坦克导弹中的红外测角仪，其光学系统有两种视场，大视场采用透射式光学系统，小视场采用折反式光学系统，两个型式一样的调制盘分别位于两个光学系统的焦平面上。近距离上为捕获目标采用大视场，远距离上为降低背景噪声干扰采用小视场，当导弹接近目标到一定距离时，两种视场自动切换。

4.4.6.6 红外跟踪系统

1. 跟踪系统的功能

跟踪系统用来对运动目标进行跟踪。当目标运动时，便出现了目标相对于系统测量基准的偏离量，系统测量元件测量出目标的相对偏离量，并输出相应的误差信号送入跟踪机构，跟踪机构便驱动系统的测量元件向目标方向运动，消除其相对偏离量，使测量基准对准目标，从而实现对目标的跟踪。

红外跟踪系统与测角机构组合在一起，便组成红外方位仪。它通过装在跟踪机构驱动轴上的角传感器测量跟踪机构的转角，来标示目标的相对方位。这样在方位仪跟踪目标时，便可以测出目标相对角速度和目标相对方位。方位仪常用于地面或空中的火控系统中，给火控系统的计算机提供精确的目标位置信息和速度信息，从而提高火炮的瞄准精度。红外跟踪系统在导弹的制导系统中应用越来越广泛。红外制导最早应用于空对空导弹，近二十多年来在技术上不断改进，目前已出现了以美国的 AIM – 9L、法国的 R550 等为代表的典型格斗导弹。红外地对空导弹，如苏联的萨姆 – 7、美国的针刺型都在常规战争中发挥了威力。以美国幼畜型为代表的空对地导弹采用了红外成像制导，它可以在一定恶劣气候下昼夜使用。红外成像制导在反坦克导弹中也得到很好的应用。红外跟踪系统还可用于预警探测系统中，对入侵的飞机和弹道导弹进行捕获和跟踪。

2. 跟踪系统的组成

红外跟踪系统由方位探测系统和跟踪机构两大部分组成。方位探测系统由光学系统、调制盘（或扫描元件）、探测器和信号处理电路四部分组成。有时把方位探测系统（除信号处理电路）与跟踪机构组成的测量头统称为位标器。根据方位探测系统的类型不同，跟踪系统又可分为调制盘跟踪系统、十字叉跟踪系统和扫描跟踪系统。

3. 对跟踪系统的基本要求

（1）跟踪角速度及角加速度。

跟踪角速度及角加速度是指跟踪机构能够输出的最大角速度及角加速度，

它表明了系统的跟踪能力。系统的跟踪角速度从每秒几度至几十度不等，角加速度一般在 $10°/s^2$ 以下。

（2）跟踪范围。

跟踪范围是指在跟踪过程中，位标器光轴相对跟踪系统纵轴的最大可能偏转范围，一般可达 $±30°$，有些高达 $±65°$ 左右。

（3）跟踪精度。

系统跟踪精度是指系统稳定跟踪目标时，系统光轴与目标视线之间的角度误差。系统的跟踪误差包括失调角、随机误差和加工装配误差。系统稳定跟踪一定运动角速度的目标，就必然有相应的位置误差，这个位置误差还与系统参数有关。随机误差是由仪器外部背景噪声以及内部的干扰噪声造成的。加工装配误差则是由仪器零部件加工及装校过程中产生的误差所造成的。

用于高精度跟踪并进行精确测角的红外跟踪系统，要求其跟踪精度在 $10°$ 以下。一般用途的红外搜索跟踪装置跟踪精度可在几角分以内，而导引头的跟踪精度可在几十角分之内。

（4）对系统误差特性的要求

红外自动跟踪系统同其他自动跟踪系统一样，是一个闭环负反馈控制系统。为使整个系统稳定，动态性能好及稳定误差小，满足跟踪角速度及精度要求，对方位探测系统的输出误差特性曲线应有一定要求。这些要求是：

- 盲区小，精跟踪要求无盲区；
- 要求线性区有一定宽度，即有一定的跟踪视场，线性段斜率大，系统工作灵敏；
- 要求捕获区有一定的宽度，以防止目标丢失。

跟踪系统的基本要求确定后，就要求系统有相应的结构形式。例如要求跟踪角速度大的系统，要求跟踪机构输出功率大，往往采用电动机作跟踪机构；要求跟踪精度高的系统，往往采用无盲区的调制盘或十字叉探测系统。

4.4.6.7　红外搜索系统

1. 搜索系统的任务

搜索系统是以确定的规律对一定空域进行扫描以探测目标的系统。当搜索系统在搜索空域内发现目标后，即给出一定形式的信号，标示出发现目标。搜索系统经常与跟踪系统组合在一起而成为搜索跟踪系统，要求系统在搜索过程中发现目标以后，能很快地从搜索状态转换成跟踪状态，这一状态转换过程又称为截获。搜索系统就扫描运动来说，与方位探测系统中的扫描系统完全相

同，但搜索系统要求瞬时视场比较大，测量精度可以低些。

2. 红外搜索系统的组成及工作原理

图4.45是一般的红外搜索跟踪装置的组成框图，其中虚线方框内为搜索系统，点画线方框内为跟踪系统，搜索系统由搜索信号发生器、状态转换机构、放大器、测角机构和执行机构组成。跟踪系统由方位探测器、信号处理器、状态转换机构、放大器和执行机构组成。图中的方位探测器和信号处理器一起组成方位探测系统，该方位探测系统可以是调制盘系统、十字叉系统或扫描系统。

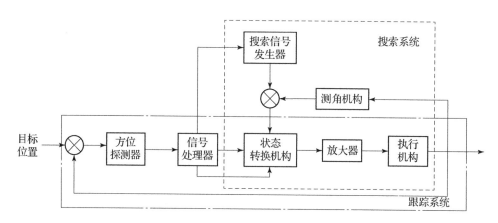

图4.45　红外搜索跟踪装置的组成框图

状态转换机构最初处于搜索状态，搜索信号发生器发出搜索指令送到执行机构，带动方位探测系统进行扫描。测角元件输出与执行机构转角 φ 成比例的信号，该信号与搜索指令相比较，采用比较后的差值去控制执行机构，执行机构的运转规律随着搜索指令变化。搜索系统与跟踪系统都是伺服系统，区别在于两者的输入信号不同，前者输入的是预先给定的搜索指令，后者输入的是目标的方位误差信息。

3. 对搜索系统的基本要求

（1）搜索视场。

搜索视场是指在搜索一帧的时间内，光学系统瞬时视场所能覆盖的空域范围。这个范围通常用方位和俯仰的角度（或弧度）来表示。

$$搜索视场 = 光轴扫描范围 + 瞬时视场$$

瞬时视场是指光学系统静止时，所能观察到的空域范围。

（2）重叠系数。

为防止在搜索视场内出现漏扫的空域，确保在搜索视场内能有效地探测目标，相邻两行瞬时视场要有适当的重叠。

重叠系数是指搜索时，相邻两行光学系统瞬时视场的重叠部分 δ 与光学系统瞬时视场 $2r$ 之比，即

$$K = \frac{\delta}{2r} \qquad (4.183)$$

式中，K——重叠系数，对长方形瞬时视场系统来说，重叠系数为 $K = \frac{\delta}{\beta}$；

r——为圆形瞬时视场的半径；

β——长方形瞬时视场的长度。

对于调制盘系统来说，重叠系数可取大一些，对长方形瞬时视场，重叠系数可小些。

（3）搜索角速度。

搜索角速度是指在搜索过程中，光轴在方位方向上每秒钟转过的角度。在光轴扫描范围为定值的情况下，搜索角速度越高，帧时间就越短，就越容易发现搜索空域内的目标。但搜索角速度太高，又会造成截获（即从搜索转为跟踪）目标困难。

4.4.6.8 红外热成像技术

红外热成像技术是利用红外探测器和光学成像物镜接收被测目标的红外辐射能量分布图形，反映到红外探测器的光敏元件上，从而获得红外热像图，这种热像图与物体表面的热分布场相对应，热像图上面的不同颜色代表被测物体的不同温度。

实质上红外热成像技术是一种波长转换技术，即把红外辐射图像转换为可视图像的技术，它利用景物自身各部分辐射的差异获得图像的细节，通常采用 $3 \sim 5 \ \mu m$ 和 $8 \sim 14 \ \mu m$ 两个波段，这是由大气透红外性质和目标自身辐射所决定的。热成像技术既克服了主动红外夜视需要依靠人工热辐射，并由此产生容易自我暴露的缺点，又克服了被动微光夜视完全依赖于环境自然光和无光不能成像的缺点。

20 世纪 40 年代，热成像的研究出现了两种不同的途径：一种是发展具有分立探测器的光机扫描系统；另一种是发展诸如红外光导摄像管一类的非光机扫描成像器件。20 世纪 50 年代，随着快速时间响应探测器件（如 InSb）的出现，实时快帧速热像仪应运而生，相继研制出了几种实时的光机扫描热像仪。

60 年代以后是热成像技术飞速发展的时期。据统计，1960—1974 年，仅美国就研制出了 60 余种快速光机扫描热成像系统。1970 年前后，美国、苏联及一些西方国家相继在若干种军用飞机上安装了红外前视装置。民用方面，热像仪已广泛地应用于医疗诊断，油、气管道监漏，电力设备监视，金属、冶金工业测温等。

热成像技术的发展过程是与红外探测器的发展密切相关的，可以说红外探测器是热成像技术的核心，探测器的技术水平决定了热成像的技术水平。在热成像技术发展的早期，由于当时使用的红外探测器响应时间较长，热电器件的灵敏度低、响应慢，因此不可能出现实时显示的热像仪。20 世纪 60 年代以后出现了多种工作在 $3 \sim 5 \ \mu m$、$8 \sim 14 \ \mu m$ 波段的红外探测器，其性能也能满足热成像技术的基本要求，因此热成像技术开始得到了飞速发展。

红外热成像技术可分为致冷式和非致冷式两种类型，前者又有一代、二代、三代之分，后者使用非致冷阵列热电探测器，被称为第四代红外热成像技术。

4.4.7　红外技术在智能弹药上的应用

红外技术首先是在军事应用中发展起来的，这是因为红外技术用于军事目标的侦察、搜索、跟踪和通信等方面有独特的优点：

（1）红外辐射看不见，保密性好；

（2）白天和黑夜都能使用，适合夜战需要；

（3）采用被动接收系统，不易受干扰；

（4）可以揭示伪装的目标；

（5）分辨率比微波好。

红外热成像技术在军事上有着重要的应用，已成为现代战争中多种武器的关键技术，因此国内外都非常重视红外热成像技术的发展。半个世纪以来，红外热成像技术作为现代高科技，在侦察、监视、瞄准、射击指挥和制导等方面的应用要求越来越高，因此得到了惊人的发展，显示出了极为辉煌的前景。目前已经经历了三代，并且发展到了非致冷焦平面阶段。

红外热成像仪器和系统具有透过烟雾、尘、雾、雪以及识别伪装的能力，不受战场上强光、眩光干扰而致盲，可以进行远距离、全天候观察，这些特点使它特别适合于军事应用。正因为如此，一些技术发达的国家，特别是美、英、法、俄等国竞相研究热成像技术，以巨大的人力、物力进行开发，发展十分迅速。

自 1991 年海湾战争以来，红外热成像技术更加受到关注和重视。许多国家为加强自身防御能力和提高夜战水准，不仅把热成像技术作为现代先进武器装备的重要技术纳入国防发展战略和计划，而且加大了红外热成像技术研制经费的投入，因此使红外热成像技术不仅在军事上而且在民用上都得到了迅猛发展。

红外技术在军事上的典型应用是在导弹中广泛采用的红外制导技术。

利用目标的红外辐射引导导弹自动接近目标，这就是红外制导技术。红外制导一般由导引头、电子装置、操纵装量和舵转动机构等部分组成。导引头是导弹能自动跟踪目标的最重要部分，好像是导弹的"眼睛"，它感受到目标的红外辐射，就能控制导弹飞向目标。来自目标的红外辐射通过整流罩被光学系统聚焦到调制盘上，调制盘依据目标方向的不同将射入的红外辐射按一定规律调制成不同的信号作用于探测器上，把非目标的红外源（如云层）过滤掉，检出有用的目标信号。探测器把目标的红外辐射转变为电信号，由电子装置放大并与基准信号比较得到误差信号，分别送入操纵系统和舵转动机构，带动舵面以纠正导弹的飞行方向，使导弹对准目标，跟踪目标，直到击中目标为止。

图 4.46 所示是典型的红外空对空导弹示意图，导弹寻的制导主要有光电寻的制导、雷达寻的制导和红外寻的制导三种。红外制导的优点是不易受干扰、准确度高、结构简单、成本低、可探测超低空目标等。每平方厘米只要有七亿分之一瓦的红外功率就足以把导弹引向目标，灵敏度较高。导引距离可从 500 m 到 20 km。空对空导弹一般长约数米，质量为 50～150 kg，射程为 10 km 左右。

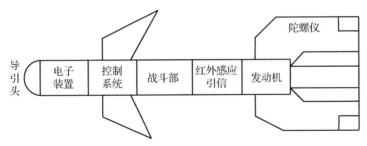

图 4.46　红外空对空导弹示意图

红外地对空导弹通常和雷达配合，先用雷达搜索，搜索到目标后转用红外跟踪。

红外地对地导弹，如重型反坦克导弹，长不到 1 m，质量为 6.3 kg，射程 1 000 m。

复合空对地导弹，为了全天候攻击目标，出现了一种组合近距导弹，它由激光制导、电视制导和红外成像制导三种方式合成。

红外对抗就是消除目标和背景之间红外辐射的差别，使目标表面具有与背

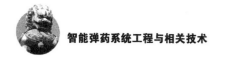

景相似的红外辐射特性，使敌方的红外侦察装备识别不出来，达到隐蔽的目的。

红外辐射的最大弱点是不易透过烟雾、云层、雨雪等，可利用这类自然条件达到隐蔽自己的目的。最简单而又常用的方法是插些新鲜树枝，在某些场合涂上一层泥巴或穿上伪装服，为了防御高空侦察还发明了一种塑料薄膜。

还可以施放烟雾来隐蔽目标。在飞机尾部装有红外报警器，发现敌机或导弹时，就发出报警信号，并传给离合器自动发射闪光弹，形成假目标将导弹引入。

还有一种红外对抗装置，它装在机尾，当报警器探测到导弹已在飞机排气的锥体范围内时，干扰装置被触发，发射出强的红外辐射，破坏导弹的自动跟踪，使导弹脱离原来的路线。

红外夜视、雷达以及导弹易受红外对抗和电子对抗措施的引诱而失败，因此，目前发展了红外反对抗措施，它是红外技术发展的必然趋势。目前反红外对抗的方法有以下几种：

（1）利用多光谱技术同时成像，能有效地反伪装，因为反红外涂料只对某一波段伪装，对其他波段不能伪装；

（2）多重制导，在红外制导失败后，无线电制导立即发挥作用，将导弹引向目标，或者采用其他方式制导。

4.5　执行与控制技术

4.5.1　控制执行机构的概念

控制执行机构是操纵弹药飞行姿态的部件，制导弹药飞行姿态的操纵是通过控制执行机构改变制导弹药的空气动力特性或发动机推力矢量的大小、方向来实现的。

舵机控制执行机构（也称舵机、舵系统）是飞行器进行姿态控制的执行部件，它根据控制指令的大小和极性的要求，操纵舵面（或副翼、扰流片、摆动发动机等）偏转，改变制导弹药的空气动力或发动机推力矢量，产生操纵制导弹药运动的控制力矩，保证制导弹药的稳定受控飞行。

舵机系统的控制方式可分为闭环系统和开环系统。闭环伺服系统由变换放大器、驱动装置、操纵机构、反馈元件、舵面等组成闭合回路。变换放大器一般为各种阀门、变换放大电路等；驱动装置多采用作动筒、电磁铁；操纵机构可以是曲柄、连杆等各种控制器件。闭环系统的反馈形式有位置反馈、速度反馈、气动铰链力矩反馈等形式。闭环舵机系统原理如图 4.47 所示。

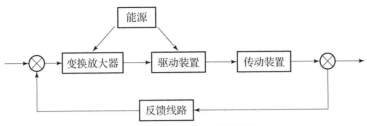

图 4.47　闭环舵机系统原理

舵机开环系统除了没有反馈元件外，其余和闭环系统基本相同。闭环系统的控制品质（如精度、响应速度等）较开环系统优越，但开环系统结构较闭环系统简单。在控制品质能达到指标要求的情况下尽量选择开环系统。

舵机控制执行机构按其工作原理可分为比例式舵机、继电器式（bang-bang 式）舵机、脉宽调制舵机。

（1）比例式舵机也称线性舵机，一般是指其输出受到输入信号连续成比例地控制的舵机系统。

（2）继电式舵机对应于开/关输入信号，输出也是二位置的控制方式，舵翼的工作状况是在舵摆角的两个极限位置做往复运动，其在两个极限位置所停留时间的长短由指令信号控制，从而产生平均控制力以操纵导弹运动。

（3）脉宽调制舵机是将输入模拟信号由脉宽调制器转换为宽度与输入量成正比的脉冲信号，使舵机的伺服机构工作在脉冲调宽状态，最后由一个低通滤波器将脉宽调制信号还原为模拟信号去控制舵片，这种舵机就为脉宽调制舵机，在气动、液压舵机中这个低通滤波器往往就是具有较大惯性的负载本身，因为它不能响应高频数字信号，而只能响应与输入量成正比的高频信号的平均值。脉宽调制舵机结构简单，可靠性高，加工精度要求低，易实现计算机控制，但功率较小，振动和噪声较大，需有复杂的电子线路配合。

4.5.2　执行机构的分类

根据所用能源形式，舵机又可分为电动舵机、气动（冷气和燃气）舵机和液压舵机等不同类型。由于液压式舵机主要用在大型导弹上，而在制导弹药武器中应用较少，因此下面主要介绍电动和气动舵机。

执行机构的性能要求：舵机的性能直接影响制导弹药的稳定性、快速性和命中率。

舵机系统的基本要求有：舵面的最大偏角，舵偏的最大角速度，舵机的最大输出力矩，舵机的静、动态特性，可靠性，工作时间，质量，体积与外形要求等。

舵机控制执行机构作为制导系统的重要环节，其性能将影响整个制导系统的性能，尤其是对稳定控制回路来说它是产生相位滞后的主要环节，因而对控制执行机构的性能要求是稳定性和动态性具有最佳值。一般是要求在给定的负载条件下满足以下各方面要求：

（1）稳定裕度；

（2）快速性；

（3）通频带；

（4）传递系数相对稳定性；

（5）谐振频率及谐振峰值要求。

舵机的频带宽度应大于输入控制信号频带的 5～10 倍，其固有频率应大于输入的一阶振型频率。有时，为了提高执行机构的快速性，需加大其放大系数，但这样又会影响执行机构线性状态下的稳定性。当执行机构有非线性时，可能形成稳定的自振，对这种自振的幅值和频率必须提出严格的限制。

为了尽可能减小制导弹药的空载质量，提高战术技术性能，要求舵机控制执行机构的体积和质量尽可能小，外形符合制导弹药总体要求，此外还要求寿命长，成本低，可靠性高，使用和维护方便。

4.5.3　电动舵机控制执行机构

电动舵机以电能作为能源。它是自动驾驶仪最早采用的舵机形式，这是与当时的技术有关的，但由于其本身的缺点，随即被气动舵机、液压舵机所取代；后随新型电磁材料和高性能电机等的问世，电动舵机性能大大提高，又得到了广泛应用。

电动舵机按结构形式可分为电磁式和电动式两类。

电动式舵机按伺服电动机的控制方式又可分为直接控制式和间接控制式两种。前者是直接控制伺服电动机，后者用电磁离合器进行控制。

电动舵机的主要优点是结构简单、故障率低、可靠性较高；加工精度要求较低，因而成本较低；使用和维护方便；不需要能源转换，因而质量、体积较小。电动式舵机由于伺服电动机的电气时间常数和机械传动惯量都比较大，因而快速性较差，即通频带较窄；同时电机输出功率增加，其体积、质量就增大，输出功率受到电机功率的限制。因此，电动舵机一般适合于在中、小功率，快速性要求不高的低速导弹上使用，如亚声速飞航导弹、反坦克导弹等。

电磁式舵机以电磁力为能源，结构简单，重量轻，能耗小，可靠性高，但输出功率小。它实际上是一个电磁机构，通常只工作在继电状态，用以驱动扰流片或控制发动机喷流偏转器。

电磁式舵机主要应用于小型战术导弹上，如反坦克导弹：法国的 SS11、SS12，法国、西德联合研制的霍特、米兰都采用电磁式舵机系统。

1. 直接控制式电动舵机

直接控制式电动舵机是由伺服电动机、减速器、反馈元件和校正元件等组成，电动机既是功率元件又是控制对象。它通过控制伺服电动机的输入信号电压，来改变伺服电动机的输出转矩和转速，再经过减速装置带动舵轴或扰流片运动。

伺服电动机分为交流、直流两种。因为一般导弹上都有直流电源，所以导弹上常采用直流伺服电动机。由于普通直流电动机存在电枢铁心，有齿槽，转动惯量和启动时间常数大，启动灵敏度差，换向火花干扰严重。为克服上述缺点，近年来出现了在电枢中采用印刷绕组的无槽直流伺服电动机及惯量很低的空心杯式直流电动机。根据直流电动机的励磁方式，又可分为电磁式和永磁式两种。永磁式直流伺服电动机与同功率的电磁式直流伺服电动机相比，有尺寸小、结构简单、使用方便、线性度好等优点。减速传动装置，一般要求结构简单、紧凑、小传动间隙和高效率，目前，除普通圆柱直齿轮和蜗轮、蜗杆传动外，电动舵机控制执行机构日益广泛地采用少齿差行星齿轮、谐波齿轮和滚珠丝杆等新型传动装置。

2. 间接控制式电动舵机

一般伺服电动机存在功率低、响应慢、控制功率大等弱点，液压舵机虽快速性较好，但液压伺服阀互换性差、工艺要求高、成本高，所需液压能源较大、对油污微粒敏感，这些导致对控制电磁离合器的间接控制式电动舵机的研究。

间接控制式电动舵机由伺服电动机、电磁离合器和减速器等组成。其电动机是向一个方向转动的功率元件，并不参加舵机系统的控制；控制信号加在电磁离合器上，由电磁离合器控制舵面正、负两个方向偏转。电磁离合器通常可分为四类，即圆盘离合器、螺旋弹簧摩擦离合器、磁滞离合器及磁粉离合器。

4.5.4　气动舵机控制执行机构

气动舵机根据气源形式可分为冷气舵机、燃气舵机、冲压式舵机。

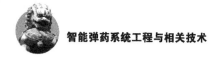

按照伺服阀分类，有滑阀式、球阀式、喷嘴/挡板阀式、射流管式舵机。

按照控制方式，可分为线性和继电式、脉宽调制式舵机。

1. 冷气舵机

冷气舵机采用蓄压气瓶中贮存的高压气体，作为驱动制导弹药的舵面偏转的初始能源。高压气体一般采用空气、氮气或氦气等。蓄压气瓶一般为圆球形、圆柱形、环形。

冷气舵机的力矩 – 转动惯量比较大；灵敏度较高，响应速度较快；结构简单，成本较低；体积小，质量小；采用压缩冷气作为能源便于长期贮存；冷气干净无腐蚀作用，因而可靠性高；对污染不太敏感。但效率低（一般不超过30％）；工作时间较短；由于气体的可压缩性而承受负载刚性差，频带较窄；可通过加大作动筒直径，提高气源压力，从而提高舵机截止频率的方法提高其负载特性。一般用于工作时间较短的中程和近程导弹上。

2. 燃气舵机

燃气舵机采用固体火药缓燃气体为能源来驱动导弹舵面运动。

燃气舵机结构紧凑、相对质量小，但工作时间较短，需用耐高温材料。由于燃气灰渣会影响舵机的工作精度、快速性和可靠性，为此需设置多层密封过滤装置。燃气舵机多用于小型近程导弹上。

3. 冲压式舵机

冲压式舵机执行机构是一种 20 世纪 70 年代新发展起来的技术，在俄罗斯一些反坦克导弹和炮射导弹中已经成功应用。

利用导弹在大气中飞行时引入高速气流转换而成的滞止压力作为舵机控制执行机构的工作能源，这种形式的能源称为冲压式能源，采用冲压式能源的称为冲压式舵机。冲压式舵机取消了一般气动舵机系统的能源部件，如压缩气瓶、电爆阀、减压阀、燃气发生器、过滤器等，因而质量、体积大大减小，成本降低，系统简单，节省导弹系统能源需求；冲压式能源压力的高低与飞行速度成正比，从而使舵机的负载力矩与飞行速度相匹配。

由于冲压式舵机系统一般是由弹体头部的进气口引入大气流的，故大都采用鸭式舵气动布局。

冲压式舵机用于长时间飞行的导弹时，有系统简单、节省能源、重量轻、体积小等优点。但在助推阶段，因为阻力较大而造成射程损失，需增加发动机装药质量以提高其推力；另外为了进行控制，需要有一个替换能源（如一个小冷气瓶），这些多少使冲压式执行机构的优势有所减弱。

4.5.5 液压舵机控制执行机构

液压舵机的工作精度和快速性较好，在中、远程制导弹药中仍占有主要位置。目前，液压舵机正向高压大功率、高可靠性等方面发展。

舵机控制执行机构具有如下发展趋势：

（1）数字化、高可靠性和高效率成为当前国内外制导弹药舵机控制执行机构的发展趋势。

（2）随着计算机、微电子技术、信息技术的迅猛发展，数字控制已经成功应用于制导弹药的控制系统和舵机执行机构上。一些新的数字控制算法，如模糊控制、智能控制等，已得到成功应用。

（3）舵机控制系统的可靠性问题研究越来越引起重视。舵机控制执行机构是导弹制导系统的关键部件，又是故障率最高的部件，其可靠性高低直接影响到制导系统甚至整个制导弹药的可靠性。采用冗余技术和重构技术以及无刷电机代替有刷电机、以机械反馈代替电气反馈等措施是提高系统可靠性的有效方法。

（4）新的高效率的舵机伺服系统也是新的发展方向。

4.5.6 执行机构

4.5.6.1 推力矢量执行机构

根据指令要求，改变从推力发动机排出的气流方向，对飞行器姿态进行控制，这种方法称为推力矢量控制。推力矢量控制有自己的发动机和能源，不像空气舵那样依赖于外界气动力，它能控制低速或无空气情况下飞行器的姿态。其缺点是发动机停止工作后就不起作用。

通常，战术导弹，例如反坦克导弹、空 – 空导弹，由于飞行的机动性高，因此要求的侧向力大。这类导弹的发动机工作时间短，且对发动机性能要求（如质量、比冲等）不太严格，故大多采用结构简单、适合短时间工作、成本低又能产生较大侧向力的推力矢量控制装置，如燃气舵、扰流片、摆帽等。

燃气舵是最早应用于导弹控制的一种推力矢量式执行机构。其基本结构是在火箭发动机喷管的尾部对称地放置四个舵片。对于一个舵片来说，当舵片没有偏转角时，舵片两侧气流对称，不会产生侧向力；当舵片偏转某一角度时，则产生侧向力。当四个燃气舵片偏转的方向不同时，可使飞行器产生俯仰、

偏航及滚动三个方向所需要的侧向力。燃气舵的剖面大多采用对称的菱形翼面。

优点：结构简单，致偏能力强，响应速度快。

缺点：燃气舵在偏转为零时也存在相当大的阻力，即存在较大的推力损失；工作环境比较恶劣，存在严重的冲刷烧蚀问题，不宜长时间工作。所以燃气舵一般用于战术导弹的推力矢量控制。

4.5.6.2 扰流片推力矢量控制

战术导弹（如空-空、反坦克导弹）有时需要很高的机动过载能力，即需要较大的侧向力来控制导弹快速转向，这时仅靠空气舵是很难实现的，特别是在低速下（如导弹刚发射时），空气舵提供不了很大的侧向力，这时就需要推力矢量控制技术。

扰流片推力矢量控制是一种在战术导弹上应用较多的控制方式，其原理是采用一定形状的叶片（或挡板），在喷管出口平面上移动，部分地遮盖喷管出口面积，使喷气流受到扰动，在喷管扩张段内产生气流分离和激波，形成不对称的压力分布和喷气流偏转，从而产生侧向控制力。

扰流片推力矢量控制一般是通过两对（每对由对称的两片组成）90°安装的扰流片相互配合，实现俯仰和偏航控制。扰流片推力矢量控制结构简单、质量小，所需要的伺服系统功率小，并且致偏能力强，能产生较大的侧向力，因此导弹的机动过载能力很强；另外，它的响应速度快，可达 15 Hz 以上，这对要求响应快的导弹是非常有利的。

但扰流片推力矢量控制也有缺点，主要是推力损失大；另外，扰流片只能放在喷口周围，使导弹底部面积增大，且喷管膨胀比减小。

俄国的 R-73 近距格斗空-空导弹，法国的米兰、霍特反坦克导弹都是使用扰流片推力矢量控制技术。

4.6.5.3 摆帽式推力矢量控制执行机构

摆帽的原理是在喷管出口处安装一筒形帽，由伺服机构驱动它沿一个方向转动，从而可以改变发动机主气流的方向，产生侧向控制力。

摆帽推力矢量执行机构可产生很大的侧向力，且结构简单、响应较快，与喷管连接处不需要密封，其缺点是推力损失较大。由于摆帽只能沿一个方向转动，在实现全姿态控制时，需要导弹做低速旋转，因此常用于小型战术导弹的姿态控制。

4.5.6.4 直接力控制式执行机构

1. 概述

利用制导弹药推进剂燃气的直接反作用效应来产生横向机动控制力和控制力矩的执行机构称为直接力控制式执行机构。它们可用于实现被控弹药的轨道控制、姿态控制或者两者的联合控制。当仅用于轨道控制时，它们通常位于制导弹药的质心附近。

直接力控制的特点是小型、轻质、快响应、短脉冲、多管化和模块化。其应用对象广泛，特别适用于反应迅速、可多方部署的近程战术武器系统。

根据对国内外调查的不完全统计，此类执行机构已用于十余种武器系统的研究和开发。例如，美国用于反坦克、反直升机的高速动能导弹系列 QUICK – SHOT、HVM 和 KEM；英国通用前沿导弹 CFAM；法国的超高速反坦克导弹；意大利的 76MM 的反直升机舰炮等。它们的结构方案大体可以分为两类：一类是由沿弹体周围圆周分布的多台小脉冲发动机组成的系统；另一类是以燃气发生器作为控制动力源、以阀门喷嘴组件或射流阀作为执行机构组成的系统。前者多用于旋转弹（单轴稳定）飞行系统，后者则多用于非旋转弹（三轴稳定）飞行系统。

2. 固体脉冲推力器式执行机构

对于旋转稳定的飞行器而言，垂直施加在弹轴上的控制力必须具有很短的脉冲才能获得有效的控制效果。利用小型固体火箭发动机发出的脉冲冲量实现这种简易控制是一种较理想的技术，因为它具有结构简单、工作可靠、质量小、响应快、成本低和效费比高等优点。但由于固体火箭发动机一次性工作的特点，需要有多个短脉冲的有序组合才能完成稳定控制的任务，因此必须在有限的弹体空间内布排下多台尺寸很小的微小型发动机，组成整个脉冲推力器组。

推力器组的总体布局有两种主要形式，即中心辐射式和圆周集束式。前者每个推力器均为径向布置，其燃烧室与喷管同轴，称为 I 型推力器。后者燃烧室轴线与弹轴平行，而与喷管轴相垂直，称为 T 型推力器。采用圆周集束式的排列方式，每个推力器可以发出较大冲量，但难以在弹体圆周上布排下很多的推力器。若采用中心辐射式的排列方式，则因为推力器的尺寸和长度可设计得较小，有可能在靠近弹体质心附近的较短舱段内集中布置下全部推力器。如果设计要求控制冲量有变化，这种布排方式只需适当增加或减少排列的圈数即可

灵活地满足设计要求。中心辐射式的布排方式，其推力器数量可从几十个到几百个不等，视控制任务的要求而定。由于这种设计有很大的灵活性，加上其控制舱段的空间利用率很高，国外同类导弹推力器的布排方案基本上都采用这种方案。

固体脉冲推力器的主要结构形式有两种。

（1）点火具式脉冲推力器。

点火具式脉冲推力器的结构类似于固体火箭发动机的点火具。由点火头（发火管）在高压下直接点燃推进剂药粒，药粒产生的燃气将密封膜片冲破，然后经喷管排出，产生反作用推力。这种推力器的主要特点是工作时间极短、冲量很小。若药粒在点火具壳体内已充分燃烧，则推力器的破膜过程类似于高压发动机的排气过程。

（2）发动机式脉冲推力器。

这种推力器是固体火箭发动机的小型化或微型化，它具有固体火箭发动机工作的全部主要功能。与点火具式推力器相比，发动机式脉冲推力器的工作时间相对较长，冲量相对较大，而推力器组中推力器的数量可减少。

按点火位置的不同又可将其结构形式分为头端点火型和尾端点火型两种。头端点火方式必须采用侧面燃烧型装药；而尾端点火型则可采用端燃型装药以提高装填密度，且可使推力器总长缩短。但后者带来的问题是点火具的布线困难和要求推进剂有很高燃速。

（1）用做单一功能的控制执行机构。

这种推力器横向布置在受控飞行器的质心附近，只实现修正轨迹或姿态的单一控制功能。如美国的超高速导弹（HVM）采用的就是这种推力器。还有美国的动能导弹（KEM）、意大利和瑞典的制导炮弹等。为了有效地利用控制舱段的容积，常将推力器外形设计成锥形或在靠近推力器前端部设计成锥形。

（2）兼作推进功能的控制执行机构。

这种推力器不仅起控制航迹和修正弹道的功能，而且还提供飞行器的飞行推进动力。如美国的龙式反坦克导弹，在该导弹中部沿周向分为 12 排，均匀排列有 60 台单室固体脉冲推力器，每排相隔 60°布置，分成 30 对，成对工作。各推力器推力轴线与弹轴斜置一定角度，它们既是主动力装置，又是控制动力装置。

3. 燃气发生器 – 阀门组件式执行机构

若飞行器飞行时采用不旋转的三轴稳定方案，上述周向均布的多台小型脉冲推力器的利用效率将明显降低，且飞行器的滚转运动难以控制，此时宜采用燃气发生器加多个阀门喷嘴组件或多个射流阀组件作为执行机构。当然它们有时也可用作旋转飞行器的执行机构。

（1）燃气发生器–阀门喷嘴组件。

此类组件多用于三轴稳定的飞行器，如美国海神潜地导弹弹头的末助推系统就采用了两个燃气发生器加四套整体阀门组件，每套阀门组件各控制四个喷嘴，实现对母舱的轴向推力和姿态的控制。其控制喷嘴的阀门多采用针栓式，用比例式调节的工作方式，即通过制导系统发出的阀门调制指令，改变阀门的开户度，从而改变所需的燃气流率和控制力。这种结构质量较小、结构紧凑，但解决阀门的烧蚀问题、快速响应、灵活动作和保证密封是研究的技术关键。

（2）燃气发生器–射流阀组件。

射流阀作为控制力执行机构通常采用大功率超声速双稳元件。它是基于过膨胀超声速气流的"分离和再附壁"原理工作的。它可利用周围大气形成的压差进行负压切换，也可利用燃气发生器内的燃气或高压瓶内的冷气进行正切换，以实现对主气流的"双稳"态附壁控制，由元件附壁侧喷出的燃气流就会产生与气流速度方向相反的反作用控制力。该系统通常采用数字式脉宽调制方式工作，调制频率为 30～80 Hz，最大调制量为 60%～80%。

射流阀尺寸较大，质量较大。由于两侧输出力的抵消作用、超声速气流的拐弯损失以及调制量的限制，其工作效率较低，一般不超过 50%。其优点是阀的切换没有可动部件，可避免喷嘴阀门的烧蚀和密封等问题，且可实行滚转控制。美国的炮兵多管火箭系统（MARS）、以色列的 LAR–160 多管火箭系统等均采用这种结构形式。

4. 直接力控制式执行机构的发展

制导弹药的直接力控制式执行机构中的固体脉冲推力器技术，以其小型化、轻质化、快响应、短脉冲、多管化、模块化等特点，在制导兵器和小型航天器上得到了广泛应用。现已发展到在各种口径系列的制导炮弹、制导航弹、智能引信和各种拦截武器上用作控制执行机构。只要有高燃速、高能量、低特征信号的推进剂，以及小体积、快响应、高安全性和高发火能量的点火具的配合，且有优质、高比强度壳体材料及先进的制造工艺和瞬态测试技术的支撑，这一技术定将得到快速发展。而燃气发生器–阀门组件技术作为另一类直接力控制技术和对固体脉冲推力器技术的补充，也会在飞行器轨控和姿态技术的其他需求（如远程多管火箭的简易控制）中得到应用和发展。

第 5 章

智能引信技术

引信是利用目标信息、环境信息、平台信息和网络信息，按预定策略以引爆或引燃战斗部主装药为主，并可选择攻击点、给出续航或增程发动机点火指令以及毁伤效果信息的控制系统。武器系统的作战目的是有效打击或者高效摧毁目标。武器系统一般是靠有效载荷（智能弹药的各类战斗部）摧毁目标的，引信是智能弹药战斗部的安全与起爆控制单元，也就是武器系统对作战目标的最终决策与直接毁伤控制单元，直接决定了武器系统整体效能最终是否得到充分发挥。为了使智能弹药乃至武器系统发挥最大效力，必须要有最现代化和性能优越的智能引信。

|5.1　引信基本功能和分类|

5.1.1　引信的基本功能和作用过程

1. 引信基本功能

战斗部是毁伤目标的威力单元，作战中只有当战斗部相对目标最有利位置或时机以最佳方式作用时，才能最大限度地发挥它的威力。同时，武器系统配用的智能弹药威力越来越大，引信也必须保障智能弹药平时安全。将"安全"与"高效引爆战斗部"二者结合起来，就构成了现代引信的基本功能。

一般来说，要求现代智能引信具有以下两方面基本功能：一是在生产装配、运输、贮存、装填、发射以及发射后的弹道起始段上，引信不能提前作用，以确保安全；使用中又能感受发射、飞行等使用环境，精确控制引信转入待发状态。二是感受目标的信息并加以处理、识别、决策，向战斗部输出起爆信息与起爆模式，并具有足够的能量，高效毁伤目标。

2. 引信的作用过程

为完成引信的主要功能，引信的作用过程主要包括：保障安全、解除保险、目标探测与决策、发火与起爆战斗部等。

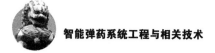

（1）保障安全。

平时引信保障不受各种自然环境、人为环境等影响而意外失效，确保引信以及战斗部的安全。

（2）解除保险。

当引信判断到使用环境的出现后，进入解除保险过程。一般引信具有延期解除保险机构，以确保引信随战斗部飞行一段距离后才进入待发（爆）状态。解除保险的信息主要来源于对使用环境的识别判断以及武器系统或智能弹药给出的相关信息。

（3）目标探测与决策。

引信通过对目标的探测实现发火时机、发火方式的决策。引信对目标的探测分为直接探测和间接探测。直接探测又有接触探测与感应探测，接触探测是靠引信（或战斗部）与目标直接接触来觉察目标的存在，有的还能分辨目标的真伪；感应探测是利用力、电、磁、光、声、热等探测目标自身辐射或反射的物理场特性或目标存在区的物理场特性。对目标的直接探测是由发火控制系统中的信息感受装置和信息处理装置完成的。间接探测有预先装定与指令控制。预先装定在发射前进行，以选择引信的不同作用方式或不同的作用时间。复合探测与智能目标识别及自主决策是智能引信的主要特征。

（4）发火与起爆战斗部。

根据探测到的不同目标以及弹目交汇情况，引信可选择触发、延期、近炸、定时等不同发火方式。根据不同的发火方式，发火控制系统选择在不同时机控制引信爆炸序列的首级火工品作用，或对引信中相应的首级火工元件输出发火信息。现代引信的发火控制包括发火时机、发火方式、起爆方位等的选择。

引信发火后通过爆炸序列的作用，将发火能量进行放大，最后对战斗部输出足够的能量，实现可靠起爆战斗部主装药。现代引信还可实现弹道修正、毁伤效果评估等其他功能。

5.1.2　引信分类

引信种类繁多，主要与所对付的不同目标、所配的战斗部、武器系统等紧密相关，可依据其与目标的关系、与战斗部的关系、与所配的武器系统的关系等进行分类。

一般常用的分类方法是依据引信对目标的发火方式不同进行划分，主要有以下三大类：

触发引信（碰炸引信、触发引信）：利用碰击到目标的信息发火的引信。又分为瞬发触发引信和惯性触发引信。瞬发触发引信是利用目标的反作用力发火的引信，惯性触发引信是利用碰目标时弹丸减速所产生的前冲惯性力发火的引信。触发引信中以硬目标侵彻引信为发展热点。

非触发引信：通过间接感应目标的存在而作用的引信。典型的非触发引信是近炸引信，近炸引信指当接近目标到一定距离（小于战斗部杀伤半径）时，引信依靠敏感目标的出现而发火的引信。目前近炸引信中以激光引信、毫米波引信等为主要发展方向。

指令式引信：通过判断预先装定的起爆信息或接收起爆指令作用的引信，包括时间引信、指令引信、定位引信等。

现代引信发火方式正向着多选择、多功能与智能化方向发展。另外引信还可根据智能弹药口径、位于智能弹药的部位等进行划分。针对具体引信，可以通过其所属类别进行归类，如"中大口径杀伤爆破弹弹头机械触发起爆引信""无后坐力炮反坦克破甲弹激光近炸引信"等。

|5.2　引信的组成和主要性能要求|

5.2.1　引信的主要组成

引信主要由目标探测与发火控制系统、爆炸序列、安全系统、能源等组成。图 5.1 给出了引信的基本组成部分、各部分间的联系及引信与环境、目标、战斗部的关系。除图中的典型模块之外，在一些特殊的引信中还有特殊模块，随着引信技术的发展也会出现一些新的功能模块，以实现引信的相关功能。

1. 目标探测与发火控制系统

目标探测与发火控制系统包括信息感受装置、信息处理装置和发火装置。引信是通过对目标的探测或指令接收来实现引信起爆的。战场目标信息有声、磁、红外、静电、射频等环境。目标内部信息有：硬度、厚度、空穴、层数等。目标探测系统通过识别这些目标信息作为发火控制信息。引信中爆炸序列的起爆由位于发火装置中的第一个火工元件即首级火工品开始。首级火工品往往是爆炸序列中对外界能量最敏感的元件，其发火信息可由执行装置或时间控

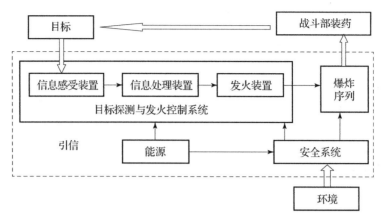

图 5.1　引信的基本组成

制、程序控制或指令接收装置控制，而发火所需的能量由目标敏感装置直接供给，也可由引信内部能源装置或外部能量供给。

爆炸序列中首级火工品的发火方式主要有机械发火、电发火、化学发火。

2. 爆炸序列

爆炸序列是指各种火工、爆炸元件按它们的敏感度逐渐降低而输出能量递增的顺序排列而成的组合。它的作用是把首级火工元件的发火能量逐级放大，让最后一级火工元件输出的能量足以使战斗部可靠而完全地作用。对于带有爆炸装药的战斗部，引信输出的是爆轰能量。对于不带爆炸装药的战斗部，例如宣传、燃烧、照明等特种弹，引信输出的是火焰能量。爆炸序列根据传递的能量不同又分别称为传爆序列和传火系列。

从引信碰击目标到爆炸序列最后一级火工品完全作用所经历的时间，称为触发引信的瞬发度。这一时间越短，引信的瞬发度越高，瞬发度是衡量触发引信作用适时性的重要指标，直接影响战斗部对目标的作用效果。

3. 安全系统

引信安全系统是引信中为确保平时及使用中安全而设计的，安全系统主要包括对爆炸序列的隔爆、对隔爆机构的保险和对发火控制系统的保险等。安全系统在引信中占有重要地位。

安全系统涉及隔爆机构、保险机构、环境敏感装置等。引信的环境敏感包括对膛内环境、膛口环境、弹道环境、目标环境以及目标内部环境的敏感。引信安全系统根据其发展，主要包括机械式安全系统、机电式安全系统以及电子式安全系统。

4. 引信能源

引信能源是引信工作的基本保障，包括引信环境能、引信内储能、引信物理或化学电源。

机械引信中用到较多的是环境能，包括发射、飞行以及碰击目标的机械能量，实现机械引信的解除保险与起爆等。引信内储能是指预先压缩的弹簧、各类做功火工品等储存的能量，是多数静置起爆式引信（如地雷）驱动内部零件动作或起爆的能量。引信物理或化学电源是电引信工作的主要能源，用于引信电路工作、引信电起爆等。在现代引信中，引信电源一般作为一个必备模块单独出现，常用的引信物理或化学电源有涡轮电机、磁后坐电机、储备式化学电源、锂电池、热电池等。

5. 引信中其他功能模块

在引信中还有一些功能模块，可实现引信的相关功能。如引信中的装定模块，可实现引信发火模式或发火控制参数的调整。随着智能弹药技术的发展，在引信中为实现新的功能，逐渐出现了一些新的功能模块，如弹道修正引信的弹道敏感模块（基于卫星定位系统的定位模块、单提姿态敏感模块等）、修正执行机构模块（阻尼环、舵机、推冲器等）、具有信息交联功能的引信信息接收模块等。引信新模块的出现，是引信发展的需要，同时也为新引信的设计提供了更多选择。

为便于了解引信组成，给出典型炮弹引信结构如图 5.2 所示。其中天线、目标探测电路等属于目标探测与发火控制系统，安全控制电路、安全与解除保险装置等属于安全系统，传爆药柱属于爆炸序列，电池属于引信能源，装定线圈属于与外界信息交联的其他功能模块。

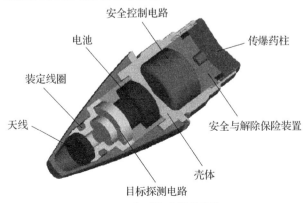

图 5.2　典型炮弹引信结构

5.2.2　引信的主要性能要求

根据武器系统战术使用的特点和引信在武器系统中的作用，对引信提出了一些必须满足的基本要求。由于对付的目标不同和引信所配用的战斗部性能不同，对各类引信还有具体的特殊要求，这里主要介绍对引信的基本要求。

1. 安全性

引信安全性是指引信除非在预定条件下才作用，在任何其他场合下均不得作用的性能。这是对引信最基本也是最重要的要求。爆炸或点火的过程是不可逆的，所以引信是一次性作用的产品。引信不安全将导致勤务处理中爆炸或发射时膛炸或早炸，这不仅不能完成消灭敌人的任务，反而会对我方造成危害。引信安全性包括勤务处理安全性、发射安全性、弹道起始段安全性、弹道安全性。国军标《引信安全性设计准则》（GJB 373A—97）对引信的安全性要求以及设计要求进行了相关规定，成为引信安全性设计必须满足的设计准则。

2. 作用可靠性

引信的作用可靠性是指在规定贮存期内，在规定条件下（如环境条件、使用条件等）引信必须按预定方式作用的性能。

引信可靠性主要包括局部可靠性和整体可靠性。局部可靠性包括引信保险状态可靠性、解除保险可靠性、解除隔离可靠性；整体可靠性包括引信对目标作用的发火可靠性和对战斗部的起爆完全可靠性。

引信作用可靠性用抽样检验方法经模拟测试系统和必要的靶场射击试验所得的可靠工作概率来衡量。对靶场射击试验来说，引信作用可靠性以在规定的弹道条件、引信与目标交会条件和规定的目标特性下引信的发火概率来衡量。这一概率越高，引信的作用可靠性越高。

3. 使用性能

引信的使用性能是指对引信的检测，与战斗部配套和装配，接电，作用方式或作用时间的装定，对引信的识别等战术操作项目实施的简易、可靠、准确程度的综合。它是衡量引信作战性能一个重要方面。引信设计者应充分了解引信服务的整个武器系统，特别是与引信直接相关部分的特点，充分了解引信可能遇到的各种战斗条件下的使用环境，研究引信中的人因工程问题。确保在各种不利条件下（如在能见度很低的夜间或坦克内操作，在严寒下装定等）操作安全简便、快速、准确，应尽可能使引信通用化。使一种引信能配用于多种战斗部和一种战斗部可以配用不同作用原理或作用方式的引信。这对于简化智能弹药的管理和使用，保证战时智能弹药的配套性能和简化引信生产都有重要的意义。

4. 经济性

经济性的基本指标是引信的生产成本。在决定引信零件结构和结合方式时，应为简化引信生产过程、采用生产率高、原材料消耗少的工艺手段提供充分的可能。设计良好的引信可降低成本，而且由于生产过程的简化和生产率的提高，引信的生产周期缩短。这就为战时提供更多的智能弹药创造了条件，它的意义已不仅限于经济性良好这一个方面。

5. 长期贮存稳定性

智能弹药在战时消耗量极大，因此在和平时期要有足够的贮备。一般要求引信贮存 15~20 年后各项性能仍应合乎要求。零件不能产生影响性能的锈蚀、发霉或残余变形，火工品不得变质，密封不得破坏。设计时，应考虑到引信贮存中可能遇到的不利条件。可能产生锈蚀的引信零件均应进行表面处理，引信本身或其包装物应具有良好的密封性能，以便为引信的长期贮存创造良好的条件，尽可能延长引信的使用年限。

6. 其他要求

现代智能引信一般还要有与系统的信息交联功能、抗强电磁环境干扰、可自检与可测试、自适应作用模式等要求。

|5.3　引信环境|

5.3.1　引信环境概述

引信环境是指引信在全寿命周期内可能经受的特定物理条件的总和。引信从制成成品出厂到引燃或引爆智能弹药的整个生命周期中，要经受许多环境条件的影响，例如高低温、潮湿、盐雾、淋雨、霉菌气候环境，磕碰、振动、发射冲击、旋转、迎面空气阻力、目标阻力等力学环境，以及电磁和地磁环境等其他环境。

引信的基本功能是保障战斗部的平时安全并且利用特定环境信息开始起作用，引信安全及待发状态的转变是依靠其安全系统对作战环境的敏感与识别，并执行相应的控制动作完成的。引信与一般的机械装置和电子设备相比，所经历的环境不仅复杂而且十分恶劣，尤其在弹道环境（包括膛内、炮口、空中飞行和碰击目标等）中更是如此。就环境的物理因素来说，除了受各种环境力之外，还有各种物理场（包括热、声、光、电、磁等）以及气象环境因素等影响。一方面，引信通过感知这些环境信息来判断和识别引信自身的状态，作为控制引信工作的信息来源，并且可以利用部分环境力作为引信机构工作的能源，完成相应的动作；另一方面，有些干扰环境将对引信产生有害的作用，破坏引信正常工作，造成引信瞎火、早炸，甚至膛炸等。

对引信起作用的环境因素很多，传统的引信主要应用于以惯性力为主的力学环境，随着传感器技术、逻辑程序控制芯片等器件及一些电/化学驱动器件等相关技术的迅速发展和在引信技术中越来越多地得到应用，可以被引信所敏感并利用的引信环境也逐渐增加。

5.3.2　引信力学环境

1. 发射时作用于引信零件上的力

炮弹、火箭弹等在发射时，引信内部零件可能受到的力有后坐力、离心力、切线惯性力、哥氏惯性力等，引信外部零件有可能受到膛内火药气体压力、迎面空气阻力。在炮口处，还将受到章动力。

后坐力

后坐力是以载体为参考坐标系来研究引信零件相对于载体的运动而引入的一个惯性力。载体（弹丸、火箭弹等）加速运动时，引信零件受到与轴向加速度相反的惯性力称为后坐力。后坐力是弹丸发射时受到的最主要的环境力之一。

对于火炮发射的弹丸，弹丸在膛内的直线运动是由火药气体压力推动弹丸而产生的，引信零件相对弹丸受到的后坐力与火炮口径、火炮膛压、弹丸质量、火炮炮管的磨损等程度以及引信零件自身质量有关。对于火箭弹导弹等则与火箭发动机的推力、导弹质量以及引信零件自身质量等相关。

后坐力是引信解除保险的重要环境力之一，同时也是可能造成引信爆炸元件自炸及零件破坏的主要环境激励。对于一定的火炮、弹丸和发射装药，零件受到的后坐力与膛压成正比。膛压达到最大值时，后坐力也达到最大值，以后逐渐减小。出炮口后，后坐力随膛压的迅速降低而很快减小直至为零。

引信工作中最关心的是发射时承受的最大后坐力的大小。最大后坐力与零件自身重力的比值称为最大后坐过载系数。

离心力

载体做旋转运动时，质心偏离载体转轴的引信零件受到的与向心加速度方向相反的惯性力为离心力。离心力与火炮膛线缠度、弹丸在膛内的速度及引信零件质量有关。

离心力可以作为引信解除保险的动力，也可以作为引信离心自毁机构的控制约束力。在非旋转的炮弹中要利用离心力，可以加上旋转装置如涡轮、风翼等。

在弹道上，空气阻力使弹的转速渐减，离心力逐渐变小，但是外弹道上离心力变化不大。转速渐减规律可用柔格里公式、别列金公式等来描述。

2. 外弹道上作用于引信零件上的力

爬行力

载体飞行过后效期后，不再承受火药气体压力，不再做加速运动。相反，载体在空气等非目标介质中做减速运动，引信零件受到的与载体减速度方向相反的轴向惯性力为爬行力。爬行力与载体的减速度、引信零件的质量有关。

爬行力会导致引信内部零件有向前运动的趋势，对于惯性发火机构要保障弹道起始段不会受爬行力影响导致引信提前误作用。

空气阻力

载体在空气中飞行时，头部外露的引信零件直接受到的空气压力为空气阻力。空气阻力与大气压力、空气阻力系数、弹丸飞行速度以及外露的引信零件顶端的面积和形状等相关。

引信可以利用空气阻力产生的动力控制保险机构解除保险，如航空炸弹的风翼保险机构等。

3. 弹丸碰目标时作用于引信零件上的力

目标反力

弹丸在碰目标时，外露零件直接受到目标反作用力即碰击力又称目标反力。在终点弹道碰击目标时，目标给予引信侵彻部位的反作用力。碰击力为冲击载荷，是引信触发机构、碰击开关、碰击电源、碰撞击发电机等工作的重要环境力。碰击力的值取决于载体着速、引信的碰击姿态、目标的介质特性及侵彻部位的物理机械性能等。

对于钢甲、混凝土、土壤、木材等不同目标介质，一般采用半经验公式来求解引信受到的碰击力，在设计中关注的是碰击力随时间变化的规律。对引信受到的碰击力的研究，可以有助于我们解决引信强度问题，引信作用可靠性（灵敏度）问题，了解引信的头部结构在受力情况下的变形，以设计合理的头部结构，可以根据半经验公式来求解引信受到的碰击力。近来采用有限元方法来计算分析引信所受的碰击力及引信头部结构的变形情况。

前冲力

对于不外露零件，弹丸与目标碰撞而急剧减速时，所受到与弹丸减速方向相反的惯性力称为前冲力。前冲力的大小与载体减速度及惯性零部件质量有关。

由于受力规律不同，土壤、混凝土、薄钢甲、厚钢甲等不同目标的介质阻力也不同，通常由试验确定。

5.3.3 引信其他环境

1. 引信热环境

引信环境热是指除气温以外的环境热，主要存在于两个阶段：一是炮弹发射时产生的膛内热；二是战斗部和外挂智能弹药在空中高速飞行时产生的空气动力热。另外对于有源引信，电源发热也是一个影响因素。

膛内热

炮弹在发射过程中，发射药气体的温度很高，可以高达数千摄氏度。由于发射药气体与炮管的对流放热作用，发射药气体的部分热量会传给炮管，使炮管的温度不断升高。例如 82 mm 迫击炮，在连续快速射击 30 发炮弹后，炮管的温度可达 300℃ 以上。可想而知，膛内的温度就更高了。

一般，膛内热对引信的影响不是很大。因为弹丸装填后就立即发射，引信在膛内停留的时间很短，膛内的热量还来不及传到引信的内部，因而引信的温度不会明显升高。但是，在实战中也会遇到异常情况：弹丸装填后没有立即得到发射的命令，这时若膛内温度很高且弹丸在膛内停留时间较长，引信中的起爆元件就会受到膛内热的作用而发火，使弹丸早炸。这种严重后果是必须考虑的。因此，一般规定弹丸在膛内停留时间不超过几分钟或十几分钟。

空气动力热

空气是有黏性的。在空气黏性力的作用下，高速飞行弹丸附近的空气就会减速，使得紧贴弹体表面的空气被滞止而黏附在弹体上，速度降为零。弹体表面这层不流动的空气层，再通过空气层之间的黏力，使上面一层空气减速。于是，一层牵扯一层，逐渐向外，空气速度很快增长到自由速度 V_0 值。空气速度由 0 很快变化到 V_0 的这一薄层空气层称为附面层。

在附面层内，由于空气黏性的影响，外层空气对那层空气以及空气与弹体表面做摩擦功，将动能不可逆地转变为热能，附面层的空气被加热，温度升高。附面层内空气的温度升高时，同时向温度不高的弹体表面进行对流放热，使弹体表面的温度升高。经过一段时间后，弹体表面的温度就升高到与紧贴物面的空气温度相等，这样就达到了热平衡，这种现象被称为空气动力加热（或气动加热），由此产生的热称为空气动力热。

弹体表面空气动力热的分布，是从弹头顶端开始沿弹体表面的轴向逐渐减小的。即弹头顶端为驻点，温度最高。由此可见，空气动力热对弹头引信的影响更大。弹丸受气动加热的作用，其表面温度升高很快。例如由试验可知，20 mm 航空炮弹在出炮口不到一秒钟，弹体表面的温度可以达到最大值。

空气动力热可以作为引信的能源。例如，可利用空气动力热熔化易熔金属而解除保险，利用空气动力热研制温差电池作为引信电源等。

2. 引信电磁环境

电磁环境在空间无处不在，对于现代引信来说，电磁环境的出现可能会影响引信的相关性能，严重时甚至出现灾难事故。分析引信电磁环境的特点，可以在设计过程中通过对电路器件的电磁屏蔽、对爆炸元件短路等进行电磁防护设计，提高引信的抗电磁辐射、抗电磁干扰能力。

国军标中有关抗电磁环境的规定有 GJB 151B—2013《军用设备和分系统　电磁发射和敏感度要求与测量》等，设计的引信以及引信装定器等都要进行引信电磁兼容性考核，对引信电子安全与解除保险装置设计由 GJB 7073—2010《引信电子安全与解除保险装置电磁环境与性能试验方法》等进行考核、性能评估，以满足电磁兼容的相关要求。

引信电磁环境主要来自各种背景产生的电磁波辐射和二次辐射（反射、散射）。各种电器设备产生的无意的和各种电子干扰设备产生的有意的电磁波干扰，都可能导致引信提前解除保险、瞎火或者早炸。

对于处于安全状态的引信，考虑电磁环境主要是对安全系统中电子安全与解除保险装置的保护，防止电磁环境使得引信提前意外解除电保险。对于爆炸序列则要重点考虑电爆炸元件的安全，通过短路设计等，防止其受到电磁环境而提前作用，引信最终瞎火。

对于进入待发状态的引信，则要考虑目标探测与信号处理系统、首发爆炸元件的抗电磁干扰能力，防止由于电磁环境影响导致引信提前误作用出现弹道炸，失去对目标的作战能力。

随着新的发射平台的出现，一些强电磁环境对引信提出更高的要求。电磁轨道炮的弹丸离轨瞬间电磁场强度达到几个特斯拉，要求对引信进行专门设计以满足强电磁场对它的影响。火箭橇等试验环境下，在轨道推进或碰靶过程中，高速摩擦电离产生的强电磁干扰会沿信号线窜入测试引信内部，影响引信电路的正常工作，导致引信电路短时失效或造成硬件损坏。对于这些电磁环境都需要慎重考虑，进行防护设计以确保引信工作正常。

|5.4 引信典型机构|

本节主要通过典型结构介绍引信中的主要机构，包括目标探测与发火控制系统、爆炸序列、隔爆机构、保险机构，以及延期、装定、修正等其他引信机构。

5.4.1 目标探测与发火控制系统

适时起爆是引信的最基本的功能之一，目标探测与发火控制系统就是引信承担适时"可靠引爆战斗部"的系统。目标探测与发火控制系统直接或间接觉察目标，并输出能量使引信的传爆序列起作用。机械引信的目标探测与发火控制系统又称发火机构，依作用原理分为瞬发发火机构和惯性发火机构。目前机电结合的电发火机构一般包括信息感受装置、信息处理装置和发火执行装置。

1. 机械瞬发发火机构

直接利用目标反作用力驱动机械系统动作而发火的引信，其发火机构称为机械瞬发机构。机械瞬发机构的作用时间较短，一般在 1 ms 以内（多数在 100 ms 以内），主要用于中大口径杀伤榴弹等要求作用迅速性高的弹丸。

机械瞬发机构的主要信息感受元件是击针，根据隔开击针与第一发火元件的中间保险件，可分为无中间保险、弹性中间保险和刚性中间保险的机械瞬发机构。而第一发火元件根据战术技术要求及各国设计习惯，可以采用火帽，也可以采用雷管。

简单的触发机构一般采用击针戳击火帽或雷管发火，主要用于小口径高炮、航空炮榴弹用弹头引信。苏联 Б-37 式弹头引信是一种具有远距离解除保险性能和自毁性能的隔离雷管型弹头瞬发触发引信（图 5.3），配用于 37 mm 航空炮杀伤燃烧曳光榴弹和 37 mm 高射炮杀伤曳光榴弹上。该引信的瞬发机构包括木制击针杆 3、钢制棱形击针尖 4，以及装于雷管座 5 中的针刺火帽 6。击针杆采用木材制造以减轻重量，头部直径较大以增加目标对其的作用面积，采用棱形击针尖，这些都可以提高引信的灵敏度。引信头部采用盖箔结构，0.3 mm 厚的紫铜盖箔 1 不仅起密封作用，在飞行中还能承受空气压力，使空气压力不会直接作用在击针杆上。引信发射并解除保险后，在爬行力和章动力的作用下紧贴盖箔的击针组件与火帽对正。碰击目标时，在目标反力的作用下盖箔破坏，进而使击针组件下移直接戳击火帽，使引信传爆序列作用。

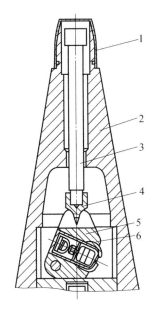

图 5.3 苏联 Б-37 式弹头引信

1—盖箔；2—引信体；3—击针杆；4—钢制棱形击针尖；5—雷管座；6—针刺火帽

为了保证弹道安全，在击针和第一火工元件之间增加中间保险件是必要的。当中间保险件为弹性元件时，就构成了弹性中间保险机械瞬发机构。根据击针击发传爆序列的不同，又构成了不同形式的发火机构。

2. 机械惯性发火机构

利用碰击目标产生的惯性力驱动机械系统动作的发火机构，称为机械惯性发火机构。惯性机构可用于惯性引信、固定延期引信和自调延期引信。若第一级火工品火帽点燃延期药，经一定时间延期后再起爆引信，则为延期发火。延期发火有固定延期和自调延期两种发火形式，固定延期采用固定延期时间，自调延期的延期时间随目标的特性而自动调整，以获得更佳的延期时间，提高毁伤效果。

由于机构在惯性力作用下运动并激活第一级火工品，需要有一定的时间，因此，其瞬发度要低于瞬发引信。为了获得足够的戳击能量，一般采用质量较大的活动惯性体，并且有较大的运动行程。

惯性触发引信主要为弹底引信，配用于半穿甲弹、爆破弹和碎甲弹上。由于碰击目标时的前冲惯性力不受零件位置的影响，所以其惯性发火机构的结构形式多样。由于惯性发火机构无需高瞬发度，通常采用弹性元件作为中间保险件，但也有例外，如国产破－4引信采用无中间保险元件设计，由于外弹道的爬行力向前，对于弹底引信，其安全性较弹头引信差，现代引信不能采用无中间保险元件的结构。

美国M578引信（图5.4）是一种雷管隔离型弹底惯性触发引信，配用于100 mm坦克炮的曳光碎甲弹上。它的惯性击发体由击针合件3和钢球5两部分组成。发射时，离心板在出炮口后解除对击针的保险，惯性销和离心子先后飞开使水平转子2转正，击针对正雷管1，并由中间保险簧4保证弹道安全。碰击目标时，击针合件在自身惯性力及钢球的冲击力下，克服中间保险簧抗力戳击雷管，使引信传爆序列作用。该引信钢球作为主要惯性质量，减小了惯性力径向分量引起的摩擦力，提高了大着角及擦地时的灵敏度。

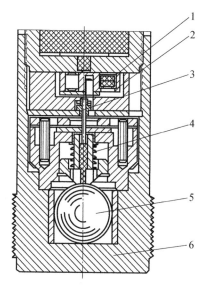

图5.4　美国M578式弹底引信

1—雷管；2—转子；3—击针合件；

4—中间保险簧；5—钢球；6—引信体

3. 电发火机构

电发火机构是利用电冲量起爆电火工品的发火机构。电发火机构结构简单，作用迅速、准确且可靠，在现代引信中的应用越来越广泛。发火机构按其直接用于发火的电源，可分为压电发火机构、磁电发火机构、电容器发火机构、电池发火机构等。按照发火的模式，可归纳为自发电式电发火机构、碰合开关式电发火机构和电子开关式电发火机构三大类。

与机械触发引信、机械钟表定时引信和火药定时引信等非电引信相比，电引信具有更高的瞬发度和定时精度，此外还可以实现诸如碰击目标后的精确延期起爆、定距起爆、近目标起爆等复杂的控制功能。这些优异特性均得益于电子技术的发展和电子发火控制装置的使用。在电引信中，电子发火控制装置根据引信的工作方式控制起爆元件的作用，在最佳时刻引爆战斗部或者使引信内的某个机构动作，成为现代引信的重要组成部分。

一般来说，电子发火控制装置由信息处理单元、逻辑控制单元和执行单元组成。信息处理单元对传感器敏感到的引信的外部环境状态，经信号处理后进行分析、判断，从而获取诸如弹丸出炮口时机、弹丸的飞行速度、旋转圈数、与目标的接近程度等控制信息；逻辑控制单元根据这些控制信息以及给定的装定信息，按照引信的逻辑控制要求在适当的时机给出发火控制信号；执行单元得到发火控制信号后接通发火回路，向电起爆元件输出发火能量，完成发火控制。电子发火控制装置的功能框图如图 5.5 所示。

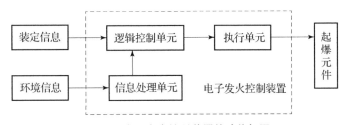

图 5.5 电子发火控制装置的功能框图

4. 数字定时电路

数字定时电路主要由时基、分频器、计数器和预置电路构成，如图 5.6 所示。其工作原理是通过计数器对某一频率已知的时间基准信号进行计数，当计数值达到预置电路设定的数值时给出定时输出信号。

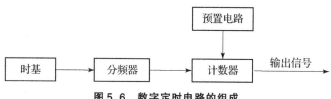

图 5.6　数字定时电路的组成

数字定时功能除了采用标准计数器实现以外，还可以利用微处理器和可编程门阵列等大规模集成电路来实现。这些器件内部有丰富的硬件电路资源，而且可以通过软件编程的方式配置这些硬件的功能。

5. 执行电路

执行电路是将发火控制信号转换为电起爆元件发火能量的电路，主要由起爆元件、储能器和开关电路组成。除了引爆火工品的功能外，引信的执行电路一般设计有炮口安全距离外进入待发状态功能和在一定时间内完成发火能量泄放的功能，从而保证引信的安全性与作用可靠性，是发火控制装置中不可缺少的重要组成部件。

执行电路比较通用的方法是采用电容放电的方法进行设计，基本的执行电路结构如图 5.7 所示，其中二极管 D_1、限流电阻 R_1、储能电容 C_1 构成充电回路，C_1 与开关 S_1、起爆元件 E_1 构成放电回路，R_2、C_2 构成控制电路，C_1 和 R_3 构成泄能回路。

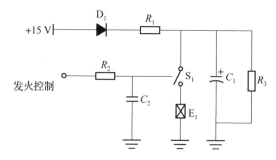

图 5.7　基本的执行电路结构

电路的工作过程是：当电源激活后，电能经 D_1、R_1 给储能电容 C_1 充电，此时由于开关 S_1 断开，因而电雷管处于安全状态。当发火控制信号来到时，开关 S_1 闭合，由于 S_1 与电雷管的内阻较小，因此储能电容 C_1 通过该回路快速放电，当起爆元件内部积聚的能量超过其点火能量时即被引爆。如果未能正常起爆，则 C_1 的能量可以经泄能电阻 R_3 慢慢放掉，从而保证瞎火弹药经过安全周期后不会再发火，从而保证了瞎火弹处理的安全性。由于 $R_3 \gg R_1$，在电源电压维持正常的情况下，经 R_3 泄放掉的能量会从电源即时获得补充，因此 R_3 的存在不会影响发火电路的正常工作。限流电阻的作用是控制 C_1 充电的速度，以保证在安全距离内储能电容的电压不高于电雷管的最低发火电压。R_2 和 C_2 的作用是对发火控制端进行限流和滤波，从而使 S_1 不容易被干扰脉冲误触发。

5.4.2　爆炸序列

爆炸序列是指在引信内，按激发感度递减而输出功率或猛度递增次序排列的一系列爆炸元件的组合。它的作用是将小冲量有控制地增大到满足弹丸、战斗部爆炸所需要的冲量。

爆炸序列在引信中起能量传递与放大作用，从初始发火的首级火工品到最后引爆或引燃战斗部主装药的传爆药或抛射/点火药，是引信不可缺少的组成部分。随着引信类型和配用弹种的不同，爆炸序列的组成可有各种不同的形式。

爆炸序列按智能弹药或爆炸装置所用主装药的类型或输出能量的形式，分为传爆序列和传火序列两种。传爆序列最后一个爆炸元件输出的是爆轰冲量，传火序列最后一个爆炸元件输出的是火焰冲量，它的典型组成如图 5.8 所示。从图中可以看出，传火序列与传爆序列在组成上的主要区别是，前者无雷管、导爆药和传爆药。因此，传火序列可看成是传爆序列的一种特别形式。

按隔爆形式的不同，可分为隔爆爆炸序列（错位爆炸序列）和无隔爆爆炸序列（直列爆炸序列）。隔爆爆炸序列是在解除保险之前，起爆元件与导爆药和传爆药之间的爆轰传递通道被隔断的爆炸序列，此种爆炸序列中的起爆元件均装有敏感的起爆药；无隔爆爆炸序列是各爆炸元件之间均无隔爆件的爆炸序列。

典型的爆炸序列由以下爆炸元件组成：转换能量的爆炸元件，包括火帽和雷管；控制时间的爆炸元件，包括延期管和时间药盘；放大能量的爆炸元件，包括导爆管和传爆管。

冲击片雷管是出现于 20 世纪 70 年代的一种新型雷管，又称 Slapper 雷管。该雷管不含任何起爆药和松装猛炸药，仅装有高密度的钝感炸药，炸药与换能元件不直接接触。冲击片雷管只有在特定的高能电脉冲（电流 2 ~ 4 kA，电压 2 ~ 5 kV，功率 4 ~ 10 MW）作用下才能引爆。这种高能电脉冲在自然界及通常的战场电磁射频、高空电磁脉冲、闪电、瞬态电脉冲、杂散电流等恶劣电磁环境下难以产生，故具有很强的生存能力。由于该雷管中无敏感的起爆药及低密度装药，所以具有耐冲击的特点，用于引信爆炸序列时无需错位，即能用于直列式爆炸序列的引信。冲击片雷管的结构形式如图 5.9 所示。

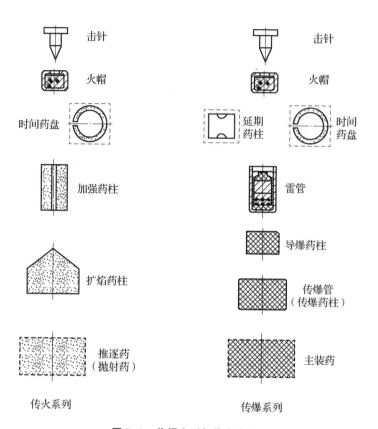

图 5.8　传爆序列与传火序列

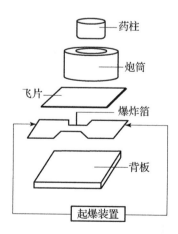

图 5.9　冲击片雷管结构示意图

在引信中还有一类爆炸元件，其作用是将电信号通过化学能转变为机械做功，实现由"电"到"机"的转换。这一类爆炸元件也称为做功类火工品。这类爆炸元件在引信中一般用于引信安全系统，作为电保险的执行元件。典型的做功爆炸元件有电推销器和电拔销器，另外还有爆炸螺栓等特殊爆炸元件。

电推销器的作用是将原先缩进的推杆推出。推杆行程一般在 3 mm 以上。电推销器作用原理与电点火管相似，只是将燃烧剂产生的能量直接用于对推杆的推动。图 5.10 为电推销器图，其中图（b）中顶端有外露销头的为已经作用后的电推销器产品外形。

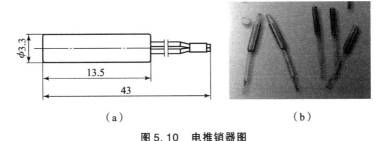

（a）　　　　　　　　　　　　　（b）

图 5.10　电推销器图

（a）外形结构图；（b）产品照片图

电拔销器与电推销器相反，其作用是将原先外露的挡杆缩回，释放被约束的机构对象。挡杆缩进行程一般也在 3 mm 以上。某电拔销器产品见图 5.11。

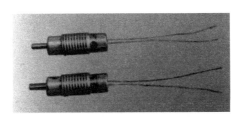

图 5.11　电拔销器产品图

1. 引信中爆炸序列的形式

在引信中为提高平时安全性，需要控制爆炸序列的意外作用，根据控制方式不同，在现代引信中出现了两种爆炸序列的存在形式：错位式爆炸序列和直列式爆炸序列。

2. 错位式爆炸序列

错位式爆炸序列是引信中爆炸序列存在的主要形式，是将爆炸序列的能量传递通道隔断的一种状态。错位式爆炸序列通过对敏感爆炸元件的输出能量与其后的钝感爆炸元件隔断，以确保引信的安全。

当引信完成解除保险动作后，引信中的爆炸序列也随之由错位状态变为非错位的直列状态。目前绝大多数引信均是通过引信中爆炸序列的错位设计实现引信安全的。引信爆炸序列的错位设计主要是通过隔爆机构及其保险机构的设计实现的。

3. 直列式爆炸序列

随着技术发展，特别是冲击片雷管的出现，引信中爆炸序列的组成可以不含敏感药，由此出现了基于钝感药爆炸序列的不需要隔爆的直列式爆炸序列。而其引信的安全则是通过对爆炸序列发火能量的控制来实现的。

5.4.3 引信隔爆机构

在勤务处理过程中，使爆炸序列中的敏感火工元件与下一级火工元件隔离，并能保证在敏感火工元件偶然提前作用时下一级火工元件不作用；同时，当智能弹药发射（或投掷）后运动到一定安全距离时，此机构应能解除隔离，以使爆炸序列对正，这种机构称为隔爆机构。

对隔爆机构的基本要求有：安全状态时要可靠隔离；作用时要可靠解除隔离，而且保证要起爆完全。隔爆机构平时被保险机构限制在安全状态，当保险机构动作解除保险后，才运动到使爆炸序列对正的状态。隔爆机构运动到位的时间，即解除保险时间，有时是由该机构本身或保险机构来保证的，有时是用专门设计的远解机构或与电路联合起来控制的。

隔爆机构的基本运动形态有滑动和转动两种。电机构共用一些零件。这时设置隔爆机构并不属于滑动的有滑块隔爆机构和空间隔爆机构。滑块的运动方向可以垂直于弹轴或与弹轴成某一角度，空间隔爆机构的运动方向通常是沿着弹轴。属于转动的有各种转子式隔爆机构，转子形式有转轴垂直于弹轴的垂直转子、转轴平行于弹轴的水平转子、绕定点转动的球转子等。

为了满足炮口安全距离的要求，可采取两个措施：一是延迟隔爆机构开始运动的时间；二是减小机构运动的速度；也可以两个措施同时采用。因此在分析隔爆机构时，不仅要注意哪些力可以作为机构运动的原动力，同时也要注意哪些力是机构运动的阻力，以便分析引信是如何延迟机构开始运动时间，或者减慢机构运动速度的。

水平转子式隔爆机构为常用隔爆机构，其隔爆件为可回转转子，转轴与弹轴平行，解除保险时转子在垂直于弹轴的平面内旋转，实现隔爆与解除隔爆的状态转变。

单靠离心力矩转正的水平转子如图 5.12 所示，其回转体平时被离心销和带有火药保险的定位杆锁住。图 5.13 所示是美军通用的一种标准传爆装置 M20A1，用于 76～105 mm 的榴弹引信。它的水平转子平时被一个带弹簧的离心销锁住，离心销又被带弹簧的惯性销锁住，这就保证了回转体平时处于安全位置。

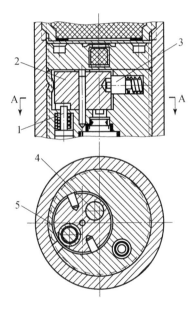

图 5.12　离心水平转子
1—定位杆；2—回转体；3—离心销；
4—加重子；5—雷管

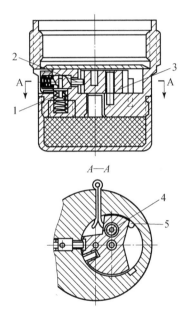

图 5.13　美 M20A1 传爆装置
1—惯性销；2—离心销；3—回转体；
4—雷管；5—定位销

5.4.4　引信保险机构

保险机构是引信的重要组成部分。它保障引信的发火机构、隔爆机构和内含能源平时处于保险状态，发射（投掷、布置）后在弹道的某点上，由保险状态向待发状态过渡并最终进入待发状态，即解除保险。保险机构的基本功能是防止引信意外解除保险或作用，并在预定条件下解除保险。根据引信中保险机构的保险以及解除保险的原理不同，保险机构可以分为机械式保险机构和机

电式保险机构以及电保险机构，其中以机械式保险为主，机械保险机构又包括：惯性保险机构、钟表保险机构、气体动力保险机构、火药保险机构等。

1. 机械后坐保险机构

机械后坐保险机构是惯性保险的典型机构。惯性保险靠引信零件受到的惯性力解除保险，在引信中，特别是炮弹引信中，应用相当广泛。

后坐保险机构的解除保险动作，与发射系统的后坐惯性过载 – 时间（a - t）曲线直接相关。对于加农炮和榴弹炮来说，后坐过载系数（K_1 值）很大，引信可以采用直线运动式后坐保险机构。对于低膛压火炮（迫击炮、无坐力火炮）及火箭弹来说，后坐过载系数较小，最小者为几十，而引信在勤务处理过程中可能产生的冲击过载值较上值大得多。这时，使用直线运动式后坐保险机构，难以满足安全与可靠解除保险的要求。但是，低膛压火炮弹丸与火箭弹发射时，后坐力持续时间较长。这类弹丸宜采用非直线运动式后坐保险机构。此类机构在后坐力较大但持续时间较短的情况下不解除保险，而在后坐力虽然不大但持续时间较长的情况下解除保险。

后坐保险机构是利用发射时的后坐力解除保险的，直接利用发射环境的后坐信息启动和后坐能量驱动解除保险。后坐保险机构技术成熟，可靠性高，已广泛应用在各类引信中，特别是炮弹引信中。目前炮弹引信设计中后坐保险机构仍是首选保险机构。对后坐过载系数较大（$K_1 > 500$）的加农炮弹和榴弹炮弹引信，应优先采用直线运动式保险机构；对后坐过载系数较小（$K_1 < 500$）的迫击炮弹、火箭弹和无后坐力炮弹引信，可采用曲折槽保险机构、双自由度保险机构或互锁卡板保险机构。

后坐保险机构在引信中作为一种主要的保险机构，对于保障引信的平时安全性起到很重要的作用。随着现代引信技术的发展，后坐保险机构也向着模块化、小型化以及通用化方向发展。

在低后坐过载智能弹药中，我国某引信采用了自成模块的双自由度后坐保险机构。该双自由度后坐保险机构主要由故障卡、上后退筒、上后退筒簧、连接杆、下后退筒、下后退筒簧以及堵螺构成，自成合件，原理如图 5.14。其中 M_1 为起保险作用的保险销。在短时冲击下，M_1 的位移较小，实现平时安全性；发射时持续存在的后坐力确保 M_1 移动解除保险位置，释放引信转子，解除后坐保险。

图 5.15 为美国理想班组支援武器（OCSW）引信安全系统，其中后坐保险机构为减小空间体积，结构比传统的后坐保险机构有了变化，主要区别是后坐簧采用片状弹簧，大大减小了所占高度空间。

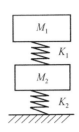

图5.14 双自由度后坐机构原理

图5.15 OCSW 保险机构

1—后坐销；2—后坐销簧

一般的曲折槽保险机构由于结构复杂，因此占据体积较大。图5.16 为美国 M787 迫弹引信，其后坐保险机构中在后坐销上开了曲折槽而不是一般开在惯性筒上，在后坐销侧面有与引信固连的导向销。这样在有限空间内解决了低后坐过载智能弹药的后坐保险的安全性与可靠解除保险的矛盾。另外，有的引信后坐保险机构设计很弱，但又可恢复以保证平时安全，发射时由离心力控制反恢复实现可靠解除保险。

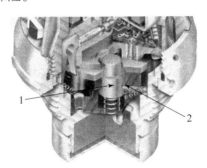

图5.16 M787 迫弹引信带曲折槽的后坐保险销保险机构

1—后坐销；2—曲折槽

2. 机械离心保险机构

离心保险机构是利用弹丸高速旋转产生的离心力解除保险的保险机构，也是一种常用的惯性保险机构。由于勤务处理中弹丸可能得到的转速远低于发射时的转速，所以离心保险机构的安全性优于后坐保险机构。离心保险机构中离心爪保险机构最为常见。

离心爪保险机构主要用于对转子的约束，利用扭簧驱动或离心力驱动水平回转转子在离心爪的约束下不能回转，保障引信的安全。当离心力出现后，离心爪克服自身扭簧的抗力旋转，释放转子，转子在相应驱动力矩作用下回转，解除引信的隔爆。

离心爪一般也是成对出现的。图 5.17 为中大口径引信保险机构，其离心保险为一对扭簧约束的制动爪 15，其回转体转动受离心爪约束，并且回转过程受无返回力矩钟表机构控制。

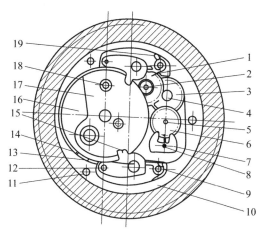

图 5.17 水平布置的无返回力矩钟表机构控制的保险机构

1—第一过渡轮片；2—第一过渡轮轴；3—第二过渡轮片；4—第二过渡轮轴；5—擒纵轮轴；
6—擒纵轮片；7—摆；8—摆轴；9—扭簧轴；10—回转体座；11—螺钉；12—小轴；
13—定位销；14—右旋扭力簧；15—制动爪；16—回转体；
17—中心轮片；18—铆钉；19—左旋扭力簧

3. 机电保险机构

机电保险机构主要是实现电路的通断，在解除保险前后改变电开关的通断状态。对于平时短路的电火工品，短路打开后即解除了电保险；对于平时断开的电保险，电开关接通即意味着保险的解除。在机电式引信中，电保险机构有时也与机械保险机构或机械隔爆机构同时作用，通过引信中移动零件的移动，改变电开关触点的位置，从而实现引信电保险的控制。

在电引信中，由电路控制的电保险也可以实现引信的安全控制，成为引信机电保险的重要组成部分。一般采用的是通过晶闸管的控制端高低电平的转换实现保险的解除。控制对象可包括：对引信发火电容的充电控制、引信保险电做功元件的控制等。

机电保险机构成为机电式安全系统的主要组成特征。机电式安全系统主要特征是环境传感器替代了机械环境敏感装置，实现对引信使用环境的探测，同时解除保险的驱动一般也采用电驱动的做功火工元件。机电式安全系统具有对环境更好的识别能力，也可具有更完善的解除保险控制逻辑与功能，对环境信息进行识别判断后再传输给引信安全系统的执行机构。目前在以机械隔离作为引信安全的主要手段的情况下，采用机电式安全系统是实现高安全性与可靠性的有效手段，也是传统的机械安全系统改进的最佳方式。机电式安全系统的"机"主要体现在机械隔离和利用环境能源，而"电"主要表现为传感器对环境敏感、识别并输出控制信号。机电式安全系统是目前引信安全系统的发展主流。

　　机电式保险机构国外研究始于 20 世纪 70 年代，80 年代已装备于制式引信中，如 M934E5 引信。美国目前的多选择引信 M762A1、MK432MOD0 也采用了机电式保险机构的安全系统，如图 5.18 所示，目前该引信作为美国中大口径榴弹的通用引信已开始生产并装备部队。

图 5.18　M762A1、MK432MOD0 引信

　　以直列式爆炸序列为基础的新型引信安全系统，以钝感起爆药为首级火工品的爆炸序列，采用电子保险机构，通过控制发火能量的供给以保障引信的安全。由于该类安全系统的控制不需要机械隔离，因此被称为电子式安全系统。电子式安全系统需要三个环境传感器识别引信使用环境，目前在高价值智能弹药引信中有应用，而在常规智能弹药引信中处于研究阶段。

　　还有一种以保险机构即引信指令保险机构，它多是机电结合的机电保险机构，在导弹引信中可接收导弹提供的信息作为指令解除保险。

5.4.5　其他引信机构

1. 延期机构

　　引信的一项主要功能是实现对战斗部的适时起爆。适时起爆指在相对于目标最有利位置或时机起爆弹丸主装药，以充分发挥弹丸战斗部的威力。引信延期起爆是实现适时起爆的一种主要方式。例如，当用爆破弹摧毁敌人工事时，要求弹丸钻入目标适当深度爆炸；当用穿甲弹对付坦克等装甲目标时，要求弹丸穿透装甲后爆炸；当用小口径榴弹对付飞机时，要求弹丸钻进飞机蒙皮内爆炸。在引信内部控制延期时间的机构，称为延期机构。

为了实现引信的延期功能，在引信内可通过对发火控制系统或爆炸序列进行相关设计以实现延期起爆控制。引信延期有两种原理。一种是碰击目标发火，依靠侵彻过程中的惯性前冲力持续存在与侵彻穿透后前冲力的迅速消失，可控制爆炸序列在传火通道中的燃烧速率或通断，实现自调延期功能。另一种是依靠侵彻过程中的惯性前冲力解除保险，利用侵彻过程中的惯性前冲力持续存在，约束发火控制系统不发火，当穿透目标后，释放控制发火控制系统，实现自调延期发火。

随着现代军事目标防护技术的发展，引信延期机构特别是自调延期机构近年来得到了重视并有了一定的发展。在现代引信中，引信的炸点控制技术在原来机械敏感的基础上，发展成为机电集合，集复合探测、智能控制于一体的目标探测与起爆控制子系统。现代目标采用的防护包括钢筋混凝土、空穴间隙、多层防护等。

采用"传感器+智能控制电路"模式，利用抗高过载加速度传感器获取侵彻过程的加速度信号，根据侵彻过载判断穿透目标的层数，在预定层内起爆。见图5.19，图（a）为其控制战斗部在地下工事的最低层起爆效果图，图（b）为加速度传感器获取的过载曲线及处理信号。

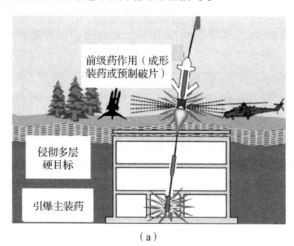

（a）

图5.19　多层侵彻起爆引信

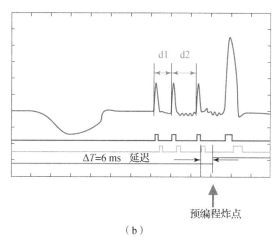

（b）

图 5.19　多层侵彻起爆引信（续）

2. 引信装定机构

引信装定机构主要应用于时间引信或多选择引信，在发射前或发射过程中乃至发射后弹道飞行过程中对引信的作用时间或作用方式进行装定，以满足高精度空炸或对付不同目标的作战需求。

引信依所装定参数的不同，可分为时间装定、作用方式装定、其他参数的装定等。

时间引信一般用于在目标上方或弹道某点上空炸，以实现某些特定功能（如母弹开仓、点燃照明或烟雾剂等），在小口径高炮中也可用于对目标的近程拦截。装定机构是时间引信必不可少的一部分。时间引信的发展趋势主要为电子时间引信，下面介绍电子时间引信的装定机构。

电子时间引信是时间引信的一种，计时采用电子器件。电子时间引信是七十年代发展起来的一种新型时间引信，目前向遥控装定电子时间引信方向发展。电子时间引信主要包含两个部分，一是引信部分；二是与之配套的装定器。

电子时间引信的装定有几种主要方式：手工装定、接触式数据发送装定和感应装定。图 5.20 为手工装定的美国 M9813 引信，其引信体上的数字环可拨动以实现手工装定。现代引信一般通过装定器进行装定，装定器一般采用编码的方法，将时间数据进行编码，并调制到发送波形中，通过电磁耦合方式发送到引信电路中，经过解调与解码，引信得到时间数据并存储。图 5.21 为两种手持式感应装定器。

图 5.20　M9813 电子时间引信

图 5.21　手持式感应装定器

为实现快速反应，武器系统还可在发射过程中实现对引信作用时间的装定。感应装定在耦合区通过发送装定波形到引信中，引信完成数据解调并控制在特定的时间作用。如瑞士双 35 火炮的 AHEAD 智能弹药，为提高引信炸点的精度，其引信作用时间可实现发射过程中装定，见图 5.22 所示。由雷达完成对目标的探测和跟踪，目标信息下传给火控系统发射弹丸，炮载计算机在炮口完成初速测量、炸点时间修正计算，并对引信起爆时间进行快速装定。引信最终根据装定时间空炸实现对目标的高效毁伤。

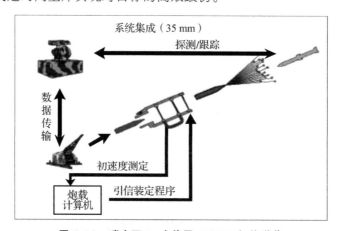

图 5.22　瑞士双 35 火炮及 AHEAD 智能弹药

3. 引信修正机构

引信修正机构位于具有弹道修正功能的引信中。弹道修正引信是一种新型引信，在传统引信基础上增加了弹道参数敏感（或接收装置）和引信修正机构，它可根据实际弹道飞行与预定弹道轨迹的差别识别弹道偏差，并通过执行机构改变弹道飞行轨迹，实现减小落点偏差的目的。弹道修正引信将引信的炸点控制能力拓展到空间三维方向。

弹道修正引信的修正机构有阻力片、阻力环、阻尼板等一维修正机构，可实现射程方向修正。仅能增加弹丸整体的飞行阻力，通过"打远修近"的方式，牺牲射程实现落点精度的提高。图 5.23 为斯塔尔"STAR"弹道修正引信，提供 GPS 接收机识别弹道，并通过多片减速板作为一维修正机构实现射程方向的弹道修正。

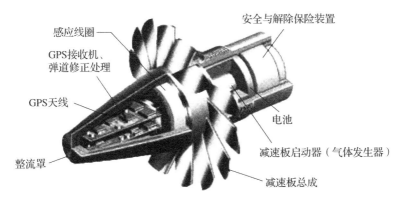

图 5.23　斯塔尔"STAR"弹道修正引信

另一类修正机构还可同时产生弹道横向偏移力，常见的有舵片、推冲器及复合式减速板等。采用这类修正机构的引信具有二维弹道修正能力。

图 5.24 为美国 ATK 公司的 PGK 弹道修正引信，具有二维弹道修正能力。该引信的修正机构为引信体外部突起的舵片，通过舵片的角度实时调整，改变弹丸的气动阻力，从而实现所期望的二维修正功能。图 5.25 为美国联合防御公司研制的二维弹道修正引信，其修正机构包括旋转减速板、微调减速板和主减速板，可实现二维弹道修正。

图 5.24　美国 ATK 公司的 PGK 弹道修正引信

图 5.25　美国联合防御公司研制的二维弹道修正引信

|5.5　典型引信构造与作用|

5.5.1　小口径机械触发引信

小口径智能弹药主要配备于高射炮和航空机关炮,主要对付 3 000 m 以下的低空目标。该类引信一般体积小、承受的发射过载大,同时有适当延期、自毁等特殊功能要求。苏联 37 mm 高射炮配用的典型引信为 Б – 37 引信。该引信引进我国后称为"榴 – 1"引信。

1. Б – 37 引信构成

Б – 37 引信是一种具有远距离保险性能和自炸性能的隔离雷管型弹头瞬发触发引信。它配用于 37 mm 高射炮和 37 mm 航空炮杀伤燃烧曳光榴弹上。主要用于对付飞机等空中目标。Б – 37 引信由发火机构、延期机构、保险机构、隔爆机构、闭锁机构、自炸机构以及爆炸序列等组成,见图 5.26。

该引信的主发火机构为瞬发触发机构,包括木制击针杆 2,杆下端套装的钢制棱形击针尖 3,以及装于雷管座 4 中的针刺火帽 22。击针杆用木材制造,以保证重量轻,头部直径较大,以增加碰击时的接触面积。这样可以使引信具有较高的灵敏度。击针合件从引信体 1 上端装入,并被 0.3 mm 厚的紫铜制的盖箔封在引信体内。盖箔的作用是密封引信,并可在飞行中承受空气压力,使空气压力不会直接作用在击针杆上。另外该引信还有一套用于解除保险和自毁

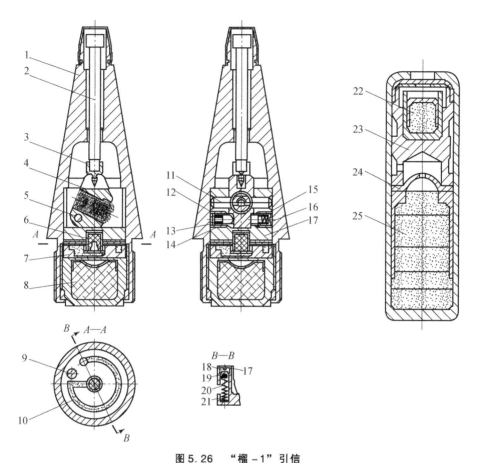

图 5.26　"榴-1"引信

1—引信体；2—击针杆；3—击针尖；4—雷管座；5—限制销；6—导爆药；7—自炸药盘；

8—传爆药；9—定位销；10—自炸药盘；11—转轴；12，15—离心子；13—保险黑药；

14—螺筒；16—离心子簧；17—U 形座；18—螺塞；19，22—针刺火帽；

20—弹簧；21—点火击针；23—延期体；

24—保险罩；25—火焰雷管

的膛内发火机构，包括火帽、弹簧和点火击针。

隔爆机构为垂直转子隔爆。包括一个 U 形座 17，内装一个近似三角形的钢制雷管座 4。在雷管座中装有针刺火帽和火焰雷管 25。雷管座在 U 形座中由两个转轴 11 支承着，雷管座两侧面的下方各有一个凹坑，一个是平底，另一个是锥底，用来容纳从 U 形座两侧横孔伸入的两个离心子。头部是平的离心子 15 被离心子簧 16 顶着，头部是半球形的离心子 12 由保险黑药 13 柱顶着，这两个离心子平时将雷管座固定在倾斜位置上，使其上面的火帽与击针，下面的雷管与导爆药 6 都错开一个角度，从而使雷管处于隔离状态。

保险机构为冗余保险，分别为后坐加火药延期保险以及离心保险。保险机构包括保险黑药柱、两个离心子，以及装在 U 形座侧壁纵向孔中的膛内发火机构，膛内发火机构由点火击针 21、弹簧 20 和针刺火帽 19 组成。装有膛内发火机构的纵向孔的侧壁上有一小孔与保险黑药柱相通。黑火药燃烧产生的残渣可能阻止离心子飞开，因而将雷管座上的凹槽做成锥形，借助于雷管座的转正运动，可通过锥形凹槽推动离心子外移。

闭锁机构为一个依靠惯性力作用的限制销。雷管座的右侧钻有一个小孔，内装有限制销 5，当雷管座转正时，它的一部分在惯性力作用下插入 U 形座的槽内，将雷管座固定于转正位置上，起闭锁作用。

延期机构为小孔气动延期。包括延期体 23 和穹形保险罩 24。延期体是铝制的，上下钻有小孔，中部有环形传火道。延期体装在火帽和雷管之间，火帽发火产生的气体必须经斜孔、环形传火道进入延期体下部的空室，膨胀以后再经保险罩上的小孔才能传给雷管。传给雷管的气体压力和温度达到一定值时，雷管才能起爆。这样就可保证得到 0.3～0.7 ms 的延期时间。

自炸机构采用火药固定延期方式。包括膛内发火机构和自炸药盘 7。自炸药盘是铜的或用锌合金压铸而成，位于雷管座的下面，盘上有环形凹槽，内压 MK 微烟延期药。药的起始端压有普通点火黑药，终端引燃药与导爆药 6 相接。药盘上盖有纸垫防止火焰蹿燃。

引信的爆炸序列有两路，分别为主爆炸序列和自毁爆炸序列。主爆炸序列包括装在雷管座中的火帽、雷管、导爆药和传爆药。自毁爆炸序列包括膛内点火机构的火帽、自炸药盘、导爆药和传爆药。

2. Б-37 作用过程

Б-37 引信平时依靠双离心子约束，对主爆炸序列隔爆以实现引信的安全。发射时，膛内发火机构的火帽在后坐力的作用下，向下运动压缩弹簧与击针相碰而发火，火焰一方面点燃保险黑药柱，一方面点燃自炸药盘起始端的点火黑药。瞬发击针在后坐力的作用下压在雷管座的开口槽的台肩上，引信主发火机构膛内不作用。弹丸在出炮口前，平头离心子在离心力作用下已飞开。由于保险药柱球形头离心子的制约及后坐力对其转轴的力矩的制动作用，雷管座不能转动，从而保证膛内安全。

当弹丸飞离炮口 20～50 m 时，保险黑药柱燃尽，球形头离心子在雷管座的推动以及离心子自身所受的离心力的作用下已飞开，解除对雷管座的保险。这时后效期已过，瞬发击针受爬行力向上运动，雷管座在回转力矩作用下转正。雷管座中的限制销在离心力作用下飞出一半卡在 U 形座上的槽内，将雷管座固定在待发位置上，实现闭锁。此时雷管座上部的火帽对正击针，下部的雷管对正导爆药。引信进入待发状态。这时，自炸药盘中的时间药剂仍在燃烧。

碰击目标时，引信头部在目标反作用力的作用下使盖箔破坏，击针下移戳击火帽，火帽产生的气体经气体动力延期装置延迟一定的时间，在弹丸钻进飞机一定深度后，引爆雷管，进一步引爆导爆药和传爆药，从而引爆弹体装药。

发射后 9～12 s，若弹丸未命中目标，在弹道的降弧段上，自炸药盘药剂燃烧完毕，引爆导爆药，进而引爆传爆药，使弹丸实现自炸。

5.5.2　中大口径炮弹引信

中大口径炮弹引信主要对付各类地面目标，其对付目标种类多，配用智能弹药种类多，目前中大口径炮弹引信发展向多选择引信、多功能化方向发展。美国中大口径榴弹引信中，机械引信以 M739 及 M739A1 为典型，下面进行介绍。

1. M739 及 M739A1 引信构成

图 5.27（a）为 M739 弹头起爆引信，图 5.27（b）为 M739A1 弹头起爆引信，M739 及 M739A1 基本一致，主要区别在于 M739A1 具有自调延期功能。二者配用于 105 mm、107 mm（4.2 英寸）、155 mm、203 mm（8 英寸）的杀爆弹上。引信体为整体铝合金设计，其底部为标准的 51 mm（2 英寸）螺纹，与弹口匹配。两种引信都主要由五个模块组成：防雨机构、瞬发发火机构、装定机构、延期发火模块、安全与解除保险装置以及爆炸序列。

防雨机构为包含栅栏与支座的一个带有头帽的防雨套筒，以减少在大雨中由于雨滴碰撞而可能引起的早炸。这一组件位于引信头部，由头帽和五根栅栏组成，一旦头帽受损，栅栏可以打散雨滴和树叶，由此降低了引信的淋雨发火灵敏度，但基本没有影响对地或对目标的触发灵敏度。对于软目标，该组件内空腔必须被目标介质塞满，才能驱动击针戳击雷管。

瞬发发火机构包括击针与雷管组件，位于防雨套筒的下部，起瞬发作用。刚性保险件击针支撑盂支撑着击针，防止碰击前 M99 针刺雷管起爆。

装定机构为倾斜配置的滑柱装定机构。通过装定实现发火时 M99 雷管传火通道的阻塞与打开。选择瞬发作用时，允许离心力移开头部雷管通道的隔爆件。延期作用通过装定套筒闭锁传火孔而实现，与隔爆件的位置无关。闭锁传火孔使雷管火焰不能引爆爆炸序列。装定时可以使用硬币或螺丝刀将刻槽转到所需的装定位置。

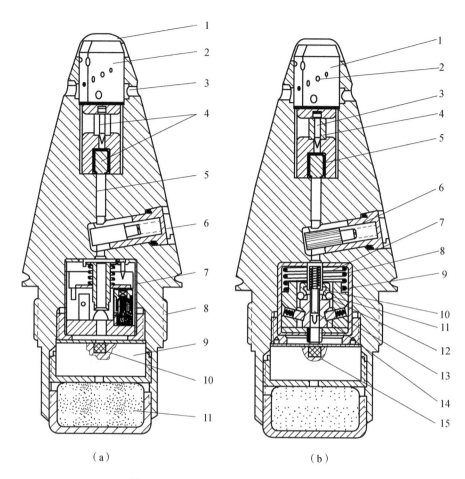

图 5.27　M739 及 M739A1 弹头起爆引信

（a）M739；

1—头帽；2—栅杆与支座组件；3—雨水孔；4—瞬发发火机构；5—传火孔；

6—装定套筒组件；7—惯性发火模块；8—弹口螺纹；9—安全与解除保险装置；

10—M55 针刺雷管；11—传爆药柱

（b）M739A1

1—头帽；2—栅杆与支座组件；3—击针；4—支筒；5—瞬发雷管；6—装定套筒组件；

7—击发簧；8—惯性筒簧；9—延期发火合件外体；10—保险筒；11—惯性筒；

12—保险钢珠；13—支筒；14—击针；15—M55 针刺雷管

这两种引信的延期发火机构不同。M739 使用离心力解除保险，碰击目标惯性发火，包含 50 ms 延期的火药延期元件，使得弹丸在侵入目标一定深度时起爆。M739A1 使用机械式自调延期模块，是一个不含炸药的反冲活机体。碰击目标时，该活机体上升，当穿透目标或目标阻力使负加速度降到 300g 以下时，活机体释放击针，实现引信发火。

安全与解除保险模块包括隔爆机构及其保险机构，位于延期组件的下面，采用水平回转的转子隔爆，隔爆机构主要包括一个内装 M55 雷管的不平衡转子。保险机构为后坐保险、一对离心爪离心保险以及钟表延期保险机构。

爆炸序列包括瞬发与延期爆炸序列。瞬发爆炸序列包括 M99 雷管、M55 雷管、导爆药、传爆药。延期爆炸序列包括火帽、延期药柱、M55 雷管、导爆药、传爆药。

为保障一定强度，引信体采用轻铝合金结构，引信采用延期方式只能对付轻型目标，例如胶合板、砖、矿渣块、松软的土地。而对付混凝土、轻装甲目标和沙袋等，必须考虑采用其他类型的引信。

2. M739 及 M739A1 引信作用过程

引信平时安全依靠隔爆机构保障，属于隔离雷管型。两套发火机构也有各自的保险。引信在发射和飞行过程中各自会发生如下动作：

（1）当装定套筒组件装定为瞬发作用时，离心力驱动滑柱，打开传火孔；当装定为延期时，滑柱仍能飞开，但传火通道被阻塞。

（2）在 M739 延期组件内，离心力驱动一对保险销分别外移，并由闭锁销将其锁定在外移位置。

（3）在安全与解除保险机构内，后坐销在后坐力作用下从转子缩回，离心爪在离心力作用下向外移开，这就解脱了转子，并允许其在钟表延期机构作用下缓慢回转，带着 M55 雷管对准传火孔。借助无返回力矩钟表机构，解除保险动作有短暂的延期，一旦解除保险，转子由转子锁销锁定在待发位置。

（4）在雨中发射时，一旦头帽受损，栅栏打散雨滴并防止瞬发雷管作用。弹丸旋转产生的离心力将剩下的水从栅栏支座组件侧孔中排出，瞬发发火机构在碰击目标前不动作。

当弹丸命中软性碰击面时，材料破坏头帽挤入栅栏之间，冲击击针。倘若炮弹命中砖石建筑或岩石，整个栅栏支座组件驱动击针，戳入瞬发雷管，火焰沿着孔道向下并引爆安全与解除保险装置中的 M55 雷管。

如果装定成延期，瞬发传火孔被阻塞。对于 M739 引信，活机体向前运动，撞击击针，使 M2 延期体的火帽作用，延期药燃烧 50 ms 后引爆 M55 雷管，它依次引爆导爆管、传爆管，最后引爆弹丸。对于 M739A1 引信，反冲活机体向前运动，压缩弹簧，释放两个大钢珠，从而解脱压缩弹簧套筒。当穿透目标或经充分减速后，弹簧向后驱动套筒，再释放另外两个小钢珠，从而释放压缩弹簧击针，戳击安全与解除保险机构内的 M55 雷管，实现自调延期发火。

5.5.3 电子时间引信

电子时间引信是以电子计时方式工作的，其计时精度高，并易于与近炸等其他作用方式复合，是当前时间引信的发展主流。本节介绍美国 M762 电子时间引信的构成及作用过程。

1. M762 电子时间引信构成

M762 引信主要由以下子装置组成：电子头及液晶显示（LCD）组件、安全与解除保险装置、电源、接收线圈与机械触发开关组件，如图 5.28 所示。

电子头及液晶显示（LCD）组件内装有电子元件及线路板，并有一个可供读数的液晶显示器，见图 5.28 左上方的数字框。电子头起计时及起爆控制作用。为了防止其在发射时高冲击及惯性过载下被损坏，在电子元器件周围进行灌封以提供支撑。该组件中的液晶显示器使操作者可目视引信内已装定编码的反馈信息。装定时间信息既可手动旋转头锥，并从液晶显示器上读出，也可在炮弹装填之前，间接地通过感应装定器读出。

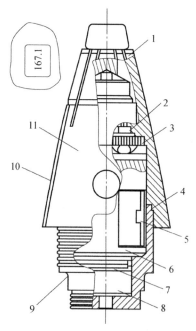

图 5.28　M762 引信

1—头锥组件；2—电子头；3—O 形环、头锥；4—垫圈密封底盖；5—引信电源；6—电源座；
7—安全与解除保险装置；8—传爆管；9—底螺组件；10—液晶显示窗；11—引信体

安全与解除保险装置是一个机电式安全与解除保险装置，用剪切销、后坐销和离心销将隔爆机构的滑块限制在错位位置，以保证发射前的安全性。

电源由液态储备式化学电池和相关的激活机构组成。

接收感应线圈和压垮触发组件位于引信头部内部，并作为触发传感器。接收感应线圈通过引信外部的感应耦合实现电连接，并接收感应装定的时间数据。这种接收允许快速装定引信而无需电触点接触。装定器可将引信显示的实际装定数据"回读"。

2. M762 电子时间引信作用过程

使用时，引信可以装定成时间或触发方式。引信装定可借助头锥的初始旋转以机械方法实现；也可以通过感应装定器以电的方法实现。装定时间范围为 $0.5 \sim 199.9$ s，装定间隔 0.1 s。在电池使用寿命期，引信可以在任何时间重新装定。

发射时，通过激发一个位于电池底部的激活器，打碎电池内的小玻璃瓶，电池被完全激活，引信电路上电并开始工作。

同时在发射时，后坐力驱动后坐销，释放滑块第一道保险。出炮口后，离心力闭合旋转开关，以启动电子时间，并释放安全与解除保险滑块的一个旋转保险，解除第二道保险。引信装定瞬发时，活塞作动器在 450 ms 时发火，而对于时间装定，作动器比装定时间早 50 ms 发火。活塞作动器发火后，驱动器剪断剪切销，解除第三道保险，并将安全与解除保险滑块推入解除保险位置，这时，爆炸序列对正，引信解除隔爆。

引信解除保险条件为：最小后坐力 $1\,200g$；最小转速 $1\,000$ r/min；接收到从电子组件来的解除保险信号。安全与解除保险机构内有两个爆炸元件，即主雷管和活塞作动器。雷管直到其"对正"之前，总是处于电气不可操作的短路状态。

引信计时过程由晶体振荡器控制，作用精度优于 0.1 s。如果装定为定时，到达装定时间后，发火控制电路使电雷管作用。如果装定为瞬发，触发开关闭合将引爆电雷管。在瞬发方式时，如果触发传感器不慎在解除保险时间之前闭合，瞬发作用无效。

5.5.4　近炸引信

近炸引信依靠对目标的近程探测，在距离目标一定距离起爆以实现最佳引战配合方式，提高对目标的毁伤效果。近炸引信根据对目标的探测方式不同有无线电近炸、激光近炸、电容近炸等。近炸引信主要需保证对目标的近炸定距精度和抗干扰能力。本节介绍图 5.29 所示 M732A1 无线电近炸引信。

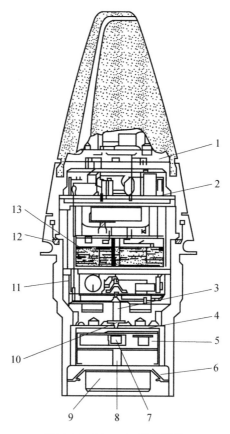

图 5.29 M732A1 近炸引信

1—振荡器组件；2—放大器组件；3—电雷管；4—抗爬行弹簧；5—安全与解除保险装置；

6—传爆管帽组件；7—针刺雷管；8—导爆管；9—传爆管；10—击针；

11—定时器组件；12—防水垫；13—电源

1. M732A1 近炸引信构成

M732A1 无线电近炸引信为弹头引信，配用于 108 mm（4.2 英寸）、105 mm、200 mm（8 英寸）的杀爆弹。其组成部分如下：射频振荡器、放大器电子组件、电源、电子定时器部件、安全与解除保险装置以及爆炸序列。

射频振荡器包括一个天线、一个射频硅晶体管和其他引信辐射和探测系统的电子元器件。天线位于引信的头部，在电气上脱离弹体，这样就允许天线方向图不受所配用弹的尺寸的影响。这种设计的最佳炸高适合落角范围较宽。振荡器和放大器部件的放大器含有一块集成电路，包括一个差分放大器、一个带全波多普勒整流器的两级放大器、几个滤除波纹用的晶体管和一个触发点火脉冲电路用的可控硅整流器。

电源为旋转激活储备式化学电池，标称输出电压 30 V、负载电流 100 mA。电极为钢质基片，带有铅和二氧化铅镀层。电解液（氟硼酸）装在铜瓶内，铜瓶在轴向后坐力和旋转力的复合作用下被破坏，使电解液分散流入电池堆内，从而激活电池。

电子定时器部件由电子电路组成，提供引信延时接电，即达到装定时间后引信才开始辐射无线电波。集成电路由一种可对 RC 充电曲线斩波的可变负载多谐振荡器斩波器组成；允许最大延期为 150 s，而 RC 持续时间只有大约 1 s。定时器底部的指针触点与引信头下端雷管座上的可调电位器相接触，可以转动引信头部进行时间装定。

安全与解除保险装置包括一个带有针刺雷管的偏心转子、一个擒纵机构、两个旋转锁爪、一个后坐销。该模块安装在雷管座组件下，并使安全与解除保险组件能纵向运动。在弹道飞行过程中，弹道加载簧确保安全与解除保险组件定位于后部，从而防止击针和保险与解除保险装置中的转子间产生干涉。

2. M732A1 近炸引信作用过程

引信作用前可选择近炸或触发作用方式。近炸（PROX）装定时，根据从弹道表上查出的到达目标的飞行时间，通过旋转引信头锥装定，使头部的装定线与引信体上时间刻度（秒级）对准。引信在标称时间到达目标前 5 s 开始辐射无线电信号。将头部装定线旋转到与引信体上的 PD 标记对准实现触发方式选择。

弹丸发射后，电源激活，电路上电工作。同时安全与解除保险机构均开始解除保险动作，当弹丸加速度超过 1 200g，后坐销向下运动并且不能回复。当弹丸飞出炮口后，旋转锁定爪摆开并允许转子开始运动。转子对其转轴是不平衡的，因此受离心力驱动向解除保险位置转动。通过齿弧和无返回力擒纵机构，转子以其速度的平方做减速运动。减速的结果导致弹丸解除保险距离相对恒定，而不依赖于炮口初速。

当转子转过大约 75° 的弧长后，转子从齿弧上脱出，再转过大约 45° 的弧长，达到完全解除隔爆并被锁定，引信这时解除保险。

近炸作用方式时，引信沿弹道飞行，在离到目标时间还有 5 s 时，电子定时器开关使电池开始给振荡器、放大器和发火电路输出电压。随后振荡器开始辐射无线电射频信号，发火电路开始充电，达到保证可靠引发电雷管的阈值电压 20 V 的标称时间是 2 s。

当引信接近目标时，振荡器天线接收到回波信号，通过检波获得多普勒信号，再经过放大电路进行处理。当信号达到预定值时，发火电路给出发火脉

冲，电雷管起爆，引爆爆炸序列并使整个弹丸爆炸。

触发作用方式时，弹丸发射及安全与解除保险机构解除保险后，引信沿着弹道方向继续飞行，直至撞击目标。这时，安全与解除保险机构中的滑动雷管组件撞击击针，使针刺雷管起爆，引爆爆炸序列并使整个弹丸爆炸。

|5.6 智能引信发展|

智能弹药除具有一般弹药的功能外，还具有智能特点。智能表现在毁伤元形成、毁伤方位、毁伤模式、毁伤时机的可控性，智能弹药需要与之匹配的智能引信。智能引信可实现对目标和交汇状态的精细探测和识别，以及对战斗部起爆输出模式的调整。

目前引信发展方向包括多功能引信、方位探测引信、精确定距引信、串联战斗部引信、开仓自适应引信、弹道修正引信、侵彻引信、复合引信、战场封锁防排引信、作战效果评估引信、基于全球定位系统的引信、MEMS 引信、引信制导一体化、引信与武器系统信息交联等，引信与武器系统以及弹药一样，为实现远程化、高效能的精确打击，逐步向着智能化方向发展。

引信智能化发展包括有以下方面：

（1）目标精确探测能力：定距、定角、定方位；

（2）目标识别能力：识别目标类型、目标薄弱环节、交汇状态参数等；

（3）引战配合决策执行能力：精确延时、多路输出起爆等；

（4）环境识别与安全控制能力：多环境冗余识别、解除保险点控制、保险/解除保险双向控制等；

（5）信息交联能力：与平台的信息交联、与弹药的信息交联、与信息节点的信息交联、可编程等。

下面就智能引信的智能探测以及引信与武器系统的信息交联两方面分别进行相关技术发展介绍。

5.6.1 硬目标侵彻引信技术

近几十年来，硬目标侵彻引信一直是国际上武器发展的热点。硬目标侵彻引信由固定的延期起爆模式向智能控制方向发展，从时间的顺序上来看，有固定延时、可调延时、灵巧引信以及多效应侵彻等几个发展阶段。侵彻引信的功能实现更多是依靠对侵彻信号的实时处理，同时提高引信在侵彻过程中的抗高冲击生存能力。下面对国外侵彻引信相关发展进行介绍。

1. 延时引信

固定延期引信主要是包括烟火药在内的机械或机电引信，如英国的 951/947 型引信，美国的 M904/905 型和 FMU-143 型电子时间引信等，均是通过火药或数字式电子定时器进行触发延时。典型的固定延期引信，如图 5.31 的 FMU-143A/B 引信，是美国 20 世纪 90 年代研制成功的，配用于 BLU-109B 硬目标侵彻炸弹，曾在海湾战争中投入使用。该引信全长 235 mm，最大直径 73.7 mm，质量为 1.45 kg。作用方式为触发延期，延期形式为火药延期，延期时间为 0.015 s、0.06 s、0.12 s。

图 5.30　美国硬目标侵彻炸弹
使用的 FMU-143A/B 引信

FMU-143A/B 引信由 FMU-143B 炸弹触发引信和 FZU-32B/B 炸弹引信启动器组成（图 5.30）。启动引信电子组件工作和起爆引信内炸药组件所需能源均由 FZU-32B/B 提供。FZU-32B/B 是一种气动驱动发生器，其工作顺序为：投弹时，将解保钢丝从引信安全装置的弹出销中拉出，启动炸弹引信启动器，启动后 1 s，安全装置将气流驱动发生器的输出连接到引信电路上，经过 4 s，机械锁栓释放转子。转子在爆炸风箱驱动器驱动下，转动到解除保险位置。一旦转子解除保险，气流发生器的输出即被切断，发火能量被储存在电容器内。当炸弹碰击目标时，开关闭合，点火能量传递给所选的延期雷管。

2. 可调延时引信

针对固定延时引信延时不可调的缺点，英国国防部（MOD）资助发展了索恩 TME 电子公司的 960 型电子可编程多选择炸弹引信（MFBF），其起爆系统能提供从瞬时到 250 ms 计 250 种不同的装定延时，已作为攻击软硬目标武器的标准引信。960 型电子可编程多选择炸弹引信已装备英国空军和海军使用的 450 kg、245 kg 通用炸弹和 GBU-24 炸弹。

曾为美国侵彻炸弹研制了标准型 FMU-143 引信的摩托罗拉公司又研制了 FMU-152/B 联合可编程引信（Joint Programming Fuze，JPF）（图 5.31）。JPF 是一种用于通用战斗部和侵彻战斗部的先进引信系统，它提供有保险、飞行中驾驶员选择、多功能和多延期解除保险以及起爆功能，从而提供了对付硬目标的能力。该系统工作分为三个任务阶段：炸弹投放前阶段、解除保险之前阶段和解除保险后阶段。该引信系统可以使飞行员在飞行中或投放炸弹后，通过飞机上的数据系统将引信延时时间、炸点深度等指令输入炸弹。该引信已经装备 GBU－27、GBU－28 等制导炸弹和波音公司生产的联合直接攻击弹（Joint Direct Attack Munition，JDAM）上。

专为德国 Mephisto 战斗部研制的可编程智能多用途引信 PIMPF（Programmable Intelligent Multi－purpose Fuze）由欧洲 EADS（European Aeronautic Defense and Space Company）公司从 1994 年开始原理性研究，计划于 2004 年投放使用。PIMPF 由引信室、电源、电路模块、机电安全起爆装置组成，如图 5.32 所示。

图 5.31　FMU－152/B 联合可编程引信

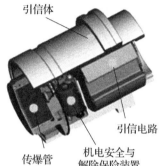

引信体

引信电路

传爆管

机电安全与解除保险装置

图 5.32　PIMPF 的构成

PIMPF 是一种可在地面或飞行中编程的引信，主要用来对付多间隙硬目标，也可对付通用目标，具有抗高过载，识别软硬靶、空穴，记录空穴和靶的层数，并能根据靶的结构和作战计划优化炸点等功能。

3. 硬目标灵巧引信（HTSF）

美军在伊拉克战争中使用了 GBU－24、GBU－27、GBU－28、AGM－130、GBU－15、AGM－86 和 B61 核弹等对坚固深埋重要军事目标进行轰炸，如指挥中心、智能弹药仓库等，削弱了伊拉克的对抗能力，大大地缩短了战争进程。这些武器大量使用了一种最新研制生产装配于弹底的机电引信——硬目标灵巧引信（Hard Target Smart Fuze，HTSF）。HTSF 也即 FMU－159/B

图 5.33　FMU－159/B 硬目标灵巧引信

（图 5.33），装有微控制器，它在目标内的最佳点上引爆战斗部，以达到最佳毁伤效果。HTSF"灵巧"模式包括感知间隙、计算硬层、计算侵彻深度，以及常规的碰撞后延期起爆功能。

4. 多效应硬目标引信（MEHTF）

美国空军怀特实验室的军械管理局 1997 年在艾格林空军基地已开始多效应硬目标引信（Multi – Event Hard Target Fuze，MEHTF）项目第一阶段的工作，研制这种引信的主要目的是提供优于硬目标灵巧引信的能力，同时降低其成本、复杂性和尺寸。其研制目标还包括增加引信的抗冲击耐久性和提供多个输出以支持不同的作战目的。硬目标灵巧引信采用加速度计以区别不同的目标介质，感觉和计算空穴及硬层数。多效应硬目标引信必须更快更精确地识别这些介质，并能探测大量厚度差别很大的材料。要求能计算到 16 个空穴或硬层，计算总侵彻行程达 78 m，探测标识空穴或硬层后计算轨迹长至 19.5 m。该引信的潜在应用包括现有的 8MK6、BLU – 104、BLU – 113 武器和其他战斗部，如高级整体侵彻器（AUP）、GBU 族激光制导炸弹、AGM – 130、AGM – 142、JDAM、JASSM 和 JSDW。该引信的设计还包括适用于未列入规划的将来要研制的武器，如 Agent 攻击型战斗部、高速 ATACMS 和高速小型侵彻器等。

5.6.2　引信与武器系统信息交联

新军事变革下的战争是信息战争，是具有高度信息化下的武器系统（或体系）的互为对抗。引信作为武器系统实施终端毁伤的控制核心，在武器系统（或体系）的对抗中具有十分重要的作用。针对目前网络信息化高速发展的时代，引信不再是一个独立的起爆控制单元，它应综合利用来自各武器平台的目标信息、环境信息，选择最佳的攻击点、起爆时机、起爆方式，按照预定策略完成起爆控制。

引信处于武器系统终端毁伤"生与死"对抗的第一线，它与武器系统的信息交联是信息战争下急需发展的关键技术。引信要使智能弹药达到最大的毁伤效果，与载体或外界信息的交联功能是必不可少的。这里的载体是指运载平台，如弹丸、火箭、导弹等；外界是指发射平台、指控平台、飞行平台、空间飞行器平台，如火炮、火箭发射车、军舰、潜艇、飞机、航天飞机、卫星等。

引信与武器系统信息交联的目的就是在引信被发射前、发射过程中或发射后，为使智能弹药或战斗部达到最大毁伤效果或实现最佳作战模式，将所需要的信息或参数由武器系统适时通过有线或无线传输的方式传输给引信，以便引信在最佳的距离、时间、方位处起爆智能弹药或控制战斗部以最佳方式作用。

1. 引信与武器系统信息交联的基本方式

引信与武器系统信息交联的基本原理是：由武器系统从各种探测设备获取

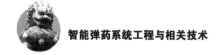

目标信息，通过处理变成引信所需的信息，经过特定的装置调理发送给引信；引信端有相应的接收模块，处理并存储武器系统给出的信息，必要时以某种方式反馈回武器系统端，以确认信息交联成功。

探测设备为各种雷达、红外瞄准仪和激光测距仪等。目标信息包括：目标的方位、距离、速度等。引信所需的信息为：起爆时间、起爆距离、作用方式等。在引信与武器系统信息交联过程中，将信息传输给引信的过程又称为对引信的装定过程。联系引信与武器系统之间的装置常称为引信装定装置或装定器。

引信与武器系统信息交联的种类，按自动化程度分为接触式装定和非接触式装定（包括人工接触式、人工非接触式或自动非接触式）。在不同的信息交联方式下，相继出现了不同的装定装置，目前已经装备的主要有发射前的手工接触式装定装置和手工非接触式装定装置。适用于发射过程中或发射后装定的非接触式自动装定装置已经在研究发展中。

2. 引信与武器系统信息交联技术发展

随着引信技术的发展，以及武器系统自动化程度的提高，需要在探测、攻击、起爆整个过程中实现自动化与信息化，将目标信息及时进行解算，并将起爆等信息准确地发送给引信。于是以引信装定为主的引信与武器系统信息交联技术就由手工装定向自动装定发展、由发射前静态装定向发射中或发射后动态装定发展，同时也由接触式装定向非接触式装定发展。在发展过程中，非接触装定是实现动态装定和自动装定的前提。非接触装定是以电、磁、光等为介质进行能量和信息传递的。

引信电磁感应装定，简称引信感应装定，是应用电磁感应原理，利用装定发送线圈（初级线圈）和装定接收线圈（次级线圈）的电磁耦合，实现装定信息由装定器到引信的非接触传输。装定信号发生器输出装定信号，控制初级线圈驱动电路的运行方式，以改变发送线圈端电压参数的变化，如频率、幅值或者相位变化；根据电磁感应原理，接收线圈能够感知这种变化，并且体现在其端电压中，引信接收电路对接收线圈端电压进行处理，将端电压的参数变化转换为数字信号，即可得到装定信号。通过电磁、磁电变换实现信号传递，初、次级线圈相距很近，不易受外界干扰。另外，装定器与引信间没有物理接触，可靠性高，而且装定速度快，能提供对多种威胁迅速反应的能力，是世界各国主要采用的一种引信装定方式。例如，美国等国目前列装的大中口径电子引信均具有可感应装定功能，包括 M767/M762A1 电子时间引信、M782 多用途榴弹引信、德国的 DM84 多选择引信、南非 M9801/4 电子时间引信等，如

图 5.34 所示。为了满足海军需求，美国正在对 M762A1 和 M782 引信进行改进，特别是改进引信感应装定部分以适用于舰炮，改进后的引信型号分别是 MK432MOD0 和 EX437。

图 5.34　几种可感应装定电子引信

手工感应装定由操作员在发射前（智能弹药装填前）手持便携式感应装定器进行装定，装定器与引信之间相对位置存在静态停靠的关系，装定结束后两者分离开。M1155 是针对十字军（Crusader）武器系统的需求而研制出的便携式感应装定器，如图 5.35 所示，能为美军现有大口径电子引信进行装定，包括 M782、M762/M767 和 M773 等。虽然 Crusader 计划已被中止，但是 M1155 却已定型且装备部队，并正在研究其增强改进型 XM1155。XM1155 的工作原理如图 5.36 所示，通过增加一套发射平台综合工具箱（Platform Integration Kit，PIK），装定参数除引信作用方式、作用时间等外，还包括火炮和目

图 5.35　M1155 便携式
感应装定器

标位置 GPS 参数。XM1155 除适用于 M782、M762/M767、M773 等外，还支持具有弹道修正功能的 XM982 引信，用于"亚瑟王之剑"武器系统。

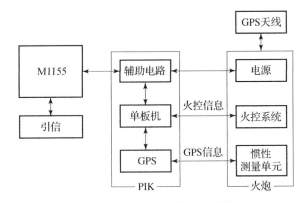

图 5.36　XM1155 的工作原理

自动感应装定系统一般安装于武器发射平台，在发射过程中依靠引信相对装定器的运动完成信号的电磁耦合与信息的传输。随着智能弹药向自动装填的

方向发展，引信自动感应装定技术得到深入的研究和发展。2000 年艾连特技术系统公司（Alliant Techsystems Inc.）研制了用于 Crusader 武器系统的引信自动感应装定系统原理样机，如图 5.37 所示。美军还通过简单改进，将便携式感应装定器 M1155 集成到火炮自动装填机，实现引信发射前自动感应装定。

初级线圈

引信

图 5.37　Crusader 火炮的自动感应装定系统原理样机

第 6 章
破片毁伤智能化技术

毁伤智能化是弹药智能化的重要组成部分，其主要通过对爆轰波的控制来实现毁伤的模式改变，通过起爆方式的不同来实现对爆轰波的控制，改变爆轰波的形状，以此来实现对单一装药模式形成不同的毁伤方式，以此实现对破片的扩散角的控制以及对聚能装药形成不同毁伤元的控制，本章重点讲述破片的定向控制技术。

|6.1 概述|

6.1.1 概念

破片定向战斗部是指一种把能量相对集中的战斗部，可以提高在给定目标方向上的破片密度、破片速度和杀伤半径，使战斗部对目标的杀伤概率得到很大程度的提高，充分发挥炸药的能量，提高炸药利用率。

破片定向战斗部主要包括偏心起爆式、爆炸变形式、破片芯式、机械展开式、可控旋转式等类型。本节重点介绍展开式定向战斗部，展开式定向战斗部可以通过控制展开姿态使绝大部分破片都向目标方向集中飞散，能更显著地提高对目标的杀伤概率。展开式定向战斗部的展开变形作用是实现战斗部可靠作用和提高其综合定向毁伤效能的关键，需要重点关注战斗部的起爆控制技术和破片飞散控制技术。

6.1.2 研究现状

1. 国外研究现状

20世纪60年代初期，美国率先开始了定向战斗部结构及定向引爆系统的研究，开展了多种结构类型和定向方式的探索。此后，各国相继加入对定向战斗部的探索研究中来。定向战斗部是未来防空导弹战斗部的一个重要发展方向，它的应用将大大提高对空中目标的毁伤效果。因此，定向战斗部得到了各国普遍的重视，尤其是美英等军事大国。

定向战斗部技术探索初期，各国将重点放在了定向引爆系统的研制上。1965 年美国海军水面武器中心 J. C. Talley 申请了一种定向起爆战斗部专利，该战斗部在圆柱形装药周围沿轴向等距离地排列了多列雷管，当近炸装置探测到目标的方位角时，控制盒选择一列或几列雷管同时起爆。该战斗部作用时，目标选择与爆轰作用基本同步，所以具有快速定向的特征。据分析，该种定向战斗部在美国 20 世纪 70 年代初期的地空、空空导弹中被采用。1971 年，美国海军空中武器中心 Marvin L. Kempton 申请了一项二次起爆定向战斗部专利，该战斗部含有一个圆柱外壳及相对厚的内壳，两壳之间填充炸药，内外壳由钢或类似材料制成。当传感器感知到目标方位后，控制器发出信号使对应方位的瞄准起爆器点火并造成外壳破裂，同时，又利用与之相连的导爆索精确延期而使直径对称位置的主装药起爆，产生快速膨胀气体和燃烧产物，并从外壳断裂处冲向目标，该力将带走爆轰产生的破片。当爆轰沿环形方向传播时，剩余的壳体也破裂成破片，其中大部分将朝目标飞去。同年，海军军械站 R. G. Moe 发明了两端同时起爆的战斗部，通过在前后端中心同时起爆主装药，使战斗部在轴中心处产生径向圆环破片，其破片速度和质量不仅很大，而且与轴线垂直，这对于击中空中目标极为有效。该时期的这类战斗部设计方案为定向战斗部的结构和原理设计提供了一种新的思路，通过对二次起爆的合理利用，催生出爆炸变形式、破片芯式、机械展开式等定向战斗部类型。

美国的 D. Abernathy 于 1973 年申请了一项展开式定向战斗部专利，战斗部采用多体结构，各个个体之间通过铰链连接并用薄片状炸药隔开，探测器探测到目标方位后给出信号使与目标相对一侧的辅装药起爆，由铰链连接的多体战斗部结构在辅装药的爆炸驱动作用下机械展开，从而使破片层全部朝向目标，此时延时起爆网络起爆主装药，驱动破片集中向目标方向飞散。这是关于展开式定向战斗部的最早记载，提出了该类定向战斗部的基本结构形式和作用方式。

1991 年，美国海军空中武器中心 F. L. Menz 等公布了一种基于二次起爆的定向战斗部的起爆系统专利，既能将战斗部变形成目标方位的聚能形状，又可以用来提高破片的速度。该战斗部沿周向间隔设置了 24 个变形装药，一旦确定了方位，近炸引信将选择其中的一个作为目标区域，该区域及邻近两个区域的变形装药将同时起爆。经过一定延时（0.5~1 ms）后，与变形装药直径对称方位的定向炸药起爆，向目标抛射高速破片流。

英国于 20 世纪 70 年代初期开始研制定向战斗部技术,德国 MBB 公司和英国皇家军事科学院于 80 年代后期开始研究工作。近年来,国外破片式定向战斗部和杆式定向战斗部的研究异常活跃。目前完成型号研制并已装备部队的带有预制破片定向战斗部的防空导弹主要有美国的 AIM – 120 中距离空空导弹、俄罗斯的 KS172 远程空空导弹和以色列的怪蛇 4 空空导弹;完成型号研制并已装备部队的带有杆式定向战斗部的空空导弹主要有俄罗斯的 P – 73 改进型、P7 改进型和美国的 AIM – 9X 空空导弹。

2. 国内研究现状

我国对定向战斗部的研究起步较晚,研究重点主要在偏心起爆式战斗部和爆炸变形式定向战斗部上,虽取得了一定的理论和实践研究成果,但研究还不够系统、深入,离工程应用尚有一定距离。

偏心起爆式定向战斗部(图 6.1)方面,北京理工大学的冯顺山、蒋建伟等早在 1993 年就对轴对称装药金属壳体在偏轴心起爆条件下,破片初速沿径向的分布规律进行了试验研究,据此建立了破片的初速径向分布计算公式,这为偏心起爆式定向战斗部的研究奠定了基础。此后,2001 年,王树山等对偏心多点起爆战斗部破片飞散进行了试验研究,表明偏心多点起爆可使破片在定向方向上获得更大速度,同时定向方向上的破片密度也有较大提高。同年,张新伟、马晓青等通过数值模拟方法研究了多点偏心起爆杆式战斗部的作用过程,得到杆条在不同径向角的速度及压力分布,并得出偏心起爆杆条速度增益及密度增益的影响因素。2005 年,张新伟、陈放等又利用高速脉冲 X 光摄影技术,对偏心多点起爆进行了试验研究,测定了两点不同夹角起爆时杆条的飞散,表明两点夹角 60° 时,在目标方向上杆条数量增益较大。2008 年,中北大学的孙学清等对圆柱形装药结构战斗部偏心两点不同位置起爆进行了试验研究,结果表明偏心两点 180° 起爆时,破片速度增益最大。同年,南京理工大学的宋柳丽等采用试验、理论和数值模拟相结合的方法研究了偏心起爆式定向战斗部破片速度、密度分布及起爆点的数目、位置等对破片速度增益的影响规律,结果表明两端同时偏心起爆的方式为最优起爆方式,破片速度增益最大。2011 年,黄静对多偏心起爆进行的试验研究表明破片密度增益明显,90° 区域内增益超过 20%。2012 年,张博、李伟兵等利用基于 Mott 破片分布理论的 Stochastic 随机破碎模型,对破碎型偏心起爆战斗部的破片形成进行了三维数值模拟,结果表明偏心单点和偏心多点起爆在目标区域产生的破片数比中心点起爆分别提高了 37.12% 和 62.86%。2014 年朱绪强等推导了偏心起爆点对侧延长线附近有限角度内应用的偏心起爆破片初速公式,并通过采用钨柱和钨球两种预制破片的偏心起爆定向战斗部试验对计算模型进行了验证。

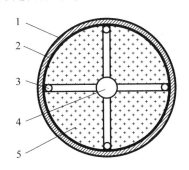

图 6.1　偏心起爆式定向战斗部结构示意图

1—外壳；2—破片；3—起爆装置；4—安全执行机构；5—主装药

爆炸变形式定向战斗部（图 6.2）方面，2001 年，应用物理与计算数学研究所的范中波等利用二维及三维数值仿真方法研究了爆炸变形式定向战斗部技术的几个关键问题，从理论上论证了利用爆炸变形的定向驱动原理解决破片沿周向定向增益难题的可行性，给出了应用该原理设计战斗部时应遵循的原则。2002 年，中物院流体物理研究所的谭多望及国防科技大学的张震宇等通过爆炸变形战斗部模型试验测量了爆炸变形战斗部模型的破片密度和初速分布，得到了辅助装药爆炸驱动壳体变形的过程的 X 光照片。同年，北京理工大学的陈放、马晓青等建立了圆柱壳体在非对称局部爆炸载荷作用下结构分析模型，通过该模型把各种结构参数对壳体变形的影响转化为对壳体变形初速的影响，从而简化了对壳体变形的分析计算。2004 年，国防科技大学的曾新吾等开始了对爆炸变形定向战斗部的深入研究，探讨了爆炸变形战斗部模型弹设计中的主要关键技术，并设计了爆炸变形战斗部模型。同年，陈放等根据刚塑性最小加速度原理，建立了在非对称爆炸冲击载荷作用下自由圆柱壳体的分析模型，在不同辅助装药分位角和变形初速条件下，用该模型分别计算了相应的壳体最终变形。2007 年，国防科学技术大学的李翔宇、卢芳云等通过数值模拟方法比较了相同结构口径、相同装药类型的可变形战斗部、偏心起爆和传统周向均匀战斗部的破片飞散过程，证明了可变形战斗部对目标的整体毁伤性能优于偏心起爆战斗部。同年，他们还针对可变形战斗部的最佳起爆延时和起爆方位以及主辅装药殉爆问题进行了研究，确定了战斗部主辅装药的选型原则以及隔爆层的设计准则。2009 年，陈放等建立了变形后壳体的形状计算模型，并依据此模型推导出变形壳体的破片飞散速度和飞散方向的计算公式。2010 年，龚柏林、卢芳云等将圆柱壳体作为理想刚塑性材料，基于圆柱壳体的五塑性铰位移模式，建立了另一种壳体变形形状的计算模型。2012 年，南京理工大学的杨亚东、李向东等研究了辅助装药相位角和厚度以及变形时间对战斗部变形过程的影响，表明辅助装药相位角在60°~90°范围内取值较为适合，且辅助装药厚度对壳体变形弦长的影响小于相位角的影响。

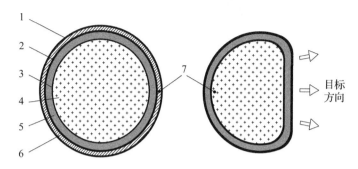

图6.2　爆炸变形式定向战斗部作用示意图
1—外壳；2—隔层；3—内衬；4—主装药；5—破片；6—辅装药；7—起爆点

　　与偏心起爆式和爆炸变形式定向战斗部相比，国内对展开式定向战斗部（图6.3）的研究还处于可行性验证及理论探索阶段。2007年，北京理工大学的马征等针对展开式定向战斗部的展开过程进行了理论计算和数值模拟研究，证明了在片状装药加载情况下，展开式定向战斗部能有效地展开成所需的空间形状。2010年，耿荻等学者对展开式定向战斗部引信延迟时间的计算方法进行了研究，结果表明：当尾追攻击，引信探测距离较大，弹目相对速度矢量较小时，引信的延迟时间较长；尾追攻击时，主装药可以在延迟时间内展开到最佳起爆姿态；迎头攻击时，在部分情况下不能保证展开式战斗部在延迟时间内展开到最佳起爆姿态。2013年，耿荻等针对展开式定向战斗部主装药设计了一种聚焦结构，采用数值模拟方法，对比分析了不同起爆方式对破片飞散速度及飞散区域的影响特性，结果表明距轴线端点1/8处对偶起爆方式的聚焦效果最好。2016年，赵余哲等采用高速摄影方法测试了展开式定向战斗部原理样机的展开过程，并分析了非对称装药的影响，表明外部驱动药多于内部驱动药的装药方式更有利于各主装药的同步展开。同年，该学者针对战斗部展开过程中铰链损坏的问题，设计了一种具有能量吸收特性的限位铰链，并通过仿真和试验对其能量吸收效果进行了验证。总体来看，目前国内进行展开式定向战斗部相关技术研究的机构很少，现有技术多采用圆柱型铰链连接四个扇形结构，由于该铰链结构复杂且抗冲击性能较弱，因此只能用于大口径战斗部，且往往需采用火药驱动的方式使战斗部展开，造成战斗部展开耗时较长，一般需几十毫秒。

　　综上所述，可以看到国内外学者对定向战斗部的研究重点主要放在偏心起

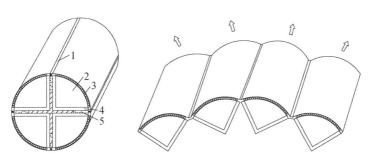

图 6.3　展开式定向战斗部结构示意图

1—铰链；2—主装药；3—破片；4—外壳；5—辅装药

爆式和爆炸变形式定向战斗部上，而展开式定向战斗部技术的研究成果较少，总体上看对这种定向战斗部的研制仍处于理论探索阶段。相对于偏心起爆式和爆炸变形式定向战斗部，展开式定向战斗部可以通过控制展开姿态使绝大部分破片都向目标方向集中飞散，能更显著地提高对目标的杀伤概率，因而对其相关基础技术及应用的研究具有深刻的意义。

6.2　展开式定向战斗部展开机理研究

展开式定向战斗部的展开变形作用是其区别于普通战斗部及其他类型定向战斗部的独特特性，为了保证战斗部作用过程中能在特定展开姿态时引爆主装药，必须深入理解战斗部在辅装药爆轰驱动作用下的展开机理，可靠掌握战斗部展开姿态与展开时间的匹配关系；另外，空中目标的高机动性决定了战斗部的作用过程必须具有较高的时效性，即战斗部的展开时间应尽可能短；同时，为了保证主装药二次起爆的可靠实现，辅装药的爆炸驱动作用还需满足主装药的隔爆安全性要求。由此可见，展开式定向战斗部的展开变形作用是实现战斗部可靠作用和提高其综合定向毁伤效能的关键。本节将以典型四瓣结构展开式定向战斗部为基础，从动力学角度出发，详细介绍典型四瓣结构展开式定向战斗部的展开过程及其作用机理。

6.2.1　展开式定向战斗部结构及作用过程

典型四瓣结构展开式定向战斗部结构组成如图 6.4 所示，战斗部由引信系统、二次起爆机构、扇形装药结构、铰链、辅装药和隔爆层等部分组成。其中，扇形装药结构包含壳体、主装药和破片层三个部分，辅装药包含用以断开铰链的切割索及用以驱动战斗部展开的小尺寸炸药装药。辅装药爆炸驱动作用下铰链处的载荷很高，为了防止铰链过早破坏，并尽可能减小铰链结构所占的空间，以适用于中小口径弹丸的装备需求，本结构中铰链采用一体化塑性铰结构，即利用与壳体相连的金属薄片在爆炸载荷作用下产生塑性弯曲的特性来实现战斗部展开。

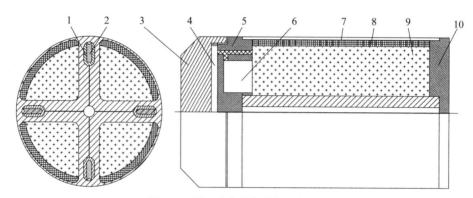

图 6.4　展开式定向战斗部结构组成

1—隔爆层；2—辅装药；3—引信；4—选择起爆网络；5—上端盖；

6—延期起爆网络；7—壳体；8—破片；9—主装药；10—下端盖

展开式定向战斗部主要应用于巡航导弹、精确制导航空炸弹、战术导弹等非旋转弹药平台，其作用过程可分为两个阶段：第一阶段为战斗部的展开变形阶段，当引信探测到目标方位及相对运动状态后，控制系统基于起爆时间匹配算法确定最佳起爆时间，并在该时间选择引爆战斗部的一侧辅装药，在辅装药的滑移爆轰作用下，该处的铰链被辅装药中的切割索切断，此后爆轰产物继续推动战斗部绕剩余铰链展开，直至达到所需的展开姿态；第二阶段为主装药驱动破片飞散阶段，在精确延时点火装置或编程引信作用下，战斗部的四个扇形主装药从内侧被引爆，驱动预制破片向外飞散。

在图 6.4 基础上将四瓣结构展开式定向战斗部结构进行简化，如图 6.5 所示，战斗部的展开角度用内角 φ_1 和外角 φ_2 表示。战斗部作用过程中，引信只选择四片辅装药中的一片起爆，故省略了未起爆的另三片辅装药。辅装药采用端面起爆方式，爆轰波由起爆端沿轴向传播。在片状装药的滑移爆炸驱动作用下，战斗部在极短时间内获得初始动能，四瓣结构的连接处随即发生塑性弯曲，形成塑性铰，各构件绕相应的塑性铰转动使战斗部展开，结构的动能逐渐转变为塑性铰的塑性变形能。

不考虑铰链的断裂破坏，由对称性只分析战斗部的上半部分即 I、II 象限，则可以得到简化的几何模型，如图 6.6 所示，其中 C、D 分别为相应象限的质心，r 为 A 点位移，θ_1、θ_2 分别为构件 C 和 D 的转动角度，则战斗部展开的一般位置可以由 r、θ_1 和 θ_2 三个广义坐标表示。

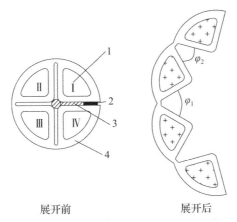

展开前　　　　　　　　　展开后

图 6.5　展开式定向战斗部简化结构示意图

1—主装药；2—片状装药；3—隔爆板；4—壳体

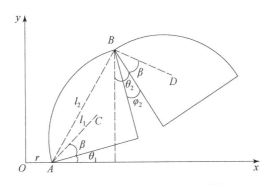

图 6.6　战斗部展开的空间一般位置

由于片状装药的加载时间很短，随着爆轰产物的快速膨胀，一段时间后，爆轰产物对战斗部结构的压力很小，可认为此后战斗部不再受到爆炸载荷作用，战斗部在一定运动初速条件下自由展开，因此分别从战斗部自由展开的动力学分析和爆炸驱动作用下战斗部展开初速的求解两个方面进行研究。

6.2.2　战斗部自由展开计算模型

6.2.2.1　物理模型的简化

针对图 6.6 所示的战斗部几何模型，为了便于建立战斗部自由展开过程的动力学模型，现对该过程作如下简化：

（1）由于片状装药爆轰过程的作用时间远小于战斗部的整体展开时间，因此假设战斗部在瞬时获得展开初速度；

（2）忽略塑性铰的弹性变形，其应变硬化效应采用线性硬化假设来描述，并假设铰链在战斗部的展开过程中始终不发生断裂破坏；

（3）由于壳体的强度远高于铰链，且战斗部正常作用时，片状装药的爆炸载荷不会使壳体结构发生明显的塑性变形，因此，基于小变形假设，忽略战斗部除塑性铰弯曲以外的变形，认为其他部分为刚体，则战斗部简化为塑性铰－多刚体系统，其展开过程可视为该多体系统的平面运动过程；

（4）不考虑空气阻力及重力的影响。

6.2.2.2　动力学模型的建立

在上述假设基础上，考虑展开角度的变化情况，可以发现战斗部的展开运动可以分为三种形式，分别为：$\dot{\varphi}_1 \neq 0$ 且 $\dot{\varphi}_2 \neq 0$、$\dot{\varphi}_1 \neq 0$ 且 $\dot{\varphi}_2 = 0$，以及 $\dot{\varphi}_1 = 0$ 且 $\dot{\varphi}_2 \neq 0$。显然，展开初期战斗部的运动形式必然为第一种形式，此后若 φ_2 角先停止变化，则转变为第二种运动形式，反之则转变为第三种运动形式。下面分别求解三种运动形式的动力学模型。

1. 第一种运动形式

当系统处于第一种运动形式时，有 $\dot{\varphi}_1 \neq 0$ 且 $\dot{\varphi}_2 \neq 0$，即 $\dot{\theta}_2 > \dot{\theta}_1 > 0$。将固定坐标系 Oxy 取作零刚体 B_0，则战斗部典型模型可抽象为图 6.7 所示的含两个刚体 B_1 和 B_2、两个铰 H_1 和 H_2 的有根多体系统 $\{B\}$。其中，铰 H_1 为塑性铰，与理想铰相比较而言，塑性铰是单向铰，并且能够传递一定的弯矩，其值即为塑性铰截面的极限弯矩。铰 H_2 为由塑性铰与理想滑移铰组成的组合铰，即仅约束铰点 y 方向的自由度，且 x 方向没有约束反力的作用。

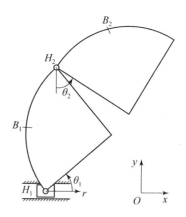

图 6.7　战斗部的多体系统描述

多体系统动力学方程的推导可使用多种方法，更为直观地反映战斗部的展开角度，并简化系统动力学方程的推导过程，将采用相对坐标方法，选取系统的广义坐标为

$$\boldsymbol{q} = \begin{bmatrix} q_1 & q_2 & q_3 \end{bmatrix}^{\mathrm{T}} = \begin{bmatrix} \theta_1 & \theta_2 & r \end{bmatrix}^{\mathrm{T}} \tag{6.1}$$

则系统的广义坐标数和自由度数均为 3 个，该系统为无多余坐标的完整系统。

于是，可采用第二类拉格朗日方程对该系统进行求解，其一般形式为

$$\frac{\mathrm{d}}{\mathrm{d}t}\left(\frac{\partial L}{\partial \dot{q}_i}\right) - \frac{\partial L}{\partial q_i} = Q_i; \quad i = 1, 2, 3 \tag{6.2}$$

式中，$L = T - V$ 为系统的拉格朗日函数；Q_i 为对应于广义坐标的广义力。

设各分体结构的质量为 m，对质心轴的转动惯量为 J，由于假设忽略重力和空气阻力的影响，则系统的动能和势能分别为

$$T = \frac{1}{2}R_1\dot{\theta}_1^2 + \frac{1}{2}R_2\dot{\theta}_2^2 + m\dot{r}^2 + m\dot{\theta}_1\dot{\theta}_2 l_1 l_2 \sin\phi - m\dot{r}\dot{\theta}_1(l_1 b_{11} + l_2 b_{13}) + m\dot{r}\dot{\theta}_2 l_1 b_{22}$$

$$V = 0$$

$$\tag{6.3}$$

式中，$\phi = \theta_2 + \beta - \theta_1 - \dfrac{\pi}{4}$，$R_1 = J + ml_1^2 + ml_2^2$，$R_2 = J + ml_1^2$，且

$$\boldsymbol{b} = \begin{bmatrix} b_{11} & b_{12} & b_{13} \\ b_{21} & b_{22} & b_{23} \end{bmatrix} = \begin{bmatrix} \sin(\theta_1 + \beta) & \sin(\theta_2 + \beta) & \sin\left(\theta_1 + \dfrac{\pi}{4}\right) \\ \cos(\theta_1 + \beta) & \cos(\theta_2 + \beta) & \cos\left(\theta_1 + \dfrac{\pi}{4}\right) \end{bmatrix} \tag{6.4}$$

设塑性铰 H_1 和 H_2 的极限弯矩分别为 M_1 和 M_2，考虑应变硬化效应和应变率效应的影响，则二者均随着展开角度和角速度的变化而改变。令 $\delta\theta_1 \neq 0$，而 $\delta\theta_2 = \delta r = 0$，则主动力所做虚功的和为

$$\sum \delta W_1 = (M_2 - M_1)\delta\theta_1 \tag{6.5}$$

于是，对应广义坐标 θ_1 的广义力为

$$Q_1 = \frac{\sum \delta W_1}{\delta\theta_1} = M_2 - M_1 \tag{6.6}$$

同理，可以求得对应广义坐标 θ_2 和 r 的广义力分别为 $Q_2 = -M_2$ 和 $Q_3 = 0$，即

$$Q_i = \begin{cases} M_2 - M_1 & i = 1 \\ -M_2 & i = 2 \\ 0 & i = 3 \end{cases} \tag{6.7}$$

计算整理得到系统的动力学微分方程为

$$\boldsymbol{G}_1 \cdot (\ddot{\theta}_1 \quad \ddot{\theta}_2 \quad \ddot{r})^{\mathrm{T}} = \boldsymbol{H}_1 \tag{6.8}$$

式中，

$$\boldsymbol{G}_1 = \begin{bmatrix} R_1 & ml_1 l_2 \sin\phi & -ml_1 b_{11} - ml_2 b_{13} \\ ml_1 l_2 \sin\phi & R_2 & ml_1 b_{22} \\ -ml_1 b_{11} - ml_2 b_{13} & ml_1 b_{22} & 2m \end{bmatrix} \tag{6.9}$$

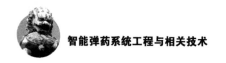

$$H_1 = \begin{bmatrix} -m\dot{\theta}_2^2 l_1 l_2 \cos\phi + M_2 - M_1 \\ m\dot{\theta}_1^2 l_1 l_2 \cos\phi - M_2 \\ m\dot{\theta}_1^2 (l_1 b_{21} + l_2 b_{23}) + m\dot{\theta}_2^2 l_1 b_{12} \end{bmatrix} \qquad (6.10)$$

2. 第二种运动形式

当 $\dot{\theta}_2 = \dot{\theta}_1 > 0$ 时，则外角率先停止展开，战斗部展开由第一种运动形式转变为第二种运动形式，此后展开角度满足约束条件

$$\theta_2 = \theta_1 + \varphi_2 ; \quad \varphi_2 = \text{const} \qquad (6.11)$$

因此，系统的自由度数和独立的广义坐标数均变为 2，系统的广义坐标为

$$\boldsymbol{q} = \begin{bmatrix} q_1 & q_2 \end{bmatrix}^{\mathrm{T}} = \begin{bmatrix} \theta_1 & r \end{bmatrix}^{\mathrm{T}} \qquad (6.12)$$

由上述约束方程可得 $\dot{\theta}_2 = \dot{\theta}_1$，得第二种运动形式的拉格朗日函数为

$$L = \frac{1}{2}\dot{\theta}_1^2 (R_1 + R_2) + m\dot{r}^2 + m\dot{\theta}_1^2 l_1 l_2 \sin\phi + m\dot{r}\dot{\theta}_1 (l_1 b_{22} - l_1 b_{11} - l_2 b_{13})$$

$$(6.13)$$

根据广义力的求解方法，易得对应于广义坐标的广义力分别为

$$Q_i = \begin{cases} -M_1 & i = 1 \\ 0 & i = 2 \end{cases} \qquad (6.14)$$

将上述各式代入第二类拉格朗日方程，并结合约束方程，计算整理得第二种运动形式战斗部展开的动力学微分方程为

$$\boldsymbol{G}_2 \cdot (\ddot{\theta}_1 \quad \ddot{\theta}_2 \quad \ddot{r})^{\mathrm{T}} = \boldsymbol{H}_2 \qquad (6.15)$$

式中，

$$\boldsymbol{G}_2 = \begin{bmatrix} R_1 + R_2 + 2ml_1 l_2 \sin\phi & 0 & m(l_1 b_{22} - l_1 b_{11} - l_2 b_{13}) \\ m(l_1 b_{22} - l_1 b_{11} - l_2 b_{13}) & 0 & 2m \\ 1 & -1 & 0 \end{bmatrix} \qquad (6.16)$$

$$\boldsymbol{H}_2 = \begin{bmatrix} -M_1 \\ m\dot{\theta}_1^2 (l_1 b_{12} + l_1 b_{21} + l_2 b_{23}) \\ 0 \end{bmatrix} \qquad (6.17)$$

3. 第三种运动形式

当 $\dot{\theta}_1 = 0$ 而 $\dot{\theta}_2 > 0$ 时，意味着内角率先停止展开，战斗部的展开运动由第一种形式转变为第三种形式，此后展开角度满足约束方程

$$\dot{\theta}_1 = \ddot{\theta}_1 = 0 \tag{6.18}$$

系统的自由度数和独立的广义坐标数也变为 2，系统的广义坐标为

$$\boldsymbol{q} = \begin{bmatrix} q_1 & q_2 \end{bmatrix}^{\mathrm{T}} = \begin{bmatrix} \theta_2 & r \end{bmatrix}^{\mathrm{T}} \tag{6.19}$$

将上述约束方程代入式（6.13）中，得第三种运动形式的拉格朗日函数为

$$L = \frac{1}{2} R_2 \dot{\theta}_2^2 + m \dot{r}^2 + m \dot{r} \dot{\theta}_2 l_1 b_{22} \tag{6.20}$$

根据广义力的求解方法，易得对应于广义坐标的广义力分别为

$$Q_i = \begin{cases} -M_2 & i = 1 \\ 0 & i = 2 \end{cases} \tag{6.21}$$

将上述各式代入第二类拉格朗日方程，并结合约束方程，计算整理得第三种运动形式战斗部展开的动力学微分方程为

$$\boldsymbol{G}_3 \cdot \begin{pmatrix} \ddot{\theta}_1 & \ddot{\theta}_2 & \ddot{r} \end{pmatrix}^{\mathrm{T}} = \boldsymbol{H}_3 \tag{6.22}$$

式中，

$$\boldsymbol{G}_3 = \begin{bmatrix} 1 & 0 & 0 \\ 0 & R_2 & ml_1 b_{22} \\ 0 & ml_1 b_{22} & 2m \end{bmatrix} \tag{6.23}$$

$$\boldsymbol{H}_3 = \begin{bmatrix} 0 & -M_2 & m\dot{\theta}_2^2 l_1 b_{22} \end{bmatrix}^{\mathrm{T}} \tag{6.24}$$

根据上述战斗部展开的动力学模型，结合初值条件即可求得战斗部展开各时刻的位置姿态，计算至 $\dot{\theta}_1 = \dot{\theta}_2 = 0$ 时计算终止，获得最终的展开姿态。

6.2.2.3 塑性铰的动态极限弯矩

根据战斗部展开过程的动力学分析，可以发现塑性铰的极限弯矩是阻碍战斗部持续展开的唯一因素，因此对其大小的准确估算尤为重要。分析战斗部展开的一般动力学规律，易知塑性铰 H_1 为纯弯曲状态，而塑性铰 H_2 为横力弯曲状态。战斗部展开过程中两者传递的弯矩大小并不相同，但根据材料力学知以纯弯曲条件下计算得到的极限弯矩作为横力弯曲条件下的极限弯矩，所引起的误差很小，能够满足工程计算精度的需要，因此为简化计算，假设二者均为纯弯曲状态，统一用纯弯曲梁极限弯矩的计算方法计算 M_1 和 M_2。

对于同时考虑应变硬化和应变率效应的材料，其动态屈服应力与静态屈服应力的关系可近似表示为

$$\frac{\sigma_d}{\sigma_0} = f(\dot{\varepsilon}) g(\varepsilon) \tag{6.25}$$

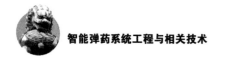

式中，$f(\dot{\varepsilon})$ 和 $g(\varepsilon)$ 分别为应变率效应和应变硬化效应的影响函数。根据线性硬化假设，材料的应变硬化效应可表示为

$$\sigma = \sigma_0 + E_h \varepsilon \tag{6.26}$$

式中，σ_0 和 E_h 分别为单轴拉伸屈服应力和应变硬化模量。横截面上距中性层距离为 z 处的塑性应变可由下式计算得到：

$$\varepsilon = z\kappa = \frac{z\varphi}{L_h} \tag{6.27}$$

式中，κ 为中性层的曲率；L_h 为塑性铰的等效长度，在冲击加载条件下可近似取为 $L_h = 2H$。在此基础上，考虑应变率效应的影响，冲击加载条件下材料的动态屈服应力可根据 Cowper – Symonds 方程计算得到：

$$\sigma_d = \sigma \left(1 + \left| \frac{\dot{\varepsilon}}{D} \right|^{1/n} \right) \tag{6.28}$$

式中，$\dot{\varepsilon}$ 为应变率，D、n 为与材料有关的常数，对于低碳钢常采用 $D = 100s - 1$，$n = 10$。又由式（6.27）可得 $\dot{\varepsilon} = z\dot{\kappa}$。于是，矩形梁的动态极限弯矩为

$$M_p^d = 2B \int_0^{H/2} \left(\sigma_0 + \frac{E_h \varphi}{L_h} z \right) \left[1 + \left(\frac{z\dot{\kappa}}{D} \right)^{1/n} \right] z \, dz \tag{6.29}$$

计算得到

$$M_p^d = \frac{\sigma_0 BH^2}{4} \left[1 + \frac{2n}{2n+1} \left(\frac{H\dot{\kappa}}{2D} \right)^{1/n} \right] + \frac{E_h BH^3 \varphi}{12 L_h} \left[1 + \frac{3n}{3n+1} \left(\frac{H\dot{\kappa}}{2D} \right)^{1/n} \right] \tag{6.30}$$

式中，B 为矩形梁的宽度，对应于塑性铰的轴向长度；H 为矩形梁的厚度，对应于塑性铰的最小厚度。$H\dot{\kappa}/2$ 表示离中性层最远处的应变率，即应变率的最大值 $\dot{\varepsilon}_{\max}$。中性层曲率的变化率可由塑性铰的弯曲角速度计算得到：

$$\dot{\kappa} = \frac{\dot{\varphi}}{L_h} \tag{6.31}$$

6.2.2.4　展开运动初值求解

为了求解上述战斗部自由展开运动微分方程组，需给出三个自由度的位移和速度初值，以初值向量 $\left(\theta_1^{(0)} \quad \theta_2^{(0)} \quad r^{(0)} \quad \dot{\theta}_1^{(0)} \quad \dot{\theta}_2^{(0)} \quad \dot{r}^{(0)} \right)$ 表示。由于爆炸载荷的作用时间很短，仅几十微秒，战斗部结构来不及展开，因此可忽略加载过程中的结构位移，于是战斗部展开的位移初值均为零，即 $\theta_1^{(0)} = \theta_2^{(0)} = r^{(0)} = 0$。又由于初始平移运动很小，且整体的初始平移速度大小对此后战斗部展开角度的相对变化过程没有影响，因此假设初始平移速度也为零，即 $\dot{r}^{(0)} = 0$，于是只需计算 $\dot{\theta}_1^{(0)}$、$\dot{\theta}_2^{(0)}$ 两个角速度变量的初值。

在此基础上，由于爆炸载荷对战斗部沿 X 方向的作用力仅能使战斗部发生刚体平移，使战斗部具有平移速度，而不能改变战斗部的展开运动，根据假

设，战斗部的初始平移速度 $\dot{r}^{(0)} = 0$，因此这里忽略爆轰产物对结构沿 X 方向的作用力，假设爆轰产物对结构的作用力是垂直于接触壁面的。又由对称性知铰 H_1 沿 X 方向的约束反力也为零，于是上述系统沿 X 方向的外力总冲量为零。而沿 Y 方向，铰 H_1 的约束反力远小于炸药的爆炸载荷，因此可以忽略该约束反力对系统的作用冲量。于是，根据 X 和 Y 方向的动量定理，可以得到战斗部展开角速度初值的计算式为

$$\boldsymbol{M} \cdot (\dot{\theta}_1^{(0)} \quad \dot{\theta}_2^{(0)})^{\mathrm{T}} = (0 \quad I)^{\mathrm{T}} \tag{6.32}$$

其中，系数矩阵

$$\boldsymbol{M} = \begin{bmatrix} -ml_1\sin\beta - ml_2\sin\dfrac{\pi}{4} & ml_1\cos\beta \\ ml_1\cos\beta + ml_2\cos\dfrac{\pi}{4} & ml_1\sin\beta \end{bmatrix} \tag{6.33}$$

I 为辅装药爆炸对战斗部上半部分结构沿 Y 方向的作用冲量，可由试验测试或理论估算得到。根据上式计算结果，即可得到爆炸驱动战斗部自由展开的运动初值向量 $(\theta_1^{(0)} \quad \theta_2^{(0)} \quad r^{(0)} \quad \dot{\theta}_1^{(0)} \quad \dot{\theta}_2^{(0)} \quad \dot{r}^{(0)})$，上述运动微分方程组得到封闭。

6.2.3 爆炸驱动作用下战斗部展开计算模型

6.2.3.1 片状装药爆炸冲量计算方法

根据上文建立的理论计算模型，在战斗部主装药结构的局部变形可被忽略的前提下，片状装药的接触爆炸载荷可由其对接触壁面的爆炸冲量 I 表示，I 的值可由冲量摆法、飞片驱动法、薄板加载法等方法测试得到，这里将基于一维爆轰波传播经典理论给出辅装药爆炸对上下壁面作用冲量的半经验计算方法。

图 6.8 所示为片状装药爆炸驱动示意图，多体战斗部结构受长宽高分别为 l、a 和 e 的片状装药接触爆炸作用，片状装药采用端面起爆的起爆方式，平面爆轰波沿轴向向另一端传播。片状装药爆轰产物的膨胀过程较为复杂，要得到作用在结构上的爆炸载荷精确解是很困难的。若不考虑爆轰产物的侧向飞散，则片状装药滑移爆轰加载可简化为如图 6.9 所示的爆轰产物一维膨胀流场对刚侧壁作用的经典问题。

根据爆轰产物的一维膨胀理论，易得出距起爆面距离为 z 处刚侧壁单位面积上所受到的爆炸作用比冲量为

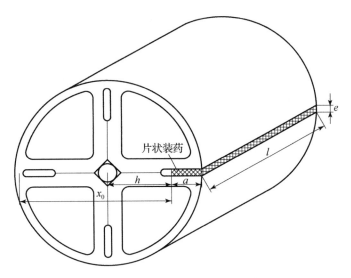

图 6.8 片状装药爆炸驱动作用示意图

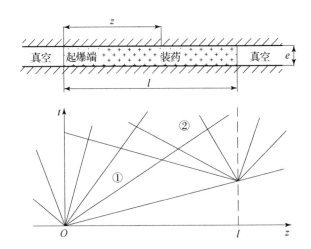

图 6.9 片状装药爆轰产物的一维飞散

$$i_z = \int_{\frac{z}{D}}^{\frac{l}{D}+\frac{l-z}{\frac{\gamma-3}{\gamma+1}\frac{z}{l}+\frac{2}{\gamma+1}D}} \frac{1}{\gamma+1}\rho_0 D^2 \left(\frac{\gamma-1}{\gamma}\frac{z}{Dt}+\frac{1}{\gamma}\right)^{\frac{2\gamma}{\gamma-1}} \mathrm{d}t +$$

$$\int_{\frac{l}{D}+\frac{l-z}{\frac{\gamma-3}{\gamma+1}\frac{z}{l}+\frac{2}{\gamma+1}D}}^{\infty} \frac{1}{\gamma+1}\rho_0 D^2 \left(\frac{\gamma+1}{2\gamma}\frac{z}{Dt}-\frac{\gamma+1}{2\gamma}\frac{z-l}{Dt-l}\right)^{\frac{2\gamma}{\gamma-1}} \mathrm{d}t \qquad (6.34)$$

对于高效凝聚炸药，γ 可近似取为 3，则上式的计算结果为

$$i_z = \frac{\rho_0 lD}{27}\left[1 + 6\alpha(1-\alpha) + \frac{3}{2}\alpha\ln\frac{3-2\alpha}{\alpha} + 6\alpha(1-\alpha)(2\alpha-1)\ln\frac{3-2\alpha}{2(1-\alpha)}\right]$$

$$(6.35)$$

式中，$\alpha = z/l$。则在不考虑爆轰产物沿侧向飞散的条件下，与起爆面距离为 z 至 $z + \mathrm{d}z$ 刚性上（或下）壁面微元上所受到的爆炸作用冲量为

$$I_z = i_z a\mathrm{d}z = i_z a l\mathrm{d}\alpha \qquad (6.36)$$

上述分析通过众多假设将辅装药滑移爆轰及爆轰产物膨胀的复杂过程简化为理想的一维爆轰波传播过程，在本问题中，由于装药尺寸的限制，该方法所基于的多条假设会造成较大误差。具体而言，由于片状装药的宽度尺寸较小，装药右端面稀疏效应的影响较为明显，忽略爆轰产物的侧向飞散将使计算结果明显偏大；另外，在真实情况下装药区域外是完全自由边界，爆轰产物不仅可以在轴向和侧向方向组成的平面内飞散，还可以沿装药高度方向膨胀，对自由边界的简化也会造成一定的误差。

爆轰产物在装药区域内的二维飞散和在装药区域外的三维膨胀是非常复杂的非定常流场，难以通过解析方法进行求解，这里将通过在式中引入稀疏修正系数 $K_r(0 < K_r < 1)$ 来表示爆轰产物侧向稀疏效应对爆炸作用冲量的综合影响，得到上（或下）壁面所受爆炸载荷总冲量为

$$I = \int_0^1 K_r i_z a l\mathrm{d}\alpha = K_r a l \int_0^1 i_z \mathrm{d}\alpha \qquad (6.37)$$

稀疏修正系数 K_r 的值可通过对试验数据拟合得到，工程应用中可取 K_r 的值为 0.73，该值的物理意义为爆轰产物的综合侧向稀疏效应使辅装药爆炸对上（或下）壁面的作用冲量降低了约 27%，如表 6.1 所示。

表 6.1   稀疏修正系数 K_r 的拟合

装药质量/g	装药宽度 a/mm	试验值 I/Ns	理论值 (I/K_r)/Ns	K_r
0.92	4	30.3	41.14	0.74
1.14	5	37.1	51.43	0.72
1.37	6	44.4	61.71	0.72

6.2.3.2   塑性铰的极限弯曲角度

上述动力响应模型是在战斗部不发生结构破坏的前提下建立的，塑性铰可以无限弯曲。真实情况下，由于塑性铰的最终弯曲角度随着爆炸载荷的增大而增大，当爆炸载荷达到一定值时，塑性铰将因过度弯曲而产生拉伸破坏，此时

塑性铰的转动角度即为极限转动角度。

严格来说，战斗部结构破坏并不意味着丧失毁伤能力，甚至可能因铰链断裂而得到更优的展开姿态，获得更高的战斗部定向毁伤效能。然而，从战斗部隔爆设计的角度来看，为了保证主装药的安定性和结构完整性，则要求辅装药的爆炸载荷越小越好。另外，铰链断裂会使战斗部整个作用过程的可靠性和控制精度大大降低，不利于战斗部对目标的高效毁伤。综合以上因素，将包括铰链断裂在内的结构破坏行为统一视为战斗部结构失效，即不考虑塑性铰断裂后的战斗部结构动态响应。

爆炸冲击载荷作用下韧性材料结构的拉伸破坏分析通常采用断裂应变失效准则、应变能密度失效准则以及连续损伤力学模型（CDM）等，其中断裂应变失效准则早在20世纪70年代就被国内外学者广泛应用，通过对不同结构在不同冲击载荷作用下的动态响应及失效情况的试验研究验证了该准则的准确性，此后众多学者通过大量试验获得了多种材料在不同加载条件下的断裂应变数值，并总结得到了应变率效应对断裂应变的影响规律。根据该失效准则，当介质的最大拉伸应变达到失效应变 ε_f 时，该处开始产生断裂失效。

根据塑性铰动态弯曲的动力学原理，塑性铰上某点的动态总应变为

$$\varepsilon_t = \varepsilon_b + \varepsilon_m \tag{6.38}$$

式中，ε_b 为由塑性铰弯曲引起的弯曲应变；ε_m 为由塑性铰两端拉伸或压缩引起的薄膜应变，该应变在塑性铰横截面上各点的值相等，可通过战斗部展开过程中塑性铰处的约束反力计算得到，即

$$\varepsilon_m = \frac{F_h}{BH} \tag{6.39}$$

式中，F_h 为对应塑性铰的拉伸（或压缩）反力。由几何关系，易知内侧塑性铰的约束反力必定沿 y 方向，而外侧塑性铰的约束反力在拉伸（或压缩）方向的分量与 x 方向的夹角为 $\theta_1 + \dfrac{\varphi_2}{2}$。进一步根据动力学原理，可求得内外侧塑性铰的拉伸（或压缩）反力为

$$F_{h1} = -m(\ddot{y}_C + \ddot{y}_D)$$
$$F_{h2} = -m\ddot{x}_D\cos\left(\theta_1 + \frac{\varphi_2}{2}\right) - m\ddot{y}_D\sin\left(\theta_1 + \frac{\varphi_2}{2}\right) \tag{6.40}$$

式中，y_C 为内侧扇形结构质心的 y 坐标；x_D、y_D 分别为外侧扇形结构质心的 x 和 y 坐标。由几何关系易知：

$$y_C = l_1 \sin(\theta_1 + \beta)$$

$$x_D = r + l_2 \cos\left(\theta_1 + \frac{\pi}{4}\right) + l_1 \sin(\theta_2 + \beta) \qquad (6.41)$$

$$y_D = l_2 \sin\left(\theta_1 + \frac{\pi}{4}\right) - l_1 \cos(\theta_2 + \beta)$$

对上式进行两次微分，可得

$$\ddot{y}_C = \ddot{\theta}_1 l_1 b_{21} - \dot{\theta}_1^2 l_1 b_{11}$$

$$\ddot{x}_D = \ddot{r} - \ddot{\theta}_1 l_2 b_{13} - \dot{\theta}_1^2 l_2 b_{23} + \ddot{\theta}_2 l_1 b_{22} - \dot{\theta}_2^2 l_1 b_{12} \qquad (6.42)$$

$$\ddot{y}_D = \ddot{\theta}_1 l_2 b_{23} - \dot{\theta}_1^2 l_2 b_{13} + \ddot{\theta}_2 l_1 b_{12} + \dot{\theta}_2^2 l_1 b_{22}$$

综上即可得到塑性铰对称面上各点的总应变 ε_t，当某点总应变高于失效应变 ε_f 时，该点开始产生裂纹，显然，裂纹必定最先产生于塑性铰内侧表面上。

根据上述方法计算得到的某载荷条件下塑性铰对称面上应变最大位置的各应变分量随时间的变化曲线如图 6.10 所示，可见在战斗部的整个展开过程中 ε_m 的值始终很小，与 ε_b 相比可以忽略不计，说明塑性铰的弯曲对其应变增加具有绝对的贡献。因此，后续计算中均忽略 ε_m 影响，以弯曲应变的计算结果作为塑性铰微元的总应变。

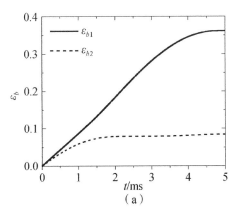
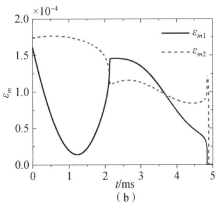

图 6.10 塑性铰内表面的应变 - 时间曲线

(a) ε_b; (b) ε_m

于是，在不考虑裂纹扩展的简化条件下，仅以裂纹产生时的转动角度作为塑性铰的极限弯曲角度 ε_f，则此时

$$\frac{H\varphi_f}{2L_h} = \varepsilon_f \qquad (6-43)$$

以塑性铰采用 304 不锈钢材料为例，ε_f 可取为 0.33，于是可求得塑性铰

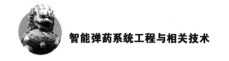

的极限弯曲角度约为 75.63°。

|6.3　展开式战斗部破片定向控制|

改变起爆方式和采用复合装药是目前广泛采用的爆轰波形控制的主要方法。其中，改变起爆方式是通过合理确定起爆点的数量和位置，利用爆轰波的叠加及碰撞作用获得理想的爆轰波形，并在局部位置产生超压爆轰；复合装药结构则是利用不同炸药之间的爆速差来控制爆轰波形，并实现低爆速炸药的超压爆轰，不仅爆轰波形的控制效果好，而且能够在较大范围内产生稳定的超压爆轰。

6.3.1　扇形装药结构爆轰波形控制方法及碰撞理论

6.3.1.1　爆轰波形控制方案设计

爆轰波的传播与光波的传播相似，都遵守几何光学的 Huygens – Fresnel 原理。按照该原理，爆轰波阵面上的每一点都发出球面波，其包络构成了下一时刻爆轰波的波阵面，认为爆轰波阵面以球面形式向外传播。实际情况下，爆轰波阵面的形状还受装药结构和尺寸的影响。大量试验研究发现，对于有限尺寸的均匀柱形药柱在轴线上点起爆时，仅药柱边缘部位爆轰波受侧向稀疏波影响产生较严重的弯曲，整体而言爆轰波阵面是球形的，且传播方向垂直于爆轰波阵面。

一般而言，爆轰波阵面的整体形状可通过以下一种或几种方法进行控制：

（1）采用多点同步起爆技术改变爆轰波阵面的整体波形；

（2）采用爆速差异较大的两种装药形成复合装药；

（3）通过一定厚度的空气或者惰性填充材料降低局部区域冲击波传播速度，使爆轰波绕着惰性介质传播，进而改变爆轰波形；

（4）采用非均质装药，通过调整密度或组分分布改变爆轰波形状；

（5）利用炸药的低速爆轰控制爆轰波形。

其中，方法（3）虽然具有较好的波形控制效果，但装药结构复杂，且会降低战斗部的装填比；方法（4）对装药工艺要求较高，爆轰波形控制的准确度较低，同时降低了部分区域的输出冲量；方法（5）降低了装药的能量利用率，不利于破片毁伤效能的提高；而方法（1）和（2）在改善爆轰波形的同时未降低主装药对破片介质的做功能力，因此应优先选用。

综合上述，针对扇形装药结构横截面内的二维爆轰波形控制，结合装药结构几何形状，提出了基于两点起爆和复合装药的三种优化方案，如图 6.11 所示。其中，方案（a）为原始对照方案；方案（b）为基于对称两点起爆的优化方案，起爆点位置通过与装药底面距离 h 确定；方案（c）为采用复合装药的优化方案，外层装药厚度为 e，其爆速高于内层装药的值；方案（d）为方案（b）与方案（c）的结合。需注意的是，本小节目的在于控制装药横截面内的爆轰波波形，所有研究均在沿轴向线起爆的条件下进行，为简化计算，忽略两端自由边界及爆轰产物稀疏效应的影响，统一将其简化为二维平面应变问题，下文不再赘述。

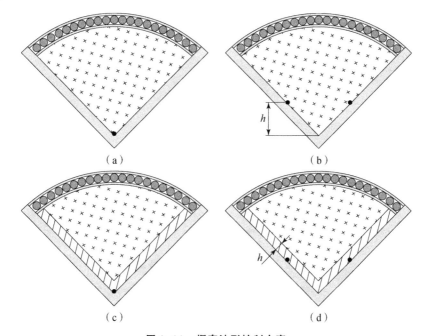

图 6.11　爆轰波形控制方案

（a）单一装药单点起爆；（b）单一装药两点起爆；

（c）复合装药单点起爆；（d）复合装药两点起爆

当采用两点起爆时，两道爆轰波从扇形装药两侧对称发出，爆轰波在中心线上碰撞。当爆轰波入射角小于马赫反射临界角时产生正规斜反射；当爆轰波入射角大于马赫反射临界角时产生马赫反射，此时碰撞点发生超压爆轰现象。超压爆轰的压力及区域范围与爆轰波对中心线的入射角有关，而两点起爆条件下的起爆点位置 h 和复合装药的爆速差对中心线上的爆轰波入射角有决定性的影响，因此可以通过调整这两个参数来控制内层装药中的超压值及超压区域。

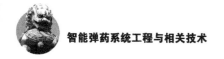

6.3.1.2 爆轰波碰撞理论

1. 爆轰波正规斜碰撞

两强度相等的对称爆轰波相互碰撞，可视为其中一个爆轰波对刚性壁面的反射，当爆轰波入射角小于某一临界值时发生正规斜反射。严格来说，爆轰波斜碰撞为不定型过程，碰撞点一直在运动过程，且反射角与入射角并不相等。为方便研究，将坐标原点取在碰撞点处，并把入射爆轰波和反射冲击波简化为平面波，得到爆轰波碰撞点附近的物理图像如图 6.12 所示。图中爆轰波阵面 OI 以爆速 D 向分界面斜入射，OR 为反射波阵面，（0）区为未爆炸药区，（1）区为高压爆轰产物区，（2）区为反射冲击波后区，φ_0 为入射角，φ_2 为反射角，爆轰产物从（0）区到（1）区的折转角和从（1）区到（2）区的折转角的大小分别为 θ_1 和 θ_2。

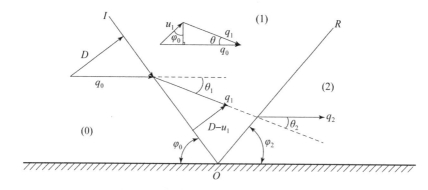

图 6.12 爆轰波在刚性壁面的正规斜反射

设装药密度为 ρ_0，爆速为 D，则根据炸药爆轰的 C – J 条件可得（1）区参数为

$$\left.\begin{array}{l} p_1 = p_j = \dfrac{1}{\gamma+1}\rho_0 D^2 \\[2mm] \rho_1 = \rho_j = \dfrac{\gamma+1}{\gamma}\rho_0 \\[2mm] C_1 = C_j = \dfrac{\gamma}{\gamma+1}D \\[2mm] u_1 = \dfrac{1}{\gamma+1}D \end{array}\right\} \tag{6.44}$$

则由（0）区和（1）区间的矢量关系可以得到

$$q_1 = (D - u_1)^2 + D^2 \cot^2 \varphi_0 = D \sqrt{\left(\frac{\gamma}{\gamma + 1}\right)^2 + \cot^2 \varphi_0} \qquad (6.45)$$

$$\tan \theta_1 = \frac{u_1 \cos \varphi_0}{q_0 - u_1 \sin \varphi_0} = \frac{\tan \varphi_0}{1 + \gamma (1 + \tan^2 \varphi_0)} \qquad (6.46)$$

根据（1）区和（2）区间的质量守恒和动量守恒关系，可得

$$\left.\begin{array}{l} \rho_j q_{1n} = \rho_2 q_{2n} \\ p_2 - p_j = \rho_j q_{1n} (q_{1n} - q_{2n}) \end{array}\right\} \qquad (6.47)$$

其中，$q_{1n} = q_1 \sin(\varphi_2 + \theta_1)$，代入上式可得

$$\frac{p_2}{p_j} = \pi_2 = 1 + \gamma M_1^2 \sin^2(\varphi_2 + \theta_1) \left(1 - \frac{\rho_j}{\rho_2}\right) \qquad (6.48)$$

式中，马赫数 $M_1 = q_1 / C_j$。进一步由（1）区和（2）区间的能量守恒可得

$$e_2 - e_j = \frac{1}{2} (p_2 + p_j) \left(\frac{1}{\rho_j} - \frac{1}{\rho_2}\right) \qquad (6.49)$$

考虑到比内能 $e = \dfrac{p}{(\gamma - 1)\rho}$，代入上式后整理得到

$$\frac{\rho_2}{\rho_j} = \frac{(\gamma + 1)\pi_2 + (\gamma - 1)}{(\gamma - 1)\pi_2 + (\gamma + 1)} \qquad (6.50)$$

根据反射波阵面两侧速度矢量的几何关系及速度连续条件 $q_{1t} = q_{2t}$，可得

$$\frac{\rho_2}{\rho_j} = \frac{\tan(\varphi_2 + \theta_1)}{\tan(\varphi_2 + \theta_1 - \theta_2)} \qquad (6.51)$$

由于爆轰产物穿过反射波后的气流速度方向与来流速度方向一致，因此

$$\theta_1 = \theta_2 \qquad (6.52)$$

联立以上方程即可求得爆轰波在碰撞点处发生正规斜反射时的波后参数。

按照上述求解方法，对于一定的入射角 φ_0，可求得一组 θ_1、θ_2 和 φ_2。根据来流马赫数 M_1 一定时气流折转角 θ_2 与冲击波阵面倾斜角 $\varphi_2 + \theta_1$ 之间的关系，将上述求得的 θ_1、θ_2 和 φ_2 代入公式

$$\tan \theta_2 = \frac{M_1^2 \sin^2(\varphi_2 + \theta_1) - 1}{M_1^2 \left[\dfrac{\gamma + 1}{2} - \sin^2(\varphi_2 + \theta_1)\right] + 1} \cot(\varphi_2 + \theta_1) \qquad (6.53)$$

若两边不等，则此时发生非正规斜反射，发生非正规斜反射的最小入射角即为马赫反射临界角 φ_{0c}。

2. 爆轰波非正规斜碰撞

随着爆轰波入射角度的继续增大，流动越过反射激波后仍不能满足平行于刚性壁面的条件，此时碰撞点附近将出现一个非均匀的过渡区，经过渡区

后，流动才能再转向平行于壁面，造成碰撞点附近物质的堆积，迫使反射冲击波上移，与入射爆轰波相交于距对称面一定距离处，形成马赫杆，构成非正规斜反射，如图6.13所示。图中，T 为碰撞点，O 为三波交点，OI 为入射波波阵面，OR 为反射波波阵面，OT 为马赫杆，OS 为滑移线，线两侧存在着压力连续而速度不连续的现象。（0）区为未爆炸药区，（1）区为高压爆轰产物区，（2）区为反射冲击波后区，（3）区为马赫杆区。在马赫反射条件下，爆轰产物流动从（1）区到（2）区的折转角 θ_2 小于（0）区到（1）区的折转角 θ_1。

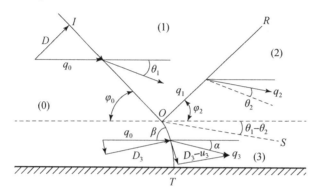

图 6.13　爆轰波在刚性壁面的非正规斜反射

参照爆轰波在刚性壁面正规斜反射的解法，（1）区爆轰产物的相关参数可计算得到，（1）区与（2）区之间的流体参数关系式也依然成立，但流动转折角的关系式不再成立，θ_2 的值需通过（0）区与（3）区之间的流动关系求得。

如图6.13所示，实际情况下马赫杆 TO 为一曲面，该曲面与入射波 OI 相切于 O 并与刚性壁面垂直于 T。爆轰产物入射角 β 的值在 T 点到 O 点之间从 $\pi/2$ 到 φ_0 连续变化，与之相应，流体穿过马赫杆后的折转角 α 也为连续变化的值，T 点处 $\alpha = 0°$，而 O 点处 $\alpha = \theta_1 - \theta_2$。根据马赫杆左侧的速度几何关系可以看出

$$D_3 = q_0 \sin\beta = \frac{D}{\sin\varphi_0}\sin\beta \qquad (6.54)$$

根据波阵面上的质量和动量守恒关系有

$$\left.\begin{array}{c} \rho_0 D_3 = \rho_3(D_3 - u_3) \\ p_3 = \rho_0 D_3 u_3 \end{array}\right\} \qquad (6.55)$$

联立式（6.54）和式（6.55），并引入 p_j，整理得

$$\frac{p_3}{p_j} = (\gamma + 1)\left(1 - \frac{\rho_0}{\rho_3}\right)\frac{\sin^2\beta}{\sin^2\varphi_0} \tag{6.56}$$

根据马赫杆切向速度相等，可得

$$\frac{D_3}{\tan\beta} = \frac{D_3 - u_3}{\tan(\beta - \alpha)} \tag{6.57}$$

将式（6.55）代入上式，整理得

$$\tan\alpha = \frac{\left(1 - \frac{\rho_0}{\rho_3}\right)\tan\beta}{1 + \frac{\rho_0}{\rho_3}\tan^2\beta} \tag{6.58}$$

根据能量守恒定律，可在马赫杆前后写出

$$\frac{p_3}{(\gamma - 1)\rho_3} = \frac{1}{2}p_3\left(\frac{1}{\rho_0} - \frac{1}{\rho_3}\right) + \chi Q_v \tag{6.59}$$

式中，Q_v 为 C – J 爆轰条件下的反应热，由于 $Q_v = \dfrac{p_j}{2(\gamma - 1)\rho_0}$，代入上式后得

$$\frac{\rho_0}{\rho_3} = \frac{\gamma - 1}{\gamma + 1} + \frac{\chi}{\gamma + 1}\frac{p_j}{p_3} \tag{6.60}$$

式中，χ 为过度压缩系数，表示炸药超压爆轰释放化学能与正常爆轰释放化学能的比值，一般由试验得出，通常取 1.1 ~ 1.2。然而，Brain Dunne 研究表明，过度压缩系数随着爆轰产物压力的增大而增大，并非定值。为了使上述方程得到封闭，朱传胜等根据 PBX9501 炸药的试验数据，给出了过度压缩系数 χ 的近似计算方法：

$$\chi = 0.8 + 0.2\frac{\sin^2\beta}{\sin^2\varphi_0} \tag{6.61}$$

以上各式结合（2）区与（3）区分界面上的压力连续条件 $p_2 = p_{3(0)}$ 以及折转角边界条件 $\alpha_{(0)} = \theta_1 - \theta_2$，即可求得（2）区及马赫杆后的流场参数值。

3. 马赫杆高度计算

从图 6.13 中可以看出，定常条件下马赫反射的滑移线 OS 为一条直线，实际上，随着爆轰波入射角度变化，滑移线倾斜角也不断改变，三波点 O 的迹线为曲线。由于三波点附近的流场对马赫杆的运动影响较大，很难给出马赫增长角的精确值，为了求得马赫杆高度的近似解，假定马赫杆为垂直于刚壁面平面波，并忽略稀疏波影响，则马赫反射的马赫波传播示意图如图 6.14 所示。

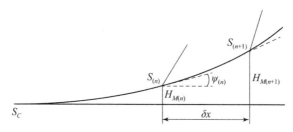

图 6.14　马赫波传播示意图

图中，S_C 点为爆轰波以临界入射角入射时的碰撞点，$S_{(n)}$ 为三波点迹线上的点。$H_{M(n)}$ 为 $S_{(n)}$ 点处的马赫杆高度，$\psi_{(n)}$ 为三波点迹线在 $S_{(n)}$ 点处的切向角。令 $S_{(n)}$ 点处的爆轰波入射角为 $\varphi_{0(n)}$，则根据几何关系有

$$H_{M(n+1)} = H_{M(n)} + \delta x \tan\psi_{(n)} \qquad (6.62)$$

考虑到在 S_C 点处马赫杆高度为 0，则 x 距离处的马赫杆高度可由下式积分得到：

$$H_M = \int_{x_c}^{x} \tan\psi \, dx \qquad (6.63)$$

其中，三波点迹线的切向角由 Whitham 方法确定：

$$\tan\psi = \frac{A_W}{M_W} \sqrt{\frac{M_W^2 - M_0^2}{A_0^2 - A_W^2}} \qquad (6.64)$$

式中，下标 0、W 分别表示爆轰波和马赫波的参量，M 是马赫数，C-J 条件下 $M_0 = (\gamma + 1)/\gamma$，面积函数比和波速比的关系式为

$$\begin{cases} \dfrac{A_W}{A_0} = \dfrac{f(1)}{f(z)} \\[2mm] \dfrac{M_W}{M_0} = \dfrac{z}{\sqrt{2z-1}} \end{cases} \qquad (6.65)$$

式中，$z = p_3/p_j$ 为表征马赫波爆轰强度的超压系数，且

$$\begin{cases} f(z) = z^{1/\gamma}(2z-1)^{1/2} B(z) C(z) \\[2mm] B(z) = \left[\sqrt{2(\gamma-1)(2z-1)} + 2\sqrt{(\gamma-1)z+1} \right]^{\sqrt{\frac{2z}{\gamma-1}}} \\[2mm] C(z) = \exp\left[\dfrac{1}{\sqrt{\gamma}} \arcsin\dfrac{(3-\gamma)z-2}{(\gamma+1)z} \right] \end{cases} \qquad (6.66)$$

实际应用中，以特定装药及起爆条件下的爆轰波传播几何特征为基础，根据马赫杆后爆轰产物参数的求解方法计算得到超压系数 z 的值，再结合上述各式，可求得任意时刻的马赫杆高度。

6.3.2　破片定向飞散理论

扇形装药爆轰波形控制的最终目的在于提高破片的飞散速度和集中度，因

此爆轰波形的优劣应通过爆轰波传播至装药边缘时的爆轰波参数来评判。通过上文的理论方法，可以计算得到对称爆轰波以不同入射角碰撞时波阵面后的爆轰参数，下面基于上述模型的计算结果，对各装药设计方案的爆轰过程进行具体分析，以得到装药与内衬交界面处的爆轰波波阵面参数。

6.3.2.1　单一装药结构爆轰参数求解

1. 单点起爆的计算模型

单一装药单点起爆条件下，爆轰波波阵面为以起爆点为圆心的圆弧，根据平面对称性，可将爆轰波传播过程简化为如图 6.15 所示。图中，O 点为装药外圆弧的圆心，I_0 点为起爆点，由于起爆点并不在装药外圆弧的圆心上，因此爆轰波到达装药边界各点的时间存在差异。如图 6.15 所示，弧 $\overset{\frown}{AT}$ 为爆轰波传播的一般位置，随着爆轰波的传播，中间位置的爆轰波率先入射内衬层，且爆轰波与内衬层的碰撞点 Q 不断向两侧移动，弧 $\overset{\frown}{A'Q}$ 为此时的爆轰波位置。由几何关系易知，$\angle OQI_0$ 即为 Q 点处的爆轰波对内衬层的入射角，此处用 φ_{0m} 表示。下面根据几何关系及爆轰波传播的相关参数求解爆轰波入射角 φ_{0m} 及入射前波阵面参数，为便于表示，统一采用以 I_0 为原点的柱坐标来表示爆轰波阵面上各点的位置，其中 ϕ 为波阵面上各点与 OX 轴的夹角，$0° \leqslant \phi \leqslant 45°$。

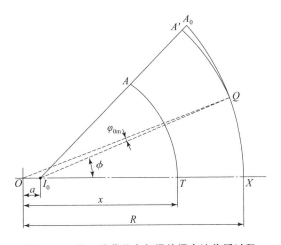

图 6.15　单一装药单点起爆的爆轰波传播过程

令 ϕ 角处爆轰波阵面上的点与 I_0 的距离为 r，则 t 时刻装药内爆轰波形可由 r 与 ϕ 的关系来表示。在单一装药单点起爆条件下，任意时刻的爆轰波形应

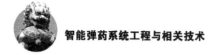

为以起爆点为圆心的圆弧，即

$$r = Dt \tag{6.67}$$

在此基础上，为便于比较不同爆轰波形作用的效果，进一步对爆轰波传至装药边缘时刻的最终状态进行计算，以获得爆轰波对内衬层的入射参数。根据几何关系，易得爆轰波对内衬层的入射角为

$$\varphi_{0m} = \phi - \arcsin \frac{(\sqrt{a^2\cos^2\phi + R^2 - a^2} - a\cos\phi)\sin\phi}{R} \tag{6.68}$$

则不同位置处，从装药起爆到爆轰波入射内衬层的时间为

$$t = \frac{R}{D} \frac{\sin(\phi - \varphi_{0m})}{\sin\phi} \tag{6.69}$$

忽略反射冲击波对爆轰波入射的影响，则 $\overset{\frown}{A_0X}$ 上入射冲击波波阵面的爆轰产物压力均为炸药的 C – J 爆压，即

$$p_0 = p_j; 0° \leqslant \phi \leqslant 45° \tag{6.70}$$

2. 对称两点起爆的计算模型

对称两点起爆的爆轰波波形如图 6.16 所示，I_1、I_2 为装药边缘的两个对称起爆点，I_1、I_2 点同时起爆后，以该两点为中心发出球面爆轰波，各自独立以相同爆速向未反应区传播。随着爆轰波的传播，首先发生两个爆轰波的对心正碰撞，随后演变为正规斜碰撞 [图 6.16 （a）]、非正规斜反射 [图 6.16 （b）]。图中，（0）区为未爆炸药区，（1）区为高压爆轰产物区，（2）区为反射冲击波后区，（3）区为马赫杆区。

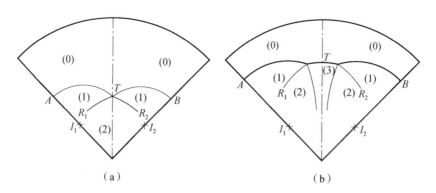

图 6.16 扇形装药结构两点起爆的爆轰波形

（a）两爆轰波正规斜碰撞；（b）两爆轰波非正规斜碰撞

根据对称性，同样只分析一半爆轰波结构，如图 6.17 所示。图中，$\overset{\frown}{A_c T_c}$ 为刚发生马赫反射时的爆轰波波阵面，ST 为马赫杆，H_m 为马赫杆最终高度。在对称面处产生马赫反射之前，装药内的爆轰波形为以 I_1 点为圆心的圆弧，此后任意时刻爆轰波形可分为两段：第一段仍为以 I_1 点为圆心的圆弧 $\overset{\frown}{AS}$；第二段为与对称面 OX 垂直的马赫杆 ST。当起爆点 I_1 的位置和炸药的爆速 D 一定时，给定时间 t 即可作出该时刻的爆轰波波形图。

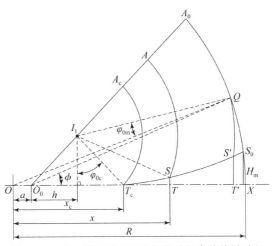

图 6.17　单一装药两点对称起爆的爆轰波传播过程

由于 H_m 与 $\overset{\frown}{A_0 X}$ 的弧长相比很小，为简化计算，认为马赫杆垂直入射内衬层，则根据几何关系，易得到爆轰冲击波对内衬层的入射角 φ_{0m} 为

$$\varphi_{0m} = \begin{cases} 0; & 0 \leqslant \phi < \phi_m \\ \arctan \dfrac{r_Q \sin\phi}{r_Q \cos\phi + \dfrac{hr_Q(\cos\phi - \sin\phi)}{r_Q \sin\phi - h}} - \arcsin \dfrac{r_Q \sin\phi}{R}; & \phi_m \leqslant \phi \leqslant \dfrac{\pi}{4} \end{cases}$$

(6.71)

式中，$\phi_m = H_m/(R-a)$ 为三波点 S_0 对应的 ϕ 的近似值，r_Q 为 $O_0 Q$ 的长，可通过下式计算得到：

$$r_Q = \sqrt{a^2 \cos^2\phi + R^2 - a^2} - a\cos\phi$$

(6.72)

以 r_m 表示 ϕ 等于 ϕ_m 时 r_Q 的值，则不同位置处，从装药起爆到爆轰波入射内衬层的时间为

$$t = \begin{cases} \dfrac{r_m\cos\phi_m - h}{D\cos\left(\varphi_{0m} + \arcsin\dfrac{r_m\sin\phi_m}{R}\right)}; & 0 \leq \phi < \phi_m \\[4mm] \dfrac{r_Q\cos\phi - h}{D\cos\left(\varphi_{0m} + \arcsin\dfrac{r_Q\sin\phi}{R}\right)}; & \phi_m \leq \phi \leq \dfrac{\pi}{4} \end{cases} \tag{6.73}$$

$\overset{\frown}{A_0X}$ 上入射冲击波波阵面的爆轰产物压力可表示为

$$p_0 = \begin{cases} p_3; & 0 \leq \phi < \phi_m \\ P_j; & \phi_m \leq \phi \leq \dfrac{\pi}{4} \end{cases} \tag{6.74}$$

式中，p_3 为马赫杆后的爆轰产物压力。

6.3.2.2 复合装药结构爆轰参数求解

1. 单点起爆的计算模型

复合装药结构单点起爆的爆轰波传播过程如图 6.18 所示，图中 $A_0I_0FF_0$ 为外层装药，AM 为该部分装药中的爆轰波阵面。由于外层装药的爆速 D_O 高于

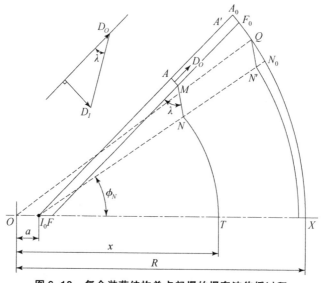

图 6.18 复合装药结构单点起爆的爆轰波传播过程

内层装药 D，内层装药中靠近外侧的部分炸药由外层装药引爆，导致外侧爆轰波阵面领先于内侧，$\overgroup{NT}$ 为爆轰波正常传播的爆轰波阵面，MN 为由外层装药传入的爆轰波的波阵面，为简化计算，将其简化为倾斜角度不变的平面波。

根据上述分析，任意时刻爆轰波形可分为三段：第一段为外层装药中以 I_0 为圆心、以 $D_0 t$ 为半径的圆弧 $\overgroup{AM}$；第二段为内层装药中与装药侧边缘夹角为 λ 的平面波 MN；第三段为内层装药中以 I_0 为圆心、以 Dt 为半径的圆弧 $\overgroup{NT}$。于是，只要求得平面波 MN 的夹角 λ，即可作出该时刻的爆轰波形。

考虑到外层装药爆轰产物的粒子速度高于内层装药 C – J 爆轰时的粒子速度 $u = D/(\gamma + 1)$，则 MN 为高速爆轰（$D_I > D$）的定态超压爆轰波。根据刚性活塞驱动下炸药中的定态超压爆轰理论，容易证明此处内层装药的爆轰速度为

$$D_I = \frac{D^2 + D_0^2}{2D_0} \tag{6.75}$$

令 ϕ_N 为 N_0 点对应的 ϕ 角，由于外层装药厚度与整体装药半径相比很小，可近似认为装药爆轰末段 $I_0 T$ 的长为 Dt_T，其中 t_T 为爆轰波传播至 T 点的时间，且外层装药的爆速平行于 FF_0。根据几何关系，易知当爆轰波传播至 F_0 点附近时各段爆轰波的传播速度之间存在以下关系：

$$\begin{cases} \tan\lambda = \dfrac{D_I}{D_0} \\ \dfrac{D}{\sin(\lambda + \theta_F)} = \dfrac{D_0}{\sin(3\pi/4 - \lambda + \phi_N)} \end{cases} \tag{6.76}$$

式中，θ_F 为 $\angle A_0 I_0 F_0$ 的大小。从上述方程组中即可解得 λ 及 ϕ_N 的值。

于是，根据几何关系可得爆轰波入射装药外弧面各点的入射角与该点的角度位置的关系为

$$\varphi_{0m} = \begin{cases} \phi - \arcsin \dfrac{(\sqrt{a^2\cos^2\phi + R^2 - a^2} - a\cos\phi)\sin\phi}{R}; & \begin{aligned}& 0 \leqslant \phi \leqslant \phi_N \text{ and} \\ & \phi_F \leqslant \phi \leqslant \dfrac{\pi}{4}\end{aligned} \\[4mm] \lambda - \dfrac{\pi}{4} - \arcsin \dfrac{(\sqrt{a^2\cos^2\phi + R^2 - a^2} - a\cos\phi)\sin\phi}{R}; & \phi_N < \phi < \phi_F \end{cases}$$

$$\tag{6.77}$$

式中，ϕ_F 为 F_0 点对应的 ϕ 角，可由下式计算得到：

$$\phi_F = \frac{\pi}{4} - \arctan \frac{e}{\sqrt{2R^2 - a^2} - a} \tag{6.78}$$

假设爆轰波 MN 与装药外弧面的交点 Q 从 F_0 点匀速移动至 N_0 点，则不同

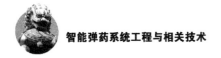

位置处，从装药起爆到爆轰波入射内衬层的时间可近似由下式计算得到：

$$t = \begin{cases} \dfrac{R\sin(\phi - \varphi_{0m})}{D\sin\phi} & ; 0 \leqslant \phi \leqslant \phi_N \\[3mm] t_F + \dfrac{\phi - \phi_F}{\phi_N - \phi_F}(t_N - t_F) & ; \phi_N < \phi < \phi_F \\[3mm] \dfrac{R\sin(\phi - \varphi_{0m})}{D_o\sin\phi} & ; \phi_F \leqslant \phi \leqslant \dfrac{\pi}{4} \end{cases}$$

式中，t_N、t_F 分别为 N 点和 F 点处的爆轰波入射时间。不计反应区的存在，利用 Rayleigh 线与产物 Hugoniot 线相交的条件，可以确定超压爆轰波阵面后产物均匀流动区的爆轰产物压力为

$$p_I = \frac{\rho_0 D_I^2 \left(1 + \sqrt{1 - \left(\dfrac{D}{D_I} \right)^2} \right)}{\gamma + 1} \tag{6.79}$$

于是，$\widehat{A_0 X}$ 上入射冲击波波阵面的爆轰产物压力可表示为

$$p_0 = \begin{cases} p_j & ; 0 \leqslant \phi \leqslant \phi_N \\ p_I & ; \phi_N < \phi < \phi_F \\ p_O & ; \phi_F \leqslant \phi \leqslant \pi/4 \end{cases} \tag{6.80}$$

式中，p_O 为外层装药的爆压。

2. 对称两点起爆的计算模型

与上述三种情况相比，复合装药结构对称两点起爆的爆轰波传播过程最为复杂。如图 6.19 所示，根据爆轰波的形成和传播状态可将整个爆轰作用区分为四个部分：区域 I 为外层装药的正常爆轰作用区域，爆轰波形为以 I_1 为圆心、以 $D_o t$ 为半径的圆弧 $\widehat{AM}$；区域 II 为内层装药的超压爆轰作用区域，爆轰波形简化为与装药侧边缘夹角为 λ 的平面波 MN；区域 III 为内层装药的正常爆轰作用区域，爆轰波形为以 I_1 为圆心、以 $D_o t$ 为半径的圆弧 $\widehat{NS}$；区域 IV 为内层装药的马赫反射区域，爆轰波形为与对称面 OX 垂直的马赫杆 ST。由于外层装药厚度较小，计算区域 III 和 IV 的爆轰状态时忽略外层装药的影响，则这两个区域的爆轰参数与单一装药对称两点起爆时相同。

易知，I 区与 II 区的爆轰波形与单点起爆时相同，F_0 点对应的位置角 ϕ_F 则可由式（6.78）求得，而 MN 波阵面相关参数的计算式可由式（6.76）改写得到：

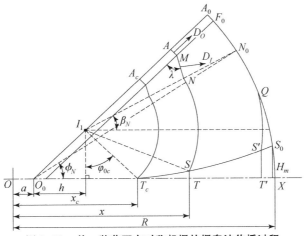

图 6.19 单一装药两点对称起爆的爆轰波传播过程

$$\begin{cases} \tan\lambda = \dfrac{D_I}{D_O} \\[3mm] \dfrac{D}{\sin(\lambda + \theta_F)} = \dfrac{D_O}{\sin(3\pi/4 - \lambda + \beta_N)} \end{cases} \quad (6.81)$$

此处，θ_F 为 $\angle A_0 I_1 F_0$ 的大小。于是根据几何关系，可得 ϕ_N 的值为

$$\phi_N = \beta_N + \angle I_1 N_0 O_0 = \beta_N + \arcsin \frac{\sqrt{2}h\sin\left(\beta_N + \dfrac{3}{4}\pi\right)}{r_N} \quad (6.82)$$

式中，r_N 为 $O_0 N_0$ 的长，可知

$$r_N = \sqrt{a^2\cos^2\phi_N + R^2 - a^2} - a\cos\phi_N \quad (6.83)$$

联立上述两式即可求出 ϕ_N。于是，给定时间 t 即可得到该时刻完整爆轰波形。

依然假设马赫杆对内衬层的入射角度均为零，且爆轰波 MN 与装药外弧面的交点 Q 从 F_0 点匀速移动至 N_0 点，则根据几何关系，易得爆轰冲击波对内衬层的入射角 φ_{0m} 为

$$\varphi_{0m} = \begin{cases} 0; & 0 \leqslant \phi < \phi_m \\[3mm] \arctan \dfrac{r_Q\sin\phi}{r_Q\cos\phi + \dfrac{hr_Q(\cos\phi - \sin\phi)}{r_Q\sin\phi - h}} - \arcsin \dfrac{r_Q\sin\phi}{R}; & \begin{aligned} &\phi_m \leqslant \phi \leqslant \phi_N, \\ &\phi_F \leqslant \phi \leqslant \pi/4 \end{aligned} \\[5mm] \lambda - \dfrac{\pi}{4} - \arcsin \dfrac{(\sqrt{a^2\cos^2\phi + R^2 - a^2} - a\cos\phi)\sin\phi}{R}; & \phi_N < \phi < \phi_F \end{cases}$$

$$(6.84)$$

式中，ϕ_m 的值与单一装药时相等，r_Q 为 O_0Q 的长，通过式（6.72）计算得到。进一步可求得不同位置处，从装药起爆到爆轰波入射内衬层的时间为

$$t = \begin{cases} \dfrac{r_Q\cos\phi_m - h}{D\cos\left(\varphi_{0m} + \arcsin\dfrac{r_Q\sin\phi_m}{R}\right)}; & 0 \leqslant \phi < \phi_m \\[4mm] \dfrac{r_Q\cos\phi - h}{D\cos\left(\varphi_{0m} + \arcsin\dfrac{r_Q\sin\phi}{R}\right)}; & \phi_m \leqslant \phi \leqslant \phi_N \\[4mm] t_F + \dfrac{\phi - \phi_F}{\phi_N - \phi_F}(t_N - t_F); & \phi_N < \phi < \phi_F \\[4mm] \dfrac{r_Q\cos\phi - h}{D_O\cos\left(\varphi_{0m} + \arcsin\dfrac{r_Q\sin\phi}{R}\right)}; & \phi_F \leqslant \phi \leqslant \pi/4 \end{cases} \quad (6.85)$$

式中，t_N、t_F 分别为 N 点和 F 点处的爆轰波入射时间。

$\overset{\frown}{A_0X}$ 上入射冲击波波阵面的爆轰产物压力可表示为

$$p_0 = \begin{cases} p_3 & ; 0 \leqslant \phi \leqslant \phi_m \\ p_j & ; \phi_m < \phi \leqslant \phi_N \\ p_I & ; \phi_N < \phi < \phi_F \\ p_O & ; \phi_F \leqslant \phi \leqslant \pi/4 \end{cases} \quad (6.86)$$

式中，p_I 由式（6.79）计算得到。

6.3.3 破片速度及质量分布计算模型

扇形装药爆轰驱动破片飞散的作用过程十分复杂，其作用过程可以分两个阶段来进行研究：第一阶段考虑炸药爆轰波与壳体的相互作用，爆轰波传入壳体后形成向前传播的冲击波，在冲击波作用下壳体产生塑性变形，当冲击波到达壳体外侧时，壳体即获得初始速度，该过程几乎在瞬时完成；第二阶段考虑炸药的高压爆轰产物膨胀对破片的二次驱动作用，使破片速度进一步提高，最终达到飞散初速。由于冲击波作用过程非常短暂，破片在其作用下的响应在微秒量级，而爆轰产物膨胀对破片做功的耗时相对较长，一般为毫秒量级，因此，可假设二者作用过程相互独立，前者获得的破片速度可作为后者初始运动条件，进而联立求解得到破片最终飞散速度。下面采用理论分析分别对这两个阶段进行研究。

6.3.3.1 爆轰波与内衬介质的相互作用

假定预制破片战斗部的内衬为铝合金材料，破片采用钢或钨合金材料，外壳体材料为钢。在爆轰波作用下战斗部内衬介质中会产生一道初始冲击波向前传播，该冲击波的初始状态决定了战斗部的破片飞散特性。当爆轰波的入射角度不同时，其与内衬介质的作用模式也不同。当爆轰波入射角度为零时，由于金属内衬冲击阻抗大于炸药冲击阻抗，爆轰产物中会反射一道传播方向与入射冲击波相反的冲击波。当爆轰波入射角度不为零时，内衬介质中将形成一斜冲击波，同时，介质表面在爆轰波作用下发生压缩变形，变形角的大小取决于爆轰压力及介质的可压缩性。对于一定的炸药和介质，根据爆轰波入射角的不同，爆轰产物中可以发生正规反射、非正规反射和普朗佗－迈益尔膨胀。本节首先取一小段内衬作为研究对象，将这段内衬看作一个小平板，分别讨论爆轰波正入射和斜入射时内衬介质速度和透射冲击波偏转角，为求解破片的飞散参数奠定基础。

6.3.3.2　冲击波在内衬与破片之间的传播

上文得到了爆轰波以不同角度入射与之接触的固体介质时初始冲击波参数的求解方法，即得到了内衬中的初始冲击波及波后介质的相关参量。对于本战斗部结构而言，球形预制破片装填在战斗部外壳与内衬之间，破片之间的空隙采用树脂进行填充。由于破片与内衬之间为点面接触，可认为内衬中的冲击波先传至树脂材料，而后传至破片中。因此，冲击波在内衬与破片之间共发生两次发射，下面分别对冲击波在两个交界面之间的传播过程进行分析。

当冲击波传播至内衬与树脂材料的交界面时，由于树脂的冲击阻抗小于内衬的冲击阻抗，冲击波传入树脂后，树脂的波后介质速度高于内衬的初始介质速度。下面利用冲击波在两种介质间的传播理论求解树脂材料中的介质初始速度。

将内衬与树脂材料的交界面简化为平面，由于爆轰波斜入射内衬介质时的壁面折转角很小，因此假设冲击波正入射树脂填充层，则对于内衬中的左传波 D_L，根据冲击波的基本关系式可以得到

$$u_{a_0} - u_{a_1} = \sqrt{(p_{a_1} - p_{a_0})(v_{a_0} - v_{a_1})} \tag{6.87}$$

$$D_L + u_{a_0} = v_{a_0}\sqrt{\frac{p_{a_1} - p_{a_0}}{v_{a_0} - v_{a_1}}} \tag{6.88}$$

同理，对于树脂中的右传波 D_R，根据冲击波的基本关系式可以得到

$$u_{b_1} - u_{b_0} = \sqrt{(p_{b_1} - p_{b_0})(v_{b_0} - v_{b_1})} \tag{6.89}$$

$$D_R - u_{b_0} = v_{b_0}\sqrt{\frac{p_{b_1} - p_{b_0}}{v_{b_0} - v_{b_1}}} \tag{6.90}$$

在两种介质的分界面上，由连续性条件可得

$$u_{a_1} = u_{b_1}; \quad p_{a_1} = p_{b_1} \tag{6.91}$$

以上式子中，下标 a 和 b 分别表示内衬和树脂，下标 0 和 1 分别表示波前和波后参数，内衬介质的初始参数 u_{a_0}、p_{a_0}、ρ_{a_0} 由前文爆轰波与介质相互作用的计算方法得到，而树脂介质中 $u_{b_0} = 0$，$p_{b_0} = 0$，ρ_{b_0} 为树脂的初始密度，亦为已知参数。又由凝聚介质中冲击波速度与波后质点速度的雨果尼奥关系，可得

$$D_L = a_1 + b_1 u_{a_1}$$
$$D_R = a_2 + b_2 u_{b_1} \tag{6.92}$$

式中，a_1、b_1 为内衬材料的雨果尼奥参数；a_2、b_2 为树脂材料的雨果尼奥参数。

以上八个方程联立即可求得两种介质中冲击波及质点的八个未知参数，其中 u_{b_1} 即为树脂材料在冲击波作用下获得的初始速度。同理，当冲击波进一步传播至树脂与破片的交界面时，由于破片的冲击阻抗大于树脂的冲击阻抗，冲击波传入破片层后，破片的波后介质速度低于树脂的初始介质速度。按照上述分析方法，易知此时的冲击波传播表达式与上述表达式是一致的，只需将 a_1、b_1 改为树脂材料的雨果尼奥参数，a_2、b_2 改为破片材料的雨果尼奥参数。基于上述理论计算方法，利用上节数据，进一步计算得到破片介质的初始运动速度与爆轰波入射角度的关系，如图 6.20 所示。

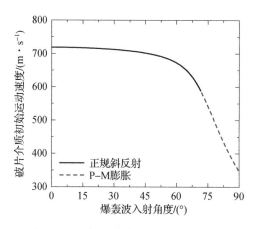

图 6.20　爆轰波以不同角度入射时的破片介质初始运动速度

6.3.3.3 爆轰产物膨胀对破片的驱动作用

上文分析了扇形装药爆炸驱动破片飞散第一阶段的作用过程，得到了爆轰波作用下破片飞散方向和初始速度的解析解。下面以该结果为初始条件，进一步分析高压爆轰产物膨胀对破片的二次驱动作用，以求得各方位角的破片初速。

扇形装药爆轰产物的膨胀过程极为复杂，为了便于理论计算，对该过程做如下假设和简化：①假设爆轰产物始终保持均匀性，即状态参数处处相等；②假设爆轰瞬时完成，并以外壳被完全切断即内衬运动至原最大外弧面的时刻作为爆轰产物膨胀做功的起始位置；③爆轰产物等熵膨胀；④忽略直角边壳体的响应，假设其为刚性壁且未发生运动；⑤假设爆轰产物质点的运动方向保持不变。在爆轰产物膨胀过程中，由于两侧不再有约束，会产生侧向稀疏效应，为简化计算，只考虑第一道稀疏波影响，假设稀疏波波阵面为平面，且稀疏波过后，爆轰产物不具备对破片的驱动能力。

基于上述假设，可将爆轰产物膨胀驱动破片简化为图 6.21 所示过程。初始时刻爆轰产物的分布区域为 OA_1B_1，此时，一簇侧向稀疏波开始从 A_1 和 B_1 点传入爆轰产物中。当爆轰产物继续膨胀至一般位置 OA_xB_x 时，第一道稀疏波的波阵面如图 6.22 中 A_1C_x 及 B_1D_x 所示，$A_1A_xC_x$ 和 $B_1B_xD_x$ 区域的爆轰产物不再对破片提供驱动作用。

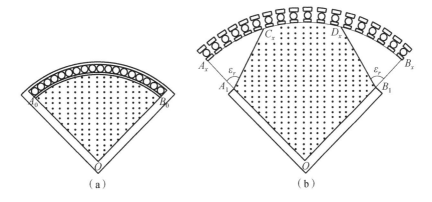

图 6.21 爆轰产物膨胀驱动破片的简化过程示意图

（a）扇形装药初始状态；（b）爆轰产物膨胀的一般状态

爆轰产物膨胀一般状态的几何关系如图 6.22 所示。根据爆轰产物等熵方程，有

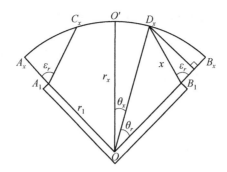

图 6.22　爆轰产物膨胀一般状态的几何关系

$$p_x = p_j \left(\frac{\rho_x}{\rho_j} \right)^{\gamma} ; \quad c_x = c_j \frac{\rho_x}{\rho_j} \tag{6.93}$$

爆轰波阵面的 C – J 参数可近似由下式计算:

$$p_j = \frac{\rho_0 D^2}{\gamma + 1}; \quad \rho_j = \frac{\gamma + 1}{\gamma} \rho_0; \quad c_j = \frac{\gamma}{\gamma + 1} D \tag{6.94}$$

代入式 (6.93), 可以得到

$$p_x = \frac{\rho_0 D^2}{\gamma + 1} \left[\frac{\gamma \rho_x}{(\gamma + 1) \rho_0} \right]^{\gamma} ; \quad c_x = \left(\frac{\gamma}{\gamma + 1} \right)^2 \frac{\rho_x}{\rho_0} D \tag{6.95}$$

式中, ρ_0 为装药密度。基于爆轰产物均匀分布以及质点流动方向不变的假设, 易得任意时刻的爆轰产物密度为

$$\rho_x = \rho_0 \left(\frac{r_0}{r_x} \right)^2 \tag{6.96}$$

式中, r_0 为 OA_0 的长。

对于破片飞散方位角在区间 $\theta \in [-\theta_x , \theta_x]$ 内的破片, 根据能量守恒可以得到破片的动能增量微元为

$$de_k = p_x S_f dr_x \tag{6.97}$$

式中, ε_k 为破片动能, S_f 为破片有效受力面积。根据图 6.22 所示几何关系, θ_x 可由下式计算得到:

$$\theta_x = \frac{\pi}{4} - \theta_r = \frac{\pi}{4} - \arcsin \frac{x \sin \varepsilon_r}{r_x} \tag{6.98}$$

式中, $x = \sqrt{r_x^2 - r_1^2 \sin^2 \varepsilon_r} - r_1 \cos \varepsilon_r$。而由于稀疏波传播速度为介质的当地声速, 则 ε_r 可由初始状态下爆轰产物边缘的质点速度和声速近似计算得到:

$$\varepsilon_r \approx \arctan \frac{c_0}{u_0} = \arctan \left[\left(\frac{\gamma}{\gamma + 1} \right)^2 \frac{D}{u_0} \right] \tag{6.99}$$

式中, u_0 等于边缘破片初始介质速度。

对于飞散方位角为 θ 的破片，破片及其对应爆轰产物的动能总增量可以通过对式（6.97）积分得到：

$$\Delta e_k = \int_{r_1}^{r_\theta} p_x S_f \mathrm{d} r_x \tag{6.100}$$

式中，r_θ 为稀疏波传到 θ 方位角时 r_x 的值，参考图 6.22 所示的几何关系，根据正弦定理可以得到

$$r_\theta = \frac{\sin \varepsilon_r}{\sin \left(\varepsilon_r + |\theta| - \dfrac{\pi}{4} \right)} r_1 \tag{6.101}$$

将式（6.95）、式（6.99）和式（6.101）代入式（6.100），积分得到飞散方位角为 θ 的破片的动能增量为

$$\Delta e_k = \frac{\rho_0 D^2 S_f}{(\gamma+1)(1-2\gamma)} \left(\frac{\gamma r_0^2}{\gamma+1} \right)^\gamma \left\{ \left[\frac{r_1 \sin \varepsilon_r}{\sin(\varepsilon_r + |\theta| - \pi/4)} \right]^{1-2\gamma} - r_1^{1-2\gamma} \right\} \tag{6.102}$$

对于预制破片战斗部，由于爆轰产物会从破片之间的间隙飞散，导致破片获得的驱动能量减少，因此，需对上述能量值进行修正。根据 Charron 等的试验结果，可按上述能量的 80% 作为实际动能增量。于是破片的最终初速为

$$v_f = \sqrt{v_0^2 + \frac{1.6 \Delta e_k}{m + c/2}} \tag{6.103}$$

式中，c 为驱动该破片的部分爆轰产物的质量，可由初始状态的几何关系计算得到：

$$c = \frac{\rho_0 R_0 S_f}{2} \tag{6.104}$$

|6.4　计算实例分析|

6.4.1　战斗部展开过程计算实例分析

在战斗部主体的结构及质量参数保持不变的前提条件下，其机械展开的展开角度和展开时间主要由辅装药的爆炸载荷和塑性铰的结构尺寸及材料性能所决定。本小节采用 6.2 节建立的爆炸载荷驱动战斗部展开过程计算模型，计算不同载荷冲量、塑性铰厚度及材料屈服强度的战斗部展开角度时间历程，讨论爆炸载荷、塑性铰厚度及材料参数对战斗部展开过程的影响，为展开式定向战

斗部的结构设计和二次起爆匹配奠定基础。

1. 爆炸载荷冲量的影响

本计算以直径为 120 mm、轴向长度为 100 mm 的战斗部为例，圆柱形战斗部等分为四瓣，每瓣质量为 1.529 kg，对重心所在轴线的转动惯量为 8.69 kg·cm²，塑性铰采用 304 不锈钢材料，其厚度为 4.5 mm，静态屈服强度和应变硬化模量分别为 418 MPa 和 740 MPa，辅装药的爆炸载荷冲量依次取为 30 Ns、40 Ns、50 Ns、60 Ns、70 Ns。按本节建立的计算模型进行计算，得到展开角度及角速度随时间变化曲线分别如图 6.23 和图 6.24 所示。

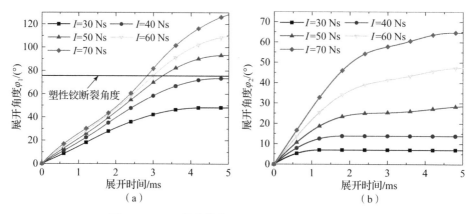

图 6.23　不同爆炸载荷时的展开角度时间历程曲线

（a）φ_1；（b）φ_2

从图 6.23 中可看出，随爆炸载荷冲量的增大，战斗部两个展开角度的增长时间均越来越长，最终值也越来越大。当爆炸载荷冲量高于 50 Ns 时，内角将会于 3 ms 左右产生断裂。根据图 6.24，战斗部两个展开角度的初始角速度均随爆炸载荷的增大而增大，此后外角的展开角速度呈直线降低，并很快衰减到零，而内角展开角速度的变化趋势为先减后增再减，随着载荷的增大，外角角度和角速度的变化幅度均明显大于内角；从展开时间上看，当载荷较低时，内角的展开时间约比外角的长 3 ms，战斗部的完整展开时间在 4~5 ms 范围内，而随着载荷的继续增大，内外角展开时间的差距逐渐缩短。

为更清晰地表示战斗部展开过程中的展开姿态变化情况，分别以两个展开角度为 x 和 y 轴，作不同爆炸载荷时战斗部的展开角度匹配关系，如图 6.25 所示，则图中曲线即表示对应载荷条件下战斗部所有可能展开姿态的集合。从图中可以明显看出，一般而言，同一时刻的内角展开角度往往高于外角，而根据图 6.24，两个角度初始角速度的差异并不大，铰链的动态极限弯矩也主要

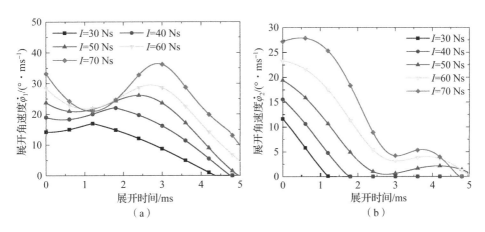

图 6.24　不同爆炸载荷时的展开角速度时间历程曲线

(a) φ_1；(b) φ_2

由塑性铰的弯曲角度及角速度所决定，因此展开初期两个角度所对应的塑性铰动态极限弯矩的差异也并不明显。进一步分析其原因，该现象可能是四瓣战斗部结构的固有动力学特性造成的，由于单个扇形结构对外侧铰链的惯性矩远远小于两个扇形结构对内侧铰链的等效惯性矩，因此在相同的初始角度及角速度的条件下，外角转动速度的衰减也快于内角的。尽管如此，由图中数据可见通过增大载荷可以降低展开过程中内外角的大小差异，使展开角度分布更为均匀。

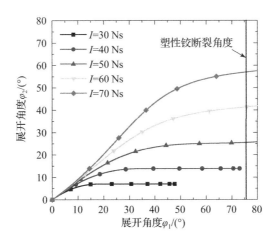

图 6.25　不同爆炸载荷时的展开角度匹配关系

图 6.26 所示为计算得到的战斗部在特定时刻（以 $t = 3$ ms 为例）的展开角度与爆炸载荷冲量的关系曲线，其中 $\varphi_1 + \varphi_2$ 为战斗部的总展开角度。可见，

随着载荷冲量的增大，外角增大的幅度越来越明显，而内角增大的趋势越来越缓，但二者之和随爆炸载荷冲量呈线性变化，这为不同爆炸载荷条件下战斗部展开姿态的预测提供了一种简便可行的方法。

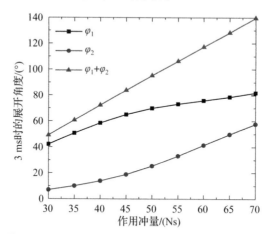

图 6.26 3 ms 时的展开角度随载荷冲量的变化关系

进一步将战斗部停止展开或产生塑性铰断裂时的展开姿态作为其终止状态，则该状态表明了战斗部在特定载荷条件下所能达到的最大安全展开角度。图 6.27 所示为各终止展开角度随输入载荷冲量的变化曲线，可见终止状态时的总展开角度随载荷冲量呈明显的分段线性变化规律；由于外角很快停止展开，因此其终止展开角度与图 6.26 中 3 ms 时刻的角度相等；而当载荷冲量高于 45 Ns 时，内侧塑性铰将产生断裂，因此其终止角度为塑性铰的断裂角度，且通过 3 ms 时的内角大小相比可以发现，随着载荷增大战斗部展开至终止状态的时间越来越短。

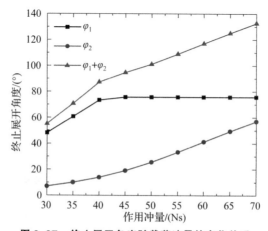

图 6.27 终止展开角度随载荷冲量的变化关系

2. 塑性铰厚度的影响

保持辅装药的爆炸载荷冲量为 35 Ns 不变，改变塑性铰的厚度，按照上文建立的计算模型进行计算，得到展开角度及角速度随时间的变化曲线分别如图 6.28 和图 6.29 所示。显然，由于计算得到的战斗部自由展开的初始状态与塑性铰厚度无关，因此不同塑性铰厚度的战斗部具有相同的初始展开角速度。根据图 6.29 （a），当 H 较小时，内角的角速度随时间的变化趋势为先减后增再减，对应地可将角速度的变化曲线划分为三段。而随着 H 的增大，前两段曲线的持续时间逐渐变短，造成内角的整体展开时间逐渐缩短，当 H 增大至一定值时，第一段曲线消失。同时，根据图 6.29 （b），随着 H 的增大，外角角速度的衰减也越来越快，因此战斗部的两个展开角度和整体展开时间均大幅减小。图 6.30 所示为塑性铰厚度取不同值时的展开角度匹配关系，可见减小塑性铰厚度与增大爆炸载荷的作用类似，可以在很大程度上减小内外角的差异，改善展开角度的匹配关系。

根据图 6.28 和图 6.29，塑性铰厚度 H 越大，战斗部最终展开角度越小，但展开初始阶段的 φ_1 角却越大，相应的角速度 $\dot{\varphi}_1$ 上升得也越快；与之相反，随着 H 增大，开始展开后 φ_2 角的角速度衰减得越来越快。可见增加塑性铰厚度对外角展开的影响大于内角，这是由于增加塑性铰厚度对外角子系统（由外侧塑性铰和外侧扇形结构组成）的刚度提升作用大于整体系统，在初始展开动能保持一定时，外角的过快衰减导致更多的动能转移至内侧塑性铰，从而使内角速度进一步提升。

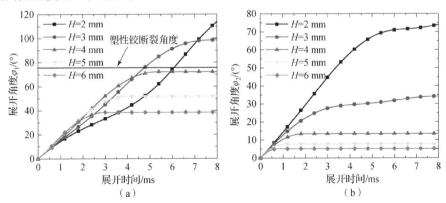

图 6.28　不同塑性铰厚度时的展开角度时间历程曲线

(a) φ_1；(b) φ_2

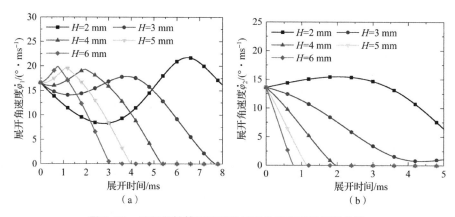

图 6.29　不同塑性铰厚度时的展开角速度时间历程曲线

（a）$\dot{\varphi}_1$；（b）$\dot{\varphi}_2$

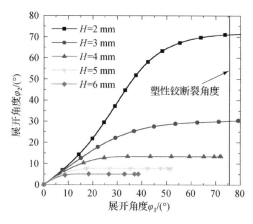

图 6.30　不同塑性铰厚度时的展开角度匹配关系

　　图 6.31 和图 6.32 分别为 3 ms 时刻和终止状态下不同塑性铰厚度的战斗部在相同爆炸载荷作用下的展开角度。从图中可以看出，一方面战斗部的外角和总展开角度在 3 ms 时刻及终止状态下的值均随着塑性铰厚度的增加而减小，且外角的变化幅度越来越小；另一方面，内角在该特定时刻的值随着塑性铰厚度的增加呈先增后减的趋势，而其终止角度则由塑性铰的断裂角度逐渐减小，显然，当塑性铰厚度较小时内外角的值更为接近。根据该结果，战斗部设计过程中，在引信延迟时间一定的条件下，为了获得更大的展开角度和更均匀的角度分布，应该采用尽可能小的塑性铰厚度值。

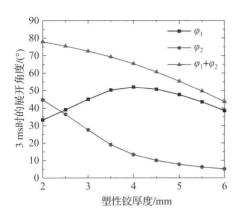

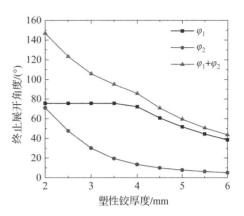

图 6.31　3 ms 时的展开角度随塑性铰厚度的变化关系

图 6.32　终止展开角度随塑性铰厚度的变化关系

6.4.2　破片定向控制计算实例分析

6.4.2.1　不同装药方案计算分析

基于 6.3 节计算方法，本节针对内层装药为 B 炸药、装药外圆半径为 55 mm、战斗部直径为 120 mm 的特定算例进行计算，分析四种方案爆轰波形的差异，从而获得对不同方案作用效果的基础数据，为进一步研究相关参数的影响奠定基础。在本算例中，内层装药（B 炸药）密度为 1.717 g/cm³，爆速为 7 980 m/s，爆压为 29.5 GPa；外层装药采用 PBX9404 炸药，密度为 1.84 g/cm³，爆速为 8 800 m/s，爆压为 37.0 GPa。考虑到外层装药类型不同带来的总能量差异，为了使计算结果更具有可对比性，外层装药的厚度不应过大，取外层装药的厚度 e 为 4 mm。两点起爆的起爆点位置 h 为 8 mm。根据上述得到的对称面处爆轰波传播 40 mm 远时各方案的爆轰波形如图 6.33 所示。

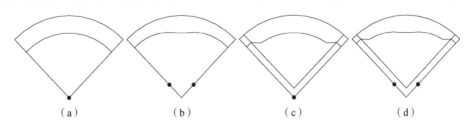

图 6.33　四种装药方案的爆轰波形计算结果

（a）单一装药单点起爆；（b）单一装药两点起爆；
（c）复合装药单点起爆；（d）复合装药两点起爆

可以看出：①采用两点起爆可产生双弧波形，使整体爆轰波形比单点起爆时更为平坦，且两波碰撞处产生了马赫反射，形成局部超压区，但由于爆轰波传播时间短及装药尺寸的限制，马赫反射的影响区域不大；②不管采用何种起爆方式，复合装药结构的爆轰波形均比单一装药结构的平坦，二者差异主要体现在装药边缘。

1. 装药边缘的爆轰波参数计算

为更直观地比较四种方案的爆轰波形差异，计算得到了不同条件下爆轰波传播最终状态的相关参数，如图 6.34 所示。其中，图 6.34（a）为爆轰波对内衬层的入射角 φ_{0m} 随 ϕ 角的变化曲线，φ_{0m} 角的方向与 ϕ 角的方向一致，即正的 φ_{0m} 角表示爆轰波驱动作用下被驱动物将向两侧发散，而负的值则表示爆轰波的驱动作用将使被驱动物向中间汇聚，因此，φ_{0m} 角为负的区域应越宽越好。从图中可以看出，两点起爆和复合装药都可以增加 φ_{0m} 角为负的区域，因而可以有效提高破片飞散的集中度，其中，采用两点起爆的效果最为显著。

图 6.34（b）为装药边缘的爆轰波阵面压力随 ϕ 角的变化曲线，可见两点起爆条件下装药对称面处产生了马赫碰撞，导致局部区域的爆轰压力比正常爆压提高了 20% 以上；而采用复合装药时，内层装药两侧也产生了局部超压爆轰现象，爆轰压力比正常爆压提高了 10%。超压爆轰有利于对破片驱动，但从图中可以看出产生超压爆轰的区域较为有限，对破片飞散速度的影响效果有待进一步研究。

图 6.34（c）为装药边缘各点的爆轰波到达时间与该点对应 ϕ 角的关系曲线，可见两点偏心起爆在很大程度上减少了爆轰波的整体传播时间，为便于比较不同条件下爆轰波到达装药边缘各点的先后情况，对图 6.34（c）进行进一步处理，以各方案中爆轰波开始到达装药边缘的时刻为起始时刻，得到装药边缘各点的爆轰波相对到达时间如图 6.34（d）所示。从图中可以看出，单一装药单点起爆条件下对称位置的爆轰波率先到达装药边缘，并依次传播至装药两侧；而另三种方案中，两侧的爆轰波均先于中间到达装药边缘，通过两点起爆可使对称位置附近的爆轰波到达时间大幅延迟，而采用复合装药则能使中间大部分区域的爆轰波相对到达时间延迟，这种爆轰波到达时间的不同会造成不同位置破片驱动同步性的差异，对于破片集中飞散（φ_{0m} 角小于零）的情况而言，可以使更多的装药能量作用于特定方向的破片驱动上，使能量分布更为集中。

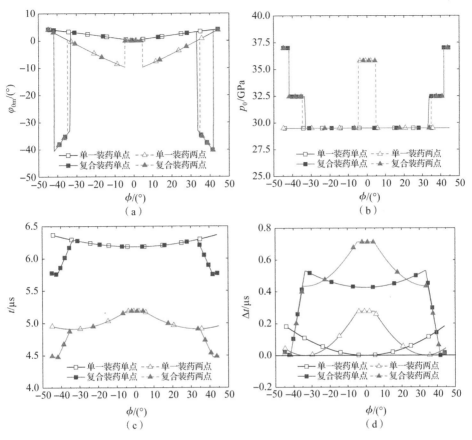

图 6.34　装药边缘的爆轰波参数随 ϕ 角的变化曲线

（a）爆轰波对内衬层的入射角；（b）装药边缘的爆轰波阵面压力；
（c）装药边缘各点的爆轰波到达时间；（d）装药边缘各点的爆轰波相对到达时间

根据上述分析，综合考虑爆轰波对内衬层的入射角度、入射顺序和爆轰波阵面的压力分布，可以得出：通过采用两点对称偏心起爆和复合装药都能优化扇形装药结构的爆轰波形，其中，前者可以有效改善扇形装药的整体爆轰波形，使爆轰波驱动破片的整体角度分布和时间分布发生改变，但对装药两侧的爆轰过程影响不大，而后者则对装药两侧区域的爆轰波形改善具有显著效果，但对中间大部分区域的爆轰过程影响较小；两者对爆轰产物压力的提升均仅限于很小的区域，对整体爆轰驱动效果的影响不大；结合两种方法的优化方案具有最好的爆轰波形及爆轰参数控制效果。

2. 破片飞散角度及速度分布计算

将上述结果代入破片飞散角度及速度分布计算模型，得到四种装药方案的破片空间及速度分布，如图6.35所示。可以看出，计算得到的四种方案的破片飞散角度和破片速度分布存在一定的差异：两点起爆的破片飞散角度整体上小于单点起爆，而采用复合装药时扇形结构两侧破片的飞散角度大幅减小，有利于提高破片飞散的集中程度；同时，两点起爆时，扇形结构的中间位置存在一个破片速度局部增益区，能使破片速度提高约100 m/s，该区域所包含的角度范围为10°左右；另一方面，采用复合装药时，扇形边缘的破片速度略有提高，认为速度增益是由内层装药的超压爆轰作用而引起的。

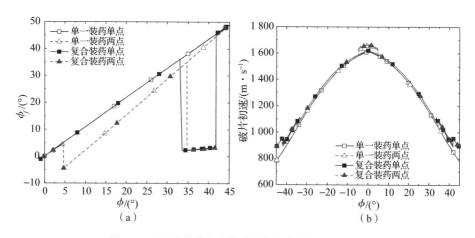

图6.35　四种装药方案的破片空间分布与速度分布

（a）破片飞散方位角的分布；（b）破片初速的分布

　　为量化不同装药方案破片飞散集中程度的差异，定义破片集中飞散角 ϕ_c 为：包含90%破片的最小区域的圆心角的一半，如图6.36所示。根据计算结果，进一步计算得到破片平均速度 $\bar{v}$、单位质量破片动能 e_k 和破片集中飞散角 ϕ_c，结果如表6.2所示。可见，与单一装药结构相比，采用复合装药可以大幅提高破片飞散的集中程度，破片集中飞散角减小了20%以上；采用两

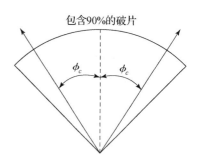

图6.36　破片集中飞散角 ϕ_c 的定义

点起爆和复合装药都可以增加炸药装药能量利用率，提高破片平均速度和总动能，但增加的幅度不大。

表 6.2　四种方案的破片飞散参数统计

装药及起爆方案	$\overline{v}/(m \cdot s^{-1})$	$e_k/(kJ \cdot kg^{-1})$	ϕ_c	动能增益	集中度增益
单一装药单点	1 279.13	850.74	44.07°	——	——
单一装药两点	1 286.45	861.22	42.66°	1.23%	3.20%
复合装药单点	1 307.11	882.06	34.78°	3.68%	21.08%
复合装药两点	1 312.73	890.56	33.15°	4.68%	24.78%

6.4.2.2　不同起爆点位置影响计算

基于上述研究方法，改变对称两点偏心起爆的起爆点位置 h，计算得到的对称面处爆轰波传播 40 mm 远时的爆轰波形如图 6.37 所示。从图中可以看出，随着起爆点偏心距离的增大，爆轰波的整体形状越平坦，同一时刻装药两侧的爆轰波越靠近装药边缘，而对称位置的马赫碰撞区域越窄，起爆点位置对单一装药和复合装药结构的影响趋势是一致的。

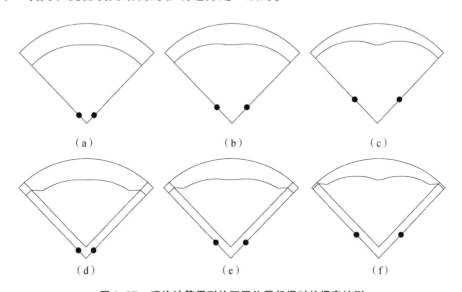

图 6.37　理论计算得到的不同位置起爆时的爆轰波形

（a）单一装药 $h = 4$ mm；（b）单一装药 $h = 8$ mm；（c）单一装药 $h = 12$ mm；

（d）复合装药 $h = 4$ mm；（e）复合装药 $h = 8$ mm；（f）复合装药 $h = 12$ mm

爆轰波波形相关参数的分布曲线如图 6.38 和图 6.39 所示。从图中可以看到，在两种装药结构条件下起爆点位置对爆轰波形的影响是一致的，爆轰波对内衬层的入射角随着起爆点偏心距离 h 的增大而减小，这对提高破片飞散的集中程度有利；装药对称位置的马赫杆高度随着 h 的增大略有减小，但马赫碰撞处爆轰产物压力显著增加；另外，爆轰波到达中间位置和两侧的时间差随着 h 的增大而增大，但到达边缘各点的先后关系不变，这对破片定向飞散也是有利的。

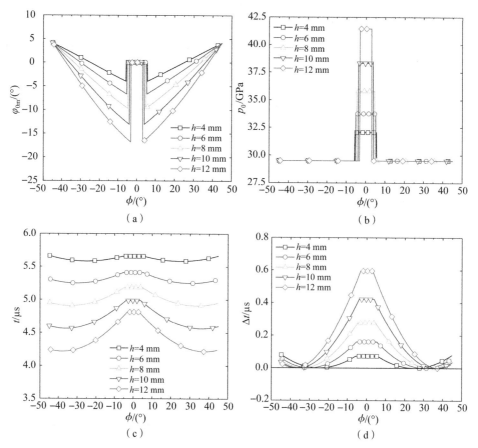

图 6.38　两点起爆条件下起爆点位置的影响（单一装药）

（a）爆轰波对内衬层的入射角；（b）装药边缘的爆轰波阵面压力；

（c）装药边缘各点的爆轰波到达时间；（d）装药边缘各点的爆轰波相对到达时间

综上，增大起爆点的偏心距离 h 更有利于驱动破片集中飞散，但由于驱动破片的有效装药量会随着 h 的增大而减小，可能造成破片初速的降低，因此两点偏心起爆的最佳起爆位置还需结合破片的综合毁伤效能进行匹配分析。

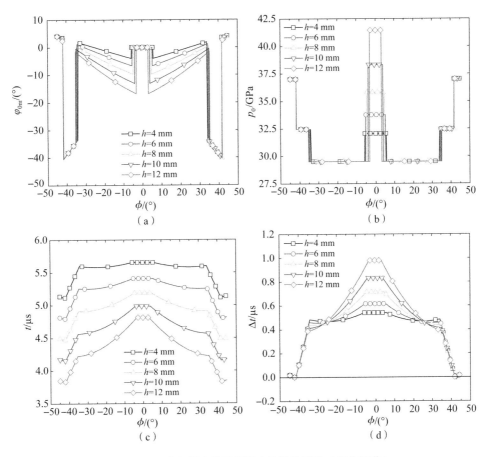

图 6.39　两点起爆条件下起爆点位置的影响（复合装药）

（a）爆轰波对内衬层的入射角；（b）装药边缘的爆轰波阵面压力；
（c）装药边缘各点的爆轰波到达时间；（d）装药边缘各点的爆轰波相对到达时间

爆轰波形参数代入破片飞散特性求解理论模型，计算得到不同起爆点位置的破片空间分布及速度分布如图 6.40 所示。求得破片平均速度、单位质量破片动能及破片集中飞散角如表 6.3 所示。可以看出，虽然破片速度和飞散角度的分布随起爆点的位置按一定的规律变化，但不管采用何种装药结构，起爆点位置对破片速度和空间分布的影响都很小，h 值取 4 mm 和 12 mm 时的破片平均速度差异在 10 m/s 以内，而破片集中飞散角差异在 2° 以内，对战斗部整体作用性能的影响很小。

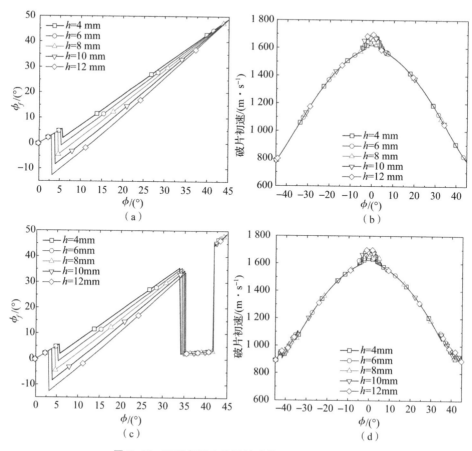

图 6.40 不同起爆点位置的破片空间及速度分布

（a）破片飞散方位角的分布（单一装药）；（b）破片初速的分布（单一装药）；

（c）破片飞散方位角的分布（复合装药）；（d）破片初速的分布（复合装药）

表 6.3 不同起爆点位置的破片飞散参数统计

装药结构	起爆点位置 h/mm	$\bar{v}$/(m·s⁻¹)	e_k(kJ·kg⁻¹)	ϕ_e	动能增益	集中度增益
单一装药	4	1 283.54	856.82	43.61°	—	—
	6	1 284.34	859.36	43.32°	0.30%	0.66%
	8	1 286.45	861.22	42.66°	0.51%	2.18%
	10	1 289.17	863.70	42.42°	0.80%	2.73%
	12	1 293.18	869.36	42.00°	1.46%	3.69%

装药结构	起爆点位置 h/mm	$\bar{v}$/(m·s^{-1})	e_k(kJ·kg^{-1})	ϕ_c	动能增益	集中度增益
复合装药	4	1 311.16	887.44	34.06°	—	—
	6	1 312.10	889.16	33.82°	0.19%	0.70%
	8	1 312.73	890.56	33.15°	0.35%	2.67%
	10	1 313.32	891.52	32.64°	0.46%	4.17%
	12	1 313.35	891.72	31.85°	0.48%	6.49%

6.4.2.3 不同复合装药结构装药参数影响计算

对于复合装药结构，内外层装药的爆速差与爆压差是设计中最重要的两个参数。为考察复合装药参数对扇形装药结构爆轰波形的影响，以几种典型装药进行匹配分析计算，其中内层装药采用 B 炸药保持不变，外层装药分别采用 PBX9502、PETN、8701 炸药和 PBX9404 炸药，装药参数如表 6.4 所示，表中 D_o/D 表示外层装药与内层装药的爆速比，p_o/p_j 表示外层装药与内层装药的爆压比。所选炸药的爆速与爆压变化不一致，如 8701 炸药的爆速高于 PETN，而爆压却较低，这有利于通过交叉比较分析爆速差和爆压差对破片驱动的独立影响。计算模型统一采用两点起爆的起爆方式，起爆点偏心距离 $h = 10$ mm。

表 6.4　复合装药结构的装药参数

装药类型	ρ/(g·cm^{-3})	D/(m·s^{-1})	p_j/GPa	D_o/D	p_o/p_j
Comp B	1.717	7 980	29.5	—	—
PBX9502	1.895	7 710	30.2	0.966	1.024
PETN	1.770	8 300	33.5	1.040	1.136
8701	1.780	8 425	29.7	1.056	1.007
PBX9404	1.840	8 800	37.0	1.103	1.254

计算得到的爆轰波最终波形相关参数随 ϕ 角的变化曲线如图 6.41 所示。当内层装药和起爆点位置保持不变时，外层装药参数的改变仅对扇形结构两侧局部区域有影响，对内层装药中间大部分区域的爆轰波形和爆轰压力均没有影

响。具体而言，随着外层装药爆速的增大，装药两侧的爆轰波传播更快，到达内衬层的时间更短，内层装药两侧超压爆轰区域的范围越大，同时该区域的爆轰压力也略有提高。内层装药两侧的超压爆轰压力 p_l 仅由内外层装药的爆速决定，因此计算得到的 p_l 值与内外层装药的爆压没有直接关系，如图 6.41（b）中所示。

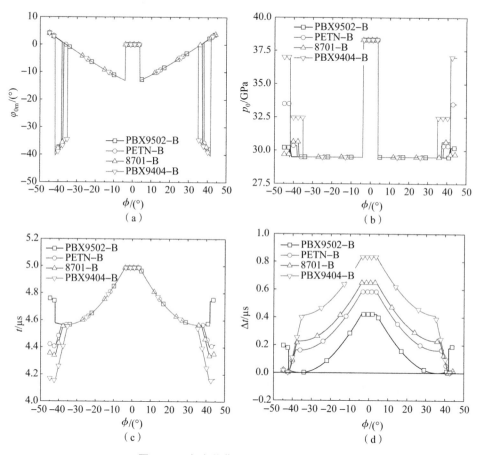

图 6.41　复合装药结构装药参数的影响

（a）爆轰波对内衬层的入射角；（b）装药边缘的爆轰波阵面压力；
（c）装药边缘各点的爆轰波到达时间；（d）装药边缘各点的爆轰波相对到达时间

同理，计算得到飞散参数如表 6.5 所示，破片的速度分布和空间分布如图6.42 所示。表中数据验证了上述分析，破片平均速度和总动能随着外层装药爆压的提高而增加，而破片飞散的集中程度则随着外层装药爆速的提高而提高，二者的影响相互独立。

表 6.5　复合装药类型对破片飞散参数的影响

外层装药类型	$\bar{v}/(\mathrm{m \cdot s^{-1}})$	$e_k/(\mathrm{kJ \cdot kg^{-1}})$	ϕ_c
PBX9502	1 288.12	863.60	42.57°
PETN	1 299.17	875.90	37.44°
8701	1 288.96	864.04	36.22°
PBX9404	1 313.32	891.52	32.64°

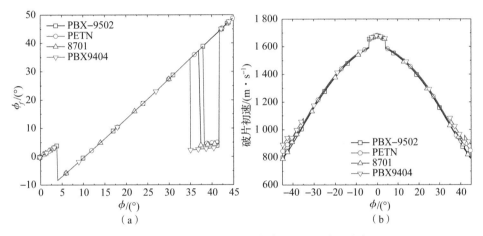

图 6.42　不同复合装药类型的破片空间及速度分布

（a）破片飞散方位角的分布；（b）破片初速的分布

第 7 章

聚能毁伤智能化技术

|7.1 概述|

由于战场上的需求，战斗部的毁伤模式将继续朝着多样化、精确化、毁伤威力高效化及毁伤范围可控化方向发展。在目标多样化的战场条件下，多模战斗部技术——在单一成型装药战斗部基础上，结合弹载传感器进行目标识别并改变成型模态的一种智能弹药毁伤技术，在理论、技术和应用上都有明显的前瞻性、创新性，已成为战斗部技术发展的重要方向之一。

7.1.1 概念

多模战斗部（Multimode Warhead）也称为可选择战斗部（Selectable Warhead），是指根据目标特性而自适应选择不同作用模式的战斗部。

成型装药多模战斗部是指在同一战斗部（同一装药结构和药型罩）上，通过改变起爆方式或起爆位置，合理控制爆轰波形，形成不同形态的毁伤元，可选择攻击不同目标或同一目标不同部位的战斗部。

成型装药多模战斗部的多模毁伤元形态一般有四种模式：

（1）金属射流（JET）。金属射流作为一种传统的聚能侵彻体（图7.1），已经得到广泛应用，其头部速度一般达到 5 000 ~ 10 000 m/s，尾部速度为 500 ~ 1 000 m/s。射流的高速度梯度，导致其有效作用距离有限，随着炸高的增加，金属射流易发生断裂，使侵彻能力下降很快，一般在 3 ~ 8 倍装药口径的炸高下对均质装甲的侵彻深度可达 10 倍装药口径。

图 7.1　典型的金属射流形貌

（2）爆炸成型弹丸（EFP）。EFP 战斗部（图 7.2）已成功应用于末敏弹等远距离反装甲武器系统中。EFP 速度为 1 700 ~ 2 500 m/s，没有速度梯度，能够实现远距离飞行，炸高可达到 1 000 倍装药直径，侵彻深度一般为 0.5 ~ 1 倍装药口径。

图 7.2　典型的 EFP

（3）杆式射流（JPC）。JPC（图 7.3）具有比 EFP 更高的速度，在 3 000 ~ 5 000 m/s，其长杆式外形，能够保证在一定的距离内稳定飞行，有利炸高在 10 ~ 20 倍装药直径，侵彻深度在 1 ~ 3 倍装药口径，侵彻孔径一般可达装药口径的 45% 左右，具有较大的后效杀伤效果。

图 7.3　典型的杆式射流

（4）多破片（MEFP）。多破片式侵彻体是在 EFP 成型装药端部放置隔栅装置（图 7.4），在成型装药 EFP 形成的初始时刻被该装置切割，形成多个破片，通过隔栅装置控制破片数量、质量，通过起爆控制破片飞散角，实现对轻型装甲目标和软目标的毁伤（图 7.5）。

图 7.4　典型多破片隔栅装置

以往的研究中，以发展多功能为手段，以牺牲某些单项性能为代价，实现对多种目标的打

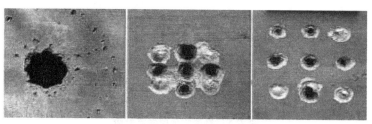

图7.5 典型多破片对均质装甲的侵彻结果

击。例如，在对付厚重的装甲目标时，一般采用破甲战斗部，利用射流毁伤目标；在远距离上对付装甲目标时，采用爆炸成型弹丸战斗部，利用 EFP 毁伤目标。多模战斗部则能根据攻击的目标不同，自适应地实时实现毁伤元的转换，达到毁伤不同目标和不同毁伤目的的要求。

毁伤元的可选择和实时转换是多模战斗部的核心，爆轰波形的控制是多模战斗部的关键。多模战斗部是智能毁伤的基础，是未来灵巧/智能弹药实现最佳毁伤效能的保证。多模战斗部技术已经成为未来武器系统发展的主要方向之一。

7.1.2 研究现状

1. 成型装药国内外发展现状

成型装药在世界各国的应用非常广泛，是成熟的反坚固目标技术。破甲弹（聚能射流）主要用于反坦克和反舰艇，攻击装甲防护板。爆炸成型弹丸可精准地摧毁远距离的装甲目标；另外，成型装药在矿山开采、工程爆破及石油开采等方面也都有广泛应用。国内外对于聚能射流和爆炸成型弹丸的研究已非常成熟，包括药型罩材料、适用于聚能射流和爆炸成型弹丸的药型罩结构、炸药材料、装药形状及高度等的研究，另外，射流的成型理论研究也已比较完善。

聚能射流可以分为三种典型装药，即锥形罩装药、亚半球罩装药和 K 形装药，其中 K 形装药在侵彻方面集合了其他两种装药的优点，既保证孔径，又不至穿深过小。K 形装药长径比低于 1，采用铜或者钼药型罩，一般采用环形起爆方式。K 形装药所形成的射流头部速度最高可达 11 000～12 000 m/s，杵体小，并且分散，不会堵塞侵彻通道，若作为串联战斗部前级装药，对后级主装药破甲的影响小。与传统聚能装药相比，K 形装药具有更高的能量利用率、更好的能量分布以及更均匀的侵彻孔，如图7.6所示。另外，根据文献，K 形装药配合多种功能的起爆器，便可成为多功能成型装药战斗部；环形起爆产生高速射流，中心点起爆形成爆炸成型弹丸，环形与中心点同时起爆可产生多种破片。

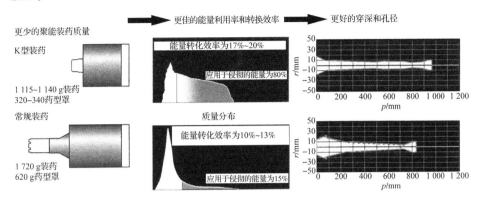

图 7.6 K 型装药与常规装药的对比

关于药型罩材料的研究也有很多，除了通常所用的紫铜材料之外，钼、坦、钨以及贫铀合金也被选入其中。美国的 TOM – 2B、TOM – NG 导弹便是用钼和贫铀合金作为药型罩材料的，钼和贫铀合金高密度、高动态延伸率等优良特性使其与紫铜相比，有过之而无不及。钼的高声速、高密度等特性和钨的高密度等优良性能也是其作为药型罩材料的选择的重要原因。

近年来各个国家都在研究一种新型侵彻体，即聚能杆式侵彻体（JPC），比较典型的是 A. Blache 和 K. Weimann 所研究的飞片起爆，即 VESF 板（如图 7.7 所示）。VESF 板的主要作用便是撞击起爆主装药，而 VESF 板形状、材料或者与主装药距离的改变都将影响爆轰波的形状，从而影响药型罩的成型。

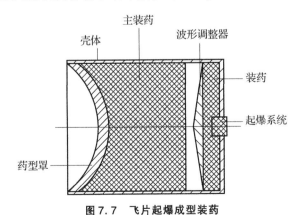

图 7.7 飞片起爆成型装药

聚能杆式侵彻体的研究始于 20 世纪 80 年代末，90 年代中期已广泛被应用到灵巧弹药武器系统中。近些年，国内在 JPC 的研究方面也取得了一定成绩。

谭多望博士研究了截顶大锥角药型罩和截顶郁金香药型罩，获得较小长径比的 JPC。黄正祥教授就起爆方式论述了 JPC 的成型机理，并且进行了试验研究，结果表明环起爆半径 h 越大，JPC 的速度和长径比越大。吴晗玲等对 JPC 的形成及断裂过程进行了详细研究。

综合专家对聚能杆式侵彻体的研究方法可以得出：一方面，在聚能射流的基础上，通过成型装药及起爆方式的调整，获取速度较低且不易断裂的侵彻体；另一方面，在爆炸成型弹丸的基础上，获取速度、长径比较大的侵彻体。可以得出，通过两种方式所获得的 JPC 性能有所偏差，一种是聚能杆式侵彻体；另一种是杆式 EFP。

2. 起爆方式国内外发展现状

关于成型装药起爆方式的研究始于 20 世纪 90 年代，起爆方式主要有单点、多点、面、环以及组合起爆，起爆位置有正向起爆、逆向起爆和侧面起爆等；除此之外，国外学者 M. Held 研究了一种新的起爆方式，它采用波形发生器，将装有爆炸序列的起爆器放入波形发生器中，然后用柔爆索和电子起爆装置起爆爆炸序列，即在装药内部起爆。

B. Bourne 等针对 EFP 装药进行了多点对称环起爆研究，他们发现，采用 4 点以上的多点起爆与传统环起爆的结果相差不大，可以用于代替传统的环起爆。Baker. E. L、Daniels. A. S 等对成型装药侧向对称的两点起爆进行了研究，结果如图 7.8 所示，不同侧向位置的两点起爆能够形成不同的切割射流。

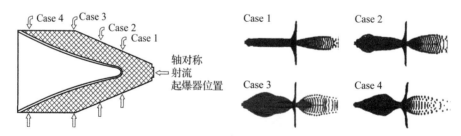

图 7.8　EFP 装药的多点起爆环研究结果

David Bender、Richard Fong 等人通过仿真与试验研究了不同起爆环与中心点起爆组合形式的起爆方式下形成毁伤元的形状，如图 7.9 所示。

国内关于成型装药起爆方式的研究也有很多，王成等通过对点、面、正逆向环起爆的研究表明起爆方式的改变最终表现为爆轰波形的改变，而爆轰波形越接近药型罩外表面，罩微元压垮速度越大，形成射流速度越高，如图 7.10 所示。

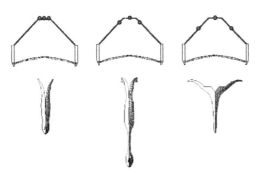

图 7.9　起爆环与中心点起爆组合毁伤元

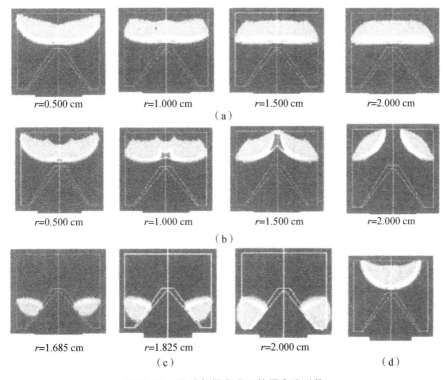

$r=0.500\ \mathrm{cm}$　　　$r=1.000\ \mathrm{cm}$　　　$r=1.500\ \mathrm{cm}$　　　$r=2.000\ \mathrm{cm}$

（a）

$r=0.500\ \mathrm{cm}$　　　$r=1.000\ \mathrm{cm}$　　　$r=1.500\ \mathrm{cm}$　　　$r=2.000\ \mathrm{cm}$

（b）

$r=1.685\ \mathrm{cm}$　　　$r=1.825\ \mathrm{cm}$　　　$r=2.000\ \mathrm{cm}$　　　　　（d）

（c）

图 7.10　多种起爆方式下的爆轰波形状

（a）面起爆；（b）正向环形起爆；（c）逆向环形起爆；（d）点起爆

张会锁等人也研究起爆方式对射流成型的影响，说明当聚能起爆环线越多时，所形成的冲击波近似平面波向前传播，使到达药形罩锥面的瞬间压力增大，压垮速度增加，从而使射流头部速度提高。曹兵等人通过试验研究了对称多点起爆时爆轰马赫波载荷特性及传播规律，并且得到了爆轰马赫波的载荷特性及传播规律的量化关系。试验发现，成型装药爆轰过程不仅产生 C – J 爆轰波，还伴随有马赫波的产生；当装药结构、起爆点数及起爆环均布直径一定时，马赫波的产生只与装药高度有关。两点对称起爆时马赫波产生示意图如图7.11所示。

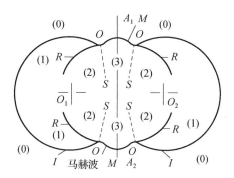

图7.11 两点对称起爆产生马赫波示意图

国内外专家在起爆方式方面诸多丰富的研究为多模战斗部的发展提供了平台。

3. 多模战斗部国内外发展现状

近十年来，国外对多模战斗部的研究与开发非常活跃，取得了显著成果，最有代表性的例子是美国洛克希德马丁公司1994年开始研制的LOCAAS自主攻击弹药（图7.12）。

LOCAAS子弹药采用了三模式爆炸成型侵彻体（JPC、EFP、MEFP）战斗部（图7.13），可实现对人员（软目标或半硬目标）、轻/重装甲目标的有效打击，具有在复杂的战场环境中自动搜索、捕获并摧毁关键目标的能力，如图7.14所示。

图7.12 LOCAAS巡飞弹

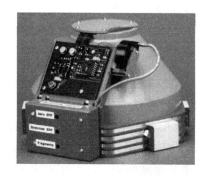

图7.13 LOCAAS三模战斗部

雷声公司研制的精确攻击导弹（PAM）和洛克希德·马丁公司研制的巡飞

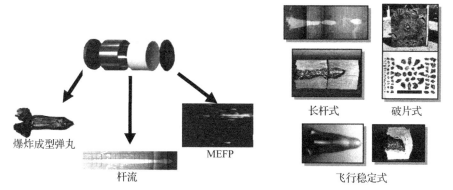

图 7.14　LOCAAS 子弹药三模式 EFP 战斗部的三种作用模式

攻击导弹（LAM）均配装多模战斗部（图 7.15）。PAM 导弹的战斗部（图 7.16）质量达 12.7 kg，相当于 LAM 的 3 倍，可用于攻击诸如坦克类的重型装甲目标或者软目标、中等强度的防御工事。LAM 的战斗部用于攻击轻型装甲目标、高价值点目标、非装甲编队等，如多管火箭炮、指挥与控制车和防空目标等。如果所要执行的是战斗毁伤评估任务，LAM 就会拥有一段"巡飞时间"，并在此时向地面站发送攻击后的图像以提高再次打击的精度。

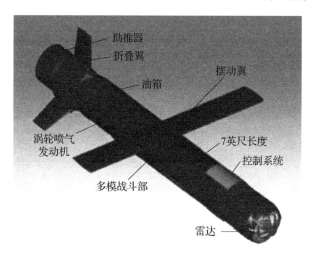

图 7.15　LAM 巡飞攻击弹药

　　除美国外，俄罗斯、以色列、英国、德国、意大利、法国等发达国家也加入多模巡飞弹药的发展行列。英国在研的低成本巡飞弹（LCLC）、以色列在研单兵使用的巡飞弹等均采用多模战斗部技术。

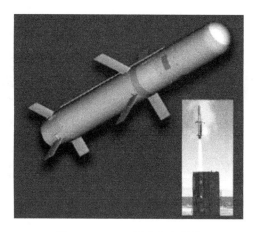

图 7.16　PAM 精确攻击弹药

在产品研制的同时，多模战斗部相关的关键技术得到了长足的发展，已形成从计算、试验到产品设计一整套系统完善的理论和方法。

1991 年，美国的 Richard Fong 在 41 届弹药和战斗部会议上提出了新型可选择的 EFP 战斗部概念，通过药型罩前端加置隔栅，研究了隔栅的直径和材料对形成 EFP 破片的大小和散布面积的影响，得出了破片模式由隔栅棒的排列和直径控制。

1996 年，加拿大的 Robert J. Lawther 设计的双模式战斗部申请了专利，通过尾部端面点起爆形成射流侵彻厚装甲，通过药型罩端部环起爆和尾部端面点起爆形成大飞散角破片。

2000 年，美国的 Lucia D. Kuhns 获得专利（侵彻双模战斗部），该战斗部拥有圆柱外表面破片壳体、炸药和爆炸加载形成的长杆，形成破片模式攻击软目标或者通过长杆侵彻硬目标。Richard Fong 又在战斗部技术发展 AD 报告中提出了对付不同目标的三种毁伤元（稳定飞行 EFP、大伸长 EFP 和 MEFP）。

2001 年，美国的 David Bender 等人在 19 届国际弹道会议中提出通过使用多点起爆装置可形成双 EFP 模式毁伤元。

2002 年，美国的 E. L. Baker 和 A. S. Daniels 研究了可选择起爆成型装药，通过改变起爆位置实现对轻装甲、地质材料等的毁伤，研究了多种起爆位置射流形成方案。

2004 年，德国的 Fritz Steinmann 和 Christa Lösch 研究了多模战斗部技术，改进了 Bunkerfaust 战斗部，使其除在能毁伤轻型装甲和典型城市目标外，同时还能毁伤重型装甲；提出了多模式 EFP 战斗部，通过改变起爆方式，仿真和试验获得了多模式 EFP 毁伤元；仿真研究了起爆环半径对射流成型的影响，获得了不同起爆方式对侵彻体成型的影响。吴成等人试验研究了多模态聚能战斗部，通过改变 VESF 装置参数控制射流的形状和质量分布，产生针对不同目标的多模态射流。不同起爆环组合对毁伤元形成的影响如图 7.17 所示。

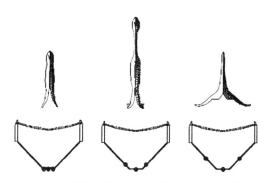

图 7.17　不同起爆环组合对毁伤元形成的影响

2005 年，郭美芳和范宁军研究了多模式战斗部及其起爆技术，初步分析了药形罩的材料与结构、炸药的类型与装药结构对多模式战斗部性能的影响，提出多点可选择起爆技术是多模式战斗部首先突破的重要关键技术。

2006 年，余道强研究了可选择作用/多模战斗部技术，分析了实现多模作用的技术途径，试验研究了切割网栅材质选择和切割网栅与药型罩之间的距离对切割效果的影响。

2008 年，英国的 A. J. Whelan 设计了一种能同时攻击城市建筑物和装甲钢板的多级战斗部，其中的主战斗部通过环形起爆形成射流，前级战斗部则形成缓慢拉伸射流（SSJ）。南非的 G. de la Bat 等人提出了一种能有效攻击多种目标的、低附带损伤的武器，这样就能减少军队昂贵的武器军费开支，设计并改进了一种能攻击人员、掩体和轻装甲等多目标侵彻体，通过减少炸药而降低附带损伤，提出可应用多选择可编程的时间引信在相对目标最佳的位置起爆战斗部。蒋建伟等人数值模拟研究了点起爆和环形起爆方式下爆炸成型弹丸和杆式侵彻体的形成和侵彻能力。

蒋建伟、帅俊峰等人针对 Octol 炸药与球缺型紫铜药型罩组成的成型装药，应用 AUTODYN 数值仿真软件研究了点起爆和环起爆两种起爆方式下的毁伤元形成过程及毁伤元对装甲钢的侵彻，获得了起爆位置对毁伤元成型的影响规律以及不同毁伤元的侵彻能力。

门建兵等人通过仿真和试验研究了多模战斗部毁伤元成型和侵彻过程，通过单点起爆形成 EFP，多点起爆形成杆式侵彻体，加置切割网形成 MEFP。

2010 年，张玉荣等人仿真研究了多模式 EFP，通过在战斗部前加置金属网切割装置来切割得到预期形状的 EFP。张扬一研究了同模式的多模战斗部，仿真研究了单一 EFP 和 EFP 破片，并进行了试验验证。门建兵等人仿真和试验研究了多模战斗部毁伤元成型和侵彻过程，通过单点起爆形成 EFP、多点起爆形成杆式侵彻体、加置切割网形成 MEFP。

孙建、袁宝慧等研究了新型熔铸炸药精密爆炸网络的设计和应用，此爆炸网络可以应用于多模战斗部，解决了传爆与隔爆之间的矛盾，简化了战斗部结构，并且可以精确控制爆轰波形。

南京理工大学研究团队从 2003 年开始，系统研究了多模战斗部技术，从爆轰波形控制理论入手，建立了多模毁伤元成型理论，得到了装药结构、药型罩参数等对多模毁伤元成型的影响规律，给出了多模毁伤元的形成条件范围，实现了多模毁伤元的转换。

|7.2　实现毁伤元转换的爆轰波控制方法|

本节基于爆轰波 C – J 理论与爆轰波碰撞理论，分别分析了单点起爆 C – J 爆轰波的稳定传播过程与环起爆爆轰波相互作用及传播过程，仿真研究两种起爆方式、不同起爆高度下的爆轰波影响规律，找出实现毁伤元杆流（JPC）与射流（JET）转换的爆轰波控制方法。

7.2.1　爆轰理论

7.2.1.1　爆轰波 C – J 理论

爆轰波是一种伴有化学反应的冲击波，由于爆轰波在炸药中传播时得到了炸药本身起化学反应时所放出的能量，因而可以抵消它在传播过程中损失的能量，保证整个过程的稳定性，直到炸药反应结束为止。炸药发生爆轰时的化学反应主要是在一薄层内迅速完成的，所生成的可燃性气体则在该薄层内转变成最终产物，因此，对爆轰过程来说，可以认为爆轰过程是输入化学反应能的强间断面的流体力学过程，这样就可以利用流体力学和热力学的理论对爆轰过程进行理论分析。Chapman 和 Jouguet 提出了简单又令人信服的理论——爆轰波 C – J 理论。

1. C – J 理论的假设

（1）流动是理想的、一维的，不考虑介质的黏性、扩散、传热以及流动的湍流等性质；

（2）爆轰波阵面是平面，其阵面的厚度可以忽略不计，它只是压力、质点速度、温度等参数发生突越变化的强间断面；

（3）在波阵面内的化学反应是瞬间完成的，其反应速率为无限大，且反应产物处于化学平衡状态；

（4）爆轰波阵面的参数是定长的。

因此，可以认为爆轰波是一种由化学反应能量支持的冲击波。

2. 爆轰波的基本关系式

完整的爆轰波阵面包括前沿的冲击波和后面的化学反应区，且以恒速爆炸物进行传播，如果取向爆轰传播方向运动速度 v_D 为坐标系，则反应区在该坐标系中相对静止，如图 7.18 所示。

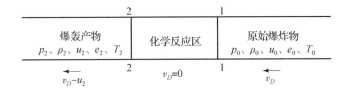

图 7.18　理想爆轰波的波面示意图

1—1 面称为前沿冲击波阵面，2—2 面的状态参数称为炸药的爆轰参数，按照 C－J 理论假设，1—1 面与 2—2 面重合。忽略两面之间的厚度，不考虑冲击波阵面上及化学反应区内状态的变化，建立炸药初始参数与爆轰参数之间的关系，其中 v_D 是稳定的爆轰波传播速度。

由质量守恒定律：

$$\rho_0 v_D = \rho_2 (v_D - u_2) \tag{7.1}$$

由动量守恒定律：

$$p_2 - p_0 = \rho_0 v_D u_2 \tag{7.2}$$

由能量守恒定律：

$$-\rho_0 v_D \left[e_0 + \frac{v_D^2}{2} \right] + \rho_2 (v_D - u_2) \left[e_2 + Q_V + \frac{(v_D - u_2)^2}{2} \right] = p_0 v_D - p_2 (v_D - u_2) \tag{7.3}$$

其中 Q_V 为爆轰化学反应区释放的能量。

综合式（7.1）~式（7.3）得

$$v_D = V_0 \sqrt{\frac{p_2 - p_0}{V_0 - V_2}} \tag{7.4}$$

$$e_2 - e_0 = \frac{1}{2}(p_2 + p_0)(V_0 - V_2) + Q_V \tag{7.5}$$

其中式（7.4）为爆轰波的波速线，式（7.5）为爆轰波的绝热线。

3. 爆轰波波速线与绝热线

由爆轰波的绝热线方程绘制如图 7.19 所示的爆轰波绝热曲线，也可称为爆轰波雨果尼奥曲线，可以看出：当初始状态 $A(p_0, V_0)$ 一定时，由于在爆轰波传播过程中有化学能量的释放，因此，爆轰波雨果尼奥曲线是不通过 $A(p_0, V_0)$ 点的，而是高于原始炸药的冲击波曲线，β 为未反应物质分数。当 $\beta = 1$ 时，相当于未反应时波的传播过程，此时 $Q_V = 0$；当 $\beta = 0$ 时，相当于反应终了波阵面有 Q_V 的爆轰能量支持的波的传播过程。

将爆轰波的波速线方程进行变换，得

$$p_2 - p_0 = \frac{v_D^2}{V_0^2}(V_0 - V_2) \tag{7.6}$$

并在爆轰波雨果尼奥曲线上作 $P-V$ 图 AB_1、AB_2，如图 7.20 所示。应指出的是，并非爆轰波雨果尼奥曲线上的所有线段都与其爆轰过程相对应，它所代表的只是爆轰反应刚结束时生成物所处的状态。如果从初始点 $A(p_0, V_0)$ 作绝热曲线的等压线和等容线，与曲线交于 B 点和 D 点，再过 A 点作曲线的两条切线，与曲线交于 M 点和 E 点，则爆轰波雨果尼奥曲线被分为五部分，如图 7.20 所示。经分析，CB 段各点符合爆轰过程，称为爆轰段，M 点为 C - J 点，其中 CM 段曲线斜率较大，称为强爆轰段；MB 段曲线斜率较小，称为弱爆轰段。BD 段中，v_D 为虚数，说明 BD 段不与任何实际的稳定过程对应。DF 段上各点符合燃烧过程的特征，且燃烧产物的运动方向与波阵面运动方向相反，故 DF 段称为燃烧过程，E 点为 C - J 燃烧点，其中 DE 段负压值较小，称为弱燃烧段；EF 段负压值较大，称为强燃烧段。

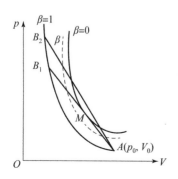

图 7.19　爆轰波绝热曲线

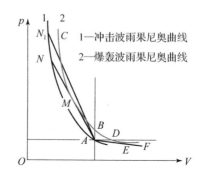

图 7.20　爆轰波雨果尼奥曲线的分段

4. 爆轰波稳定传播的条件

对于爆轰波稳定传播的条件，Chapman 和 Jouguet 都进行了深入的理论分析并得出了各自的结论。Chapman 提出的稳定条件是：实际的爆轰波速度对应于所有可能稳定传播的速度中最小的速度。Jouguet 提出的稳定条件是：爆轰波相对应爆轰产物传播的速度等于声速，即 $v_D - u_2 = c_2$。

综合 Chapman 和 Jouguet 提出的条件，可以得出相同的结论：爆轰波若能稳定传播，其爆轰反应终了产物的状态应与波速线和爆轰波雨果尼奥曲线相切点 M 的状态相对应，否则爆轰波在自由传播过程中是不可能稳定的。因此，M 点的状态就是爆轰波稳定传播时反应终了产物的状态，又称 C – J 状态，其重要特点是，在该点膨胀波的传播速度恰好等于爆轰波向前推进的速度。所以爆轰波后面的稀疏波就不能传入爆轰波反应区中，反应区内所释放出来的能量不会损失，而会全部地被用来支持爆轰波的稳定传播。

7.2.1.2　爆轰波碰撞理论

研究表明，一定的炸药装药下，炸药内两爆轰波相遇时将进行相互作用，并在作用区出现超压现象。根据两爆轰波相互作用时的入射角不同，其产生超压的原因也不同；当入射角增大到某一角度时，将会造成碰撞点附近物质的堆积，迫使反射冲击波上移，与入射爆轰波交于距起爆点对称平面一定距离处，形成马赫波，如图 7.21 所示。

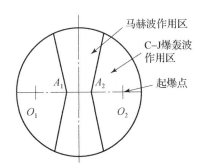

图 7.21　炸药平面两点对称起爆产生马赫波示意图

炸药多点对称起爆理论的基本假设为：

（1）忽略炸药结构的离散性，把炸药看成连续介质；

（2）认为炸药沿各个方向上的物理化学性质均匀一致，忽略各种不对称因素的影响；

（3）认为爆轰波从源点以常速、按半径线性增长的球面爆轰波传播，忽

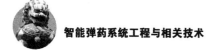

略稀疏波、化学反应区厚度的影响，认为炸药能量在波阵面上瞬时释放，同时仅考虑爆轰的力学过程和力学效应；

（4）忽略炸药的弹塑性效应和相变，把炸药处理成理想流体；

（5）忽略起爆时间误差。

炸药对称多点起爆的爆轰理论研究比较复杂，本节仅针对平面两点对称起爆进行研究。炸药在对称两点同时起爆后，产生两个球面爆轰波以相同爆速各自独立在装药内部传播，当两爆轰波传到起爆点对称平面时，两波发生碰撞。爆轰波碰撞分为两种：正碰撞和斜碰撞，其中斜碰撞又分为两种：正规斜碰撞和非正规斜碰撞。若两爆轰波正面相向传播发生碰撞，即为图7.22中A点所示的正碰撞；若两爆轰波碰撞时有一定的角度（角度比较小），即为B点所示的正规斜碰撞；若两爆轰波碰撞时角度较大，即为C点所示的非正规斜碰撞，非正规斜碰撞也称马赫碰撞，产生马赫波。

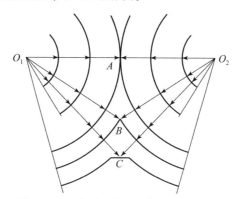

图7.22 两点对称起爆爆轰波碰撞示意图

在正碰撞的条件下，如图7.23所示，可以将强度相等的两爆轰波正碰撞视为其中一个爆轰波对刚性壁的正反射。（0）区是炸药介质的初始状态，（1）区是 C-J 状态，（2）区是反射冲击波后状态区。

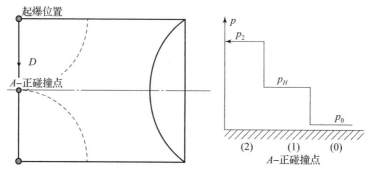

图7.23 正碰撞

正碰撞区爆轰产物的参数如式（7.7）~式（7.9）所示，其中 p_H、ρ_H、D 为 C–J 爆轰产物的压力、密度和爆速，p_2、ρ_2、D_2 为碰撞区爆轰产物的压力、密度和爆速。对于凝聚炸药（8701 炸药）的爆轰产物，绝热指数 γ 近似取为 3，当两爆轰波正碰撞后，碰撞区爆轰产物压力急剧上升，密度增大，爆轰产物能力提高很多。

$$\frac{p_2}{p_H} = \frac{5\gamma + 1 + \sqrt{17\gamma^2 + 2\gamma + 1}}{4\gamma} \tag{7.7}$$

$$\frac{\rho_2}{\rho_H} = \frac{4\gamma^2 + \gamma + \sqrt{17\gamma^2 + 2\gamma + 1}}{2(2\gamma^2 + \gamma - 1)} \tag{7.8}$$

$$D_2 = \frac{D}{4(\gamma + 1)}(\gamma - 3 + \sqrt{17\gamma^2 + 2\gamma + 1}) \tag{7.9}$$

在两爆轰波发生斜碰撞的条件下，如图 7.24 所示，将两强度相等爆轰波的正规斜碰撞视为其中一侧爆轰波对刚性壁面的正规斜反射。OI 为入射爆轰波波阵面，与刚性面夹角为 ψ_0，OR 为反射冲击波波阵面，与刚性面夹角为 ψ_2。从平行于刚性面角度看，（0）区—未爆区，以平行于刚性壁面的速度 u_0 流入 OI 入射波阵面，而后向内折转 θ 角，以 u_1 流入（1）区—爆轰产物区，再以 u_1 流出 OR 反射波阵面，以 u_2 进入（2）区—反射冲击波后区，且 u_2 平行于刚性壁面。

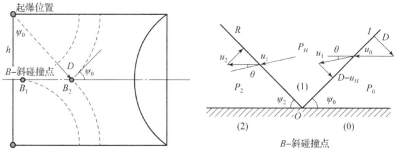

图 7.24 正规斜碰撞

通过对爆轰波正规斜碰撞的研究得出如所示的转折角 θ 与 ψ_0 的关系以及 θ 与 $\psi_2 + \theta$ 的关系，如式（7.10）、式（7.11）所示，并根据公式绘制如图 7.25 所示 $\theta \sim \psi_0$ 曲线和 $\theta \sim \psi_2 + \theta$ 曲线，其中炸药（8701 炸药）的绝热系数 γ 近似取为 3。可以看出随 ψ_0 的增大 θ 呈抛物线变化趋势，在 ψ_0 为 50° 左右时 θ 出现最大值 θ_{max}；随着 $\psi_2 + \theta$ 的增大 θ 也呈抛物线变化趋势，并且随着马赫数 M 绝对值的增大，最大值 θ_{max} 的出现点向前推移。最大值 θ_{max} 的出现说明正规斜反射并不是在所有条件下都能出现的，只有当实际流动的转折角 θ 小于对应的最大流动转折角 θ_{max} 时，斜碰撞才属于正规斜碰撞。

$$\tan\theta = \frac{\tan\psi_0}{1 + \gamma(1 + \tan^2\psi_0)} \tag{7.10}$$

$$\tan^3(\psi_2 + \theta) - \frac{2(M^2 - 1)}{[(\gamma - 1)M^2 + 2]\tan\theta}\tan^2(\psi_2 + \theta) + \frac{(\gamma + 1)M^2 + 2}{(\gamma - 1)M^2 + 2}\tan(\psi_2 + \theta) +$$

$$\frac{2}{[(\gamma - 1)M^2 + 2]\tan\theta} = 0 \tag{7.11}$$

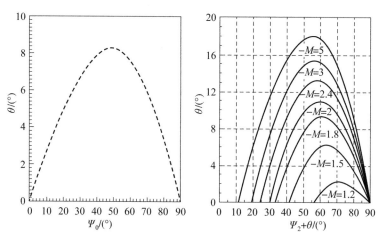

图 7.25 转折角 θ 与 ψ_0 的关系以及 θ 与 $\psi_2 + \theta$ 的关系

结合式（7.10）、式（7.11）以及式（7.12）~式（7.15）可以求解正规斜碰撞的各参数：

$$M = \sqrt{1 + \left(\frac{\gamma + 1}{\gamma}\right)^2 \cot^2\psi_0} \tag{7.12}$$

$$\cos\psi_0 = \frac{h}{Dt} \tag{7.13}$$

$$\frac{p_2}{p_H} = \frac{2\gamma}{\gamma + 1}M^2\sin^2(\psi_2 + \theta) - \frac{\gamma - 1}{\gamma + 1} \tag{7.14}$$

$$\frac{\rho_H}{\rho_2} = \frac{(\gamma + 1)M^2\sin^2(\psi_2 + \theta)}{(\gamma - 1)M^2\sin^2(\psi_2 + \theta) + 2} \tag{7.15}$$

$$u_2 = \frac{\rho_H}{\rho_2}\frac{u_1\sin(\psi_2 + \theta)}{\sin\psi_2} \tag{7.16}$$

非正规斜反射是指 ψ_0 增加到一定程度时，流动通过反射冲击波再次偏转后，达不到平行于壁面的要求，从而造成物质的堆积，迫使反射冲击波上移，与入射冲击波交于距壁面一定距离处，形成非正规斜反射，如图 7.26 所示。（0）区、（1）区和（2）区与正规斜反射一致，（3）区为马赫杆后区，O 为碰撞点，O' 点为三波交汇点，OO' 便为马赫杆（曲线），马赫杆是过度压缩的强爆轰波，通过马赫杆后释放出来的化学能大于正常爆轰波释放的化学能。在（2）区，由于 $\varepsilon < \theta$，所以 u_2 与刚性壁面的夹角为 $\theta - \varepsilon$，故通过马赫杆由（0）区到（3）区的流动方向也发生了偏转，其偏转角为 α，在 O 点处，α 为 0，在 O' 点处，α 为 $\theta - \varepsilon$，O 到 O' 间 α 连续变化。

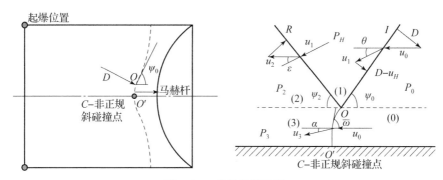

图 7.26　非正规斜反射

非正规斜碰撞各参数的求解如式（7.17）~式（7.20），其中 $\bar{\omega}$ 为 u_0 与马赫杆切向方向的夹角，η 为过度压缩系数，一般取 1.1 ~ 1.2。

$$\frac{p_3}{p_H} = \frac{\sin^2\bar{\omega}}{\sin^2\psi_0}\left(1 + \sqrt{1 - \frac{\eta\sin^2\psi_0}{\sin^2\bar{\omega}}}\right) \tag{7.17}$$

$$\frac{\rho_0}{\rho_3} = \frac{1}{\gamma + 1}\left(\gamma - \sqrt{1 - \frac{\eta\sin^2\psi_0}{\sin^2\bar{\omega}}}\right) \tag{7.18}$$

$$u_3 = \frac{\rho_0}{\rho_3}\frac{D\sin\bar{\omega}}{\sin\psi_0\sin(\bar{\omega} - \alpha)} \tag{7.19}$$

$$\tan\alpha = \frac{\left(1 - \dfrac{\rho_0}{\rho_3}\right)\tan\bar{\omega}}{1 + \dfrac{\rho_0}{\rho_3}\tan^2\bar{\omega}} \tag{7.20}$$

7.2.2　爆轰波影响仿真研究

7.2.2.1　单点起爆爆轰波影响研究

本节运用 LS – DYNA 软件，通过三维数值仿真方法，研究单点起爆不同起爆高度下炸药中爆轰波的传播和毁伤元的成型。

1. 仿真模型

建立如图 7.27 所示的仿真模型，其中成型装药口径为 100 mm，装药高度为 300 mm，左边的部分为柱形炸药，右边的部分为球缺型药型罩；起爆方式为中心单点起爆，设置多个起爆位置，研究起爆高度的变化对爆轰波传播和毁伤元成型的影响。

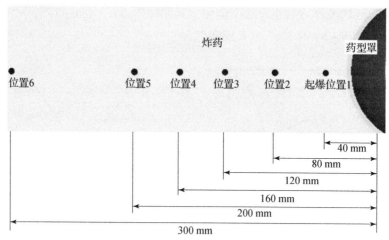

图 7.27　单点起爆仿真模型

2. 单点起爆爆轰波传播仿真结果

表 7.1 ~ 表 7.6 是不同起爆高度下炸药中爆轰波的传播结果，其中最大压力指爆轰波传播过程中的最大压力。A 区域为爆轰压力最大处，B 区域的爆轰压力为 10 GPa 左右，而其他区域爆轰压力非常小，可以忽略。

表 7.1　单点起爆位置 1 的爆轰波传播

时间/μs	1.5	6	10
爆轰波传播			
最大压力/GPa	15.63	26.86	26.75
时间/μs	18.5	20	30
爆轰波传播			
最大压力/GPa	31.31	32.41	33.11

表 7. 2　单点起爆位置 2 的爆轰波传播

时间/μs	6	7	10
爆轰波传播			
最大压力/GPa	26. 71	35. 01	28. 05
时间/μs	15	18. 5	25. 5
爆轰波传播			
最大压力/GPa	30. 44	31. 81	33. 26

表 7. 3　单点起爆位置 3 的爆轰波传播

时间/μs	6	11	12
爆轰波传播			
最大压力/GPa	26. 47	29. 23	41. 12
时间/μs	15	19. 5	21
爆轰波传播			
最大压力/GPa	31. 31	32. 37	32. 65

表 7. 4　单点起爆位置 4 的爆轰波传播

时间/μs	6	10	16
爆轰波传播			
最大压力/GPa	26. 19	28. 53	31. 91

续表

时间/μs	**16.5**	**18**	**19.5**
爆轰波传播			
最大压力/GPa	45.38	41.65	21.95

表7.5　单点起爆位置5的爆轰波传播

时间/μs	**6**	**11.5**	**15**
爆轰波传播			
最大压力/GPa	26.18	29.59	31.54
时间/μs	**18.5**	**20.5**	**21.5**
爆轰波传播			
最大压力/GPa	32.58	32.89	47.55

表7.6　单点起爆位置6的爆轰波传播

时间/μs	**6**	**10**	**20**
爆轰波传播			
最大压力/GPa	24.49	28.49	32.88
时间/μs	**25**	**32**	**33**
爆轰波传播			
最大压力/GPa	33.57	33.41	48.64

表 7.1～表 7.6 显示炸药起爆后，C-J 爆轰波向左右两端传播，若爆轰波传到炸药自由边界，则爆轰波在自由边界压力逐渐减小；若爆轰波传到炸药与药型罩的结合处，爆轰波便开始压垮药型罩，并在压垮瞬间爆轰波压力增大，随后减小。随着起爆高度的升高，压垮药型罩的爆轰波阵面逐渐趋于平面。

从起爆高度的不同观察压垮药型罩前的爆轰压力，可以看出，起爆高度越高，压垮药型罩前的爆轰压力越大（15.63 < 26.71 < 29.23 < 31.91 < 32.89 < 33.41，单位：GPa），压垮瞬间爆轰波压力也越大，但增加幅度开始时很大，后逐渐平稳。

3. 单点起爆毁伤元成型仿真结果

显然，起爆高度不同，造成药型罩形成毁伤元的结果不同。表 7.7 为 100 μs 时不同起爆高度下毁伤元的成型状况，表 7.7 中分别就毁伤元头部速度、长度及其总能量 3 个参数进行了统计。

表 7.7 100 μs 时不同单点起爆高度下毁伤元的成型

起爆位置	位置 1	位置 2	位置 3
毁伤元			
头部速度/(m·s⁻¹)	1 766	2 150	2 563
毁伤元长度/mm	80	98.5	112
总能量/kJ	331.103	436.088	558.58
起爆位置	位置 4	位置 5	位置 6
毁伤元			
头部速度/(m·s⁻¹)	2 824	2 973	3 093
毁伤元长度/mm	120	122	108
总能量/kJ	642.264	679.928	673.904

依据表 7.7 绘制图 7.28 所示毁伤元参数随单点起爆高度的变化规律。可以看出，随起爆高度的升高，毁伤元头部速度逐渐增大，最后趋于平稳；毁伤元长度先增大后减小，从趋势上观察，最后应逐步趋于平稳；毁伤元的总能量（运用拉格朗日仿真方法计算得到）先增大后逐渐平稳。从曲线的分析来看，随炸药起爆高度的升高，炸药作用于毁伤元的总能量趋于一个极限值，而能量

的表现形式为毁伤元速度、长度、直径、密实度等的集合体，由此可以解释在能量均等的情况下，位置 6 毁伤元的长度低于位置 5 毁伤元的长度。

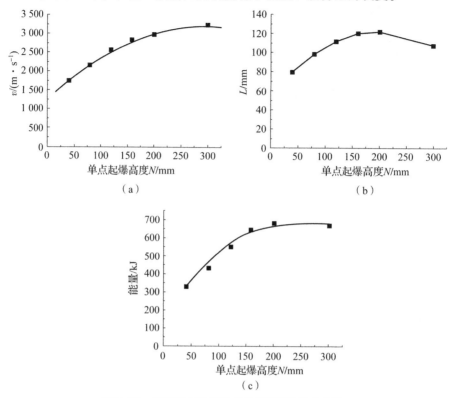

图 7.28 毁伤元参数随单点起爆高度的变化规律

（a）头部速度变化；（b）毁伤元长度变化；（c）毁伤元能量变化

综合以上分析，设药型罩罩顶高度为 y_0，起爆位置距罩顶的高度为 y，炸药单点起爆位置为 $y + y_0$。图 7.28 显示，$y + y_0$ 在 160 mm 处为头部速度变化拐点；$y + y_0$ 在 200 mm 处毁伤元长度最大；$y + y_0$ 在大于 200 mm 时毁伤元能量最大，在 120 mm 处为其变化的拐点；综合考虑 3 个因素的变化率，$y + y_0$ 选 120 mm 较为合适，即 $y + y_0$ 为 1.2 倍装药口径。

7.2.2.2 环起爆爆轰波影响研究

本节运用 LS – DYNA 软件，通过三维数值仿真方法，研究环起爆不同起爆高度下炸药中爆轰波的传播和毁伤元的成型。

1. 仿真模型

建立如图 7.29 所示的仿真模型，其中成型装药口径为 100 mm，装药高度为 300 mm，左边的部分为柱形炸药，右边的部分为球缺型药型罩；起爆方式为环起爆，设置多个起爆位置，研究起爆高度的变化对爆轰波传播和毁伤元成型的影响。

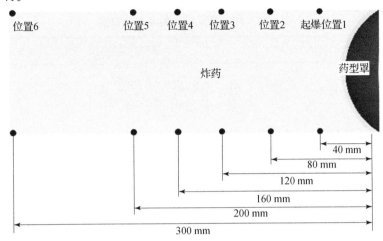

图 7.29　环起爆仿真模型

2. 环起爆爆轰波传播仿真结果

表 7.8 ～ 表 7.13 是不同起爆高度下炸药中爆轰波的传播图，其中最大压力指爆轰波传播过程中的最大压力。A 区域为爆轰压力最大处，B 区域的爆轰压力为 10 GPa 左右，而其他区域代表爆轰压力非常小，可以忽略。

表 7.8　环起爆位置 1 的爆轰波传播

时间/μs	3.5	5	6
爆轰波传播			
最大压力/GPa	23.12	39.02	77.71
时间/μs	6.5	7	25
爆轰波传播			
最大压力/GPa	104.2	87.19	35.24

表 7.8 显示炸药爆轰后，其 C - J 爆轰波作用于药型罩，压力升高；随着爆轰波的相互碰撞产生高压爆轰波，并作用于药型罩上，最大压力高达104.2 GPa，后逐渐减小；右端的爆轰波继续作用于药型罩，左端爆轰波向左移动。

表 7.9　环起爆位置 2 的爆轰波传播

时间/μs	5	6	6.5
爆轰波传播			
最大压力/GPa	32.46	77.97	94.48
时间/μs	7.5	8	8.5
爆轰波传播			
最大压力/GPa	85.51	81.13	76.97
时间/μs	9	9.5	20
爆轰波传播			
最大压力/GPa	110.8	69.27	39.49

表 7.9 显示 C - J 爆轰波碰撞后，压力从原来的 C - J 压力 32.46 GPa 升高到 94.48 GPa，在压垮药型罩之前又降至 85.51 GPa；后右端的高压爆轰波作用于药型罩，压力最大至 110.8 GPa；左端爆轰波向左传播，压力逐渐减小。

表 7.10　环起爆位置 3 的爆轰波传播

时间/μs	5	6	6.5
爆轰波传播			
最大压力/GPa	32.53	78.98	95.48

时间/μs	11.5	12.5	15
爆轰波传播			
最大压力/GPa	59.36	78.26	47.99

　　表7.10 显示 C－J 爆轰波碰撞后，压力从原来的 C－J 压力32.53 GPa 升高到 95.48 GPa，在压垮药型罩之前又降至 59.36 GPa；后右端的高压爆轰波作用于药型罩，压力最大至 78.26 GPa；左端爆轰波向左传播，压力逐渐减小。

表7.11　环起爆位置4的爆轰波传播

时间/μs	5	6	6.5
爆轰波传播			
最大压力/GPa	32.63	80.18	95.79
时间/μs	16	17	18
爆轰波传播			
最大压力/GPa	46.31	67.35	36.78

　　表7.11 显示 C－J 爆轰波碰撞后，压力从原来的 C－J 压力32.53 GPa 升高到 95.48 GPa，在压垮药型罩之前又降至 59.36 GPa；后右端的高压爆轰波作用于药型罩，压力最大至 78.26 GPa；左端爆轰波向左传播，压力逐渐减小。

表7.12　环起爆位置5的爆轰波传播

时间/μs	5	6	6.5
爆轰波传播			
最大压力/GPa	33.73	81.16	96.96

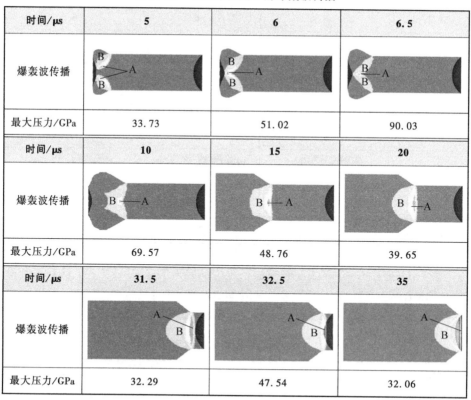

续表

时间/μs	20.5	21	23.5
爆轰波传播			
最大压力/GPa	38.84	56.79	31.17

　　表7.12显示C-J爆轰波碰撞后，压力从原来的C-J压力33.73 GPa升高到96.96 GPa，在压垮药型罩之前又降至38.84 GPa；随后右端的高压爆轰波作用于药型罩，压力最大至56.79 GPa，后压力逐渐减小。

表7.13　环起爆位置6的爆轰波传播

时间/μs	5	6	6.5
爆轰波传播			
最大压力/GPa	33.73	51.02	90.03
时间/μs	10	15	20
爆轰波传播			
最大压力/GPa	69.57	48.76	39.65
时间/μs	31.5	32.5	35
爆轰波传播			
最大压力/GPa	32.29	47.54	32.06

　　表7.13显示C-J爆轰波碰撞后，压力从原来的C-J压力33.73 GPa升高到90.03 GPa，后压力逐渐减小，在压垮药型罩之前降至32.29 GPa；随后高压爆轰波作用于药型罩，压力最大至47.54 GPa，后压力逐渐减小。

综合表 7.8 至表 7.13 可以看出，在环起爆条件下，爆轰波的碰撞可使爆轰压力增至为 C－J 压力的 3 倍；但高压爆轰波会逐渐减小，并不能持续很久；随着起爆高度的升高，压垮药型罩的爆轰波逐渐趋于平面，压力逐渐回复到 C－J 压力的大小。

从起爆高度的不同观察压垮药型罩前的爆轰压力，可以看出，起爆高度越高，压垮药型罩前的爆轰压力先增大后减小（23.12 ＜ 77.71 ＜ 85.51 ＞ 59.36 ＞ 46.31 ＞ 38.84 ＞ 32.29，单位：GPa），最后趋于 C－J 爆轰压力。

3. 环起爆毁伤元成型仿真结果研究

显然，起爆高度不同，造成药型罩形成毁伤元的结果不同。表 7.14 为 100 μs 时不同起爆高度下毁伤元的成型状况，表 7.14 中分别就毁伤元头部速度、长度及其总能量 3 个参数进行了统计。

表 7.14　100 μs 时不同起爆高度下毁伤元的成型

起爆位置	位置 1	位置 2	位置 3
毁伤元			
头部速度/(m·s⁻¹)	2 376	3 078	3 334
毁伤元长度/mm	142	172.8	177.4
总能量/kJ	379.820	626.292	774.128
起爆位置	位置 4	位置 5	位置 6
毁伤元			
头部速度/(m·s⁻¹)	3 384	3 349	3 229
毁伤元长度/mm	160	147	118
总能量/kJ	825.704	818.612	726.676

依据表 7.14 绘制图 7.30 所示毁伤元参数随环起爆高度的变化规律，可以看出，随起爆高度的升高，毁伤元头部速度逐渐增大，趋于平稳，后略有下降；毁伤元长度先增大后减小；毁伤元的总能量（运用拉格朗日仿真方法计算得到）先增大后减小，减小幅度不大。从曲线的分析来看，随炸药起爆高

度的升高，炸药作用于毁伤元的总能量存在极值，即在起爆高度 160 mm 处最大，而能量的表现形式为毁伤元速度、长度、直径、密实度等的集合体，所以能量的变化幅度与头部速度、毁伤元长度不尽相同。

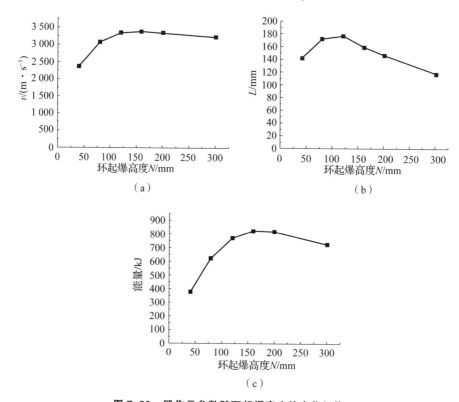

图 7.30　毁伤元参数随环起爆高度的变化规律

（a）头部速度变化；（b）毁伤元长度变化；（c）毁伤元能量变化

综合以上分析，设药型罩罩顶高度为 y_0，起爆位置距罩顶的高度为 y，炸药对称起爆位置为 $y + y_0$。图 7.30 显示，$y + y_0$ 在 80 mm 左右为头部速度变化拐点；$y + y_0$ 在 120 mm 处毁伤元长度最大；$y + y_0$ 在 160 mm 处毁伤元能量最大；综合考虑 3 个因素的变化率，$y + y_0$ 选 100 mm 较为合适，即 $y + y_0$ 为 1.0 倍装药口径。

7.2.2.3　两种起爆方式下毁伤元结果的对比

如图 7.31 所示为毁伤元各参数在两种起爆方式下的对比，从趋势上可以看出，随着起爆高度的增加，毁伤元各参数逐渐接近一致；综合毁伤元头部速度、长度和能量三个参数在两种起爆方式下的对比来看，起爆高度选择在 80～120 mm 之间有利于两种不同模态的转换。

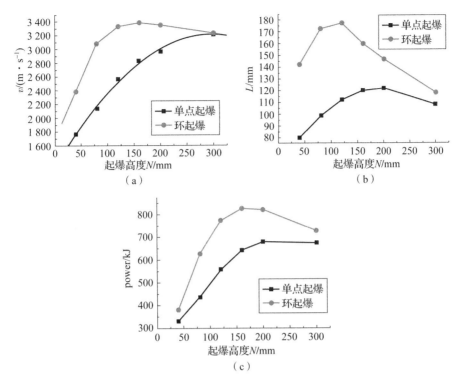

图 7.31 毁伤元各参数在两种起爆方式下的对比

（a）头部速度变化；（b）毁伤元长度变化；（c）毁伤元能量变化

7.2.3 理论与仿真的比较分析

1. 单点爆轰压力

由爆轰波 C - J 理论可知，在 C - J 状态下，爆轰波稳定传播，其爆轰反应终了产物的状态与波速线和爆轰波雨果尼奥曲线相切点 M 的状态相对应，其重要特点是，在该点膨胀波的传播速度恰好等于爆轰波向前推进的速度，爆轰波后面的稀疏波就不能传入爆轰波反应区中，反应区内所释放出来的能量不会损失，而会全部地被用来支持爆轰波的稳定传播。因此爆轰波在传播过程中，其波阵面的压力值恒定为 C - J 爆轰压力。对于 8701 炸药，其 C - J 压力为 29.66 GPa。

从 7.2.2.1 节仿真结果中可以看出，由于起爆高度的不同，压垮药型罩前波阵面上的爆轰压力逐渐增大，表 7.15 列出压垮药型罩前波阵面上的爆轰压力和此时爆轰波传播的距离，并根据表 7.15 绘制如图 7.32 所示的爆轰波阵面压力与爆轰波传播距离的关系曲线。可以看出，在仿真软件中爆轰波波阵面的压力刚开始是逐渐增大的，后趋于稳定，而理论上爆轰波阵面压力值应为定值，所以仿真和理论有一定的差距。

表 7.15　爆轰波压力与传播距离的关系

爆轰波传播距离/mm	15	55	95	135	175	275
爆轰波压力（仿真值）/GPa	15.63	26.71	29.23	31.91	32.89	33.41

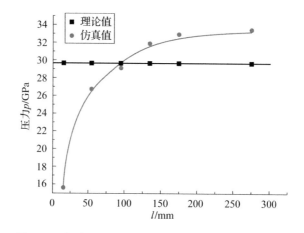

图 7.32　爆轰波阵面压力与爆轰波传播距离的关系曲线

2. 平面两点对称起爆爆轰压力

对于柱形装药的环起爆情况，可以看作是过圆心轴线任意平面的两点对称起爆，故采用 7.2.1.2 节中的爆轰波碰撞理论对其压力进行计算。

正碰撞时：

$$\frac{p_2}{p_H} = \frac{5\gamma + 1 + \sqrt{17\gamma^2 + 2\gamma + 1}}{4\gamma} \tag{7.21}$$

γ 取 3，$p_H = 29.66\text{ GPa}$ 为 8701 炸药的 C－J 爆轰压力，故

$$p_2 = 70.88\text{ GPa} \tag{7.22}$$

正规斜碰撞时：

由 $\tan\theta = \dfrac{\tan\psi_0}{1 + \gamma\left(1 + \tan^2\psi_0\right)}$ 求得 θ 最大时的 $\psi_0 = 45.61°$，并由以下公式通过 Matlab 软件计算出正规斜碰撞时碰撞点的压力值，将其列于表 7.16，其中 l 为碰撞点距起爆点的轴线距离。

$$M = \sqrt{1 + \left(\frac{\gamma + 1}{\gamma}\right)^2 \cot^2 \psi_0} \qquad (7.23)$$

$$\tan\theta = \frac{\tan\psi_0}{1 + \gamma(1 + \tan^2\psi_0)} \qquad (7.24)$$

$$\tan^3(\psi_2 + \theta) - \frac{2(M^2 - 1)}{[(\gamma - 1)M^2 + 2]\tan\theta}\tan^2(\psi_2 + \theta) + \frac{(\gamma + 1)M^2 + 2}{(\gamma - 1)M^2 + 2}\tan(\psi_2 + \theta) +$$

$$\frac{2}{[(\gamma - 1)M^2 + 2]\tan\theta} = 0 \qquad (7.25)$$

$$\frac{p_2}{p_H} = 1 + \gamma M^2 \left(1 - \frac{\rho_H}{\rho_2}\right)\sin^2(\psi_2 + \theta) \qquad (7.26)$$

表 7.16　正规斜碰撞时的压力值

$\psi_0/(\degree)$	10	20	30	40	45
l/mm	8.8	18.2	28.9	42.0	50
p_2/GPa	71.87	74.78	73.83	72.31	74.06

非正规斜碰撞时：

$$\frac{p_3}{p_H} = \frac{\sin^2\overline{\omega}}{\sin^2\psi_0}\left(1 + \sqrt{1 - \frac{\eta\sin^2\psi_0}{\sin^2\overline{\omega}}}\right) \qquad (7.27)$$

其中 $\overline{\omega}$ 为 u_0 与马赫杆切向方向的夹角，且 $\overline{\omega} = 90\degree$ 时 p_3 最大，故

$$\frac{p_3}{p_H} = \frac{1}{\sin^2\psi_0}(1 + \sqrt{1 - \eta\sin^2\psi_0}) \qquad (7.28)$$

η 为过度压缩系数，一般取 $1.1 \sim 1.2$，从公式中可知 $1 - \eta\sin^2\psi_0 > 0$，故 $\eta \leqslant 1$。假设 ψ_0 无限接近 $90\degree$，p_3 应接近 C－J 爆轰压力，所以此处 η 取 1。将计算所得压力值列于表 7.17。

表 7.17　非正规斜碰撞时的最大压力值

$\psi_0/(\degree)$	46	50	60	70	80	90
l/mm	52	59.6	86.6	137.4	283.6	无穷
p_3/GPa	97.14	83.03	59.32	45.08	35.89	29.66

将两点碰撞爆轰压力的计算结果绘制成如图 7.33 所示曲线，并与仿真数据曲线进行比较。计算结果显示正碰撞与正规斜碰撞压力基本保持在 70 GPa，非正规斜碰撞后，压力值骤然升高，并逐渐下降；从仿真数据中得出，仿真与计算中碰撞所达到的最高压力值一致，但历程不同，仿真中没有明显的正规斜

碰撞历程，并且最高压力值超前。

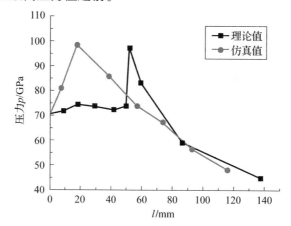

图 7.33　两点碰撞爆轰压力随距离的变化曲线

从平面两点对称起爆爆轰波的压力曲线可以看出，两点对称起爆，不论是正碰撞、正规斜碰撞还是非正规斜碰撞，都使得爆轰波对药型罩的瞬间压垮压力增大，从而可以使形成毁伤元的头部速度得到很大提高。

3. 两种起爆方式下爆轰压力的比较

对比两种起爆方式下的爆轰压力，如图 7.34 所示，单点起爆下波阵面爆轰波的压力为稳定的 C-J 爆轰压力（仿真结果略有不同），两点对称起爆下碰撞点的压力比 C-J 压力高出很多，后压力减小；随着距离的增大，两种起爆方式下的爆轰压力逐渐趋于一致。

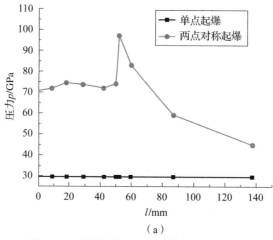

（a）

图 7.34　两种起爆方式下的爆轰压力的对比

（a）理论值

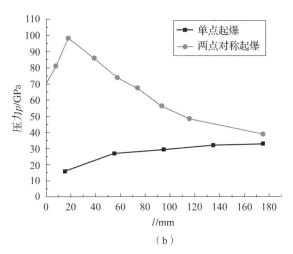

图 7.34　两种起爆方式下的爆轰压力的对比（续）

（b）仿真值

　　鉴于以上结果的分析可以得出，对于环起爆来说，起爆位置应有一个合适的值，不宜过低或过高。起爆位置过低时，作用于药型罩的威力不够；而起爆位置过高时，高压爆轰波的作用不会得到体现。

|7.3　实现杆流与射流转换的成型装药设计|

　　本节基于射流的形成理论，分析单点起爆与环起爆下药型罩压垮的计算方法，得出影响毁伤元速度的成型装药结构因素，并运用数值仿真对各个影响因素（药型罩锥角、药型罩弧度半径、药型罩厚度、装药高度）进行优化设计，实现杆流与射流之间的转换，为多模战斗部的发展提供参考。

7.3.1　射流的形成理论

　　成型装药理论最初是射流的形成理论，1948 年 Birkhoff 等对此进行了研究。依据爆轰波压力远大于药型罩强度，Birkhoff 等将药型罩假设为无黏性流体，在定常不可压缩流体力学理论基础上研究射流的形成理论。这种理论较为简明，却与试验结果有一定差距。

　　准定常方法是对定常射流形成理论的一次改进，Pugh 等人通过对 Birkhoff 定常射流理论的修正，使射流理论更接近实际。它是将药型罩及对应的炸药划

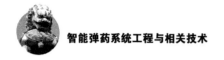

分成若干微元，各个微元满足定常射流理论。准定常射流形成理论在后来的实践中得到了验证。后来成型装药理论经过各种修正，得到了射流形成的一般理论，它是这些修正理论的综合，可以适用于一般的成型装药结构。

目前国内外关于杆式射流 JPC 的理论研究还不成熟，黄正祥在 Behrmann 提出的射流理论基础上，通过研究如何减小射流速度梯度、增加药型罩利用率来实现杆式射流的研究；李伟兵等人通过试验和仿真研究了环形起爆下杆流的成型，得到较好的结果。

7.3.1.1 定常理想不可压缩流体力学理论

Birkhoff 等人在定常不可压缩流体力学理论基础上研究射流的形成理论，该理论用于解释射流的形成过程最为简明。

理论中的假设条件：

（1）在爆炸高压条件下，药型罩金属为理想（无黏性）不可压缩流体；

（2）药型罩各处压垮速度 v_0 保持不变；

（3）药型罩变形过程中其母线长度保持不变。

如图 7.35 所示为药型罩母线上任一小段对应的环在闭合时的情况（以下称其为罩微元），根据假设条件，爆轰波传到 A 处时 A 点以速度 v_0 开始闭合，在闭合到达罩轴线 C 处发生碰撞，而此时爆轰波沿罩母线传到了 B 处，由假设条件（3）$AB = BC$，速度 v_0 与 AC 方向一致。

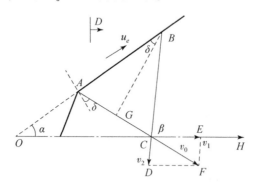

图 7.35 罩微元的闭合几何示意图

图 7.35 中，α 为半锥角；δ 为飞散角（或抛射角），偏离 A 点法线；β 为压垮角；v_0 为闭合速度；v_1、v_2 是 v_0 的两个分量；D 爆轰波传播速度，u_e 为爆轰波沿罩面扫过的速度。

若在 v_1 的动坐标系下研究药型罩的压垮情况，可以看出罩微元是以 v_2 的速度流向罩轴线，这种情况类似如图 7.36 所示的定常流体冲击刚性壁面，在

碰撞点 C 分为方向相反的两股。定常不可压缩流体满足伯努利方程，即流体各处满足：

$$p + \frac{1}{2}\rho v^2 = 常数 \tag{7.29}$$

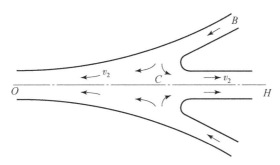

图 7.36　定常流动示意图

在碰撞点较远处，可认为压强 p 近似相等，由此可得 O、H、B 处流动速度相等，均为 v_2，故静坐标下射流和杆体的速度分别为

$$v_j = v_1 + v_2 \tag{7.30}$$

$$v_s = v_1 - v_2 \tag{7.31}$$

从图 7.35 中可以得到

$$\beta = \alpha + 2\delta \tag{7.32}$$

再由正弦定理得

$$\frac{v_0}{\sin\beta} = \frac{v_1}{\sin\left(\frac{\pi}{2} - \delta\right)} = \frac{v_2}{\sin\left[\frac{\pi}{2} - (\beta - \delta)\right]} \tag{7.33}$$

于是有

$$v_j = \frac{v_0}{\sin\dfrac{\beta}{2}}\cos\left(\frac{\beta}{2} - \alpha - \delta\right) \tag{7.34}$$

$$v_s = \frac{v_0}{\cos\dfrac{\beta}{2}}\sin\left(\alpha + \delta - \frac{\beta}{2}\right) \tag{7.35}$$

根据图 7.35 研究 δ 的确定方法：设 t 为 A 点闭合运动到 C 点所用时间，又 v_0 为沿 AC 方向的压垮速度，u_e 为爆轰波沿罩面的速度；由 $u_e t = AB = AC = v_0 t$，$AG = 1/2 AC$，$\sin\delta = \dfrac{AG}{AB}$，则有

$$\delta = \arcsin\frac{v_0}{2u_e} \tag{7.36}$$

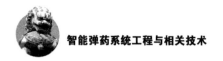
若将爆轰波看作平面波，爆速 D 沿轴线方向，则

$$u_e = \frac{D}{\cos\alpha} \qquad (7.37)$$

但对于一般装药，爆轰波阵面与药型罩面夹角为 ψ，如图 7.37 所示，并且 ψ 随爆轰波的传播一直在变化，即 $\psi = \psi(x)$，且一般 ψ 总是增大的（尤其是有隔板的装药），其中已知波源位置，$\psi(x)$ 可由几何方法得到。考虑 u_e 时近似按照平面波处理，即有

$$u_e = \frac{D}{\sin\psi} \qquad (7.38)$$

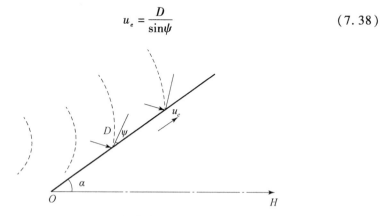

图 7.37　爆轰波与罩锥面夹角

综合以上公式可知 4 个方程中含有 5 个未知量，5 个未知量分别为 v_j、v_0、β、δ、u_e，4 个方程为

$$\beta = \alpha + 2\delta$$

$$v_j = \frac{v_0}{\sin\dfrac{\beta}{2}}\cos\left(\frac{\beta}{2} - \alpha - \delta\right)$$

$$\delta = \arcsin\frac{v_0}{2u_e} \qquad (7.39)$$

$$u_e = \frac{D}{\sin\psi}$$

因此，解出药型罩的压垮参数还缺少一个求解未知量的方程。

7.3.1.2　准定常理论及有效装药绝热压缩理论

实际的成型装药中，药型罩各处壁厚并不相同，并且对应的装药高度也不同，所以药型罩各处的压垮速度 v_0 不同。为使理论更接近实际，将药型罩及对应装药划分成若干微元，要求在微元内满足定常不可压缩理论，而各个微元中 v_j、v_0、β、δ 均有变化，这种方法便称为"准定常理论"。

关于药型罩成型中所缺少的方程，国内外提出过各种方法，各有所长，但主要问题都是集中在 v_0 的确定上，几种主要的方法有：有效装药绝热压缩方法、平板抛射方法、给定压强系数方法等，而平板抛射方法和给定压强系数方法均涉及经验系数，不便于采用，故以下采用"有效装药绝热压缩方法"来计算各微元的压垮速度 v_0。

　　假设条件：

　　（1）炸药瞬时全部爆轰（$D =$ 无穷），稀疏波沿装药表面的内法线方向向爆炸产物内部传播；

　　（2）爆炸产物是以稀疏波的初始交界面为刚性边界做定向膨胀的，并由此确定出有效装药量；

　　（3）药型罩闭合运动是有效装药部分向内绝热膨胀做功的结果。

　　参照以上假设划分有效装药，一般用装药剖面图各个角平分线进行划分，如图 7.38 所示。

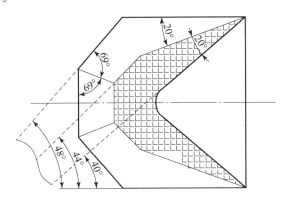

图 7.38　有效装药的划分

　　以下按照准定常理论及有效装药的方法推导微元的压垮速度公式。

　　首先，罩微元满足运动方程：

$$m_i \frac{\mathrm{d}v_i}{\mathrm{d}t} = S_i p_i \tag{7.40}$$

式中，m_i 为药型罩第 i 微元的质量；v_i 为药型罩第 i 微元的瞬时速度；S_i 为第 i 微元与爆炸产物接触的面积；p_i 为作用于药型罩第 i 微元上的爆轰产物的压强。

　　按照有效装药所进行的绝热膨胀的假设，p_i 应该满足：

$$p_i = p_{0i} \left(\frac{V_{0i}}{V_i} \right)^{\gamma} \tag{7.41}$$

式中，γ 为绝热系数，对一般的猛炸药 γ 可近似取为 3；V 为爆轰产物所占的

体积。p_0 为瞬时爆轰后爆炸产物的初始压强，可取

$$p_0 = \frac{1}{2}p_{CJ} = \frac{1}{8}\rho_e D^2 \tag{7.42}$$

式中 ρ_e 为装药密度。在不考虑药型罩向轴线压缩过程中面积 S_i 的变化，则有

$$\frac{V_{0i}}{V_i} = \frac{S_i b_{ei}}{S_i(b_{ei} + h_i)} = \frac{b_{ei}}{b_{ei} + h_i} \tag{7.43}$$

式中，b_{ei} 为 i 微元的有效装药厚度；h_i 为罩微元闭合到轴线的运动距离，如图 7.39 所示。

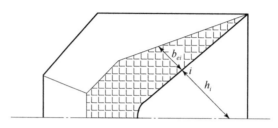

图 7.39　微元有效装药厚度

若近似认为飞散角 δ 为 0，则式（7.40）可表示为

$$m_i v_i \mathrm{d}v_i = S_i p_i \mathrm{d}h_i \tag{7.44}$$

对式（7.44）进行积分，并将式（7.41）、式（7.42）、式（7.43）代入，得出

$$V_{0i} = \frac{D}{2}\sqrt{\frac{1}{2}\frac{\rho_e b_{ei}}{\rho_j b_i}\left[1 - \left(\frac{b_{ei}}{b_{ei} + h_i}\right)^2\right]} \tag{7.45}$$

式中，b_i 为 i 微元的药型罩厚度；ρ_j 为罩密度。

考虑飞散角 δ 的存在（如图 7.40 所示），由正弦定理得

$$h_i = \frac{\sin\alpha}{\cos\dfrac{\beta_i + \alpha}{2}}l_{mi} \tag{7.46}$$

其中 l_{mi} 并非定值，故引入已知量 L_i，如图 7.41 所示。

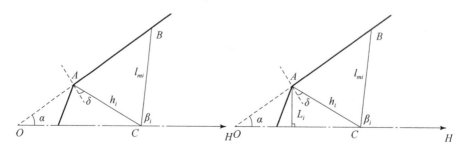

图 7.40　微元飞散角　　　　　**图 7.41　引入 L_i 示意图**

其中

$$L_i = h_i \cos(\alpha + \delta) \tag{7.47}$$

故

$$h_i = \frac{L_i}{\cos(\alpha + \delta)} \tag{7.48}$$

则 V_{0i} 可表示为

$$V_{0i} = \frac{D}{2} \sqrt{\frac{1}{2} \frac{\rho_e b_{ei}}{\rho_j b_i} \left[1 - \left(\frac{b_{ei}}{b_{ei} + L_i/\cos(\alpha + \delta_i)} \right)^2 \right]} \tag{7.49}$$

V_{0i} 的解出为定常不可压缩流体力学理论计算药型罩压垮参数的求解提供了一个方程。

7.3.1.3　射流形成的一般理论

除运用"准定常理论"和"有效装药绝热压缩方法"计算药型罩压垮速度外，还可以用"射流形成的一般理论"计算药型罩的压垮速度。"射流形成的一般理论"考虑了微元压垮过程的加速情况，发展了具有一般药型罩和装药结构的成型装药射流形成的一般理论。

成型装药的几何关系及药型罩压垮过程简图如图 7.42 所示。考虑炸药在 D 点起爆，若 D 点在药型罩轴线上，则爆轰波为球面；若 D 点不在轴线上，则爆轰波呈喇叭口形。炸药爆轰后，随着爆轰波通过 P 点，原来在 P 点位置的药型罩单元开始沿着与原 P 点法线成 δ 角的方向压垮，当 P 点压垮到 J 点的同时，P' 点到达 M 点，药型罩的外形形成轮廓线 $\overset{\frown}{QMJ}$。

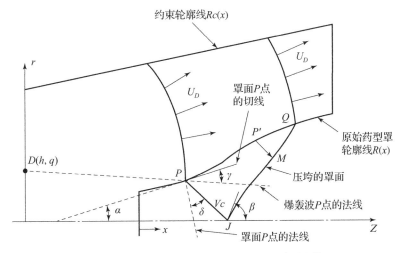

图 7.42　成型装药的几何关系及药型罩压垮过程简图

同 PER 假设一样，假设药型罩单元在压垮时没有相互的物理作用，则罩上每个区域的单元都可单独地在其适当的常速坐标系中来考虑。设爆轰波波速 U_D 保持不变，且垂直于其波阵面，由于药型罩为一般形状，爆轰波扫过药型罩的速度不再为常数，在 P 点处，爆轰波沿着与 P 点处切线呈夹角 γ 的方向传播，扫过 P 点的波速为

$$U(x) = \frac{U_D}{\cos\gamma} \tag{7.50}$$

经典的 PER 理论中，泰勒关系式假设爆轰波对药型罩单元的作用只改变其方向而不改变大小，属于定常过程，该关系式仅严格地适用于简单几何体，如一端起爆的均匀膨胀圆柱体。Chou. P. C 等人将泰勒抛射角公式扩展到了非定常情况，有

$$\delta = \frac{V_0}{2U} - \frac{1}{2}\tau V_0' - \frac{1}{4}\tau' V_0 \tag{7.51}$$

式中，一撇表示关于 x 的微分；τ 为药型罩压垮运动时加速度的时间常数。

一般装药的理论假设药型罩单元在一个有限的时间里速度从零加速到一定的压垮速度 V_0。对加速过程的研究，一般有两种表示方法：一是恒加速模型，罩单元的加速度在有限时间内为常数，压垮速度在短期内线性增长，直到达到最终压垮速度 V_0 或是压垮到轴线上；二是兰德－皮尔森提出的指数形式加速模型，该模型给出的药型罩加速公式为

$$V(t) = V_0\left[1 - \exp\left(-\frac{t-T}{\tau}\right)\right] \tag{7.52}$$

Carleone、Flis 指出上式的加速形式与膨胀圆柱体的实验数据及对内炸圆柱体的流体代码计算结果相符合，同时建议时间常数 τ 采用下面的计算形式：

$$\tau = A_1 \frac{mV_0}{p_{CJ}} + A_2 \tag{7.53}$$

式中，m 表示药型罩每单位面积的初始质量；p_{CJ} 表示炸药的 CJ 压力；A_1、A_2 为常数。

7.3.2　药型罩压垮计算分析

1. 单点起爆药型罩的压垮

由"准定常理论"及"有效装药绝热压缩理论"可以得出药型罩微元的压垮计算公式为

$$
\begin{cases}
\beta_i = \alpha + 2\delta_i \\[2mm]
v_{ji} = \dfrac{v_{0i}}{\sin\dfrac{\beta_i}{2}}\cos\left(\dfrac{\beta_i}{2} - \alpha - \delta_i\right) \\[4mm]
\delta_i = \arcsin\left(\dfrac{v_{0i}}{2u_e}\right) \\[3mm]
u_{ei} = \dfrac{D}{\sin\psi_i} \\[3mm]
v_{0i} = \dfrac{D}{2}\sqrt{\dfrac{1}{2}\dfrac{\rho_e b_{ei}}{\rho_j b_i}\left[1 - \left(\dfrac{b_{ei}}{b_{ei} + L_i/\cos(\alpha + \delta_i)}\right)^2\right]}
\end{cases}
\tag{7.54}
$$

式中，v_{ji} 为药型罩微元的头部速度；v_{0i} 为压垮速度；β_i 为压垮角；δ_i 为飞散角；u_{ei} 为爆轰波沿罩面扫过的速度；α 为半锥角；D 为爆速；ψ_i 为爆轰波阵面与药型罩面夹角；ρ_e 为装药密度；ρ_j 为罩密度；b_{ei} 为 i 微元的有效装药厚度；b_i 为 i 微元的药型罩厚度；L_i 为微元距对称轴线的距离。

在药型罩的罩顶区域，罩微元几乎垂直地向轴线闭合，具有一定的速度；若偏离轴线的微元具有的速度大于前面的速度，与前面的微元之间发生干扰，堆积形成侵彻体的头部。

针对如图 7.43 所示的小锥角药型罩，进行其压垮计算分析，其中 $\alpha = 40°$，$\rho_e = 1.695\ \text{g/cm}^3$，$\rho_j = 8.96\ \text{g/cm}^3$，$D = 8\,425\ \text{m/s}$。

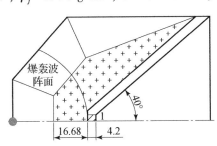

图 7.43　微元 1 的压垮计算示意图

首先计算罩顶微元 1 的压垮参数。微元 1 比较特殊，$\delta_1 = 0$，$\alpha = 90°$，$\beta_1 = 90°$，$b_{e1} = 16.68\ \text{mm}$，$b_1 = 4.2\ \text{mm}$，所以压垮速度

$$
v_{01} = \frac{D}{2}\sqrt{\frac{1}{2}\frac{\rho_e b_{e1}}{\rho_j b_1}} = 2\,581.84\ \text{m/s}
\tag{7.55}
$$

对于微元 1，v_{0i} 的两个分量 $v_1 = v_{0i}$，$v_2 = 0$，故

$$
v_{j1} = 2\,581.84\ \text{m/s}
\tag{7.56}
$$

然后在偏离轴线的药型罩任意选一微元 i，如图 7.44 所示，其中 $b_{ei} =$

15.17 mm，$b_i = 4.2$ mm，$\psi_i = 72°$ 计算得，$u_{ei} = 8\ 858.57$ m/s。

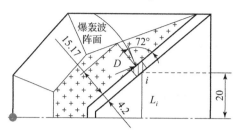

图7.44 微元2的压垮计算示意图

又

$$v_{0i} = 2 \times u_{ei} \times \sin\delta_i \tag{7.57}$$

$$V_{0i} = \frac{D}{2}\sqrt{\frac{1}{2}\frac{\rho_e b_{ei}}{\rho_j b_i}\left[1 - \left(\frac{b_{ei}}{b_{ei} + L_i/\cos(\alpha + \delta_i)}\right)^2\right]} \tag{7.58}$$

所以计算得

$$v_{0i} = 2\ 314\ \text{m/s}$$

$$v_{ji} = 4\ 709\ \text{m/s} \tag{7.59}$$

$$\beta_i = 55°$$

引入 PER 理论中的质量关系：

$$m_{ji} = m_i \sin^2 \frac{\beta_i}{2}$$

$$\tag{7.60}$$

$$m_{si} = m_i \cos^2 \frac{\beta_i}{2}$$

对于微元 1，$m_{j1} = m_1 \sin^2 \dfrac{\beta_1}{2} = \dfrac{1}{2} m_1$；

对于微元 i，$m_{ji} = m_i \sin^2 \dfrac{\beta_i}{2} = \dfrac{1}{2} m_i$。

若各微元之间的碰撞为完全塑性碰撞，头部由各微元堆积形成，运用动量守恒定律计算头部平均速度。从第 2 个微元的碰撞开始，直至第 i 个微元的头部速度小于头部组合颗粒的平均速度，射流头部形成完毕。即

$$m_{j1}v_{j1} + m_{j2}v_{j2} = \bar{m}_1 \bar{v}_1$$

$$m_{j3}v_{j3} + \bar{m}_1 \bar{v}_1 = \bar{m}_2 \bar{v}_2$$

$$\cdots\cdots \tag{7.61}$$

$$m_{ji-1}v_{ji-1} + \bar{m}_{i-3}\bar{v}_{i-3} = \bar{m}_{i-2}\bar{v}_{i-2}$$

若 $v_j < \bar{v}_{i-2}$，则射流头部速度由前 $i-1$ 个微元组成，其速度为 $\bar{v}_{i-2}$。

2. 环起爆药型罩的压垮

环起爆药型罩的压垮情况比较复杂，运用"准定常及有效装药绝热压缩理论"并不能完全解决药型罩压垮计算。

当爆轰波没有相互碰撞，直接作用于微元时，如图 7.45 所示的微元 i，其压垮可以运用"准定常及有效装药绝热压缩理论"进行计算。

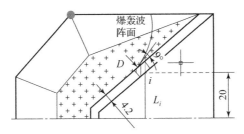

图 7.45　无碰撞时药型罩的压垮

当两爆轰波相互碰撞，碰撞为正碰撞或正规斜碰撞时，如图 7.46 所示的微元 1，则压垮微元 1 的爆轰压力为 2.39 倍的 C – J 爆轰压力，所以可以理解为微元 1 的压垮速度为单点起爆下的 2.39 倍，而其他微元可以运用"准定常及有效装药绝热压缩理论"进行计算。

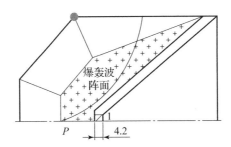

图 7.46　正碰撞及正规斜碰撞时药型罩的压垮

当两爆轰波相互碰撞，碰撞为非正规斜碰撞时，如图 7.47 所示，则 1 区为马赫波压垮区，PA 为马赫杆；2 区为 C – J 爆轰波压垮区。

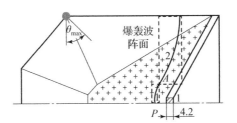

图 7.47　非正规斜碰撞时药型罩的压垮

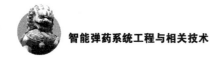

针对对应于 1 区的药型罩压垮，首先需要计算马赫杆 PA 各处的爆轰压力，其计算公式如下：

$$\frac{p_3}{p_H} = \frac{\sin^2 \bar{\omega}}{\sin^2 \psi_0}\left(1 + \sqrt{1 - \frac{\eta \sin^2 \psi_0}{\sin^2 \bar{\omega}}}\right) \tag{7.62}$$

其中 $\bar{\omega}$ 为 u_0 与马赫杆切向方向的夹角，P 点处 $\bar{\omega} = 90°$，A 点处 $\bar{\omega} = 0°$。

可以看出，"准定常及有效装药绝热压缩理论"不再适用于马赫区内药型罩的压垮计算，所以采用射流形成的一般理论进行求解。

"射流形成的一般理论"考虑了微元压垮过程的加速情况，对加速过程的研究，一般有两种表示方法：一是恒加速模型，罩单元的加速度在有限时间内为常数，压垮速度在短期内线性增长，直到达到最终压垮速度 V_0 或是压垮到轴线上；二是兰德 - 皮尔森提出的指数形式加速模型。Carleone 和 Flis 指出指数加速模型的加速形式与膨胀圆柱体的实验数据及对内炸圆柱体的流体代码计算结果相符合，所以采用兰德 - 皮尔森提出的指数形式加速模型较为合适。

兰德 - 皮尔森提出的速度历程曲线公式为

$$v(t) = v_0\left[1 - \exp\left(-\frac{t - T}{\tau}\right)\right] \tag{7.63}$$

式中，v_0 为压垮速度；T 为罩微元开始被压垮的时刻；$\tau = A_1\dfrac{mv_0}{p} + A_2$，$A_1$、$A_2$ 为常数；m 为罩微元的质量；p 为爆轰波压力。

如图 7.48 设爆轰波与罩微元的接触面积为 S_i，药型罩厚度为 h，爆轰波压强为 p_i，作用于药型罩的压力为 F_i，时间为 t，由 $p_i S_i = F_i t$ 得

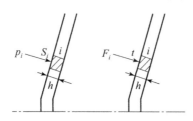

图 7.48　药型罩微元的压垮示意图

$$p_i S_i = \int F_i \mathrm{d}t = m_i \int a_i \mathrm{d}t = m_i \int \frac{v_{i0}[1 - \exp(-(t - T)/\tau)]}{t}\mathrm{d}t \tag{7.64}$$

由此可以计算得到微元的 v_{i0} 值。

3. 毁伤元成型的影响因素分析

以下综合单点起爆和环起爆下药型罩的压垮计算过程，分析影响毁伤元成

型的成型装药结构参数。

单点起爆时，爆轰波压力恒定为 C－J 爆压，从图 7.43 微元 1 和图 7.44 微元 i 的计算中可以看出，各微元有效装药的高度随装药高度的变化而变化，有效装药高度越大，药型罩微元的压垮速度越大；从药型罩微元压垮速度 v_{0i} 的求解公式中可以得出，v_{0i} 随药型罩厚度 b_i 的增大而减小；药型罩微元形成射流的头部速度 v_{ji} 的计算与药型罩锥角 2α 有关，2α 越大，v_{ji} 越小。

环起爆时，在 C－J 爆轰压力区影响毁伤元成型的因素与单点起爆时一致，而高压爆轰波（包含马赫波）的产生与装药高度有关。

通过分析可以得出，药型罩锥角、药型罩厚度、装药高度都是影响毁伤元成型的重要因素，而锥形药型罩的顶端不利于压垮，在锥形药型罩顶端加弧可以使药型罩结构得到平缓过渡，故将药型罩弧度也作为影响毁伤元成型的一个因素。

7.3.3　成型装药结构影响因素仿真研究

7.3.3.1　成型装药结构及仿真方案

针对 100 mm 口径的成型装药，通过改变成型装药结构和起爆方式，实现聚能杆流（JPC）与聚能射流（JET）两种模态的转换。其中：

（1）JPC 头部速度控制在 4 000 m/s 以下，飞行过程中不断裂；

（2）JET 头部速度控制在 6 000 m/s 以上。

1. 仿真模型

采用如图 7.49 所示的成型装药结构，药型罩设计为弧锥结合罩，厚度为 h，材料为紫铜；装药为船尾形结构，装药高度为 L，材料为 8701 炸药；起爆方式采用：①装药顶端中心单点起爆，②装药船尾底端环起爆。

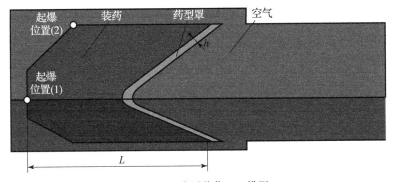

图 7.49　成型装药 1/4 模型

　　仿真运用 ANSYS/LS – DYNA 软件，LS – DYNA 是分析功能最全面的显示分析程序，包括材料非线性（包括 140 多种材料动态模型）、几何非线性（大转动、大位移和大应变）和接触非线性（包括 50 多种）的有限元程序，其显示算法适合处理各类冲击、爆炸、撞击等动态非线性问题，可以成熟地应用于成型装药的毁伤元成型问题。

　　模型由炸药、药型罩、空气三部分组成，三种物质均采用欧拉网格建模，单元使用多物质 ALE 算法。ALE 算法吸收了拉格朗日和欧拉算法的长处，克服了它们的不足。在 ALE 的描述中，计算网格可以以任意的形式在空间进行运动，不与空间坐标系和物质坐标系有任何关系，因此将合适的网格运动形式进行规定，不但能将物体活动界面进行精确地展现，而且能将合理的单元形状保持不变。目前 ALE 有限元方法已经较为成功地运用于流体力学自由边界、流体结构相互作用、固体力学等，而成型装药的毁伤元成型过程，涉及高应变率、高过载、大变形等问题，所以仿真中选用 ALE 算法。考虑数值计算量的大小，建模时采用四分之一模型。

　　数值仿真中涉及材料模型的选取，不同的材料模型对材料的力学性能描述不同，直接影响数值模拟的结果，本仿真模型中各物质的材料选取及模型参数如下。

　　（1）药型罩。

　　药型罩材料为紫铜，紫铜的密度 $8.96 \times 10^3 \ \text{kg/m}^3$，声速 $4.7 \ \text{km/s}$，且具有较好的塑性，是药型罩的常用材料；药型罩模型参数采用 Johnson – Cook 材料模型及 Gruneisen 状态方程，在 1983 年 Johnson 和 Cook 提出了一个适用于金属在大变形、高应变率和高温条件下的本构模型（即 JC 模型），由于形式简单、使用方便，这一模型得到了广泛的应用。

　　John – Cook 材料本构模型如式（7.65）：

$$\sigma_y = (A + B\overline{\varepsilon}^{pn})(1 + C\ln\dot{\varepsilon}^*)(1 - T^{*m}) \tag{7.65}$$

式中，A 为准静态下的屈服应力；B 为应变硬化系数；n 为应变硬化指数；C 为应变率敏感系数；m 为温度敏感系数；$\overline{\varepsilon}^p$ 为等效塑性应变，$\dot{\varepsilon}^* = \dot{\overline{\varepsilon}}^p / \dot{\varepsilon}_0$ 为无量纲化后的等效塑性应变率（$\dot{\varepsilon}_0$ 一般取 $1 \ \text{s}^{-1}$）；T^* 为相对温度，$T^* = (T - T_{\text{room}})/(T_{\text{melt}} - T_{\text{room}})$，$T_{\text{room}}$ 表示参考温度（一般为室温），T_{melt} 表示常态下材料的熔化温度。

　　LS – DYNA 程序中，对 John – Cook 模型而言，材料损失时的应变 ε^f 可表示为

$$\varepsilon^f = [D_1 + D_2\exp(D_3\sigma^*)](1 + D_4\ln\dot{\varepsilon}^*)(1 + D_5T^*) \tag{7.66}$$

式中，$\sigma^* = p/\sigma_{\text{eff}}$ 表示压力与有效应力的比值。当 $D = \sum \dfrac{\Delta \overline{\varepsilon}^p}{\varepsilon^f} = 1$ 时，材料破坏。

材料的 Gruneisen 状态方程在压缩状态下可表示为

$$p = \frac{\rho_0 C^2 \mu \left[1 + \left(1 - \dfrac{\gamma_0}{2} \right) \mu - \dfrac{a}{2} \mu^2 \right]}{\left[1 - (S_1 - 1) \mu - S_2 \dfrac{\mu^2}{\mu + 1} - S_3 \dfrac{\mu^3}{(\mu + 1)^2} \right]^2} + (\gamma_0 + a\mu) E \qquad (7.67)$$

在膨胀状态则为

$$p = \rho_0 C^2 \mu + (\gamma_0 + a\mu) E \qquad (7.68)$$

式中，$\mu = \rho/\rho_0 - 1$；C 为材料的静态体声速；S_1、S_2、S_3 分别表示材料冲击绝缘线参数，γ_0 为 Gruneisen 系数，a 为 γ_0 的一阶体积修正量。

紫铜材料模型参数如表 7.18 所示。

表 7.18　紫铜材料模型参数

本构模型	$\rho/$ $(\text{g} \cdot \text{cm}^{-3})$	G/GPa	A/GPa	B/GPa	C	n	m	T_{room}/K	T_{melt}/K
	8.96	47.7	0.09	0.292	0.025	0.31	1.09	293	1 360
状态方程	$C/$ $(\text{km} \cdot \text{s}^{-1})$	S_1	S_2	S_3	γ_0	a	E_0	V_0	
	3.94	1.49	0	0	1.99	0	0	0.0	

（2）炸药。

炸药选用 8701 炸药，8701 炸药密度为 $1.695 \times 10^3 \text{ kg/m}^3$，爆压为 29.66 GPa，爆速为 8 425 m/s。炸药的计算采用 HIGH_EXPLOSIVE_BURN 模型和 JWL 状态方程。

炸药的压力用程序起爆法来描述，压力计算公式如下：

$$p = F p_{\text{eos}} (V, E) \qquad (7.69)$$

式中，V 为相对压力，$V = \rho_0/\rho$，ρ_0 为炸药的初始密度，ρ 为爆轰产物的密度；E 为炸药单位初始体积的内能，$E = \rho_0 e$；p_{eos} 为爆轰产物压力；F 为炸药的燃烧质量分数，取值为

$$F = \max(F_1, F_2) \qquad (7.70)$$

$$F_1 = \begin{cases} \dfrac{2(t-t_1)DA_{e_{max}}}{3h} & (t > t_1) \\ 0 & (t \leqslant t_1) \end{cases} \tag{7.71}$$

$$F_2 = \frac{1-V}{1-V_{CJ}}$$

上式中，V_{CJ} 为炸药的相对比容。当 F 值超过 1 时，就保持为常数 1。通过这样计算得到的 F 值一般要几个时间步长才能达到 1，故爆轰波阵面将跨越几个网格单元。

在爆轰反应发生前，炸药单元的压力为

$$p = K \cdot (V-1) \tag{7.72}$$

式中，K 为体积模量。

JWL 状态方程描述炸药爆轰产物的压力：

$$p_{eos} = A\left(1 - \frac{\omega}{R_1 V}\right)e^{-R_1 V} + B\left(1 - \frac{\omega}{R_2 V}\right)e^{-R_2 V} + \frac{\omega E}{V} \tag{7.73}$$

式中，A、B、R_1、R_2、ω 为常数。

8701 炸药材料模型参数如表 7.19 所示。

表 7.19　8701 炸药材料模型参数

本构模型	$\rho/$ $(\mathrm{g \cdot cm^{-3}})$	$D/$ $(\mathrm{km \cdot s^{-1}})$	PCJ/GPa	BETA	K	G	SIGY
	1.695	8.425	29.66	0	0	0	0
状态方程	$A(\mathrm{GPa})$	$B(\mathrm{GPa})$	R_1	R_2	ω	E_0	V_0
	854.5	2.05	4.6	1.35	0.25	0	1.0

（3）空气。

针对多物质 ALE 算法，需要建立覆盖毁伤元成型过程所飞行的空气域。空气域采用空物质流体模型及 Gruneisen 状态方程，具体参数值见表 7.20。同时在空气域的边界处施加压力流出边界条件，避免边界处发生反射。

表 7.20　空气材料模型参数

$\rho/(\mathrm{g \cdot cm^{-3}})$	$C/(\mathrm{km \cdot s^{-1}})$	S_1	S_2	S_3	γ_0	a	E_0	V_0
0.001 25	3.44	0	0	0	1.4	0	0	0.0

2. 仿真方案

在成型装药的研究中可知，射流速度一般可达 5~10 km/s，杆式侵彻体头部速度在 3~5 km/s 范围之内。为此，仿真中分三步对成型装药结构进行优化，实现射流和杆式射流两种模态的转换。

第一步，选取药型罩锥角 60°~120° 进行研究，每种方案间隔 10°，药型罩厚度设为 2 mm，寻求两模转换的最佳药型罩锥角；

第二步，在第一步确定药型罩锥角基础上，对药型罩顶端加弧，弧度半径取 0~30 mm，间隔 10 mm 为一种方案，且内外罩面弧度半径相等，寻求最佳的弧度半径；

第三步，增加药型罩壁厚，使射流和杆式射流均能满足要求；

第四步，改变装药高度，进行进一步的优化，仿真方案如表 7.21 所示。

表 7.21　仿真方案

装药口径	装药高度	药型罩锥角	药型罩厚度	弧度半径	起爆方式
方案 1					
100 mm	110 mm	60°~120°	2 mm	0	(1) 和 (2)
方案 2					
100 mm	110 mm	80°~100°	2 mm	0~30 mm	(1) 和 (2)
方案 3					
100 mm	110 mm	80°、100°	2~4.2 mm	10 mm	(1) 和 (2)
方案 4					
100 mm	110~85 mm	80°	4.2 mm	10 mm	(1) 和 (2)
		90°	3.8 mm		
		100°	3.2 mm		

7.3.3.2　成型装药结构参数对毁伤元转换的影响规律

1. 药型罩锥角对毁伤元转换的影响

针对方案 1 研究 60~120° 锥角下药型罩的成型状况，选取毁伤元成型时刻为 160 μs，结果如表 7.22 和表 7.23 所示。可以看出，在装药顶端中心单点起爆条件下，药型罩锥角越大，毁伤元头部速度越小，降幅达到 1 973 m/s；在装药船尾底端环起爆条件下，毁伤元头部速度也随药型罩锥角的增大而减小，降幅为 3 201 m/s。

表 7.22　不同药型罩锥角下的毁伤元成型图

起爆方式	罩锥角/(°)	160 μs 成型图	长度/mm
起爆方式（1）	60		894
	70		778
	80		667
	90		570
	100		481
	110		389
	120		286
起爆方式（2）	60		1 170
	70		1 106
	80		967
	90		832
	100		708
	110		616
	120		486

表 7.23　不同药型罩锥角下的毁伤元头部速度

锥角	60°	70°	80°	90°	100°	110°	120°
起爆方式（1）	6 050 m/s	5 541 m/s	5 153 m/s	4 870 m/s	4 619 m/s	4 361 m/s	4 077 m/s
起爆方式（2）	8 683 m/s	8 816 m/s	7 792 m/s	6 670 m/s	6 132 m/s	5 933 m/s	5 482 m/s

根据表 7.23 得到如图 7.50 所示的毁伤元头部速度随药型罩锥角的变化曲线，从曲线中可以得出，随着药型罩锥角的增大，装药顶端中心单点起爆与装药船尾底端环起爆两种起爆方式下毁伤元的头部速度差距 Δ 越来越小，从 60° 锥角的 2 633 m/s 减小到 120° 锥角的 1 410 m/s。

因为杆式侵彻体头部速度在 3~5 km/s，结合表 7.23 的数据得出药型罩锥

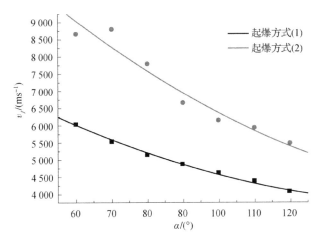

图7.50　毁伤元头部速度随药型罩锥角的变化曲线

角<80°时不作进一步研究；而随着药型罩锥角的增大，两种起爆方式下的毁伤元头部速度越来越接近，不能很好地区分两种模态的差别，所以药型罩锥角>100°时也不作进一步研究。

2. 药型罩弧度半径对毁伤元转换的影响

针对方案2研究0～30 mm弧度半径下药型罩的成型状况，其中药型罩锥角为80°、90°和100°，选取毁伤元成型时刻为160 μs，结果如表7.24和表7.25所示。表7.25显示在同一锥角条件下，10 mm弧度半径是毁伤元头部速度的极值点，弧度半径为0或超过10 mm都将使毁伤元头部速度下降。

表7.24　不同药型罩弧度半径下的毁伤元成型图

起爆方式	罩锥角/(°)	160 μs成型图	长度/mm
		弧度半径0 mm	
起爆方式（1）	80		667
	90		570
	100		481
起爆方式（2）	80		967
	90		832
	100		708

起爆方式	罩锥角/(°)	160 μs 成型图	长度/mm
		弧度半径 10 mm	
起爆方式（1）	80		697
	90		618
	100		534
起爆方式（2）	80	150 μs	1 077
	90		1 005
	100		852
		弧度半径 20 mm	
起爆方式（1）	80		622
	90		541
	100		458
起爆方式（2）	80		865
	90		773
	100		682
		弧度半径 30 mm	
起爆方式（1）	80		557
	90		474
	100		404
起爆方式（2）	80		678
	90		612
	100		555

依据表 7.25 绘制如图 7.51 所示不同弧度半径下毁伤元头部速度的对比曲线，Δ_1、Δ_2、Δ_3 和 Δ_4 为相同弧度半径下装药顶端中心单点起爆与装药船尾底端环起爆两种起爆方式毁伤元的头部速度差 Δ，可以看出，$\Delta_2 > \Delta_1 > \Delta_3 > \Delta_4$，说明药型罩弧度半径为 10 mm 时毁伤元两种模态的差距最大，有利于研究射流与杆式射流之间的转换。

表 7.25　不同药型罩弧度半径下的毁伤元头部速度

弧度半径	起爆方式	锥角		
		80°	90°	100°
0	起爆方式（1）	5 153 m/s	4 870 m/s	4 619 m/s
	起爆方式（2）	7 792 m/s	6 670 m/s	6 132 m/s
10mm	起爆方式（1）	5 513 m/s	5 243 m/s	4 962 m/s
	起爆方式（2）	8 969 m/s（150 μs）	7 875 m/s	7 122 m/s
20 mm	起爆方式（1）	5 286 m/s	5 006 m/s	4 729 m/s
	起爆方式（2）	6 742 m/s	6 439 m/s	6 121 m/s
30 mm	起爆方式（1）	5 002 m/s	4 682 m/s	4 464 m/s
	起爆方式（2）	5 664 m/s	5 491 m/s	5 382 m/s

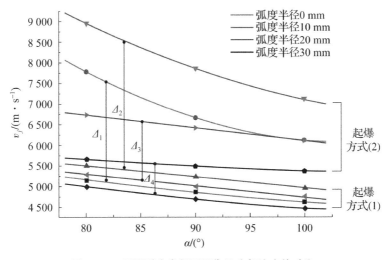

图 7.51　不同弧度半径下毁伤元头部速度的对比

3. 药型罩厚度对毁伤元转换的影响

针对方案 3 研究 2 ~ 4.2 mm 药型罩厚度下药型罩的成型状况，为减少工作量，只研究 80°和 100°锥角下的药型罩厚度变化，选取毁伤元成型时刻为 160 μs，结果如表 7.26 和表 7.27 所示。

表 7.26 不同药型罩厚度下的毁伤元成型图

起爆方式	罩厚度/mm	160 μs 成型图	长度/mm
		药型罩锥角 80°	
起爆方式（1）	2.0		697
	2.4		679
	2.8		656.5
	4.0		588
	4.2		579
起爆方式（2）	2.0	150 μs	1 077
	2.4		1 094
	2.8		1 036
	4.0		865
	4.2		864
		药型罩锥角 100°	
起爆方式（1）	2.0		534
	3.2		501
	3.6		483
	4.0		464.5
起爆方式（2）	2.0		852
	3.2		760
	3.6		739
	4.0		715

依据表 7.27 的结果绘制如图 7.52 所示毁伤元头部速度与药型罩厚度关系曲线，可以看出，药型罩厚度越大，装药顶端中心单点起爆与装药船尾底端环起爆两种起爆方式下毁伤元的头部速度差 Δ 越小，并逐渐趋于平稳；同时可以观察到 80°锥角下的速度差 Δ 变化比较剧烈。对于 80°锥角的药型罩，当药型罩厚度为 4.2 mm 时，速度差 Δ 趋于平稳；对于 100°锥角的药型罩，当药型罩厚度为 3.2 mm 时，速度差 Δ 趋于平稳。

表 7.27　不同药型罩厚度下的毁伤元头部速度

锥角	起爆方式	药型罩厚度			
		2.0 mm	4.0 mm	4.2 mm	4.4 mm
80°	起爆方式（1）	5 513 m/s	4 452 m/s	4 378 m/s	4 300 m/s
	起爆方式（2）	8 969 m/s（150 μs）	6 178 m/s	6 116 m/s	5 912 m/s
锥角	起爆方式	药型罩厚度			
		2.0 mm	3.2 mm	3.6 mm	4.0 mm
100°	起爆方式（1）	4 962 m/s	4 291 m/s	4 103 m/s	3 932 m/s
	起爆方式（2）	7 122 m/s	6 035 m/s	5 785 m/s	5 547 m/s

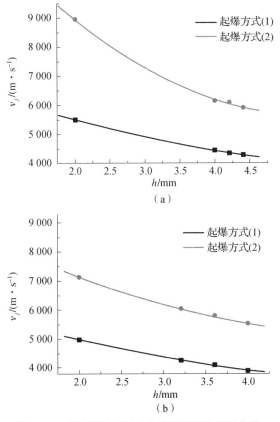

图 7.52　毁伤元头部速度与药型罩厚度关系曲线

（a）80°锥角；（b）100°锥角

由于射流与杆式射流的头部速度范围比较大，射流头部速度范围为 5 ~ 10 km/s，杆流头部速度范围为 3 ~ 5 km/s；而两种模态的头部速度差越大越好，即射流头部速度尽可能大，杆流头部速度尽可能接近 3 km/s。

鉴于以上分析，取两种起爆方式下毁伤元头部速度差 Δ 趋于平稳状态时的药型罩厚度作为下一步研究的基础，同时参考 80°和 100°锥角对 90°锥角药型罩的成型状况也进行了研究，最终选取三种成型装药的具体参数，如表 7.28 所示。

表 7.28　成型装药参数

装药口径/mm	装药高度/mm	药型罩锥角/(°)	药型罩厚度/mm	弧度半径/mm	起爆方式
100	110	80	4.2	10	(1) 和 (2)
100	110	90	3.8	10	(1) 和 (2)
100	110	100	3.2	10	(1) 和 (2)

4. 装药高度对毁伤元转换的影响

针对方案 4 研究 110 ~ 85 mm 装药高度下药型罩的成型状况，选取毁伤元成型时刻为 160 μs，结果如表 7.29 和表 7.30 所示。

表 7.29　不同药型罩厚度下的毁伤元成型图

起爆方式	装药高度/mm	160 μs 成型图	长度/mm
		药型罩锥角 80°，厚度 4.2 mm，弧度半径 10 mm	
起爆方式 (1)	110		579
	100		560
	90		559
	80		540
起爆方式 (2)	110		864
	100		888
	90		886
	80		820
	70	150 μs	827

续表

起爆方式	装药高度/mm	160 μs 成型图	长度/mm
药型罩锥角100°，厚度3.2 mm，弧度半径10 mm			
起爆方式（1）	110		501
	100		491
	90		481
	80		468
起爆方式（2）	110		760
	100		781
	90		787
	80		811
	70		805

表7.30　不同药型罩厚度下的毁伤元头部速度

锥角、药型罩厚度	起爆方式	装药高度			
		110 mm	100 mm	90 mm	80 mm
80°、4.2 mm	起爆方式（1）	4 378 m/s	4 162 m/s	4 076 m/s	3 973 m/s
	起爆方式（2）	6 116 m/s	6 215 m/s	6 144 m/s	6 155 m/s
90°、3.8 mm	起爆方式（1）	4 275 m/s	4 138 m/s	3 977 m/s	3 891 m/s
	起爆方式（2）	5 995 m/s	6 023 m/s	6 039 m/s	6 040 m/s
100°、3.2 mm	起爆方式（1）	4 291 m/s	4 147 m/s	3 998 m/s	3 912 m/s
	起爆方式（2）	6 035 m/s	6 069 m/s	6 022 m/s	6 088 m/s

依据表7.30绘制如图7.53所示的毁伤元头部速度与装药高度的关系曲线，可以看出，随着装药高度的减小，装药顶端中心单点起爆所形成的毁伤元头部速度基本呈线性下降，而装药船尾底端环起爆所形成的毁伤元头部速度处于平稳状态。一般来讲，成型装药中装药高度不能过低，装药量太少会影响毁伤元的整体性能，故装药高度选择0.9倍装药口径，其成型结果如表7.31所示。

表 7.31　0.9 倍装药口径下侵彻体成型图

起爆方式	锥角/(°)	160 μs 成型图	长度/mm
起爆方式（1）	80		559
	90		516
	100		481
起爆方式（2）	80		886
	90		838
	100		787

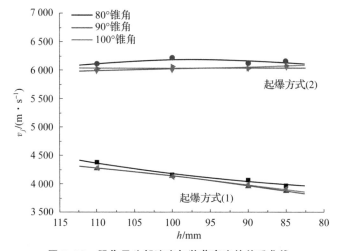

图 7.53　毁伤元头部速度与装药高度的关系曲线

　　根据成型装药的优化结果，起爆方式（1）——装药顶端中心单点起爆所形成的毁伤元为 JPC，起爆方式（2）——装药船尾底端环起爆所形成的毁伤元为 JET。

7.4　实现杆流与射流转换实例介绍

　　本节采用 X 光成像试验拍摄了杆流与射流的成型照片，数字化计算获得了双模毁伤元成型参数，比较了药型罩锥角、起爆位置及起爆方式对毁伤元成型的影响，验证了仿真设计的成型装药结构通过采用单点起爆与环形起爆可实现杆式射流与射流的转换，同时验证了数值仿真的可行性和准确性。

7.4.1　试验设计

成型装药结构设计分 S1～S3 共三组，如图 7.54 所示。其中药型罩为锥弧结合形结构，第 2、3 组罩顶带有 7.2 mm 的孔径；药型罩采用密度 8.96×10^3 kg/m³ 的紫铜材料。装药为船尾形结构，装药高度为 0.9 倍装药口径；装药采用密度 1.695×10^3 kg/m³ 的 8701 炸药。

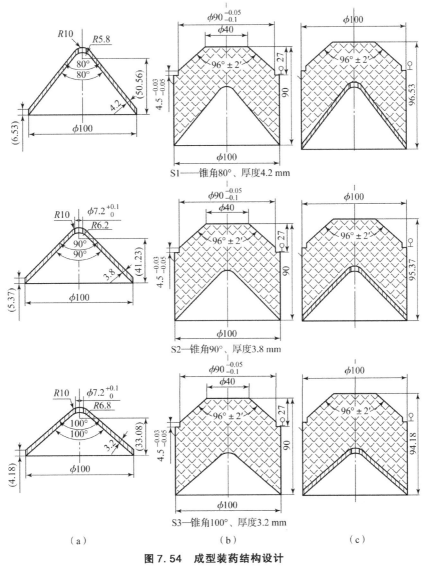

图 7.54　成型装药结构设计

（a）锥弧结合罩；（b）装药；（c）成型装药

起爆方案的设计为装药顶端中心单点起爆（A）和药型罩顶端单点起爆（B）；每组方案分别做 1 次。

在成型装药聚能试验的同时完成 X 光拍摄和侵彻 45 钢靶块试验，靶块选择 $\phi 120 \text{ mm} \times 200 \text{ mm}$ 的靶块和 $\phi 160 \text{ mm} \times 100 \text{ mm}$ 的靶块。

试验的成型装药实物图如图 7.55 所示，其包括主装药、药型罩、起爆装置、雷管等。药型罩材料为紫铜，采用车削加工；主装药为 8701 炸药裸装药；装药顶端中心单点起爆装置为开孔的尼龙端盖，雷管放置于孔径中，药型罩顶端单点起爆时雷管放置于药型罩孔径中。

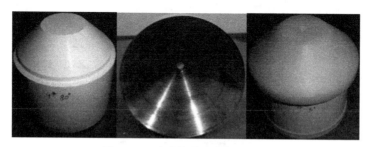

图 7.55　试验的成型装药实物图

试验布局如图 7.56 和图 7.57 所示，主要组成部分有成型装药、炸高筒、靶板、2 个成 45°汇交的 X 光射线管和 300 kV 的脉冲 X 光机、3 个底片盒及保护盒。成型装药放于炸高筒上，通过设置两个脉冲 X 光射线管出光时间，在底片 A、B 和底片 C 上分别得到两张不同时刻的毁伤元的 X 光照片。

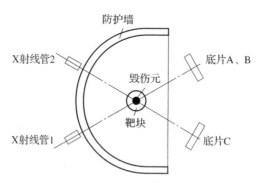

图 7.56　试验布局示意图

7.4.2　试验结果及分析

7.4.2.1　药型罩结构参数影响试验验证

毁伤元成型形态的 X 光照片与仿真的对比如图 7.58、图 7.59 所示，因为

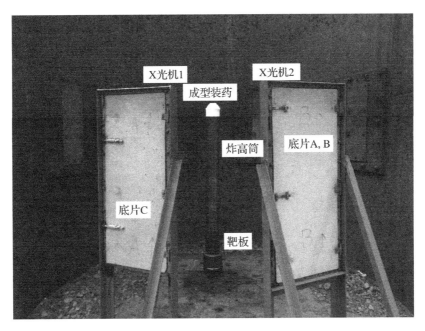

图 7.57　X 光拍摄试验场地布置

杆流和射流较长，需要两张底片才可以拍到完整的成型形状，而试验中只有 3 张底片盒，所以 $100\ \mu s$ 时的照片由两张 X 光底片拼接而成，下一时刻仅用一张底片拍摄杆流的头部。

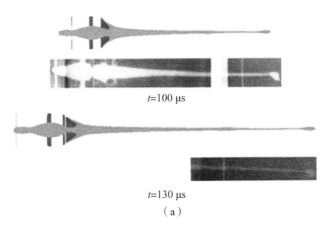

$t = 100\ \mu s$

$t = 130\ \mu s$

（a）

图 7.58　JPC 毁伤元成型形态的 X 光照片与仿真的对比

（a）S1 方案单点起爆

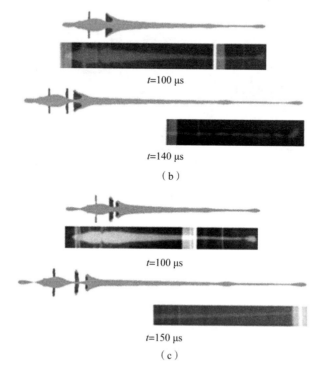

$t=100\ \mu s$

$t=140\ \mu s$

（b）

$t=100\ \mu s$

$t=150\ \mu s$

（c）

图 7.58　JPC 毁伤元成型形态的 X 光照片与仿真的对比（续）

（b）S2 方案单点起爆；（c）S3 方案单点起爆

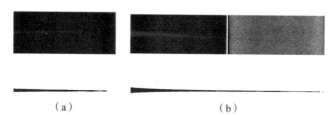

（a）　　　　　　　　　　　　　　　（b）

图 7.59　S3 方案 JET 毁伤元成型形态的 X 光照片与仿真的对比

（a）60.40 μs 时刻；（b）110 μs 时刻

　　经过对毁伤元 X 光照片的分析计算，得出试验中毁伤元的长度、头部速度。表 7.32 中将毁伤元试验数据与仿真数据进行对比。

表 7.32　毁伤元试验数据与仿真数据

方案	100 μs 时的毁伤元长度/mm			头部速度/(m·s⁻¹)	
	试验数据	仿真数据	时间/μs	试验数据	仿真数据
S1 顶端单点起爆 A	353.3	354	115	3 966	4 194

方案	100 μs 时的毁伤元长度/mm			头部速度/(m·s⁻¹)	
	试验数据	仿真数据	时间/μs	试验数据	仿真数据
S2 顶端单点起爆 A	334.7	324.5	120	3 860	4 073
S3 顶端单点起爆 A	308.2	300	125	3 761	4 062

从毁伤元成型结果的试验和仿真对比来看，X 光拍摄的毁伤元形态与仿真图相似，100 μs 时的毁伤元长度对比中试验与仿真结果的差距不超过 3%，通过头部速度的试验与仿真结果相差不超过 8%。可以看出，仿真和试验结果比较吻合。同时通过试验验证后更加可以肯定，仿真中所优化的三种成型装药结构在装药顶端中心单点起爆下可以形成头部速度较低的杆式射流，在装药斜面环形多点起爆下可以形成头部速度较高的射流，且头部速度大小随药型罩锥角的增大有所减小。

图 7.60 为毁伤元对 45 钢靶的侵彻照片，其中靶块的尺寸分别为 ϕ120 mm × 200 mm 和 ϕ160 mm × 100 mm。表 7.33 为毁伤元对 45 钢靶的侵彻结果，三种方案下毁伤元对 45 钢的侵彻孔径相差不大，而侵彻深度随药型罩锥角的增大而增大，这是因为在 10 倍炸高下，药型罩锥角越小，头部越易断裂，侵彻能力有所下降，总的来看，毁伤元的侵彻效果在杆流的毁伤程度范围之内。

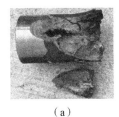 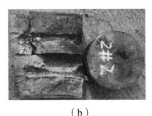 

（a）　　　　　　　　　　（b）　　　　　　　　　　（c）

图 7.60　毁伤元对 45 钢靶的侵彻照片

（a）S1 方案单点起爆；（b）S2 方案单点起爆；（c）S3 方案单点起爆

表 7.33　毁伤元对 45 钢靶的侵彻结果

方案	侵深/mm	孔径/mm
S1 顶端单点起爆 A	137.7	49
S2 顶端单点起爆 A	181	43
S3 顶端单点起爆 A	238.4	48.5

7.4.2.2 起爆位置影响试验验证

毁伤元成型形态的 X 光照片与仿真的对比如图 7.61 所示，毁伤元试验数据与仿真数据如表 7.34 所示。结果表明，仿真与试验比较吻合，S3 罩顶单点起爆中毁伤元长度试验与仿真结果的差距为 5.3%，头部速度的试验与仿真结果差距为 10%。就两种起爆方式的结果来看，罩顶起爆比装药顶端起爆形成的毁伤元长度和头部速度都有所下降，分别为 13% 和 14.6%（试验数据）。图 7.62 显示，试验结果和仿真结果均表明，随起爆位置的升高，毁伤元的头部速度增大。

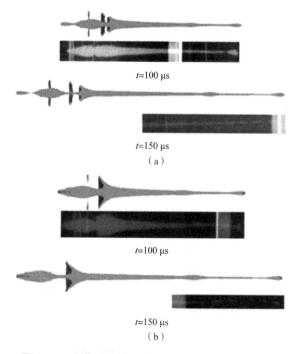

图 7.61　毁伤元成型形态的 X 光照片与仿真的对比

（a）S3 方案单点起爆；（b）S3 方案罩顶起爆

表 7.34　毁伤元试验数据与仿真数据

方案	100 μs 时的长度/mm			头部速度/(m·s⁻¹)	
	试验数据	仿真数据	时间/μs	试验数据	仿真数据
S3 顶端单点起爆 A	308.2	300	125	3 761	4 062
S3 罩顶单点起爆 B	268.2	254	125	3 213	3 535

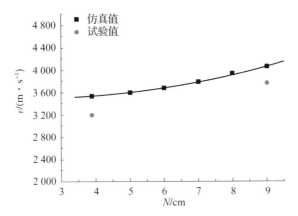

图 7.62　毁伤元头部速度随起爆高度的变化

图 7.63 为毁伤元对 45 钢靶的侵彻图片，表 7.35 为毁伤元对 45 钢靶的侵彻结果。可以看出，罩顶单点起爆的威力比装药顶端单点起爆的威力小，而由于顶端单点起爆侵彻靶块时有偏斜，数据不是非常准确。

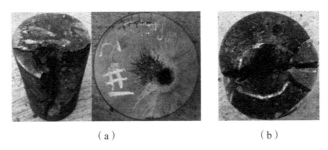

（a）　　　　　　　　　　　　　　　（b）

图 7.63　毁伤元对 45 钢靶的侵彻照片

（a）S3 方案单点起爆；（b）S3 方案罩顶起爆

表 7.35　毁伤元对 45 钢靶的侵彻结果

方案	侵深/mm	孔径/mm
S3 顶端单点起爆 A	238.4	48.5
S3 罩顶单点起爆 B	108.4	33.2

参 考 文 献

[1] 钱建平. 弹药系统工程 [M]. 北京：电子工业出版社，2014.

[2] 吴甲生，雷娟棉，等. 制导兵器气动布局与气动特点 [M]. 北京：国防工业出版社，2008.

[3] 张亚，等. 弹药可靠性技术与管理 [M]. 北京：兵器工业出版社，2001.

[4] 陈庆华，李晓松. 系统工程理论与实践 [M]. 北京：国防工业出版社，2009.

[5] 朱一凡，杨峰，等. 导弹系统工程 [M]. 长沙：国防科技大学出版社，2007.

[6] 郁滨. 系统工程理论 [M]. 合肥：中国科学技术大学出版社，2009.

[7] 杨建军. 武器装备发展系统理论与方法 [M]. 北京：国防工业出版社，2008.

[8] 高善清，杨清文，等. 武器装备论证理论与系统分析 [M]. 北京：兵器工业出版社，2001.

[9] 王儒策，等. 弹药工程 [M]. 北京：北京理工大学出版社，2002.

[10] 李志西，杜双奎. 试验优化设计与统计分析 [M]. 北京：科学出版社，2010.

[11] 钱建平. 弹药现代设计方法 [M]. 南京：南京理工大学，1998.

[12] 李向东，钱建平，曹兵，等. 弹药概论 [M]. 北京：国防工业出版社，2004.

[13] 常新龙，胡宽，等. 导弹总体结构与分析 [M]. 北京：国防工业出版社，2010.

[14] 彭成荣. 航天器总体设计 [M]. 北京：中国科学技术出版社，2011.

[15] 欧阳楚萍，徐学华，高森烈. 相似与弹药模化 [M]. 北京：兵器工业出版社，1995.

[16] 李向东，杜忠华. 目标易损性 [M]. 北京：北京理工大学出版社，2013.

[17] 李廷杰. 武器系统射击效力分析 [M]. 北京：国防工业出版社，2000.

［18］董肇启，等. 系统工程与运筹学［M］. 北京：国防工业出版社，2003.

［19］魏惠之，等. 弹丸设计理论［M］. 北京：国防工业出版社，1985.

［20］王儒策，赵国志. 弹丸终点效应［M］. 北京：北京理工大学出版社，1993.

［21］徐明友. 现代外弹道学［M］. 北京：兵器工业出版社，1999.

［22］沈建明. 国防高科技项目管理概论［M］. 北京：机械工业出版社，2004.

［23］杨林泉. 管理系统工程［M］. 广州：暨南大学出版社，2004.

［24］潘承泮. 武器弹药试验和检验的公算与统计［M］. 北京：国防工业出版社，1980.

［25］王振国，等. 飞行器多学科设计优化理论与应用研究［M］. 北京：国防工业出版社，2006.

［26］刘汉荣，王保顺. 国防科研试验项目管理［M］. 北京：国防工业出版社，2009.

［27］薄玉成. 武器系统设计理论［M］. 北京：北京理工大学出版社，2010.

［28］朱宏斌. 型号工程标准化［M］. 北京：国防工业出版社，2004.

［29］余旭东，等. 导弹现代结构设计［M］. 北京：国防工业出版社，2007.

［30］邢昌凤，李敏勇，等. 舰载武器系统效能分析［M］. 北京：国防工业出版社，2008.

［31］郭齐胜，等. 装备效能评估概论［M］. 北京：国防工业出版社，2005.

［32］总装备部通用装备保障部. 弹药质量管理学［M］. 北京：国防工业出版社，2007.

［33］武小悦，刘琦. 装备试验与评价［M］. 北京：国防工业出版社，2008.

［34］武瑞文，等. 现代自行火炮武器系统顶层规划和总体设计［M］. 北京：国防工业出版社，2006.

［35］吕建伟，等. 武器装备研制的风险分析与风险管理［M］. 北京：国防工业出版社，2005.

［36］王正明，等. 导弹试验的设计与评估［M］. 北京：科学出版社，2010.

［37］王风英，刘天生. 毁伤理论与技术［M］. 北京：北京理工大学出版社，2009.

［38］金星，洪延姬. 工程系统可靠性数值分析方法［M］. 北京：国防工业出版社，2002.

［39］杨绍卿. 灵巧弹药工程［M］. 北京：国防工业出版社，2010.

［40］马春茂，等. 弹炮结合防空武器系统总体设计［M］. 北京：国防工业出

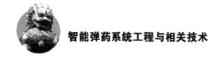

版社，2008.

[41] 高存厚，荣明宗. 飞行器系统工程 [M]. 北京：宇航出版社，1996.

[42] 王善，何健. 导弹结构可靠性 [M]. 哈尔滨：哈尔滨工程大学出版社，2002.

[43] 张国伟. 终点效应及其应用技术 [M]. 北京：国防工业出版社，2006.

[44] 翁佩英，等. 弹药靶场试验 [M]. 北京：兵器工业出版社，1995.

[45] 龚源. 军品质量工程 [M]. 北京：国防工业出版社，2008.

[46] 魏世孝. 兵器系统工程 [M]. 北京：国防工业出版社，1989.

[47] 金志明，等. 现代内弹道学 [M]. 北京：北京理工大学出版社，1992.

[48] 昂海松，余雄庆. 飞行器先进设计技术 [M]. 北京：国防工业出版社，2009.

[49] 郭锡福，等. 现代炮弹增程技术 [M]. 北京：兵器工业出版社，1997.

[50] 蒋浩征. 弹药优化设计 [M]. 北京：兵器工业出版社，1995.

[51] 宋振铎. 反坦克制导兵器论证与试验 [M]. 北京：国防工业出版社，2003.

[52] 卢芳云，等. 战斗部结构与原理 [M]. 北京：科学出版社，2009.

[53] 周长省，等. 火箭弹设计理论 [M]. 北京：北京理工大学出版社，2005.

[54] 李瑞琴. 现代机械概念设计与应用 [M]. 北京：电子工业出版社，2009.

[55] 李为吉，等. 飞行器结构优化设计 [M]. 北京：国防工业出版社，2005.

[56] 唐林. 产品概念设计基本原理及方法 [M]. 北京：国防工业出版社，2006.

[57] 林日其. 数理统计方法与军工产品质量控制 [M]. 北京：国防工业出版社，2002.

[58] 钟诗胜. 工程方案设计中的模糊理论与技术 [M]. 哈尔滨：哈尔滨工业大学出版社，2000.

[59] 景武成，尚雅娟. 试论弹箭兵器总体技术的基本含义 [C]. 中国兵工学会火箭导弹分会第七次学术年会，1998.

[60] 邹汝平. 制导兵器总体设计问题探讨 [C]. 中国兵工学会火箭导弹分会学术年会，1998.

[61] 湛必胜. 导弹武器系统一体化建设顶层设计研究 [J]. 飞航导弹，2002(9)：24-26.

［62］段宗武，冷文军，沈汶，等. 舰船装备研制中的顶层设计［J］. 舰船科学技术，2010，32（7）：23－27.

［63］邹慈君，张青，等. 广义概念设计的普遍性、内涵及理论基础的探索［J］. 机械设计与研究，2004，20（3）：10－14.

［64］闻邦椿，周知承，等. 现代机械产品设计在新产品开发中的重要作用 – 兼论面向产品总体质量的"动态优化、智能化和可视化"三化综合设计法［J］. 机械工程学报，2003，39（10）：43－52.

［65］钱建平，申屠德忠. 复合增程弹结构布局与最佳弹道的匹配设计［J］. 兵工学报，1999，20（3）：204－207.

［66］张宝平，张庆明，黄风雷，等. 爆轰物理学［M］. 北京：兵器工业出版社，2006.

［67］恽寿榕，赵恒阳. 爆炸力学［M］. 北京：国防工业出版社，2005.

［68］鲍姆，X. A. 爆炸物理学［M］. 北京：科学出版社，1963.

［69］隋树山，王树元. 终点效应学［M］. 北京：国防工业出版社，2000.

［70］G. R. Johnson. Material characterization for warhead computation［J］. Tactical Missile Warheads，1993.

［71］樊菲. 实现杆流与射流转换的研究［D］. 南京：南京理工大学，2012.

［72］赵国志，张运法，王晓鸣. 战术导弹战斗部毁伤作用机理［D］. 南京：南京理工大学，2002.

［73］［美］威廉·普·沃尔特斯，乔纳斯·埃·朱卡斯. 成型装药原理及其应用［M］. 王树魁，贝静芬，等译. 北京：兵器工业出版社，1992.

［74］李向东. 弹药概论［M］. 北京：国防工业出版社，2004.

［75］樊菲，李伟兵，王晓鸣，李文彬. 药型罩材料对 JPC 成型的影响［J］. 火炸药学报，2010（2）：36－39.

［76］樊菲，李伟兵，王晓鸣，等. 爆炸成型弹丸战斗部不同侵彻着角下的毁伤能力研究［J］. 高压物理学报，2012，26（2）：199－204.

索 引

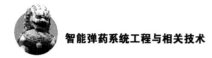

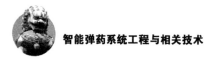

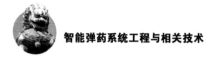

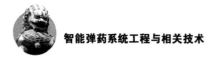

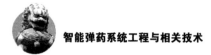

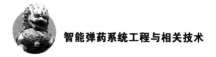

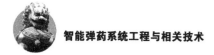

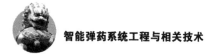

（王彦祥、张若舒、毋栋　编制）